今すぐ使えるかんたん

Office 2024/
Microsoft 365 両対応

Word 2024

AYURA 著

Imasugu Tsukaeru Kantan Series
Word 2024 : Office 2024/Microsoft 365
AYURA

技術評論社

本書の使い方

- 画面の手順解説（赤い矢印の部分）だけを読めば、操作できるようになる！
- もっと詳しく知りたい人は、左側の「補足説明」を読んで納得！
- これだけは覚えておきたい機能を厳選して紹介！

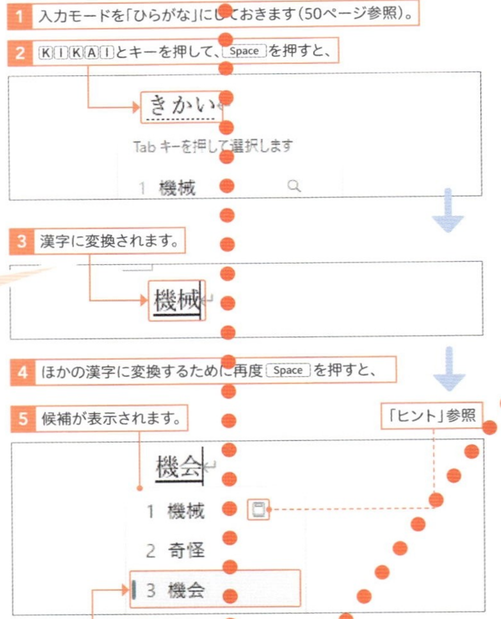

Section 09
漢字を入力しよう
漢字を入力するには、漢字の「読み」（ひらがな）を入力して、Space を押して変換します。目的の漢字に変換されない場合は、候補から選択します。確定してしまった文字は、入力して変換し直さなくても再変換することができます。
練習▶ファイルなし
1 漢字に変換する
解説
漢字を入力
漢字を入力するには、「読み」を入力し、Space を押して変換します。正しく変換されたら Enter を押して確定します。目的の漢字に変換されなかったときは、変換候補から選択します。
補足
ヒント
同音異義語のある語句
同音異義語のある語句の場合、候補一覧には語句の横にマークが表示され、語句の意味（用法）が表示されます。漢字を選ぶ際の参考にするとよいでしょう。
1 入力モードを「ひらがな」にしておきます（50ページ参照）。
2 KIKAI とキーを押して、Space を押すと、
きかい
Tab キーを押して選択します
1 機械
3 漢字に変換されます。
機械
4 ほかの漢字に変換するために再度 Space を押すと、
5 候補が表示されます。
「ヒント」参照
機会
1 機械
2 奇怪
3 機会
6 Space を押して、目的の漢字を選択します。
56

特長 1

機能ごとにまとまっているので、「やりたいこと」がすぐに見つかる！

特長 2

赤い矢印の部分だけを読んで、パソコンを操作すれば、難しいことはわからなくても、あっという間に操作できる！

特長 3

やわらかい上質な紙を使っているので、開いたら閉じにくい！

● 補足説明（側注）

操作の補足的な内容を「側注」にまとめているので、よくわからないときに活用すると、疑問が解決！

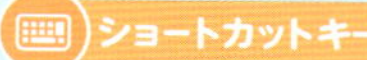

7 Enter を押すと変換が確定し、入力されます。

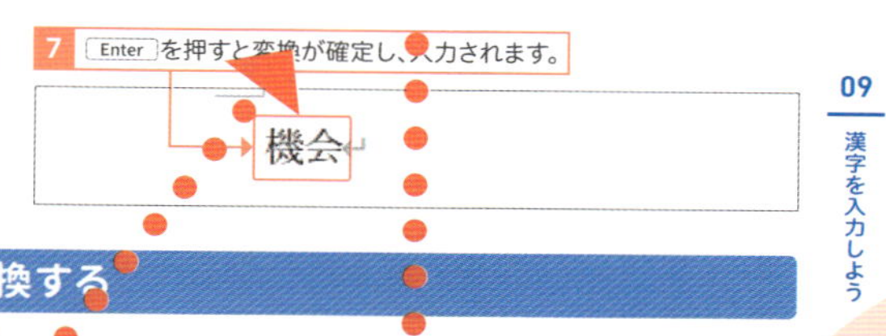

09 漢字を入力しよう

2 確定後の文字を再変換する

解説
確定後に再変換する

変換を確定した文字を再変換するには、文字を選択して、変換 を押すと表示される変換候補から選択します。ただし、ほかの文書などからコピーして貼り付けた文字や、読みによっては正しい候補が表示されない場合があります。再変換は、漢字だけでなく、英数字でも可能です。

1 確定した文字をドラッグして選択します。

2 変換 を押すと、

3 変換候補が表示されます。

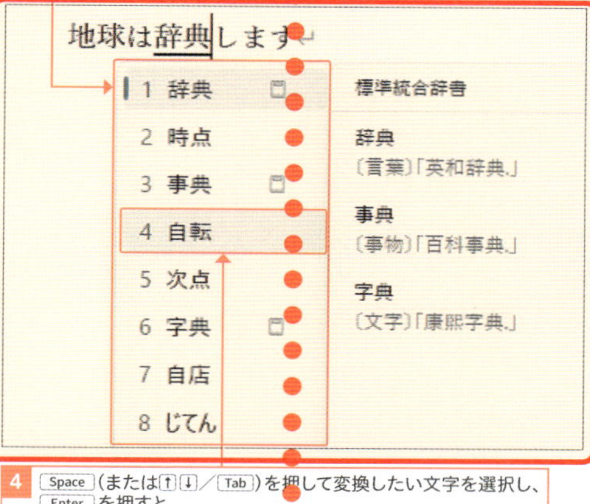

ヒント
文字の選択

文字は、文字の上でドラッグすることによって選択します（106ページ参照）。単語の場合は、文字の間にマウスポインターを移動してダブルクリックすると、単語の単位で選択することができます。

4 Space（または↑↓／Tab）を押して変換したい文字を選択し、Enter を押すと、

5 文字が変換されます。

地球は自転します

補足
タッチ操作での文字の選択

タッチ操作で文字を選択するには、文字の上で押し続けると、単語の単位で選択することができます。

文字入力をマスターしよう

57

特長 4

大きな操作画面で該当箇所を囲んでいるのでよくわかる！

サンプルファイルのダウンロード

本書では操作手順の理解に役立つサンプルファイルを用意しています。
サンプルファイルは、Microsoft Edgeなどのブラウザーを利用して、以下のURLからダウンロードすることができます。ダウンロードしたときは圧縮ファイルの状態なので、展開してから使用してください(5ページ参照)。

https://gihyo.jp/book/2025/978-4-297-14575-0/support/

サンプルファイルのファイル名には、Section番号が付いています。
たとえば、「28_社内通信.docx」というファイル名はSection 28のサンプルファイルであることを示しています。サンプルファイルは、そのSectionの開始する時点の状態になっています。「完成」フォルダーには、各Sectionの手順を実行したあとのファイルが入っています。
なお、Sectionの内容によってはサンプルファイルがない場合もあります。

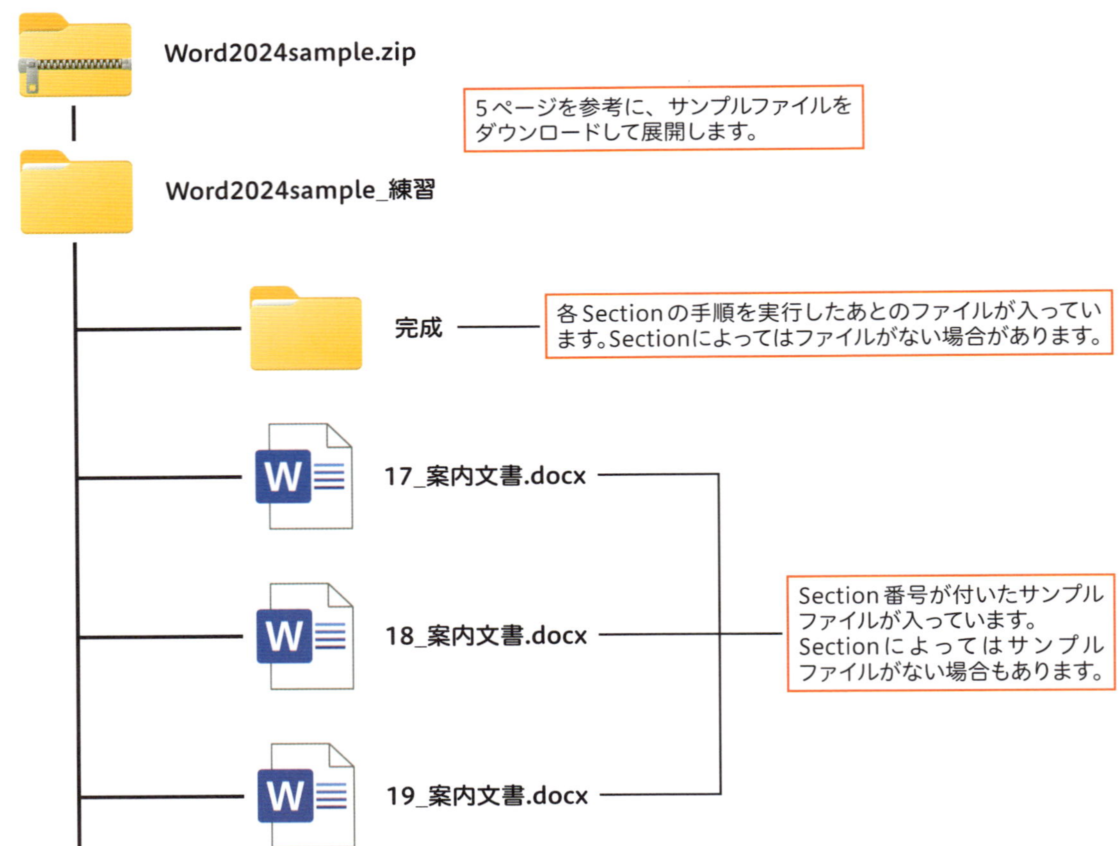
Word2024sample.zip
5ページを参考に、サンプルファイルをダウンロードして展開します。
Word2024sample_練習
完成
各Sectionの手順を実行したあとのファイルが入っています。Sectionによってはファイルがない場合があります。
17_案内文書.docx
18_案内文書.docx
19_案内文書.docx
Section番号が付いたサンプルファイルが入っています。Sectionによってはサンプルファイルがない場合もあります。

1 ブラウザーを起動して、4ページのURLを入力し、サンプルのダウンロードページを開きます。

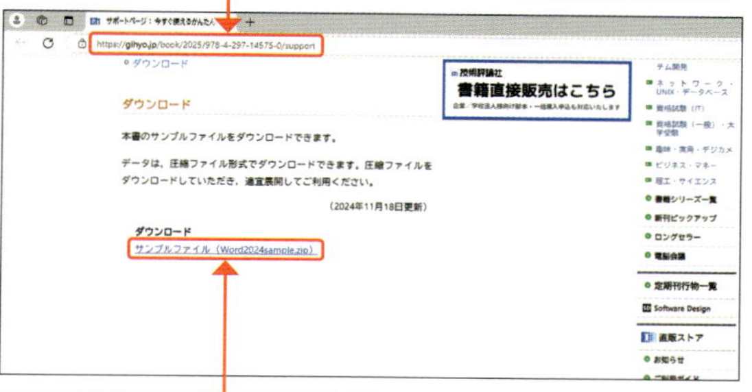

2 [ダウンロード]の[サンプルファイル]をクリックして、

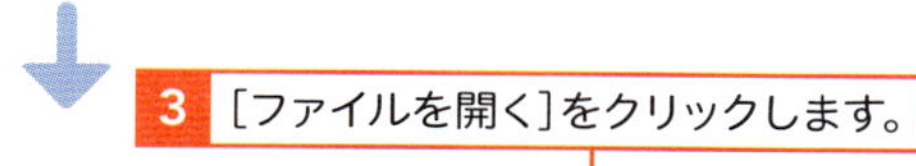

3 [ファイルを開く]をクリックします。

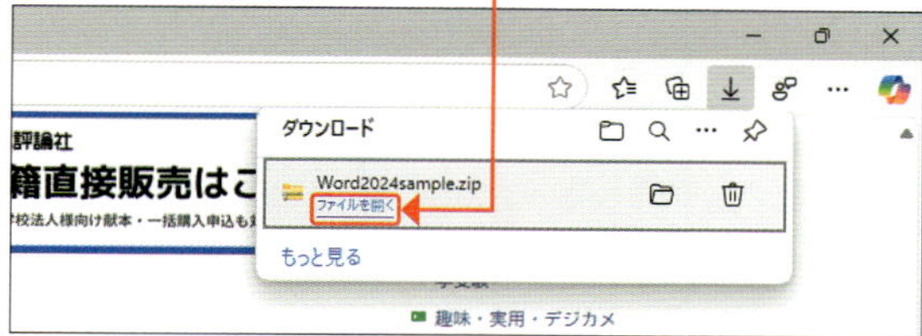

4 エクスプローラーでダウンロード先(お使いのパソコンによって異なります)が開くので、

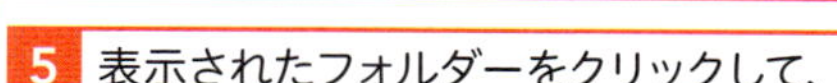

5 表示されたフォルダーをクリックして、

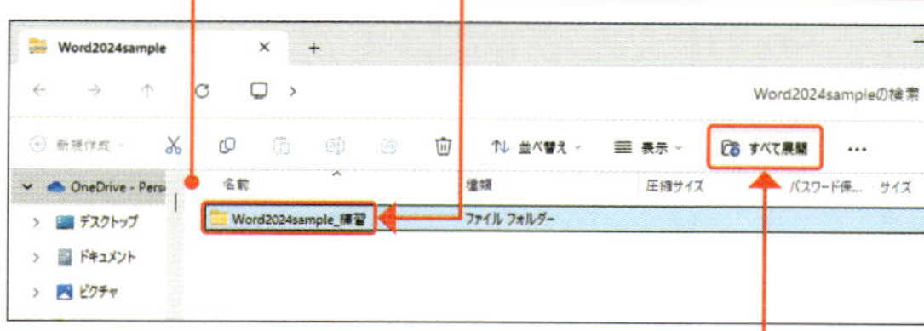

6 [すべて展開]をクリックします。

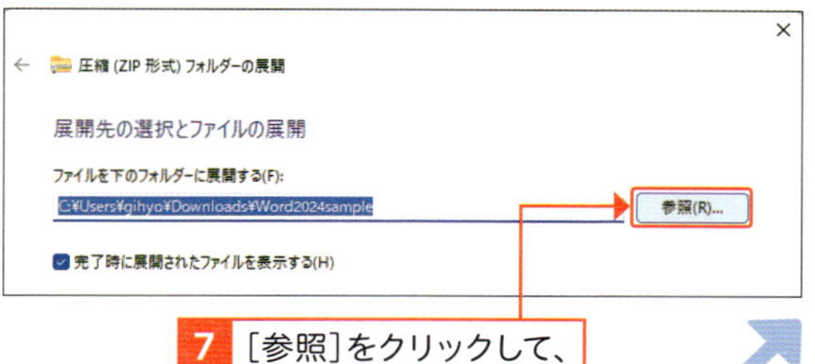

7 [参照]をクリックして、

8 [ダウンロード]をクリックし、

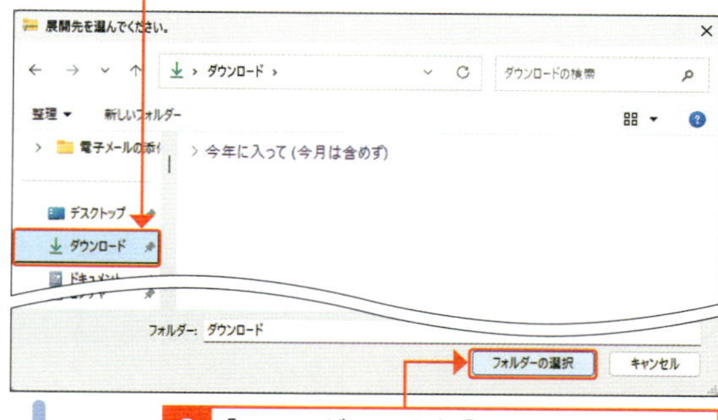

9 [フォルダーの選択]をクリックします。

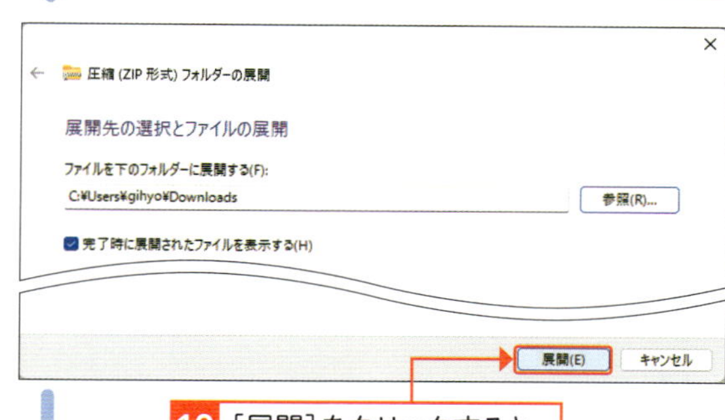

10 [展開]をクリックすると、

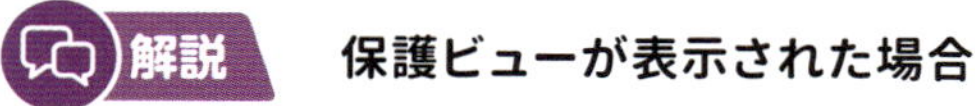

11 [ダウンロード]フォルダーにサンプルファイルフォルダーが展開されます。

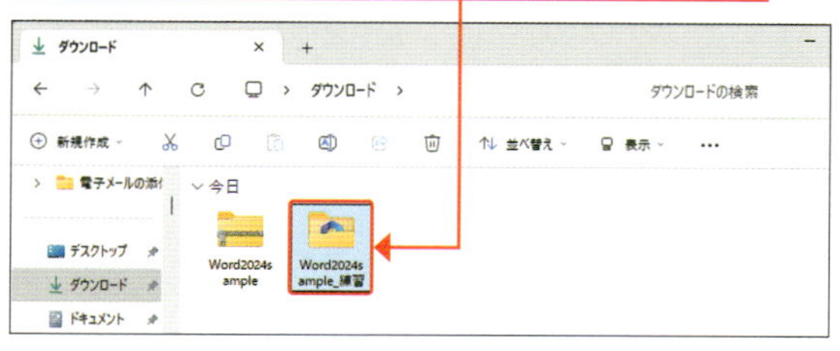

解説 **保護ビューが表示された場合**

サンプルファイルを開くと、「保護ビュー」というメッセージが表示されます。[編集を有効にする]をクリックすると、操作を行うことができます。

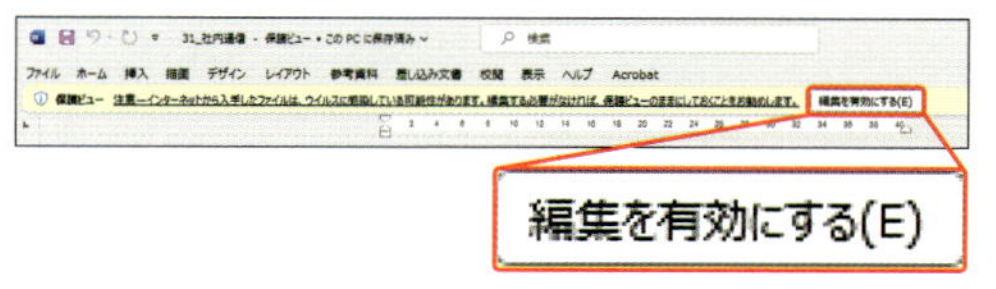

パソコンの基本操作

本書の解説は、基本的にマウスを使って操作することを前提としています。
お使いのパソコンのタッチパッドを使って操作する場合は、各操作を次のように読み替えてください。

1 マウス操作

クリック（左クリック）

クリック（左クリック）の操作は、画面上にある要素やメニューの項目を選択したり、ボタンを押したりする際に使います。

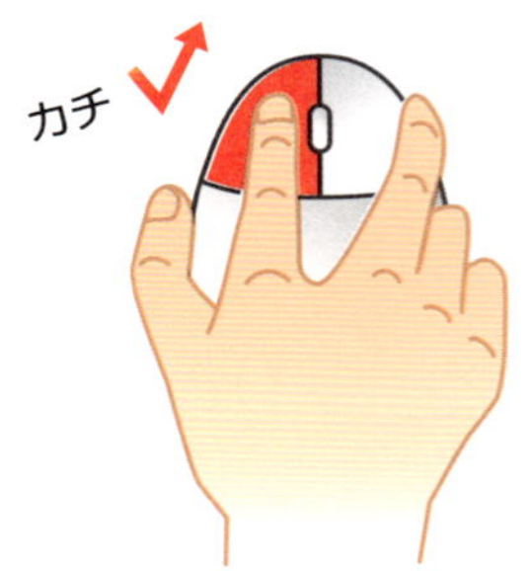

マウスの左ボタンを1回押します。

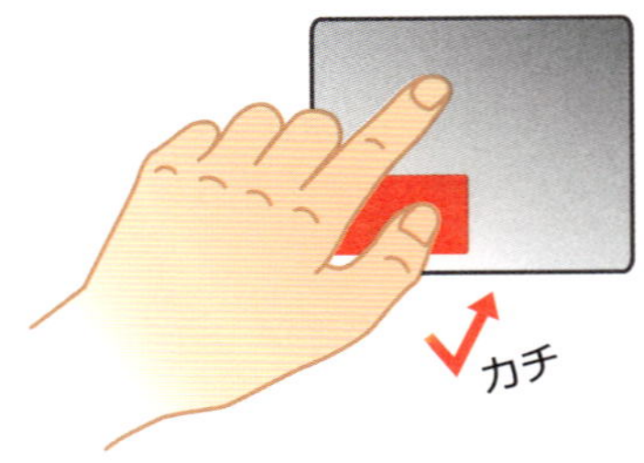

タッチパッドの左ボタン（機種によっては左下の領域）を１回押します。

右クリック

右クリックの操作は、操作対象に関する特別なメニューを表示する場合などに使います。

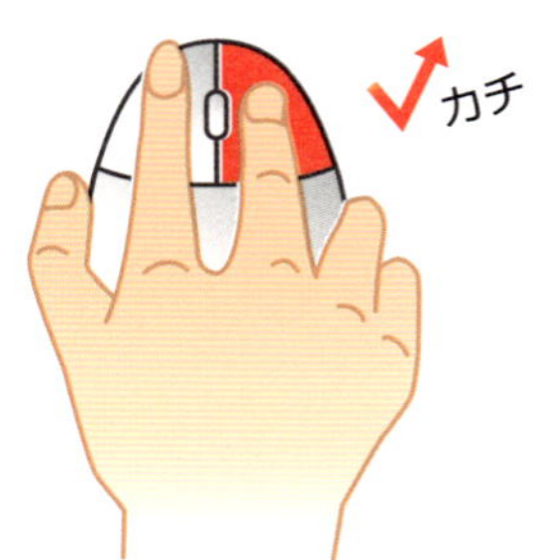

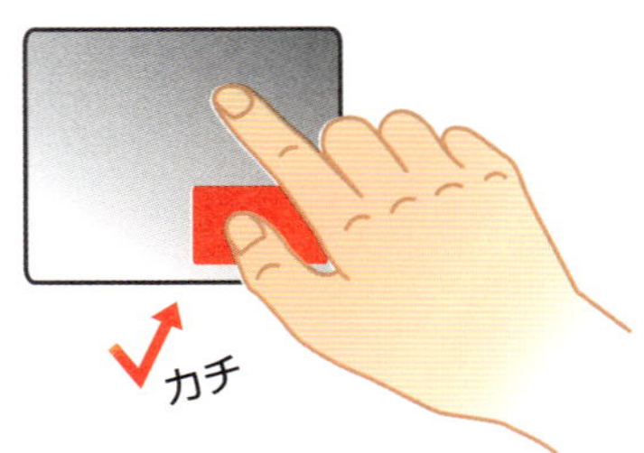

ダブルクリック

ダブルクリックの操作は、各種アプリを起動したり、ファイルやフォルダーなどを開く際に使います。

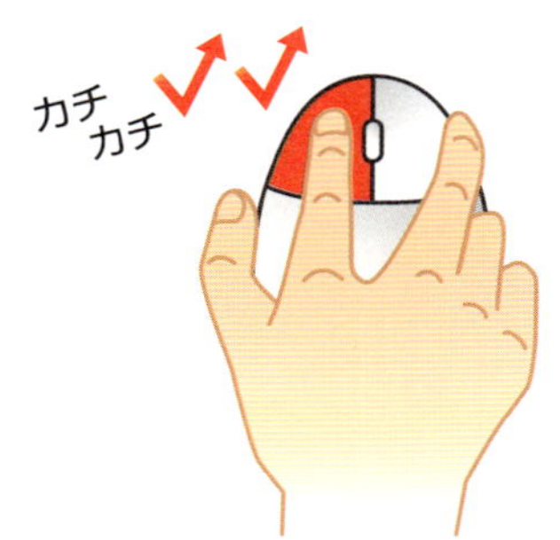

マウスの左ボタンをすばやく2回押します。

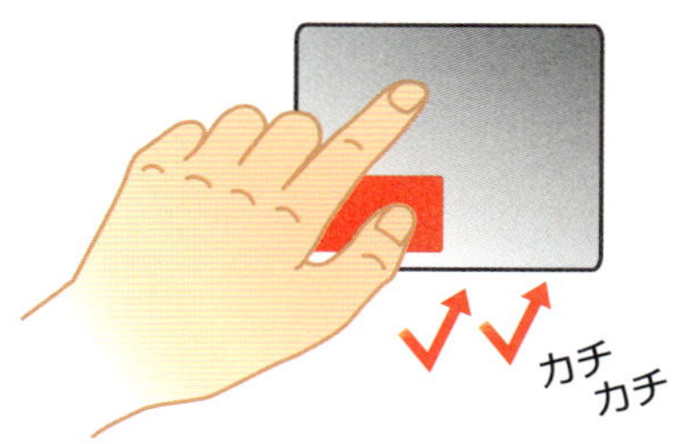

タッチパッドの左ボタン（機種によっては左下の領域）をすばやく2回押します。

ドラッグ

ドラッグの操作は、画面上の操作対象を別の場所に移動したり、操作対象のサイズを変更する際などに使います。

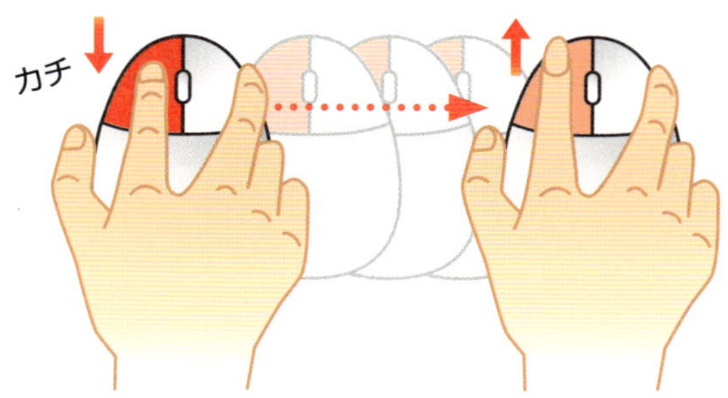

マウスの左ボタンを押したまま、マウスを動かします。目的の操作が完了したら、左ボタンから指を離します。

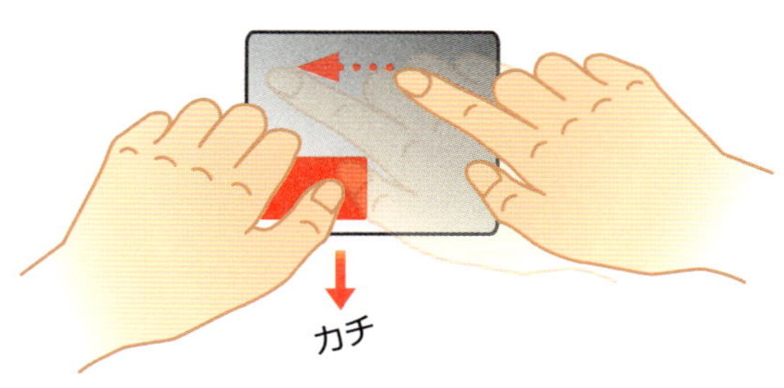

タッチパッドの左ボタン（機種によっては左下の領域）を押したまま、タッチパッドを指でなぞります。目的の操作が完了したら、左ボタンから指を離します。

解説 **ホイールの使い方**

ほとんどのマウスには、左ボタンと右ボタンの間にホイールが付いています。ホイールを上下に回転させると、Webページなどの画面を上下にスクロールすることができます。そのほかにも、Ctrl を押しながらホイールを回転させると、画面を拡大／縮小したり、フォルダーのアイコンの大きさを変えることができます。

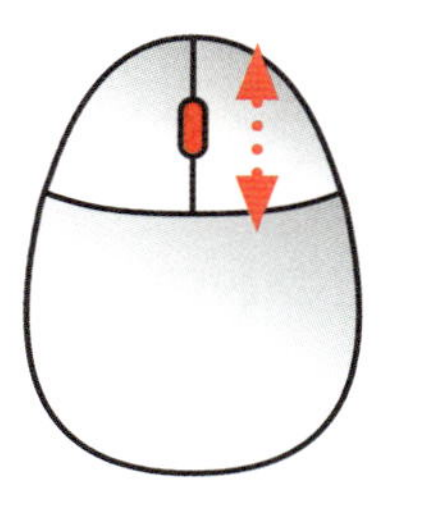

② 利用する主なキー

パソコンで文字を入力したり、特定の操作を行ったりするときには、キーボードを利用します。ここでは、本書で利用する主なキーを紹介します。なお、キーの配置は、メーカーやパソコンのモデルによって異なります。また、コパイロットキーなどは、一部のパソコンには搭載されていません。

❶文字キー

文字を入力します。

❷半角／全角キー

日本語入力と英語入力を切り替えます。

❸タブキー

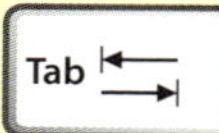

タブ文字を入力したり、項目間のカーソルを移動したりします。

❹デリートキー

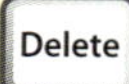

入力位置を示すカーソルの右側の文字を1文字削除します。「Del」と表示されている場合もあります。

❺バックスペースキー

入力位置を示すカーソルの左側の文字を1文字削除します。

❻エンターキー

変換した文字を決定したり、改行したりするときに使います。

❼シフトキー

文字キーの左上の文字や記号を入力するときに使います。

❽ファンクションキー

12個のキーには、アプリごとによく使う機能が登録されています。

F1 F2 F3 F4 F5 F6 F7 F8 F9 F10 F11 F12

❾キャプスロックキー

Caps Lock
英数

大文字と小文字の入力を切り替えるときに使います。

❿コントロールキー

Ctrl

ほかのキーと組み合わせて操作を行います。

⓫ウィンドウズキー

［スタート］メニューを表示するときに使います。

⓬オルトキー

メニューバーのショートカット項目の選択など、ほかのキーと組み合わせて操作を行います。

⓭スペースキー

ひらがなを漢字に変換したり、空白を入力したりするときに使います。

⓮コパイロットキー

Copilotの機能を利用するときに使います。

⓯方向キー

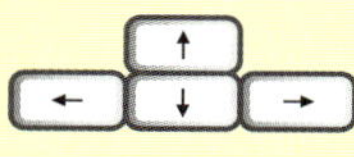

文字を入力したり、位置を移動したりするときに使います。

目次

第1章 Wordの基本操作を知ろう

第2章 文字入力をマスターしよう

第3章 基本的な文書を作成しよう

第4章 文書を編集しよう

第5章 文字を装飾しよう

第6章 文字を配置しよう

第7章 表を作成しよう

第8章 図形を作成／編集しよう

第10章 便利な機能を使いこなそう

ご注意：ご購入・ご利用の前に必ずお読みください

- 本書に記載された内容は、情報提供のみを目的としています。したがって、本書を用いた運用は、必ずお客様自身の責任と判断によって行ってください。これらの情報の運用の結果について、技術評論社および著者はいかなる責任も負いません。
- ソフトウェアに関する記述は、とくに断りのないかぎり、2024年12月現在での最新情報をもとにしています。これらの情報は更新される場合があり、本書の説明とは機能内容や画面図などが異なってしまうことがあり得ます。あらかじめご了承ください。
- 本書の内容は、以下の環境で制作し、動作を検証しています。使用しているパソコンによっては、機能内容や画面図が異なる場合があります。
  - ・Windows 11
  - ・Word 2024
- インターネットの情報については、URLや画面などが変更されている可能性があります。ご注意ください。

以上の注意事項をご承諾いただいた上で、本書をご利用願います。これらの注意事項をお読みいただかずに、お問い合わせいただいても、技術評論社および著者は対処しかねます。あらかじめご承知おきください。

第 1 章

Wordの基本操作を知ろう

Wordについて理解しよう

Wordの文書と保存

●Word文書の作成

Wordで文書を作成する場合、Wordを起動して、新規文書の画面を開きます。文字を入力して、文字を修飾したり、図表を挿入したり、レイアウトを整えたりして文書を作成します。

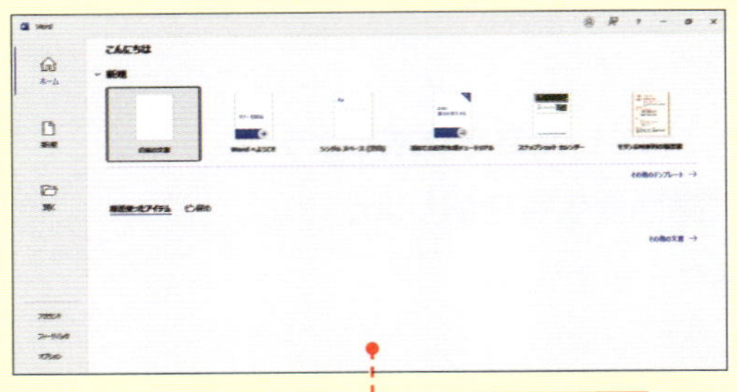

Wordの起動画面（スタート画面）。このままでは文書は作成できません。

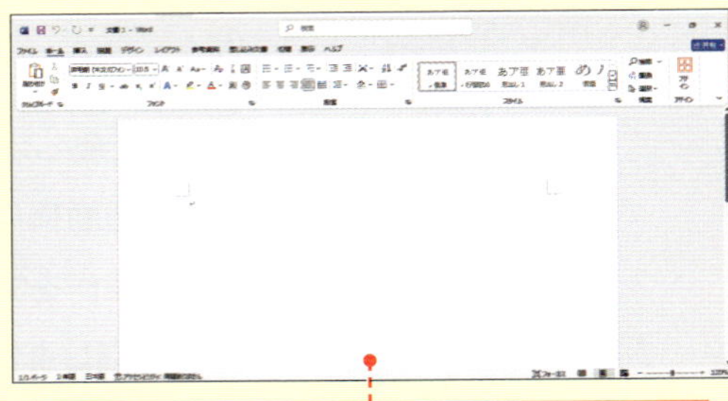

Wordの新規文書画面。ここで、文字入力や図表の作成ができます。

●Word文書の保存

作成した文書をファイルとして「名前を付けて保存」します。保存した文書ファイルは何度でも繰り返し利用できます。文書の内容を編集した場合、同じ名前で保存する「上書き保存」にするか、別の名前を付けて新規に保存することができます。

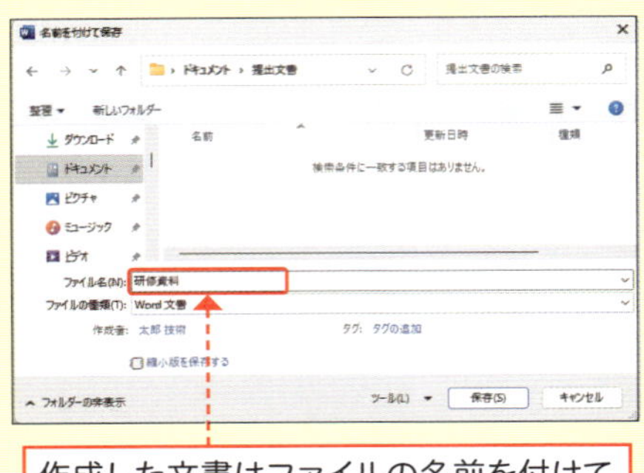

作成した文書はファイルの名前を付けて保存します。

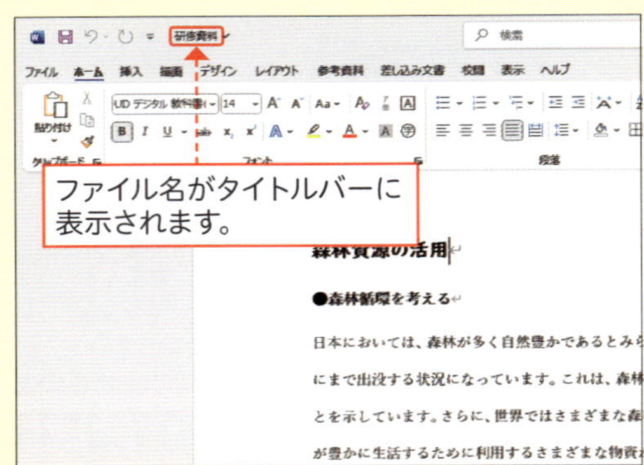

ファイル名がタイトルバーに表示されます。

Wordの操作と表示モード

●Wordの操作

Wordを操作するには、画面上部にあるリボンを利用します。入力した文字の体裁を整えたり、図表を作成したり、ページのレイアウトを変更したりといったさまざまな操作を行う場合、用途別に用意されたタブから機能コマンドを選んで実行します。

［ホーム］タブには、文字や段落の体裁を整えるコマンドが用意されています。

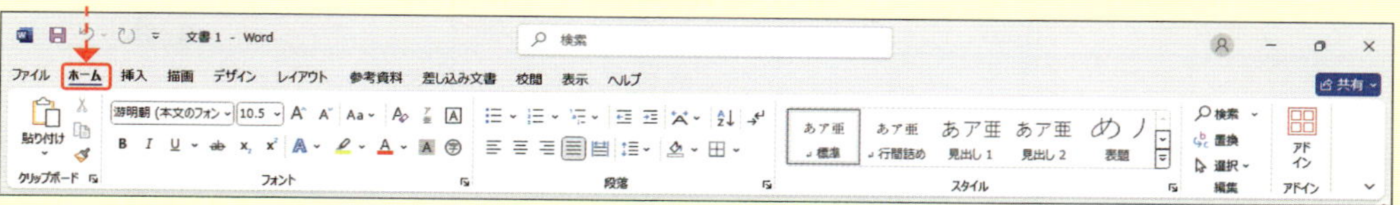

［挿入］タブには、図表や画像などを挿入するコマンドが用意されています。

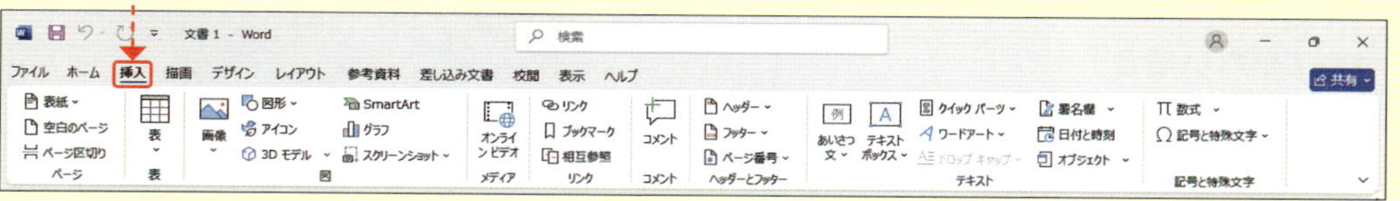

●5つの表示モード

Wordには、［印刷レイアウト］［閲覧モード］［Webレイアウト］［アウトライン］［下書き］の5つの表示モードが用意されています。

実際のレイアウトを確認しながら作業できる通常の表示モードの［印刷レイアウト］、文書の全体構造が確認できる［アウトライン］、文字入力だけに集中できる［下書き］など、目的に合った表示モードで作業が可能です。

表示モードの切り替えは［表示］タブで行います。また、画面右下の表示モード（［閲覧モード］［印刷レイアウト］［Webレイアウト］）でも切り替えができます。

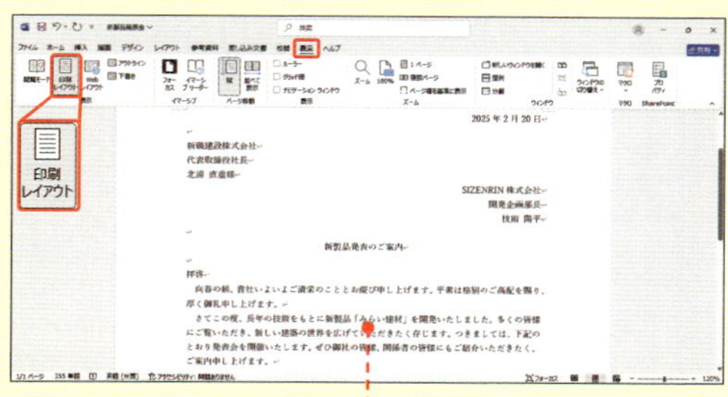

文書画面で最初に表示されるのは［印刷レイアウト］です。

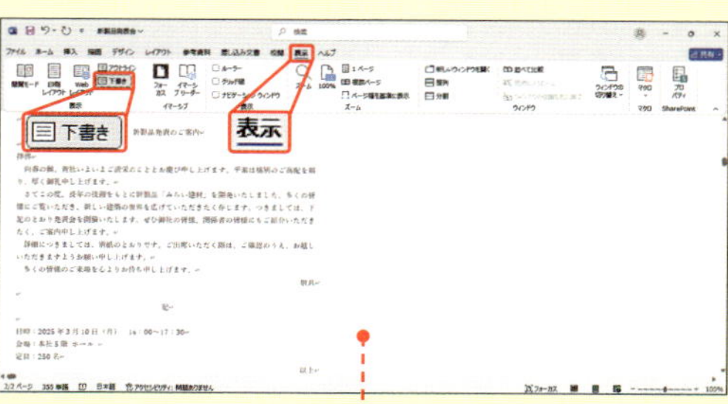

［下書き］は、余白などの要素をなくして、文字入力の画面だけを表示します。

Section 01

Wordを起動しよう／新しい文書を作成しよう

ここで学ぶこと

- 起動
- 白紙の文書
- テンプレート

Wordを起動するには、Windows 11のスタートメニューから[Word]をクリックします。Wordが起動するとスタート画面が開くので、目的の操作を選択します。**新しい文書を開く**には、[ファイル]タブの[新規]をクリックします。

練習▶ファイルなし

1 Wordを起動して新しい文書を開く

ヒント

[Word]が表示されていない場合

スタートメニューに[Word]が表示されていない場合、スタートメニューで[すべてのアプリ]をクリックして一覧を表示し、[Word]を探してクリックします。

[すべてのアプリ]を表示して、[W]のセクションにある[Word]をクリックします。

解説

Word 2024の動作環境

Word 2024は、Windows 11／10のみに対応しています。それ以前のバージョンのWindowsにはインストールできません。

最近使ったアイテム

文書を作成して保存したあとでWordを起動すると、スタート画面や［開く］画面の［最近使ったアイテム］にファイルの履歴が表示されます（30ページの「ヒント」参照）。目的のファイルをクリックすれば、すばやくファイルを開くことができます。

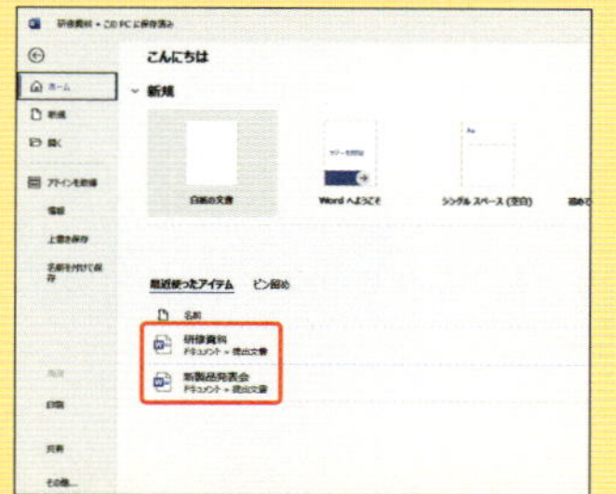

5 Wordが起動して、スタート画面が開きます。

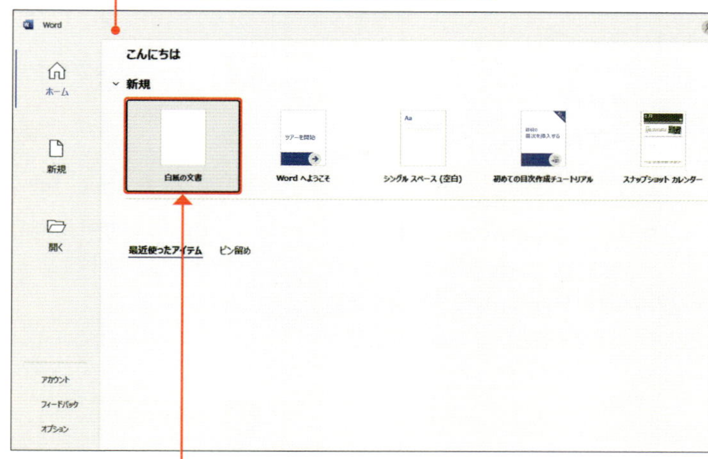

6 ［白紙の文書］をクリックすると、

7 新しい文書が作成されます。

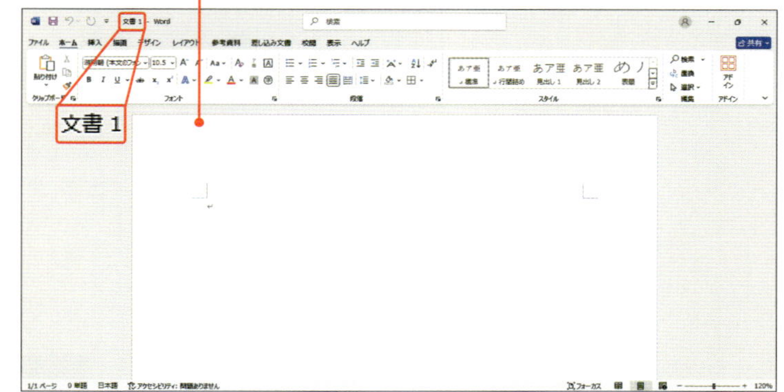

新しい文書

Wordを起動して、新しい文書を作成すると「文書1」という仮の名前が付けられます。文書に名前を付けて保存すると、その名前に変更されます。

補足　画面の背景と色

Wordには、画面の背景と色が数種類ずつ用意されています。設定を変更するには、［ファイル］タブの（［その他］→）［アカウント］をクリックして、アカウント画面を表示し、［Officeの背景］で背景の模様、［Officeテーマ］で画面の色を選択します。

なお、本書の操作画面図は、それぞれ［背景なし］［システム設定を使用する］を選択したものになっています。

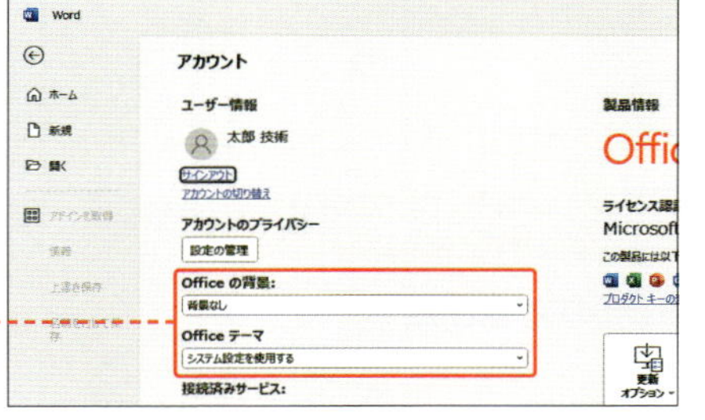

② 文書を開いているときに新しい文書を開く

解説
新しい文書を開く

ここでは、すでに文書を開いている状態から新しい文書を作成します。新しく作成した文書には「文書2」「文書3」のような仮の名前が付けられます。文書に名前を付けて保存すると、その名前に変更されます。

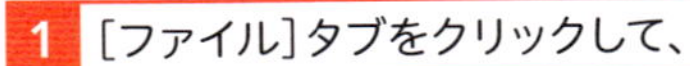
1 ［ファイル］タブをクリックして、

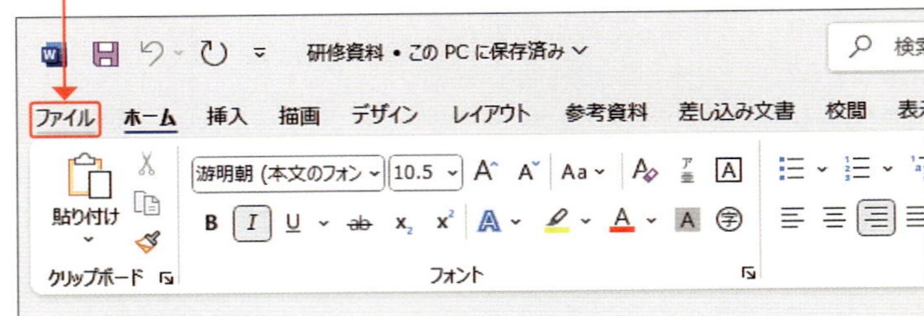

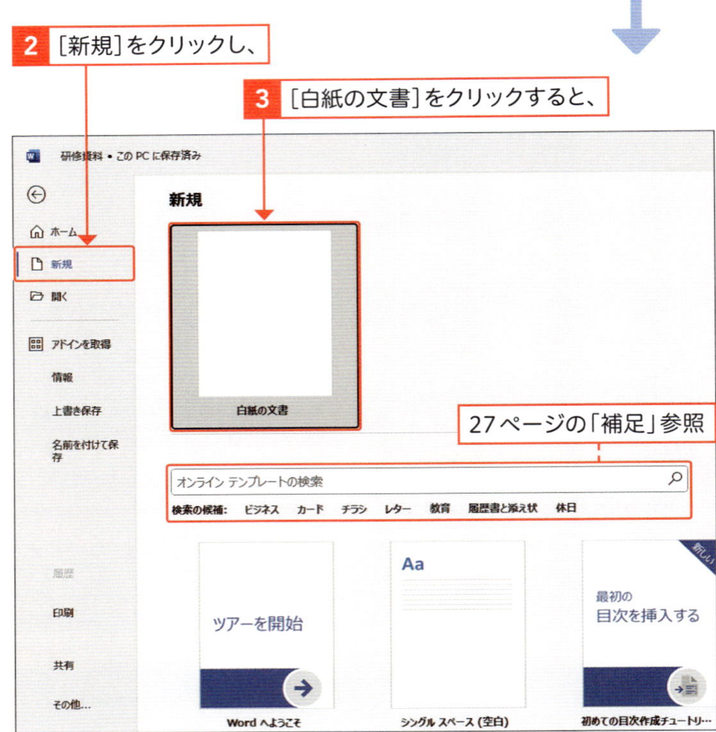

4 新しい文書が作成されます。

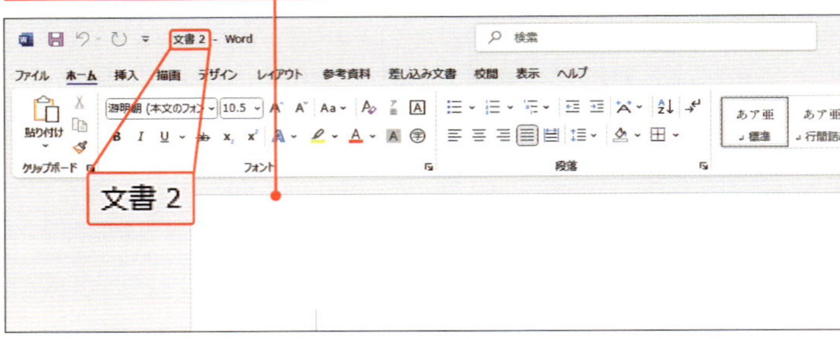

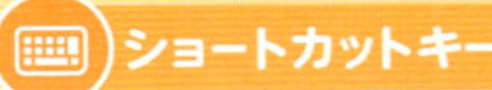
ショートカットキー
白紙の文書作成

Ctrl + N

テンプレートを使用して新規文書を作成する

「テンプレート」を使って新しい文書を作成することもできます。テンプレートとは、あらかじめデザインが設定された文書のひな形のことです。テンプレートを利用すると、白紙の状態から文書を作成するよりも効率的です。26ページの手順2の［新規］の画面から探すか、［オンラインテンプレートの検索］ボックスで検索します。

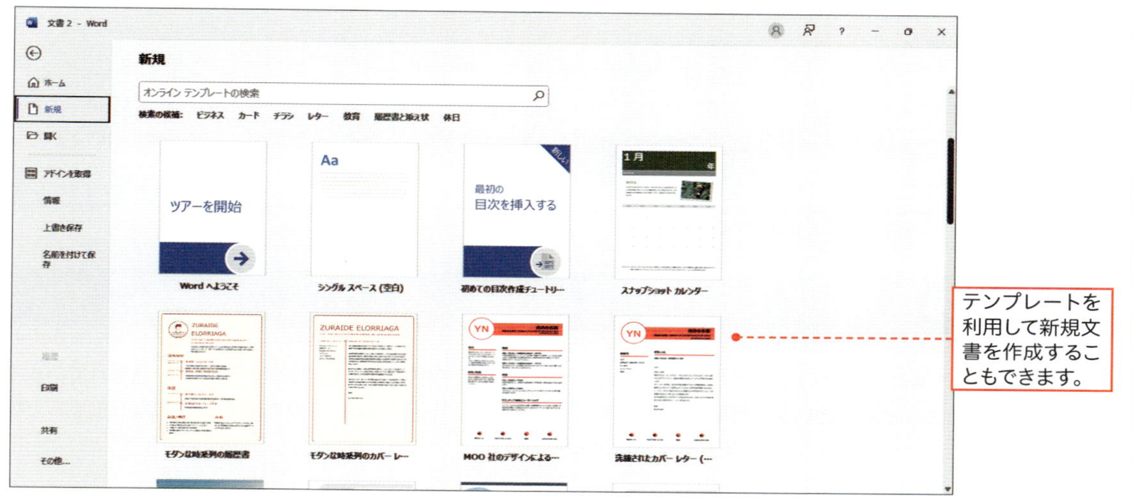

Wordをすばやく起動できるようにする

画面下部にあるタスクバーにWord起動用のアイコンを登録しておくと、スタートメニューを開かなくてもすばやく起動することができます。スタートメニューまたは［すべてのアプリ］にあるWordのアイコンを右クリックして、［タスクバーにピン留めする］をクリックすると、タスクバーに登録されます。また、Wordを起動して、タスクバーに表示されるWordのアイコンを右クリックし、［タスクバーにピン留めする］をクリックしても登録できます。

1 スタートメニューまたは［すべてのアプリ］を表示します。

2 Wordのアイコンを右クリックして、

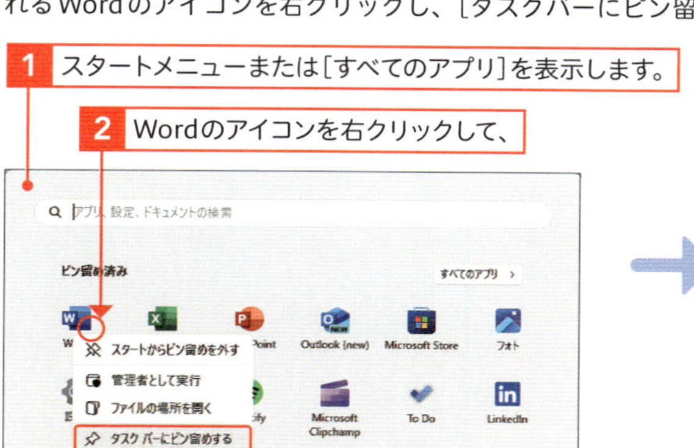

3 ［タスクバーにピン留めする］をクリックすると、

4 タスクバーにWordのアイコンが表示されます。

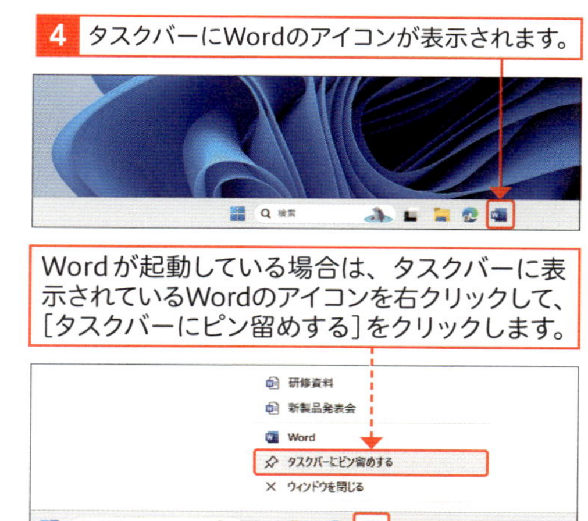

Wordが起動している場合は、タスクバーに表示されているWordのアイコンを右クリックして、［タスクバーにピン留めする］をクリックします。
研修資料
新製品発表会
Word
タスクバーにピン留めする
ウィンドウを閉じる

Section

02 Wordの画面構成と画面表示を理解しよう

ここで学ぶこと

- ・リボン／タブ
- ・Wordのオプション
- ・表示倍率

Wordの基本画面は、機能を実行するための**リボン**（**タブ**で切り替わるコマンドの領域）と、文書ウィンドウで構成されています。**［ファイル］タブ**のメニュー、**Wordのオプション**の設定内容、**表示倍率**の変更方法も覚えておきましょう。

練習▶ファイルなし

1 Wordの基本的な画面構成

Wordの基本的な作業は、下図の画面で行います（Word 2024）。初期設定では、11個のタブが用意されています。なお、パソコンの画面サイズやWordのウィンドウサイズによっては、リボンのコマンドの表示内容が異なります。また、Wordの製品バージョンによって画面構成が異なる場合があります。

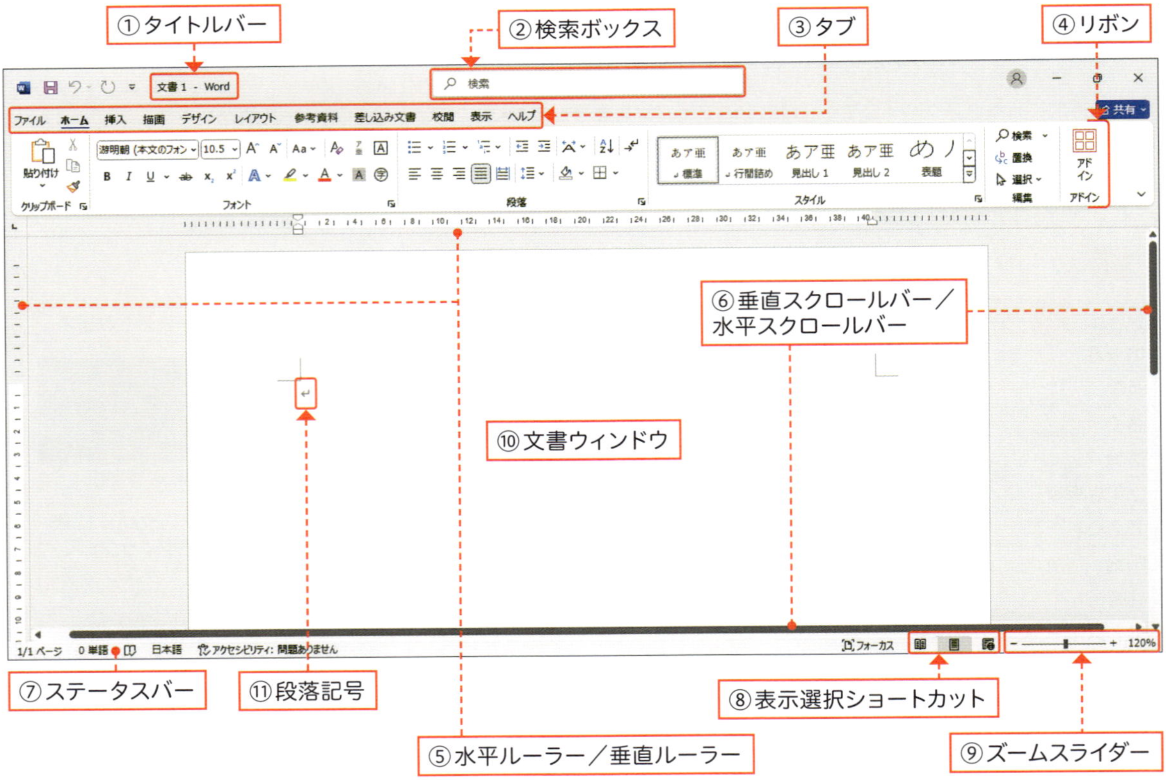

①タイトルバー
②検索ボックス
③タブ
④リボン
⑤水平ルーラー／垂直ルーラー
⑥垂直スクロールバー／水平スクロールバー
⑦ステータスバー
⑧表示選択ショートカット
⑨ズームスライダー
⑩文書ウィンドウ
⑪段落記号

名　称	機　能
①タイトルバー	現在作業中のファイルの名前が表示されます。
②検索ボックス	操作方法や文書内の文字列を検索し、検索ワードに関するヘルプを表示します。
③タブ	初期設定では、11個のタブが用意されています。タブをクリックしてリボンを切り替えます。
④リボン	目的別のコマンドが機能別に分類されて配置されます。
⑤水平ルーラー／垂直ルーラー※1	水平ルーラーはインデントやタブの設定を行います。垂直ルーラーは余白の設定や表の行の高さ（行高）を変更します。
⑥垂直スクロールバー／水平スクロールバー	垂直スクロールバーは文書を縦にスクロールするときに表示されます。水平スクロールバーは文書を横にスクロールするときに表示されます。
⑦ステータスバー	カーソルの位置の情報や、文字入力の際のモードなどを表示します。
⑧表示選択ショートカット	文書の表示モードを切り替えます。
⑨ズームスライダー	スライダーをドラッグするか、［縮小］－、［拡大］＋をクリックすると、文書の表示倍率を変更できます。
⑩文書ウィンドウ	文章を入力／編集するエリアです。
⑪段落記号	段落記号は編集記号※2の一種で、段落の区切りとして表示されます。

※1 水平ルーラー／垂直ルーラーは、初期設定では表示されません。［表示］タブの［ルーラー］をオンにすると表示されます。
※2 初期設定での編集記号は、段落記号のみが表示されます。

［ファイル］タブ

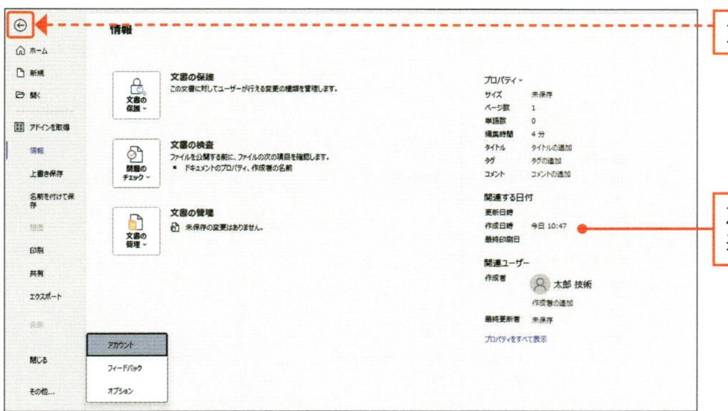

文書の編集画面に戻るには、ここをクリックします。

左側のメニューで選んだ項目に関する情報や操作が表示されます（BackStageビュー）。

メニュー	内　容
ホーム	新規文書の作成やテンプレートの選択、最近作成／編集した文書が表示されます。
新規	白紙の文書やテンプレートを使って、文書を新規作成します（26ページ参照）。
開く	文書ファイルを選択して開きます（42ページ参照）。
情報	開いているファイルに関する情報やプロパティが表示されます。
上書き保存	文書ファイルを上書きして保存します（39ページ参照）。
名前を付けて保存	文書ファイルに名前を付けて保存します（38ページ参照）。
印刷	文書の印刷に関する設定と、印刷を実行します（94、310ページ参照）。
共有	文書をほかの人と共有できるように設定します。
エクスポート	PDFファイルのほか、ファイルの種類を変更して文書を保存します（312ページ参照）。
閉じる	文書を閉じます（40ページ参照）。
（［その他］）→アカウント	ユーザー情報を管理します。
（［その他］）→フィードバック	Wordの機能についての報告や提案を行うことができます。
（［その他］）→オプション	Wordの機能を設定する［Wordのオプション］ダイアログボックスを開きます（30ページ参照）。

② [Wordのオプション] ダイアログボックスを確認する

解説
Wordのオプション

[Wordのオプション]では、Wordの基本的な機能を設定します。[全般]～[詳細設定]で項目別に詳細項目が用意されています。また、リボン(コマンド)の表示に関する[リボンのユーザー設定]、クイックアクセスツールバーの表示に関する[クイックアクセスツールバー]、アドインソフトを管理する[アドイン]、セキュリティを管理する[トラストセンター]があります。

補足
[Wordのオプション]ダイアログボックスの表示

パソコンの画面サイズやWordのウィンドウサイズによっては、手順1の[その他]は表示されません。直接[オプション]をクリックできます。

ヒント
最近使ったアイテムの設定

スタート画面や[開く]ダイアログボックスに表示される[最近使ったアイテム]は、[Wordのオプション]ダイアログボックスの[詳細設定]の[表示]で[最近使った文書の一覧に表示する数]に表示したい数(最大「50」)を指定できます。「0」にすると、スタート画面に表示されなくなります。

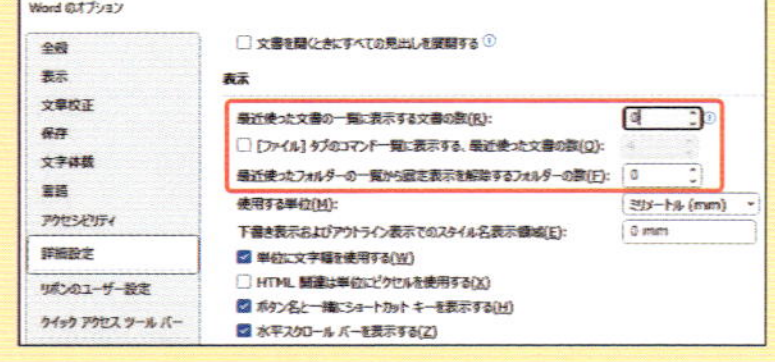

1 [ファイル]タブの([その他]→)[オプション]をクリックすると、[Wordのオプション]ダイアログボックスが表示されます。

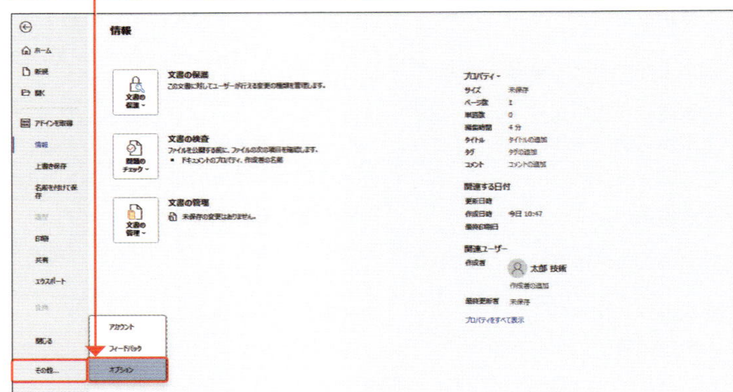

▶ [全般]
画面表示など基本的なオプションを設定します。

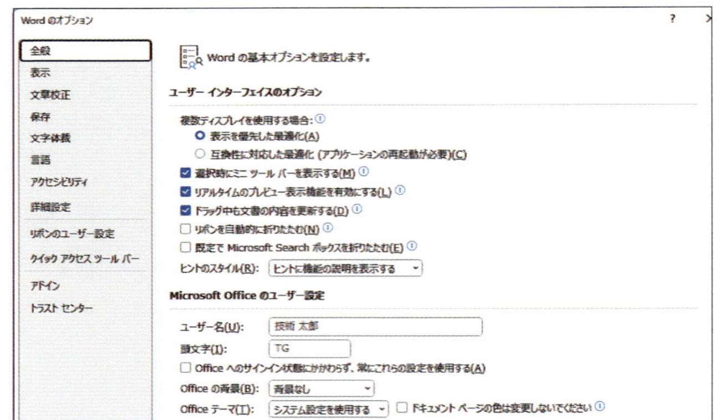

▶ [詳細設定]
編集やファイル表示などの操作に関する詳細オプションを設定します。

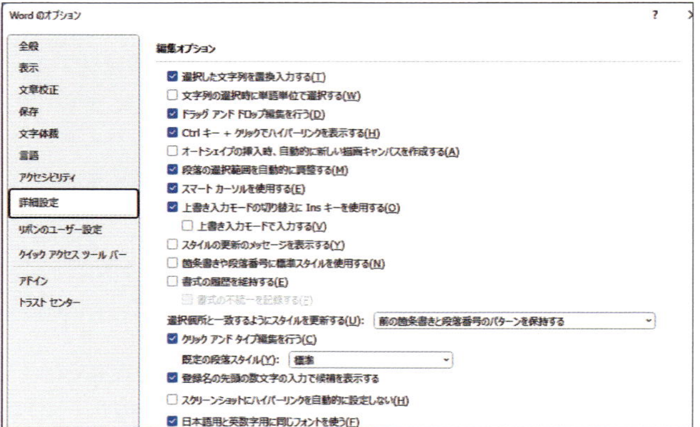

3 画面の表示倍率を変更する

解説

表示倍率を変更する

Wordの起動時の表示倍率は、「100％」に設定されていますが、文字が小さくなって見づらい場合や、文書を縮小して全体を見たい場合などには、画面の表示倍率を変更することができます。表示倍率は、10～500％の範囲で変更が可能です。

ヒント

100％表示に戻す

[ズーム]スライダーで100％に戻すには中央の ＋ をクリックします。このとき、「98％」のような100に満たない場合は[拡大]＋、「103％」のような場合は[縮小]－をクリックすると「100％」になります。

時短

マウスホイールを利用する

Ctrlを押しながらマウスホイールを手前に回すと画面表示が縮小され、逆方向に回すと拡大されます。

1 画面右下のズームのスライダーを左右にドラッグすると、

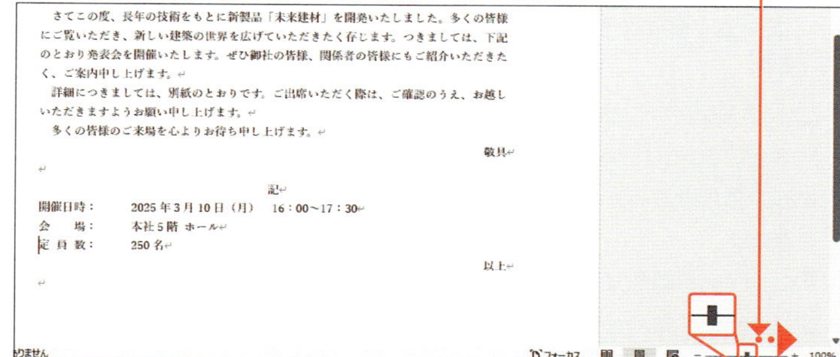

2 表示倍率が変更されます。

、長年の技術をもとに新製品「未来建材」を開発いたしました。多くの皆様
き、新しい建築の世界を広げていただきたく存じます。つきましては、下記
会を開催いたします。ぜひ御社の皆様、関係者の皆様にもご紹介いただきた
し上げます。
ましては、別紙のとおりです。ご出席いただく際は、ご確認のうえ、お越し
ようお願い申し上げます。
のご来場を心よりお待ち申し上げます。
敬具

3 [縮小]をクリックすると、

180%

4 10％刻みで縮小されます。

、長年の技術をもとに新製品「未来建材」を開発いたしました。多くの皆様
き、新しい建築の世界を広げていただきたく存じます。つきましては、下記
会を開催いたします。ぜひ御社の皆様、関係者の皆様にもご紹介いただきた
し上げます。
ましては、別紙のとおりです。ご出席いただく際は、ご確認のうえ、お越し
ようお願い申し上げます。
のご来場を心よりお待ち申し上げます。
敬具
記

10％刻みで拡大されます。

170%

4 倍率を指定して拡大/縮小する

[ズーム]ダイアログボックスでの指定

[ズーム]ダイアログボックスでは、表示倍率を[200%][100%][75%]から選択する、または倍率を直接入力することができます。

また、ページ幅や文字列の幅、文書全体などページに合わせて表示させる方法も選択できます。

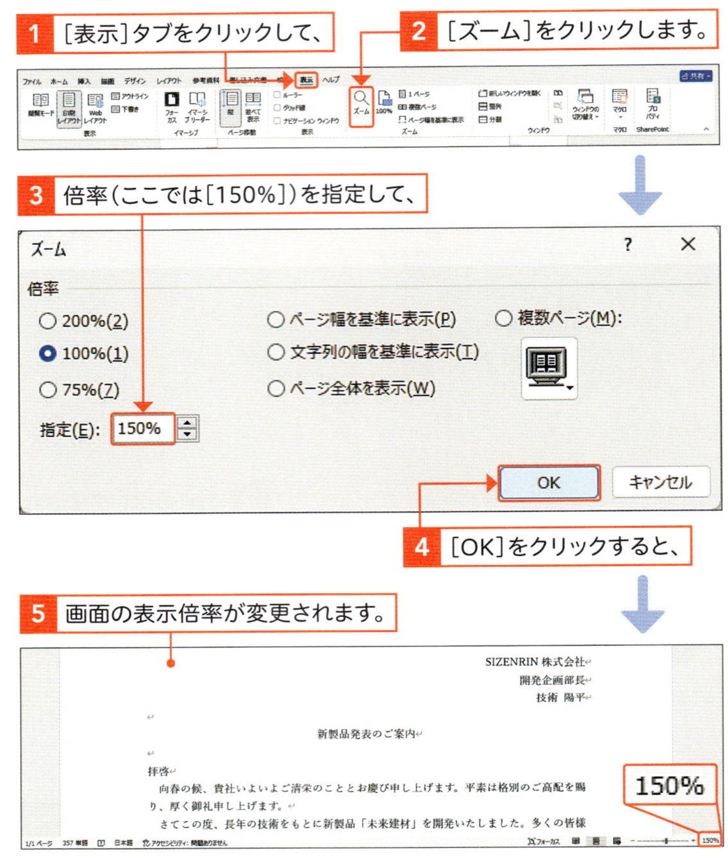

100%表示に戻す

[表示]タブの[100%]をクリックします。

応用技 ボタンの間隔を変更する

タッチパネルのディスプレイで小さなコマンドボタンが指しにくい場合は、タッチ用にボタンの間隔を広げることができます。[クイックアクセスツールバーのユーザー設定] をクリックして、[タッチ/マウスモードの切り替え]をクリックします。表示されたコマンドをクリックして、[タッチ]を選択します。

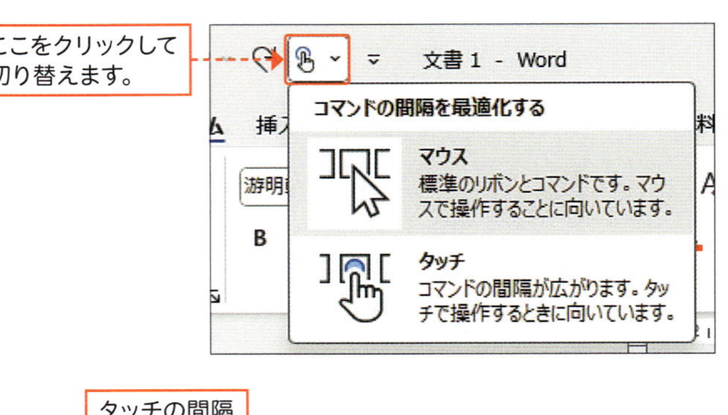

マウスの間隔

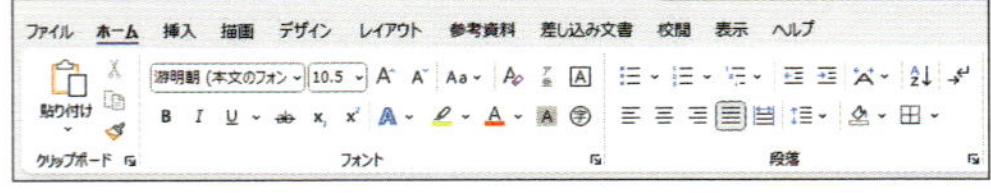

タッチの間隔

⑤ クイックアクセスツールバーに追加する

重要用語

クイックアクセスツールバー

クイックアクセスツールバーはコマンドをつねに表示する領域です。初期設定では、[上書き保存] と [元に戻す] 、[やり直し] （[繰り返し] ）が表示されています。よく使うコマンドを表示しておけば、操作のたびにリボンタブ→目的のコマンドをクリックするという手間を省けます。なお、パソコンによっては[自動保存]が表示される場合もあります（本書では非表示）。

補足

一覧にないコマンド

手順2の一覧にないコマンドは、［その他のコマンド］をクリックして、［Wordのオプション］ダイアログボックスの[クイックアクセスツールバー］でコマンドを選択して追加することができます。

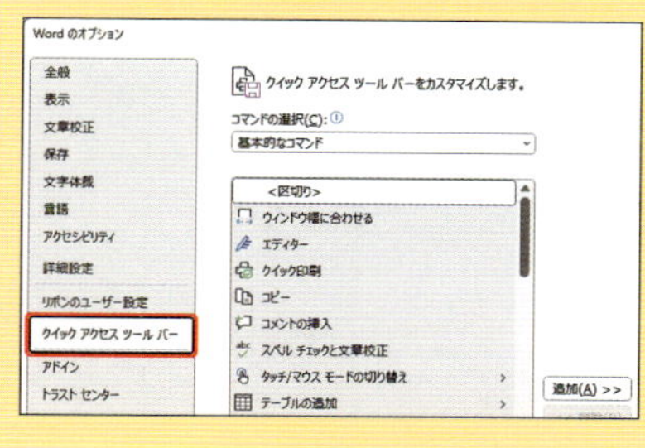

1 ［クイックアクセスツールバーのユーザー設定］をクリックして、

2 コマンド（ここでは［新規作成］）をクリックします。

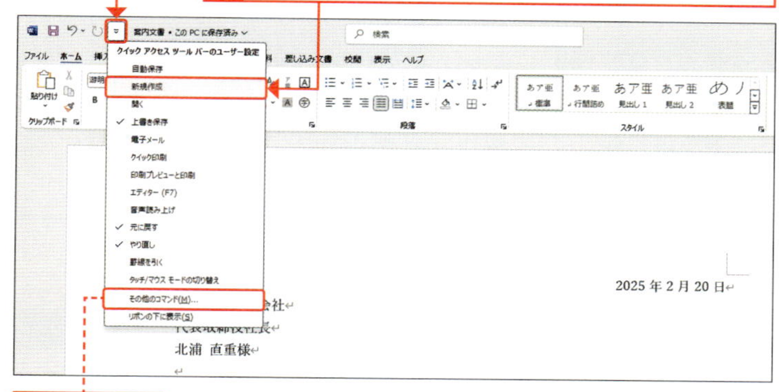

「補足」参照

3 ［新規作成］コマンドが表示されるので、クリックすると、

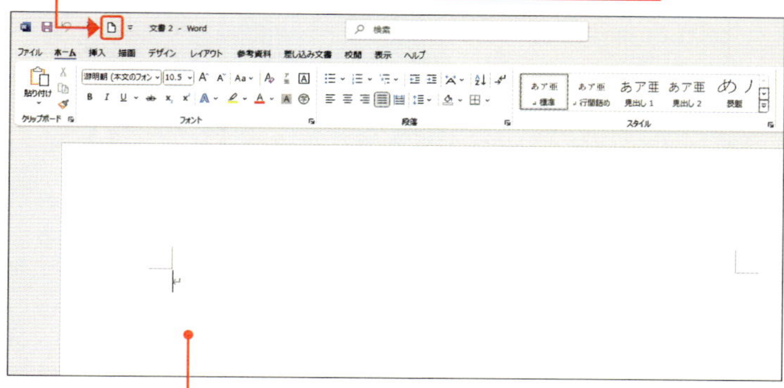

4 すばやく新規作成画面が表示されます。

ヒント　コマンドを削除する

クイックアクセスツールバーに登録したコマンドを削除するには、削除したいコマンドを右クリックして、［クイックアクセスツールバーから削除］をクリックします。

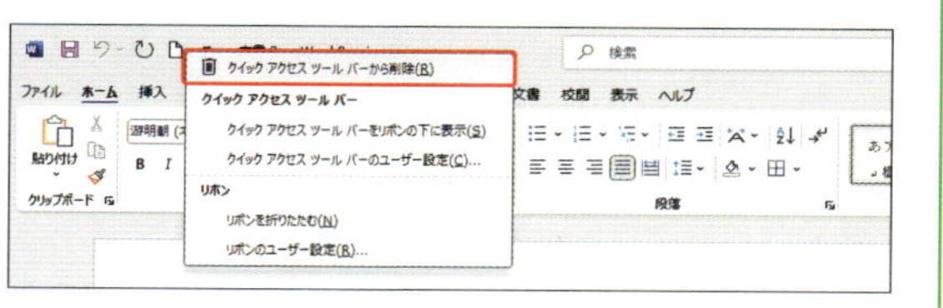

Section

03 リボンの操作をマスターしよう

ここで学ぶこと

・リボン
・コマンド
・グループ

Wordでは、ほとんどの機能を**リボン**に表示される**コマンド**(機能を割り当てられているアイコン)から実行することができます。また、リボンに表示されていない機能は、**ダイアログボックス**や**作業ウィンドウ**を表示させて設定できます。

練習▶ファイルなし

1 リボンを操作する

解説

Word 2024のリボン

Word 2024の初期状態で表示されるリボンは、[ファイル]を加えた11種類のタブによって分類されています。また、それぞれのタブは、用途別の「グループ」に分かれています。各グループのコマンドをクリックすることによって、機能を実行したり、メニューやダイアログボックス、作業ウィンドウなどを表示したりすることができます。

1 リボンのタブをクリックして、

コマンド

グループ

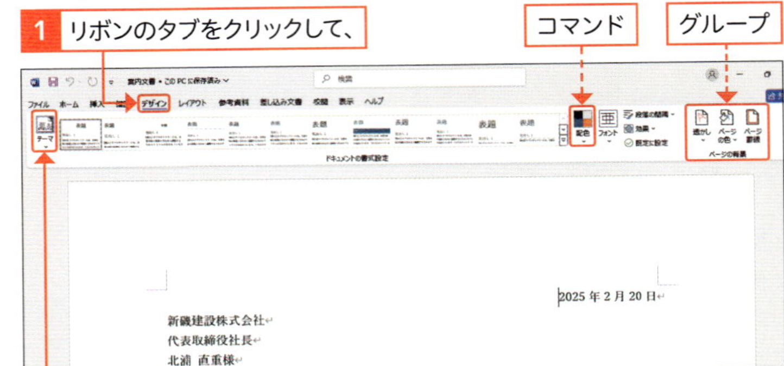

2 目的のコマンドをクリックします。

3 コマンドをクリックして
ドロップダウンメニューが表示されたときは、

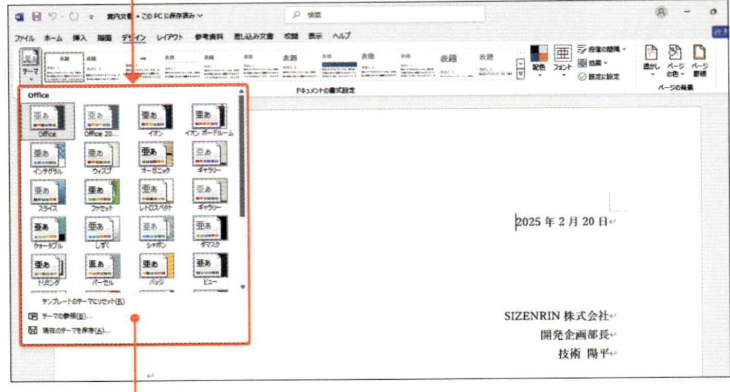

4 メニューから目的の設定項目や機能をクリックします。

ヒント

コマンドの機能を確認する

コマンドにマウスポインターを合わせると、そのコマンドの名称と機能や使い方を確認することができます。

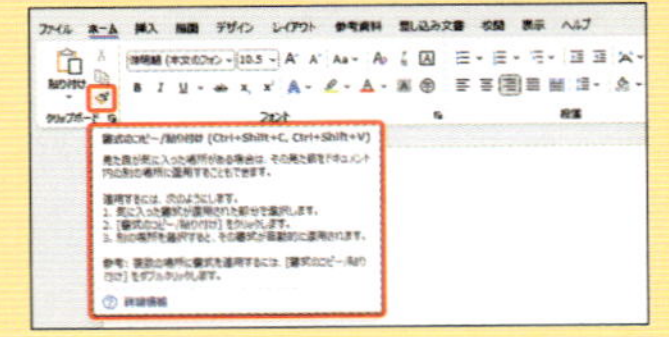

② リボンからダイアログボックスを表示する

解説

追加のオプションがある場合

各グループの右下に 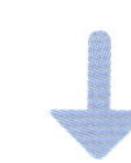 が表示されているときは、そのグループにリボンに表示されていない追加のオプションがあることを示しています。

1 いずれかのタブをクリックして、

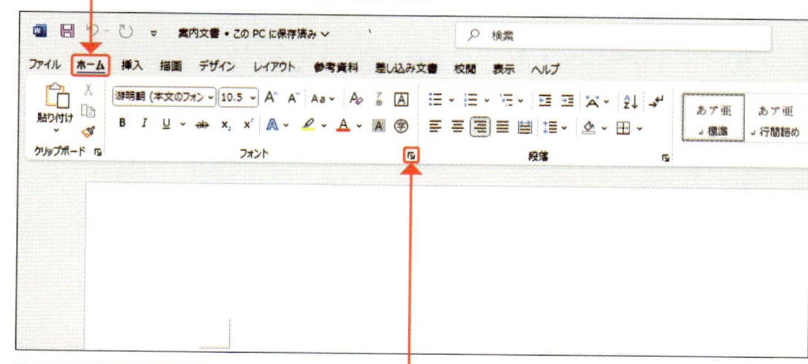

2 各グループの右下にあるここをクリックすると、

3 ダイアログボックスが表示され、詳細な設定を行うことができます。

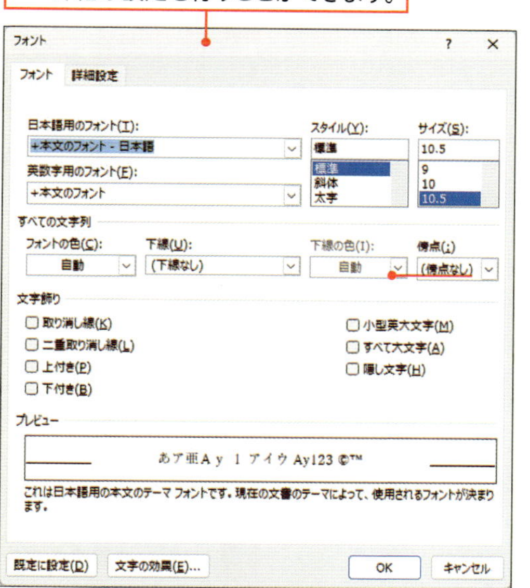

ヒント **コマンドが見つからない場合**

必要なコマンドが見つからない場合、グループの右下にある ◪ をクリックしたり、メニューの末尾にある項目をクリックしたりすると、詳細画面（ダイアログボックス）や作業ウィンドウが表示されます。
また、タイトルバーにある検索ボックスに、機能や操作のキーワードを入力すると、関連するコマンドが表示されます。

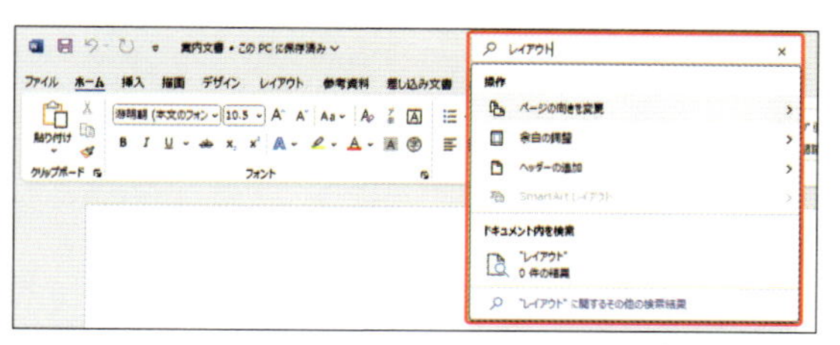

3 リボンの表示／非表示を切り替える

解説

リボンを非表示にする

リボンを折りたたんで非表示にすると、タブだけが残り、編集画面が広がります。コマンドを使わず文字入力だけしたい場合、文書の表示範囲を広げたい場合などに便利です。
もとの表示に戻すには、右の操作のほか、タブをダブルクリックしても可能です。

全画面表示モード

手順2のメニューにある［全画面表示モード］をクリックすると、編集画面のみになります。タブのみの表示よりもさらに編集画面が広く使えます。もとの表示に戻すには、画面上部の…をクリックして、［リボンの表示オプション］⌄→［常にリボンを表示する］をクリックします。

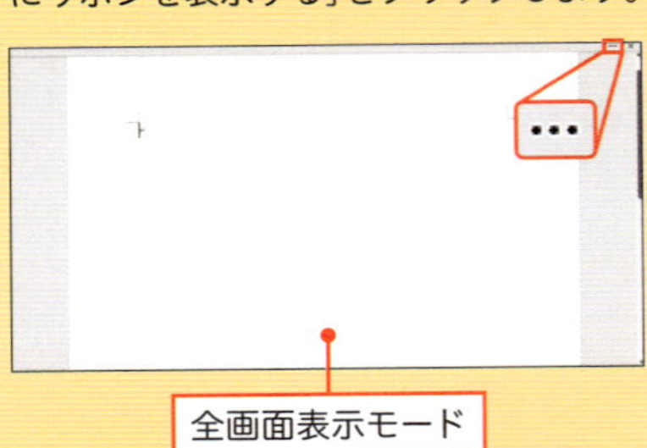

ショートカットキー

リボン／タブのみ表示の切り替え

Ctrl + F1

1 ［リボンの表示オプション］をクリックして、

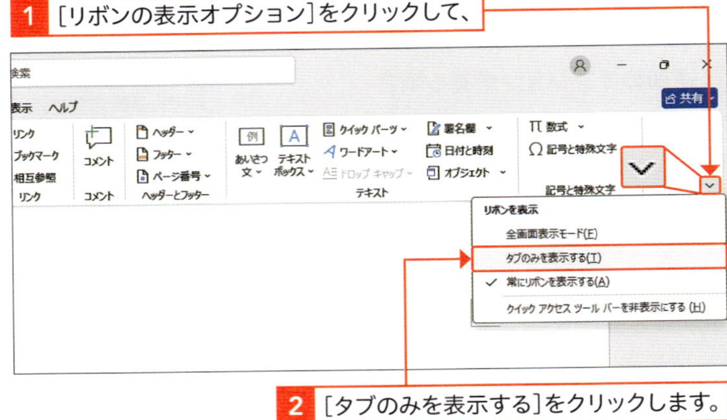

2 ［タブのみを表示する］をクリックします。

3 タブのみの表示になります。

4 いずれかのタブをクリックして、

5 ［リボンの表示オプション］をクリックし、

6 ［常にリボンを表示する］をクリックすると、もとの表示に戻ります。

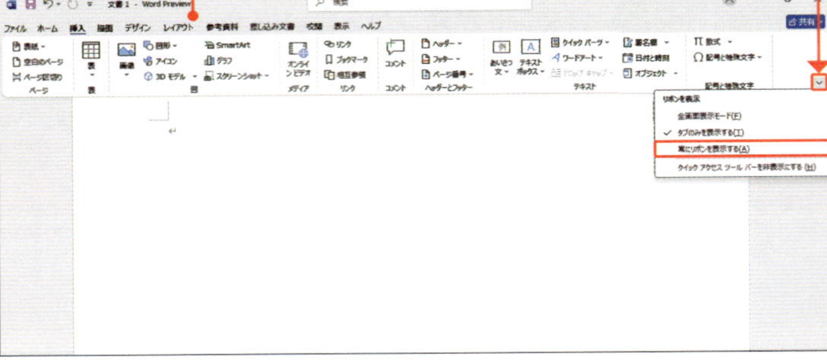

Wordのバージョンで異なる画面

リボンの表示／非表示操作は、Wordの製品バージョンによって異なります。[リボンの表示オプション] が表示されるバージョンでは、右のように操作します。

なお、[リボンを自動的に非表示にする]をクリックすると、全画面表示(タブも非表示)になります。画面右上の[リボンの表示オプション]をクリックして、[タブとコマンドの表示]をクリックすると、もとの表示に戻ります。

また、リボンの右端に[リボンを折りたたむ]^ が表示される場合は、クリックするとタブのみの表示になります。

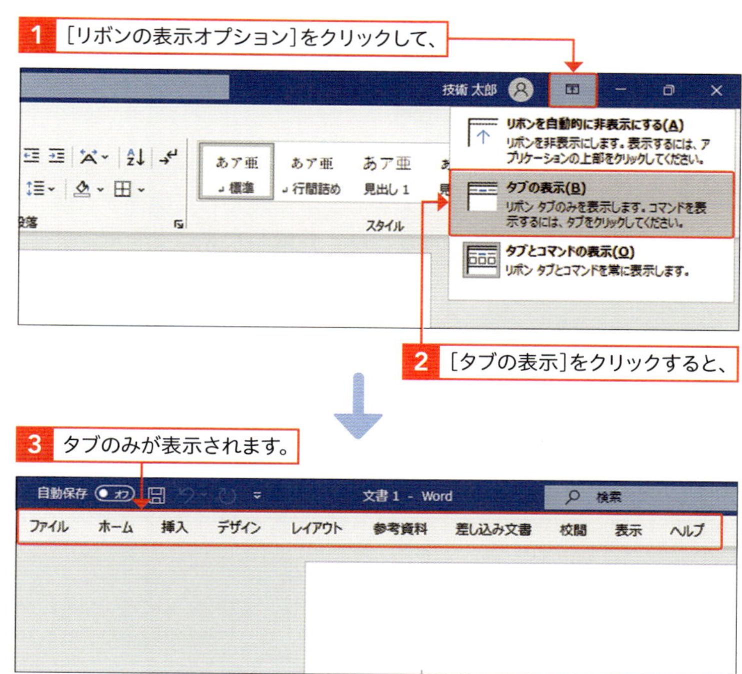

必要に応じてリボンが追加される

通常の11種類のタブのほかに、図や写真、表などをクリックして選択すると、作業に応じて右端にタブが追加表示されます。

文書に表を作成して、表を選択すると、[テーブルデザイン] タブと [テーブルレイアウト] タブが追加表示されます。

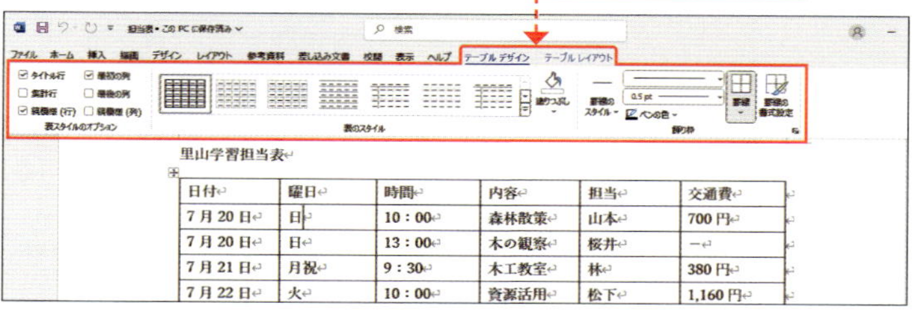

日付	曜日	時間	内容	担当	交通費
7月20日	日	10：00	森林散策	山本	700円
7月20日	日	13：00	木の観察	桜井	−
7月21日	月祝	9：30	木工教室	林	380円
7月22日	火	10：00	資源活用	松下	1,160円

文書にイラストを挿入してクリックすると、[図の形式] タブが追加表示されます。

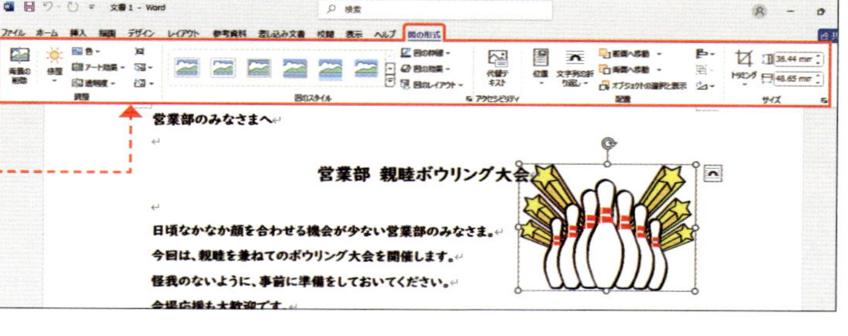

Section

04 文書を保存しよう

ここで学ぶこと

- 名前を付けて保存
- 上書き保存
- ファイル形式

作成した文書をファイルとして保存すれば、あとから何度でも利用できます。ファイルの保存には、作成した文書を新規ファイルとして保存する**名前を付けて保存**とファイル名を変えずに既存の文書の内容を更新する**上書き保存**があります。

練習▶ファイルなし

1 名前を付けて保存する

解説

名前を付けて保存する

作成した文書を新しいWordファイルとして保存するには、保存場所を指定して名前を付けます。一度保存したファイルを、違う名前で保存することも可能です。なお、新規に作成した文書は「文書1」のような仮の名前が付いています。

ショートカットキー

名前を付けて保存

F12

1 ［ファイル］タブをクリックして、

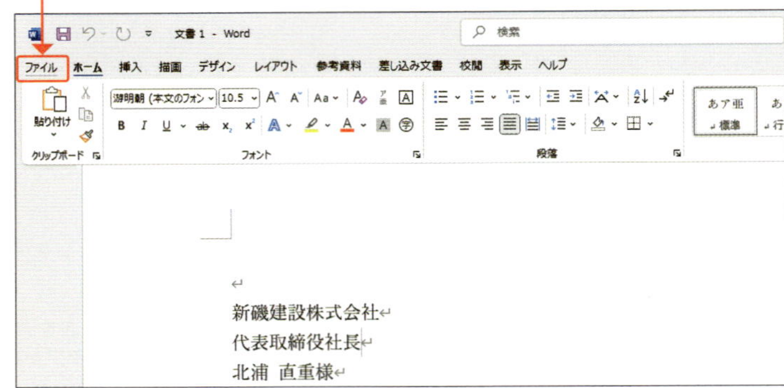

2 ［名前を付けて保存］をクリックし、

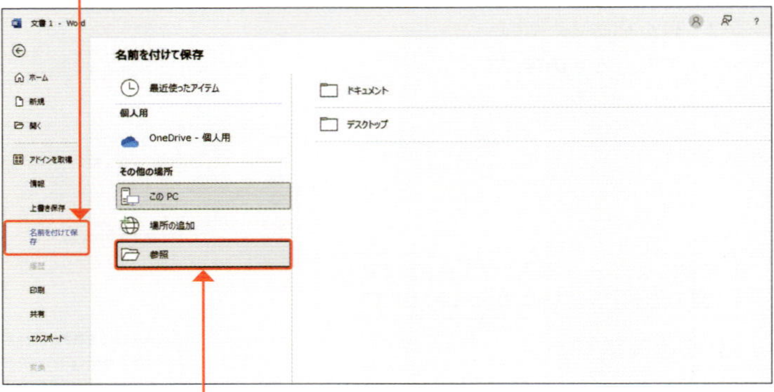

3 ［参照］をクリックします。

応用技

OneDriveに保存する

文書の保存先に[OneDrive]を指定すると、オンライン上に保存することができます。OneDrive(306ページ参照)に保存されたファイルは、オンラインであればどこからでもアクセスすることができます。

ヒント

ファイル形式の選択

Word形式の文書として保存する場合、[名前を付けて保存]ダイアログボックスの[ファイルの種類]で[Word文書]に設定します。そのほかの形式にしたい場合は、[ファイルの種類]で任意のファイル形式を選択します。

4 保存先のフォルダーを指定して、

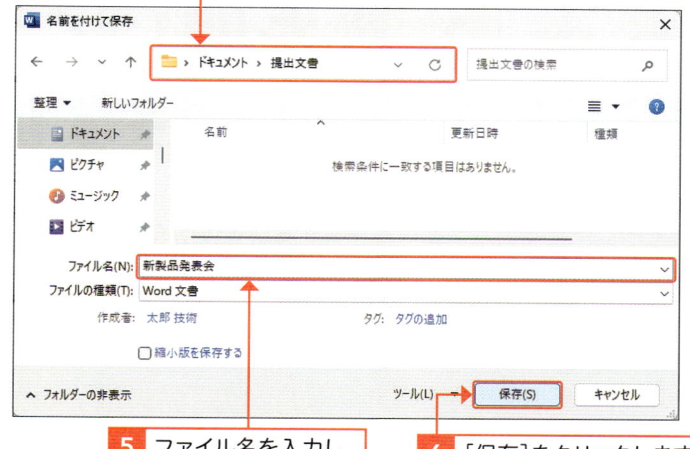

5 ファイル名を入力し、

6 [保存]をクリックします。

7 文書が保存されて、タイトルバーにファイル名が表示されます。

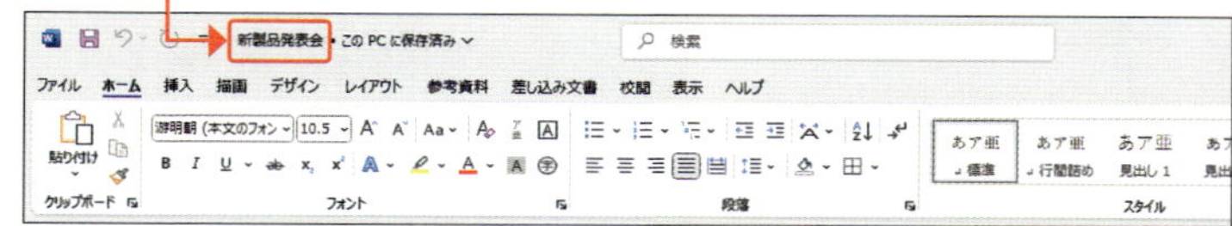

2 上書き保存する

重要用語

上書き保存

文書を変更して、最新の内容のみを残しておくことを、「上書き保存」といいます。タイトルバーに[上書き保存] が表示されている場合は、そのコマンドをクリックしても上書き保存ができます。

1 既存の文書を開いて編集したあと、[ファイル]タブをクリックして、

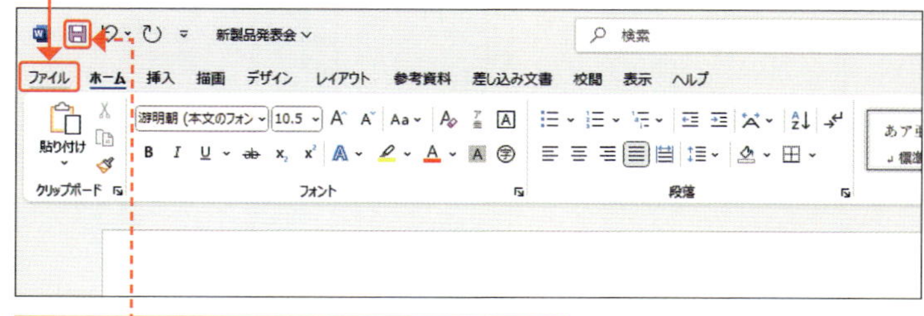

ここをクリックしても上書き保存できます。

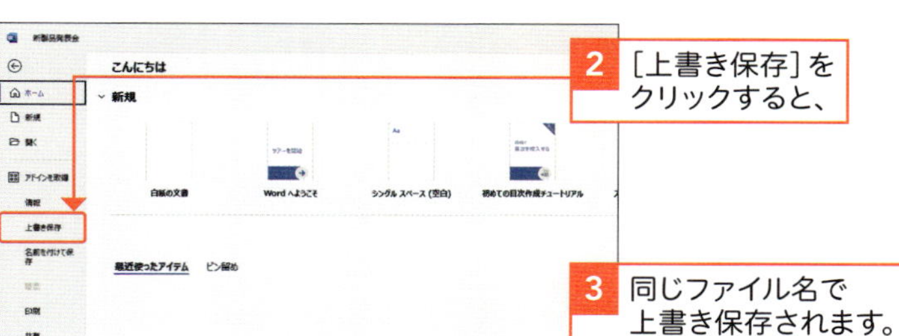

2 [上書き保存]をクリックすると、

3 同じファイル名で上書き保存されます。

ショートカットキー

上書き保存

Ctrl + S

Section

05 文書を閉じてWordを終了しよう

ここで学ぶこと

- 文書を閉じる
- 閉じる
- Wordを終了する

文書の編集後、名前を付けて保存したら、**文書を閉じます**。保存しないまま文書を閉じようとすると確認のメッセージが表示されるので、必要な処理を行ってから**Wordを終了**します。

練習▶ファイルなし

1 文書を閉じる

解説

文書を閉じる

Word自体を終了するのではなく、開いている文書に対する作業を終了する場合、「文書を閉じる」操作を行います。文書が複数開いている場合は、ウィンドウの右上にある[閉じる] ✕ をクリックすると、表示されている文書が閉じます。

ショートカットキー

文書を閉じる

Ctrl + W

1 [ファイル]タブをクリックして、

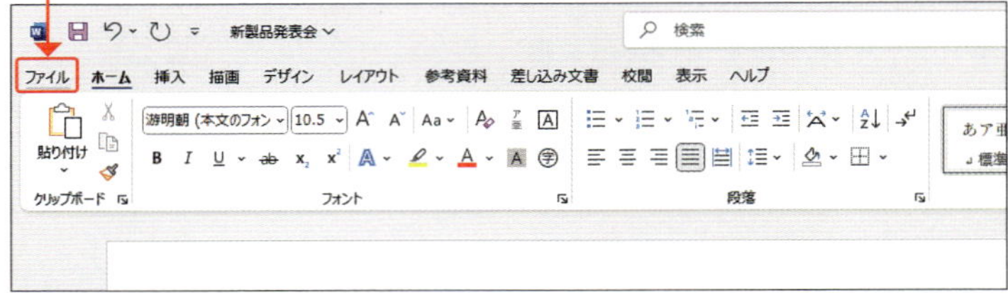

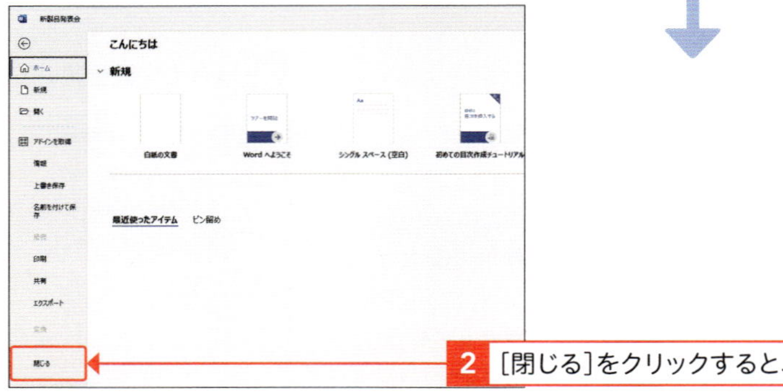

2 [閉じる]をクリックすると、

3 文書が閉じます。

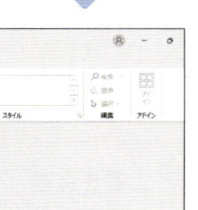

② Wordを終了する

解説

Wordを終了する

1つの文書のみを開いている場合にWordを終了するには、右の手順で操作します。複数の文書を開いている場合は、[閉じる]をクリックしたウィンドウの文書だけが閉じられるので、すべての文書を閉じて終了します。

1 [閉じる]をクリックすると、

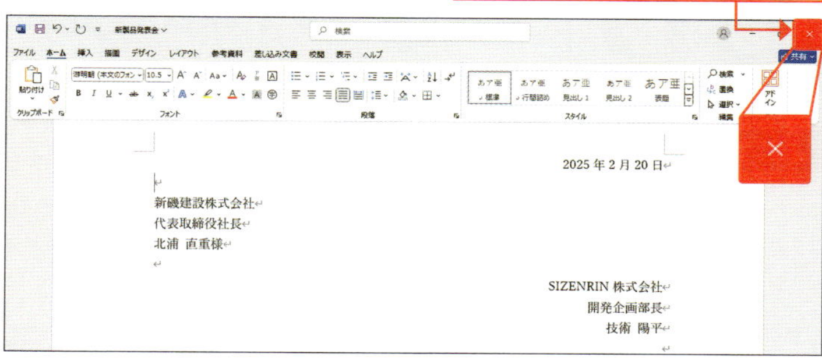

2 Wordが終了して、デスクトップ画面に戻ります。

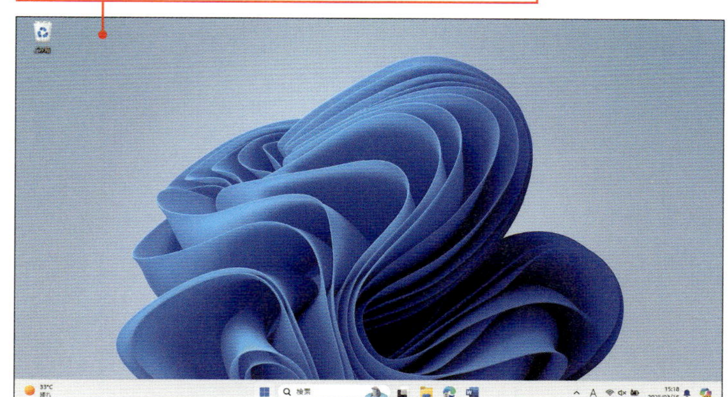

ショートカットキー

Wordを終了する

Alt + F4

ヒント 保存しないまま文書を閉じる場合

文書に変更を加えて保存しないまま閉じようとすると、右のようなダイアログボックスが表示されます。文書を保存する場合は[保存]、保存しない場合は[保存しない]、文書を閉じずに作業に戻る場合は[キャンセル]をクリックします。

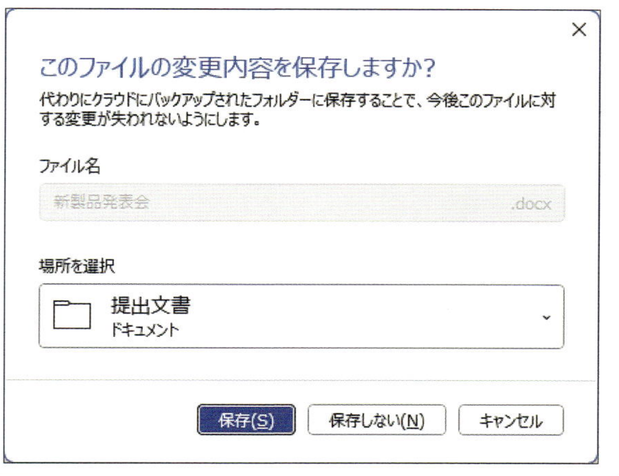

Section

06 保存した文書を開こう

ここで学ぶこと

- 文書を開く
- 最近使ったアイテム
- ジャンプリスト

保存した文書を開くには、[ファイルを開く]ダイアログボックスで保存した場所を指定して、ファイルを選択します。また、最近使ったアイテムやタスクバーのジャンプリストからファイルを選択することもできます。

練習▶ファイルなし

1 保存した文書を開く

解説

最近使ったアイテムを利用する

文書を保存したあとでWordを起動すると、[最近使ったアイテム]にファイルの履歴が表示されます。目的のファイルをクリックするだけで、すばやく開くことができます。なお、[最近使ったアイテム]は初期設定では表示されますが、非表示にすることもできます(30ページの「ヒント」参照)。

ヒント

OneDrive

[ファイル]タブの[開く]に表示されている[OneDrive]とは、マイクロソフト社が提供するオンラインストレージサービスです(306ページ参照)。

1 Wordを起動します。

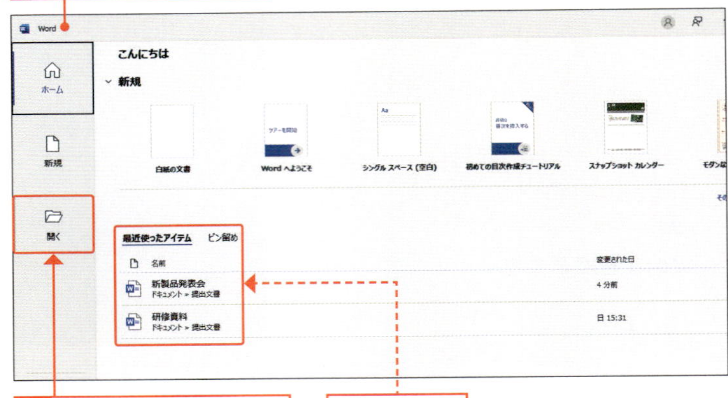

2 [開く]をクリックして、

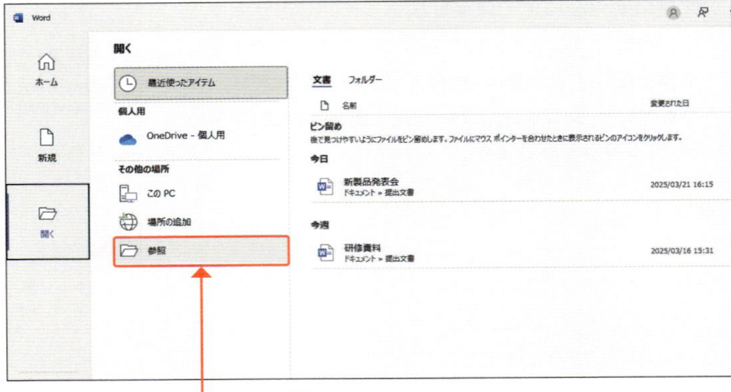

3 [参照]をクリックします。

ファイルのアイコンから文書を開く

デスクトップやエクスプローラー内から保存したWord文書をダブルクリックすると、Wordが起動して文書を開くことができます。

エクスプローラーは、タスクバーの を クリックすると表示されます。

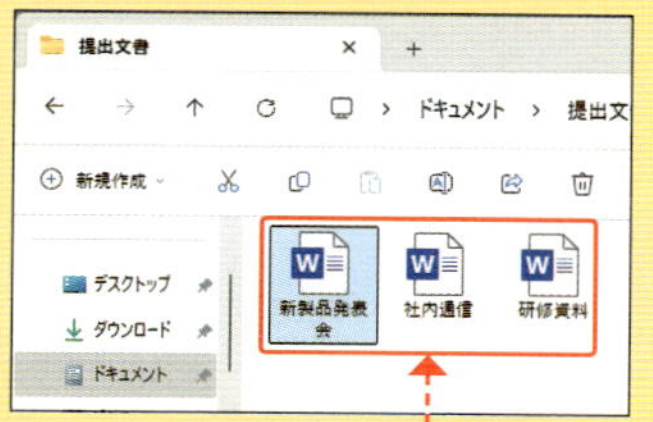

4 ［ファイルを開く］ダイアログボックスが表示されるので、

5 開きたい文書が保存されているフォルダーをクリックして、

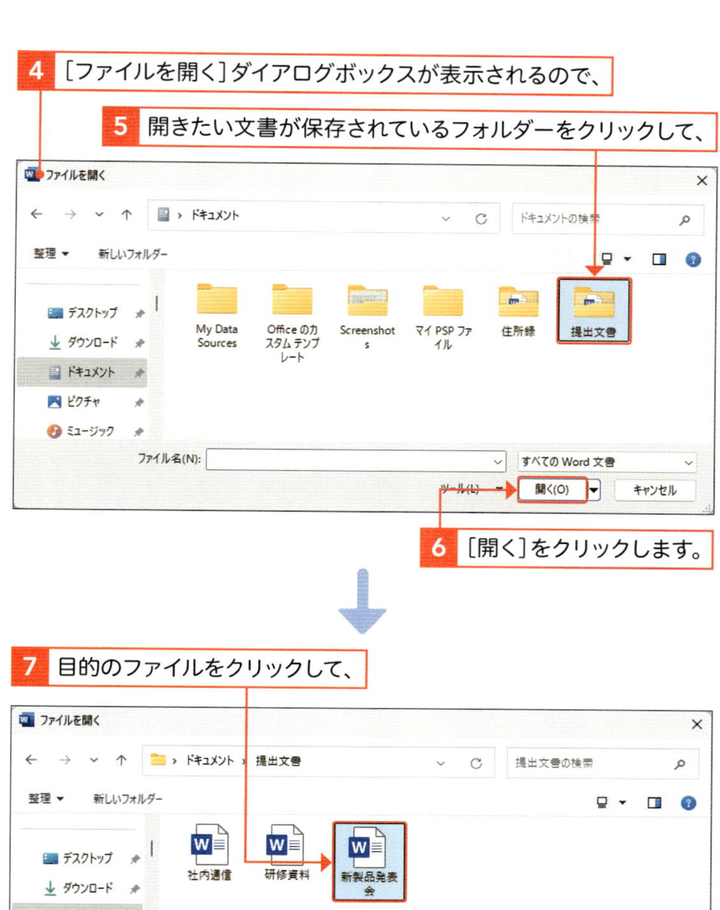

6 ［開く］をクリックします。

7 目的のファイルをクリックして、

8 ［開く］をクリックすると、

9 文書が開きます。

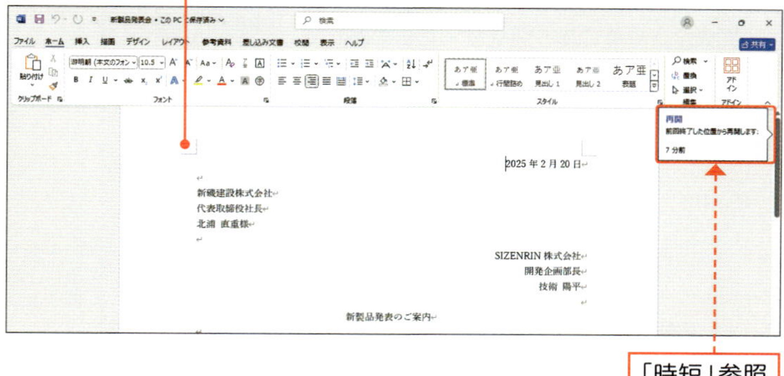

閲覧の再開

編集後に保存して文書を閉じた場合、次回その文書を開くと、右端に［再開］のメッセージが表示されます。再開のメッセージをクリックすると、最後に編集していた位置（ページ）に移動します。時間が経つと に変わりますが、クリックすれば再表示されます。

② 文書を開いているときにほかの文書を開く

ショートカットキー

[ファイルを開く] ダイアログボックスの表示

ヒント

最近使ったアイテムを利用する

[最近使ったアイテム]に目的のファイルがあれば、該当のファイルをクリックして開くこともできます。

応用技

ウィンドウを切り替える

複数の文書を開いている場合、それぞれの文書を切り替えるには、[表示]タブをクリックし、[ウィンドウの切り替え]をクリックします。現在開いている文書が一覧表示されるので、切り替えたい文書をクリックします。

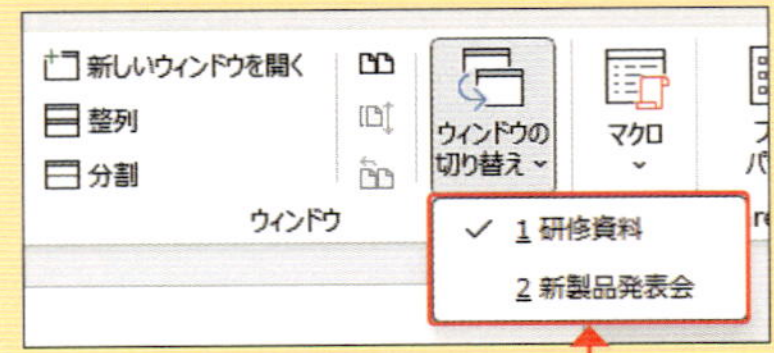

現在表示されている文書には、チェックが表示されます。

1 [ファイル]タブをクリックして、

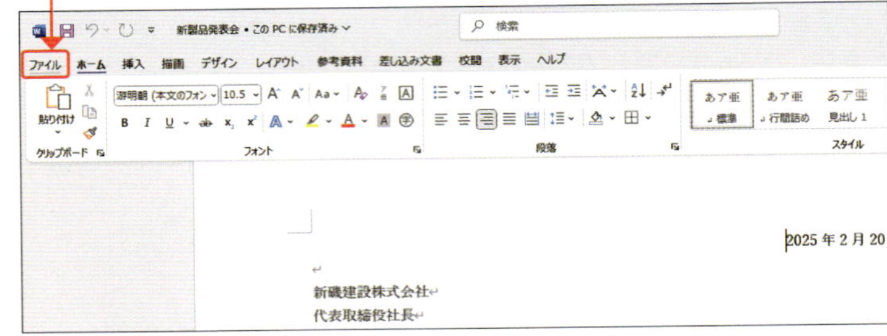

2 [開く]をクリックし、

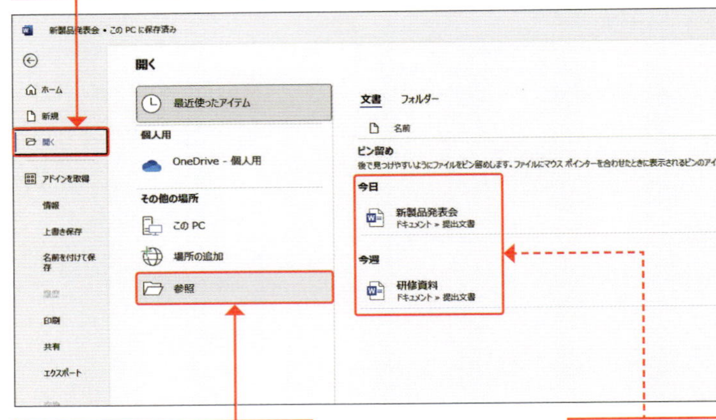

3 [参照]をクリックします。

4 保存先のフォルダーを指定して、

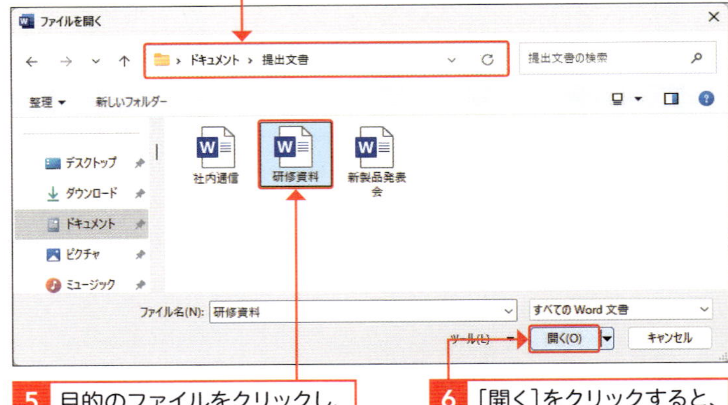

5 目的のファイルをクリックし、

6 [開く]をクリックすると、文書が開きます。

③ タスクバーのジャンプリストから文書を開く

ジャンプリスト

タスクバーのアイコンを右クリックすると、ファイルの一覧が表示されます。これをジャンプリストといい、クリックするだけでファイルを開くことができます。ジャンプリスト内のファイルは、新しいファイルを開くと古い順に表示されなくなります。つねに表示させたい場合は、ピン留めしておきます(下の「ヒント」参照)。

1 Wordのアイコンをタスクバーにピン留めしておきます(27ページの「時短」参照)。

2 タスクバーのWordのアイコンを右クリックすると、

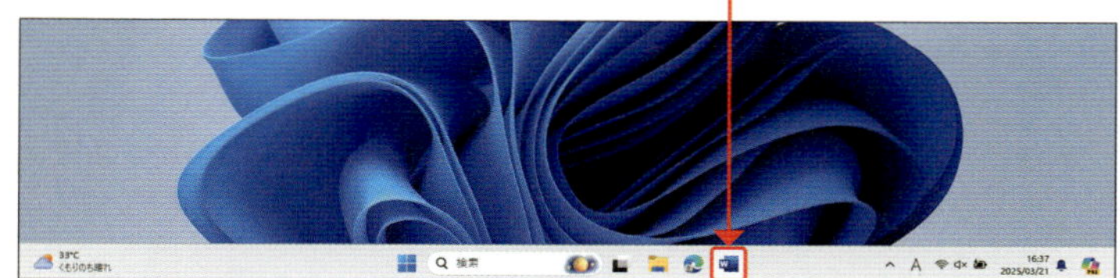

3 最近使用した文書の一覧(ジャンプリスト)が表示されます。

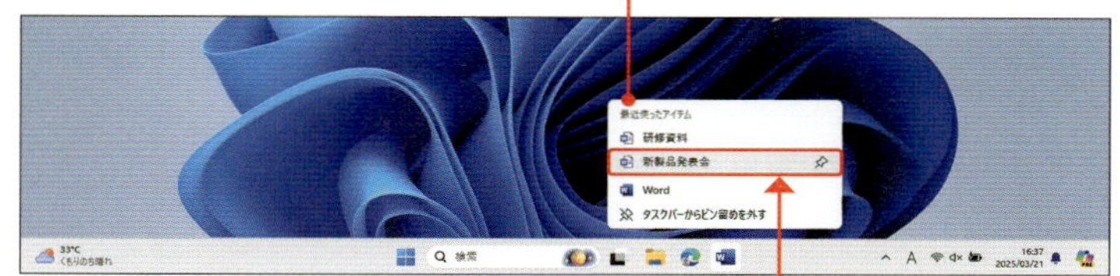

4 開きたい文書をクリックすると、

5 文書が開きます。

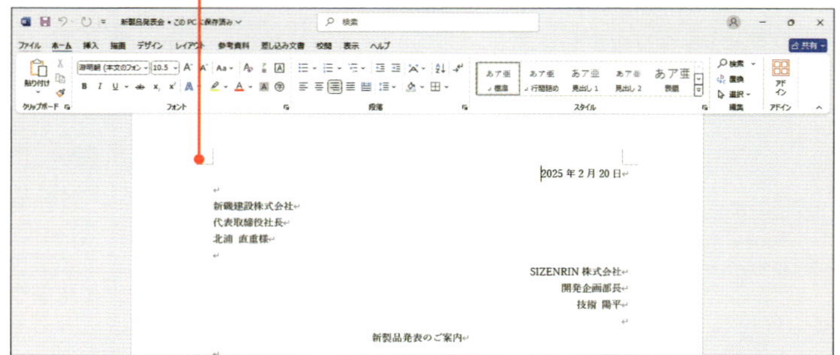

ジャンプリストにピン留めする

ジャンプリストにつねに表示させておくには、ファイル名にマウスポインターを合わせて[一覧にピン留めする] をクリックします。ジャンプリストから削除したい場合は、右クリックして[この一覧から削除]をクリックします。

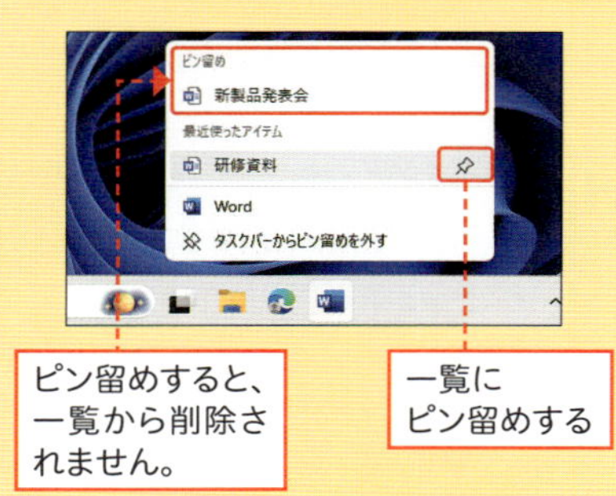

ピン留めすると、一覧から削除されません。

一覧にピン留めする

応用技 タスクバーのアイコンで文書を切り替える

複数の文書を開いている場合、タスクバーのWordのアイコンにマウスポインターを合わせると、文書の内容がサムネイルで表示されます。目的の文書をクリックすると、文書を切り替えることができます。

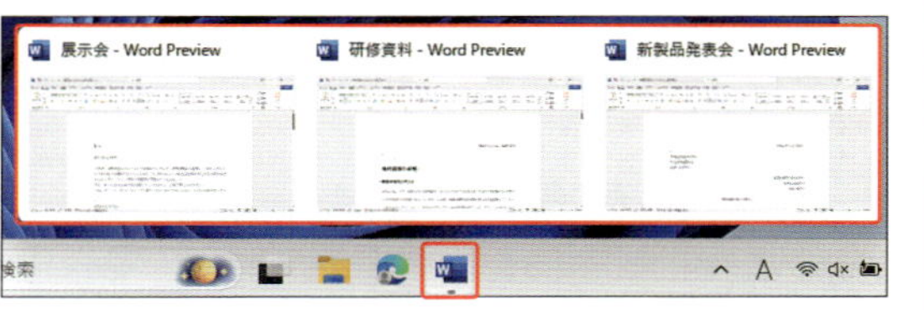

Section 07

保存した文書を削除しよう

ここで学ぶこと

- 削除
- エクスプローラー
- ごみ箱

保存した文書が不要になった場合、保存先から削除します。**文書ファイルを削除**するには、**エクスプローラー**を利用します。誤って削除してしまったときは、**ごみ箱**から**もとの保存先に戻す**こともできます。

1 エクスプローラーで文書を削除する

ヒント

誤って削除した場合

削除したファイルは、[ごみ箱]に一時的に保存されます。[ごみ箱]から削除([ごみ箱]フォルダーを空に)すると完全に削除されてしまいますが、削除する前であれば、もとに戻すことができます。デスクトップの[ごみ箱]をダブルクリックして開き、もとに戻したいファイルを選択して … をクリックし、[選択した項目を元に戻す]をクリックします。

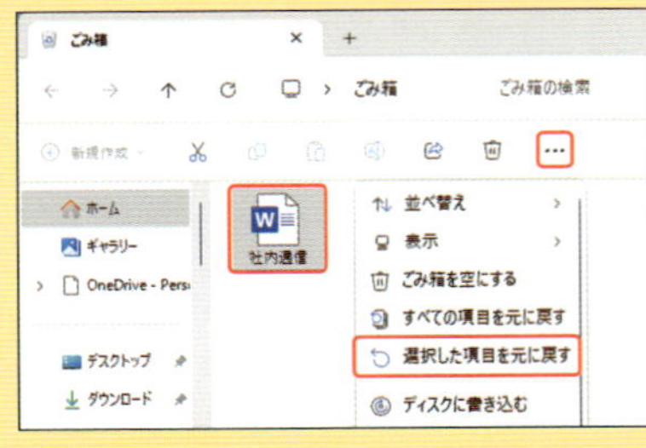

ショートカットキー

エクスプローラーを開く

[Windows]+[E]

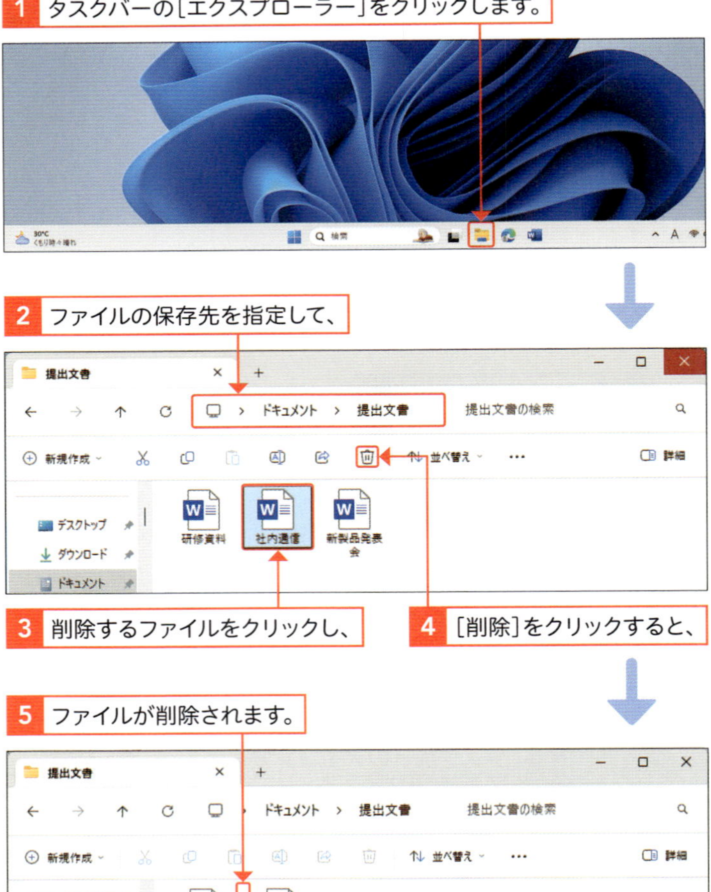

第 2 章

文字入力をマスターしよう

この章で学ぶこと

キーボードと文字入力の基本を知ろう

キーボードの名称と機能

キーボードには文字入力／変換のほかにも、文字の削除やカーソルの移動などさまざまな機能が割り当てられています。Wordでよく使うキー(文字キー除く)を確認しておきましょう。

1 Esc エスケープキー
実行中の操作を終了します。

2 F1 ～ F12 ファンクションキー
割り当てられている機能を実行します。

3 Insert (Ins)インサートキー
挿入モードと上書きモードを切り替えます。

4 Back space バックスペースキー
カーソル手前の文字や選択対象を削除します。

5 Delete (Del)デリートキー
カーソル以降の文字や選択対象を削除します。

6 半角/全角 半角／全角キー
ひらがなと半角英字を切り替えます。

7 Tab タブキー
文字位置を指定したり、表内のセルを移動したりします。

8 Shift シフトキー
文字キーの左上の文字や記号を入力したり、連続する範囲を選択したりします。

9 Ctrl コントロールキー
複数の対象を選択したり、ほかのキーと組み合わせて操作したりします。

10 Fn エフエヌキー
ファンクションキーと併せて使います。

11 Alt オルトキー
ほかのキーと組み合わせて使います。

12 無変換 無変換キー
入力モードを切り替えます。

13 Space スペースキー
文字を変換したり、空白文字を入力したりします。

14 変換 変換キー
確定した文字を再変換します。

15 ↑↓←→ 方向キー
カーソルや選択対象を移動します。

16 Enter エンターキー
文字入力を確定したり、改行を挿入したりします。

17 Num Lock ナムロックキー
テンキーの入力方法を切り替えます。

18 テンキー
数値を入力したり、カーソル位置を移動したりします(Num Lock の切り替え)。

2 文字入力をマスターしよう

日本語／英数字入力のモードとキーの仕組み

Wordの文字入力では、ひらがな、漢字、カタカナなどの「日本語」と「英数字」（大文字／小文字、全角／半角）があります。入力したい文字に合わせて入力モードを切り替えます。
英数字のモードは、押した文字／数字キーの文字が半角で直接入力されます。
日本語のモードは、押した文字キーの文字が直接入力されずに、いったんひらがなで入力（表示）されます。ひらがなにする場合はそのまま確定しますが、漢字やカタカナ（半角／全角）にするには変換する操作が必要になります。英字や数字キーの場合は、全角で入力（表示）され、半角や記号などにも変換できます。
入力モードについては、50ページで詳しく解説します。

●日本語入力

日本語を入力する場合、まず「ひらがな」入力モードにします。文字キーを押し、ひらがな（読み）を入力します。
漢字やカタカナにするには、入力したひらがなを space を押して変換します。

なお、日本語入力する際の方式として、英字キーを使う「ローマ字入力」と、かなキーを使う「かな入力」があります。入力方式によって、押したキーの表示が異なります。本書では、ローマ字入力を使用しています。

1 入力モードを「ひらがな」にして、キーボードでSANNKYU－とキーを押します。

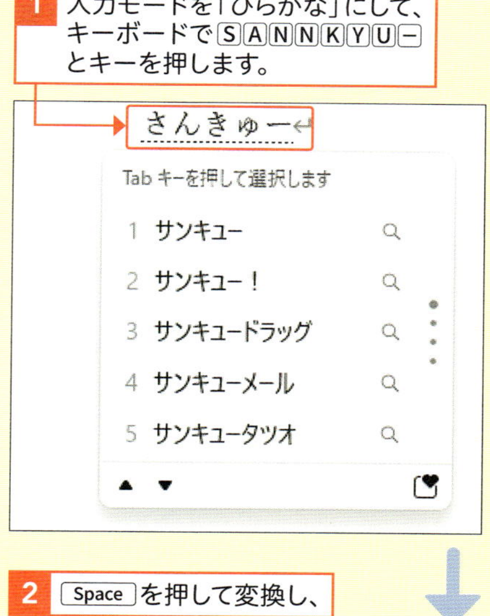

2 Space を押して変換し、

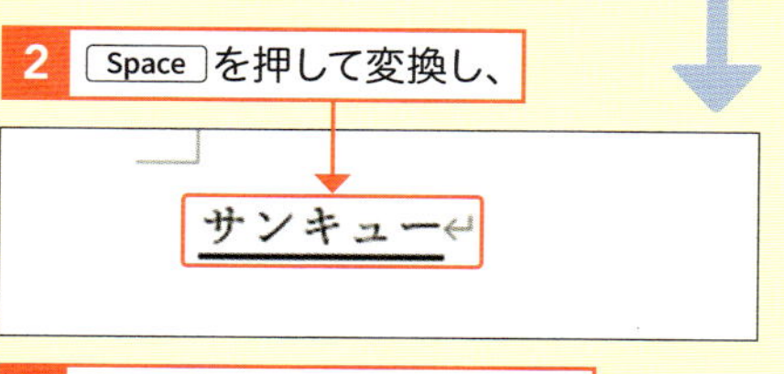

3 Enter を押して確定します。

●英字入力

半角の英字を入力する場合、まず「半角英数字」入力モードにします。英字キーを押すと小文字が入力され、Shift を押しながら英字キーを押すと大文字が入力されます。

1 入力モードを「半角英数字」にして、キーボードで Shift ＋T、HANK Space YOU とキーを押します。

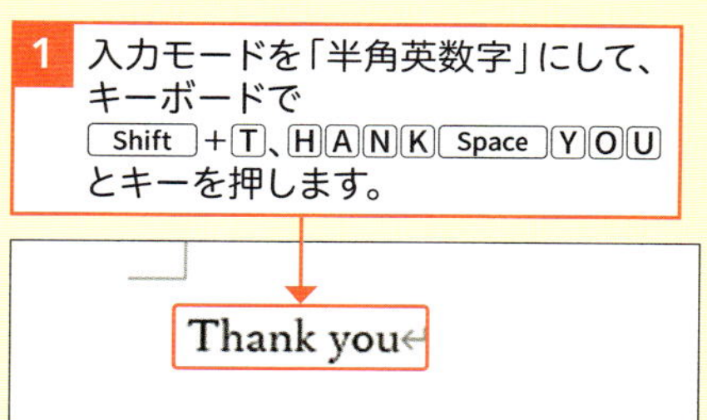

Section

08 ひらがな／カタカナを入力しよう

ここで学ぶこと

- 入力モード
- ひらがなの入力
- カタカナの入力

文字入力する場合、ひらがな／カタカナは**「ひらがな」**、英字は**「英数字」**の入力モードを切り替えます。また、キーを押すときに英字キーを使う（**ローマ字入力**）か、かなキーを使う（**かな入力**）かを最初に決めます。

練習▶ファイルなし

1 入力モードを切り替える

重要用語

入力モード

入力モードは、入力する文字（日本語／英数字）に合わせて切り替えます。

- 「ひらがな」あ
  ひらがなを入力して、漢字やカタカナに変換する
- 「半角英数字」A
  半角英数字を入力する（変換不可）
- 「全角カタカナ」カ
  カタカナで入力する（変換可）
- 「半角カタカナ」ｶ
  半角カタカナを入力する（変換可）
- 「全角英数字」Ａ
  全角英数字を入力する（変換不可）

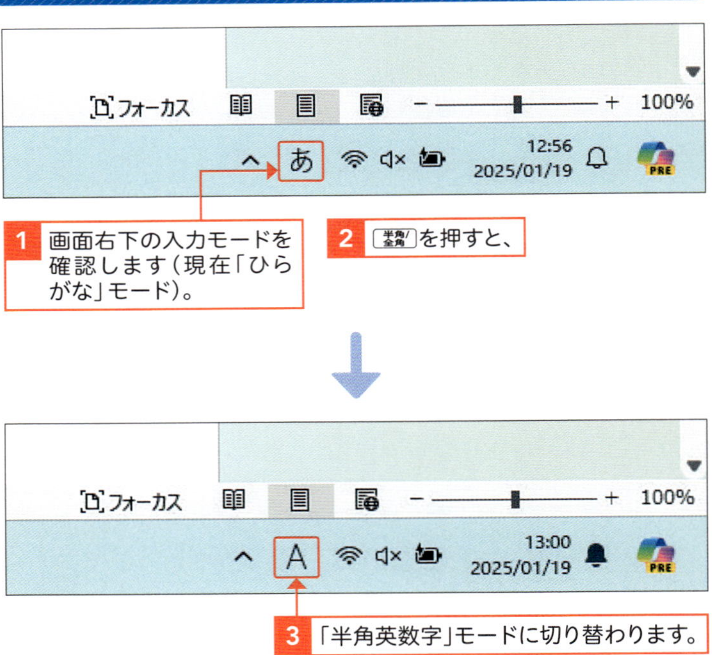

フォーカス
100%
あ
12:56
2025/01/19
1 画面右下の入力モードを確認します（現在「ひらがな」モード）。
2 半角/全角 を押すと、
A
13:00
2025/01/19
3 「半角英数字」モードに切り替わります。

ヒント　キー操作による入力モードの切り替え

キーによる変換は表の通りです。なお、使用しているパソコンやキーボードの種類によっては、これらのキーがないか、別のキーが使われていることがあります。詳しくはお使いのパソコン、またはキーボードの取扱説明書などでご確認ください。

キー	入力モード
半角/全角	「半角英数字」と「ひらがな」を切り替えます。
無変換	「ひらがな」と「全角カタカナ」「半角カタカナ」を切り替えます。
カタカナ ひらがな	「ひらがな」へ切り替えます。
Shift ＋ カタカナ ひらがな	「全角カタカナ」へ切り替えます。

そのほかの入力モード切り替え方法

50ページのキーを押して切り替える方法のほか、画面右下の入力モードアイコンをクリックすると「ひらがな」と「半角英数字」を切り替えられます。また、入力モードアイコンを右クリックして表示される5つの入力モードから選択できます。

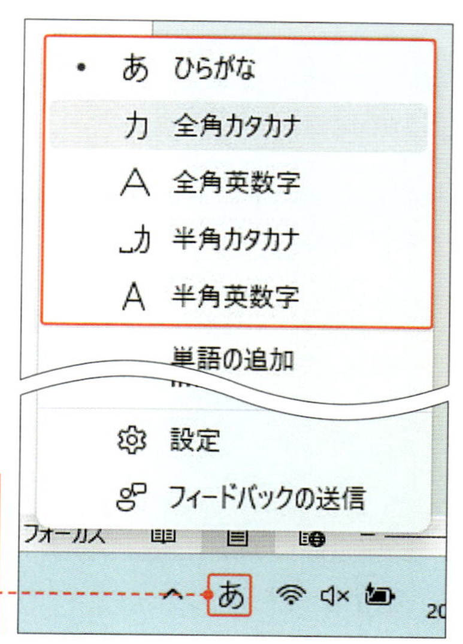

入力モードアイコンをクリックして切り替えるか、右クリックして入力モードを切り替えます。

日本語入力方式の「ローマ字入力」と「かな入力」

日本語を入力する際の方式として、「ローマ字入力」と「かな入力」があります。
「ローマ字入力」は、英字キーを使って日本語読みのローマ字にしてかなを入力します。
「かな入力」は、かなの文字キーで日本語読みを入力します。
一般には、「ローマ字入力」を使い、ほとんどのパソコンはこの設定になっています。
「かな入力」にしたい場合は、以下の方法で切り替えます。

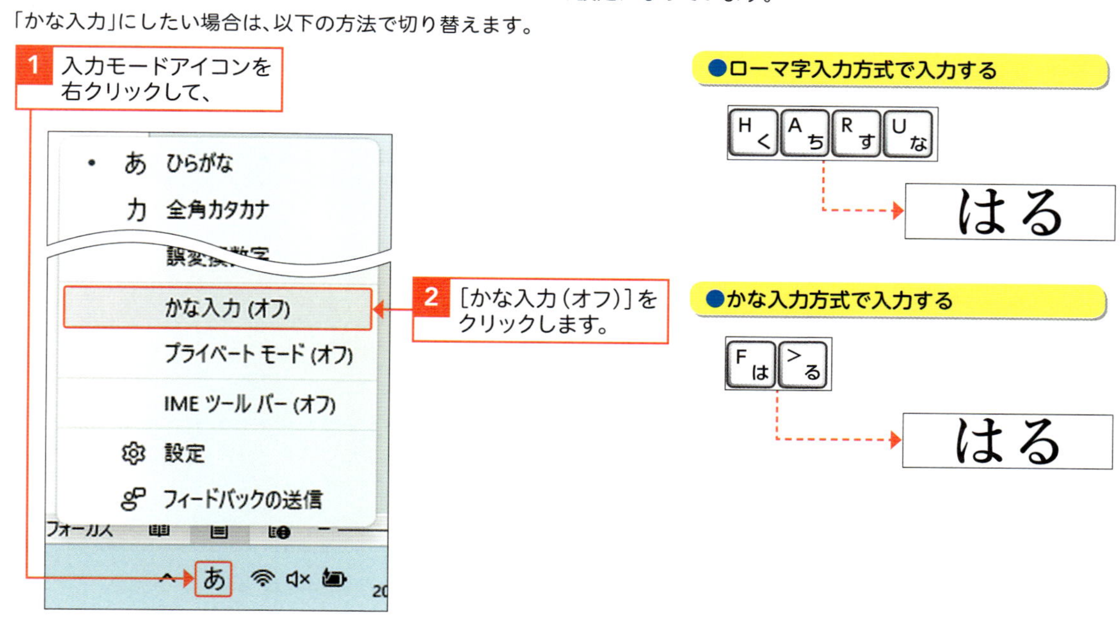

2 ひらがなを入力する

解説

入力の確定

キーボードのキーを押して画面上に表示されたひらがなには、下線が引かれています。この状態では、まだ文字の入力は完了していません。下線が引かれた状態で Enter を押すと、入力が確定します。

1 入力モードを「ひらがな」にしておきます（50ページ参照）。

2 文字が入力できる場所には、カーソルが点滅しています。

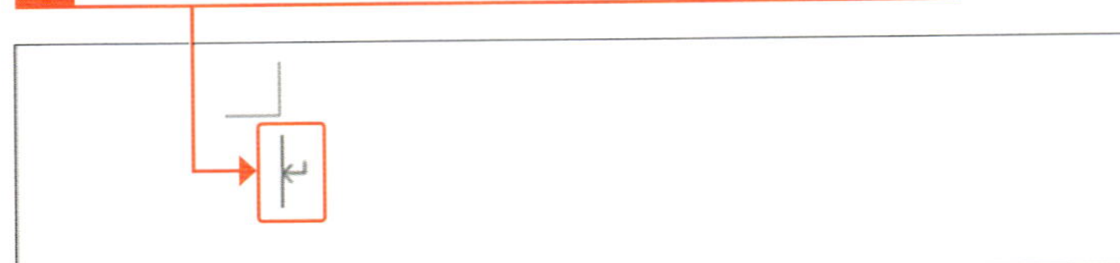

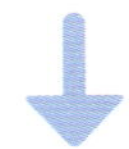

3 OHAYOUとキーを押して、

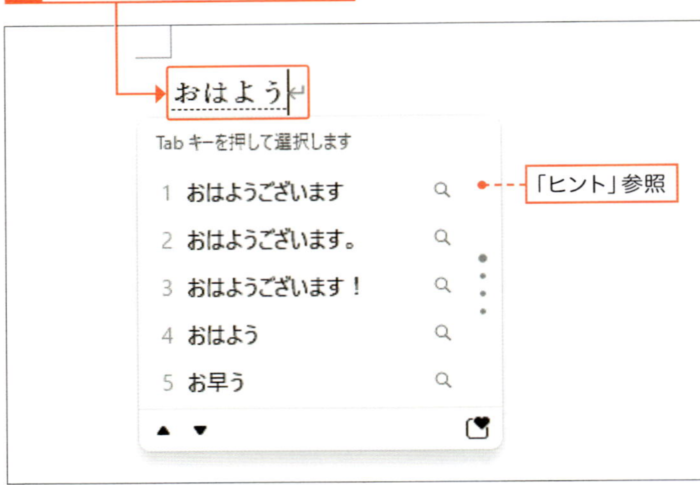

4 Enter を押します。

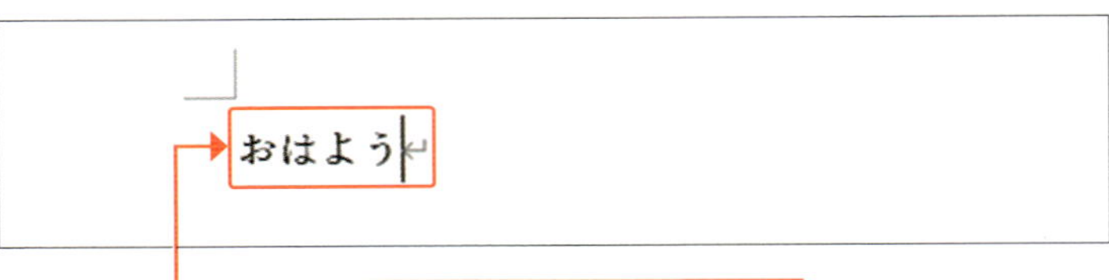

5 文字が確定して、「おはよう」と入力されます。

ヒント

予測候補の表示

入力が始まると、漢字やカタカナの変換候補が一覧表示されます。ひらがなを入力する場合は無視してかまいません。変換候補から入力するには、一覧表示から目的の候補を選択します。

③ 拗音や促音のひらがなを入力する

解説

拗音／促音

拗音（ようおん）とは小さな「ゃ」「ゅ」「ょ」などで表す音で、通常は「きゃ」「じゃ」「ふぁ」のように2文字になるキーを押します。ローマ字変換の対応表（344ページ）を参照してください。
促音（そくおん）とは小さな「っ」で表す詰まった音で、子音のキーを2回押します。

応用技

拗音／促音を単独で入力する

X（またはL）のあとに音となるYUを押すと、「ゅ」が入力されます。「っ」の場合は、XTUで入力できます。

▶ 小さい「ゃ」（拗音）が入るひらがなを入力する

1 KYAとキーを押すと、

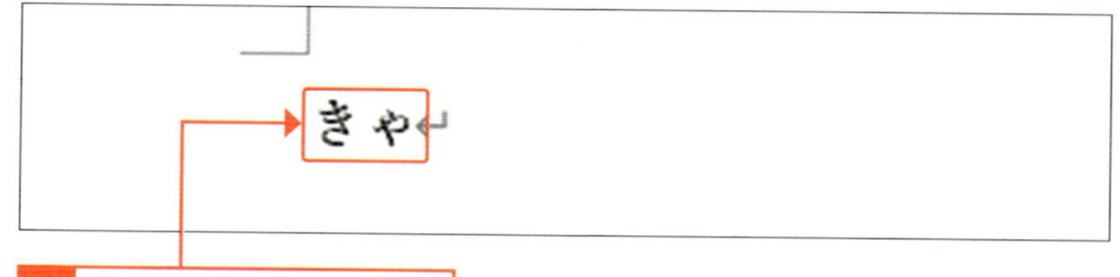

2 「きゃ」が入力されます。

1 MYAとキーを押すと、

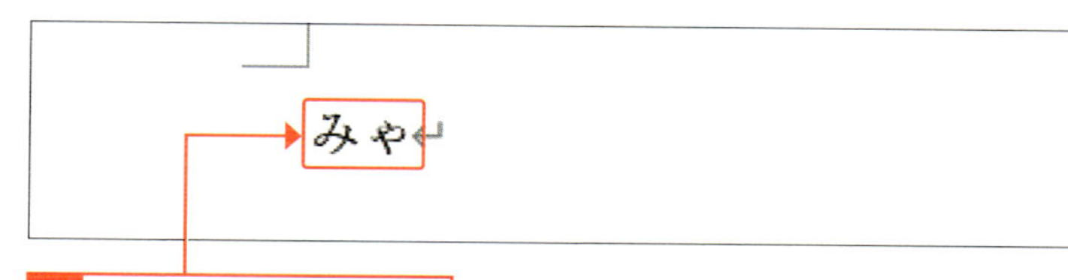

2 「みゃ」が入力されます。

▶ 小さい「っ」（促音）が入るひらがなを入力する

1 KITTEとキーを押すと、

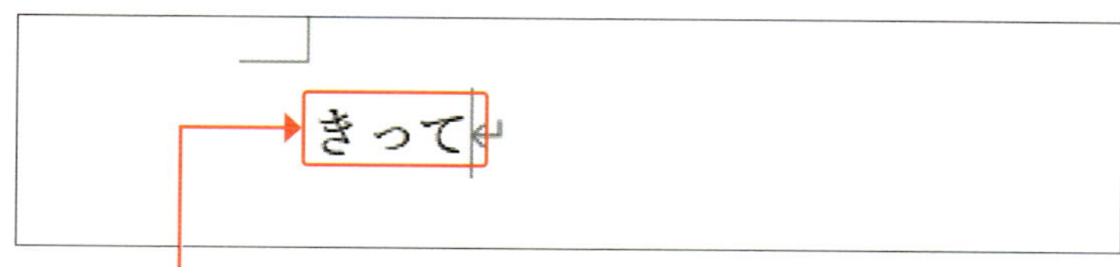

2 「きって」が入力されます。

1 SIPPOとキーを押すと、

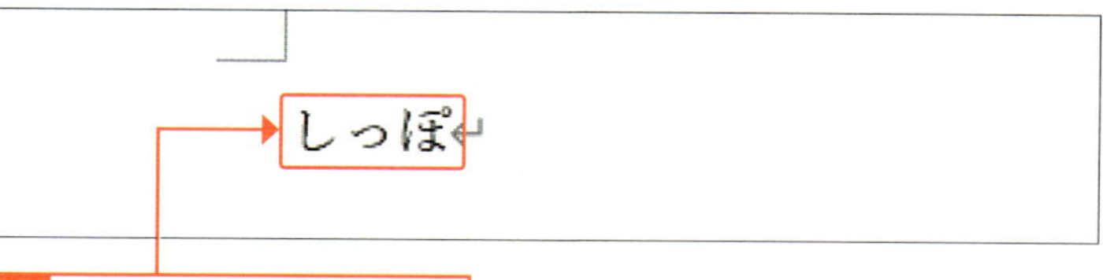

2 「しっぽ」が入力されます。

4 濁音や半濁音のひらがなを入力する

解説

濁音／半濁音を入力する

濁音（だくおん）は「が」「ざ」「だ」のように「゛」が付いた音で、GZDなどローマ字用のキーを使います。
半濁音（はんだくおん）と「ぱ」「ぴ」「ぷ」のように「゜」が付いた音で、Pを使います。

「゛」が付いたひらがな（濁音）を入力する

1 GEIJUTUとキーを押すと、

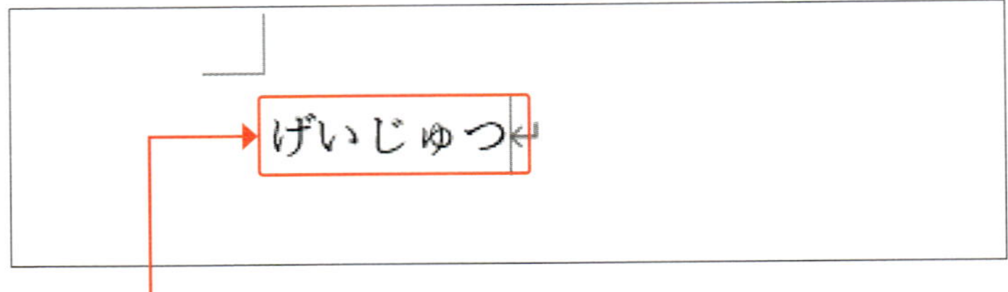

2 「げいじゅつ」と入力されます。

「゜」が付いたひらがな（半濁音）を入力する

1 PINNNAPPUとキーを押すと、

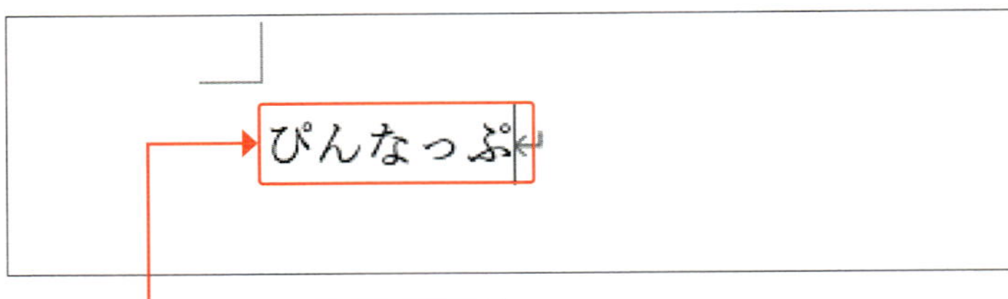

2 「ぴんなっぷ」と入力されます。

長音を入力する

1 HA－TOとキーを押すと、

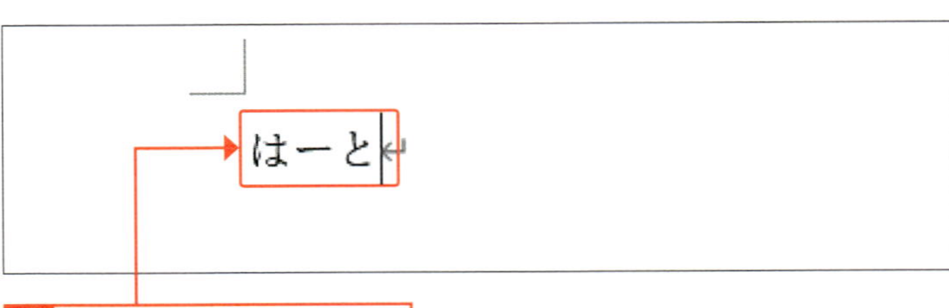

2 「はーと」と入力されます。

解説

長音の入力

長音（ちょうおん）は音を伸ばす「ー」の文字で、－を使います。

ヒント 「ん」を入力する

「ん」は「撥音」（はつおん）と呼ばれます。入力する際には、NNと2回押します。ただし、「だんご」のように「ん」のあとに子音がくる場合はNは1回でも入力されます。

「だんご」 DANGO
「たんい」 TANNI
「まろん」 MARONN

⑤ カタカナを入力する

解説

カタカナを入力する

長い文章をカタカナだけで入力するときは、無変換を押して「全角カタカナ」または「半角カタカナ」の入力モードにしたほうがよいですが、日本語の文章を入力中のときは「ひらがな」モードのまま読みを入力してカタカナに変換します。一般的なカタカナ用語はすぐに変換され、あるいは変換候補に表示されます。変換されない場合はファンクションキーを使いましょう（下記「ヒント」参照）。

1 入力モードを「ひらがな」にしておきます（50ページ参照）。

2 RISAIKURUとキーを押して、

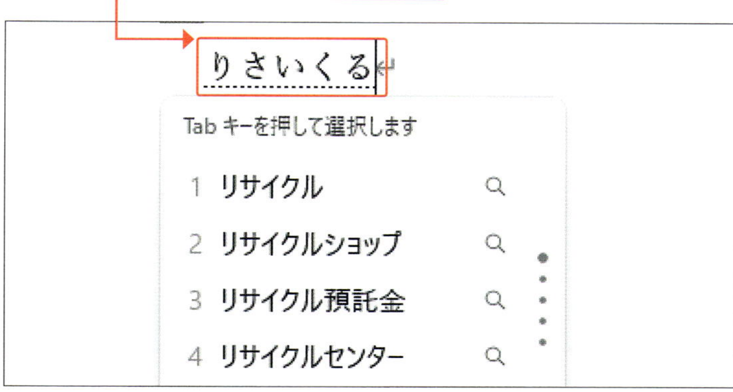

3 Spaceを押すと、

4 カタカナに変換されます。

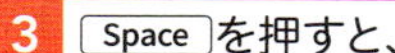

5 Enterを押すと、

6 文字が確定して、「リサイクル」と入力されます。

ヒント ファンクションキーを利用する

ここでは、Spaceを押してカタカナに変換しましたが、「ひらがな」モードで入力したあとにF7を押してもカタカナに変換されます。F8を押すと、半角カタカナに変換されます。ファンクションキーを使って変換する方法について詳しくは、76ページを参照してください。

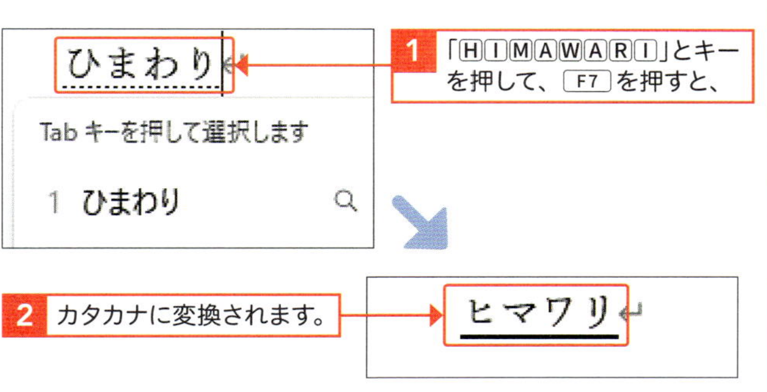

Section

09 漢字を入力しよう

ここで学ぶこと

・漢字の入力
・変換
・再変換

漢字を入力するには、**漢字の「読み」**（ひらがな）を入力して、Space **を押して変換**します。目的の漢字に変換されない場合は、候補から選択します。確定してしまった文字は、入力して変換し直さなくても**再変換**することができます。

練習▶ファイルなし

1 漢字に変換する

解説

漢字を入力

漢字を入力するには、「読み」を入力し、Space を押して変換します。正しく変換されたら Enter を押して確定します。目的の漢字に変換されなかったときは、変換候補から選択します。

補足

確定した語句の変換

一度変換を確定した語句は、次回以降同じ読みを入力すると最初の変換候補として表示されます。

ヒント

同音異義語のある語句

同音異義語のある語句の場合、候補一覧には語句の横に マークが表示され、語句の意味（用法）が表示されます。漢字を選ぶ際の参考にするとよいでしょう。

1 入力モードを「ひらがな」にしておきます（50ページ参照）。

2 K I K A I とキーを押して、Space を押すと、

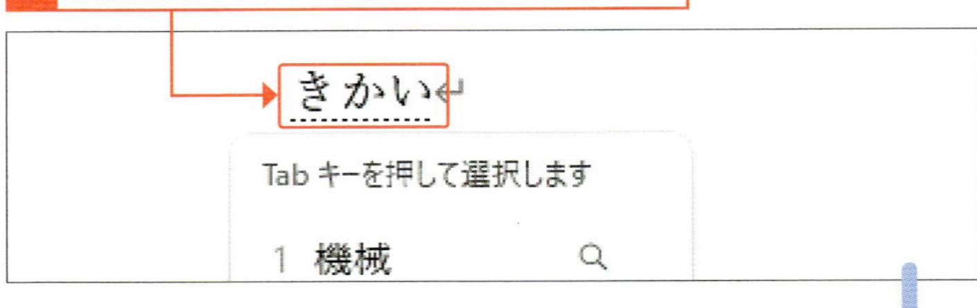

3 漢字に変換されます。

4 ほかの漢字に変換するために再度 Space を押すと、

5 候補が表示されます。

「ヒント」参照

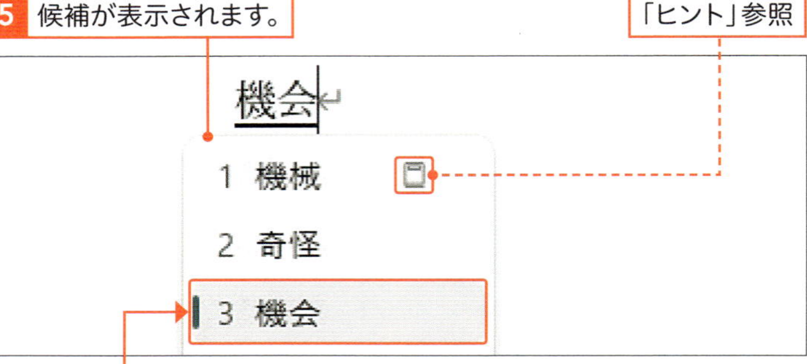

6 Space を押して、目的の漢字を選択します。

7 Enter を押すと変換が確定し、入力されます。

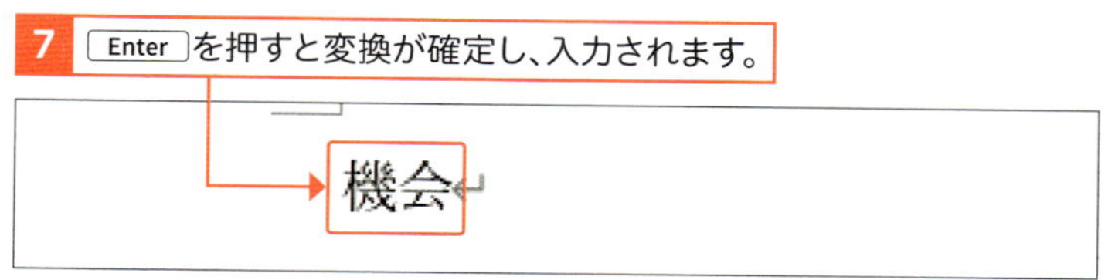

2 確定後の文字を再変換する

解説

確定後に再変換する

変換を確定した文字を再変換するには、文字を選択して、変換を押すと表示される変換候補から選択します。ただし、ほかの文書などからコピーして貼り付けた文字や、読みによっては正しい候補が表示されない場合があります。再変換は、漢字だけでなく、英数字でも可能です。

地球は辞典します

1 確定した文字をドラッグして選択します。

2 変換を押すと、

3 変換候補が表示されます。

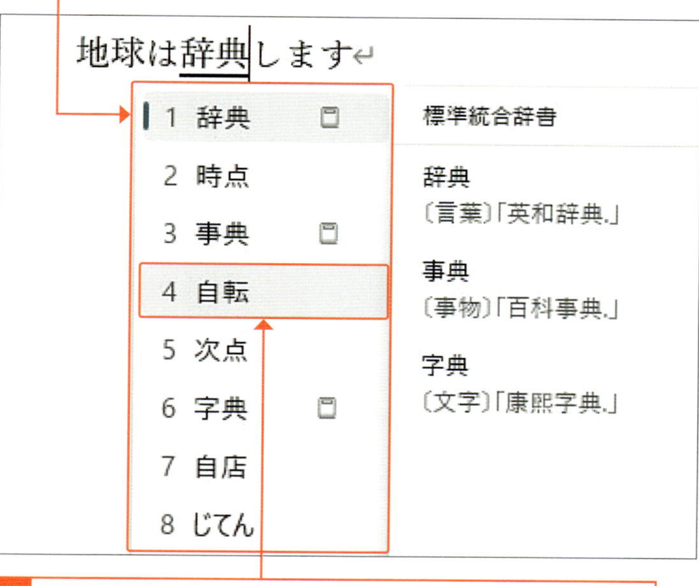

4 Space（または↑↓／Tab）を押して変換したい文字を選択し、Enter を押すと、

5 文字が変換されます。

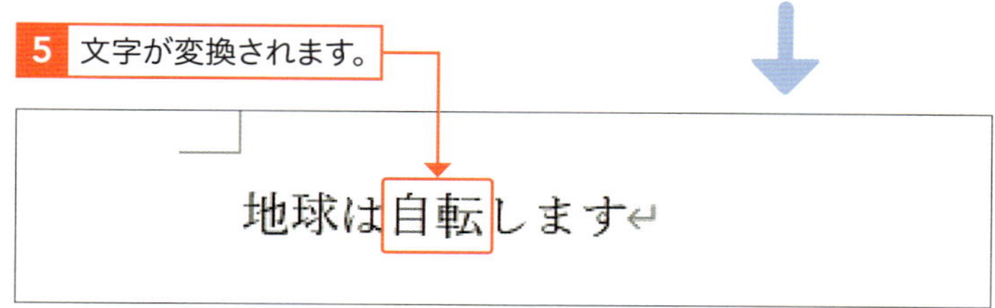

ヒント

文字の選択

文字は、文字の上でドラッグすることによって選択します（106ページ参照）。単語の場合は、文字の間にマウスポインターを移動してダブルクリックすると、単語の単位で選択することができます。

補足

タッチ操作での文字の選択

タッチ操作で文字を選択するには、文字の上で押し続けると、単語の単位で選択することができます。

Section

10 アルファベット／数字を入力しよう

ここで学ぶこと

- アルファベットの入力
- 数字の入力
- オートコレクト

アルファベットを入力するには、**「半角英数字」入力モード**と**「ひらがな」入力モード**で入力する方法があります。前者は長い英文を入力するときに向いています。後者は日本語と英字が混在する文章を入力する場合に向いています。

練習▶ファイルなし

1 アルファベットを「半角英数字」モードで入力する

解説

入力モードを「半角英数字」にする

入力モードを「半角英数字」にして入力すると、変換と確定の操作が不要になるため、長い英文を入力する場合に便利です。

ヒント

大文字の英字を入力する

入力モードが「半角英数字」の場合、英字キーを押すと小文字で入力されます。大文字で入力する場合は、Shift を押しながらキーを押します。

補足

大文字を連続して入力する

大文字入力が続く場合、大文字入力の状態にするとよいでしょう。Shift ＋ Caps Lock を押すと、大文字のみを入力できるようになります。このとき、小文字を入力するには、Shift を押しながら英字キーを押します。もとに戻すには、再度 Shift ＋ Caps Lock を押します。

1 入力モードを「半角英数字」に切り替えます（50ページ参照）。

2 Shift を押しながら G を押して、大文字の「G」を入力します。

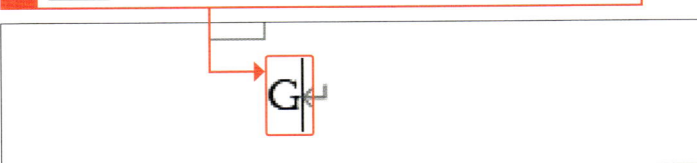

3 Shift を押さずに O O D とキーを押して、小文字の「ood」を入力します。

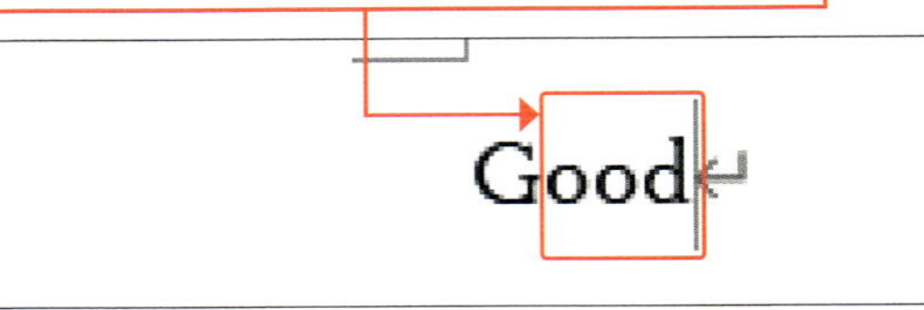

4 Space を押して、半角スペースを入力します。

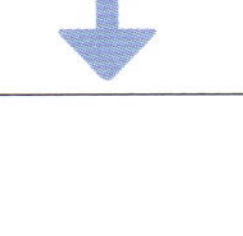

5 続けて、「job」と入力します。

② アルファベットを「ひらがな」モードで入力する

入力モードを「ひらがな」にする

和英混在の文章を入力する場合、入力モードを「ひらがな」にしておき、必要な語句だけを右の手順に従ってアルファベットに変換すると便利です。

1 入力モードを「ひらがな」に切り替えます(50ページ参照)。

2 WORDとキーを押します。

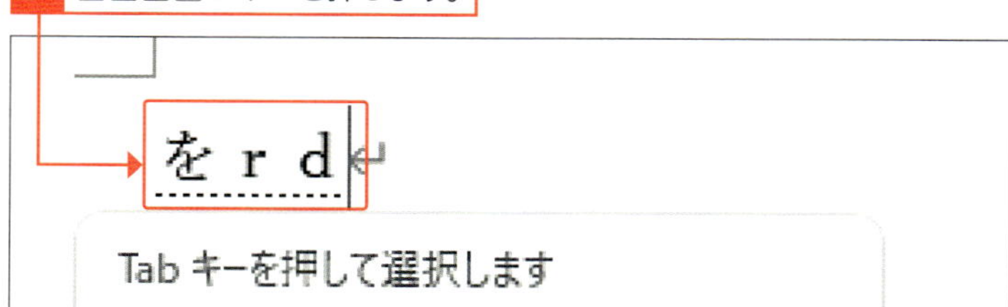

3 F10を1回押すと、半角小文字に変換されます。

4 F10をもう1回押すと(計2回)、半角大文字に変換されます。

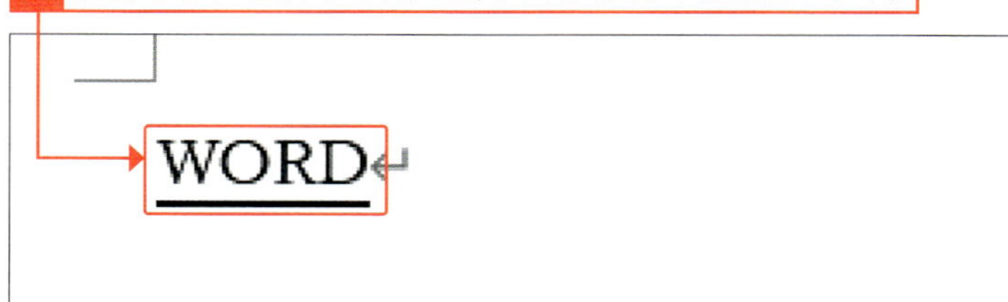

5 F10をもう1回押すと(計3回)、先頭だけ半角大文字に変換されます。

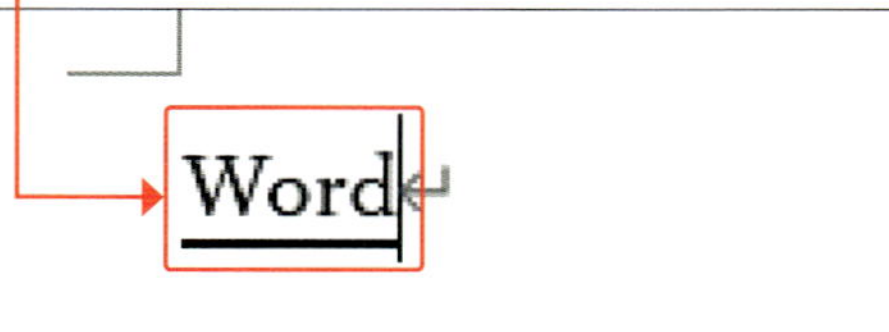

6 F10を4回押すと、1回押したときと同じ変換結果になります。

全角の英数字に変換する

ひらがなを入力して F9 を押すと、全角の英数字に変換されます(77ページ参照)。縦書きの文章を作成する場合などに利用します。

ヒント

入力モードを一時的に切り替える

日本語の入力中に Shift を押しながらアルファベットの1文字目を入力すると(この場合、入力された文字は大文字になります)、入力モードが一時的に「半角英数字」に切り替わります。再度 Shift を押すか、Enter を押して入力を確定するまでアルファベットを入力することができます。

3 アルファベットの1文字目を小文字にする

解説

1文字目が大文字に変換されてしまう場合

Wordの初期設定では、文の先頭文字を大文字にするようになっています。このため、アルファベットをすべて小文字で入力しても、1文字目が自動的に大文字に変換されてしまいます。大文字と小文字を使い分けたい場合は、右の手順で設定します。

重要用語

オートコレクト

「オートコレクト」とは、文字の入力時に誤入力や大文字と小文字の使い分けの誤り、英単語のスペルミスなどを修正したり、記号などの文字を自動的に挿入したりする機能です。Wordの初期設定ではすべての機能が有効になっています。この機能により意図した入力が勝手に修正されることもあるため、不要な機能はオフにするとよいでしょう（294ページ参照）。

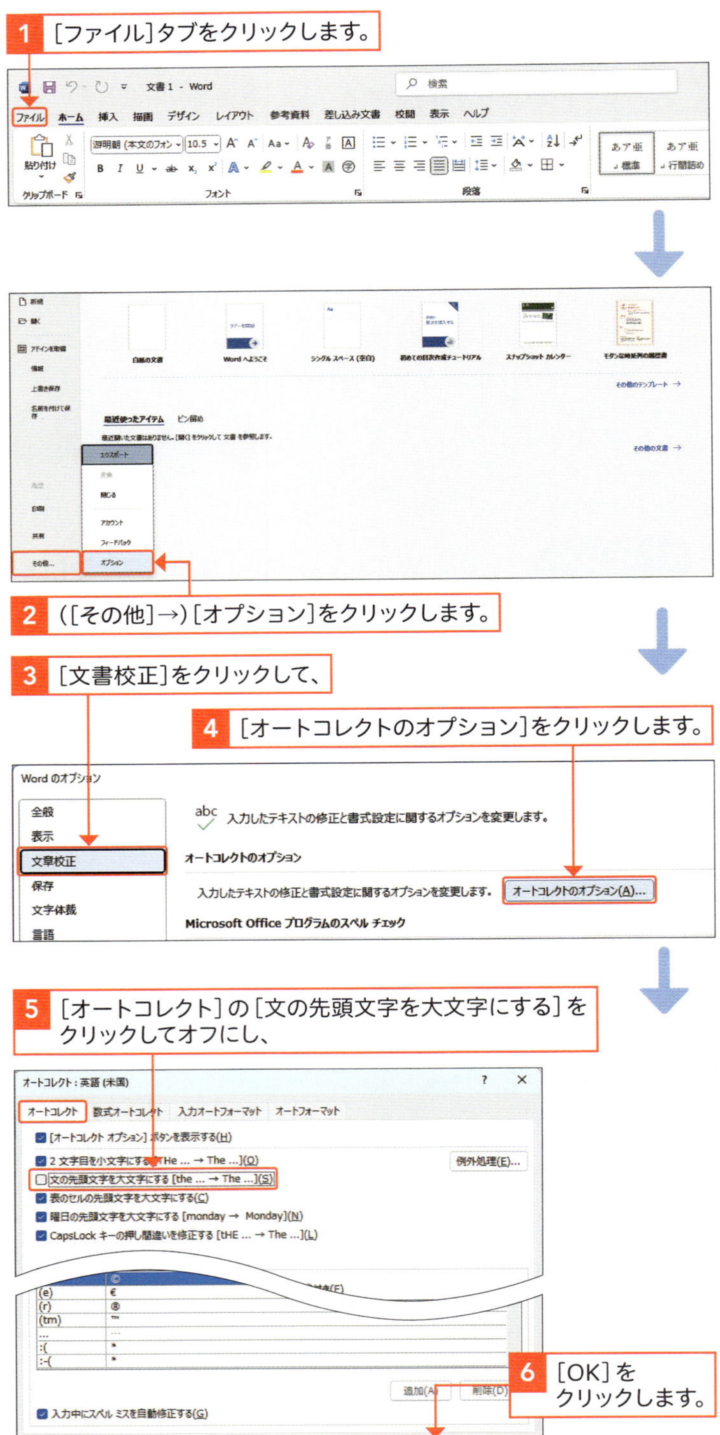

4 数字を入力する

解説

入力モードの違いで全角／半角が異なる

数字を「ひらがな」モードで入力すると、数字は全角文字で入力され、変換や全角／半角の切り替えができます。「半角英数字」モードで入力すると、半角文字で入力が確定するため、変換や全角／半角の切り替えはできません。ただし、再変換（57ページ参照）することは可能です。

補足

変換候補の表示

「ひらがな」モードで数字を変換して入力すると、次回以降の候補の順番が変わる場合があります。

ヒント

全角と半角を切り替える

入力した数字が確定されていない（下線が表示されている）状態で F9 または F10 を押すと全角と半角を切り替えることができます。確定済みの数字の場合は、再変換（57ページ参照）したあとに切り替えることができます。

注意

テンキーのNumLock

キーボード右側のテンキーは、「数字の入力」と「カーソル位置移動」の機能があり、によって切り替えられます。NumLockをオンにすると数字が入力できます。

1 入力モードを「ひらがな」に切り替えます（50ページ参照）。

2 1 2 3 4 5 と入力して、

3 Space を押します。

4 入力した数字に下線が表示されます。

5 続けて Space を押すと、

6 半角の数字に変換されます。

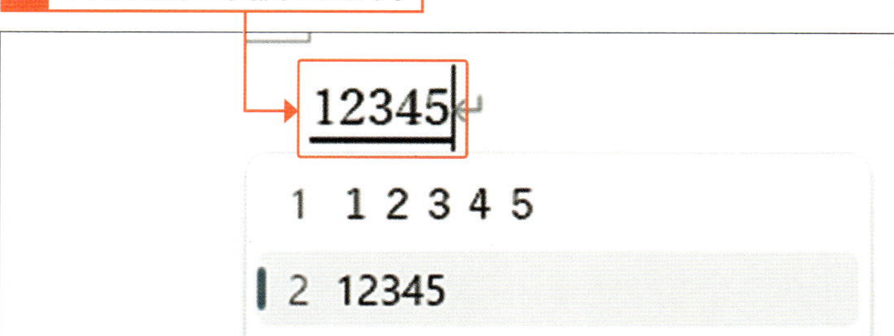

7 Enter を押すと、

8 確定されます。

Section

11 文章ごと変換しよう

ここで学ぶこと

- 文章の変換
- 文節
- 文節区切りの変更

文章を作成する際、ある程度まとまった文章を入力して変換すると入力速度や効率がアップしますが、意図したものとは異なった漢字に変換されることがあります。このような場合、**文節の区切りを修正して再変換**します。

練習▶ファイルなし

1 文章をまとめて変換する

ヒント

文章は短めにする

文章をまとめて変換する場合、意図していない部分が文節として認識され、誤った文章に変換されてしまうことがあります。この場合、文節の区切りを修正して変換し直しますが（63ページ参照）、入力した文章が長ければ長いほど意図しない変換が増えてしまいます。20～30文字ぐらい、または、句点を目安に変換するとよいでしょう。

1 「ほんじつのうちあわせは、かいぎしつでおこないます。」と入力して、Space を押します。

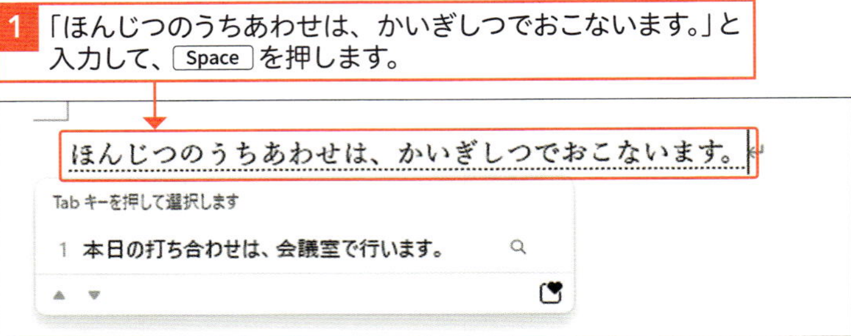
ほんじつのうちあわせは、かいぎしつでおこないます。
Tab キーを押して選択します
1 本日の打ち合わせは、会議室で行います。

2 入力した文章が変換されます。

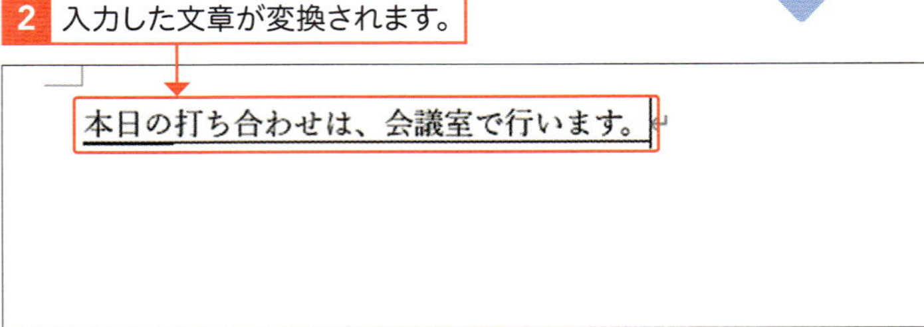
本日の打ち合わせは、会議室で行います。

3 正しく変換されたことを確認して、Enter を押します。

4 変換が確定されます。

本日の打ち合わせは、会議室で行います。

② 文節を区切り直して変換する

重要用語

文節と複文節

「文節」とは、末尾に「〜ね」や「〜よ」を付けて意味が通じる、文の最小単位のことです。たとえば、「私は写真を撮った」は、「私は（ね）」「写真を（ね）」「撮った（よ）」という3つの文節に分けられます。このように、複数の文節で構成された文字列を「複文節」といいます。

解説

文節を移動する

複文節の文字列を入力して Space を押すと、複文節がまとめて変換されます。このとき各文節には下線が付き、それぞれの単位が変換の対象となります。太い下線が付いている文節が、現在の変換対象となっている文節です。変換の対象をほかの文節に移動するには、← ／ → を押して太い下線を移動します。

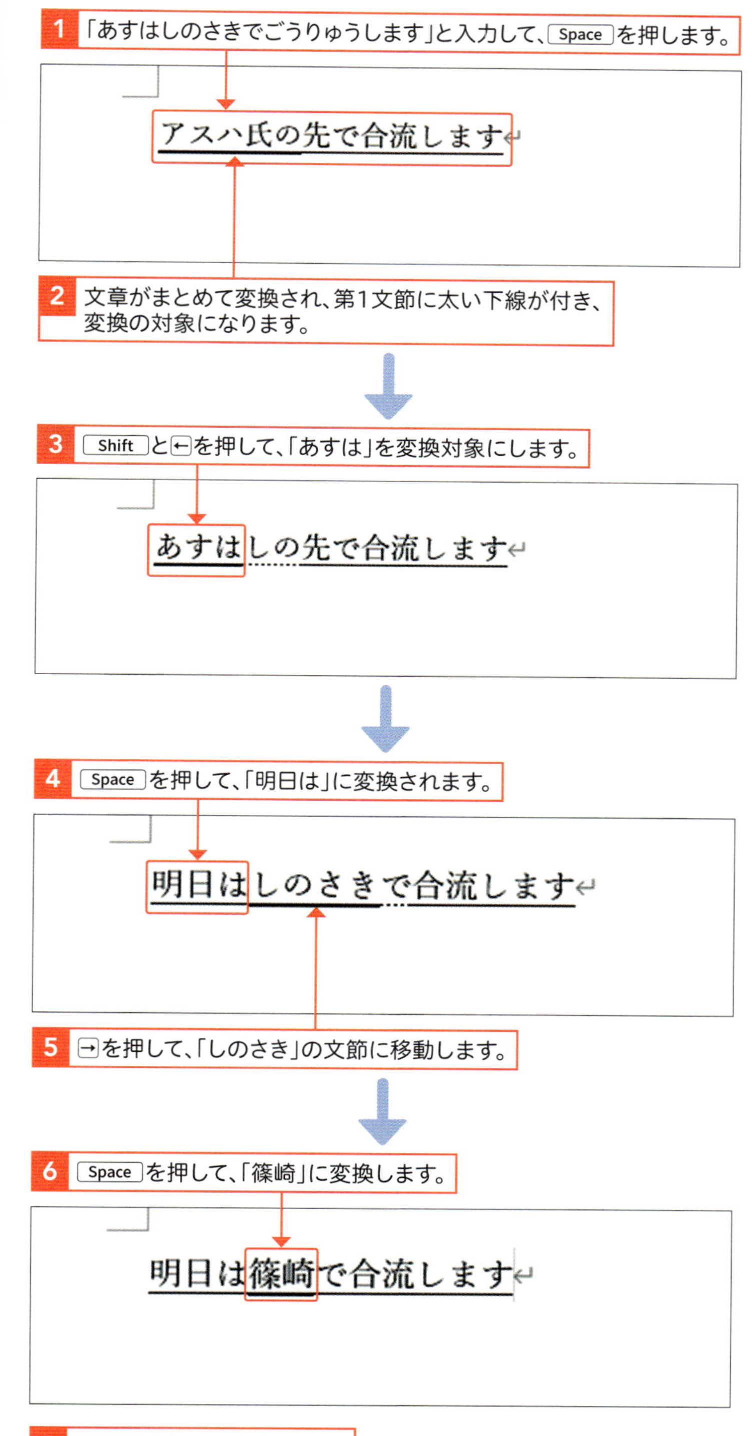

1 「あすはしのさきでごうりゅうします」と入力して、Space を押します。
アスハ氏の先で合流します
2 文章がまとめて変換され、第1文節に太い下線が付き、変換の対象になります。
3 Shift と ← を押して、「あすは」を変換対象にします。
あすはしの先で合流します
4 Space を押して、「明日は」に変換されます。
明日はしのさきで合流します
5 → を押して、「しのさき」の文節に移動します。
6 Space を押して、「篠崎」に変換します。
明日は篠崎で合流します
7 Enter を押して確定します。

Section

12 難しい漢字を入力しよう

ここで学ぶこと

- IMEパッド
- 手書き
- 総画数／部首

読みのわからない漢字は、IMEパッドのアプレットを使って検索／入力します。マウスなどで漢字を書いて検索する手書きアプレット、漢字の総画数や部首から検索するアプレットなどがあり、漢字によって使い分けて検索します。

1 IMEパッドを表示する

重要用語

IMEパッド

「IMEパッド」は、キーボードを使わずにマウスやタッチパネル操作だけで文字を入力するための機能(アプレット)が集まったものです。読みのわからない漢字や記号などを入力する場合によく利用されます。IMEパッドを閉じるには、IMEパッドのタイトルバーの右端にある[閉じる]✕をクリックします。

ヒント

IMEパッドのアプレット

アプレットとはIMEパッドの機能または機能のメニューを示すもので、以下の5つのアプレットが用意されています。IMEパッド左側のアイコンをクリックすると、アプレットを切り替えることができます。

- 手書きアプレット
- 文字一覧アプレット
- ソフトキーボードアプレット
- 総画数アプレット
- 部首アプレット

1 入力モードのアイコンを右クリックして、

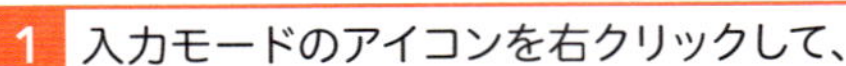

2 [IMEパッド]をクリックすると、

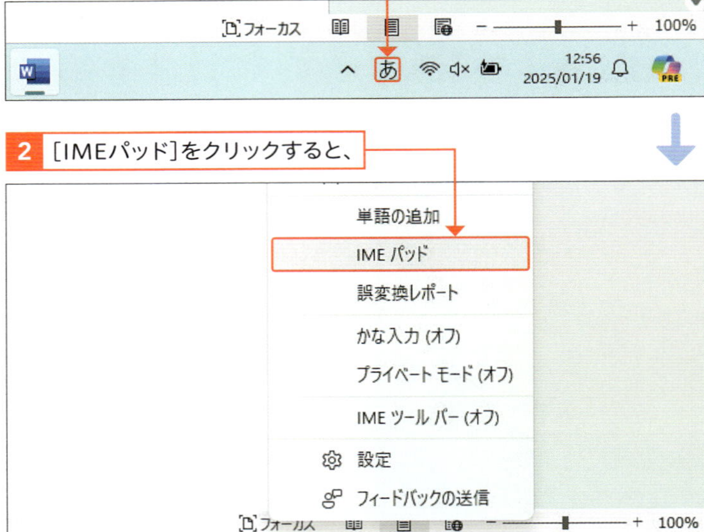

3 IMEパッドが表示されます。

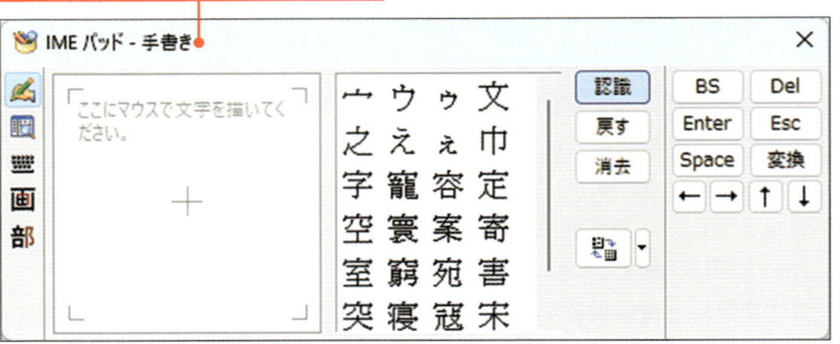

② 手書きで検索して漢字を入力する

重要用語

手書きアプレット

「手書きアプレット」は、ペンで紙に書くようにマウスで文字を書き、目的の文字を検索することができるアプレットです。読み方がわからない漢字だけでなく、記号を検索することもできます。

解説

マウスのドラッグの軌跡が線として認識される

手書きアプレットでは、マウスをドラッグした軌跡が線として認識され、文字を書くことができます。入力された線に近い文字を検索して変換候補を表示するため、文字の1画を書くごとに、変換候補の表示内容が変わります。文字をすべて書き終わらなくても、変換候補に目的の文字が表示されたらクリックします。

ヒント

マウスで書いた文字の消去

マウスで書いた文字をすべて消去するにはIMEパッドの［消去］をクリックします。また、直前の1画を消去するには［戻す］をクリックします。

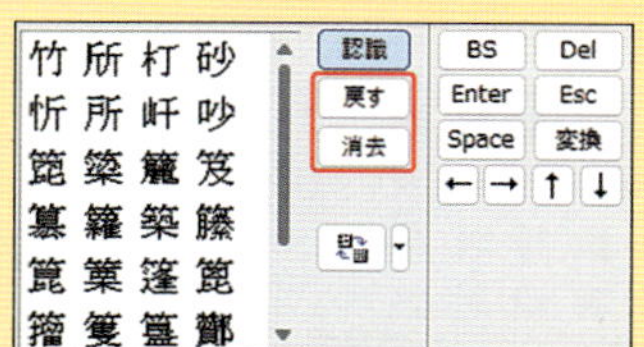

1 IMEパッドを表示しておきます（64ページ参照）。

2 文字を入力する位置にカーソルを移動して、

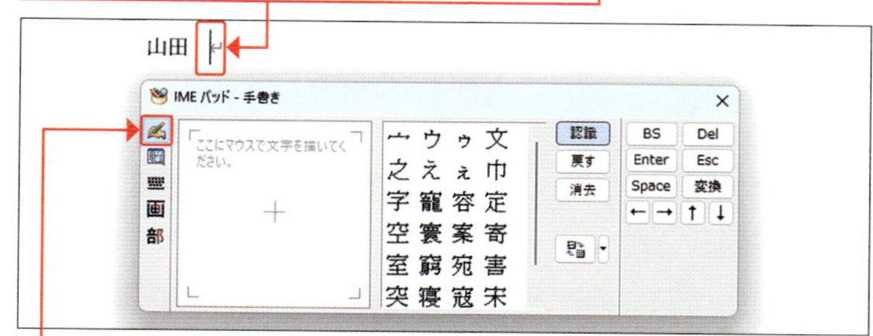

3 ［手書き］をクリックします。

4 マウスをドラッグして、文字（ここでは「箏」）を書きます。

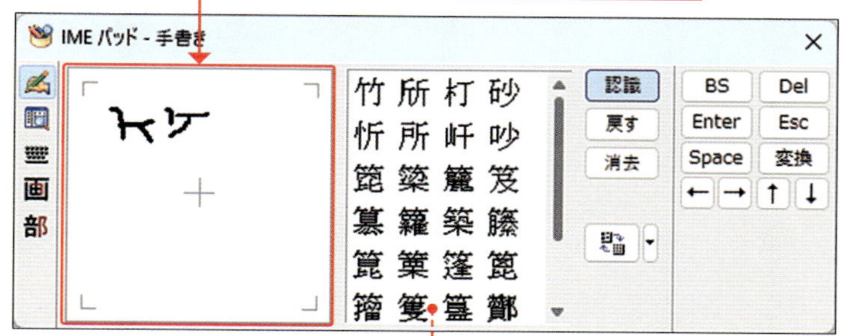

文字の一部を書くと、それに対応する漢字が検索されて表示されます。

5 文字の変換候補に目的の文字が表示されたら、クリックすると、

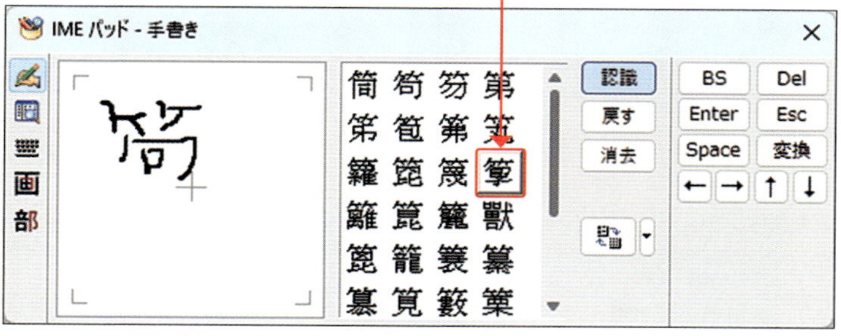

6 カーソルの位置に文字が入力されます。

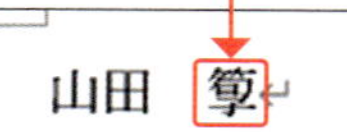

3 総画数で検索して漢字を入力する

重要用語

総画数アプレット

「総画数アプレット」は、漢和辞典の総画数索引のように、漢字の総画数から目的の漢字を検索して、入力するためのアプレットです。

漢字の読みを表示する

各アプレットでの検索結果の一覧表示では、目的の漢字にマウスポインターを合わせると、読みが表示されます。検索した漢字の読み方がわかれば、次に入力する際はひらがな入力で変換することができます。

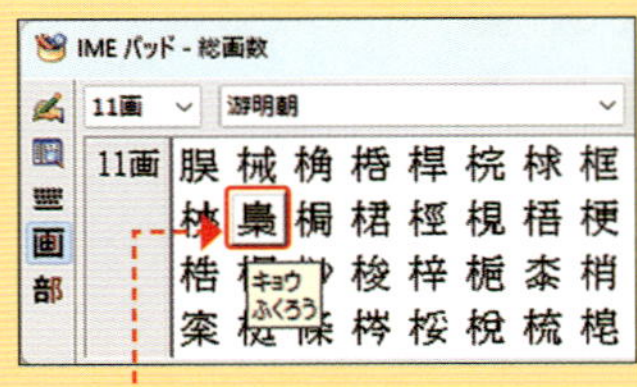

漢字にマウスポインターを合わせると読みが表示されます。

1 IMEパッドを表示しておきます（64ページ参照）。

2 文字（ここでは「陦」）を入力する位置にカーソルを移動して、

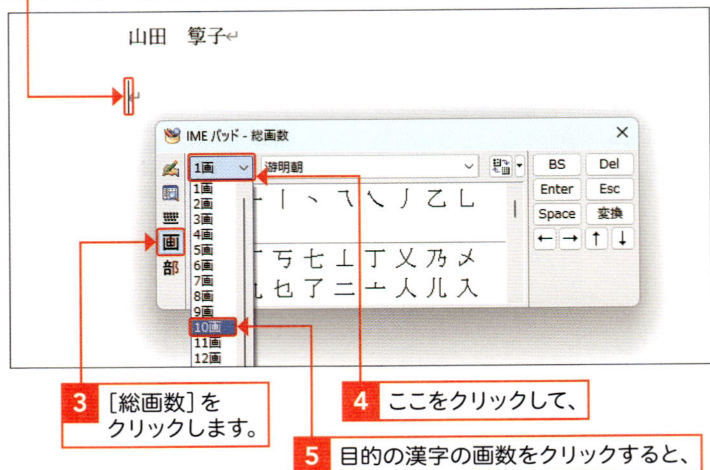

3 ［総画数］をクリックします。

4 ここをクリックして、

5 目的の漢字の画数をクリックすると、

6 指定した画数の漢字が一覧表示されます。

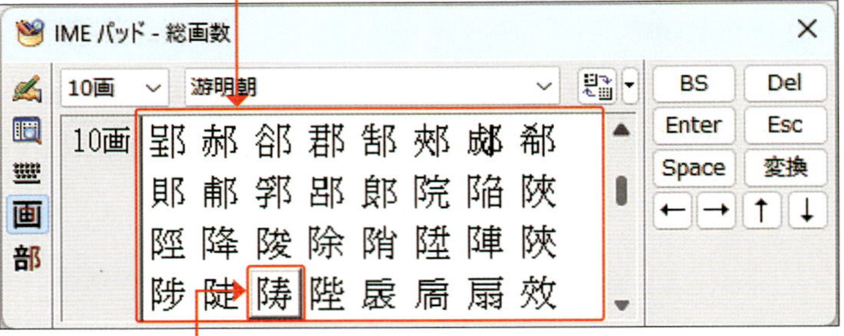

7 目的の漢字をクリックすると、

8 漢字が挿入されます。

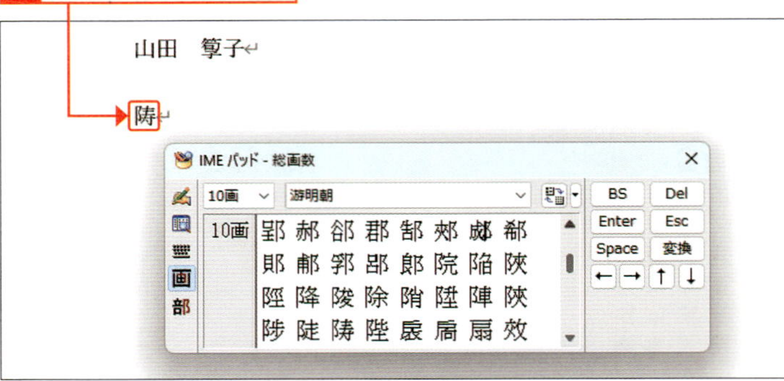

④ 部首で検索して漢字を入力する

重要用語

部首アプレット

「部首アプレット」は、漢和辞典の部首別索引のように部首の画数から目的の部首を検索して、その部首から目的の漢字を検索し、入力するためのアプレットです。

ヒント

漢字の一覧を詳細表示に切り替える

総画数や部首アプレットで、[一覧表示の拡大／詳細の切り替え]をクリックすると、漢字の一覧が詳細表示に切り替わり、画数(部首)と読みを表示することができます。

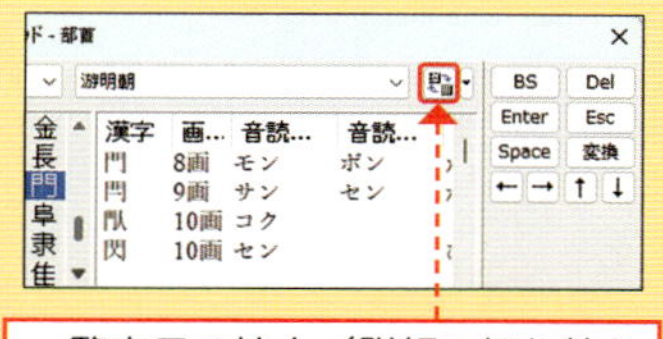

一覧表示の拡大／詳細の切り替え

補足

IMEパッドでキーボード操作を行う

IMEパッドの右側にある[BS]や[Del]などのアイコンは、それぞれキーボードのキーに対応しています。これらのアイコンをクリックすると、改行やスペースを挿入したり、文書内の文字列を削除したりすることができます。

1 IMEパッドを表示しておきます(64ページ参照)。

2 文字(ここでは閙)を入力する位置にカーソルを移動して、[部首]をクリックします。

3 ここをクリックして、

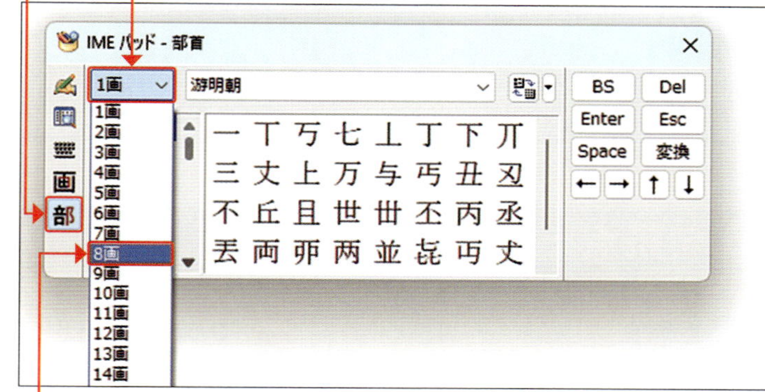

4 部首の画数をクリックします。

5 目的の部首をクリックして、

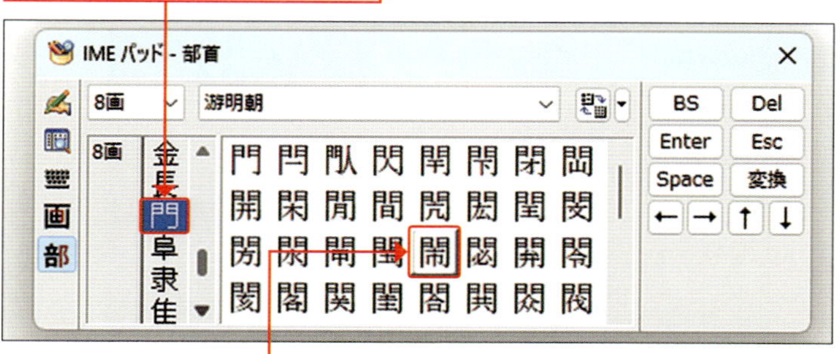

6 目的の漢字をクリックすると、

7 漢字が挿入されます。

「補足」参照

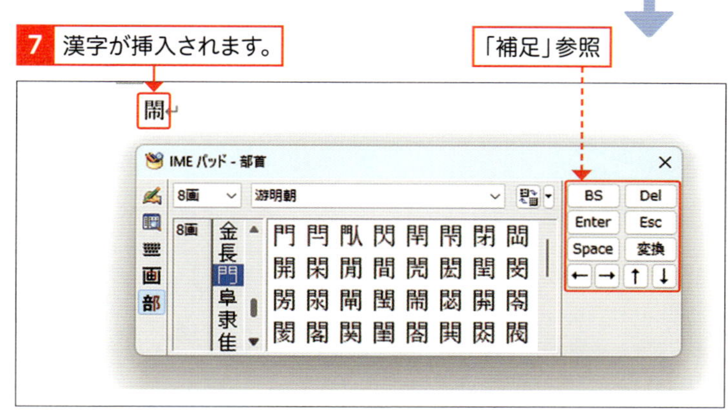

Section
13 記号や特殊文字を入力しよう

ここで学ぶこと
・記号の入力
・特殊な記号
・[記号と特殊文字]ダイアログボックス

文書内には、いろいろな記号を入力できます。記号の入力には、**キーボードから直接入力**する方法のほかに、**記号の読みを入力して変換**する方法や、**[記号と特殊文字]ダイアログボックス**を使って特殊文字を入力する方法があります。

1 句読点を入力する

句読点の入力

句点「。」や読点「、」は、キーボードから直接入力します。「ひらがな」入力モードの場合「。」「、」が入力され、「半角英数字」入力モードの場合は「.」「,」が入力されます。

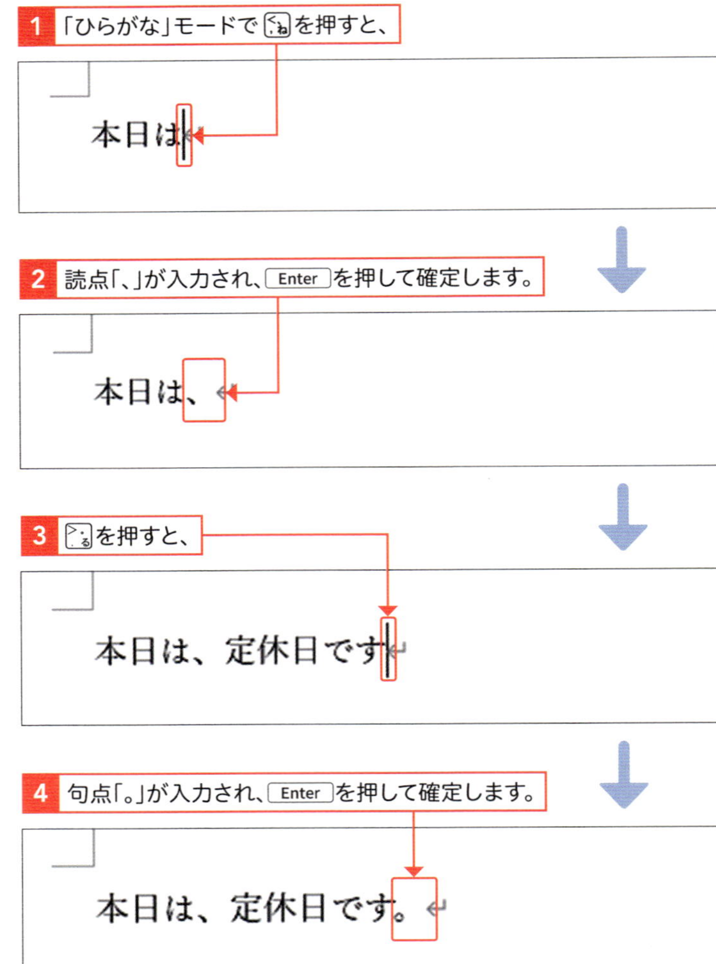

1 「ひらがな」モードで ね を押すと、
本日は
2 読点「、」が入力され、Enter を押して確定します。
本日は、
3 る を押すと、
本日は、定休日です
4 句点「。」が入力され、Enter を押して確定します。
本日は、定休日です。

ヒント

句読点の種類

句読点は一般的に「、」「。」を使いますが、文書によっては「,」「.」を使用する場合があります。手順4で Space を押して全角の「,」「.」に変換します。

② 括弧を入力する

解説

括弧の入力

「」は、キーボードから直接入力できます。( )や{ }は Shift を押しながらキーを押します。

注意

キーボードによって異なる

入力できる文字や記号は、キーボードによって異なります。サイズに制約があるノートパソコンやミニキーボードなどの場合は、機能キーと組み合わせて入力することがあります。

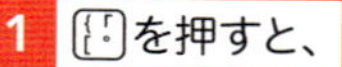

1 [{「] を押すと、

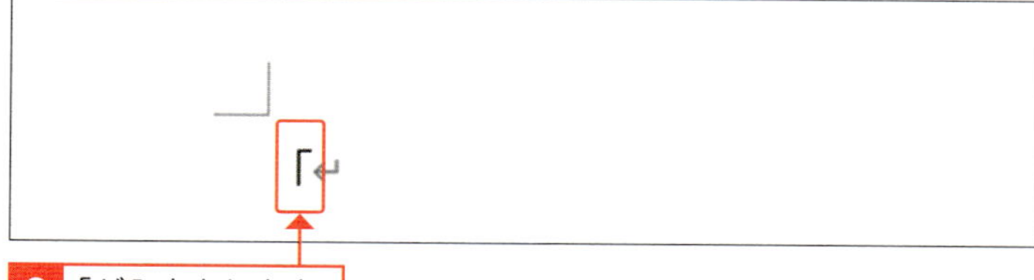

2 「が入力されます。

3 [}」む] を押すと、」が入力されます。

補足 **括弧の対表示**

括弧は、通常「で始まれば」で閉じる、{で始まれば}で閉じる、のように対(つい)の組み合わせを使います。Wordでは「が入力されると、次に [}] などのほかの閉じる括弧のキーを押しても」に変換されます。これは入力オートフォーマット機能(296ページ参照)の1つで、「かっこを正しく組み合わせる」が設定されています。特殊に入力したい場合はこの設定をオフにします。

「}」と入力したいのに「」」となってしまう。

③ キーボードにある記号を入力する

解説

記号と数字の入力

キーボードのキーに印字されている記号を入力する場合、右上に表示されている記号はそのままキーを押し、左上に表示されている記号は Shift を押しながらキーを押します。
数字は、キーボードから直接入力します。

1 Shift を押しながら、[%5え] を押すと、

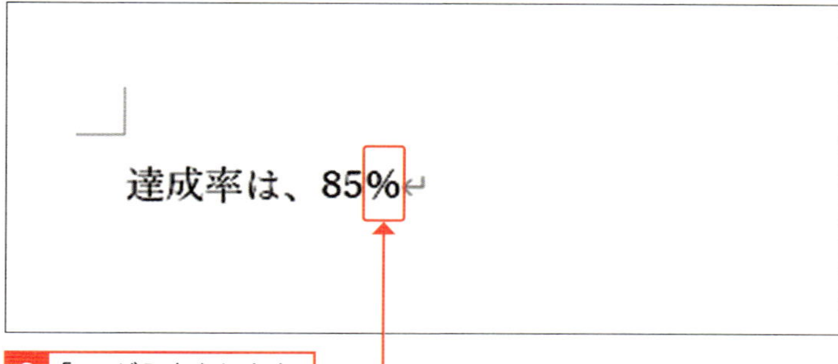

2 「%」が入力されます。

4 ○付き数字を入力する

解説

○付き数字の入力方法

1、2、…を入力して変換すると、①、②、…のような○付き数字を50まで入力できます。ただし、○付き数字は環境依存の文字なので、表示に関しては注意が必要です。なお、51以上の○付き数字を入力するには、囲い文字を利用します（73ページの「応用技」参照）。

重要用語

環境依存

「環境依存」とは、特定の環境でないと正しく表示されない文字のことをいいます。環境依存の文字を使うと、Windows以外のパソコンとの間で文章やメールのやりとりを行う際に、文字化け（文字が正しく表示されない現象）が発生する場合があります。

1 「ひらがな」入力モードで数字（ここでは「28」）を入力して、

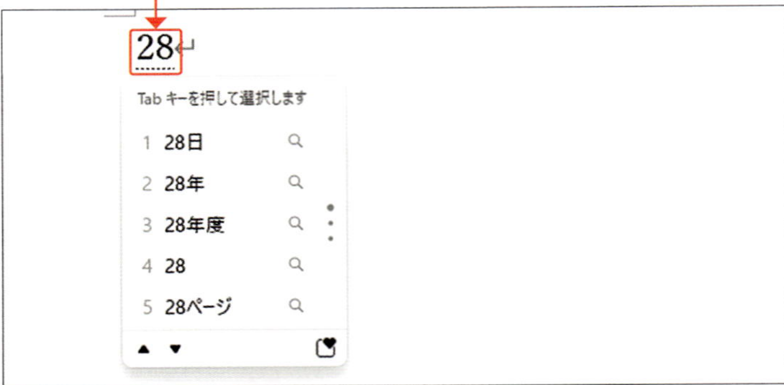

2 Space を2回押します。

3 表示された一覧の中から↑↓を押して目的の記号（ここでは「㉘」）を選択し、

4 Enter を押すと、

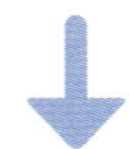

5 ○付き数字が入力されます。

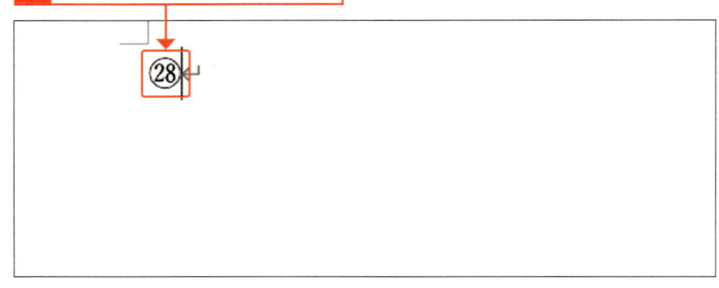

5 記号の読みを変換して入力する

解説

ひらがな(読み)から記号に変換する

●や◎(まる)、■や◆(しかく)、★や☆(ほし)などのかんたんな記号は、読みを入力すると変換の候補一覧に記号が表示され、そこから入力することができます。

ヒント

読みがわからない記号を入力する

読みがわからない記号の場合、「きごう」と入力すると、一般的な記号が候補一覧に表示されます。

「きごう」と入力すると変換候補に記号が表示されます。

1 記号の読み(ここでは「でんわ」)を入力して、

2 Space を2回押します。

3 表示された一覧の中から↑↓を押して、目的の記号を選択し、

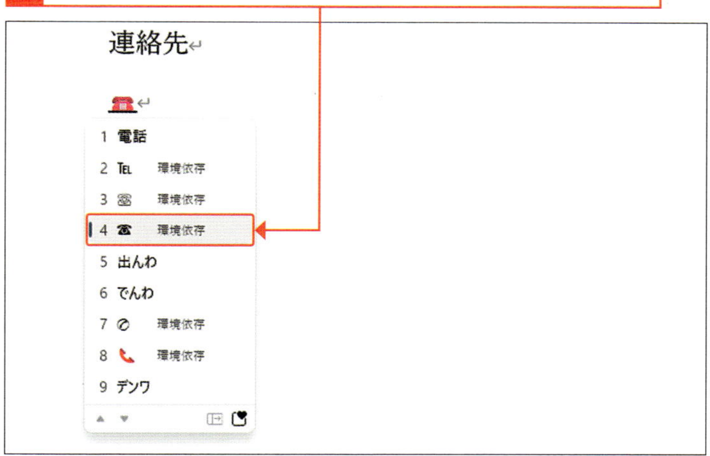

4 Enter を押すと、

5 選択した記号が入力されます。

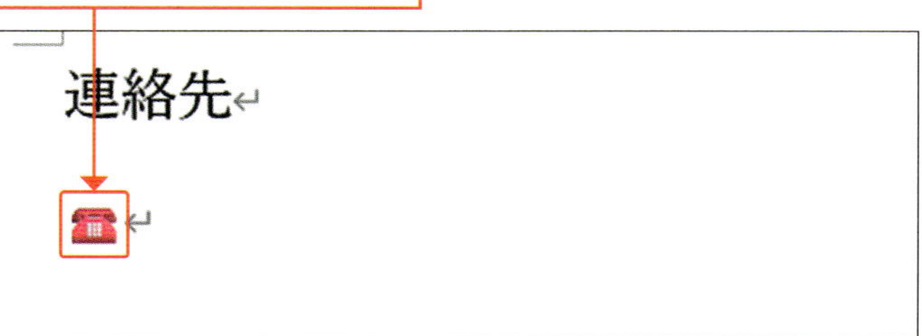

6 特殊な記号を入力する

記号と特殊文字の選択

手順3で開くメニュー一覧に目的の記号がある場合、マウスでクリックすれば入力できます。この一覧の内容は、利用状況によって変わります。また、新しい記号を選択すると、ここに表示されるようになります。

解説

記号と特殊文字の入力

［記号と特殊文字］ダイアログボックスに表示される記号や文字は、選択するフォントによって異なります。右の手順では、「現在選択されているフォント」（ここでは「游明朝」）を選択していますが、より多くの種類の記号が含まれているのは、「Wingdings」などの記号専用のフォントです。なお、パソコンによってインストールされているフォントが異なることがあります。

1 ［挿入］タブをクリックして、

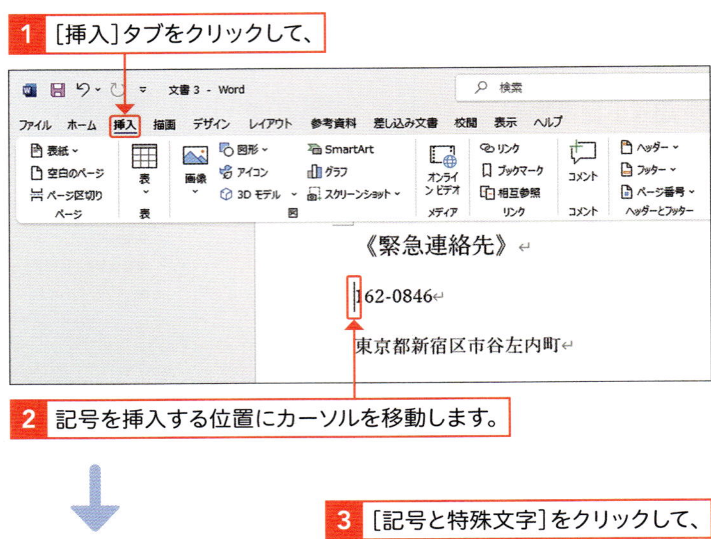

2 記号を挿入する位置にカーソルを移動します。

3 ［記号と特殊文字］をクリックして、

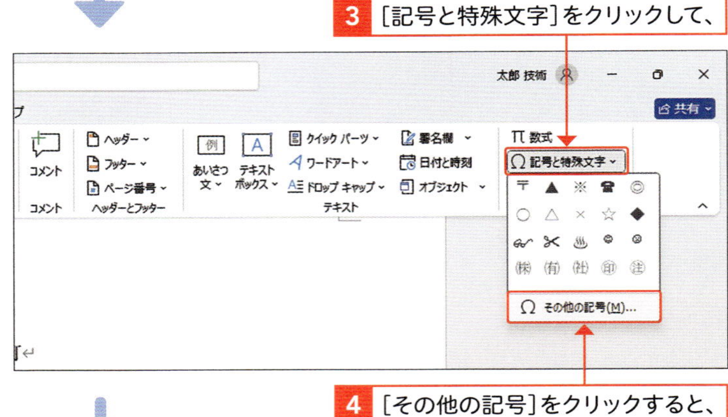

4 ［その他の記号］をクリックすると、

5 ［記号と特殊文字］ダイアログボックスが表示されます。

「解説」参照

種類を選択する

[記号と特殊文字]ダイアログボックスで特殊文字を探す際に、文字の種類がわかっている場合、[種類]のボックスをクリックして選択すると、目的の文字を探しやすくなります。

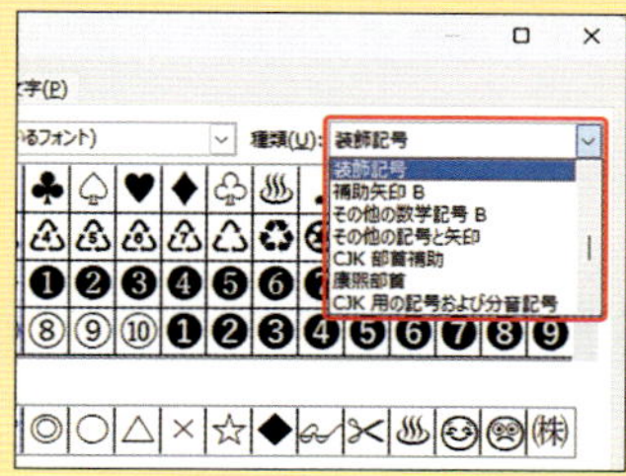

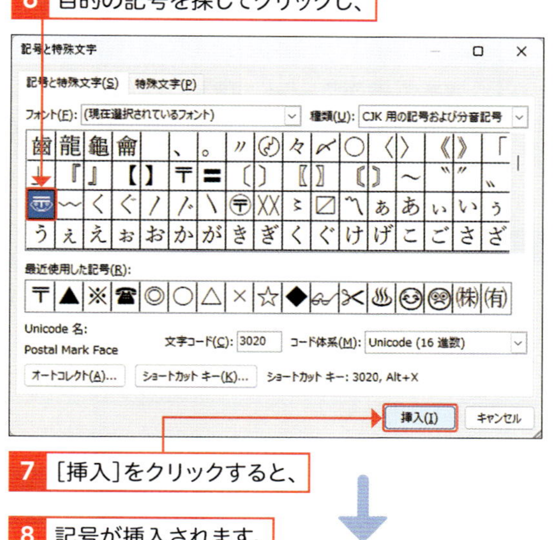

6 目的の記号を探してクリックし、
7 [挿入]をクリックすると、

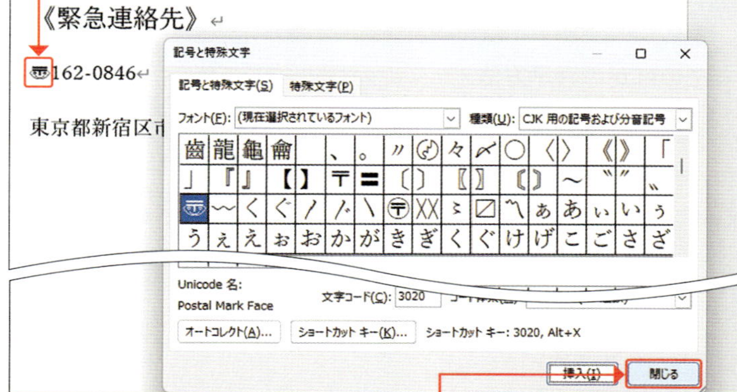

8 記号が挿入されます。
《緊急連絡先》
162-0846
東京都新宿区市
9 [記号と特殊文字]ダイアログボックスの[閉じる]をクリックします。

応用技 囲い文字で○付き数字を入力する

51以上の2桁の数字を○付き数字にするには、囲い文字を利用します。数字を半角で入力して選択し、[ホーム]タブの[囲い文字]をクリックします。[囲い文字]ダイアログボックスが表示されるので、右の手順で操作します。

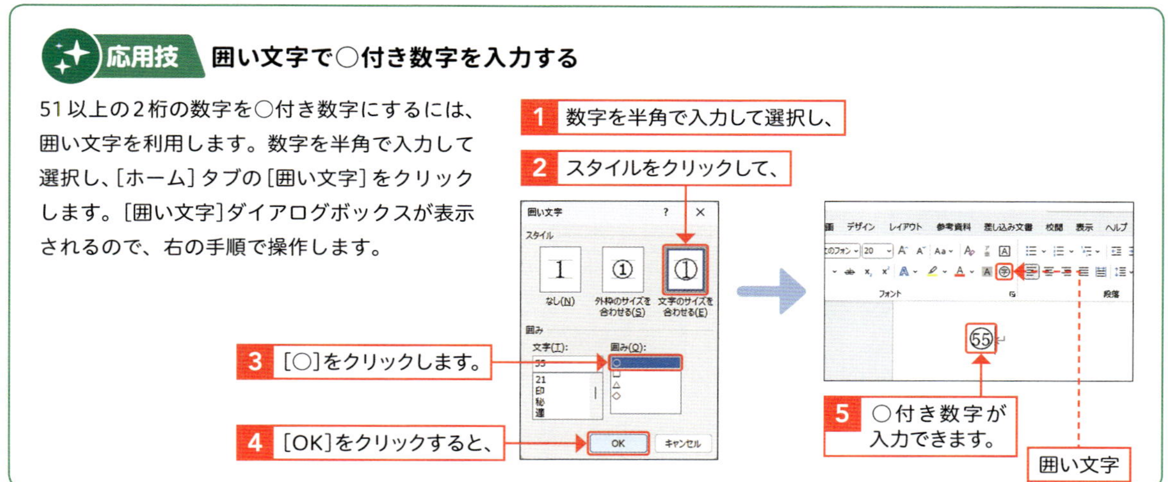

1 数字を半角で入力して選択し、
2 スタイルをクリックして、
3 [○]をクリックします。
4 [OK]をクリックすると、
5 ○付き数字が入力できます。
囲い文字

Section

14 単語を登録しよう

ここで学ぶこと

- 単語の登録
- 単語の削除
- ユーザー辞書ツール

漢字に変換しづらい人名や長い会社名などを**単語登録**しておくと、効率的に変換できるようになります。単語登録は、Microsoft IMEユーザー辞書ツールによって管理されており、**登録や削除**をかんたんに行うことができます。

練習▶ファイルなし

1 よく使う単語を登録する

ヒント

そのほかの表示方法

手順3を操作しても[単語の登録]ダイアログボックスが表示されない場合、タスクバーの入力モードを右クリックして[単語の追加]をクリックすると表示できます。

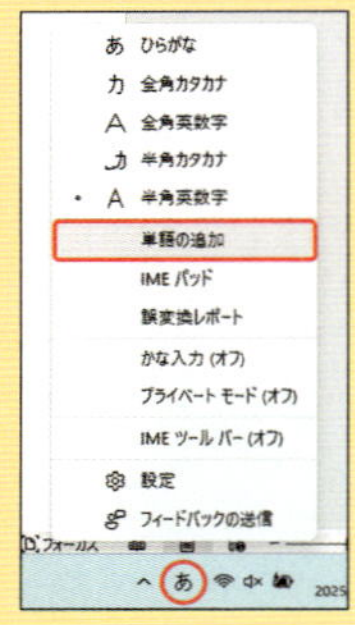

補足

[単語の登録]ダイアログボックス

手順4では、以下のようなダイアログボックスが表示される場合があります。<<をクリックすると、右部分が閉じます。

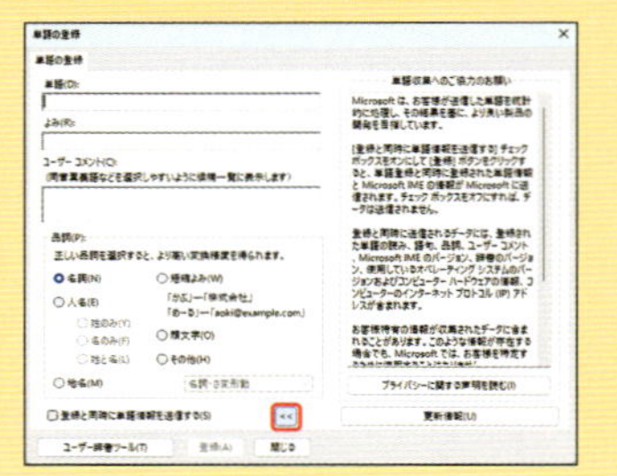

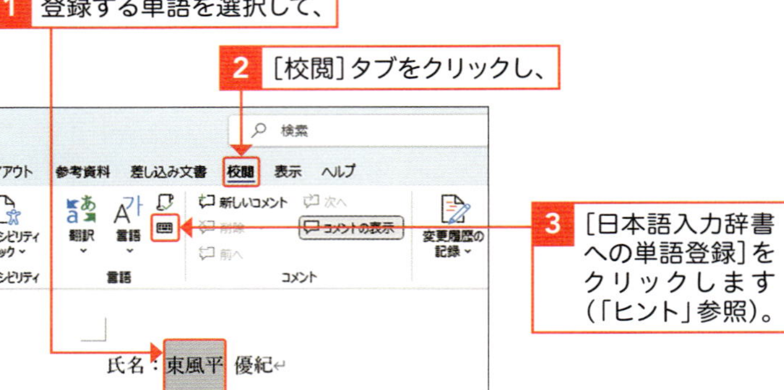

1 登録する単語を選択して、

2 [校閲]タブをクリックし、

3 [日本語入力辞書への単語登録]をクリックします(「ヒント」参照)。

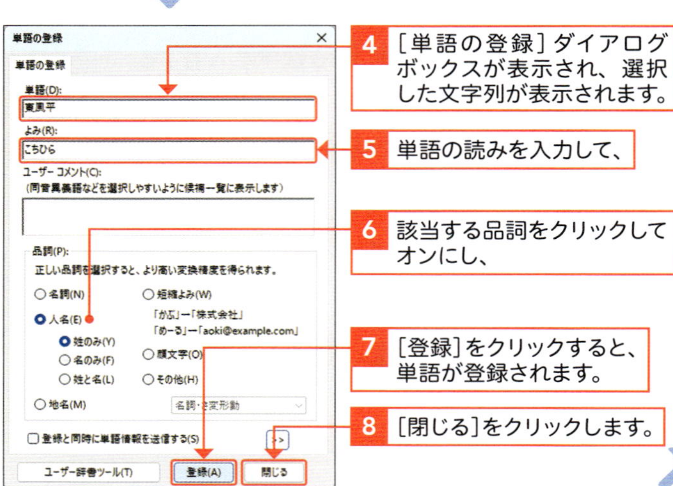

4 [単語の登録]ダイアログボックスが表示され、選択した文字列が表示されます。

5 単語の読みを入力して、

6 該当する品詞をクリックしてオンにし、

7 [登録]をクリックすると、単語が登録されます。

8 [閉じる]をクリックします。

解説

読みの文字制限

［単語の登録］ダイアログボックスの［よみ］に入力できる文字は、ひらがな、英数字、キーボードから直接入力できる記号です。カタカナは使用できません。

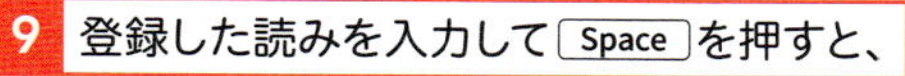

9 登録した読みを入力して Space を押すと、

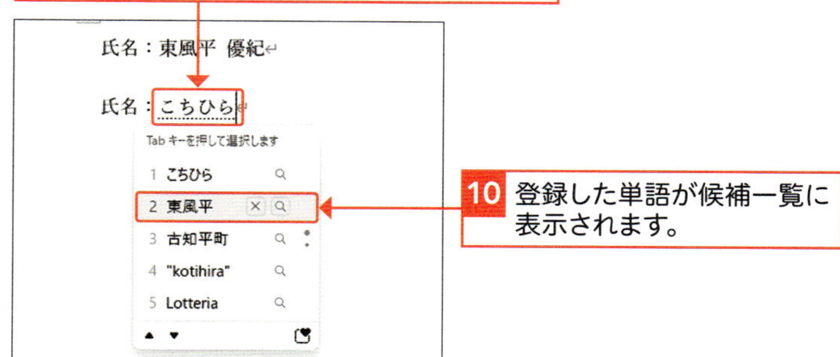

2 登録した単語を削除する

解説

登録した単語を削除する

74ページで登録した単語は、［Microsoft IMEユーザー辞書ツール］で管理されています。このツールを使用して、登録した単語を削除します。

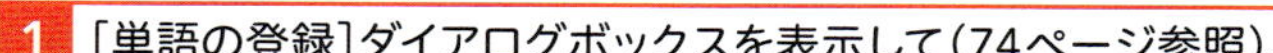

1 ［単語の登録］ダイアログボックスを表示して（74ページ参照）、

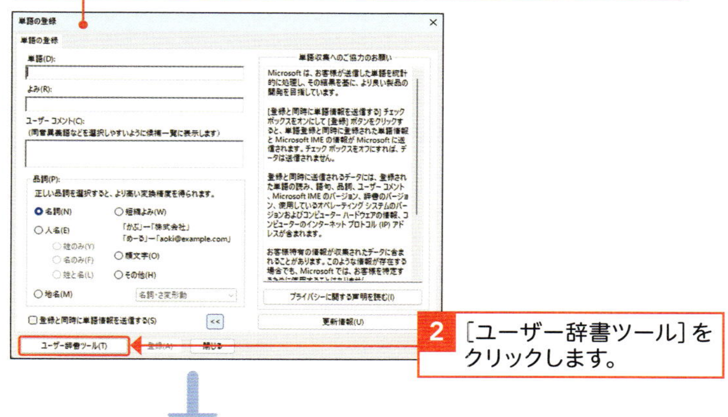

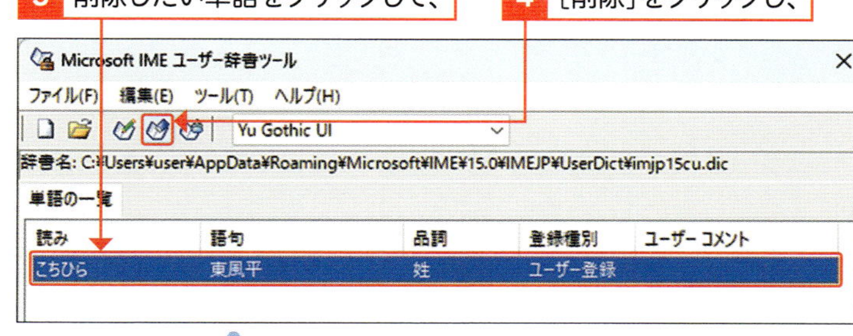

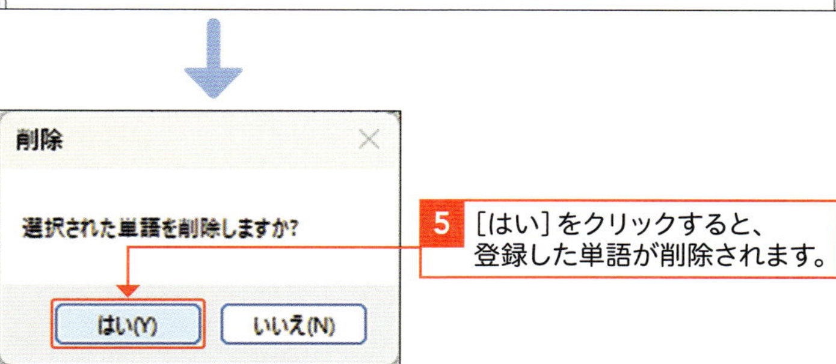

応用技

登録した単語を変更する

［Microsoft IMEユーザー辞書ツール］の［単語の一覧］に登録されている単語の読みなどを変更する場合、目的の単語を選択して、［変更］をクリックします。［単語の変更］ダイアログボックスが表示されるので、登録されている内容を変更し、［登録］をクリックします。

Section

15 ファンクションキーを使って変換しよう

ここで学ぶこと

・ショートカットキー
・ファンクションキー
・変換

ひらがなで入力した文字をすばやくカタカナや英数字に変換するには、**ショートカットキー**を使います。変換に使用するのは F6 ～ F10 **のファンクションキー**と呼ばれるもので、それぞれのキーに変換機能が割り当てられています。

練習▶ファイルなし

1 全角／半角のカタカナに変換する

解説

全角／半角のカタカナに変換する

確定前のひらがなをまとめてカタカナに変換するには、F7、F8 を押します。F7 を押すと全角のカタカナに、F8 を押すと半角のカタカナに変換されます。

注意

ノートPCのファンクションキー

ノートPCなどでは、ファンクションキーの機能割り当てが異なる場合があります。F7 や F8 を押して変換できない場合は、左下にある fn を押しながら目的のファンクションキーを押します。ファクションキーの切り替え方法は、お使いのパソコンの説明書で確認ください。

1 読みを入力して、

せいしょうなごん

Tab キーを押して選択します
1 せいしょうなごん
2 セイショウナゴン
3 清少納言

2 F7 を押すと、

3 ひらがなが全角のカタカナに変換されます。

セイショウナゴン

4 F8 を押すと、

5 半角のカタカナに変換されます。

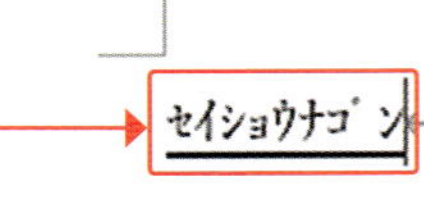

6 Enter を押すと、確定されます。

2 全角／半角の英数字に変換する

解説

全角／半角の英数字に変換する

確定前のひらがなを英数字に変換するには、F9、F10を押します。F9を押すと全角の英数字に、F10を押すと半角の英数字に変換されます。ここでは英字を変換しましたが、数字の場合も同様に操作します。

1 「ひらがな」入力モードで「COMPUTER」と入力すると、「こmぷてｒ」と表示されます。

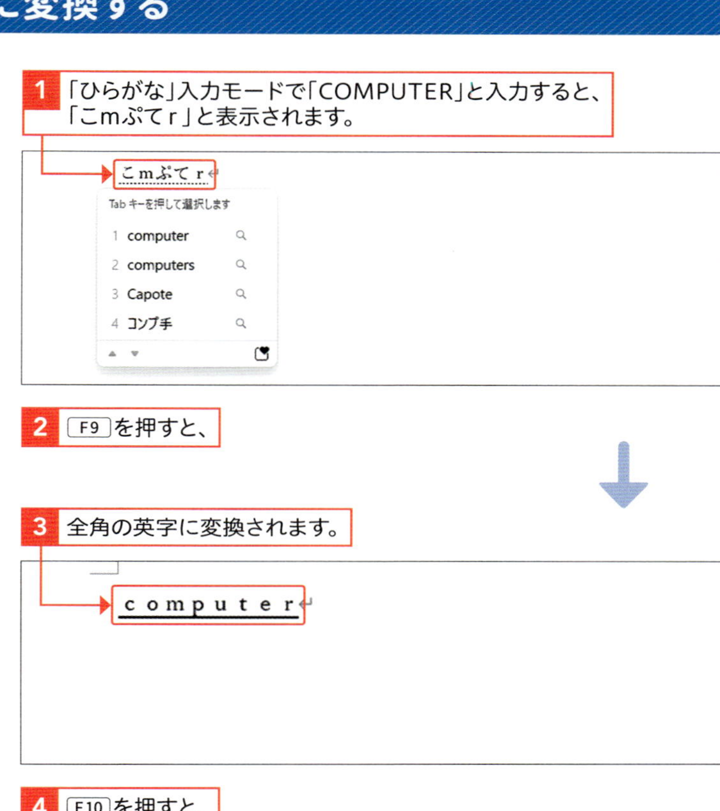

2 F9を押すと、

3 全角の英字に変換されます。

4 F10を押すと、

5 半角の英字に変換されます。

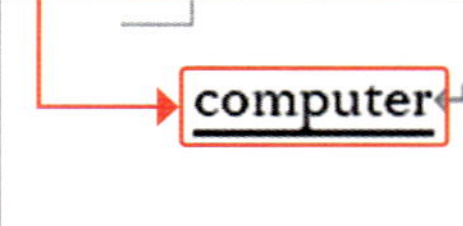

6 Enterを押すと、確定されます。

補足 小文字、大文字、先頭文字を大文字に変換する

F9やF10を押して英字に変換するときは、キーを押すたびに「小文字」→「大文字」→「先頭だけ大文字」の順に切り替わります。

形式	入力した文字	変換後
全角英数字変換	ｃｏｍｐｕｔｅｒ	F9→ＣＯＭＰＵＴＥＲ　F9→Ｃｏｍｐｕｔｅｒ
半角英数字変換	computer	F10→COMPUTER　F10→Computer

3 ひらがなに変換する

解説

ひらがなに変換する

確定前のカタカナをひらがなに変換するには、F6 を押します。

1 カタカナで文字を入力して、

セイショウナゴン

2 F6 を押すと、

3 ひらがなに変換されます。

せいしょうなごん

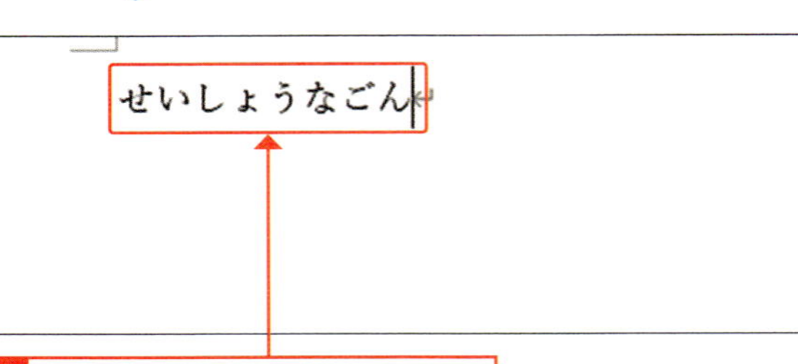

4 Enter を押すと、確定されます。

カタカナやひらがなを再変換する

カタカナやひらがなで入力した文字を選択して 変換 を押し、再変換できる状態にすると、F6 や F7 を押してひらがなやカタカナに変換することができます。

時短 **ファンクションキーの機能**

キーボードの上にある F6 ～ F10 のキーには、表のような機能が割り当てられています。
なお、F9 と F10 はキーを押すたびに、小文字／大文字／先頭大文字の順に切り替わります（77ページの「補足」参照）。

ファンクションキー	変換される文字
F6	ひらがな
F7	全角カタカナ
F8	半角カタカナ
F9	全角英数字
F10	半角英数字

第 3 章

基本的な文書を作成しよう

文書作成の流れを知ろう

文書作成の流れ

Wordで文書を作成するには、最初に、作成する文書に合わせてページ設定を行います。次に、文章だけを入力して、文字配置や文字装飾などを設定して完成させます。

●文書のページ設定をする

用紙サイズや印刷の向き、ページの余白や文字数、行数など、文書全体にかかわる書式の設定を「ページ設定」といいます。［ページ設定］ダイアログボックスで、これらの設定を行います。Wordのページ設定の既定値は下図のようになっています。

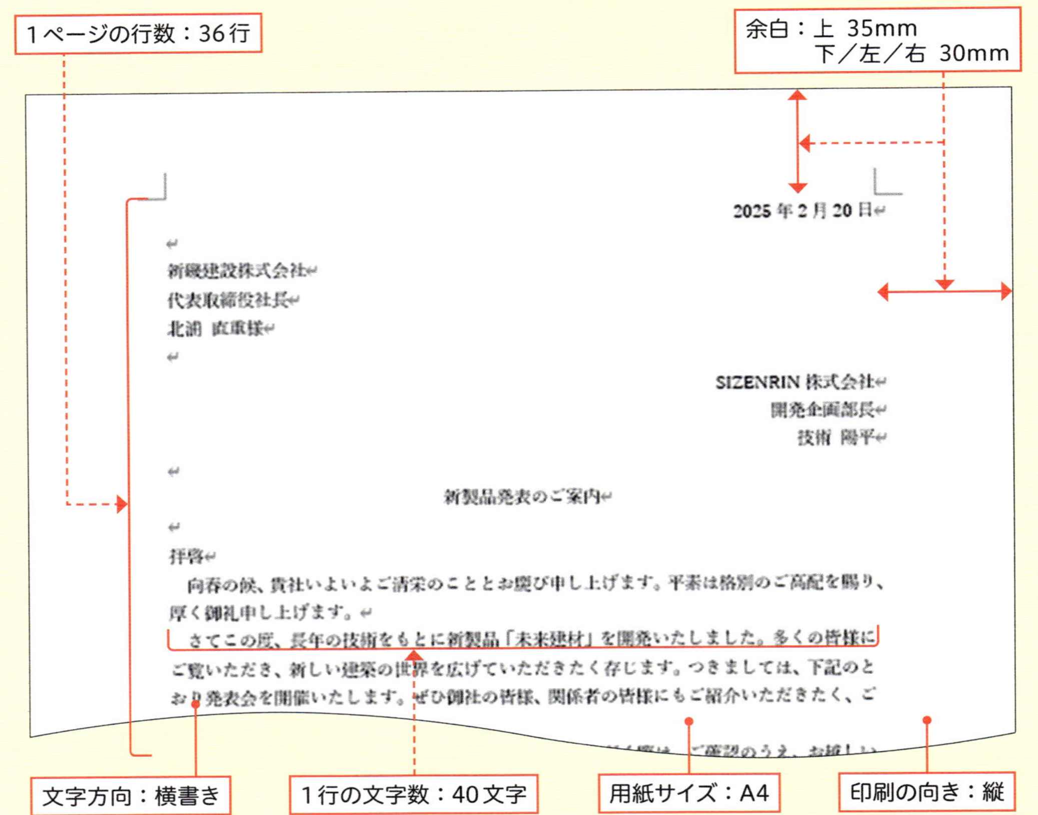

●文章を入力する

最初に文章をすべて入力します。文章が1ページに収まらなかったり、余白が大きすぎたりしてバランスが悪い場合、［ページ設定］ダイアログボックス（82ページ参照）で調整します。

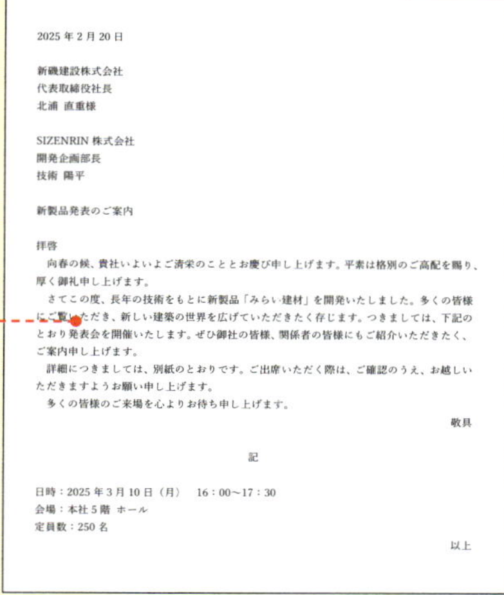

2025年2月20日

新磯建設株式会社
代表取締役社長
北浦 直重様

SIZENRIN 株式会社
開発企画部長
技術 陽平

新製品発表のご案内

拝啓
　向春の候、貴社いよいよご清栄のこととお慶び申し上げます。平素は格別のご高配を賜り、厚く御礼申し上げます。
　さてこの度、長年の技術をもとに新製品「みらい建材」を開発いたしました。多くの皆様にご覧いただき、新しい建築の世界を広げていただきたく存じます。つきましては、下記のとおり発表会を開催いたします。ぜひ御社の皆様、関係者の皆様にもご紹介いただきたく、ご案内申し上げます。
　詳細につきましては、別紙のとおりです。ご出席いただく際は、ご確認のうえ、お越しいただきますようお願い申し上げます。
　多くの皆様のご来場を心よりお待ち申し上げます。
敬具

記

日時：2025年3月10日（月）　16：00～17：30
会場：本社5階 ホール
定員数：250名

以上

最初に文章だけを入力して、設定したページに収まるかどうかを確認します。

●文字揃えの設定をする

文章の入力が完了したら、文章の配置を整えます。ビジネス文書の場合、日付は右揃えで、タイトルは行の中央に揃えるなどの基本的なルールがあります。このビジネス文書のルールに沿って文字揃えなどの段落書式を設定します。
文字サイズを変えたり、色を付けたりする文字修飾については第5章で学びます。

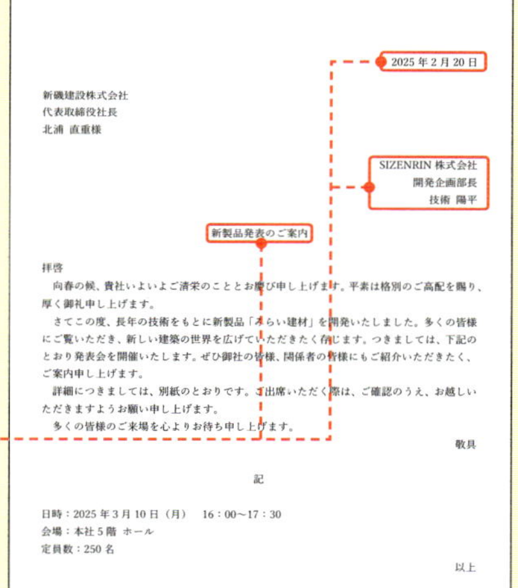

2025年2月20日

新磯建設株式会社
代表取締役社長
北浦 直重様

SIZENRIN 株式会社
開発企画部長
技術 陽平

新製品発表のご案内

拝啓
　向春の候、貴社いよいよご清栄のこととお慶び申し上げます。平素は格別のご高配を賜り、厚く御礼申し上げます。
　さてこの度、長年の技術をもとに新製品「みらい建材」を開発いたしました。多くの皆様にご覧いただき、新しい建築の世界を広げていただきたく存じます。つきましては、下記のとおり発表会を開催いたします。ぜひ御社の皆様、関係者の皆様にもご紹介いただきたく、ご案内申し上げます。
　詳細につきましては、別紙のとおりです。ご出席いただく際は、ご確認のうえ、お越しいただきますようお願い申し上げます。
　多くの皆様のご来場を心よりお待ち申し上げます。
敬具

記

日時：2025年3月10日（月）　16：00～17：30
会場：本社5階 ホール
定員数：250名

以上

発信日付と発信者名を右揃えに、タイトルを中央に揃えます。

●文書を印刷する

文書が完成したら印刷します。印刷する前に、右側に表示される印刷プレビューで印刷イメージを確認します。
左側に表示される項目で部数やページ数、印刷方法などを設定して印刷を実行します。

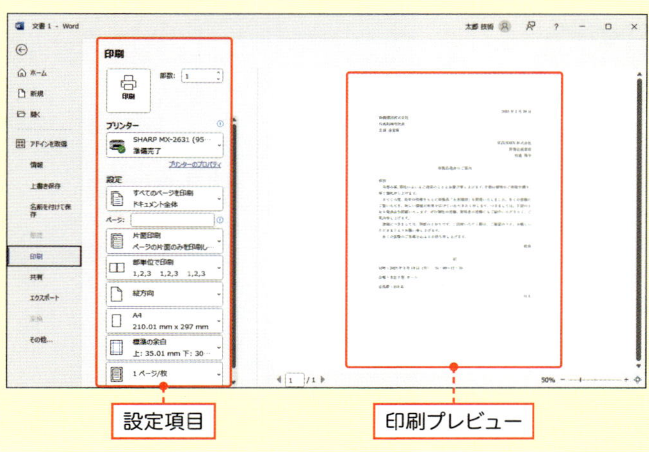

Section 16

用紙のサイズや余白を設定しよう

ここで学ぶこと

- ・ページ設定
- ・用紙サイズ／余白
- ・文字数／行数

新しい文書は、**A4サイズの横書き**が初期設定として表示されます。文書を作成する前に、用紙サイズや余白、文字数、行数などの**ページ設定**をしておきます。ページ設定は、**［ページ設定］ダイアログボックス**の各タブで行います。

練習▶ファイルなし

1 用紙のサイズを設定する

重要用語

ページ設定

「ページ設定」とは、用紙のサイズや向き、余白、文字数や行数など、文書全体にかかわる設定のことです。［ページ設定］ダイアログボックスで基本となる設定を行います。設定した内容はあとから変更することもできます。

ヒント

用紙サイズの種類

選択できる用紙サイズは、使用しているプリンターによって異なります。用紙サイズは、［レイアウト］タブの［サイズ］をクリックして設定することもできます。

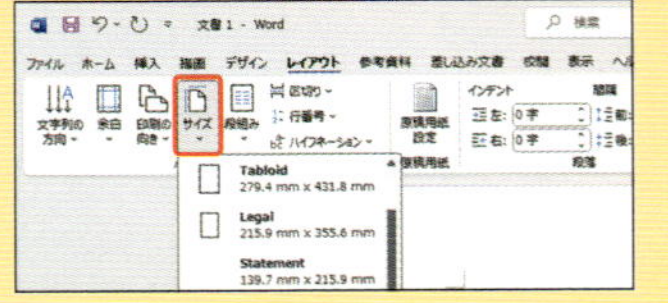

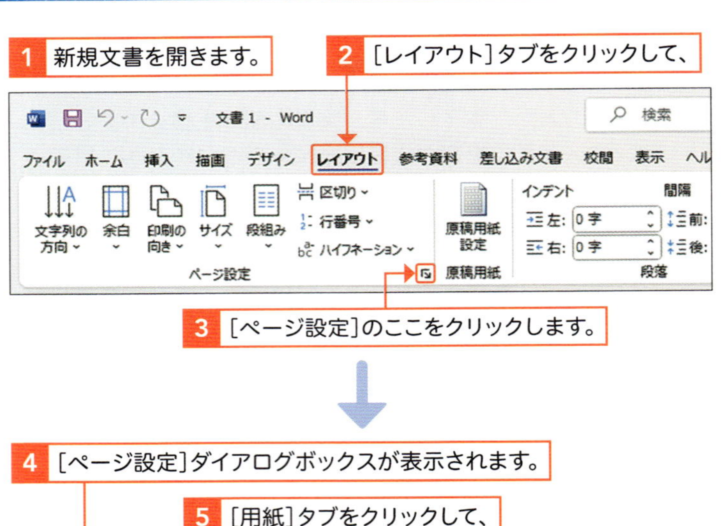

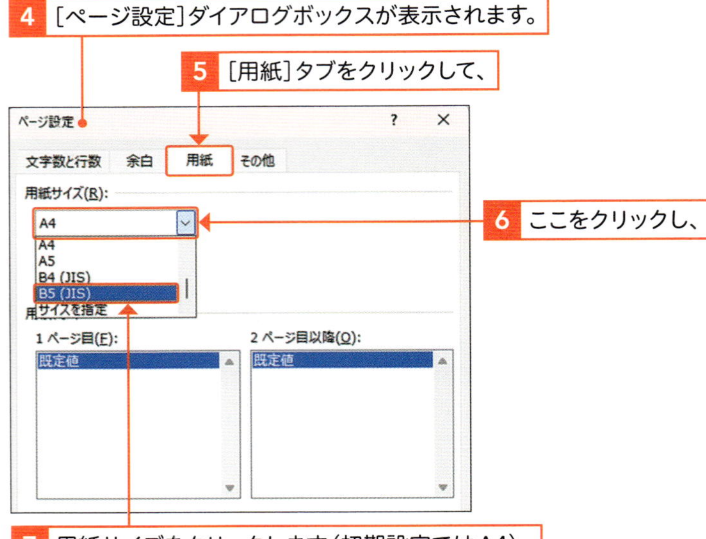

② ページの余白と用紙の向きを設定する

重要用語

余白

「余白」とは、上下左右の空きのことです。上下の余白を狭くすれば文書の1行の文字数が増え、左右の余白を狭くすれば1ページの行数を増やすことができます。A4サイズの用紙で見やすいビジネス文書を作る場合、上下左右「20～25mm」程度の余白が適当です。

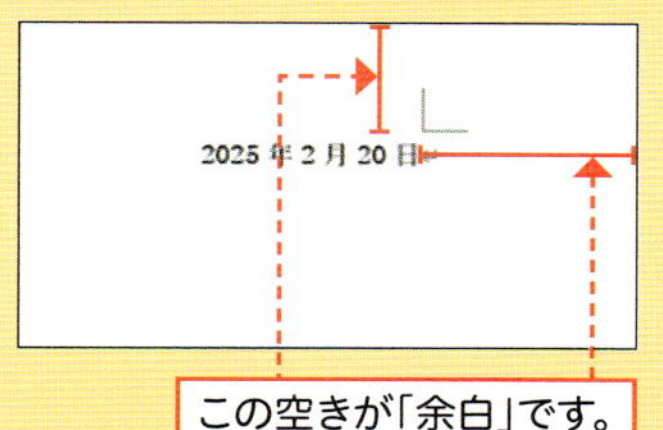

ヒント

余白の調節

余白は、[レイアウト]タブの[余白]をクリックして設定することもできます。

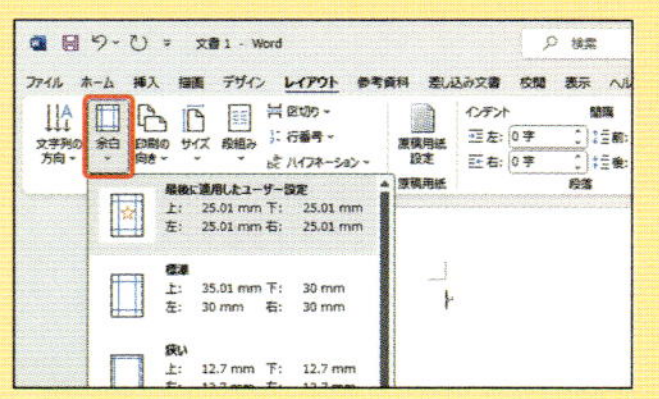

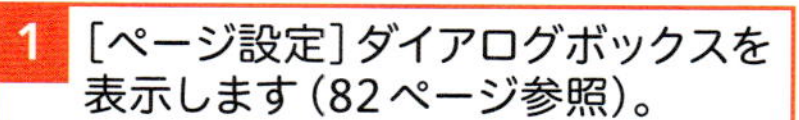

1 [ページ設定]ダイアログボックスを表示します(82ページ参照)。

2 [余白]タブをクリックして、

3 上下左右の余白(ここでは[25mm])を設定します。

4 印刷の向き(ここでは[縦])をクリックして、

5 [OK]をクリックします。

応用技 文書のイメージを確認しながら余白を設定する

余白の設定は、[ページ設定]ダイアログボックスの[余白]タブで行いますが、実際に文書を見ながら変更したい場合もあります。このようなときは、ルーラーのグレーと白の境界部分をドラッグして設定することができます。なお、ルーラーが表示されていない場合、[表示]タブの[ルーラー]をオンにして表示します。

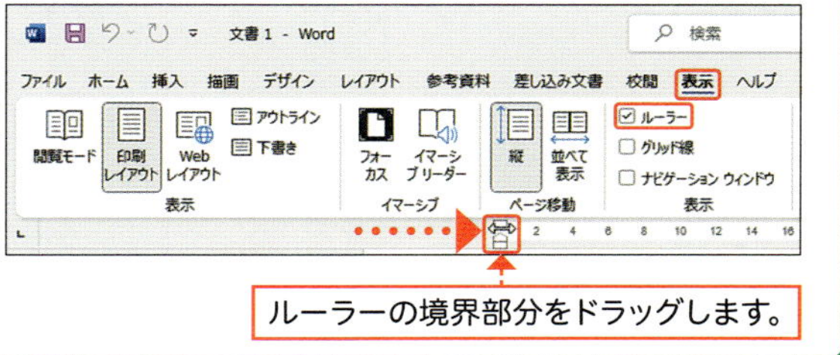

ルーラーの境界部分をドラッグします。

③ 文字数と行数を設定する

重要用語

字送り／行送り

「字送り」は文字の左端（縦書きでは上端）から次の文字の左端（上端）までの長さ、「行送り」は行の上端（縦書きでは右端）から次の行の上端（右端）までの長さを指します。文字数や行数、余白によって、自動的に最適値が設定されます。

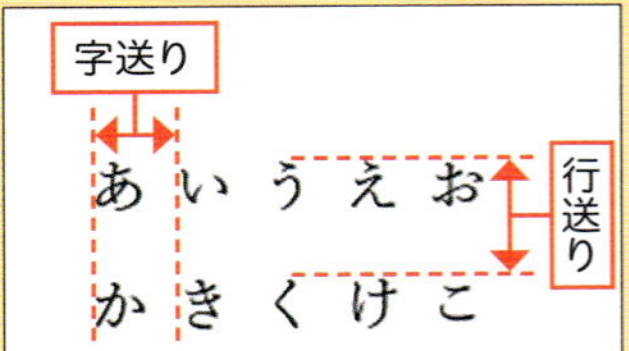

1 ［ページ設定］ダイアログボックスを表示します（82ページ参照）。

2 ［文字数と行数］タブをクリックして、

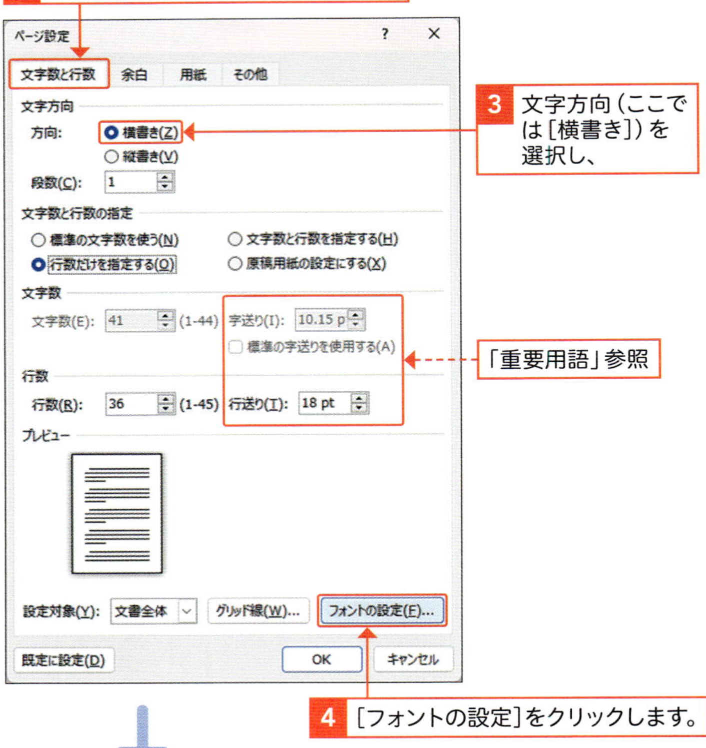

3 文字方向（ここでは［横書き］）を選択し、

「重要用語」参照

4 ［フォントの設定］をクリックします。

5 文字サイズ（ここでは［12］）を変更して、

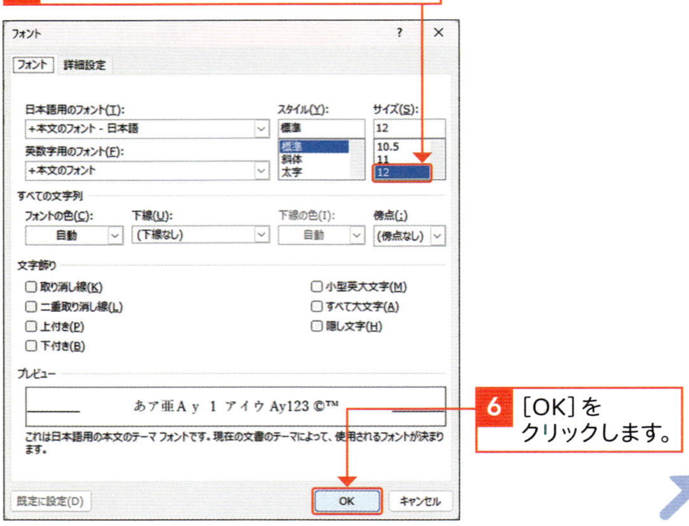

6 ［OK］をクリックします。

解説

［フォント］ダイアログボックスの利用

［ページ設定］ダイアログボックスから開いた［フォント］ダイアログボックスでは、使用するフォント（書体）やスタイル（太字や斜体）などの、文字書式や文字サイズを設定することができます。

解説

文字数と行数の設定

「文字数」は1行あたりの文字数、「行数」は1ページあたりの行数です。手順8のように[文字数と行数を指定する]をオンにすると、[文字数]と[行数]をそれぞれ指定できるようになります。

注意

本書でのページ設定

82ページから85ページまではページ設定の変更について解説していますが、本書で作成する文書は、とくに説明がない場合は初期設定のままで解説します。

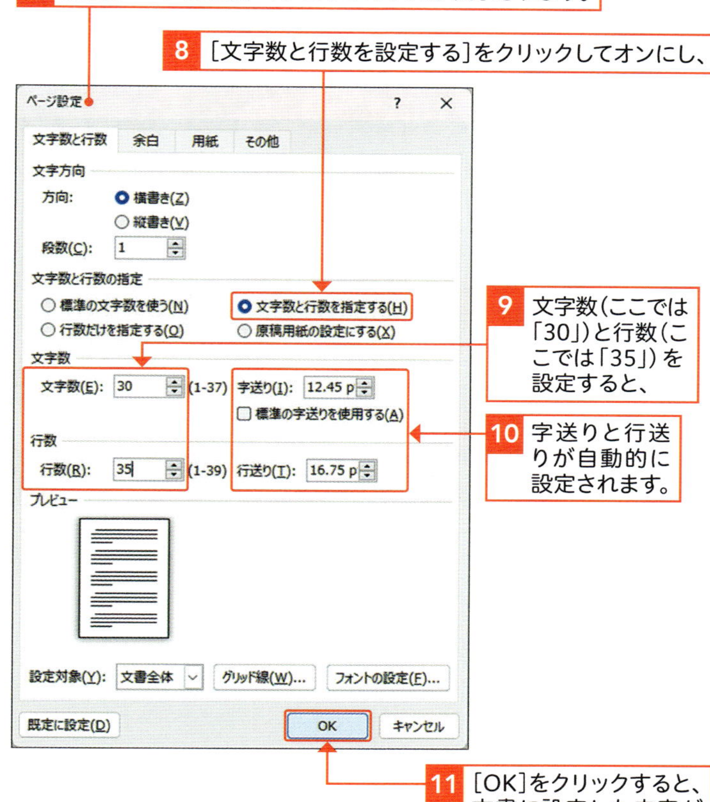

応用技

縦書き文書を作成する

縦書き文書を作成する場合、[ページ設定]ダイアログボックスの[余白]タブで[印刷の向き]を[横]にして、[余白]を設定します。手紙などの場合は、上下左右の余白を大きくすると読みやすくなります。また、[文字数と行数]タブで[文字方向]を[縦書き]にして、文字数や行数を設定します。

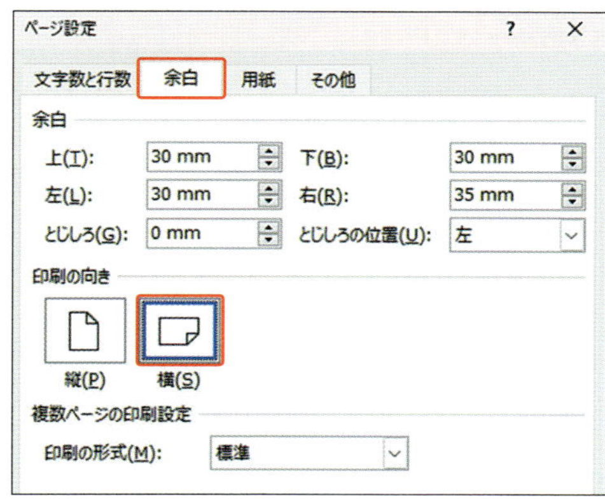

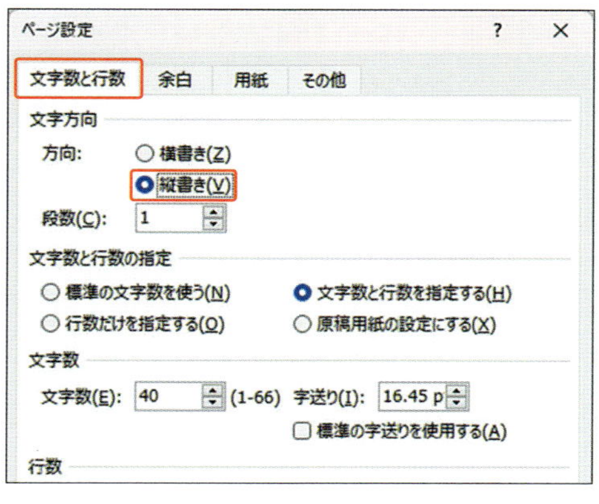

Section

17 定型文書を作成しよう

ここで学ぶこと

- ビジネス文書
- 頭語／結語
- 記書き

ビジネスシーンでよく使われる文書は、その多くが類似した構成になっており、**ビジネス文書の基本構成**と呼ばれることがあります。ここでは、ビジネス文書の基本構成と作成方法を、順を追って解説します。

練習▶17_案内文書

1 ビジネス文書の基本構成

ビジネス文書は、基本的に以下のような構成になっています。ここでは、ビジネス文書の基本構成とその内容を確認しておきましょう。次のページから順番に、入力方法を解説していきます。

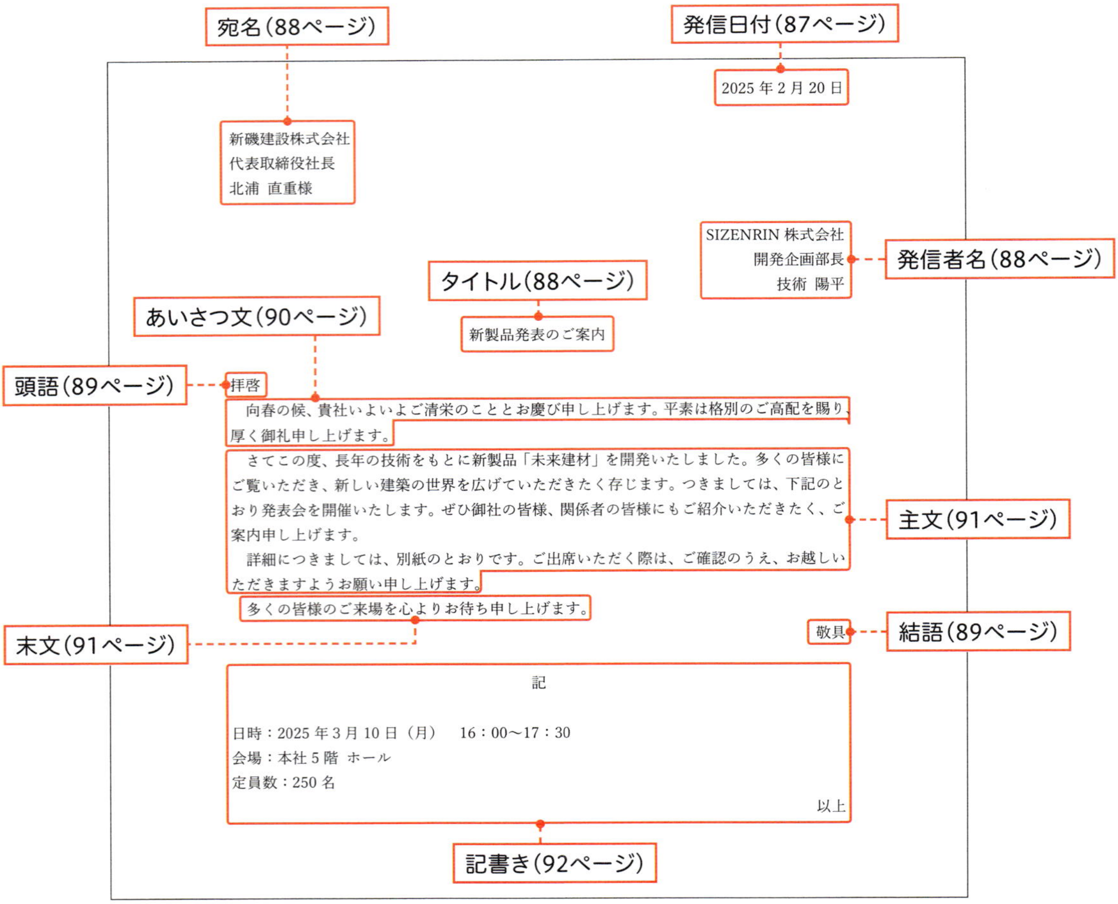

発信日付（87ページ）

2025 年 2 月 20 日

宛名（88ページ）

新磯建設株式会社
代表取締役社長
北浦 直重様

発信者名（88ページ）

SIZENRIN 株式会社
開発企画部長
技術 陽平

タイトル（88ページ）

新製品発表のご案内

頭語（89ページ）

拝啓

あいさつ文（90ページ）

向春の候、貴社いよいよご清栄のこととお慶び申し上げます。平素は格別のご高配を賜り、厚く御礼申し上げます。

主文（91ページ）

さてこの度、長年の技術をもとに新製品「未来建材」を開発いたしました。多くの皆様にご覧いただき、新しい建築の世界を広げていただきたく存じます。つきましては、下記のとおり発表会を開催いたします。ぜひ御社の皆様、関係者の皆様にもご紹介いただきたく、ご案内申し上げます。

詳細につきましては、別紙のとおりです。ご出席いただく際は、ご確認のうえ、お越しいただきますようお願い申し上げます。

末文（91ページ）

多くの皆様のご来場を心よりお待ち申し上げます。

結語（89ページ）

敬具

記書き（92ページ）

記

日時：2025 年 3 月 10 日（月） 16：00～17：30
会場：本社 5 階 ホール
定員数：250 名

以上

② 発信日付に今日の日付を入力する

解説

発信日付

発信日付は、文書の発信日のことで、相手先に発送する場合、発送日を入力します。報告書や決裁文書の場合は、報告日や決済日を入力します。いずれの場合も、いつの文書なのかをはっきりさせるために用います。

解説

今日の日付の入力

日付は年月日をそのまま入力してもかまいません。Wordには、右のように当日の日付を自動で入力する機能があります。「2025/2/20」のように区切りたい場合は、「2025/」と入力して Enter を2回押します。また、「令和」と入力すると、日付を和暦で入力できます。

1 入力モードを「ひらがな」に切り替えます(50ページ参照)。

2 日付を入力する行の先頭位置にカーソルを移動して、今年の西暦(ここでは「２０２５ねん」)を入力し、

3 Space を押して、半角数字の「2025年」を選択します。

4 Enter を押すと、今日の日付がポップアップで表示されます。

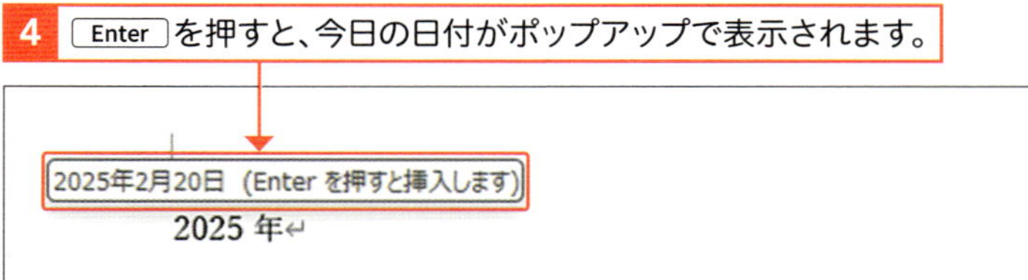

5 Enter を押すと、

6 今日の日付が入力されます。

2025 年 2 月 20 日

応用技 [日付と時刻] ダイアログボックスを利用する

日付に曜日を加えたり、英語圏で使われる形式で入力したりする場合、[日付と時刻] ダイアログボックスを利用すると便利です。[挿入] タブの [日付と時刻] をクリックして、[言語の選択] と [カレンダーの種類] をそれぞれ選択し、[表示形式] から使用したい形式を選択します。

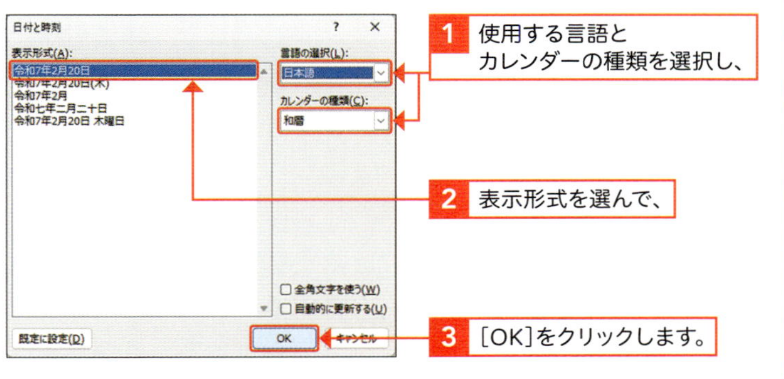

3 宛名、発信者名、タイトルを入力する

解説

宛名

宛名には、文書の送付先、送信先相手の企業名（法人名）、所属名および役職名、名前などを入力します。

解説

タイトル

タイトルには、文書のタイトルを入力します。簡潔でわかりやすいものにします。

ヒント

空行を挿入する

文書を作成する場合、読みやすくするために適宜、何も入力していない行（空行）を挿入します。右の例では発信者名とタイトルの間に空行を入力することで、「ここからお伝えしたいことです」という区切りをはっきりさせています。空行を入力するには、何も入力されていない行の先頭で Enter を押します。

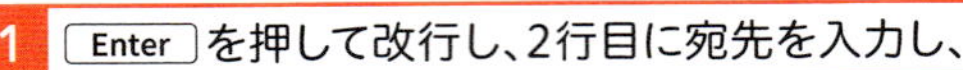

1 Enter を押して改行し、2行目に宛先を入力し、

2025 年 2 月 20 日
新磯建設株式会社

2 Enter を押します。

3 宛先が複数行になる場合は、1行ごとに入力し、それぞれの行で Enter を押して改行します。

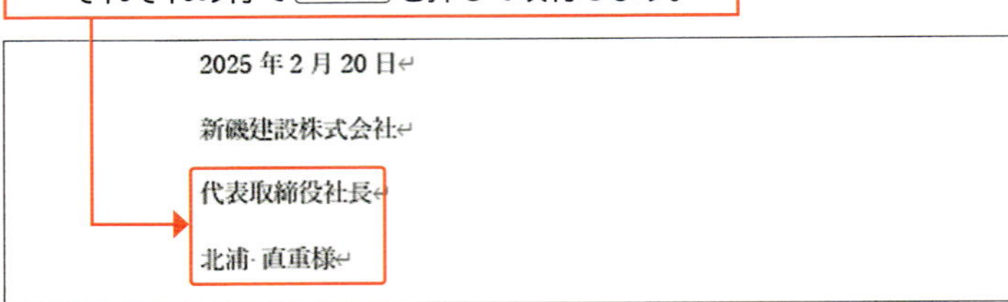

4 発信者名を入力します。所属や氏名など複数行になる場合は1行ごとに入力し、それぞれの行で Enter を押して改行します。

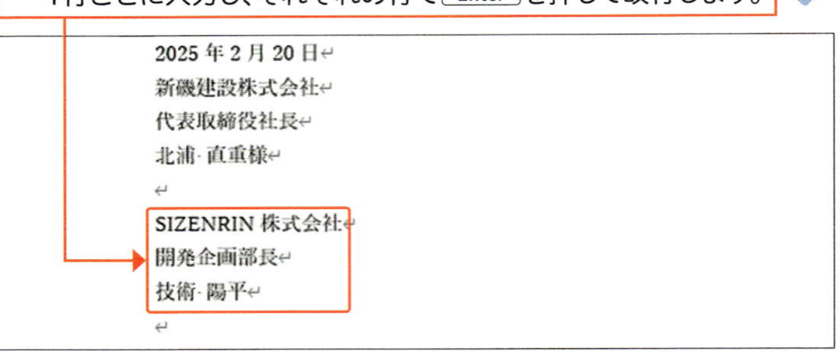

5 Enter を押して空行を入力します。

6 文書のタイトルを入力し、Enter を押します。

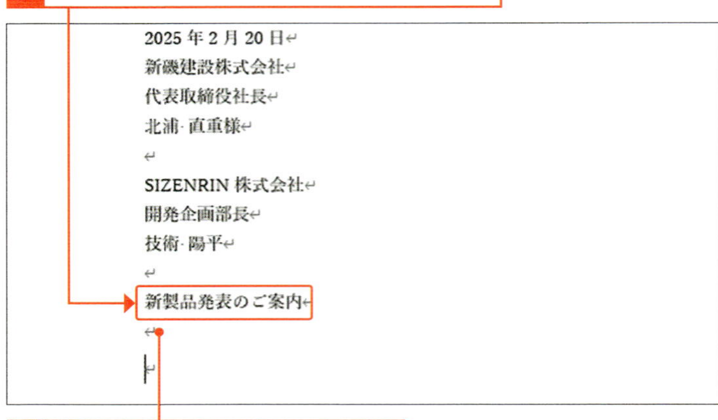

7 Enter を押して空行を入力します。

④ 頭語と結語を入力する

重要用語

頭語と結語

ビジネス文書にはあいさつ文（90ページの「解説」参照）を入力して、頭語（とうご）と結語（けつご）を使います。頭語には、「拝啓」「前略」「謹啓」などがあり、それぞれに対応する結語は「敬具」「草々」「謹白」です。ビジネス文書では「拝啓」と「敬具」の組み合わせが一般的です。目上の人や依頼文など改まった文書の場合は「謹啓」と「謹白」の組み合わせが使われます。あいさつ文を省略した文書の場合、「前略」と「草々」の組み合わせが使われますが、送付する相手によっては失礼になることもあるので注意が必要です。

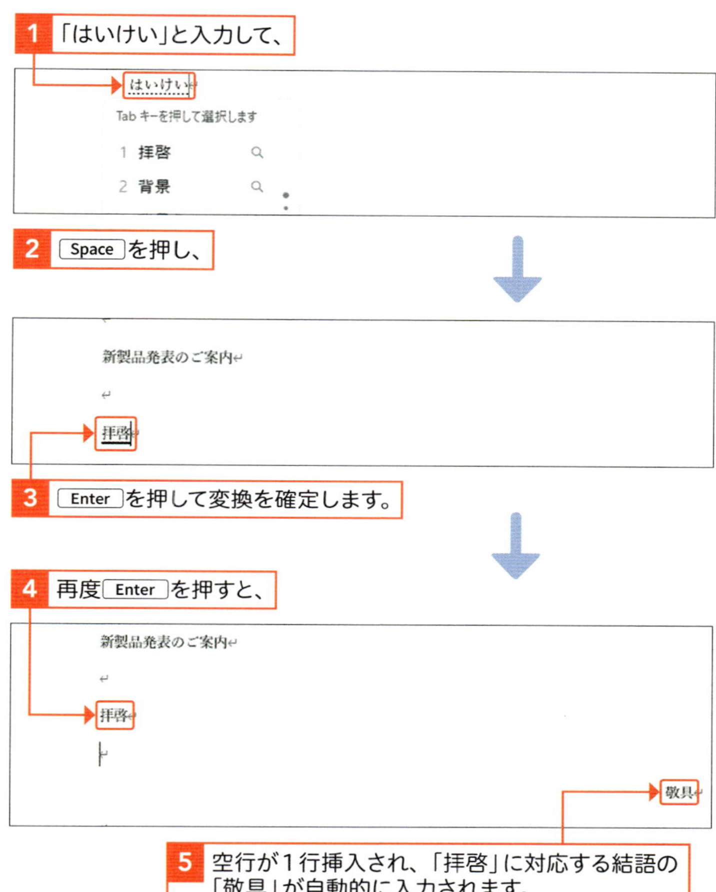

応用技 **頭語と結語の自動入力をオフにする**

頭語を入力すると結語が自動的に入力されるのは、Wordの入力オートフォーマット機能によるものです。この機能を使いたくないときは、オフにすることができます。［オートコレクト］ダイアログボックス（295ページ参照）を表示して、［入力オートフォーマット］タブをクリックし、［頭語に対応する結語を挿入する］をオフにして［OK］をクリックします。

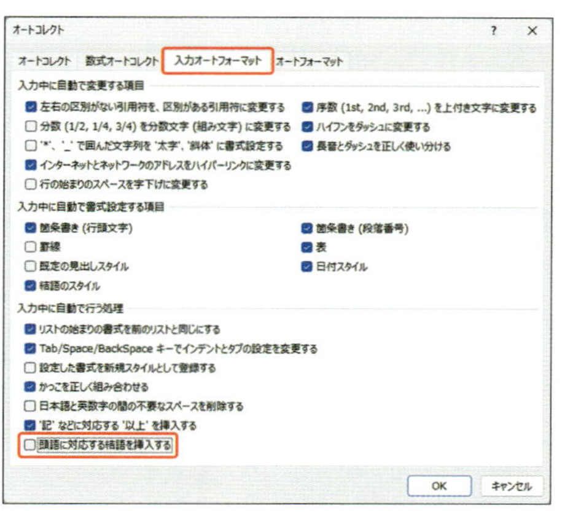

5 あいさつ文を入力する

解説

あいさつ文

あいさつ文は、手紙などを送る際に、相手の安否を尋ねたり感謝を述べたりするために使われるもので、季節のあいさつといっしょに入力するのが一般的です。[あいさつ文]ダイアログボックスを利用すると、季節や安否、感謝のあいさつ文をかんたんに入力することができます。季節に関係なく送る文書の場合、季節のあいさつを[(なし)]にして省略することもできます。

現在の日付から「月」が自動的に選択される

Wordでは、月ごとに季節のあいさつが用意されています。[あいさつ文]ダイアログボックスを表示すると、その時点の月と対応するあいさつ文が自動的に表示されます。ほかの月のあいさつを使用するときには、月を変更します。

あいさつ文章の変更

[あいさつ文]ダイアログボックスの文章は、一般的な例文です。いったん挿入してから、相手先や取引等の状況などを考えて、文面を変更するとよいでしょう。

1 カーソル位置でSpaceを押して空白を入れ、あいさつ文を入力していきます。

2 [挿入]タブの[あいさつ文]をクリックし、

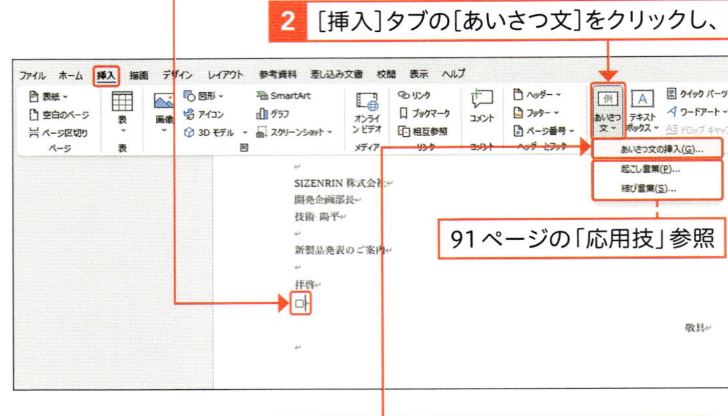

91ページの「応用技」参照

3 [あいさつ文の挿入]をクリックします。

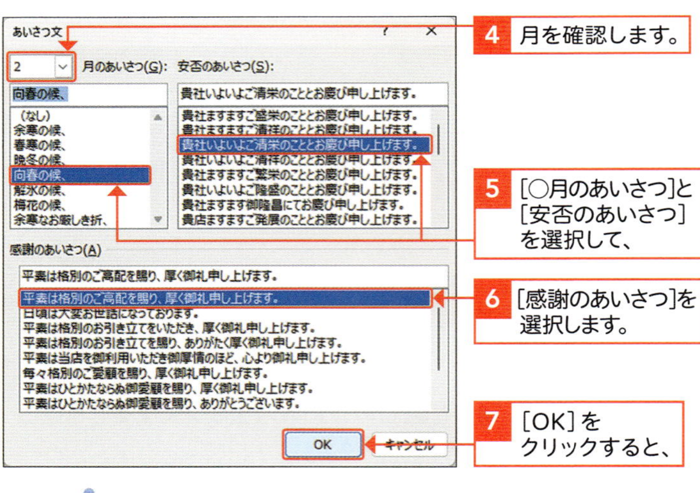

4 月を確認します。

5 [〇月のあいさつ]と[安否のあいさつ]を選択して、

6 [感謝のあいさつ]を選択します。

7 [OK]をクリックすると、

8 あいさつ文が入力されます。

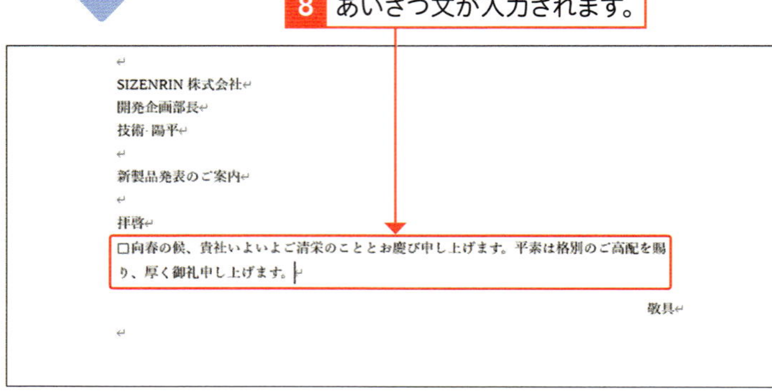

6 主文、末文を入力する

解説

主文

主文は、送信する文書の中心となる文章です。長くなるときには適宜改行します。とくに重要な項目は主文だけでなく、記書き（92ページ参照）にも入力するようにします。

補足

空白文字

段落の最初は字下げのため、Space を押して空白（□）を入れています。初期設定では編集記号が表示されませんが、ここではわかりやすく見せるために表示しています（100ページ参照）。

解説

末文

末文は、手紙やビジネス文書の締めの言葉にあたるもので、内容や相手によって使い分けます。また、季節や状況によって使い分ける必要もあるので、あいさつ文との兼ね合いも考えます（下の「応用技」参照）。

1 Enter を押して改行し、主文を入力する位置にカーソルを移動します。

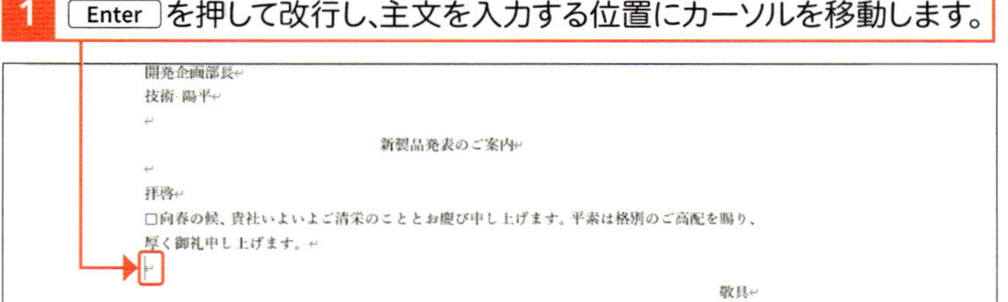

開発企画部長
技術 陽平

新製品発表のご案内

拝啓
□向春の候、貴社いよいよご清栄のこととお慶び申し上げます。平素は格別のご高配を賜り、厚く御礼申し上げます。

敬具

2 Space を押して文頭に空白（全角のスペース）を入力し、起こし言葉（ここでは「さてこの度、」）を入力して、続けて主文を入力します。

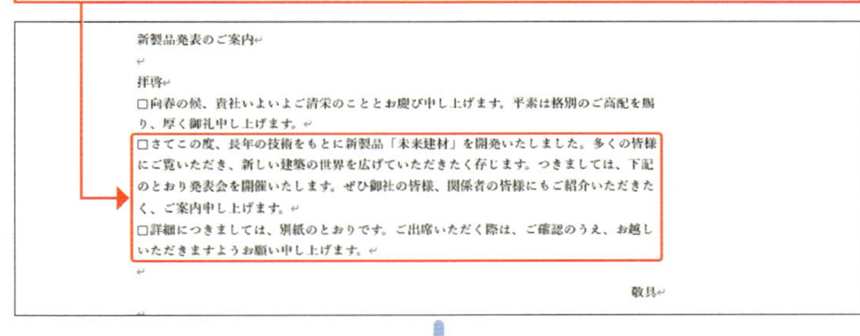

新製品発表のご案内

拝啓
□向春の候、貴社いよいよご清栄のこととお慶び申し上げます。平素は格別のご高配を賜り、厚く御礼申し上げます。
□さてこの度、長年の技術をもとに新製品「未来建材」を開発いたしました。多くの皆様にご覧いただき、新しい建築の世界を広げていただきたく存じます。つきましては、下記のとおり発表会を開催いたします。ぜひ御社の皆様、関係者の皆様にもご紹介いただきたく、ご案内申し上げます。
□詳細につきましては、別紙のとおりです。ご出席いただく際は、ご確認のうえ、お越しいただきますようお願い申し上げます。

敬具

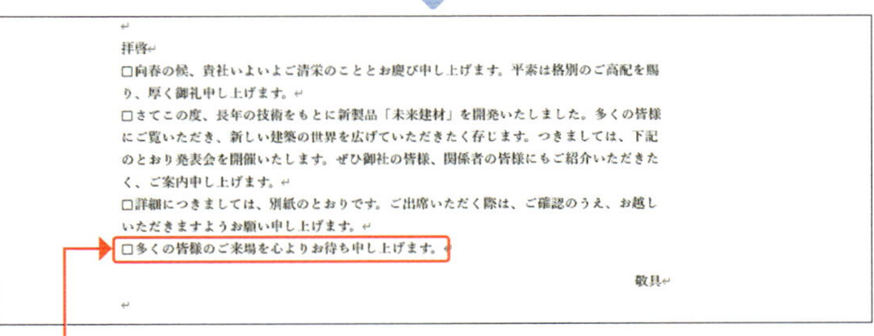

拝啓
□向春の候、貴社いよいよご清栄のこととお慶び申し上げます。平素は格別のご高配を賜り、厚く御礼申し上げます。
□さてこの度、長年の技術をもとに新製品「未来建材」を開発いたしました。多くの皆様にご覧いただき、新しい建築の世界を広げていただきたく存じます。つきましては、下記のとおり発表会を開催いたします。ぜひ御社の皆様、関係者の皆様にもご紹介いただきたく、ご案内申し上げます。
□詳細につきましては、別紙のとおりです。ご出席いただく際は、ご確認のうえ、お越しいただきますようお願い申し上げます。
□多くの皆様のご来場を心よりお待ち申し上げます。

敬具

3 末文を入力します。

応用技 起こし言葉、結び言葉を挿入する

［挿入］タブの［あいさつ文］をクリックして、［起こし言葉］をクリックすると、主文の起こし言葉を、［結び言葉］をクリックすると、結びの言葉を入力することができます。言葉選びに悩んだときに利用すると便利です。

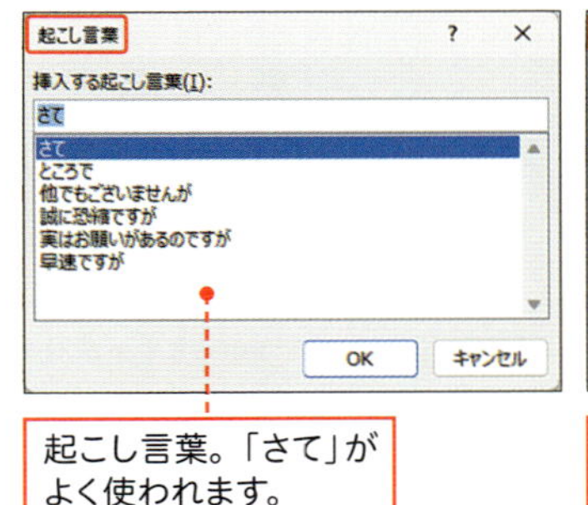

起こし言葉。「さて」がよく使われます。

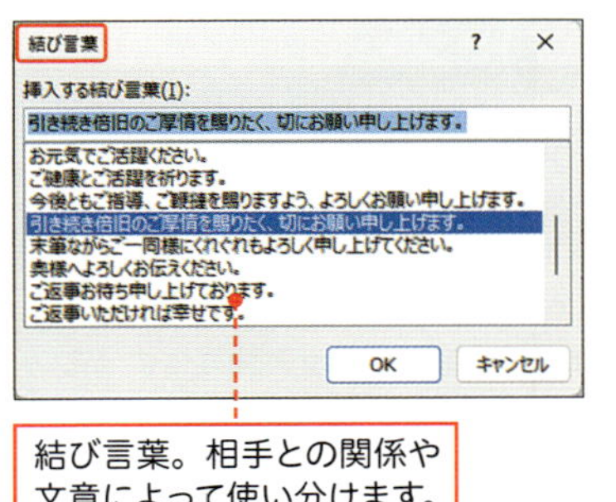

結び言葉。相手との関係や文章によって使い分けます。

7 記書きを入力する

解説

記書き(きがき／しるしがき)

記書きは、「記」で始まり、必要事項を記述して「以上」で締める文章です。主文の要点を箇条書きにしたり、重要な事項を列記したりするときに使われます。

1 記書きを入力する位置にカーソルを移動して「記」を入力し、Enter を押して確定します。

拝啓↵
□向春の候、貴社いよいよご清栄のこととお慶び申し上げます。平素は格別のご高配を賜り、厚く御礼申し上げます。↵
□さてこの度、長年の技術をもとに新製品「未来建材」を開発いたしました。多くの皆様にご覧いただき、新しい建築の世界を広げていただきたく存じます。つきましては、下記のとおり発表会を開催いたします。ぜひ御社の皆様、関係者の皆様にもご紹介いただきたく、ご案内申し上げます。↵
□詳細につきましては、別紙のとおりです。ご出席いただく際は、ご確認のうえ、お越しいただきますようお願い申し上げます。↵
□多くの皆様のご来場を心よりお待ち申し上げます。↵
敬具↵
↵

2 続けて Enter を押すと、

3 「記」が行の中央に表示され、

□さてこの度、長年の技術をもとに新製品「未来建材」を開発いたしました。多くの皆様にご覧いただき、新しい建築の世界を広げていただきたく存じます。つきましては、下記のとおり発表会を開催いたします。ぜひ御社の皆様、関係者の皆様にもご紹介いただきたく、ご案内申し上げます。↵
□詳細につきましては、別紙のとおりです。ご出席いただく際は、ご確認のうえ、お越しいただきますようお願い申し上げます。↵
□多くの皆様のご来場を心よりお待ち申し上げます。↵
敬具↵
↵
記↵
↵
以上↵

4 空白行が1行挿入され、「以上」が右揃えで自動的に入力されます。

5 「記」と「以上」の間の行に、記書きを入力します。

□詳細につきましては、別紙のとおりです。ご出席いただく際は、ご確認のうえ、お越しいただきますようお願い申し上げます。↵
□多くの皆様のご来場を心よりお待ち申し上げます。↵
敬具↵
↵
記↵
日時：2025年3月10日（月）□16：00～17：30↵
会場：本社5階･ホール･↵
定員数：250名↵
以上↵

記書きの自動入力をオフにする

「記」と入力して Enter を押すと、「以上」が自動的に入力されるのは、Wordの入力オートフォーマット機能によるものです。この機能を使いたくないときは、オフにすることができます(297ページ参照)。

8 段落配置を整える

解説

段落配置を変更する

記書きなど、入力した時点で自動的に段落配置が設定されるものもありますが、通常は両端揃えで入力されます。ビジネス文書では、日付は右揃えで、タイトルは行の中央に揃えるのが一般的です。段落の配置を変更するには、カーソルを段落内に移動するか、段落を選択してからコマンドをクリックします。

ショートカットキー

右揃え

Ctrl + R

ショートカットキー

中央揃え

Ctrl + E

ヒント

もとに戻す場合

段落配置をもとに戻すには、設定した段落を選択して、[ホーム]タブの[両端揃え]をクリックします。

ショートカットキー

両端揃え

Ctrl + J

1 日付が入力されている行にカーソルを移動して、

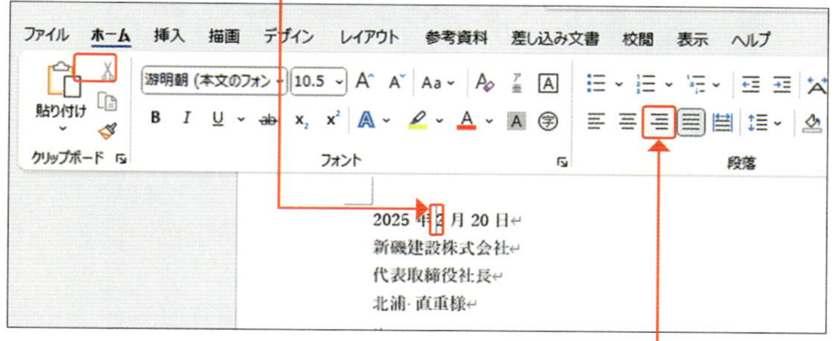

2 [ホーム]タブの[右揃え]をクリックすると、

3 日付が右揃えで表示されます。

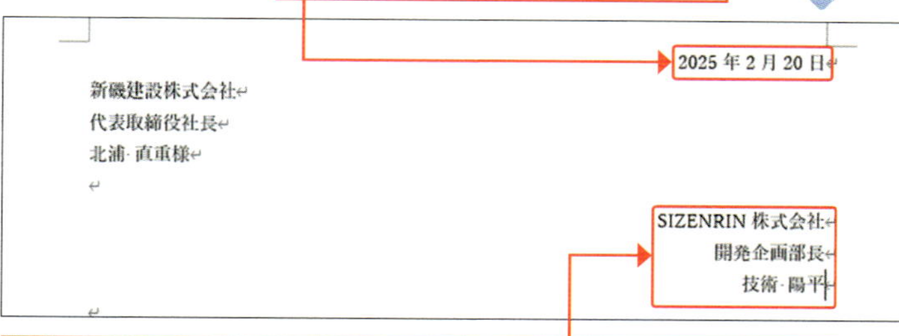

4 同様の方法で、差出人が入力されている行を右揃えにします。

5 タイトルが入力されている行にカーソルを移動して、

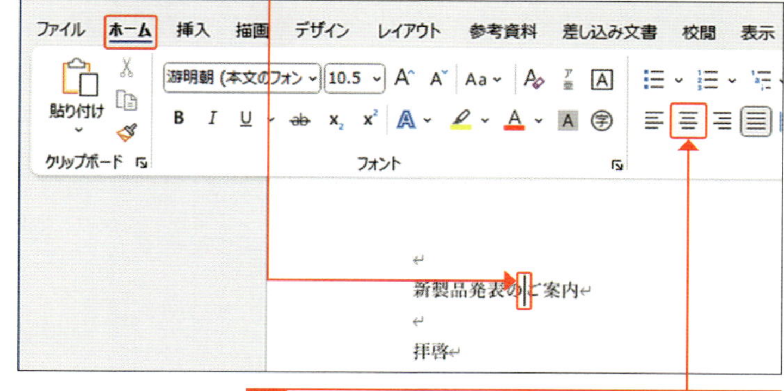

6 [ホーム]タブの[中央揃え]をクリックすると、

7 タイトルが段落(行)の中央に表示されます。

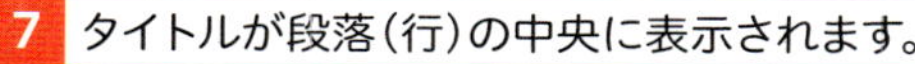

新製品発表のご案内

拝啓

□向春の候、貴社いよいよご清栄のこととお慶び申し上げます。平素は格別のご高配を賜り、厚く御礼申し上げます。

Section

18 印刷しよう

ここで学ぶこと

- 印刷プレビュー
- 印刷部数
- 印刷範囲

文書を印刷するときは、**印刷プレビューで実際の印刷イメージを確認**してから印刷すると、印刷ミスによる紙の無駄を防ぐことができます。印刷イメージを確認したら、**印刷する範囲や部数の設定**を行い、印刷を実行します。

練習▶18_案内文書

1 印刷プレビューで印刷イメージを確認する

重要用語

印刷プレビュー

「印刷プレビュー」は、文書を印刷したときのイメージを画面上に表示する機能です。改ページの位置など、印刷する内容に問題がないかをあらかじめ確認することで、印刷の失敗を防ぐことができます。

ショートカットキー

印刷画面を表示する

Ctrl + P

1 印刷したい文書を開きます。

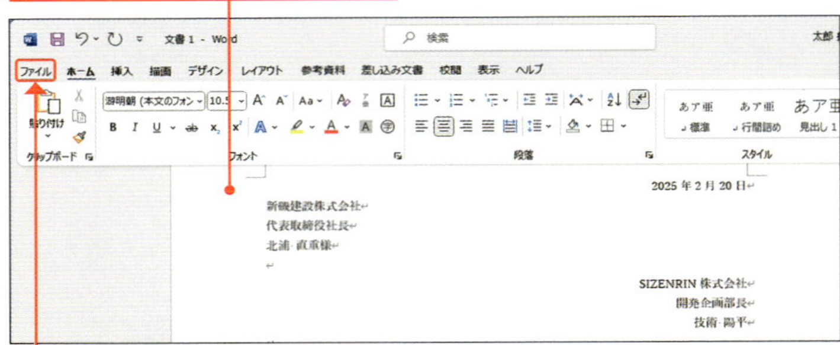

2 [ファイル]タブをクリックして、

3 [印刷]をクリックすると、

4 印刷プレビューが表示されます。

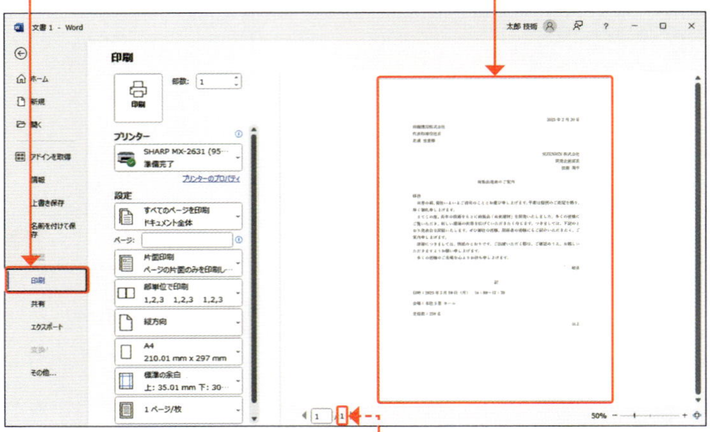

文書が複数ページある場合は、ここをクリックして、2ページ目以降を確認します。

2 印刷設定を確認して印刷する

解説
印刷の準備

印刷を始める前に、パソコンにプリンターを接続して、プリンターの設定を済ませておく必要があります。プリンターの接続方法や設定方法は、プリンターに付属するマニュアルを参照してください。

補足
プリンターの設定

印刷に使用するプリンターの設定は、プリンターのプロパティで行います。[印刷]画面で印刷に使用するプリンターを選択し、[プリンターのプロパティ]をクリックすると設定画面が開きます。プリンターのプロパティでは、プリンターのさまざまな機能を設定することができます。

ヒント
印刷プレビューの表示倍率を変更する

印刷プレビューの表示倍率を変更するには、印刷プレビューの右下にあるズームスライダーを利用します。ズームスライダーを左にドラッグして、倍率を下げると、複数ページを表示できます。表示倍率をもとの大きさに戻すには、[ページに合わせる]をクリックします。

ズームスライダー　ページに合わせる

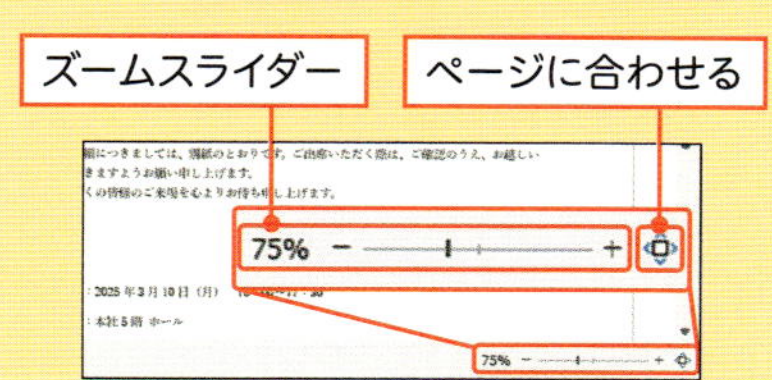

1 プリンターの電源と用紙がセットされていることを確認して、[印刷]画面を表示します（94ページ参照）。

2 印刷に使うプリンターを指定して、

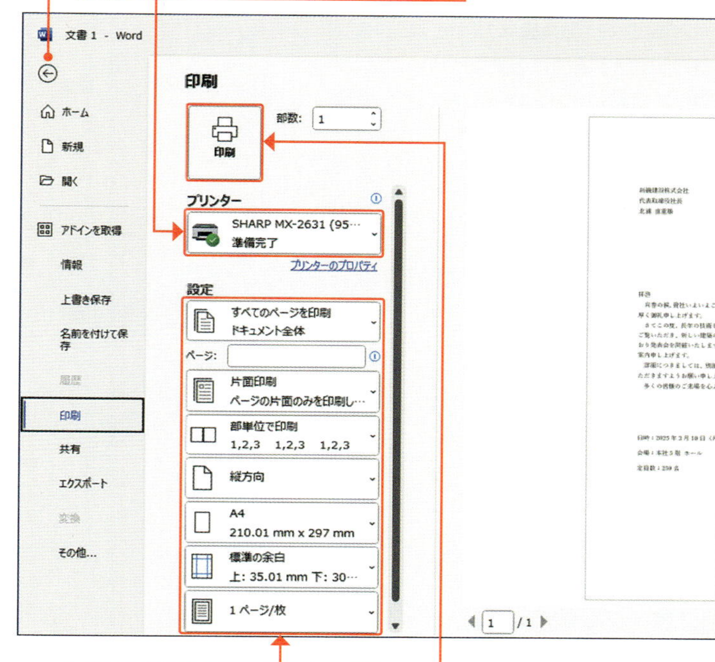

3 印刷の設定を確認します。

4 [印刷]をクリックすると、

5 文書が印刷されます。

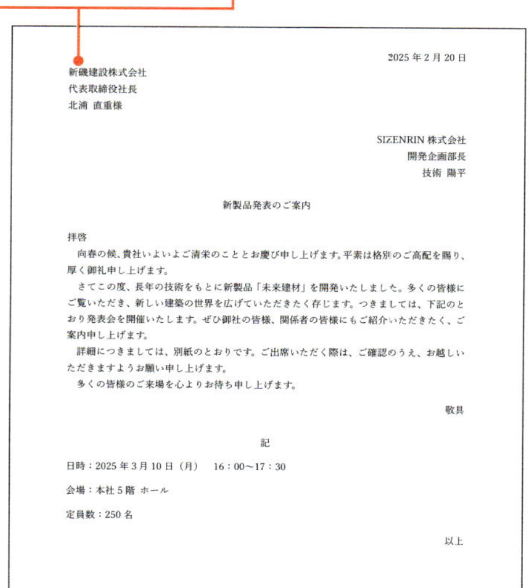

2025 年 2 月 20 日

新磯建設株式会社
代表取締役社長
北浦 直重様

SIZENRIN 株式会社
開発企画部長
技術 陽平

新製品発表のご案内

拝啓
　向春の候、貴社いよいよご清栄のこととお慶び申し上げます。平素は格別のご高配を賜り、厚く御礼申し上げます。
　さてこの度、長年の技術をもとに新製品「未来建材」を開発いたしました。多くの皆様にご覧いただき、新しい建築の世界を広げていただきたく存じます。つきましては、下記のとおり発表会を開催いたします。ぜひ御社の皆様、関係者の皆様にもご紹介いただきたく、ご案内申し上げます。
　詳細につきましては、別紙のとおりです。ご出席いただく際は、ご確認のうえ、お越しいただきますようお願い申し上げます。
　多くの皆様のご来場を心よりお待ち申し上げます。

敬具

記

日時：2025 年 3 月 10 日（月）　16：00～17：30
会場：本社 5 階 ホール
定員数：250 名

以上

3 印刷部数を変更する

印刷部数

初期設定では、文書は1部だけ印刷されます。印刷する部数を変更するときは[部数]で指定します。なお、最初から複数のページや部数を印刷するのではなく、まず1部だけ印刷して問題がないかを確認してから、必要な部数やページ数を印刷するとミスを防ぐことができます。

「部単位で印刷」と「ページ単位で印刷」

複数ページの文書を2部以上印刷する場合、印刷単位を「部単位」または「ページ単位」のいずれかに設定できます(311ページ参照)。

1 プリンターの電源と用紙がセットされていることを確認して、[印刷]画面を表示します(94ページ参照)。

2 [部数]に印刷する部数を指定して、

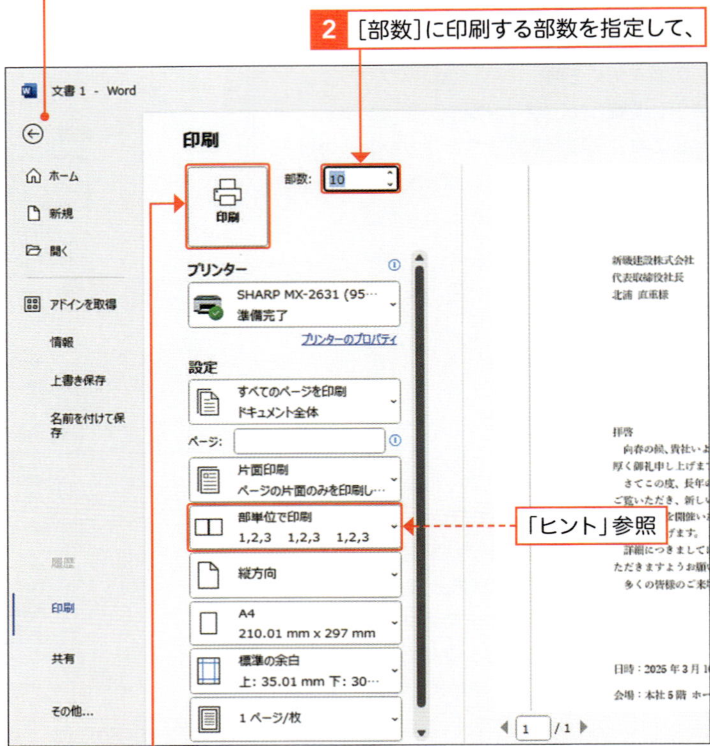

3 [印刷]をクリックすると、

4 指定した部数が印刷されます。

補足 印刷範囲の指定

文書内の一部分だけ印刷することができます。文書の一部を選択してから、[印刷]画面の[すべてのページを印刷]をクリックして[選択した部分を印刷]をクリックします。

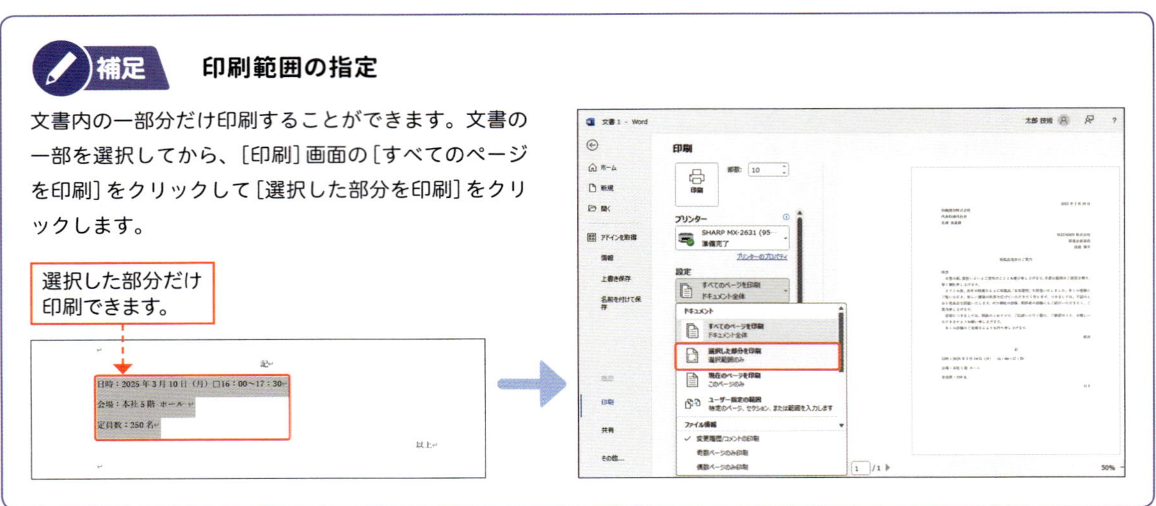

第 4 章

文書を編集しよう

文書の編集について理解しよう

「編集」とは、既存の文章に修正を加えたり余分な文章を削除したり、必要に応じて付け加えたりして新しい文書を作成する作業です。編集作業は、文書を作成するうえで重要なテクニックです。

文字列を選択する

不要な文字列の削除や文字列のコピー、移動などの編集作業を行うときに基本となるテクニックです。1文字ずつ削除したり、入力し直したりする手間を省くことができます。

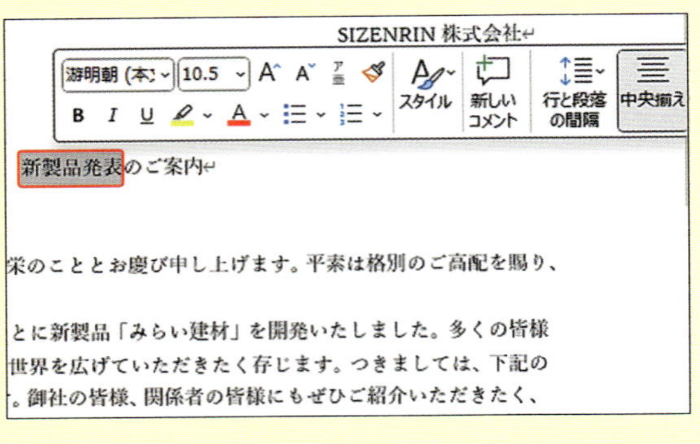

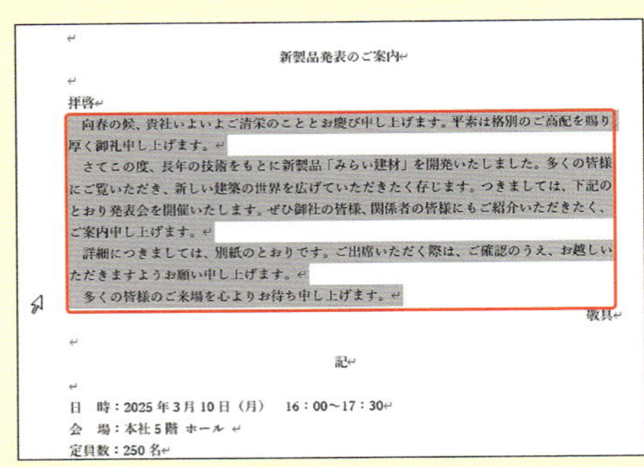

文字を削除する

文書の不要な文字を削除します。文字列や文（センテンス）、段落を選択して Delete または Back space を押して削除します。文書を修正をするときの基本となるテクニックです。

新製品発表のご案内
いよご清栄のこととお慶び申し上げます。平素
技術をもとに新製品「みらい建材」を開発いた
い建築の世界を広げていただきたく存じます。

新製品のご案内
削除されました。
よご清栄のこととお慶び申し上げます。平素
術をもとに新製品「みらい建材」を開発いた
建築の世界を広げていただきたく存じます。

文字列をコピー／移動する

何度も使う文字列をコピーすると、入力する手間が省けます。単語だけでなく、文章の一部などをコピーすると、入力効率が格段にアップします。コピーした文字列は何度でも貼り付けることができます。

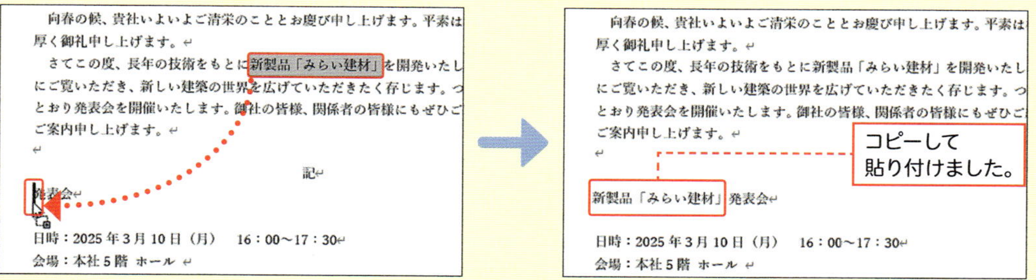

操作をもとに戻す／やり直す

文書を作成しているときに役立つのが「操作をもとに戻す」機能です。文書を入力し直したり、操作をやり直したりする手間が省けるので、作業効率が格段にアップします。文書の編集に必要不可欠な機能です。

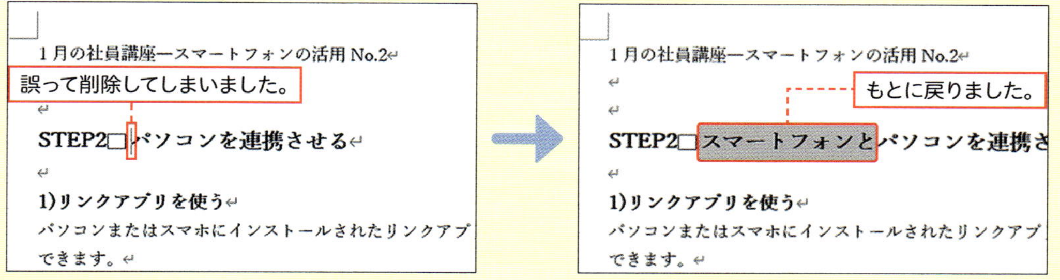

文字列を検索する／置換する

文書の中から特定の文字列を探すには「検索」機能を、特定の文字列をほかの文字列に置き換えるには「置換」機能を使います。検索／置換機能を利用することで手間が省け、文書の編集の手助けとなります。

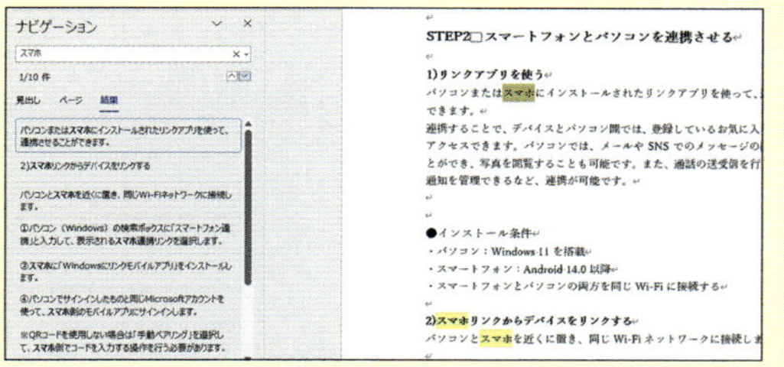

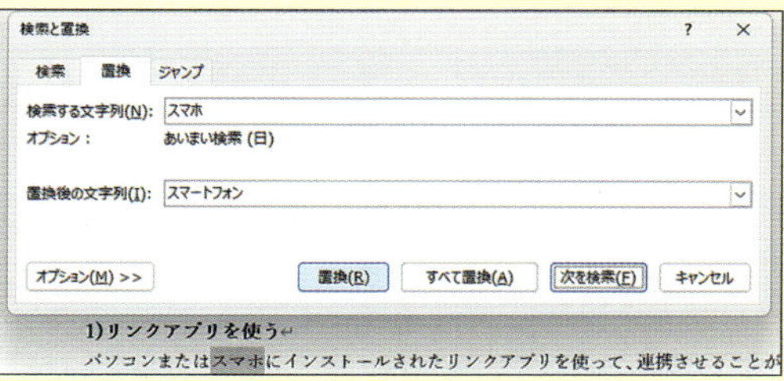

Section

19 編集記号や行番号を表示しよう

ここで学ぶこと

- 編集記号
- 段落記号
- 行番号

編集記号は段落やスペース、タブ、改ページなど、**文書の編集時に目印となる記号**です。Wordの初期設定では段落記号のみが表示されていますが、必要に応じて**表示と非表示を切り替える**ことができます。

練習▶19_案内文書

1 編集記号を表示／非表示にする

重要用語

編集記号

編集記号とは、Word文書に表示される編集用の記号のことで、印刷はされません。編集記号には、段落末の段落記号↵のほか、空白文字のスペース□、文字揃えを設定するタブ→、改行やセクション区切り記号、オブジェクトの段落配置を示すアンカー記号などがあります（102ページの「解説」参照）。

解説

編集記号の表示／非表示

編集記号は、初期設定では段落記号のみが表示されています。[ホーム]タブの[編集記号の表示／非表示]をクリックすると、使用しているすべての編集記号が表示されます。再度[編集記号の表示／非表示]をクリックすると、もとの表示に戻ります。

1 [ホーム]タブの[編集記号の表示／非表示]をクリックすると、

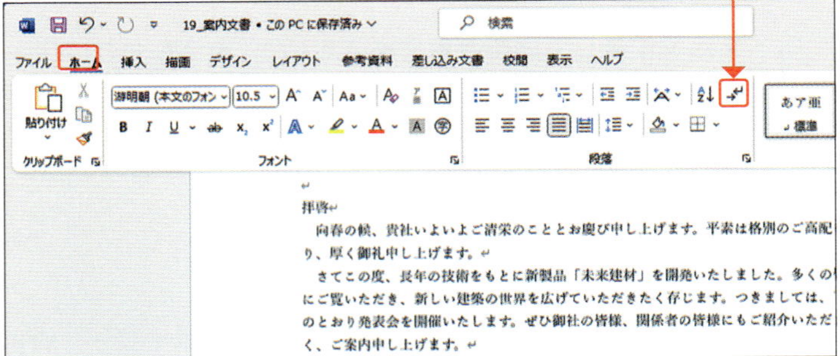

段落記号

2 編集記号が表示されます。

□さてこの度、長年の技術をもとに新製品「未来建材」を開発いたしました。
にご覧いただき、新しい建築の世界を広げていただきたく存じます。つきまし
のとおり発表会を開催いたします。ぜひ御社の皆様、関係者の皆様にもご紹介
く、ご案内申し上げます。↵
□詳細につきましては、別紙のとおりです。ご出席いただく際は、ご確認のう
いただきますようお願い申し上げます。↵
□多くの皆様のご来場を心よりお待ち申し上げます。↵
↵
記↵
日時：→2025年3月10日（月）□16：00～17：30↵
会場：→本社5階·ホール↵
定員数：→250名↵
↵

スペース　タブ　半角スペース

2 編集記号を個別に表示する

ヒント
一部の編集記号のみ表示する

編集記号は、[Wordのオプション]ダイアログボックスの[表示]の[常に画面に表示する編集記号]で、表示／非表示を設定できます。個別に表示したい場合は、右の手順で設定します。なお、ここで設定した項目は、設定した文書にのみ反映されます。

1 [ファイル]タブをクリックして、

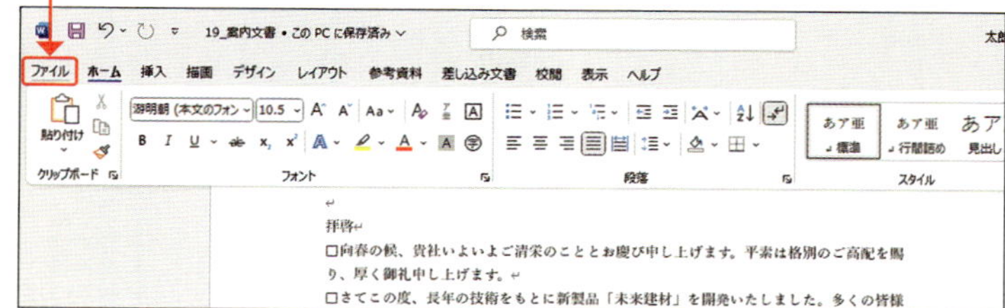

2 ([その他]→)[オプション]をクリックします。

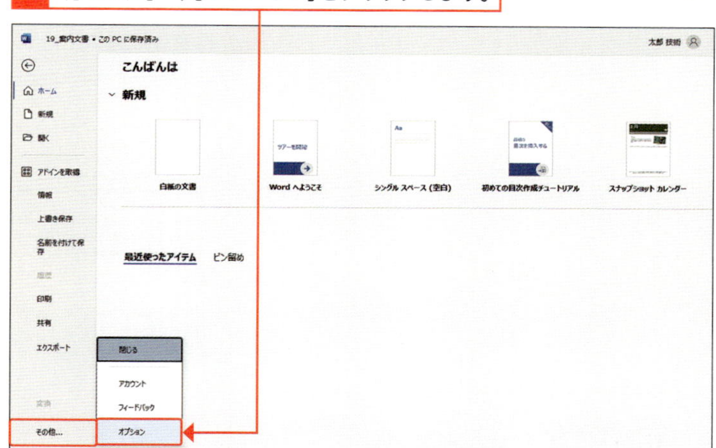

補足
[Wordのオプション]ダイアログボックスの表示

パソコンの画面サイズやWordのウィンドウサイズによっては、手順2の[その他]は表示されません。直接[オプション]をクリックできます。

3 [Wordのオプション]ダイアログボックスが表示されるので、

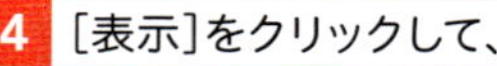

4 [表示]をクリックして、

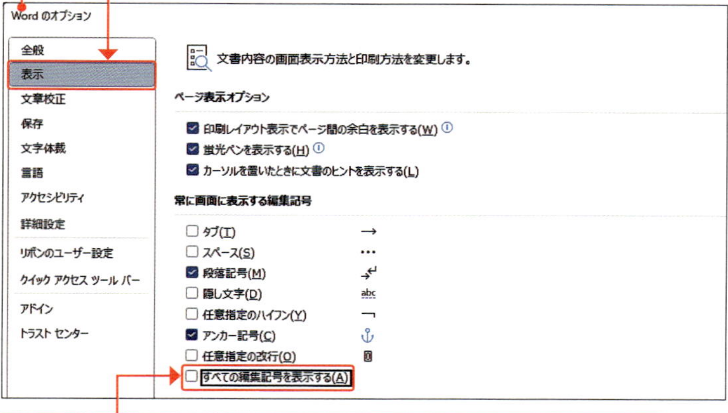

5 [すべての編集記号を表示する]をクリックしてオフにします。

ショートカットキー
編集記号の表示／非表示

Ctrl + Shift + 8
(8はテンキーではない数字キー)

6 表示させたい編集記号のみ（ここでは［タブ］と［段落記号］）クリックしてオンにし、［OK］をクリックすると、

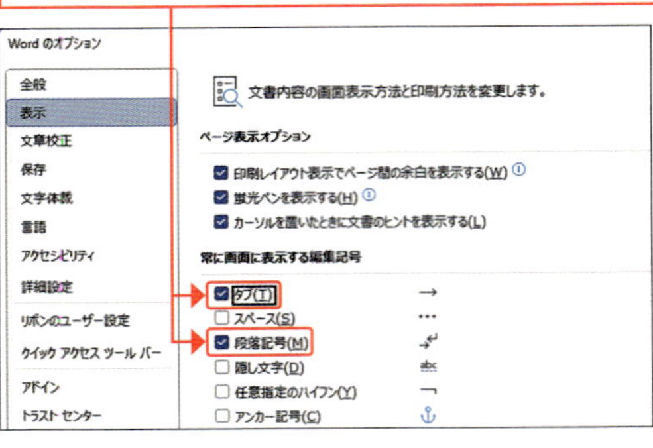

7 指定した編集記号（タブと段落記号）が表示されます。

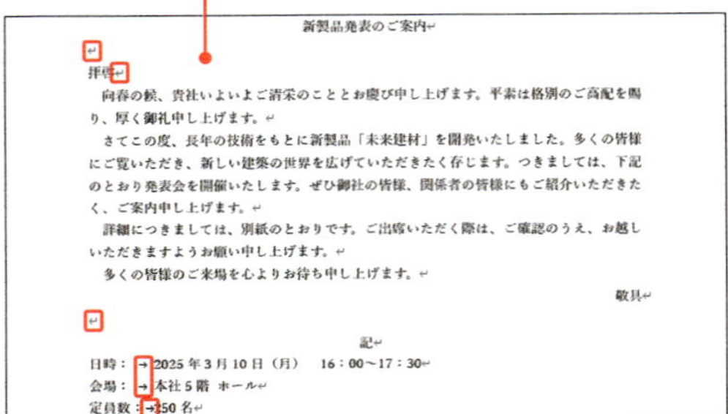

解説 **主な編集記号**

編集記号には以下のようなものがあります。［Wordのオプション］ダイアログボックス（30ページ）の［表示］の「常に画面に表示する編集記号」で表示／非表示の設定ができるもののほかに、「改ページ」（188ページ参照）や「段区切り」（191ページの「応用技」参照）などがあります。

編集記号	名　称	内　容
→	タブ	Tab を押して入力されたタブ位置に表示されます。
□□□□↵	全角スペース	全角スペースが入力されている位置に表示されます。
・・・・・・・・・↵	半角スペース	半角スペースが入力されている位置に表示されます。
↵	段落記号	段落（改行）の位置に表示されます。
隠し文字↵	隠し文字	隠し文字に設定されている文字を表示した状態です。
¬	任意指定のハイフン	行末の単語が改行されている位置に表示されます。
⚓	アンカー記号	図形が重なっている段落を表します。
□	任意指定の改行	英単語など途中の任意の箇所で改行されているときに表示されます。
………改ページ………	改ページ	改ページが挿入されている位置に表示されます。

③ 行番号を表示する

解説

行番号

行番号は文書の行を数えるための番号で、各行の左余白部分に表示されます。この行番号は、印刷されません。なお、行番号を非表示にするには、手順3で［なし］をクリックします。

ヒント

行番号の種類

行番号を付ける際には、文書全体に通しで番号を振る［連続番号］、ページ単位で1から振る［ページごとに振り直し］、セクション単位で振る［セクションごとに振り直し］のほか、行番号を設定したあとで一部の段落には振らずに連番を飛ばす［現在の段落には表示しない］などを指定できます。

1 ［レイアウト］タブをクリックします。

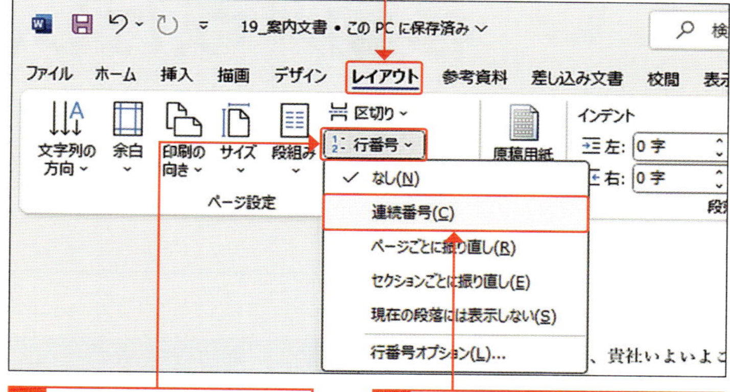

2 ［行番号］をクリックして、

3 ［連続番号］をクリックすると、

4 行に連続した番号が表示されます。

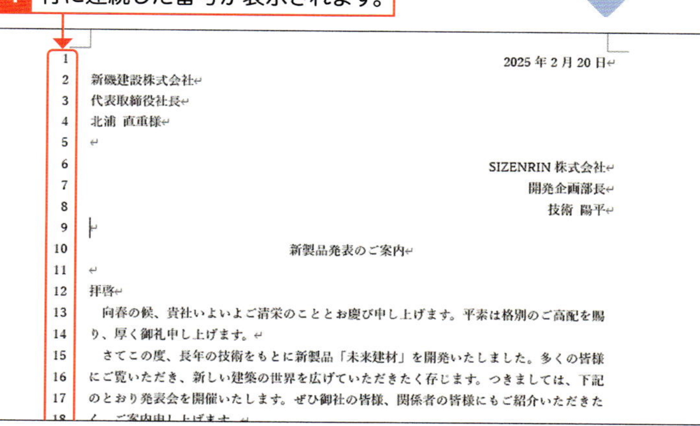

応用技 行番号の増分を指定する

すべての行に番号を表示するのではなく、指定した行数ごとに表示させることもできます。手順3で［行番号オプション］をクリックし、［ページ設定］ダイアログボックスの［その他］タブにある［行番号］をクリックします。［行番号］ダイアログボックスが表示されるので、［行番号の増分］に行の間隔を入力して［OK］をクリックします。

1 行番号の増分を入力して［OK］をクリックすると、

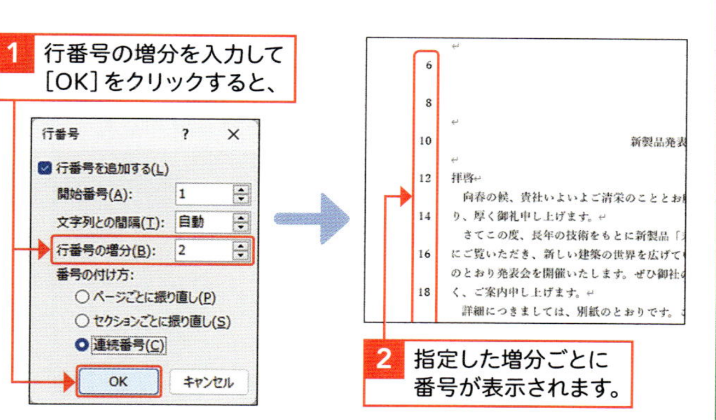

2 指定した増分ごとに番号が表示されます。

Section

20 文字カーソルを移動／改行しよう

ここで学ぶこと

- 文字カーソル
- 改行
- 空行

入力した文章の間に文字を挿入するには、挿入する位置に**カーソルを移動**して入力します。また、長い文章の場合、途中で**改行**して段落を分割したり、**空行**を入れたりすると、文章が読みやすくなります。

 練習▶20_案内文書

1 文字カーソルを移動する

重要用語

文字カーソル

「文字カーソル」は、一般に「カーソル」といい、文字の入力などの操作を開始する位置を示すアイコンです。マウスポインターを移動してクリックすると、その場所に文字カーソルが移動します。↑／↓／←／→のキーを押して移動することもできます。

1 カーソルの位置を確認します。

2 修正したい文字の左側をクリックすると、

拝啓↵
向春の候、貴社いよいよご清栄のこととお慶び申し上げます。平素は格別のご
り、厚く御礼申し上げます。
さてこの度、長年の技術をもとに新製品「未来建材」を開発いたしました。多
にご覧いただき、新しい建築の世界を広げていただきたく存じます。つきまして
のとおり発表会を開催いたします。ぜひ御社の皆様、関係者の皆様にもご紹介い

3 カーソルが移動します。

向春の候、貴社いよいよご清栄のこととお慶び申し上げます。平素は格別のご
り、厚く御礼申し上げます。↵
さてこの度、長年の技術をもとに新製品「未来建材」を開発いたしました。多
にご覧いただき、新しい建築の世界を広げていただきたく存じます。つきまして
のとおり発表会を開催いたします。ぜひ御社の皆様、関係者の皆様にもご紹介い
く、ご案内申し上げます。↵

時短 ショートカットキーでカーソルを移動する

ショートカットキーを使うと、文書内の目的の箇所にかんたんにカーソルを移動することができます。主なショートカットキーを表に示します。

ショートカットキー	移動先
Ctrl + Home（End）	文書の文頭（文末）に移動します。
Home（End）	行の行頭（行末）に移動します。
Ctrl + →／←	単語単位で矢印の方向に移動します。
Ctrl + ↑／↓	段落単位で矢印の方向に移動します。
Page Down（Page Up）	次ページ（前ページ）に移動します。

② 文章を改行する

重要用語
改行

「改行」とは文章の中で行を新しくすることです。Enter を押すと次の行にカーソルが移動し、改行が行われます。行を変えるので「改行」と呼びますが、実際には段落を変えています。

ヒント
段落と段落記号

入力し始める先頭の位置には「段落記号」↵が表示され、文章を入力する間、つねに文章の最後に表示されています。文章の区切りで Enter を押して改行すると、改行した末尾と、次の行の先頭に段落記号が表示されます。この文章の最初から段落記号までを、1つの「段落」と数えます。

解説
空行を入れる

文字の入力されていない行（段落）を「空行」といいます。文書によっては、読みやすさや話題を変えるときに、空行を入れることがあります。空行を入れたい行の先頭にカーソルを移動して Enter を押すと、空行が挿入されます。

1 文章を入力して、文末で Enter を押すと、

新製品発表のご案内↵
拝啓↵
　向春の候、貴社いよいよご清栄のこととお慶び申し上げます。平素は格別のご高配を賜り、厚く御礼申し上げます。
敬具↵

2 改行され、カーソルが次の行に移動します。

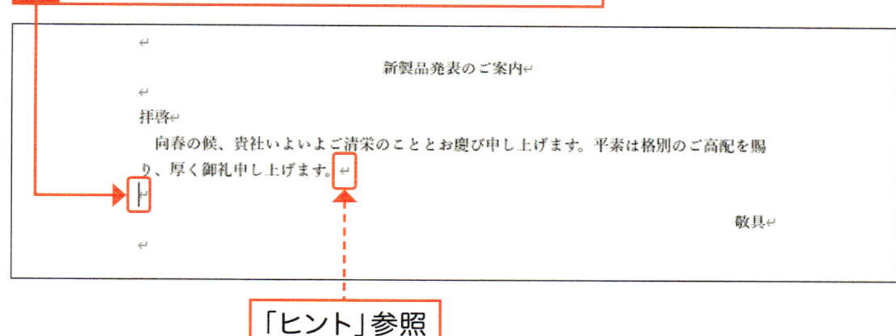
新製品発表のご案内↵
拝啓↵
　向春の候、貴社いよいよご清栄のこととお慶び申し上げます。平素は格別のご高配を賜り、厚く御礼申し上げます。↵
敬具↵

「ヒント」参照

3 続けて文章を入力して、Enter を押すと、

拝啓↵
　向春の候、貴社いよいよご清栄のこととお慶び申し上げます。平素は格別のご高配を賜り、厚く御礼申し上げます。↵
　さてこの度、長年の技術をもとに新製品「未来建材」を開発いたしました。多くの皆様にご覧いただき、新しい建築の世界を広げていただきたく存じます。つきましては、下記のとおり発表会を開催いたします。ぜひ御社の皆様、関係者の皆様にもご紹介いただきたく、ご案内申し上げます。↵
敬具↵

4 改行されます。

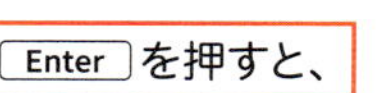

5 続けて Enter を押すと、

6 改行され、空行が入ります（「解説」参照）。

拝啓↵
　向春の候、貴社いよいよご清栄のこととお慶び申し上げます。平素は格別のご高配を賜り、厚く御礼申し上げます。↵
　さてこの度、長年の技術をもとに新製品「未来建材」を開発いたしました。多くの皆様にご覧いただき、新しい建築の世界を広げていただきたく存じます。つきましては、下記のとおり発表会を開催いたします。ぜひ御社の皆様、関係者の皆様にもご紹介いただきたく、ご案内申し上げます。↵
↵
敬具↵

Section

21 文字列を選択しよう

ここで学ぶこと

・文字列の選択
・行の選択
・段落の選択

文字列のコピーや移動、書式変更などを行う場合、まず操作する**文字列や段落を選択**します。文字列を選択するには、**マウスでドラッグ**する方法が基本です。**離れた文字列を同時に選択**することもできます。

練習▶21_案内文書

1 文字列を選択する

解説

ドラッグで選択する

文字列を選択するには、対象の文字列をドラッグします。文字列に網がかかった状態を「選択された状態」といいます。選択を解除するには、文書上のほかの場所をクリックします。

ショートカットキー

文字列選択

Shift + ← / →

1 選択したい文字列の先頭をクリックして、

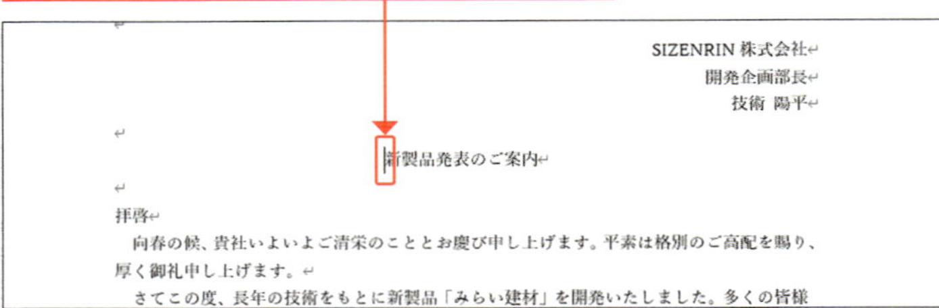

「ヒント」参照

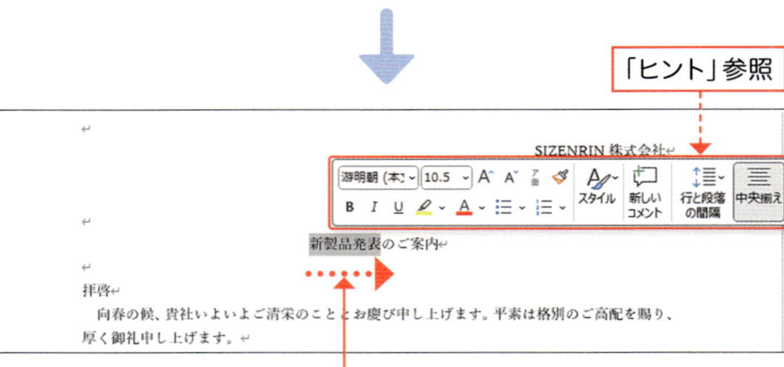

2 ドラッグすると、文字列が選択されます。

ヒント **ミニツールバー**

文字列や段落を選択すると、ミニツールバーが表示されます。ミニツールバーに表示されるコマンドの内容は、操作する対象によって変わります。文字列を選択したときに表示されるミニツールバーでは、フォントの種類や文字サイズの変更、文字装飾や文字色の変更などを行うコマンドが用意されています。

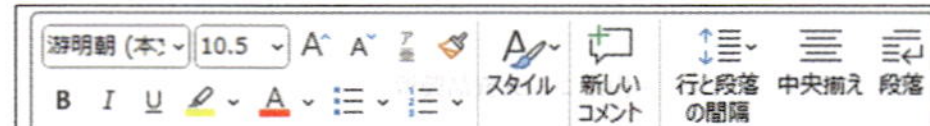

 行を選択する

解説

行の選択

「行」の単位で選択するには、選択する行の左余白でクリックします。そのまま下へドラッグすると、複数行を選択することができます。

ショートカットキー

行選択

Shift + ↑ / ↓

補足

単語の選択

単語の上にマウスポインターを移動してダブルクリックすると、その単語だけを選択することができます。

1 選択する行の左側の余白をクリックすると、

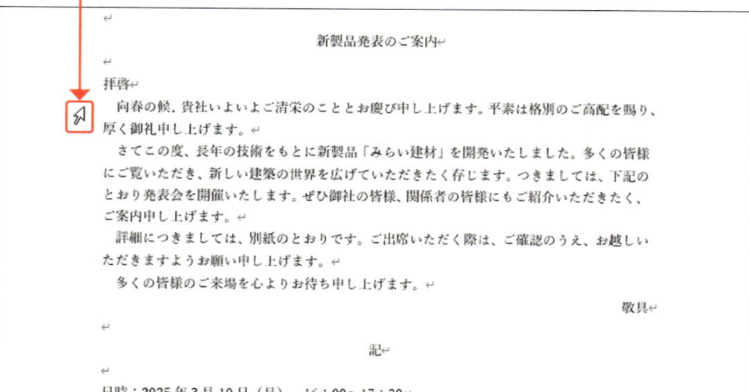

新製品発表のご案内

拝啓
向春の候、貴社いよいよご清栄のこととお慶び申し上げます。平素は格別のご高配を賜り、厚く御礼申し上げます。
さてこの度、長年の技術をもとに新製品「みらい建材」を開発いたしました。多くの皆様にご覧いただき、新しい建築の世界を広げていただきたく存じます。つきましては、下記のとおり発表会を開催いたします。ぜひ御社の皆様、関係者の皆様にもご紹介いただきたく、ご案内申し上げます。
詳細につきましては、別紙のとおりです。ご出席いただく際は、ご確認のうえ、お越しいただきますようお願い申し上げます。
多くの皆様のご来場を心よりお待ち申し上げます。
敬具

記

日時：2025年3月10日（月）　16：00～17：30

2 行が選択されます。

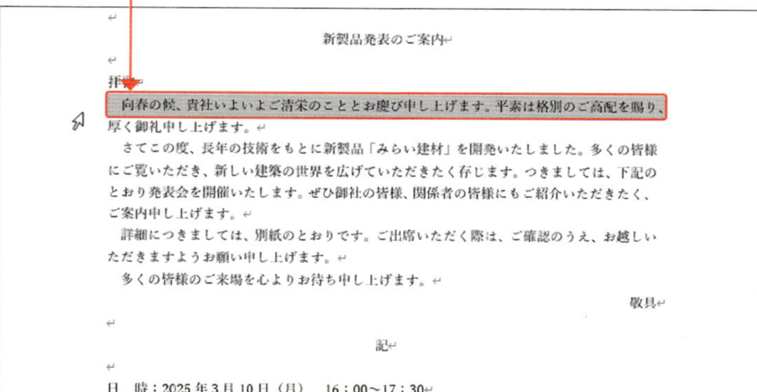

新製品発表のご案内

拝啓
向春の候、貴社いよいよご清栄のこととお慶び申し上げます。平素は格別のご高配を賜り、厚く御礼申し上げます。
さてこの度、長年の技術をもとに新製品「みらい建材」を開発いたしました。多くの皆様にご覧いただき、新しい建築の世界を広げていただきたく存じます。つきましては、下記のとおり発表会を開催いたします。ぜひ御社の皆様、関係者の皆様にもご紹介いただきたく、ご案内申し上げます。
詳細につきましては、別紙のとおりです。ご出席いただく際は、ご確認のうえ、お越しいただきますようお願い申し上げます。
多くの皆様のご来場を心よりお待ち申し上げます。
敬具

記

日　時：2025年3月10日（月）　16：00～17：30

3 左側の余白をドラッグすると、

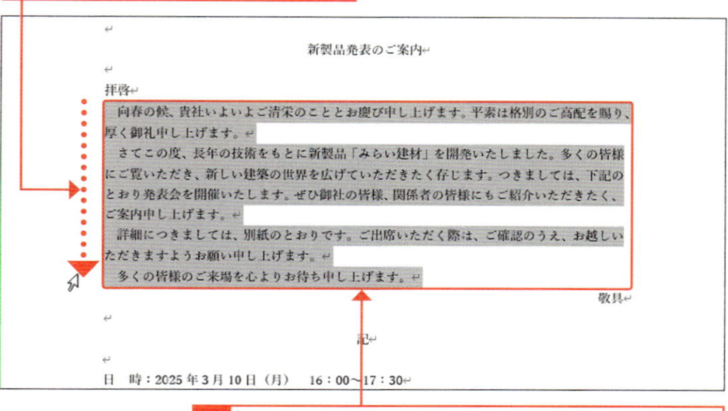

新製品発表のご案内

拝啓
向春の候、貴社いよいよご清栄のこととお慶び申し上げます。平素は格別のご高配を賜り、厚く御礼申し上げます。
さてこの度、長年の技術をもとに新製品「みらい建材」を開発いたしました。多くの皆様にご覧いただき、新しい建築の世界を広げていただきたく存じます。つきましては、下記のとおり発表会を開催いたします。ぜひ御社の皆様、関係者の皆様にもご紹介いただきたく、ご案内申し上げます。
詳細につきましては、別紙のとおりです。ご出席いただく際は、ご確認のうえ、お越しいただきますようお願い申し上げます。
多くの皆様のご来場を心よりお待ち申し上げます。
敬具

記

日　時：2025年3月10日（月）　16：00～17：30

4 ドラッグした範囲の行がまとめて選択されます。

③ 文(センテンス)を選択する

解説 文の選択

Wordにおける「文」とは、句点「。」で区切られた範囲のことです。文の上で Ctrl を押しながらクリックすると、「文」の単位で選択することができます。なお、箇条書きのように句点がない文(段落)の場合は、文の初めから段落記号までの範囲が選択されます。

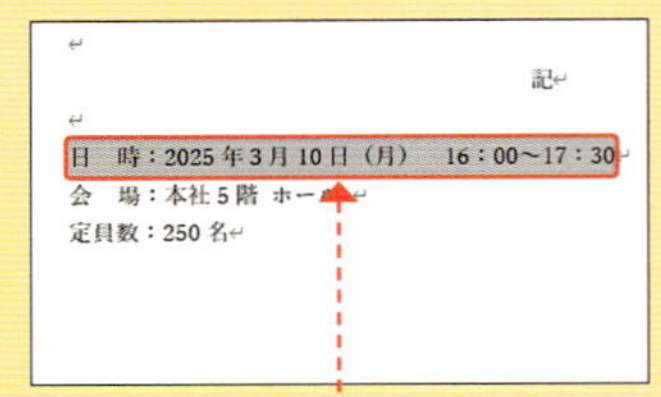

段落記号までの範囲が選択されます。

1 文のいずれかの文字の上で Ctrl を押しながらクリックすると、

新製品発表のご案内

拝啓

向春の候、貴社いよいよご清栄のこととお慶び申し上げます。平素は格別のご高配を賜り、厚く御礼申し上げます。

さてこの度、長年の技術をもとに新製品「みらい建材」を開発いたしました。多くの皆様にご覧いただき、新しい建築の世界を広げていただきたく存じます。つきましては、下記のとおり発表会を開催いたします。ぜひ御社の皆様、関係者の皆様にもご紹介いただきたく、ご案内申し上げます。

詳細につきましては、別紙のとおりです。ご出席いただく際は、ご確認のうえ、お越しいただきますようお願い申し上げます。

多くの皆様のご来場を心よりお待ち申し上げます。

敬具

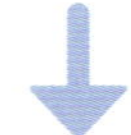

2 句点「。」で区切られた範囲が選択されます。

新製品発表のご案内

拝啓

向春の候、貴社いよいよご清栄のこととお慶び申し上げます。平素は格別のご高配を賜り、厚く御礼申し上げます。

さてこの度、長年の技術をもとに新製品「みらい建材」を開発いたしました。多くの皆様にご覧いただき、新しい建築の世界を広げていただきたく存じます。つきましては、下記のとおり発表会を開催いたします。ぜひ御社の皆様、関係者の皆様にもご紹介いただきたく、ご案内申し上げます。

詳細につきましては、別紙のとおりです。ご出席いただく際は、ご確認のうえ、お越しいただきますようお願い申し上げます。

多くの皆様のご来場を心よりお待ち申し上げます。

敬具

時短 ショートカットキーで文字列を選択する

ショートカットキーを使って文字列を選択することもできます。選択する範囲の先頭にカーソルを移動してから表のキーを押します。

ショートカットキー	選択範囲
Shift + ↑／↓／←／→	選択範囲を上、下、左、右に拡張または縮小します。
Shift + Home	カーソルのある位置からその行の先頭までを選択します。
Shift + End	カーソルのある位置からその行の行末までを選択します。
Ctrl + Shift + Home	カーソルのある位置から文書の先頭までを選択します。
Ctrl + Shift + End	カーソルのある位置から文書の末尾までを選択します。
Ctrl + A	文書全体を選択します。

4 段落を選択する

解説

段落の選択

Wordにおける「段落」とは、文書の先頭または段落記号 ↵ から、文書の末尾または段落記号までの文章のことです。段落の左側の余白でダブルクリックすると、段落全体を選択することができます。

ショートカットキー

段落選択

段落の先頭にカーソルを移動して
Ctrl + Shift + ↓

補足

そのほかの段落の選択方法

目的の段落内のいずれかの文字の上でトリプルクリックしても、段落を選択できます。トリプルクリックとは、マウスのボタンをすばやく3回押すことです。

1 選択する段落の左余白をダブルクリックすると、

新製品発表のご案内

拝啓

向春の候、貴社いよいよご清栄のこととお慶び申し上げます。平素は格別のご高配を賜り、厚く御礼申し上げます。

さてこの度、長年の技術をもとに新製品「みらい建材」を開発いたしました。多くの皆様にご覧いただき、新しい建築の世界を広げていただきたく存じます。つきましては、下記のとおり発表会を開催いたします。ぜひ御社の皆様、関係者の皆様にもご紹介いただきたく、ご案内申し上げます。

詳細につきましては、別紙のとおりです。ご出席いただく際は、ご確認のうえ、お越しいただきますようお願い申し上げます。

多くの皆様のご来場を心よりお待ち申し上げます。

敬具

2 段落が選択されます。

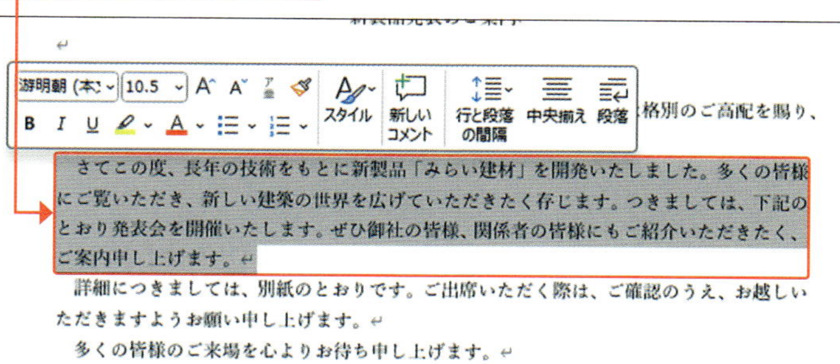

応用技 文書全体を選択する

段落の左余白にマウスポインターを移動して、続けて3回クリック（トリプルクリック）すると、文書全体が選択されます。
なお、Ctrl + A を押しても、文書全体を選択することができます。

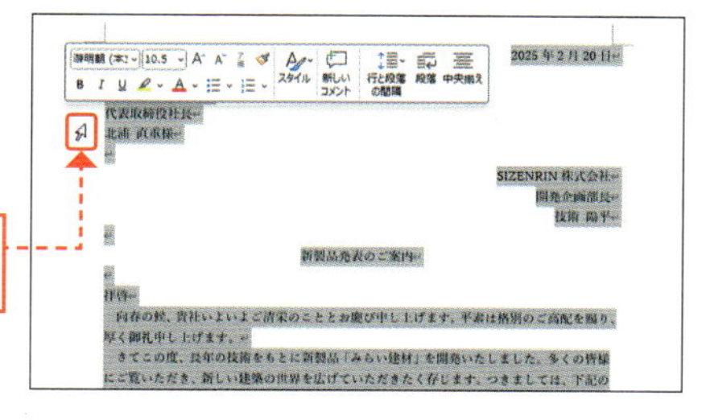

続けて3回クリックすると、文書全体が選択されます。

4 文書を編集しよう

5 離れた場所にある文字を同時に選択する

解説

離れた場所にある文字を同時に選択する

文字列をドラッグして選択したあと、Ctrl を押しながら別の箇所の文字列をドラッグすると、離れた場所にある複数の文字列を同時に選択することができます。

1 文字列をドラッグして選択し、

新製品発表のご案内

拝啓
　向春の候、貴社いよいよご清栄のこととお慶び申し上げます。平素は格別のご高配を賜り、厚く御礼申し上げます。
　さてこの度、長年の技術をもとに新製品「みらい建材」を開発いたしました。多くの皆様にご覧いただき、新しい建築の世界を広げていただきたく存じます。つきましては、下記のとおり発表会を開催いたします。ぜひ御社の皆様、関係者の皆様にもご紹介いただきたく、

2 Ctrl を押しながら、2つ目の文字列をドラッグします。

新製品発表のご案内

拝啓
　向春の候、貴社いよいよご清栄のこととお慶び申し上げます。平素は格別のご高配を賜り、厚く御礼申し上げます。
　さてこの度、長年の技術をもとに新製品「みらい建材」を開発いたしました。多くの皆様にご覧いただき、新しい建築の世界を広げていただきたく存じます。つきましては、下記のとおり発表会を開催いたします。ぜひ御社の皆様、関係者の皆様にもご紹介いただきたく、

3 Ctrl を押しながら、3つ目の文字列をドラッグします。

新製品発表のご案内

拝啓
　向春の候、貴社いよいよご清栄のこととお慶び申し上げます。平素は格別のご高配を賜り、厚く御礼申し上げます。
　さてこの度、長年の技術をもとに新製品「みらい建材」を開発いたしました。多くの皆様にご覧いただき、新しい建築の世界を広げていただきたく存じます。つきましては、下記のとおり発表会を開催いたします。ぜひ御社の皆様、関係者の皆様にもご紹介いただきたく、
ご案内申し上げます。
　詳細につきましては、別紙のとおりです。ご出席いただく際は、ご確認のうえ、お越しいただきますようお願い申し上げます。
　多くの皆様のご来場を心よりお待ち申し上げます。
敬具

4 同時に複数の文字列を選択することができます。

応用技 離れた場所にある複数の行を選択する

行の左余白をクリックして最初の行を選択し、Ctrl を押しながら次の行の左余白をクリックすると、離れた場所にある複数の行を選択することができます。

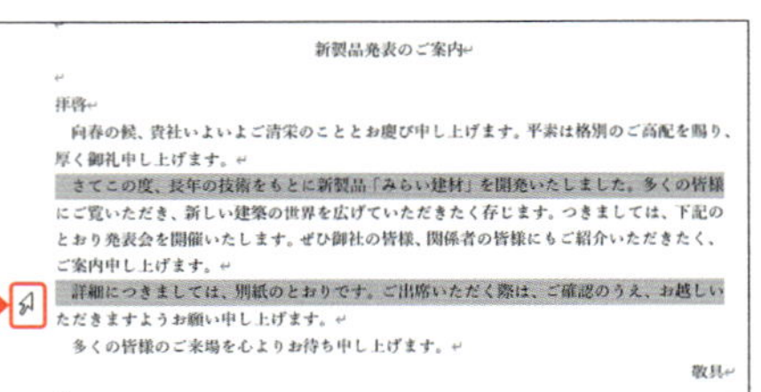
新製品発表のご案内

拝啓
　向春の候、貴社いよいよご清栄のこととお慶び申し上げます。平素は格別のご高配を賜り、厚く御礼申し上げます。
　さてこの度、長年の技術をもとに新製品「みらい建材」を開発いたしました。多くの皆様にご覧いただき、新しい建築の世界を広げていただきたく存じます。つきましては、下記のとおり発表会を開催いたします。ぜひ御社の皆様、関係者の皆様にもご紹介いただきたく、ご案内申し上げます。
　詳細につきましては、別紙のとおりです。ご出席いただく際は、ご確認のうえ、お越しいただきますようお願い申し上げます。
　多くの皆様のご来場を心よりお待ち申し上げます。
敬具

Ctrl を押しながら左余白をクリックします。

6 ブロック選択で文字を選択する

重要用語

ブロック選択

「ブロック選択」とは、ドラッグした軌跡を対角線とする四角形の範囲を選択する方法のことです。箇条書きや段落番号だけに書式を設定したり、変更したりする場合などに利用すると便利です。

1 選択する範囲の左上隅にマウスポインターを移動して、

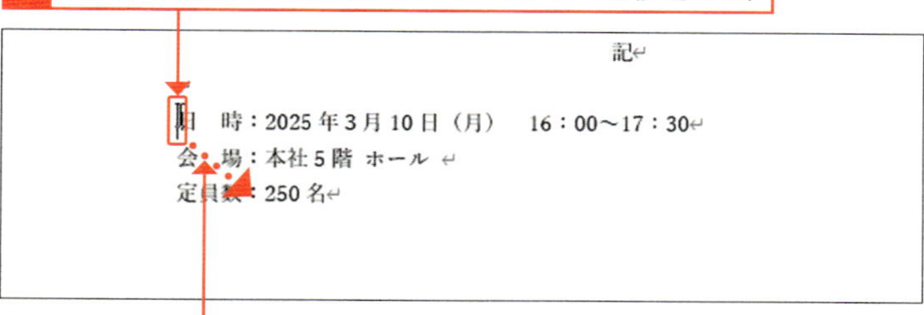

2 Alt を押しながらドラッグすると、

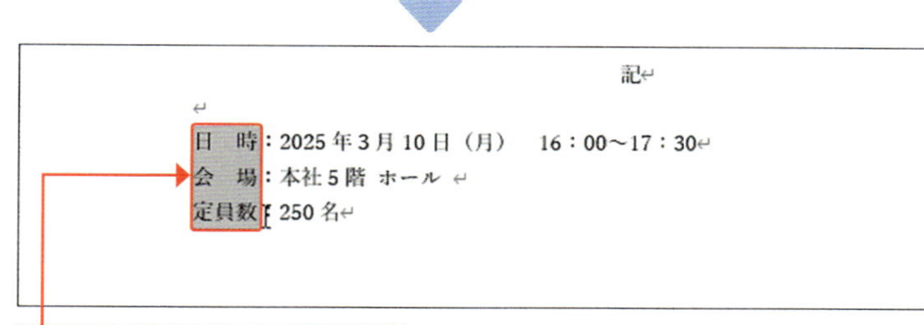

3 ブロックで選択されます。

応用技 キー操作で文字を選択する

キーボードを使って文字を選択することもできます。カーソルを移動して、Shift を押しながら、選択したい方向の↑／↓／←／→を押します。

● Shift ＋←／→

カーソル位置の左／右の文字列まで、選択範囲が広がります。

● Shift ＋↑／↓

カーソル位置から上／下の行の文字列まで、選択範囲が広がります。

● Shift ＋Page Up／Page Down

カーソル位置から、現在表示されている画面の最上部／最下部の行まで、選択範囲が広がります。

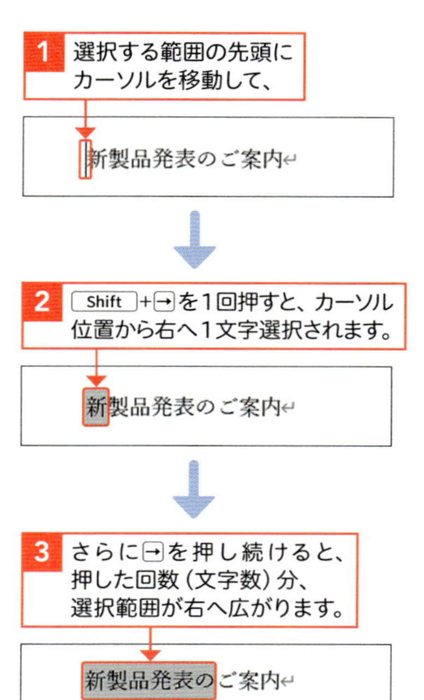

1 選択する範囲の先頭にカーソルを移動して、
新製品発表のご案内
2 Shift＋→を1回押すと、カーソル位置から右へ1文字選択されます。
新製品発表のご案内
3 さらに→を押し続けると、押した回数（文字数）分、選択範囲が右へ広がります。
新製品発表のご案内

Section

22 文章を修正しよう

ここで学ぶこと

・文字の削除
・文字の挿入
・文字の上書き

入力した文章を修正するために、文字を削除したり、挿入したりすることはよくあります。ここでは、**文字を削除**する方法、**文字を挿入**する方法、そして、入力済みの文字を**別の文字に置き換える**方法を解説します。

練習▶22_案内文書

1 文字を1文字ずつ削除する

解説

文字の削除

文字を1文字ずつ削除するには、Delete または BackSpace を使います。カーソルを移動して BackSpace を押すと、カーソルの左側の文字が削除されます。Delete を押すと、カーソルの右側の文字が削除されます。なお、Delete や BackSpace は、キーボードによっては Del B S など、表示が異なる場合があります。

Delete を押すと、カーソルの右側の文字（表）が削除されます。

発|表

BackSpace を押すと、カーソルの左側の文字（発）が削除されます。

1 ここにカーソルを移動して、

新製品発表のご案内
拝啓
向春の候、貴社いよいよご清栄のこととお慶び申し上げます。平素は格別の
厚く御礼申し上げます。

2 BackSpace を押すと、

3 カーソルの左側の文字が削除されます。

新製品発のご案内
拝啓
向春の候、貴社いよいよご清栄のこととお慶び申し上げます。平素は格別の
厚く御礼申し上げます。

4 再度 BackSpace を押すと、

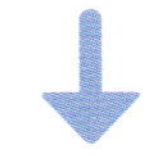

5 さらに左側の文字が削除されます。

新製品のご案内
拝啓
向春の候、貴社いよいよご清栄のこととお慶び申し上げます。平素は格別の
厚く御礼申し上げます。

② 複数の文字を削除する

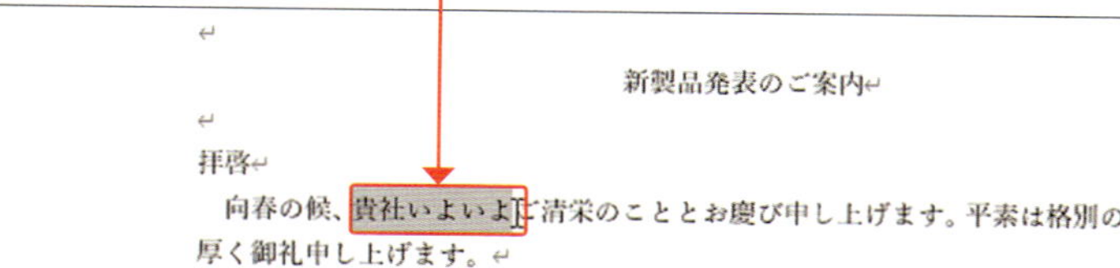

1 ドラッグして文字列を選択します。

2 Delete または Back space を押すと、

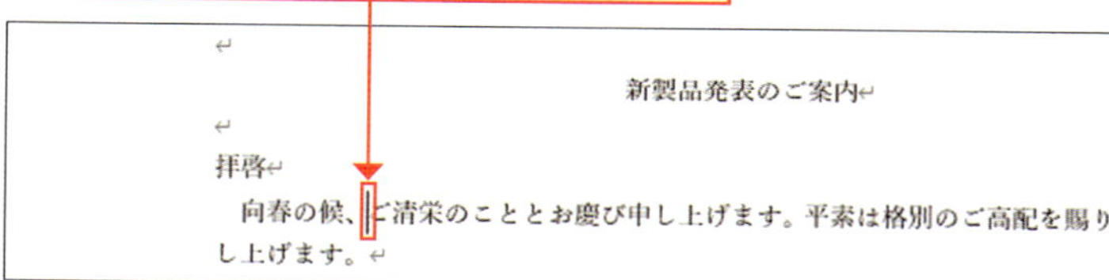

3 選択した文字列がまとめて削除されます。

解説

文字を選択して削除する

文字を選択してから Delete や Back space を押すと、選択した文字が削除されます。文字を選択するには、選択したい文字の左側にカーソルを移動してドラッグします（106ページ参照）。

③ 複数行／段落単位で削除する

ヒント

段落の選択

選択する段落の左余白にマウスポインターを移動してダブルクリックすると、段落を選択することができます（109ページ参照）。

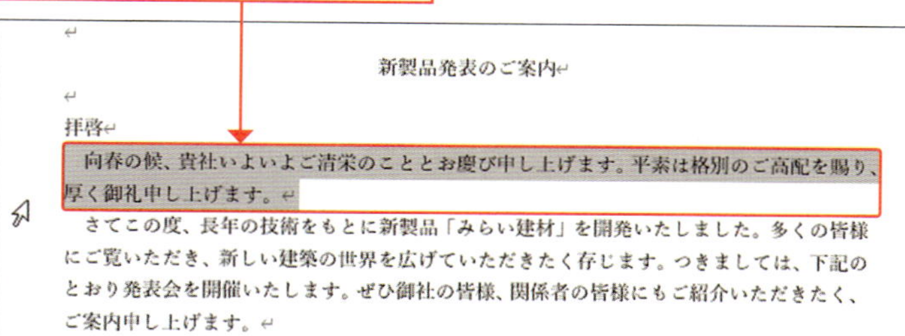

1 複数行や段落を選択します。

2 Delete または Back space を押すと、

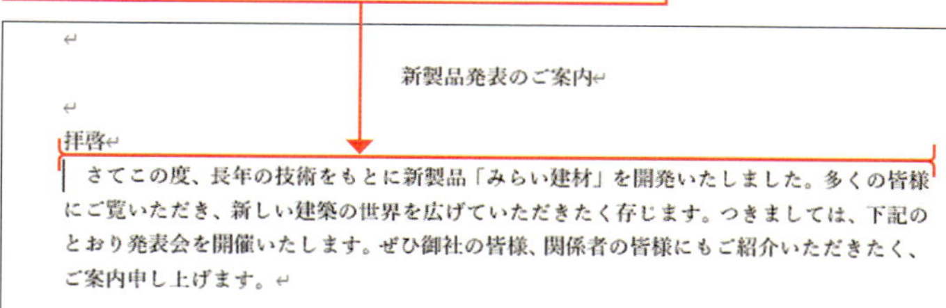

3 選択した行や段落がまとめて削除されます。

補足

段落をまとめて削除する

離れた位置にある段落をまとめて削除することもできます。Ctrl を押しながら段落や行などをドラッグして選択し、Delete または Back space を押します。

4 文字を挿入する

解説
文字列の挿入

「挿入」とは、入力済みの文字を削除せずに、カーソルのある位置に文字を追加することです。

重要用語
挿入モードと上書きモード

カーソル位置に文字を追加できる状態を、「挿入モード」といいます。Wordの初期設定では、「挿入モード」が設定されています。Wordには、「挿入モード」のほかに、「上書きモード」があります。「上書きモード」は、入力されている文字を上書き（削除）しながら文字を置き換えて入力していく方法です。

補足
文字数をカウントする

Wordには文字数をカウントする機能があります。文字を選択すると、「選択した文字数／全体の文字数」という形式でステータスバーに表示されます。表示するには、ステータスバーを右クリックして、[文字カウント]をクリックします。

1 文字を挿入する位置をクリックして、カーソルを移動します。

新製品発表のご案内
拝啓
向春の候、貴社いよいよご清栄のこととお慶び申し上げます。平素は格別のご高配を
厚く御礼申し上げます。
さてこの度、長年の技術をもとに新製品「みらい建材」を開発いたしました。多くの
にご覧いただき、新しい建築の世界を広げていただきたく存じます。つきましては、下
とおり発表会を開催いたします。ぜひ御社の皆様、関係者の皆様にもご紹介いただきた
ご案内申し上げます。
詳細につきましては、別紙のとおりです。ご出席いただく際は、ご確認のうえ、お越
ただきますようお願い申し上げます。
多くの皆様のご来場を心よりお待ち申し上げます。

2 文字を入力し、確定すると、

新製品発表のご案内
拝啓
向春の候、貴社いよいよご清栄のこととお慶び申し上げます。平素は格別のご高配を
厚く御礼申し上げます。
さてこの度、長年の技術をもとに新製品「みらい建材」を開発いたしました。多くの
にご覧いただき、新しい建築の世界を広げていただきたく存じます。つきましては、下
とおり発表会を開催いたします。ぜひ御社の皆様、関係者の皆様にもご紹介いただきた
ご案内申し上げます。
詳細につきましては、同封いたしました別紙のとおりです。ご出席いただく際は、ご
のうえ、お越しいただきますようお願い申し上げます。
多くの皆様のご来場を心よりお待ち申し上げます。

3 文字が挿入されます。

新製品発表のご案内
拝啓
向春の候、貴社いよいよご清栄のこととお慶び申し上げます。平素は格別のご高配を
厚く御礼申し上げます。
さてこの度、長年の技術をもとに新製品「みらい建材」を開発いたしました。多くの
にご覧いただき、新しい建築の世界を広げていただきたく存じます。つきましては、下
とおり発表会を開催いたします。ぜひ御社の皆様、関係者の皆様にもご紹介いただきた
ご案内申し上げます。
詳細につきましては、同封いたしました別紙のとおりです。ご出席いただく際は、ご
のうえ、お越しいただきますようお願い申し上げます。
多くの皆様のご来場を心よりお待ち申し上げます。

5 文字を上書きする

解説

文字列の上書き

「上書き」とは、入力済みの文字列を選択して、別の文字に書き換えることです。上書きするには、書き換えたい文字を選択してから入力します。最初に文字列を選択しておくと、選択した文字数と入力する文字数が異なる場合でも、選択した文字列が置き換わります。

1 入力済みの文字列を選択して、

向春の候、貴社いよいよご清栄のこととお慶び申し上げます。平素は格別のご高配を賜り、厚く御礼申し上げます。
さてこの度、長年の技術をもとに新製品「みらい建材」を開発いたしました。多くの皆様にご覧いただき、新しい建築の世界を広げていただきたく存じます。つきましては、下記のとおり発表会を開催いたします。ぜひ御社の皆様、関係者の皆様にもご紹介いただきたく、

2 上書きする文字列を入力し、確定すると、文字が上書きされます。

向春の候、貴社いよいよご清栄のこととお慶び申し上げます。平素は格別のご高配を賜り、厚く御礼申し上げます。
さてこの度、長年の技術をもとに新製品「みらい建材」を開発するに至りました。多くの皆様にご覧いただき、新しい建築の世界を広げていただきたく存じます。つきましては、下記のとおり発表会を開催いたします。ぜひ御社の皆様、関係者の皆様にもご紹介いただきた

6 上書きモードで入力する

ヒント

挿入／上書きモードの切り替え

モードの切り替えは、キーボードのInsert（Ins）を押して行います。また、ステータスバーを利用することもできます。ステータスクバーを右クリックして［上書き入力］をクリックすると、ステータスバーに現在のモードが表示されます。表示されたモードをクリックすると、「挿入モード」と「上書きモード」を切り替えられます。

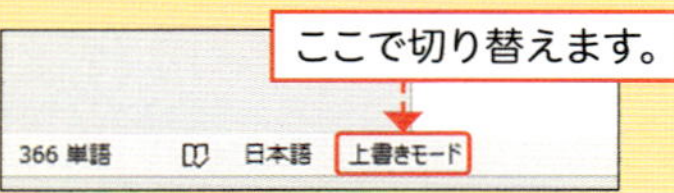

1 キーボードのInsert（Ins）を押して、上書きモードにします。

新製品発表のご案内

拝啓
向春の候、貴社いよいよご清栄のこととお慶び申し上げます。平素は格別
厚く御礼申し上げます。

2 カーソルの位置で入力すると、

3 もとの文字の上に、順に文字が入力されます。

展示会開催のご案内

拝啓
向春の候、貴社いよいよご清栄のこととお慶び申し上げます。平素は格別
厚く御礼申し上げます。

4 文字が上書きされます。

展示会開催のご案内

拝啓
向春の候、貴社いよいよご清栄のこととお慶び申し上げます。平素は格別
厚く御礼申し上げます。

注意

上書き入力での注意

最初に文字列を選択せずに、カーソルの位置から上書きモードで入力した場合、もとの文字が順に上書きされてしまうので注意しましょう。

Section

23 文字列をコピー／移動しよう

ここで学ぶこと

・コピー
・貼り付け
・切り取り

同じ文字列を繰り返し入力したり、入力した文字列を別の場所に移動したりするには、**コピー**や**切り取り**、**貼り付け**機能を利用します。コピーされた文字列は**クリップボード**に格納され、**何度でも貼り付ける**ことができます。

練習▶23_案内文書

1 文字列をコピーする

解説

文字列のコピー

文字列をコピーするには、右の手順で操作します。コピーされた文字列はクリップボード（下の「重要用語」参照）に保管され、[貼り付け]をクリックすると、別の場所に貼り付けることができます。

重要用語

クリップボード

「クリップボード」とは、コピーしたり切り取ったりしたデータを一時的に保管する場所のことです。文字列以外に、画像などのデータを保管することもできます。なお、初期状態のクリップボードには、一度に1つのデータしか保管されません。何度も貼り付けるには「Officeのクリップボード」を利用します（120ページ参照）。

1 コピーする文字列を選択して、

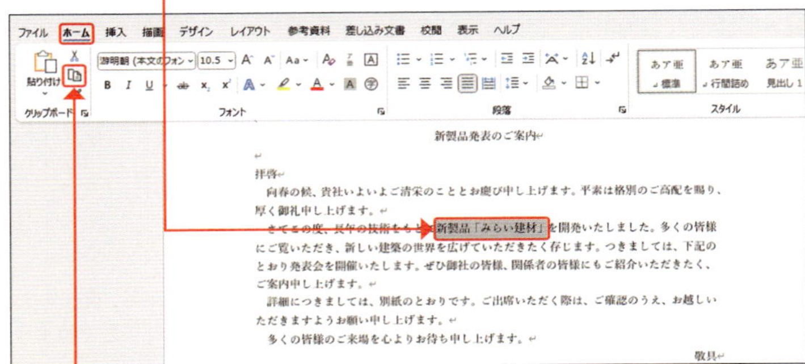

2 [ホーム]タブの[コピー]をクリックします。

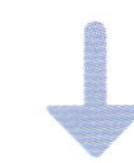

3 文字列を貼り付ける位置にカーソルを移動して、

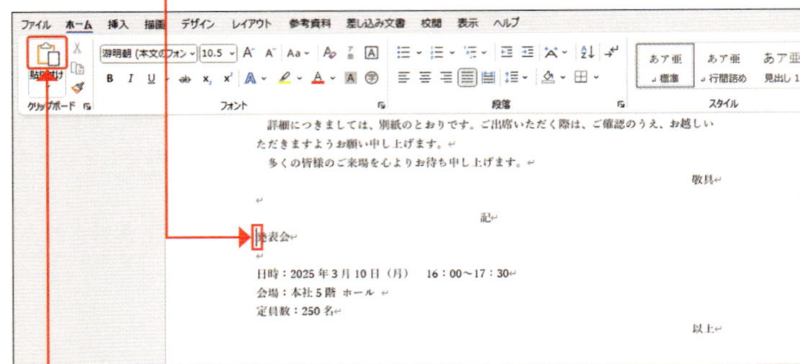

4 [貼り付け]の上の部分をクリックします。

重要用語

貼り付けのオプション

コピーや切り取った文字列などのデータを貼り付ける際に、もとの書式のまま貼り付けるか、ほかの形式に貼り付けるかを選択することができます。手順4で[貼り付け]の下をクリックするか、貼り付け後に表示される[貼り付けのオプション]をクリックします。

5 コピーした文字列が貼り付けられます。

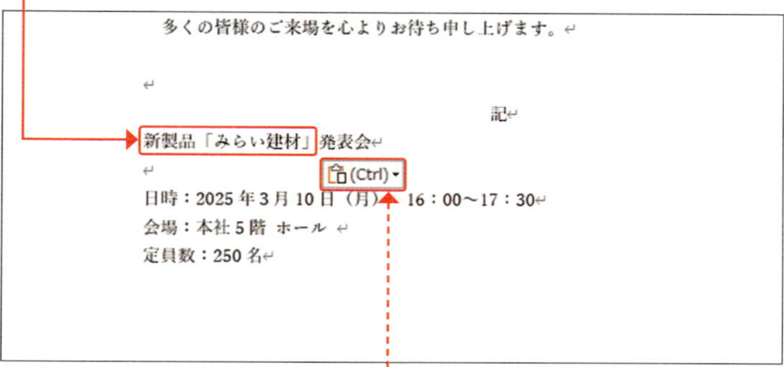

[貼り付けのオプション]が表示されます(118ページの「応用技」参照)。

2 ドラッグ&ドロップで文字列をコピーする

解説

ドラッグ&ドロップで文字列をコピーする

文字列を選択して、Ctrlを押しながらマウスポインターを移動(ドラッグ)すると、マウスポインターの形が に変わります。この状態でマウスボタンから指を離す(ドロップする)と、文字列をコピーできます。なお、この方法でコピーすると、クリップボードにデータが保管されないため、データは一度しか貼り付けられません。

1 コピーする文字列を選択して、

拝啓
向春の候、貴社いよいよご清栄のこととお慶び申し上げます。平素は格別のご高配を賜り、厚く御礼申し上げます。
さてこの度、長年の技術をもとに新製品「みらい建材」を開発いたしました。多くの皆様にご覧いただき、新しい建築の世界を広げていただきたく存じます。つきましては、下記のとおり発表会を開催いたします。御社の皆様、関係者の皆様にもぜひご紹介いただきたく、ご案内申し上げます。
詳細につきましては、別紙のとおりです。ご出席いただく際は、ご確認のうえ、お越しいただきますようお願い申し上げます。
多くの皆様のご来場を心よりお待ち申し上げます。
敬具
記
発表会
日時：2025年3月10日（月） 16：00～17：30
会場：本社5階 ホール
定員数：250名

2 Ctrlを押しながらコピー先にドラッグすると、

もとの文字列も残っています。

拝啓
向春の候、貴社いよいよご清栄のこととお慶び申し上げます。平素は格別のご高配を賜り、厚く御礼申し上げます。
さてこの度、長年の技術をもとに新製品「みらい建材」を開発いたしました。多くの皆様にご覧いただき、新しい建築の世界を広げていただきたく存じます。つきましては、下記のとおり発表会を開催いたします。ぜひ御社の皆様、関係者の皆様にもご紹介いただきたく、ご案内申し上げます。
詳細につきましては、別紙のとおりです。ご出席いただく際は、ご確認のうえ、お越しいただきますようお願い申し上げます。
多くの皆様のご来場を心よりお待ち申し上げます。
敬具
記
新製品「みらい建材」発表会
日時：2025年3月10日（月） 16：00～17：30
会場：本社5階 ホール
定員数：250名

3 文字列がコピーされます。

ショートカットキー

コピー／貼り付け

- **コピー**
  Ctrl + C
- **貼り付け**
  Ctrl + V

3 文字列を移動する

解説

文字列の移動

文字列を移動するには、右の手順で操作します。切り取られた文字列はクリップボードに保管されるので、コピーの場合と同様、[貼り付け]をクリックすると、何度でも別の場所に貼り付けることができます。

ショートカットキー

切り取り／貼り付け

- **切り取り**
  Ctrl + X
- **貼り付け**
  Ctrl + V

1 移動する文字列を選択して、

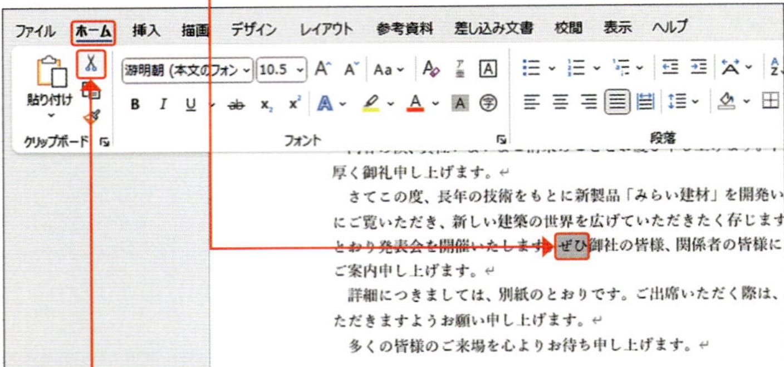

2 [ホーム]タブの[切り取り]をクリックします。

3 文字列を貼り付ける位置にカーソルを移動して、

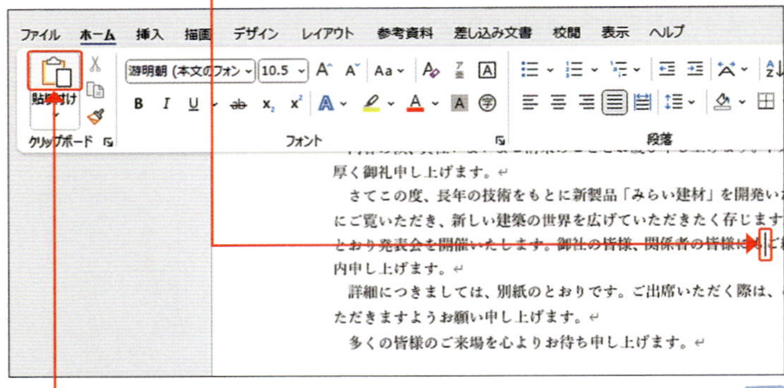

4 [貼り付け]の上の部分をクリックすると、

応用技 [貼り付けのオプション]の利用

[貼り付けのオプション]は、コピーや切り取ったデータによって貼り付ける形式が異なります。文字列のコピー／切り取りの場合、下記のような形式になります。

このほか、232ページの「応用技」も参照してください。

- 元の書式を保持
  コピー（切り取り）元の書式のまま貼り付けます。
- 書式を結合
  貼り付け先の書式に変更して貼り付けます。
- 図
  図として貼り付けます。
- テキストのみ保持
  設定されている書式を解除して貼り付けます。

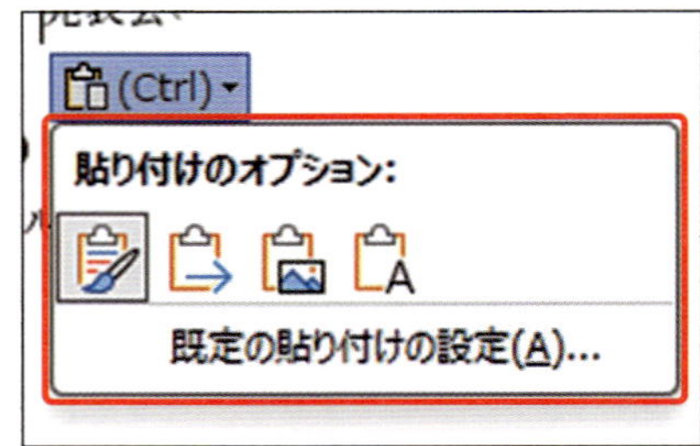

5 文字列が貼り付けられます。

さてこの度、長年の技術をもとに新製品「みらい建材」を開発いたしました。多くの皆様にご覧いただき、新しい建築の世界を広げていただきたく存じます。つきましては、下記のとおり発表会を開催いたします。御社の皆様、関係者の皆様にもぜひご紹介いただきたく、ご案内申し上げます。
詳細につきましては、別紙のとおりです。ご出席いただく際は、ご確認のうえ、お越しいただきますようお願い申し上げます。
多くの皆様のご来場を心よりお待ち申し上げます。
敬具

(Ctrl)

[貼り付けのオプション]が表示されます。

4 ドラッグ&ドロップで文字列を移動する

解説

ドラッグ&ドロップで文字列を移動する

文字列を選択して、そのままマウスポインターを移動（ドラッグ）すると、マウスポインターの形が に変わります。この状態でマウスボタンから指を離す（ドロップする）と、文字列を移動できます。なお、この方法で移動すると、クリップボードにデータは保管されません。

1 移動する文字列を選択して、

拝啓
向春の候、貴社いよいよご清栄のこととお慶び申し上げます。平素は格別のご高配を賜り、厚く御礼申し上げます。
さてこの度、長年の技術をもとに新製品「みらい建材」を開発いたしました。多くの皆様にご覧いただき、新しい建築の世界を広げていただきたく存じます。つきましては、下記のとおり発表会を開催いたします。ぜひ御社の皆様、関係者の皆様にもご紹介いただきたく、ご案内申し上げます。
詳細につきましては、別紙のとおりです。ご出席いただく際は、ご確認のうえ、お越しいただきますようお願い申し上げます。

2 移動先にドラッグ&ドロップすると、

拝啓
向春の候、貴社いよいよご清栄のこととお慶び申し上げます。平素は格別のご高配を賜り、厚く御礼申し上げます。
さてこの度、長年の技術をもとに新製品「みらい建材」を開発いたしました。多くの皆様にご覧いただき、新しい建築の世界を広げていただきたく存じます。つきましては、下記のとおり発表会を開催いたします。ぜひ御社の皆様、関係者の皆様にもご紹介いただきたく、ご案内申し上げます。
詳細につきましては、別紙のとおりです。ご出席いただく際は、ご確認のうえ、お越しいただきますようお願い申し上げます。

3 文字列が移動されます。

拝啓
向春の候、貴社いよいよご清栄のこととお慶び申し上げます。平素は格別のご高配を賜り、厚く御礼申し上げます。
さてこの度、長年の技術をもとに新製品「みらい建材」を開発いたしました。多くの皆様にご覧いただき、新しい建築の世界を広げていただきたく存じます。つきましては、下記のとおり発表会を開催いたします。御社の皆様、関係者の皆様にもぜひご紹介いただきたく、ご案内申し上げます。
(Ctrl)
詳細につきましては、別紙のとおりです。ご出席いただく際は、ご確認のうえ、お越しいただきますようお願い申し上げます。

もとの文字列はなくなります。

ヒント

ショートカットメニューでのコピーと移動

コピー、切り取り、貼り付けの操作は、文字列を選択し、右クリックして表示されるショートカットメニューからも行うことができます。

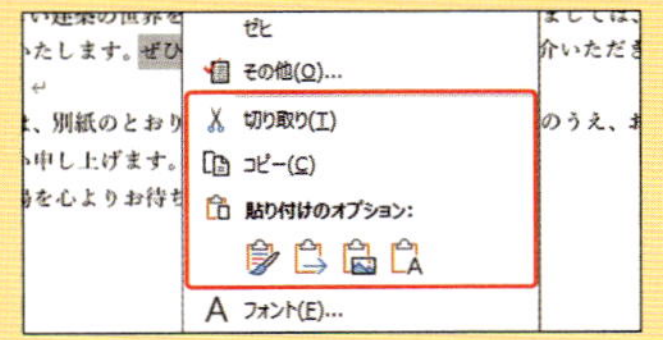

Section

24 文字列を貼り付けよう

ここで学ぶこと
・クリップボード
・[クリップボード] 作業ウィンドウ
・文字列の貼り付け

Wordには、Windows全体のクリップボードとは別に、**最大24個のデータ**を保存できる**Officeのクリップボード**が利用できます。これを利用すると、保管された複数のデータの中から選択して貼り付けることができます。

練習▶24_案内文書

1 Officeのクリップボードを表示する

解説

Officeのクリップボード

Wordでは、1個のデータしか保管できないWindows標準のクリップボードのほかに、最大24個のデータを保管できるOfficeのクリップボードが利用できます。Officeのクリップボードに保管されているデータは、[クリップボード] 作業ウィンドウで管理でき、Officeのすべてのアプリケーションどうしで連携して作業することが可能です。

ヒント

Officeのクリップボードのデータ

Officeのクリップボードに保管されたデータは、同時に開いているほかのWordの文書でも利用できます。なお、データが24個以上になると、古いデータ(最初にクリップボードに登録したデータ)から順に削除されます。

1 [ホーム] タブをクリックして、

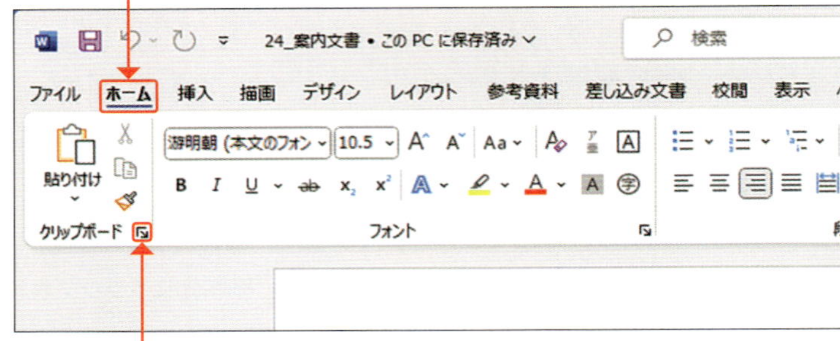

2 [クリップボード] のここをクリックすると、

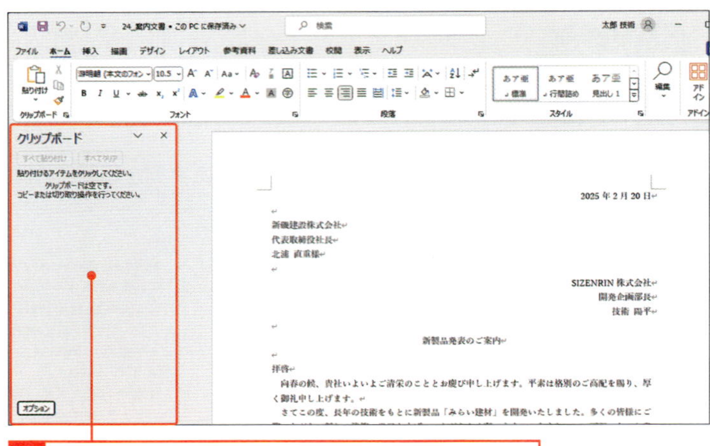

3 [クリップボード] 作業ウィンドウが表示されます。

② 利用する文字列を指定する

データをあとから貼り付ける

通常のコピー／貼り付けでは同じ文字列のみ貼り付けられますが、クリップボードを利用すると、複数のデータを何度でも貼り付けることができます。ここでは先に複数の文字列を指定していますが、使いながらそのつどコピーしたり、貼り付けたりするとよいでしょう。

1 コピー（または移動）したい文字列を選択します。

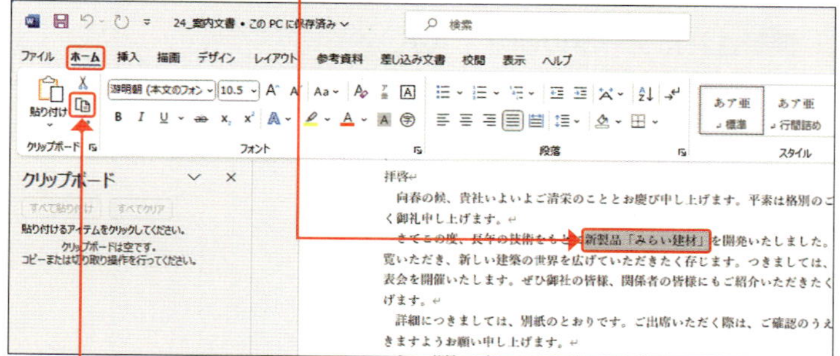

2 ［ホーム］タブの［コピー］をクリックします。

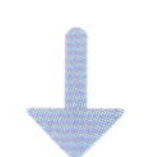

3 クリップボードに表示（登録）されます。

4 ほかの文字列を選択します。

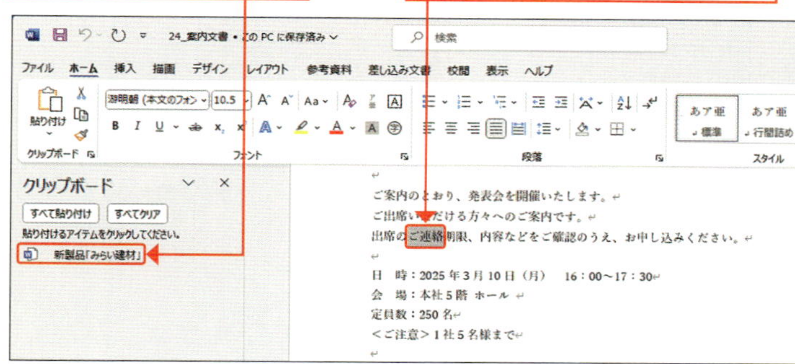

5 同様にコピーすると、

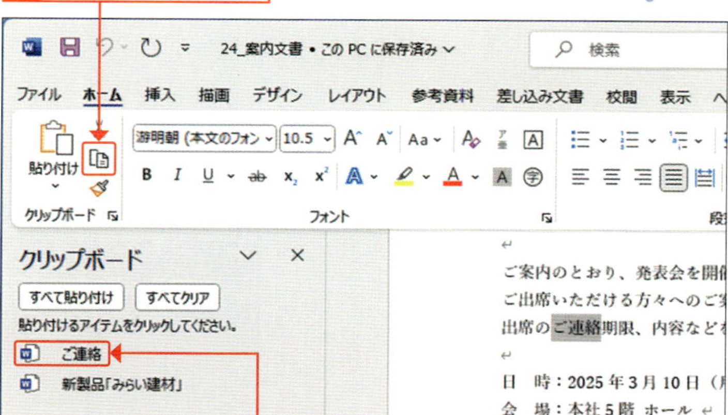

6 クリップボードに表示（登録）されます。

クリップボードにデータが入っている

クリップボードを表示した際に、既にデータが登録されている場合があります。これは、Wordのほかの文書、あるいはほかのOfficeアプリがクリップボードを共有しているためで、コピーや切り取りなどの操作を行ったデータが表示されます。

③ クリップボードから文字列を貼り付ける

保管されたデータの削除

Officeのクリップボードに保管したデータを個別に削除するには、削除したいデータにマウスポインターを合わせ、右側に表示される ⌄ をクリックして、[削除]をクリックします。また、クリップボードのすべてのデータを削除する場合は、[クリップボード]作業ウィンドウの上側にある[すべてクリア]をクリックします。

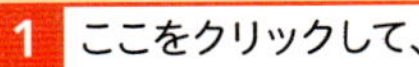

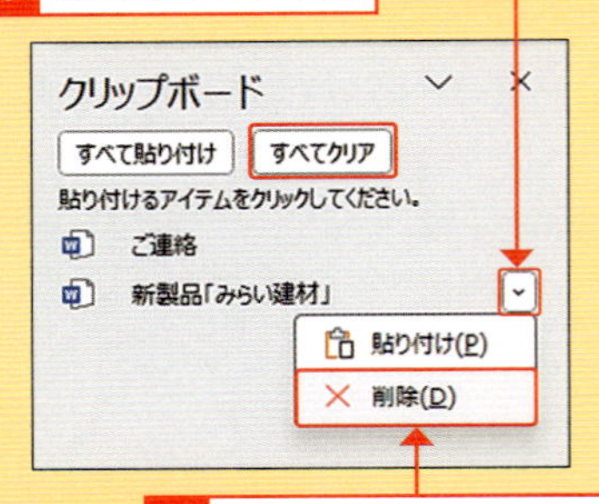

2 [削除]をクリックします。

1 文字列を貼り付けたい位置にカーソルを移動します。

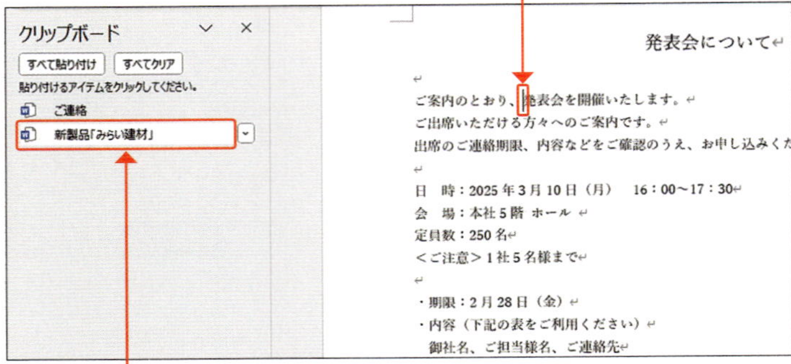

2 クリップボードから貼り付けたい文字列をクリックします。

3 貼り付けられます。

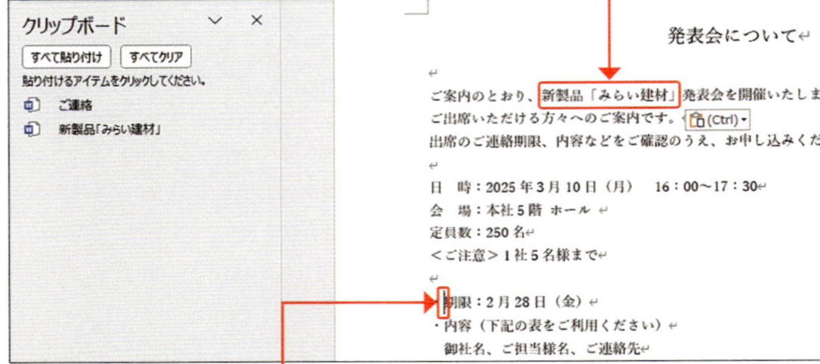

4 次の位置にカーソルを移動します。

5 貼り付けたい文字列をクリックすると、

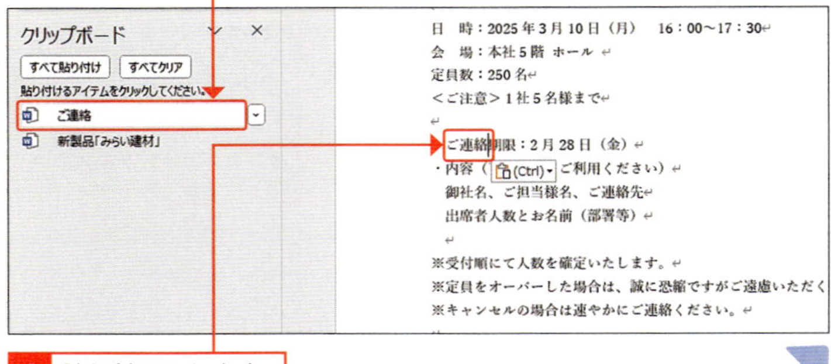

6 貼り付けられます。

ヒント クリップボードのデータ期限

クリップボードに登録されたデータは、Wordを終了すると削除されます。ただし、Excelなどほかのカ Officeアプリが起動中の場合は、登録された状態です。すべてのOfficeアプリを終了すると完全に削除されます。

7 ほかの位置でも、文字列を選んで貼り付けられます。

8 新しい文字列を選択して、コピーすると、

9 クリップボードに追加登録されます。

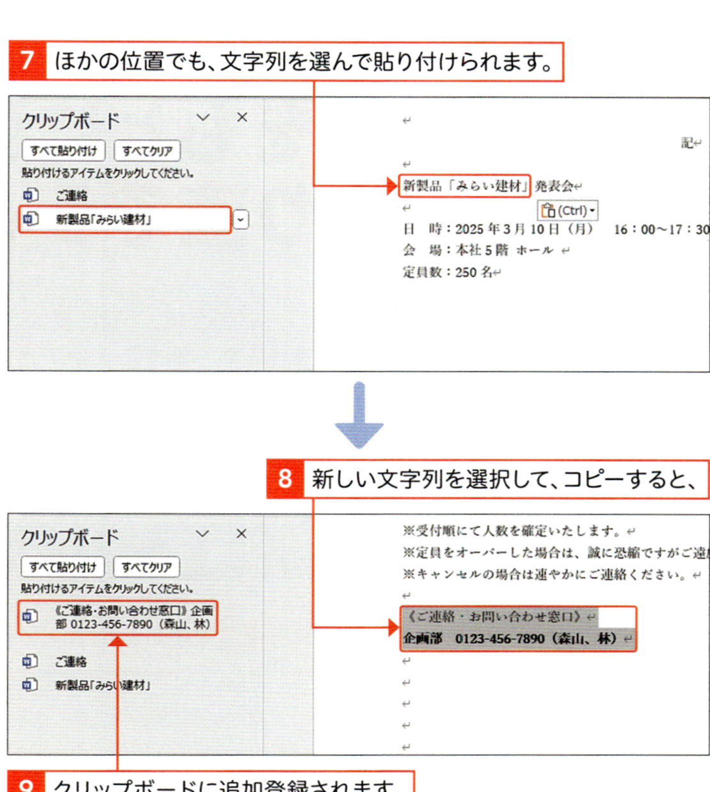

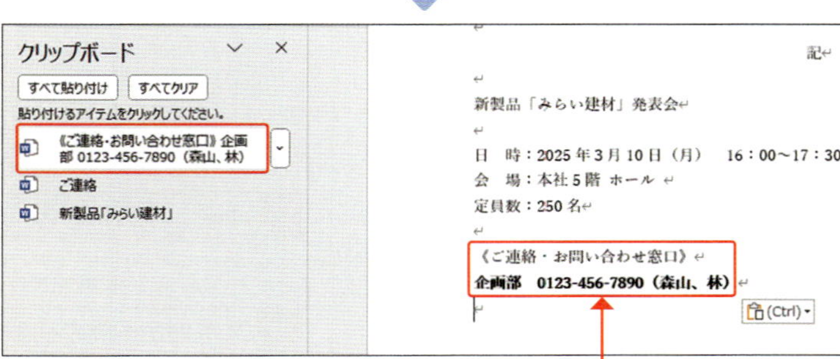

10 クリップボードで選択した文字列が貼り付けられます。

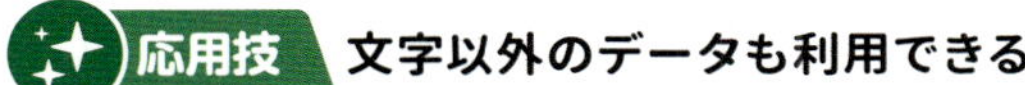

応用技 文字以外のデータも利用できる

ここでは文字列を対象に解説していますが、図形や画像、表など文書に貼り付けたデータも登録し、貼り付けに利用できます。WordやExcelなどOfficeアプリでコピーや切り取ったデータは同じクリップボードに登録されるので、各アプリで利用することができます。

Section
25 操作をもとに戻そう／やり直そう

ここで学ぶこと

・元に戻す
・やり直し
・繰り返し

操作をやり直したい場合は、[元に戻す]を使います。直前の操作だけでなく、連続した複数の操作も取り消すことができます。[元に戻す]操作後に[やり直し]で戻すことができます。また、同じ操作を続ける場合は[繰り返し]を利用します。

練習▶25_研修資料

1 操作をもとに戻す／やり直す

解説

操作をもとに戻す

クイックアクセスツールバーの[元に戻す]をクリックすると、直前に行った操作を最大100ステップまで取り消すことができます。ただし、ファイルを閉じると、もとに戻すことはできなくなります。

補足

[元に戻す]がない場合

クイックアクセスツールバーに[元に戻す] が表示されていない場合は、右端の をクリックして[元に戻す]をクリックすると表示されます。

1 文字列を選択して、

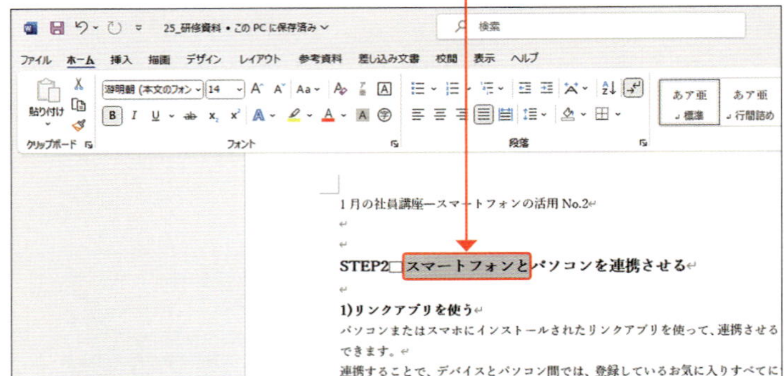

2 Delete または Back space を押すと、

3 文字列が削除されます。

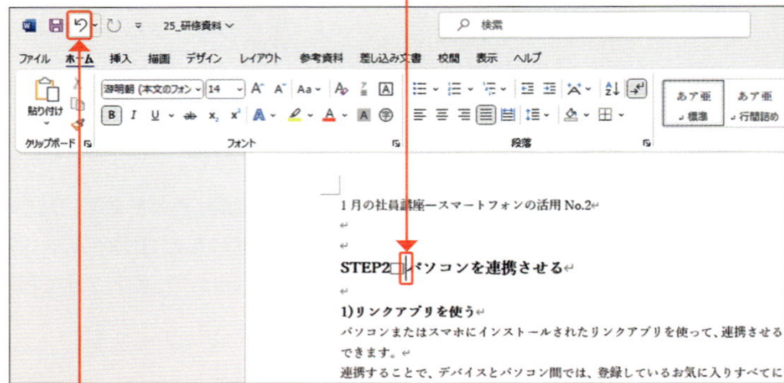

4 クイックアクセスツールバーの[元に戻す]をクリックすると、

解説

操作をやり直す

［ホーム］タブの［やり直し］をクリックすると、取り消した操作を順番にやり直すことができます。ただし、文書を閉じるとやり直すことはできなくなります。なお、［やり直し］は、［元に戻す］をクリックしたあとで表示されます。

5 直前に行った操作が取り消され、削除した文字列がもとに戻ります。

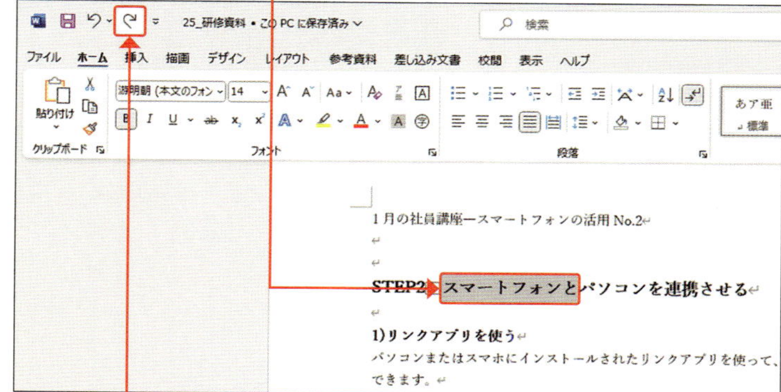

6 ［やり直し］をクリックすると、

7 直前に行った操作がやり直され、文字列が削除されます。

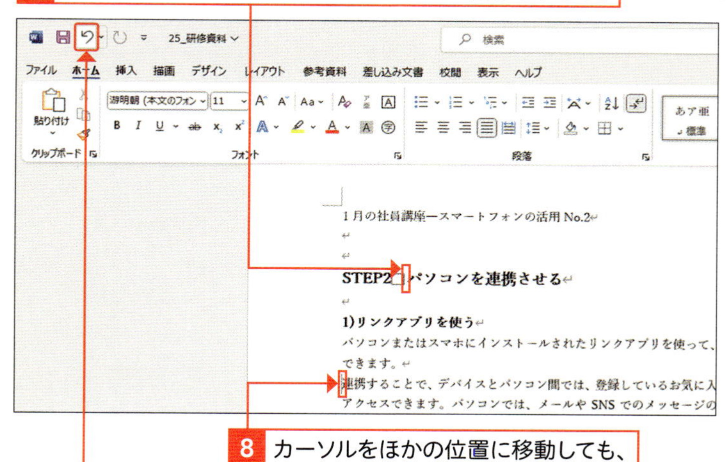

8 カーソルをほかの位置に移動しても、

9 ［元に戻す］をクリックすると、

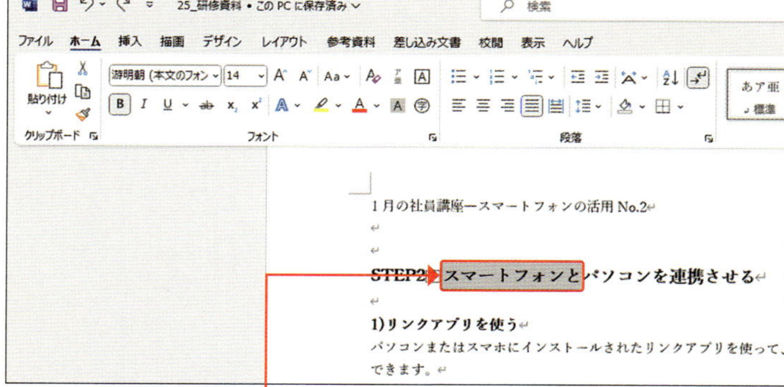

10 直前に行った操作（文字列の削除）が取り消されます。

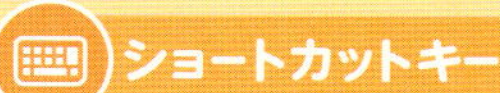

ショートカットキー

元に戻す／やり直し

- **元に戻す**
  Ctrl + Z
- **やり直し**
  Ctrl + Y

② 複数の操作をもとに戻す

解説

複数の操作をもとに戻す

直前の操作だけでなく、複数の操作をまとめて取り消すことができます。[元に戻す] の をクリックし、表示される一覧から目的の操作をクリックします。

1 [元に戻す] のここをクリックすると、

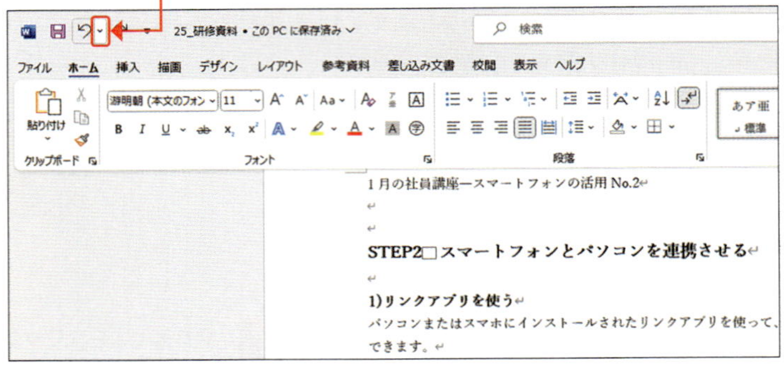

2 過去の操作が表示されます。

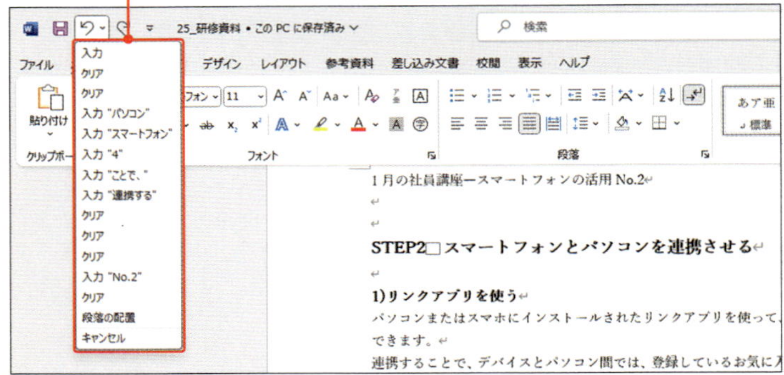

ヒント

戻しすぎたらやり直す

複数の操作を戻したときに戻しすぎてしまったら、[やり直し] をクリックすると、1操作ずつ [元に戻す] に復活させることができます。

3 戻したい操作にマウスポインターを合わせてクリックすると、

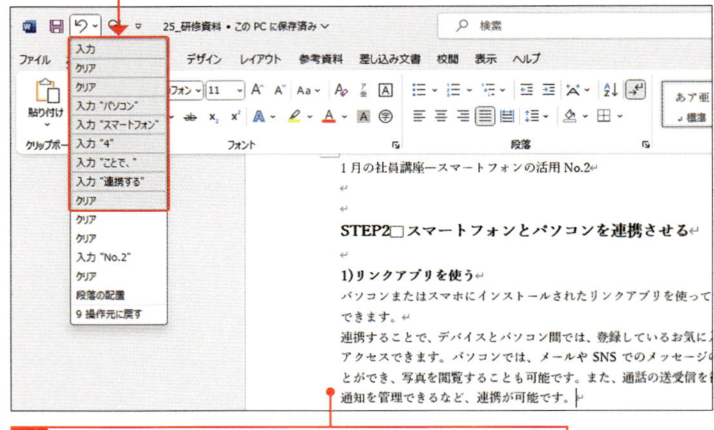

4 それまでの操作をまとめて取り消すことができます。

注意

文書を閉じると操作できない

ここで解説した、操作を元に戻す／やり直しの機能は、文書を開いてから閉じるまでの操作に対して利用することができます。文書を保存して閉じたあとに再度文書を開いても、文書を閉じる前に行った操作にさかのぼることはできません。

③ 操作を繰り返す

解説

操作を繰り返す

Wordでは、文字の入力や貼り付け、書式設定といった操作を繰り返すことができます。操作を1回行うと、[やり直し]の位置に[繰り返し]が表示されます。[繰り返し]をクリックすることで、別の操作を行うまで何度でも同じ操作を繰り返すことができます。

ショートカットキー

繰り返し

F4

1 文字列を入力して、

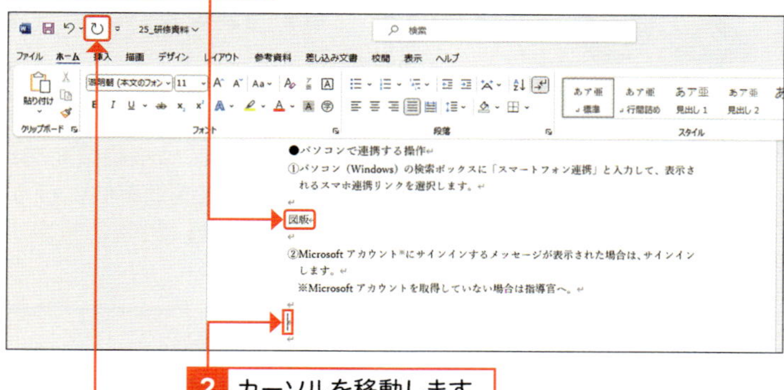

2 カーソルを移動します。

3 [ホーム]タブの[繰り返し]をクリックすると、

4 直前の操作が繰り返され、同じ文字列が入力されます。

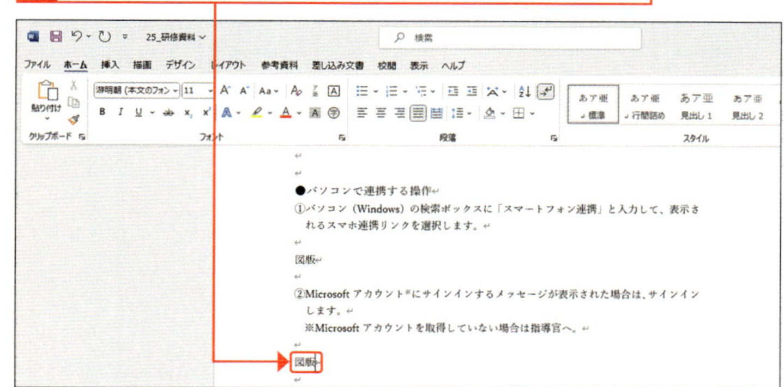

5 カーソルを移動して、[繰り返し]をクリックすると、

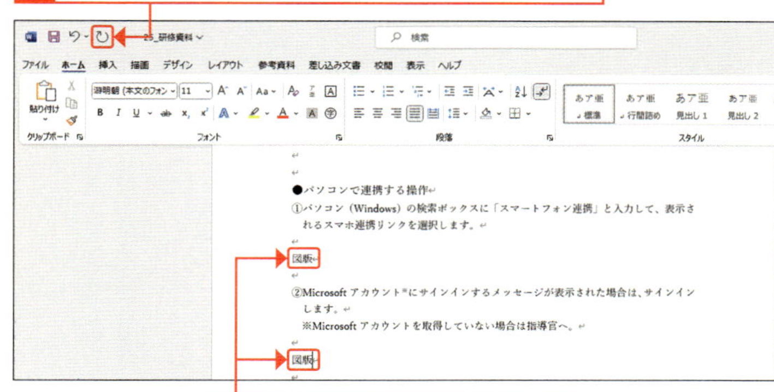

6 同じ文字列が入力されます。

Section

26 文字を検索／置換しよう

ここで学ぶこと

- 検索
- 置換
- [ナビゲーション]作業ウィンドウ

文書の中から文字を探すには**検索**機能を、文字をほかの文字に置き換えるには**置換**機能を使うと、文書の編集を効率的に行うことができます。検索は**[ナビゲーション]作業ウィンドウ**を、置換は**[検索と置換]ダイアログボックス**を使います。

練習▶26_研修資料

1 文字列を検索する

ショートカットキー

[ナビゲーション]作業ウィンドウの表示

Ctrl + F

1 [ホーム]タブをクリックして、

2 [検索]をクリックすると、

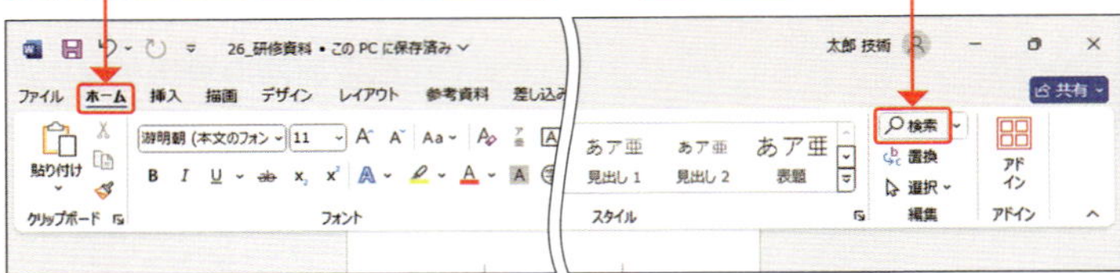

3 [ナビゲーション]作業ウィンドウが表示されます。

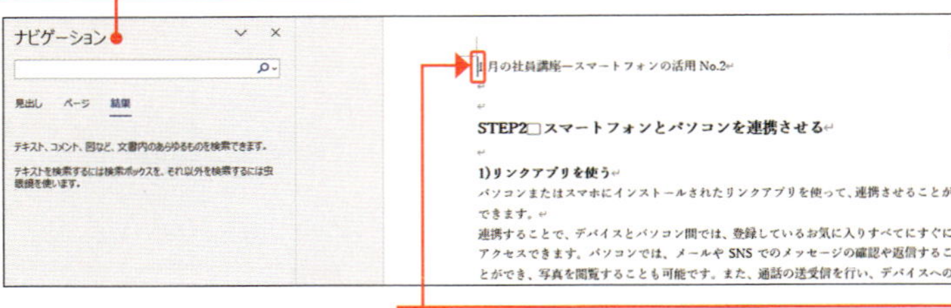

4 カーソルを文書の先頭に移動します。

5 検索したい文字列を入力します。

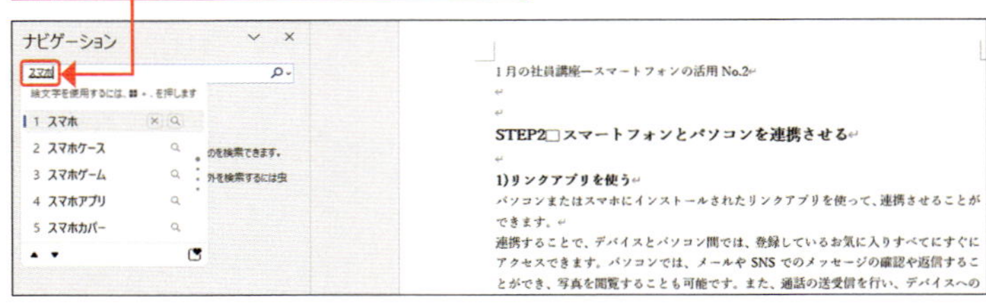

重要用語

[ナビゲーション]作業ウィンドウ

[ナビゲーション]作業ウィンドウは、検索結果を表示する[結果]のほかに、文書全体を見出しレベルで確認する[見出し]、ページのサムネイルを表示する[ページ]が用意されています(302ページ参照)。

解説

文字列の検索

[ナビゲーション]作業ウィンドウの検索ボックスにキーワードを入力すると、検索結果が[結果]に一覧で表示されます。文書中の検索文字列には黄色のマーカーが引かれます。

ヒント

検索機能の拡張

[ナビゲーション]作業ウィンドウの検索ボックス横にある[さらに検索]をクリックすると、図や表などを検索するためのメニューが表示されます。[オプション]をクリックすると、検索方法を細かく指定することができます。

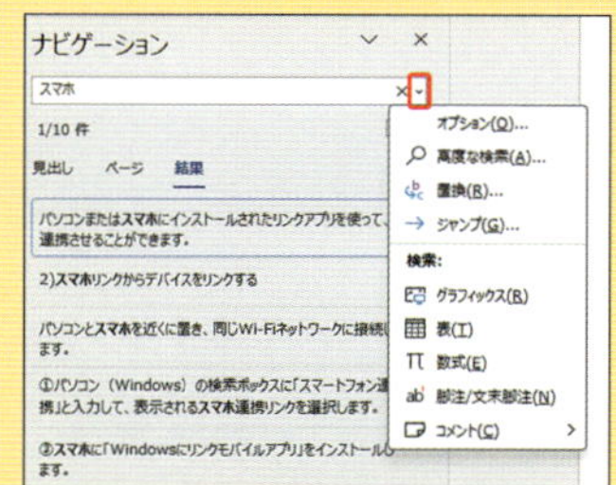

解説

検索の終了

検索ボックスの右端にある ✕ をクリックすると、検索結果の一覧と文字列に表示されている黄色のマーカーが消えます。[ナビゲーション]作業ウィンドウを閉じるには、右上の[閉じる] ✕ をクリックします。

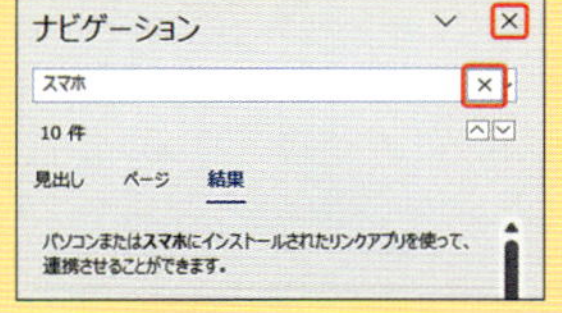

6 文字列が検索され、検索文字列に黄色のマーカーが引かれます。

検索結果の件数が表示されます。

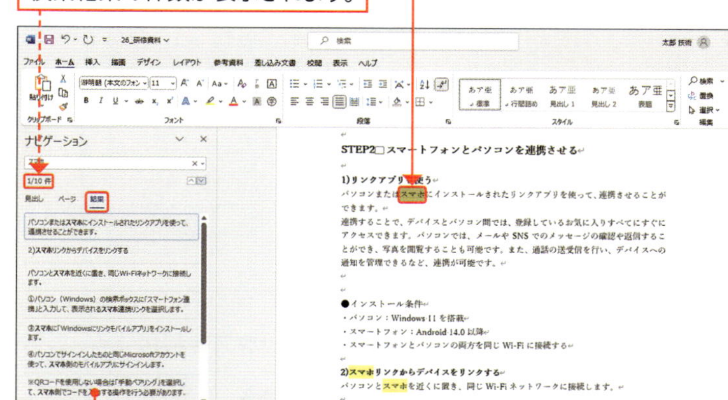

7 検索結果の一覧が表示されます。

8 検索件数の右側にあるここをクリックすると、

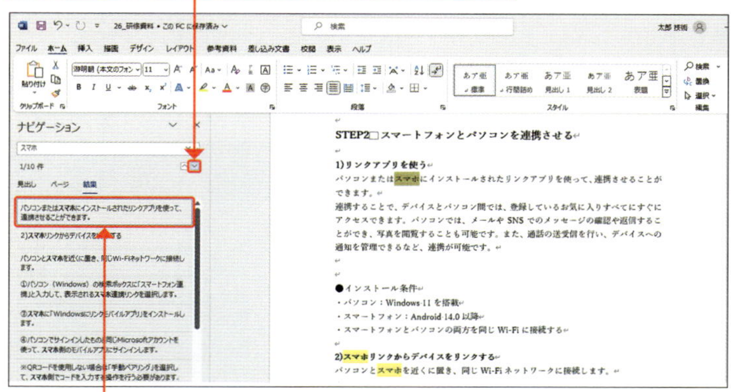

9 一覧の検索結果を順番に選択できます。

10 検索結果を直接クリックすると、

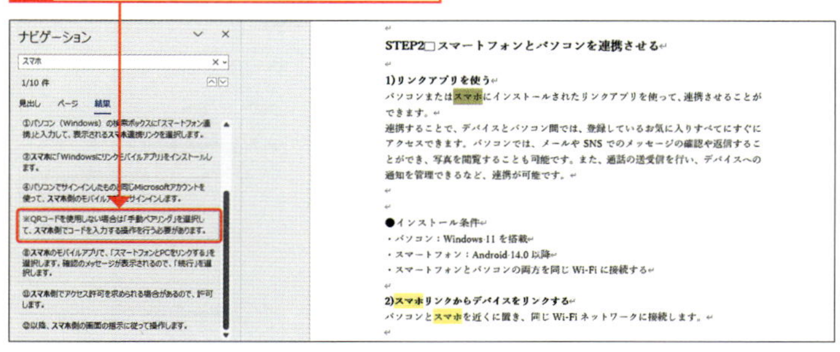

11 クリックした検索結果の該当箇所にジャンプします。

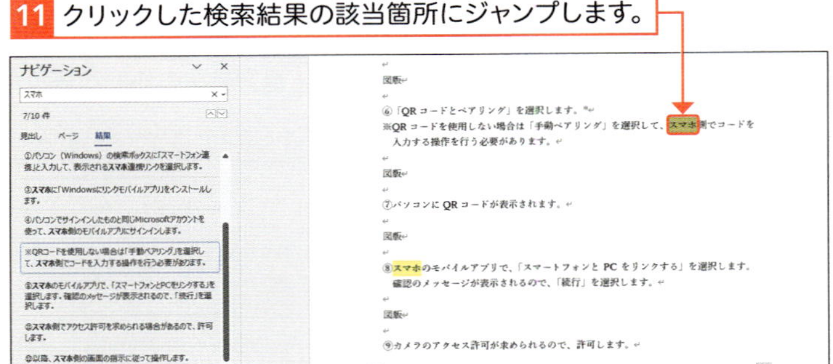

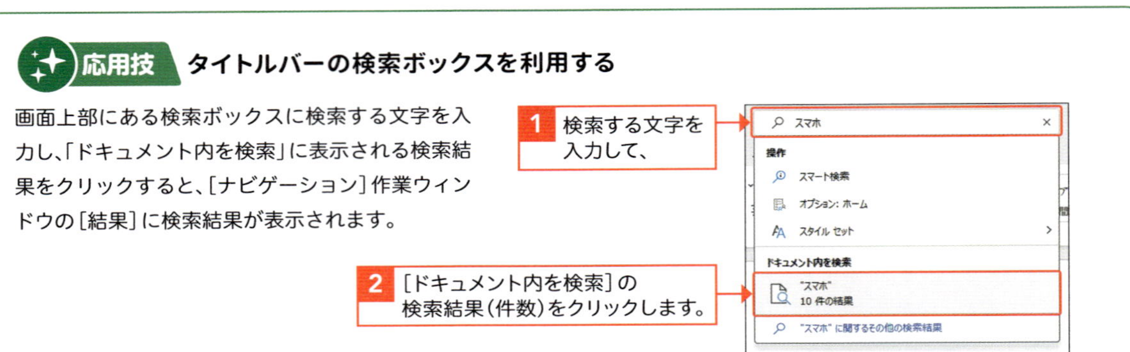

応用技 タイトルバーの検索ボックスを利用する

画面上部にある検索ボックスに検索する文字を入力し、「ドキュメント内を検索」に表示される検索結果をクリックすると、[ナビゲーション]作業ウィンドウの[結果]に検索結果が表示されます。

1 検索する文字を入力して、

2 [ドキュメント内を検索]の検索結果(件数)をクリックします。

2 検索条件を指定する

解説

検索条件を指定する

[検索と置換]ダイアログボックスの[検索]あるいは[置換]タブで[オプション]をクリックすると、さらに細かい検索／置換条件を指定することができます。また、検索条件に書式や特殊文字を利用することもできます(150ページ参照)。

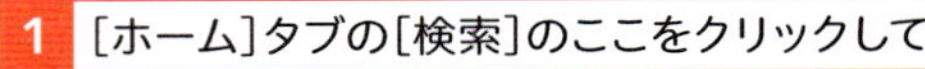

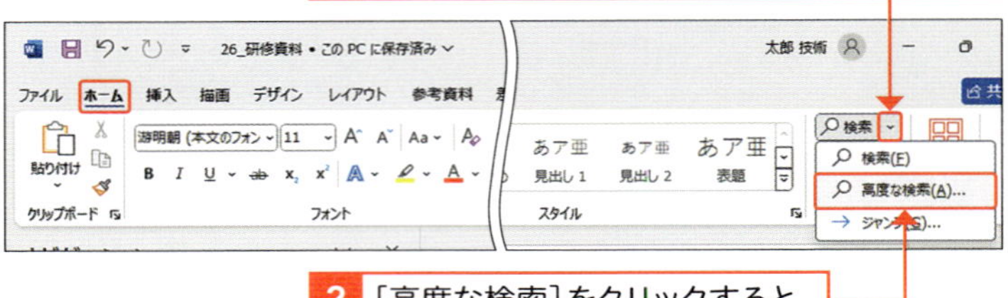

2 [高度な検索]をクリックすると、

3 [検索と置換]ダイアログボックスが表示されます。

4 [オプション]をクリックします。

補足 あいまい検索

Wordの検索の初期設定では、英字の大文字／小文字、数字の全角／半角などを区別しない「あいまい検索」で検索されます。これらの文字を区別して検索したいときは、[検索オプション]で[あいまい検索]をオフにして、[大文字と小文字を区別する][半角と全角を区別する]をオンにします。また、[完全に一致する単語だけを検索する]をオンにすると、完全に一致する文字列のみ検索結果として表示されます。

5 検索条件を指定して、検索／置換を行います。

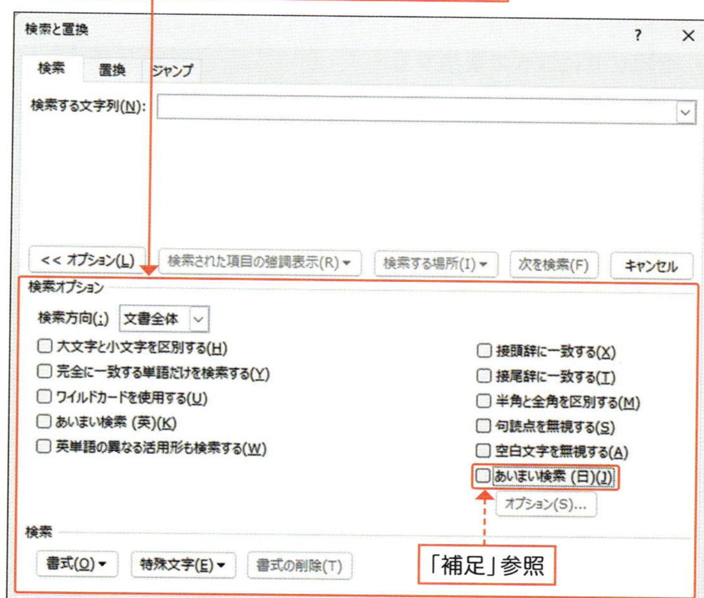

3 文字列を置換する

解説 文字列を1つずつ置換する

右の手順で操作すると、文字列を1つずつ確認しながら置換することができます。検索された文字列を置換せずに次を検索したいときは、[次を検索]をクリックします。

1 [ホーム]タブの[置換]をクリックすると、

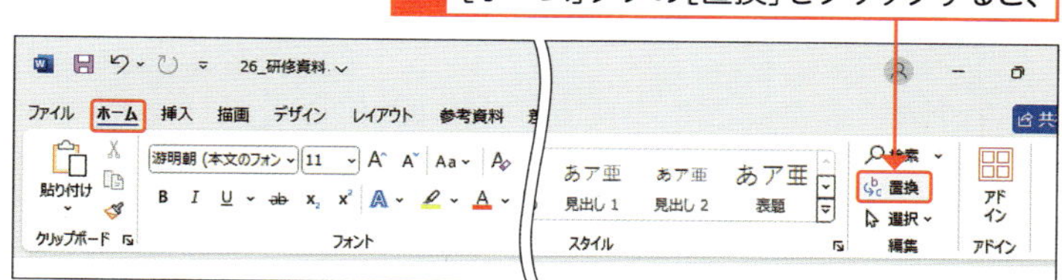

2 [検索と置換]ダイアログボックスが表示されます。

3 検索文字列と置換後の文字列を入力して、

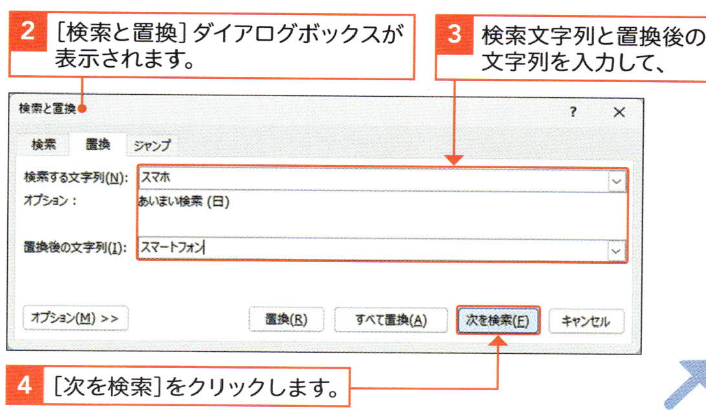

4 [次を検索]をクリックします。

確認せずにすべて置換する

確認作業を行わずに、まとめて一気に置換するには、手順5のあとで［すべて置換］をクリックします。

ヒント
ナビゲーション作業ウィンドウから開く

［検索と置換］ダイアログボックスは［ナビゲーション］作業ウィンドウの［さらに検索］をクリックして、［高度な検索］でも開くことができます。

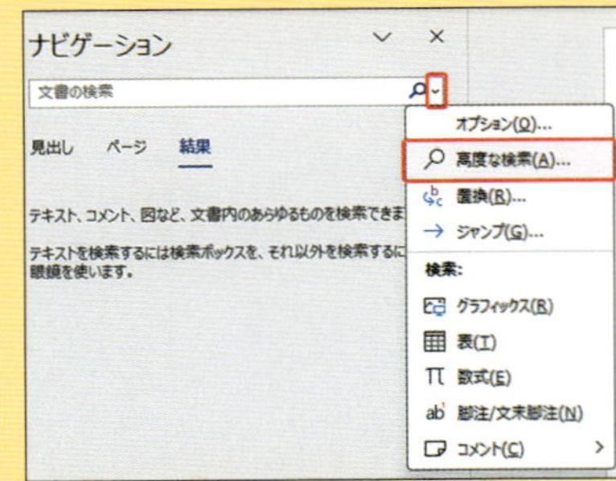

ショートカットキー
［検索と置換］ダイアログボックスの［置換］タブの表示

Ctrl ＋ H

5 検索した文字列が選択されます。

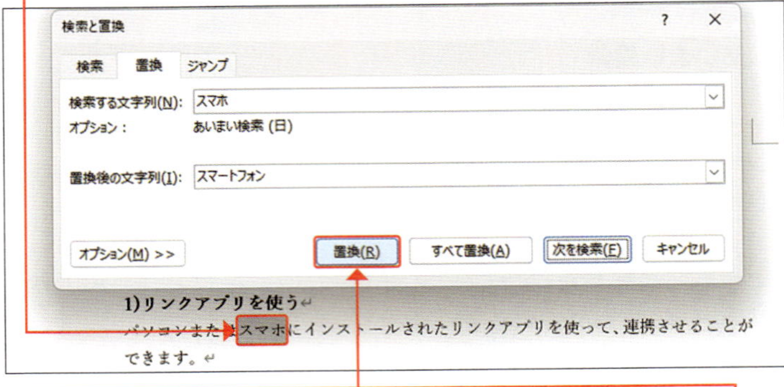

6 ［置換］をクリックすると、指定した文字列に置き換えられます。

7 該当する次の文字列が選択されるので、置換しないならば、

8 ［次を検索］をクリックします。

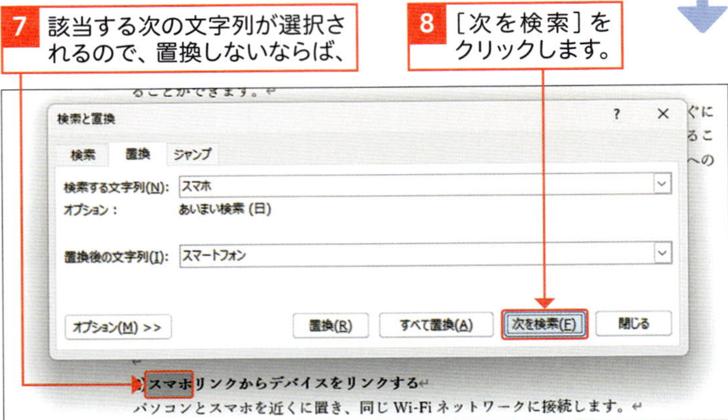

9 置換されずに、次の検索文字列へ進みます。

10 同様に検索／置換を行います。

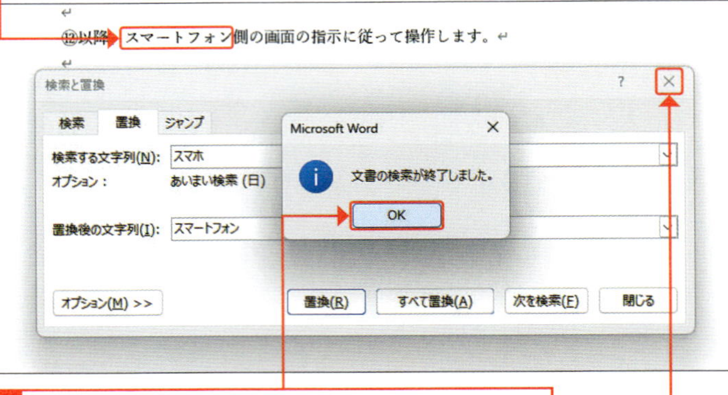

11 検索が終了すると、メッセージが表示されるので、［OK］をクリックします。

12 ［検索と置換］ダイアログボックスの［閉じる］をクリックします。

第 5 章

文字を装飾しよう

この章で学ぶこと

書式について理解しよう

文字書式とは

「書式」とは、文字や段落、図表などに設定する修飾機能です。「文字書式」とは、文字単位で設定する書式のことです。段落内の一部の文字色やフォント、フォントサイズを変えたり、太字や斜体にしたりして、文書にメリハリを付けます。

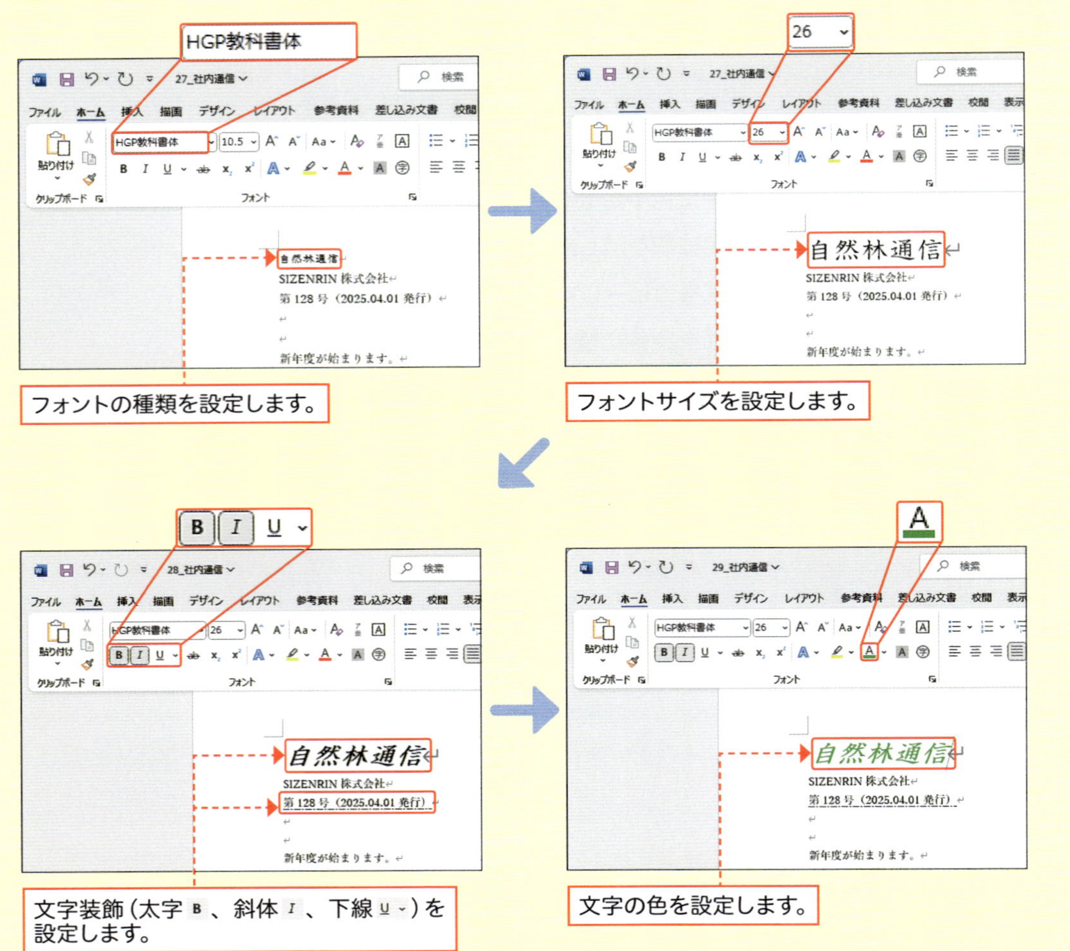

HGP教科書体
フォントの種類を設定します。
26
フォントサイズを設定します。
文字装飾（太字 B 、斜体 I 、下線 U ）を設定します。
文字の色を設定します。
自然林通信
SIZENRIN 株式会社
第 128 号（2025.04.01 発行）
新年度が始まります。

5 文字を装飾しよう

段落書式とは

「段落書式」とは、段落単位で設定する書式のことです。タイトル行や見出し行、箇条書きなどに書式を設定します。複数の段落を1つの段落とみなして書式を設定することもできます。

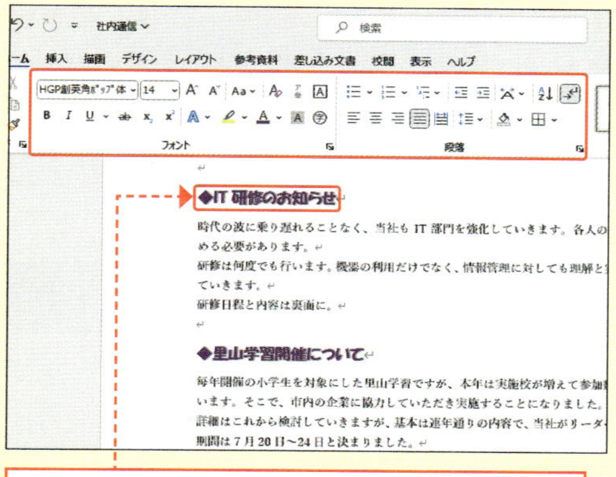

段落（見出し行）の書式をまとめて設定します。

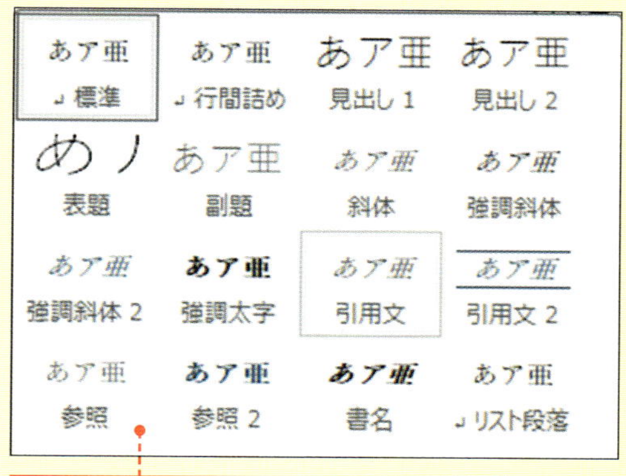

用意されているスタイルを設定します。

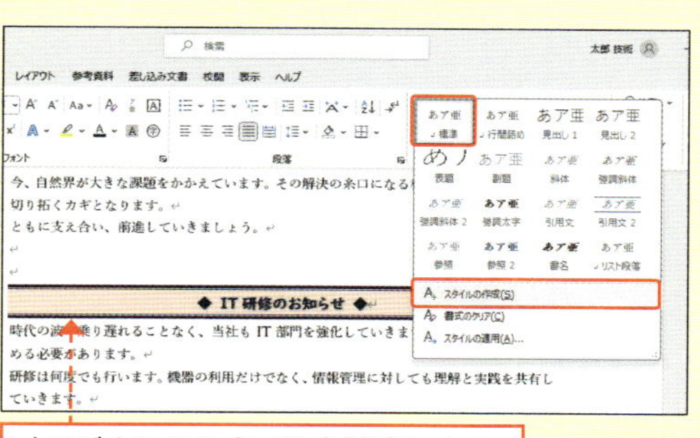

オリジナルのスタイルを設定します。

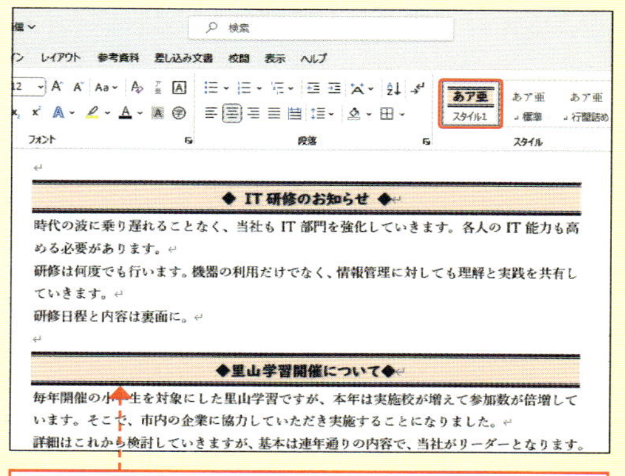

オリジナルのスタイルを複数の段落に設定します。

スタイルの利用

あらかじめWordに用意されている書式設定「スタイル」を利用すると、表題（タイトル）や見出し、引用文などよく使われる書式をすばやく設定することができます。

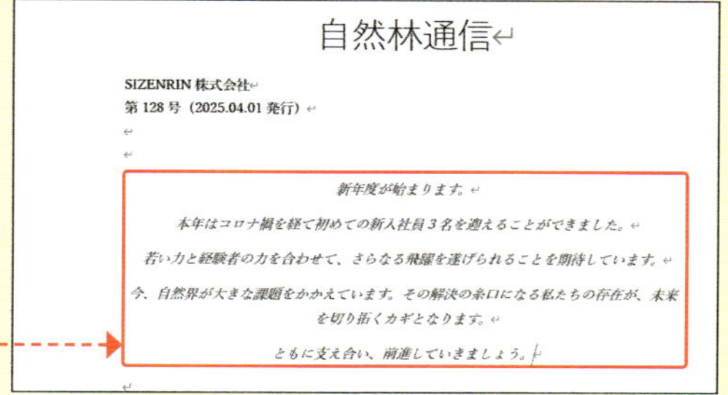

あらかじめ用意されている書式（スタイル）を設定します。

5 文字を装飾しよう

Section 27

フォント/フォントサイズを変更しよう

ここで学ぶこと

- フォント
- フォントサイズ
- 既定のフォント

フォントとは、**画面表示や印刷などに使われる文字の書体**のことで、**日本語用**と**英数字用**、記号に用いるものなどがあり、用途に応じて使い分けます。Wordには既定のフォントが設定されていますが、これは変更することもできます。

 練習▶27_社内通信

1 フォントの種類

解説

フォントの系統

フォントには、次の2種類の系統があります。

● **明朝体**(セリフ系)
主に文書の本文に利用します。字体は細く、筆書きの文字の「はね」のような飾り(セリフ)があるのが特徴です。

● **ゴシック体**(サンセリフ系)
タイトルや見出しなど、文書の目立たせたい部分に利用します。字体は太く、直線的なデザインが特徴です。

解説

Wordの基本フォント

Word 2013以前では「MS明朝」「MSゴシック」が基本フォントでしたが、Word 2016以降は「游明朝」「游ゴシック(Light)」に変更されました。これにより、高解像度のディスプレイでもきれいに見えるようになりました。

▶ 明朝体とゴシック体

明朝体

フォントの種類

明朝体は、筆で書いたような線の太さに強弱があるフォントです。

ゴシック体

フォントの種類

ゴシック体は、文字の太さが均一なフォントの総称です。端が角張っている「角ゴシック」、端が丸い「丸ゴシック」などの種類があります。

▶ 游明朝と游ゴシック(Word 2024の基本フォント)

游明朝

フォントの種類

游明朝は、文字の大きさが揃った漢字と筆書きのような仮名の組み合わせが特徴です。

游ゴシック

フォントの種類

游ゴシックは、游明朝とセットとなるゴシック体です。Wordの基本フォントは「游ゴシック Light」です。

2 フォントを変更する

解説

フォントの変更

フォントを変更するには、文字列を選択して、［ホーム］タブの［フォント］ボックスや、文字列を選択したときに表示されるミニツールバー（106ページの「ヒント」参照）から目的のフォントを選択します。

ヒント

一覧に実際のフォントが表示される

手順3で［フォント］ボックスのをクリックすると表示される一覧には、フォント名が実際のフォントのデザインで表示されます。また、フォントにマウスポインターを近付けると、選択した文字列がリアルタイムプレビュー（138ページの「重要用語」参照）で表示されます。

補足

利用できるフォント

利用できるフォントはパソコンによって異なります。年賀状アプリなどをインストールすると、特殊なフォントが追加されます。ほかのパソコンで文書の編集を行う場合、そのパソコンにインストールされていないフォントを使うと、文書のレイアウトが乱れるなどのトラブルになることがあります。ビジネス文書などでは標準のフォントを使うことが多くなります。

1 フォントを変更したい文字列をドラッグして選択します。

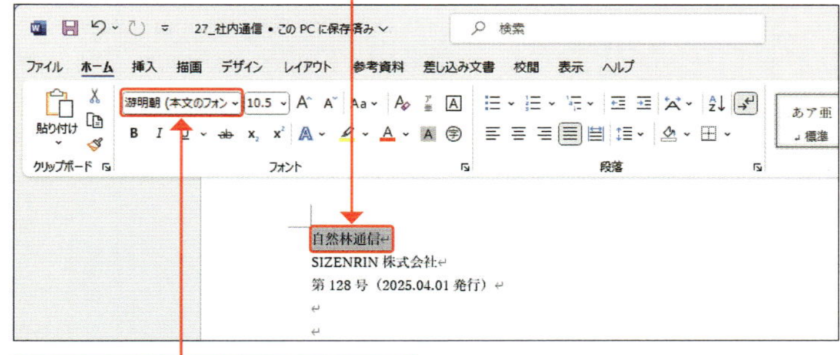

2 現在のフォントを確認します。

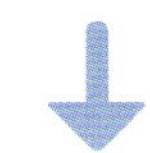

3 ［ホーム］タブの［フォント］のここをクリックして、

4 目的のフォント（ここでは［HG教科書体］）をクリックすると、

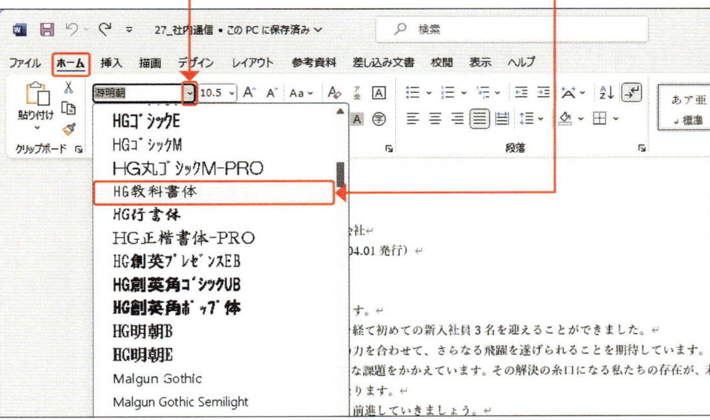

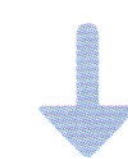

5 フォントが変更されます。

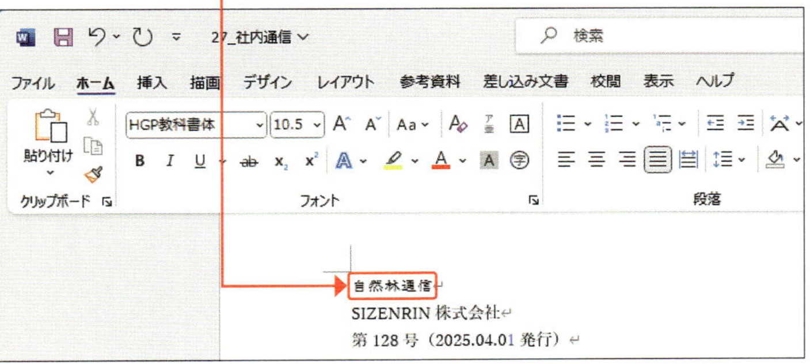

3 フォントサイズを変更する

解説

フォントサイズの変更

フォントサイズとは、文字の大きさのことです。フォントサイズを変更するには、文字列を選択して［ホーム］タブの［フォントサイズ］ボックスや、文字列を選択したときに表示されるミニツールバーから目的のサイズを選択します。

1 フォントサイズを変更したい文字列を選択します。

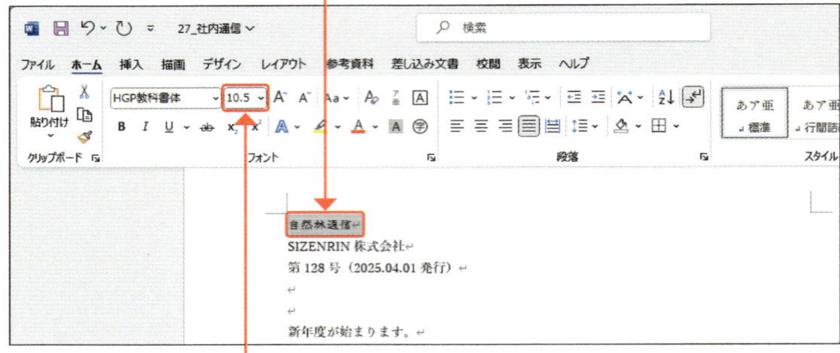

2 現在のフォントサイズを確認します。

3 ［ホーム］タブの［フォントサイズ］のここをクリックして、

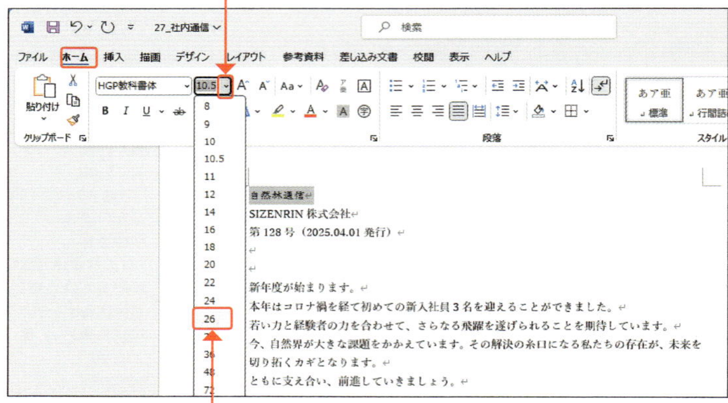

4 目的のサイズ（ここでは［26］）をクリックすると、

5 文字の大きさが変更されます。

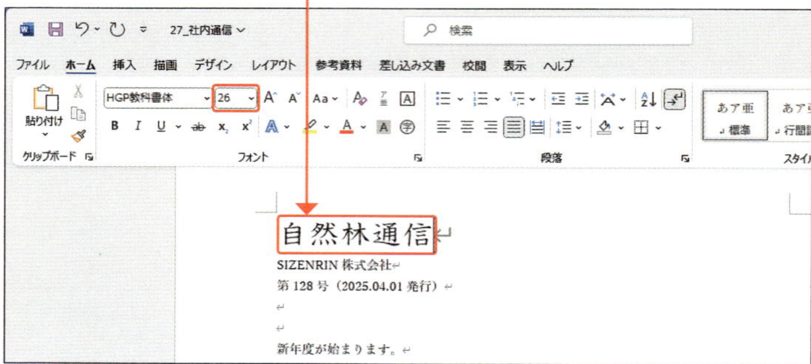

重要用語

リアルタイムプレビュー

［フォントサイズ］ボックスの をクリックすると表示される一覧で、フォントサイズにマウスポインターを近付けると、選択した文字列が書式を設定した状態で表示されます。この機能をリアルタイムプレビューといいます。

ヒント

フォントやフォントサイズをもとに戻す

フォントやフォントサイズを変更したあとでもとに戻したい場合、それぞれ［游明朝］、［10.5］ptを指定します。また、［ホーム］タブの［すべての書式をクリア］ をクリックすると、選択範囲のすべての書式が削除され、標準の書式なしの文字列になります。

4 既定のフォント設定を変更する

既定の設定を変更する

Word 2024のフォントの初期設定は、[游明朝]の[10.5] ptです。この設定を自分用に変更し、既定のフォントとして設定することができます。フォントの設定は個別の文字ごとに変更することもできますが（137、138ページ参照）、文書全体をつねに同じ書式にしたい場合、既定に設定しておきます。
また、必要があれば、スタイルやサイズ、その他の項目を指定し、既定に設定するとよいでしょう。

日本語と同じフォントを設定する

[フォント]ダイアログボックスで英数字用のフォントを設定する際に[日本語と同じフォント]を選択すると、日本語用のフォントと同じフォントが英数字用に設定されます。日本語用と英数字用を別のフォントに設定することもできます。

ヒント

既定のフォントの設定対象

手順7の確認のダイアログボックスでは、既定のフォントの適用対象を選択できます。[この文書だけ]は、設定した文書のみに適用されます。[Normalテンプレートを使用したすべての文書]は、[フォント]ダイアログボックスで設定した内容が既定のフォントとして保存され、次回から作成する新規文書にも適用されます。

1 [ホーム]タブをクリックして、

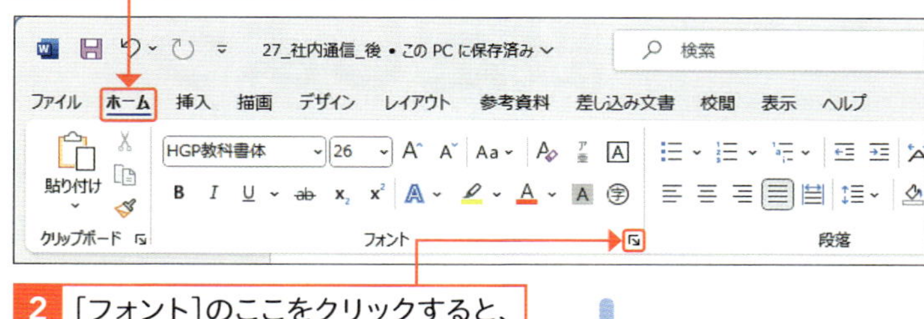

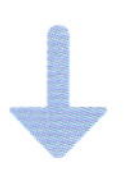

2 [フォント]のここをクリックすると、

3 [フォント]ダイアログボックスの[フォント]タブが表示されます。

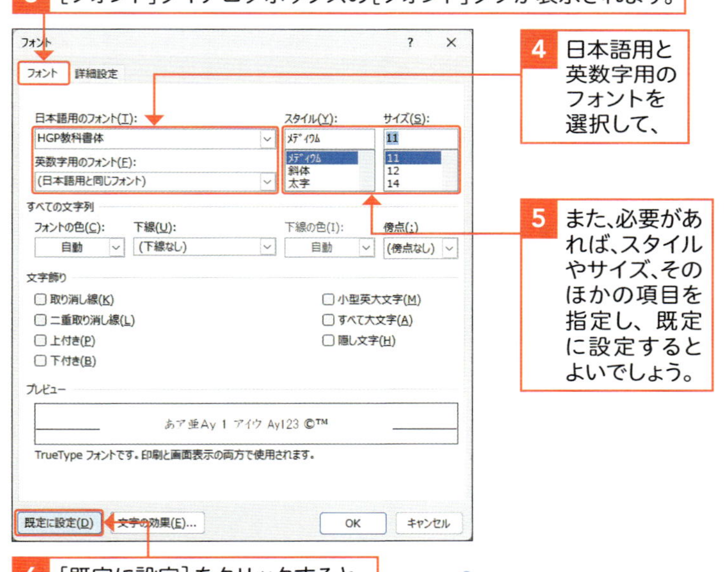

4 日本語用と英数字用のフォントを選択して、

5 また、必要があれば、スタイルやサイズ、そのほかの項目を指定し、既定に設定するとよいでしょう。

6 [既定に設定]をクリックすると、

7 確認のダイアログボックスが表示されます。

8 [この文章でだけ]をクリックしてオンにし、

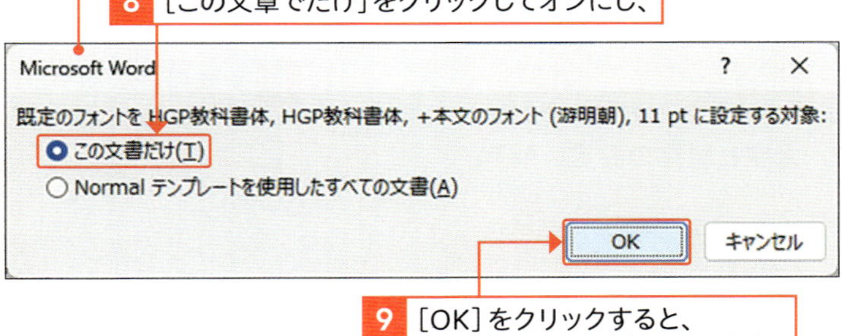

9 [OK]をクリックすると、文書のフォントが変更されます。

Section
28 太字／斜体／下線を設定しよう

ここで学ぶこと
・太字
・斜体
・下線

文字列には、タイトルなど目立たせたいところに設定する**太字**や**斜体**、文章中で大切な部分をわかりやすく示すための**下線**などの書式を設定できます。カラーで印刷できない場合、文字列を強調するために有用です。

練習▶28_社内通信

1 文字に太字や斜体を設定する

解説
文字書式の設定

文字書式用のコマンドは、[ホーム]タブの[フォント]グループのほか、文字列を選択したときに表示されるミニツールバーにもまとめられています。

ヒント
文字書式の設定の解除

文字書式を解除したい場合、書式が設定されている文字範囲を選択して、設定されている書式のコマンド（太字なら B）をクリックします。

ショートカットキー
太字と斜体の設定／解除

●太字の設定／解除
Ctrl + B

●斜体の設定／解除
Ctrl + I

1 文字列を選択します。

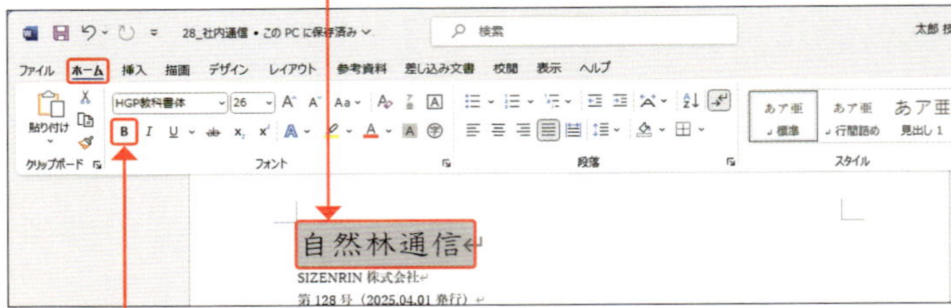

2 [ホーム]タブの[太字]をクリックすると、

3 文字列が太くなります。

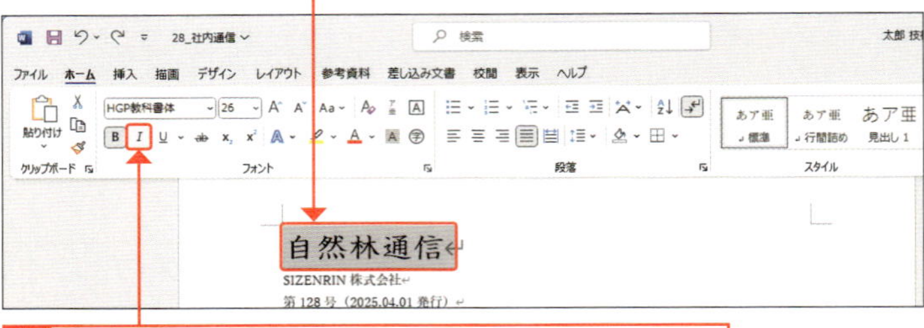

4 文字列を選択した状態で、[斜体]をクリックすると、

5 文字列が斜体になります。

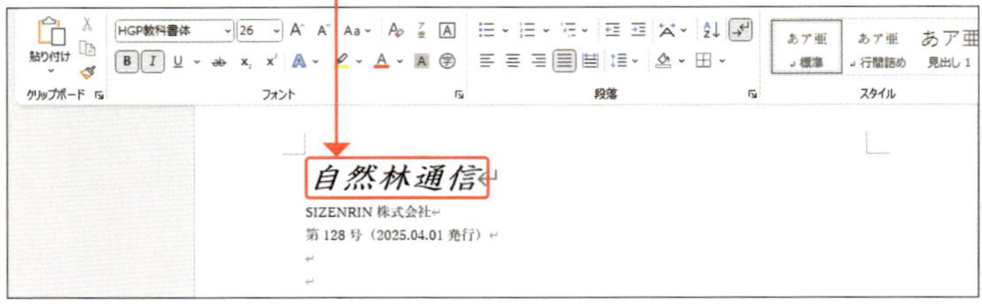

② 文字に下線を設定する

解説

下線の種類を選択する

下線の種類は、[ホーム]タブの[下線]  の ⌄ をクリックして表示される一覧から選択します。

補足

そのほかの下線を設定する

手順 3 のメニューから[その他の下線]をクリックすると、[フォント]ダイアログボックスが表示されます。[下線]をクリックすると、[下線]メニューにない種類を選択できます。

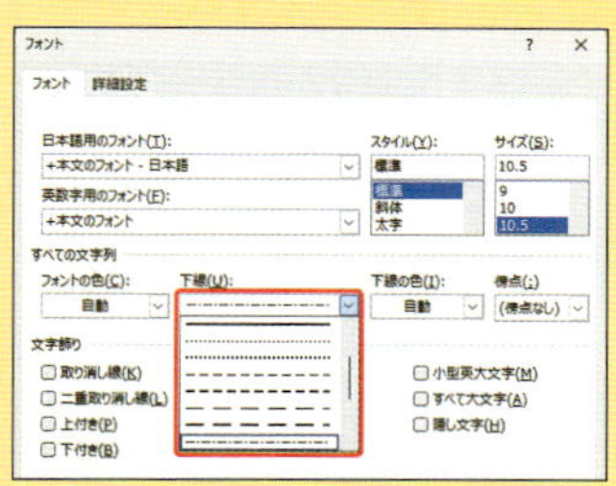

ヒント

下線の色

設定した下線に色を付けることができます。手順 3 のメニューで[下線の色]をクリックし、色パレットから選択します。色の付け方については、142ページを参照ください。

ショートカットキー

一重下線の設定／解除

Ctrl + U

1 文字列を選択します。

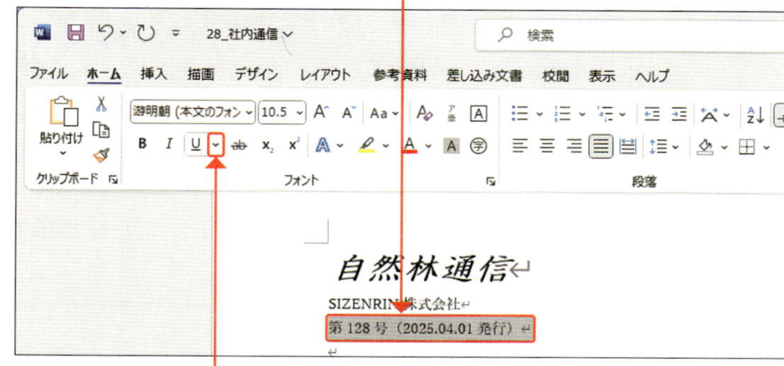

2 [ホーム]タブの[下線]のここをクリックして、

3 目的の下線(ここでは[一点鎖線の下線])をクリックすると、

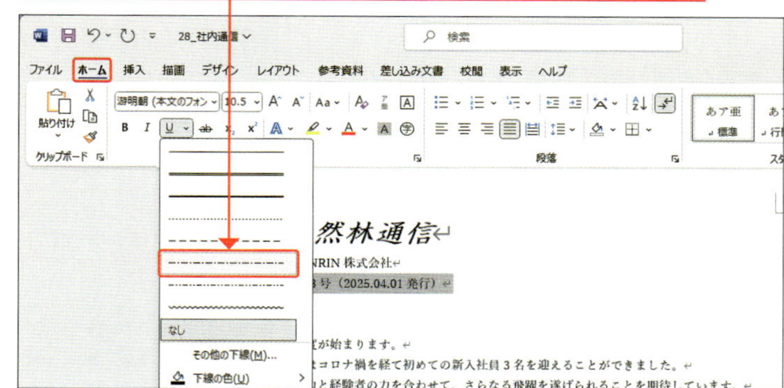

4 文字列に下線が引かれます。

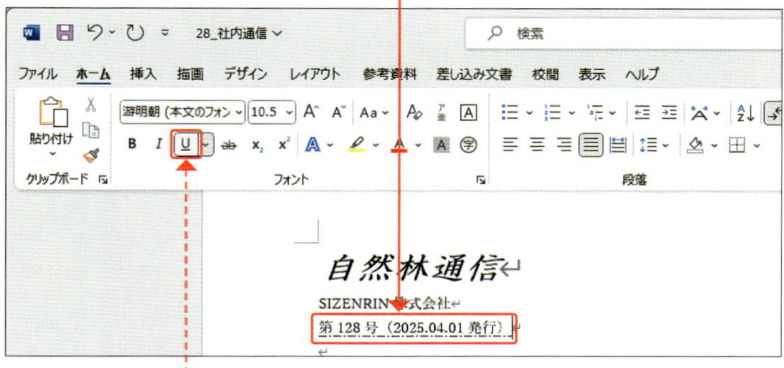

下線を解除するには、下線の引かれた文字列を選択して、[下線]をクリックします。

Section

29 文字に色や影を付けよう

ここで学ぶこと

・文字に色を付ける
・文字に影を付ける
・テーマの配色

文字に色を付けることで大切な部分を目立たせたり、分類したりすることができます。また、タイトルなどの文字に影を付けるなどの効果を設定することもできます。カラー印刷の企画書やチラシなどを作成するときに役立ちます。

練習▶29_社内通信

1 文字に色を付ける

解説

文字の色を変更する

文字の色は、初期設定で「黒（自動）」になっています。この色はあとから変更することができます。

補足

ミニツールバー

対象範囲を選択すると表示されるツールバーを「ミニツールバー」といいます。フォントやフォントサイズ、太字や斜体、フォントの色、文字の効果など、[ホーム]タブにある書式コマンドの一部が利用できます。簡易的なものなので、[下線]は[黒色の実線]のみで[ホーム]タブの[下線]のように種類を選ぶことはできません。

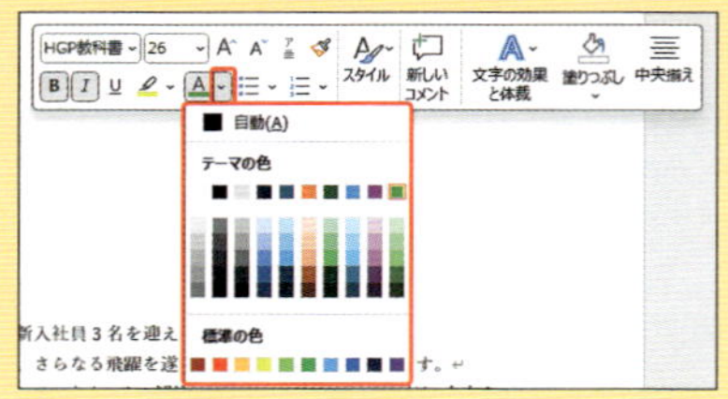

1 文字列を選択します。

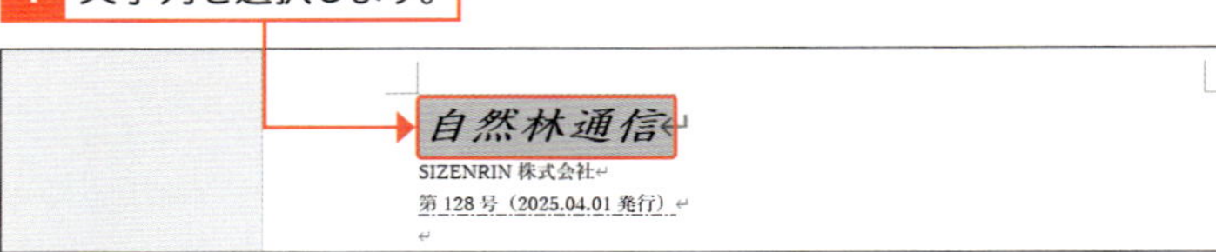

2 [ホーム]タブの[フォントの色]のここをクリックして、

3 色（ここでは[緑、アクセント6]）をクリックすると、

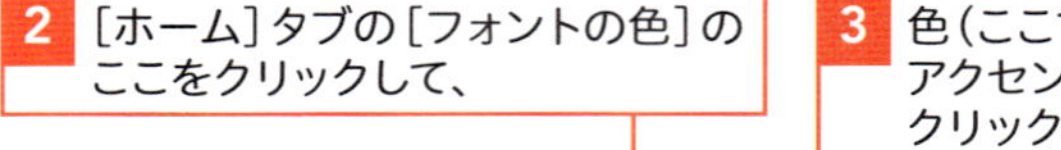

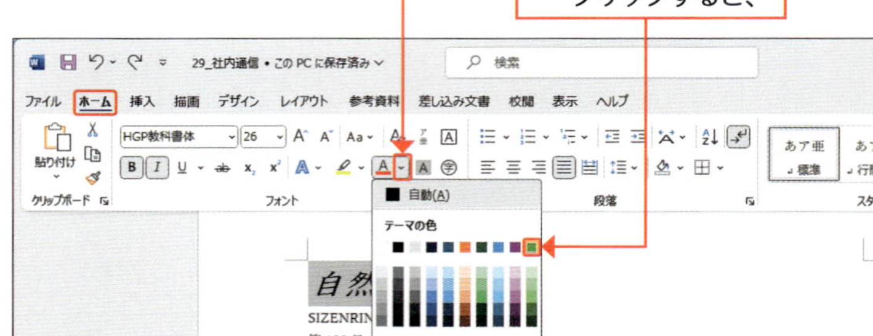

4 文字の色が変わります。

コマンドの色が変わります。

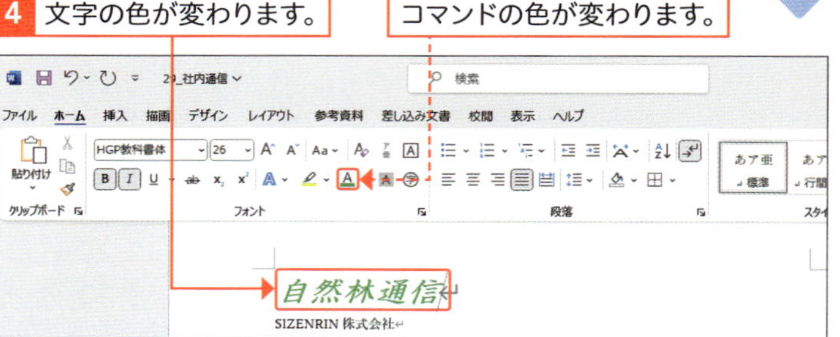

② ［その他の色］から文字に色を付ける

テーマの配色

Wordで使用する配色パターンを「テーマの色」と呼び、［デザイン］タブの［配色］をクリックして選択することができます。また、スタイル（152ページの「重要用語」参照）を変更した場合にテーマの色が変更されることがあります。テーマの配色の［Office］パターンは、［Office］（Office 2024およびMicrosoft 365）のほか、Office 2013以降とそれ以前の3つがあり、フォントの色などの色パレットに利用されます。そのほか、同色系などのパターンが用意されています。

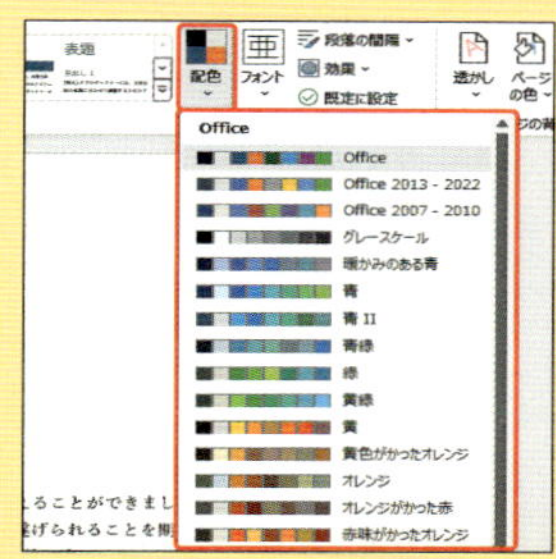

解説

グラデーションカラーを使用する

選択した文字列の色に、グラデーションの効果を設定することができます。文字列を選択して、［ホーム］タブの［フォントの色］の˅をクリックし、［グラデーション］から種類をクリックします。

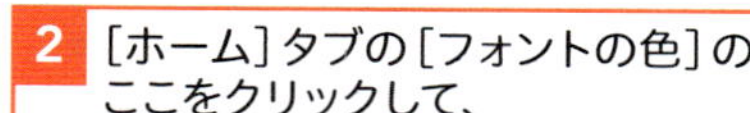

1 文字列を選択して、

2 ［ホーム］タブの［フォントの色］のここをクリックして、

3 ［その他の色］をクリックします。

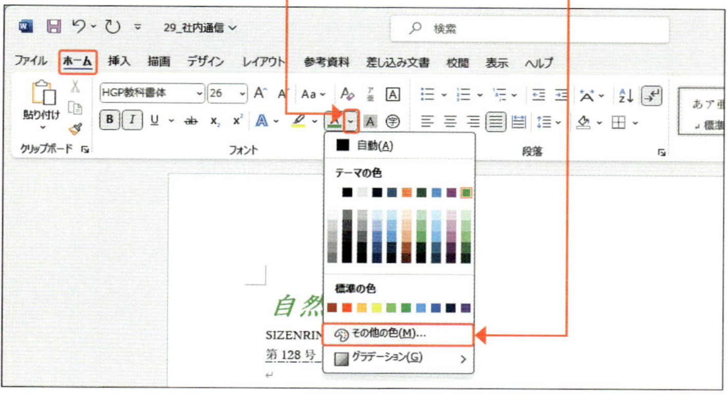

4 ［色の設定］ダイアログボックスが表示され、いずれかのタブを開きます。

5 目的の色をクリックします。

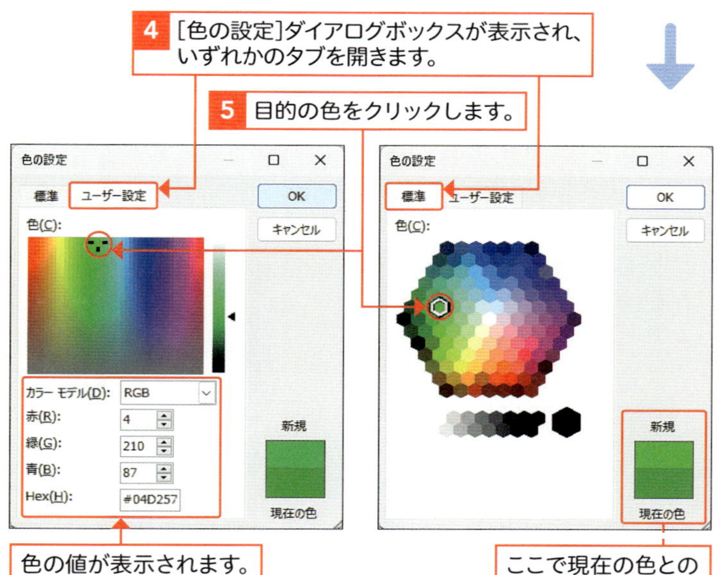

色の値が表示されます。

ここで現在の色との比較ができます。

6 ［OK］をクリックすると、

7 文字の色が変わります。

③ 文字の色をもとに戻す

標準の色

テーマの色に関係なく用意されている色で、[濃い赤]、[赤]、[オレンジ]、[黄色]、[薄い緑]、[緑]、[薄い青]、[青]、[濃い青]、[紫]の10色があります。

1 文字列を選択して、

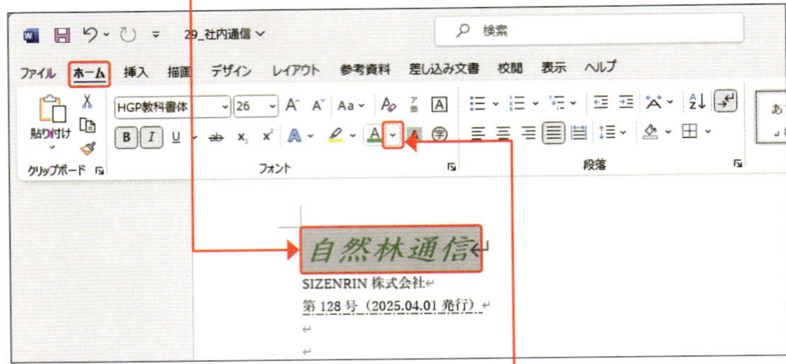

2 [ホーム]タブの「フォントの色」のここをクリックします。

補足

最近使用した色

[ホーム]タブの[フォントの色]の ⌄ をクリックすると、[最近使用した色]が表示されることがあります。これは、[色の設定]ダイアログボックスで選択したフォントの色が表示されるのもので、探す手間を省くことができます。

3 [自動]をクリックすると、

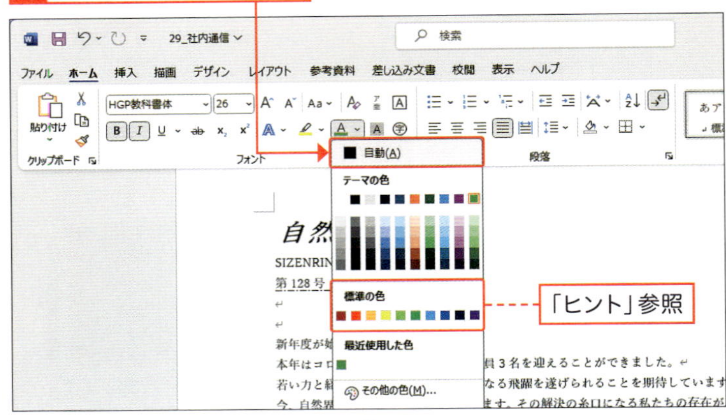

4 文字の色がもとの色に戻ります。

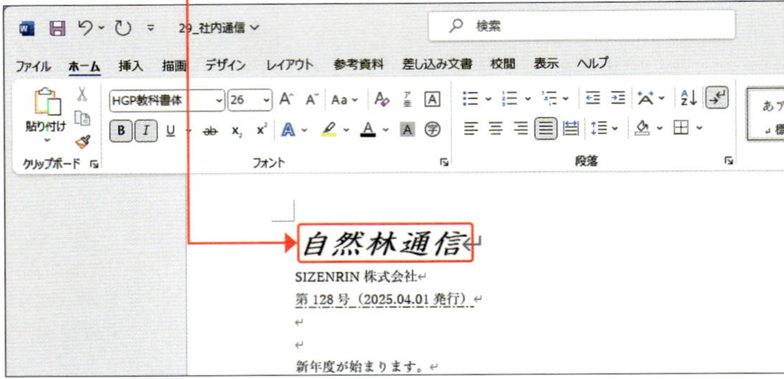

解説

[自動]で設定される文字の色

[フォントの色]で[自動]をクリックすると、標準の色(初期設定は[黒])に設定されます。一度黒以外の色に設定し、さらにほかの色に変更した場合に[自動]をクリックすると変更前の色に戻らず、標準の色の[黒]になるので注意が必要です。

4 文字に影を付ける

解説

文字の効果と体裁

文字列にさまざまな効果を設定するための機能で、文字の輪郭、影、反射、光彩のメニューから効果を選ぶことができます。

1 色を付けた文字列を選択します。

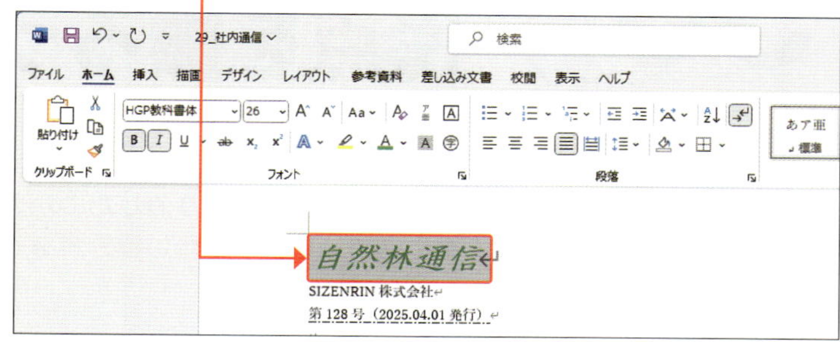

2 ［ホーム］タブの［文字の効果と体裁］をクリックして、

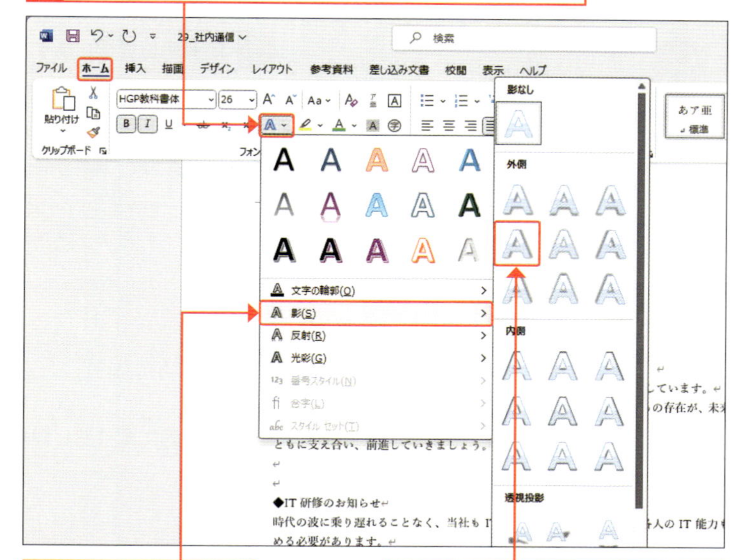

3 ［影］をクリックし、

4 影の種類（ここでは［外側］、［オフセット：右］）をクリックすると、

5 文字に影が付きます。

自然林通信

SIZENRIN 株式会社

第 128 号（2025.04.01 発行）

ヒント

文字の影を解除する

文字に設定した影の効果を解除するには、手順 4 で［影なし］をクリックします。

Section 30

文字に取り消し線を付けよう／傍点を振ろう

ここで学ぶこと

- 取り消し線
- 傍点
- 二重取り消し線

文書中の文字を**打ち消す（取り消す）**ために使われるのが**取り消し線**です。**もとの文字列が残る**ので、何を取り消したのかをわかるようにしたいときに使います。また、文書中に**とくに強調したい部分**があるときは、文字に**傍点**を振ります。

練習▶30_社内通信

1 文字に取り消し線を付ける

重要用語

取り消し線

取り消し線または打ち消し線は、文字の中央に横線（横書きの場合）または縦線（縦書きの場合）が引かれるもので、主に記述を取り消す（もしくは削除する）目的で使われます。文中から完全に削除するのではなく、削除したことをわかりやすく伝えたい場合に使われます。

ヒント

二重取り消し線を引く

［フォント］ダイアログボックス（147ページ参照）でも取り消し線を設定できます。よりはっきりと取り消したことがわかるようにするには、二重取り消し線を使います。［フォント］タブにある［二重取り消し線］をクリックしてオンにし、［OK］をクリックします。

1 文字列を選択します。

2 ［ホーム］タブの［取り消し線］をクリックすると、

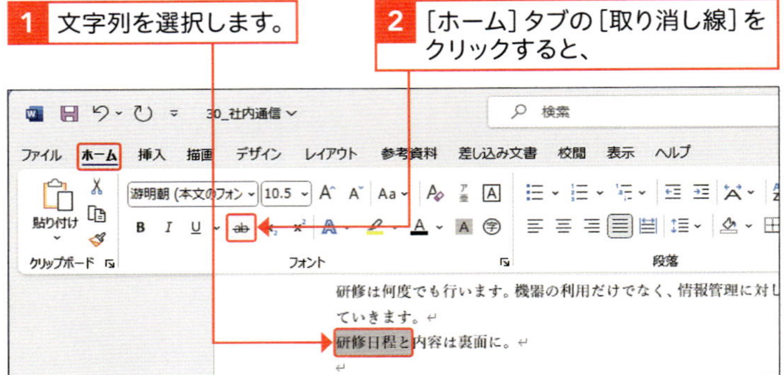

3 文字列に取り消し線が引かれます。

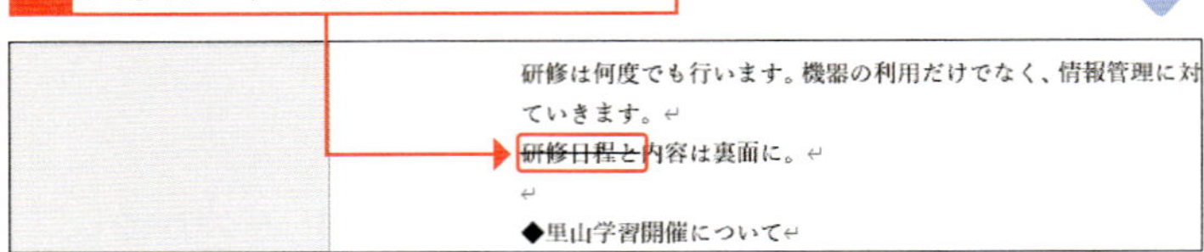

4 設定した文字列を選択して、

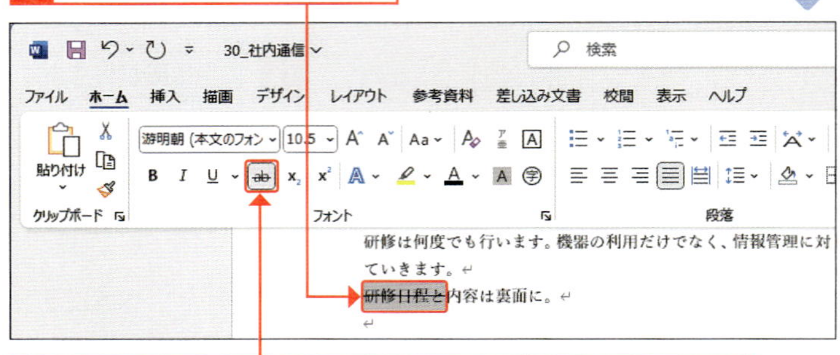

5 ［取り消し線］をクリックすると、取り消し線が解除されます。

② 文字に傍点を振る

重要用語

傍点(ぼうてん)

傍点とは、文章中で強調したい部分や注意をうながしたい部分を示すために、文字のそば(横書きでは上、縦書きでは横)に打つ点のことです。Wordでは、「・」または「、」のいずれかを選んで(手順5参照)表示することができます。

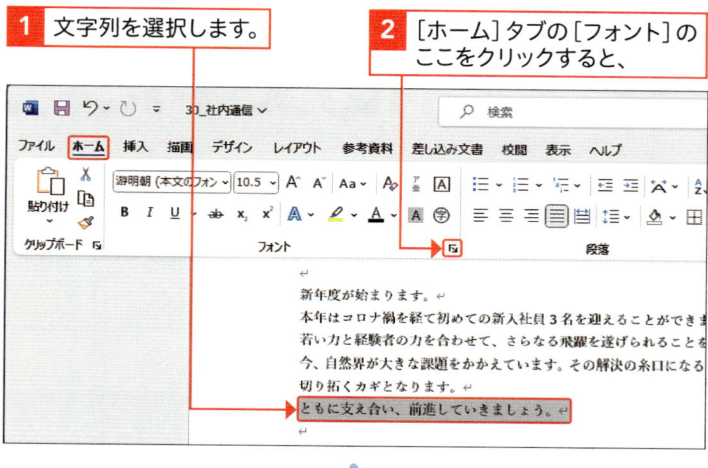

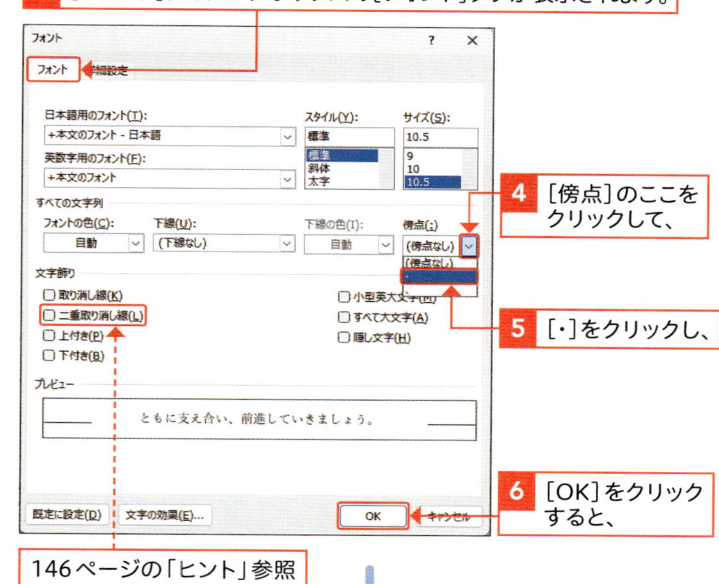

146ページの「ヒント」参照

7 傍点が振られます。

新年度が始まります。
本年はコロナ禍を経て初めての新入社員3名を迎えることができました
若い力と経験者の力を合わせて、さらなる飛躍を遂げられることを期待
今、自然界が大きな課題をかかえています。その解決の糸口になる私たち
切り拓くカギとなります。
ともに支え合い、前進していきましょう。

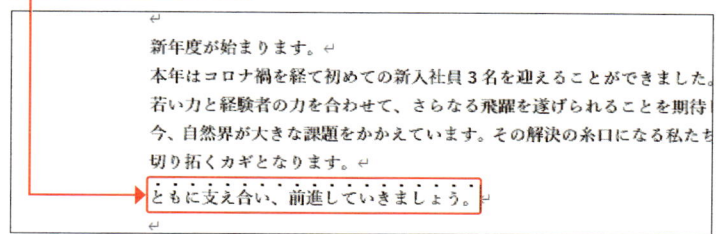

補足

傍点を解除する

文字に設定した傍点を解除するには、右の手順で[フォント]ダイアログボックスを表示して、手順5で[(傍点なし)]をクリックします。

Section 31

書式をコピーして別の文字に利用しよう

ここで学ぶこと
- 書式のコピー
- 書式の貼り付け
- 書式を連続して貼り付ける

複数の文字列や段落に同じ書式を繰り返し設定したい場合、**書式のコピー／貼り付け**機能を利用します。すでに文字列や段落に設定されている**書式を別の文字列や段落にコピー**することができるので、同じ書式設定を繰り返し行う手間が省けます。

練習▶31_社内通信

1 設定した書式をほかの文字列に設定する

解説

書式のコピー／貼り付け

「書式のコピー／貼り付け」機能では、文字列に設定されている書式だけをコピーして、別の文字列に設定することができます。その際、文字そのものはコピーされません。書式をほかの文字列や段落にコピーするには、書式をコピーしたい文字列や段落を選択して、[書式のコピー／貼り付け]をクリックし、目的の文字列や段落上をドラッグします。

1 書式をコピーしたい文字列を選択します。

2 [ホーム]タブの[書式のコピー／貼り付け]をクリックします。

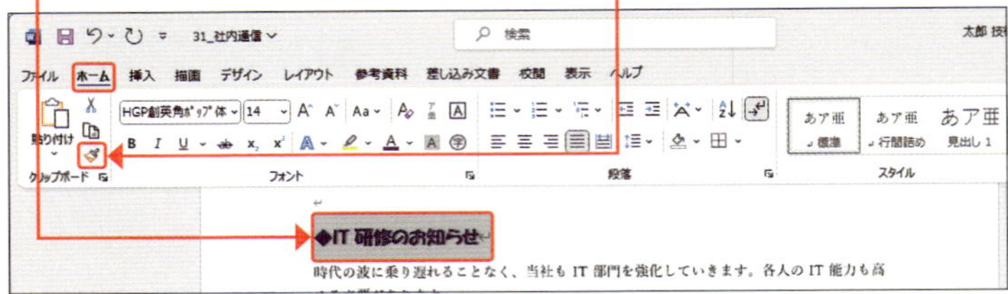

3 マウスポインターの形が に変わった状態で、

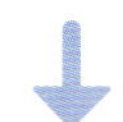

4 書式を設定したい範囲をドラッグして選択すると、

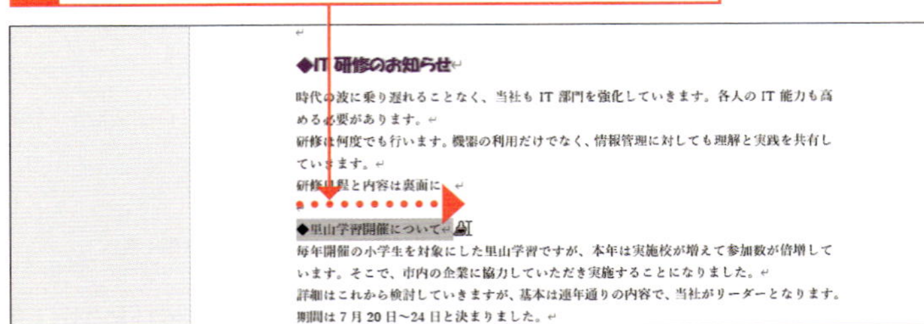

5 書式がコピーされます。

◆IT 研修のお知らせ

時代の波に乗り遅れることなく、当社も IT 部門を強化していきます。各人の IT 能力も高める必要があります。
研修は何度でも行います。機器の利用だけでなく、情報管理に対しても理解と実践を共有していきます。
研修日程と内容は裏面に。

◆里山学習開催について

毎年開催の小学生を対象にした里山学習ですが、本年は実施校が増えて参加数が倍増しています。そこで、市内の企業に協力していただき実施することになりました。

ショートカットキー

書式のコピーと貼り付け

- **書式のコピー**
  Ctrl + Alt + C
- **書式の貼り付け**
  Ctrl + Alt + V

② 書式を連続してほかの文字列に設定する

書式を連続して貼り付ける

[書式のコピー／貼り付け]をクリックすると、書式の貼り付けを一度だけ行えます。複数の箇所に連続して貼り付けたい場合は、[書式のコピー／貼り付け]をダブルクリックします。

書式を繰り返し利用する別の方法

同じ書式を何度も繰り返し利用する方法としては、書式のコピーのほかに、書式を「スタイル」に登録して利用する方法もあります（154ページ参照）。

書式のコピーを終了する

書式のコピーを終了するには、Esc を押すか、[ホーム]タブの有効になっている[書式のコピー／貼り付け]をクリックします。

1 書式をコピーしたい文字列を選択します。

2 [ホーム]タブの[書式のコピー／貼り付け]をダブルクリックします。

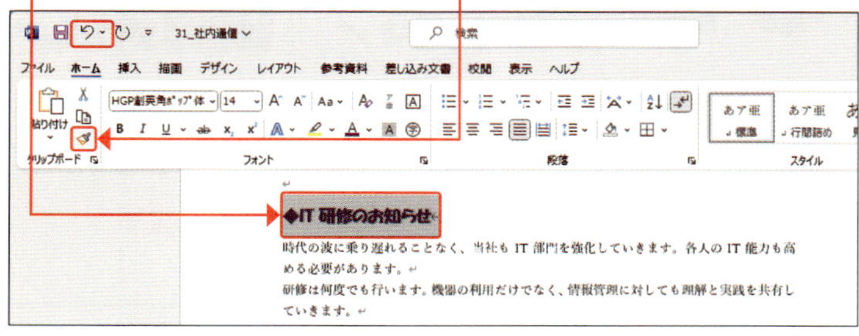

3 マウスポインターの形が に変わった状態でドラッグして選択すると、書式がコピーされます。

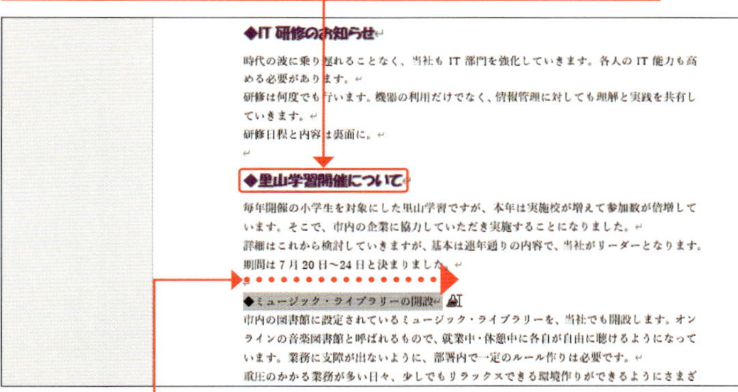

4 マウスポインターの形が の状態のまま、続けて文字列をドラッグします。

5 書式を連続してコピーできます。

この状態で何度も書式をコピーできます。

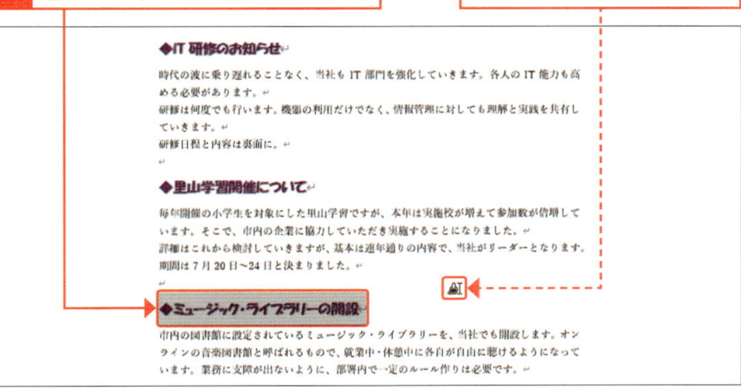

6 Esc を押して、書式のコピーを終了します。

Section
32 書式を条件に検索／置換しよう

ここで学ぶこと
- 書式の検索
- 書式の置換
- 特殊文字の検索

同じ文字列を繰り返し入力したり、入力した文字列を別の場所に移動したりするには、コピーや切り取り、貼り付け機能を利用すると便利です。コピーされた文字列はクリップボードに格納されます。

練習▶32_社内通信

1 検索対象を書式で指定する

解説

検索／置換の対象

Section 26では文字列を対象とした検索／置換を解説していますが、それぞれの対象に書式を指定することができます。たとえば、似たフォントを設定してどの文字かわかりにくい場合に、フォントで探したり、ほかのフォントに置換したりというような使い方ができます。

ヒント

[検索と置換]ダイアログボックスの表示

[検索と置換]ダイアログボックスを表示するには、[ホーム]タブの[検索]の ⌄ をクリックして[高度な検索]、[ホーム]タブの[置換]をクリックします。[ナビゲーション]作業ウィンドウからも表示できます（129ページの「ヒント」参照）。

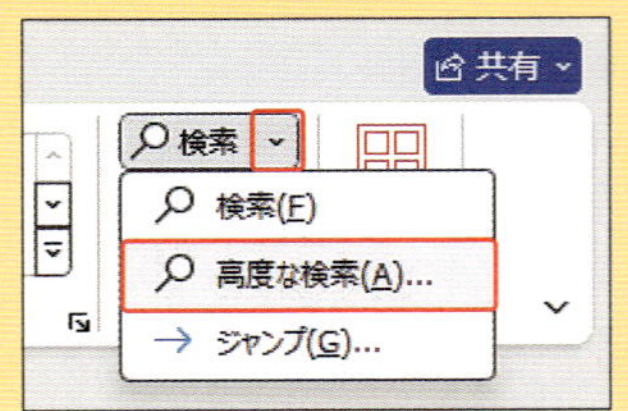

1 [検索と置換]ダイアログボックスを表示して（「ヒント」参照）、

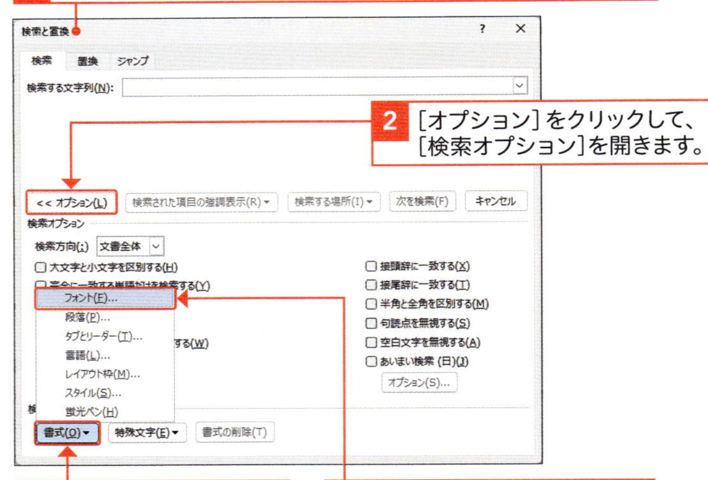

2 [オプション]をクリックして、[検索オプション]を開きます。

3 [書式]をクリックして、

4 [フォント]をクリックします。

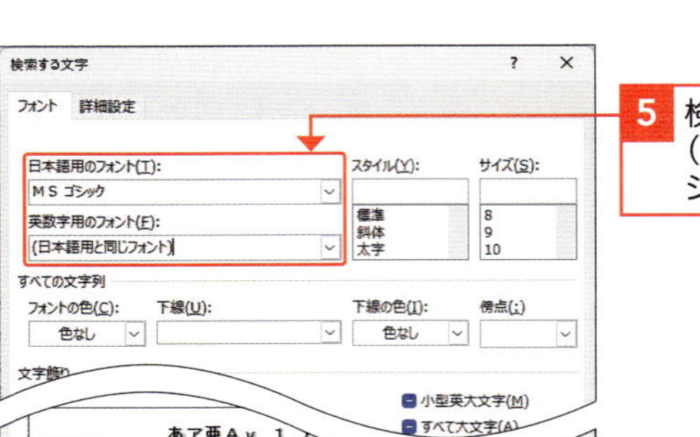

5 検索したいフォント（ここでは[MSゴシック]）を指定し、

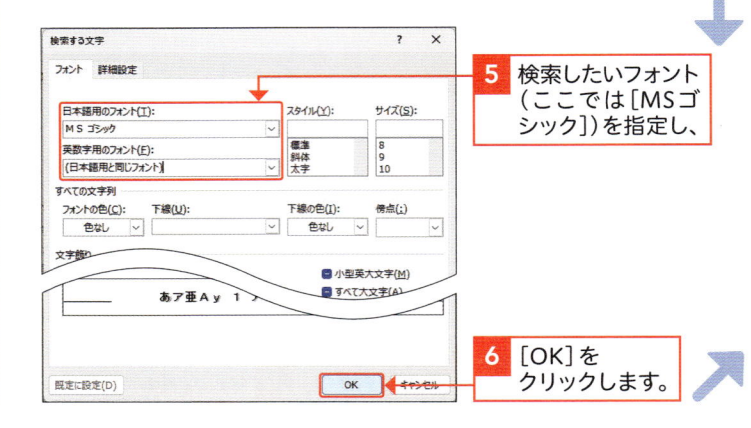

6 [OK]をクリックします。

特殊文字を検索／置換する

[検索と置換]ダイアログボックスのオプションに「特殊文字」があります。これは、段落やタブ、改行、空白などの記号を特殊な文字に割り当て、検索／置換できるようにしています。例えば、段落記号をすべて削除したいとき、半角の空白を全角にしたいときなどに利用できます。

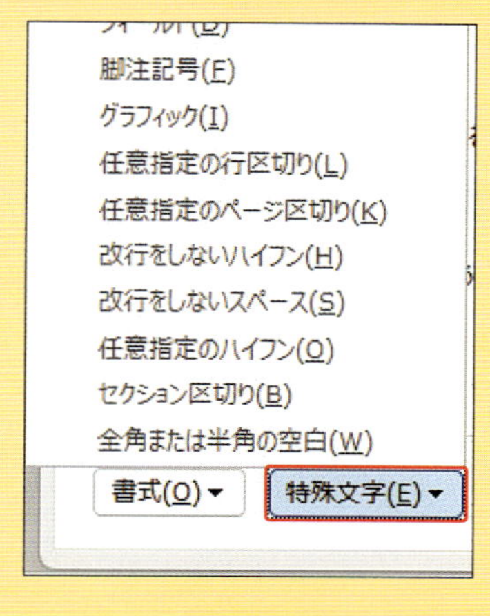

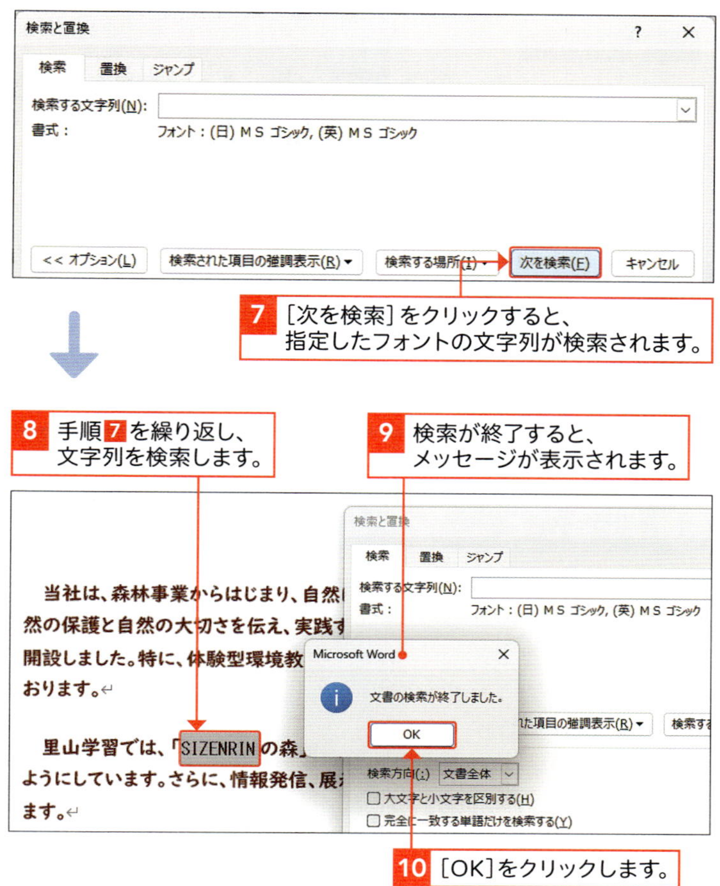

応用技

書式の付いた文字に置換する

書式で検索した文字列をほかの書式に置換したり、蛍光ペンを追加したりできます。設定する書式は、事前に指定しておく必要があります。たとえば蛍光ペンの色は、[ホーム]タブの[蛍光ペン]で指定しておきます。

[検索と置換]ダイアログボックスの[置換後の文字列]で、[書式]から書式(ここでは[蛍光ペン])をクリックします。指定した書式の文字列に蛍光ペンが引かれます。

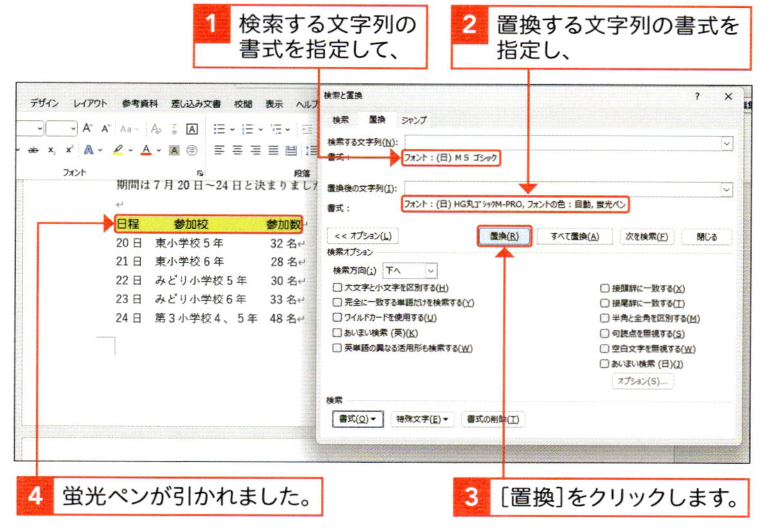

Section

33 用意されているスタイルを利用しよう

ここで学ぶこと

・スタイル
・スタイルギャラリー
・書式設定

スタイルギャラリーに登録されているスタイルを利用すると、文書の見出しなどをかんたんに**書式設定**することができます。スタイルは段落ごとに設定する方法と、**範囲を選択して設定**する方法があります。

練習▶33_社内通信

1 段落ごとにスタイルギャラリーの書式を設定する

重要用語

スタイル

「スタイル」とは、Wordに用意されている書式設定で、タイトルや見出しなどの文字や段落の書式を個別に設定できる機能です。見出しを選択して、スタイルを指定すると、その書式設定が適用されます。同じレベルのほかの見出しにも、同じスタイルを設定できるので便利です。

補足

[スタイル]の▽が見当たらない場合

Wordのウィンドウサイズによってコマンドの表示が異なります。ウィンドウサイズを小さくしている、または横幅が狭くなっている場合は、スタイルギャラリーは[スタイル]としてまとめられています。

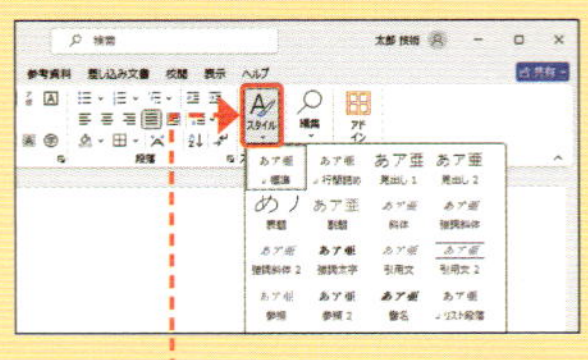

[スタイル]をクリックします。

1 スタイルを設定したい段落にカーソルを移動します。

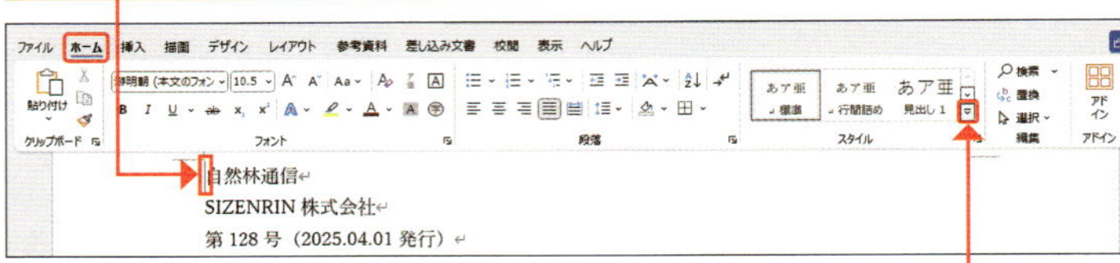

2 [ホーム]タブの[スタイル]のここをクリックして(「補足」参照)、

3 一覧から目的のスタイル(ここでは[表題])をクリックすると、

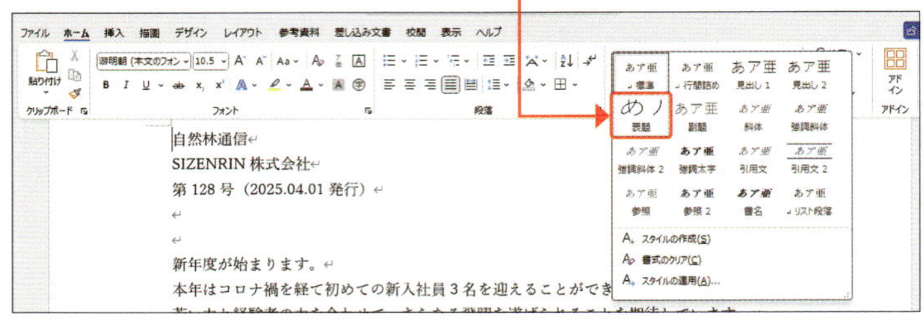

4 段落にスタイルが設定されます。

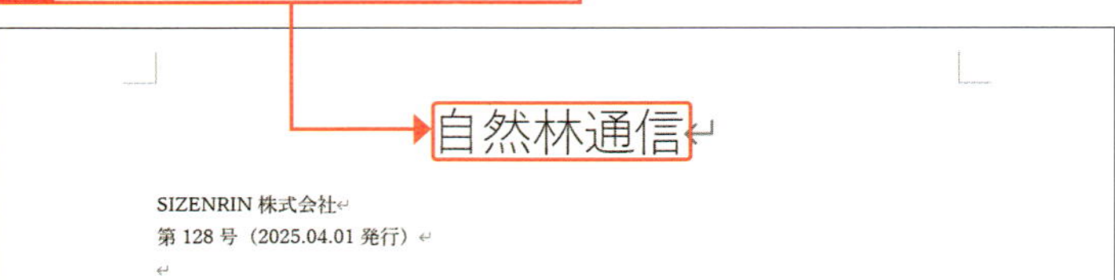

② 範囲を指定してスタイルギャラリーの書式を設定する

重要用語

スタイルギャラリー

スタイルギャラリーには、標準で16種類のスタイルが用意されています。スタイルにマウスポインターを合わせるだけで、設定された状態をリアルタイムプレビューで確認できます。また、スタイルから［表題］や［見出し］などを設定すると、Wordのナビゲーション機能での「見出し」として認識されます（303ページ参照）。
［ホーム］タブの［スタイル］グループの ⧅ をクリックすると、［スタイル］作業ウィンドウが表示されるので、ここで設定することもできます。

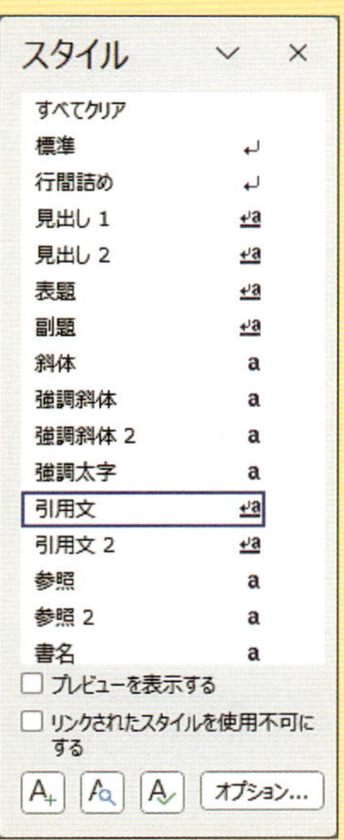

スタイルを解除する

設定したスタイルを解除するには、手順 3 で［書式のクリア］をクリックします。

1 スタイルを設定したい範囲を選択します。

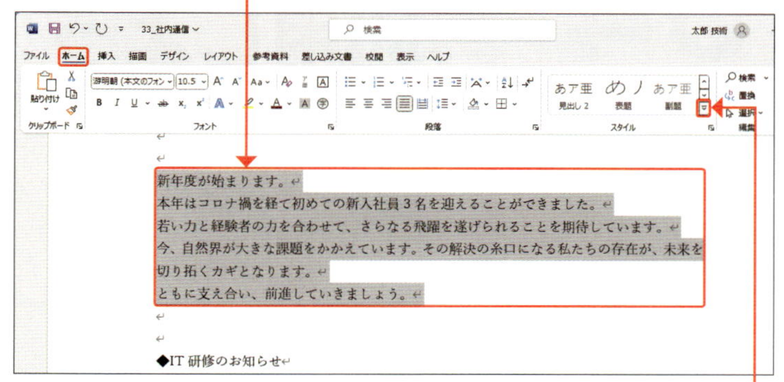

2 ［ホーム］タブ［スタイル］のここをクリックして、

3 一覧からスタイル（ここでは［引用文］）をクリックすると、

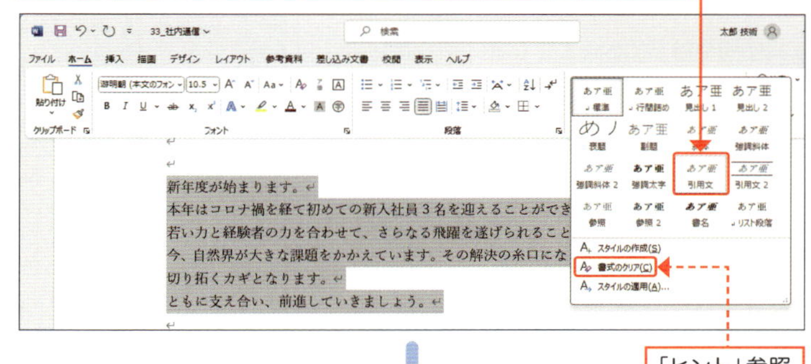

「ヒント」参照

4 選択範囲にスタイルが設定されます。

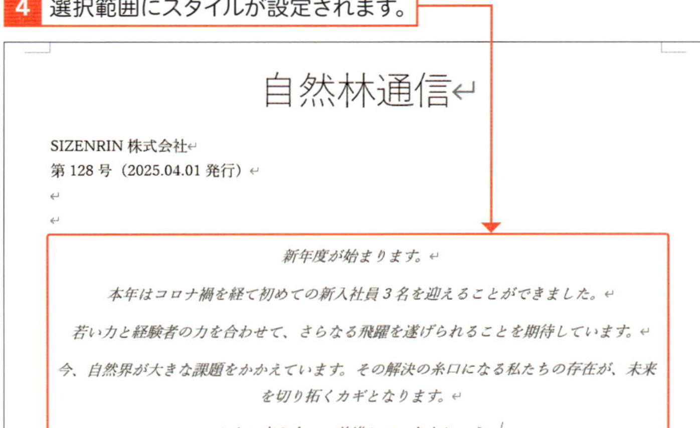

Section 34

スタイルを作成して再利用しよう

ここで学ぶこと

・スタイルの設定
・スタイルの適用
・スタイルの変更

文書内で設定した書式は、オリジナルのスタイルとして保存することができ、いつでも再利用することができます。また、登録したスタイルの内容を変更すると、文書内で同じ書式が設定されている箇所をまとめて変更することができます。

練習▶34_社内通信

1 オリジナルの書式を設定して保存する

解説

スタイルを登録する

文字列や段落にさまざまな書式を設定したあと、ほかの箇所へも同じ書式を設定したいときは、書式をコピーする（148ページ参照）方法のほかに、右の操作のように書式をスタイルに登録する方法もあります。

1 登録したい書式が設定されている段落に、カーソルを移動します。

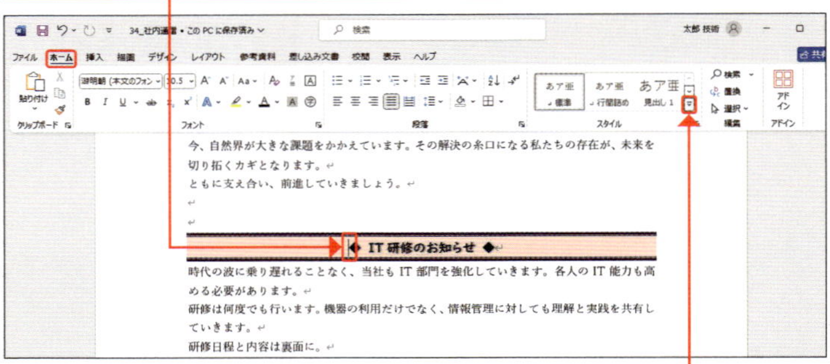

2 ［ホーム］タブの［スタイル］のここをクリックして（152ページの「補足」参照）、

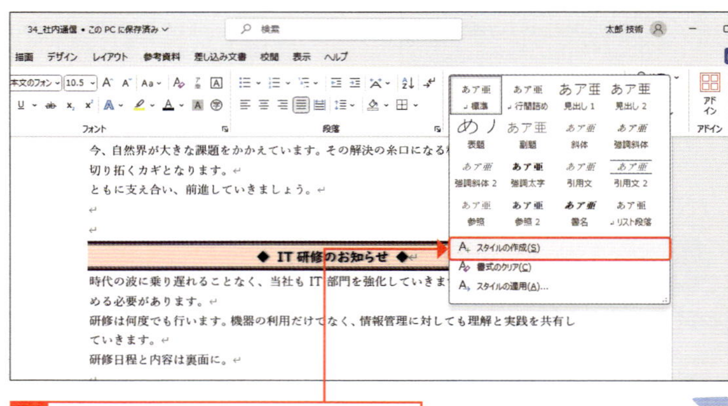

3 ［スタイルの作成］をクリックします。

新しいスタイルの名前

手順5で名前を変更する場合、わかりやすい名前にするとよいでしょう。長すぎると表示されなくなるので、4文字程度にしておきます。

4 [書式から新しいスタイルを作成]ダイアログボックスが表示されます。

5 スタイルに付ける名前を入力して、

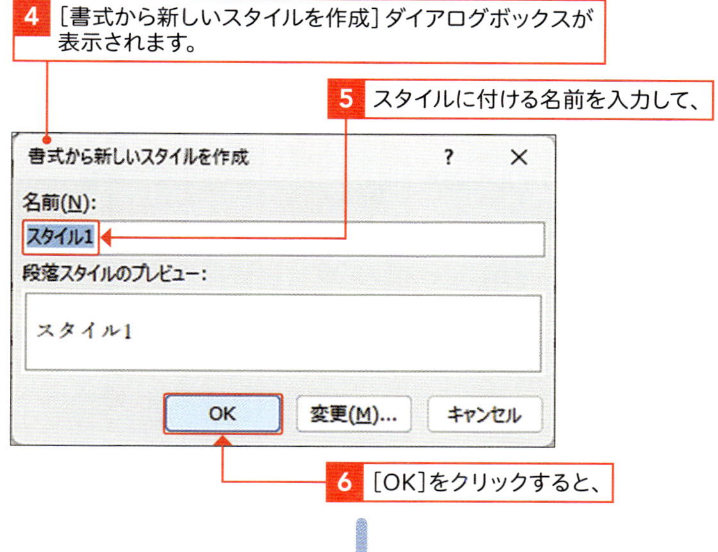

6 [OK]をクリックすると、

7 設定した書式がスタイルギャラリーに保存されます。

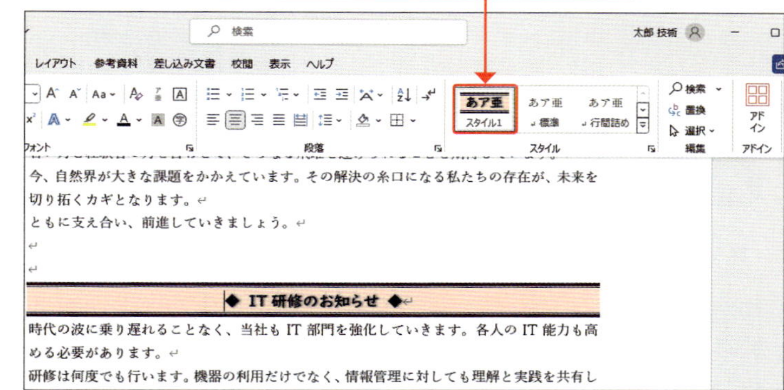

スタイルの設定内容を確認する

作成したスタイルの設定内容を確認するには、[スタイル]作業ウィンドウを表示して(153ページの「重要用語」参照)、確認したいスタイルにマウスポインターを合わせます。

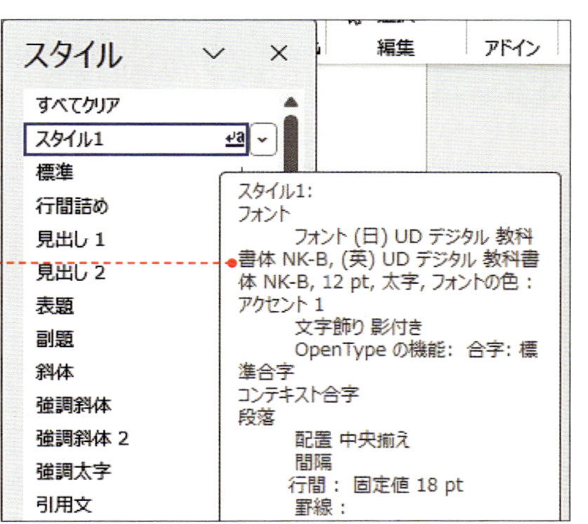

設定内容が表示されます。

② 設定したスタイルをほかの段落に適用する

解説

作成したスタイルを適用する

登録したスタイルは、段落または適用する範囲を選択し、登録したオリジナルのスタイルをクリックすることで適用できます。

1 スタイルを設定したい段落にカーソルを移動します。

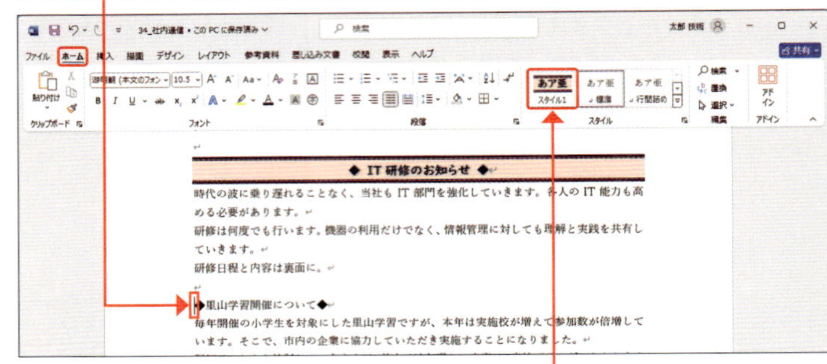

2 登録したスタイルをクリックすると、

3 段落に同じスタイルが設定されます。

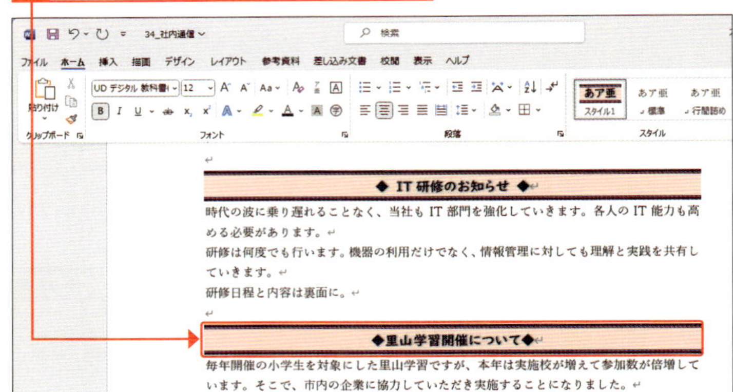

補足

スタイルギャラリーに見当たらない場合

表示されているギャラリー内にスタイルがない場合は、をクリックして一覧を表示します（154ページ参照）。

ヒント 保存したスタイルを削除する

登録されているスタイルを削除するには、[スタイル]作業ウィンドウを表示して（153ページの「重要用語」参照）、スタイル名にマウスポインターを合わせてをクリックし、[（スタイル名）の削除]をクリックします。

なお、[スタイルギャラリーから削除]をクリックすると、一覧から削除されますが、スタイルの設定そのものは削除されません。

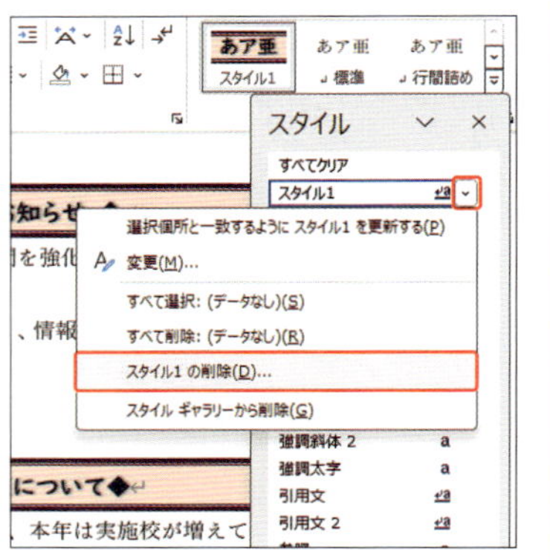

③ 設定したスタイルの内容を変更する

解説
スタイルの設定を変更する

文書に適用したスタイルの設定を変更するには、スタイルギャラリーから変更したいスタイルを右クリックして、表示されたメニューから[変更]をクリックします。[スタイルの変更]ダイアログボックスが表示されるので変更したい書式を選択し、設定を変更します。ここではフォントと色の種類を変更します。

応用技
段落罫線を変更する

サンプルのスタイルには、段落罫線が設定されています。この段落罫線を変更するには、[スタイルの変更]ダイアログボックスで[書式]→[段落と網かけ]をクリックして、表示されるダイアログボックスで変更します。

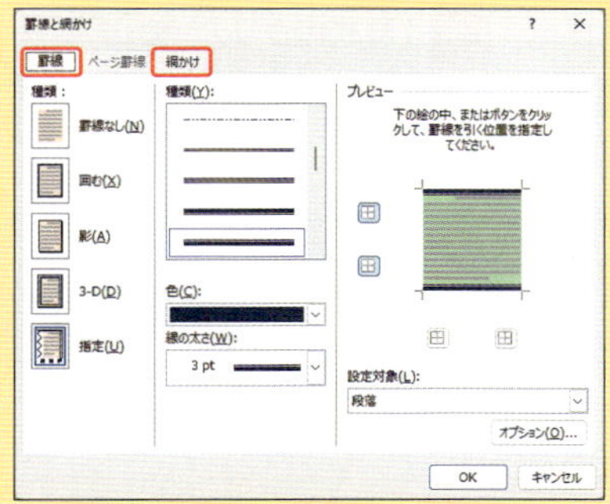

補足
変更したスタイルは自動で反映される

スタイルの設定内容を変更すると、スタイルが設定されている部分は自動的に新しいスタイルに変更されます。

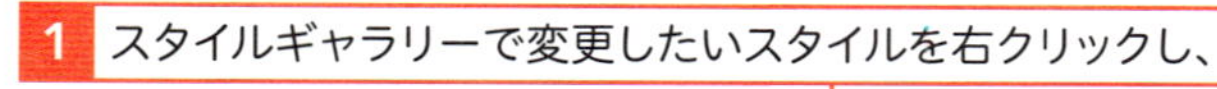

1 スタイルギャラリーで変更したいスタイルを右クリックし、

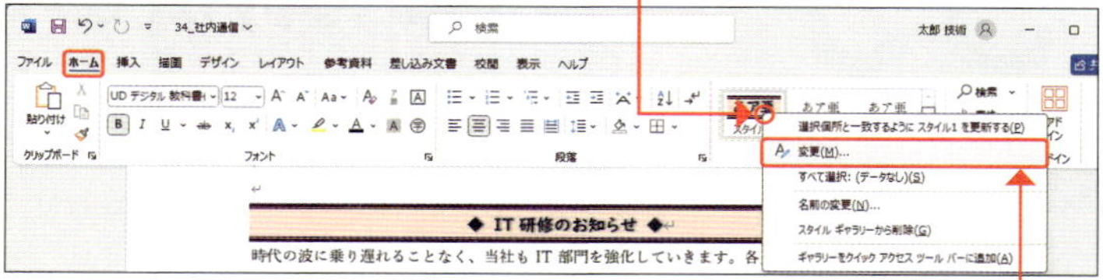

2 [変更]をクリックします。

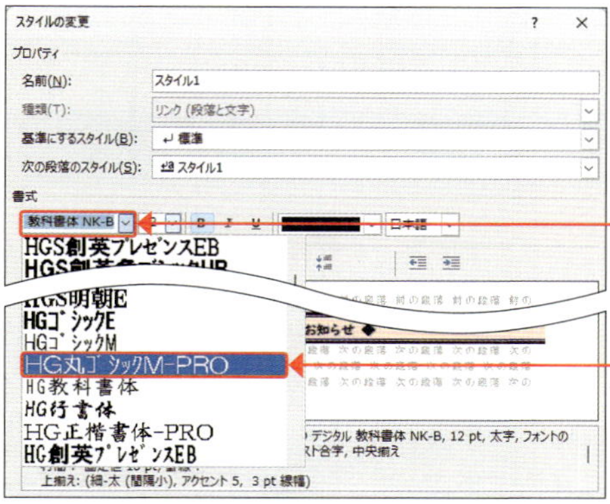

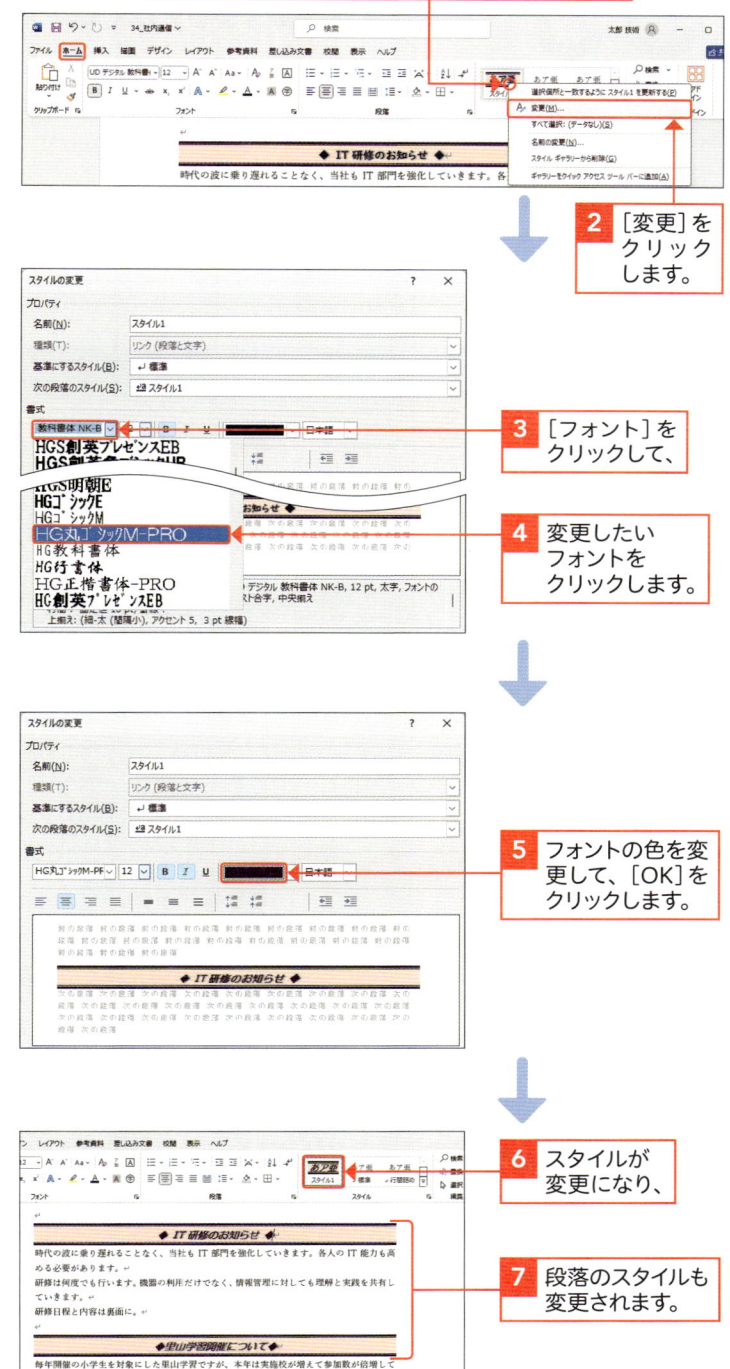

3 [フォント]をクリックして、

4 変更したいフォントをクリックします。

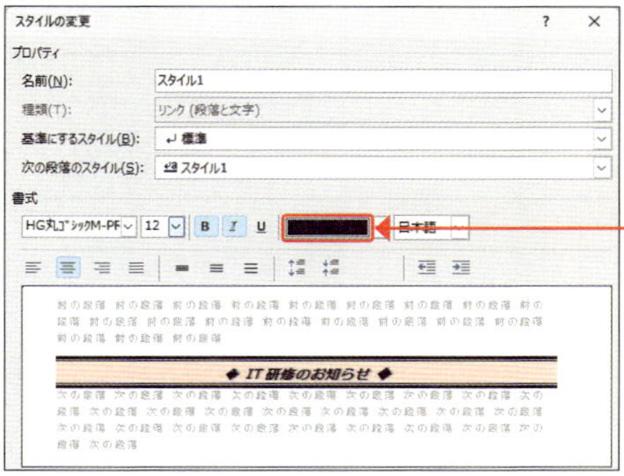

5 フォントの色を変更して、[OK]をクリックします。

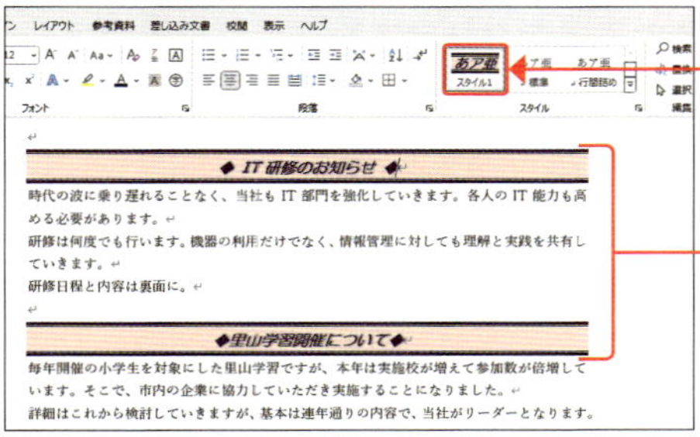

6 スタイルが変更になり、

7 段落のスタイルも変更されます。

Section
35 書式を解除しよう

ここで学ぶこと
- 書式の解除
- 書式のクリア
- すべての書式をクリア

文書に設定したさまざまな書式を解除するには、**設定した書式を削除**します。段落に設定したスタイルを解除したい場合、段落を選択して**書式のクリア**を、設定をすべて解除したい場合は、**すべての書式をクリア**にします。

練習▶35_社内通信

1 書式をクリアする

書式のクリア

フォントのサイズや色の設定、フォントの装飾などをすべて解除し、標準の設定に戻します。編集を繰り返して書式設定が統一されていない文章を整理するときは、一度書式をクリアして、あらためて書式を設定したほうが効率的なこともあります。

1 書式をクリアしたい段落にカーソルを移動します。

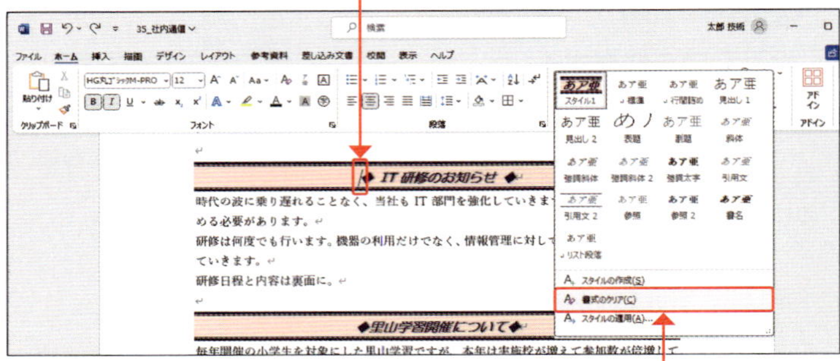

2 [ホーム]タブの[スタイル]の ▽ をクリックして、

3 [書式のクリア]をクリックすると、

4 書式がクリアされます。

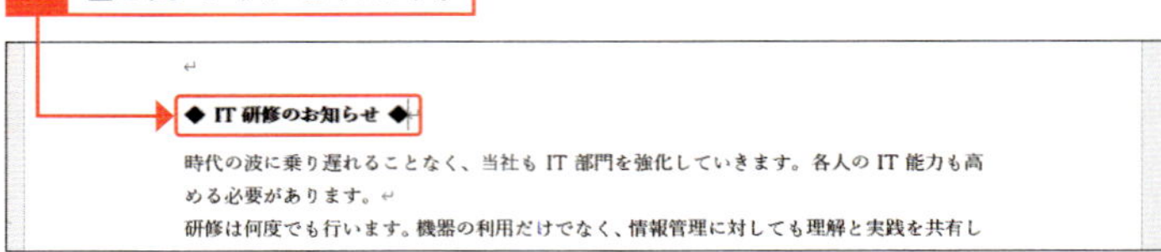

応用技 すべての書式をクリアする

文書にさまざまな書式を設定した場合、もとの状態にもどす(書式をすべて解除する)には、文書全体を選択して、[ホーム]タブの[すべての書式をクリア]をクリックします。
なお、文書全体を選択するには、ショートカットキーの Ctrl + A を利用します。

1 文書全体を選択して、

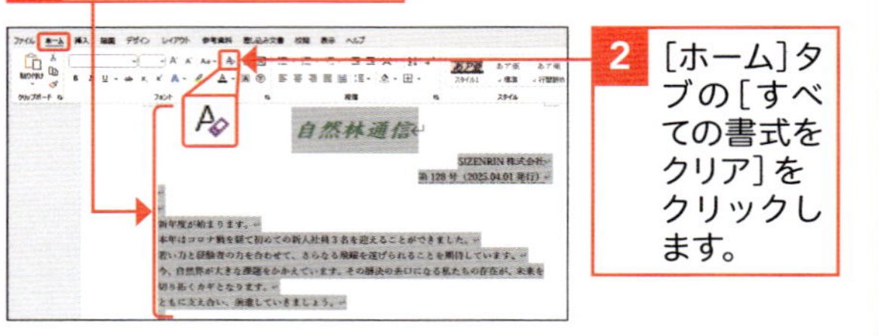

2 [ホーム]タブの[すべての書式をクリア]をクリックします。

第 6 章

文字を配置しよう

この章で学ぶこと

文字配置の基本を理解しよう

段落の文字配置

文字を入力して Enter を押すと ↵ が表示され、次の行にカーソルが移動します。この文字を入力し始めた位置から、↵ の位置までを「段落」といいます。タイトルや見出しなどは1行ですが、厳密には1段落となります。Wordでは、この段落に対して文字の配置として「左揃え」「中央揃え」「右揃え」「両端揃え」「均等割り付け」の5種類が用意されており、初期設定は「両端揃え」です。

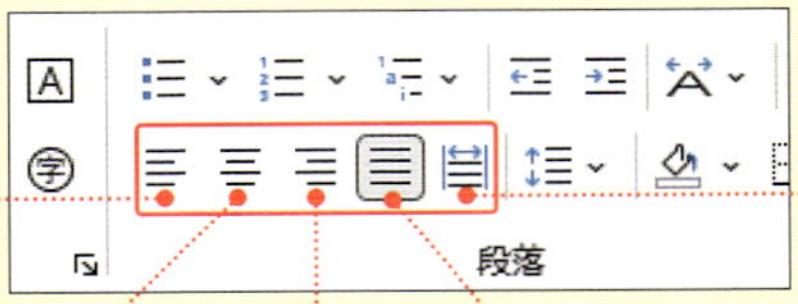

左揃え
均等割り付け
段落
中央揃え
右揃え
両端揃え

左端
右端

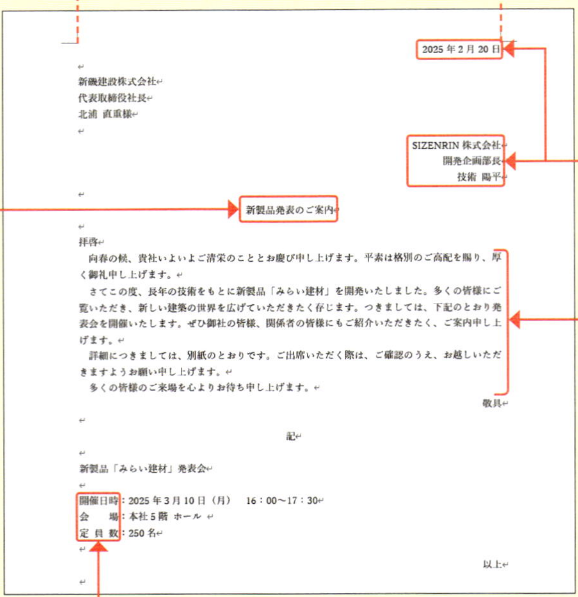

2025年2月20日

新磯建設株式会社
代表取締役社長
北浦 直重様

SIZENRIN株式会社
開発企画部長
技術 陽平

新製品発表のご案内

拝啓
向春の候、貴社いよいよご清栄のこととお慶び申し上げます。平素は格別のご高配を賜り、厚く御礼申し上げます。
さてこの度、長年の技術をもとに新製品「みらい建材」を開発いたしました。多くの皆様にご覧いただき、新しい建築の世界を広げていただきたく存じます。つきましては、下記のとおり発表会を開催いたします。ぜひ御社の皆様、関係者の皆様にもご紹介いただきたく、ご案内申し上げます。
詳細につきましては、別紙のとおりです。ご出席いただく際は、ご確認のうえ、お越しいただきますようお願い申し上げます。
多くの皆様のご来場を心よりお待ち申し上げます。
敬具

記

新製品「みらい建材」発表会

開催日時：2025年3月10日（月） 16：00～17：30
会　　場：本社5階 ホール
定 員 数：250名

以上

右揃え（≡）
段落を右端に合わせて配置します。右揃えは文書作成日、作成者名などを配置する際に使用します。

中央揃え（≡）
段落を領域の中央に配置します。中央揃えは主に文書のタイトルや、記書き、見出しなどに使用します。

両端揃え（≡）
領域内に入力されている文章を均等に配置するので、両端がきれいに揃った文書になります。

左揃え（≡）
段落の先頭を左端に合わせて配置します。「両端揃え」よりも文字が揃いますが、複数行の場合に行末が揃わなくなるため、通常は使いません。

均等割り付け（☰）
文字数が異なる見出し項目などは、文字の間をスペースで調整するのではなく、指定する文字数に合わせて均等に配置します。

6 文字を配置しよう

インデント

「インデント」とは字下げのことで、文章を入力する領域の左端や右端の位置を下げる機能のことです。字下げには、「スペース」を入れるのではなく、インデントを利用します。
インデントを設定するには、ルーラー上の「インデントマーカー」をドラッグします。インデントマーカーには、「1行目だけを下げるもの（1行目のインデント）」「2行目以降を下げるもの（ぶら下げインデント）」「段落単位で字下げするもの（左インデント）」と「段落の右端を下げるもの（右インデント）」があります。

●1行目のインデント

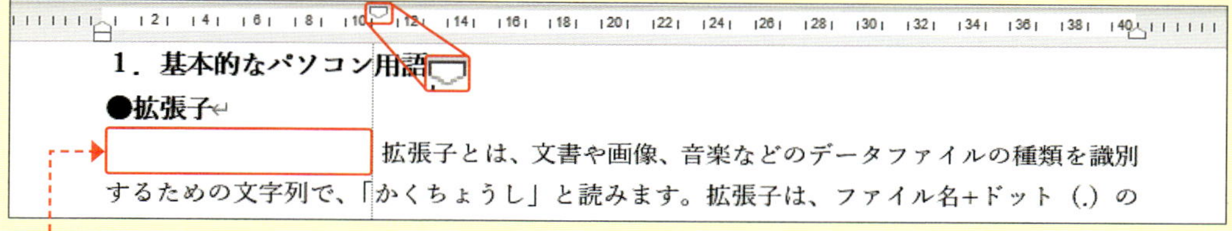

段落の先頭文字の字下げができます。

●ぶら下げインデント

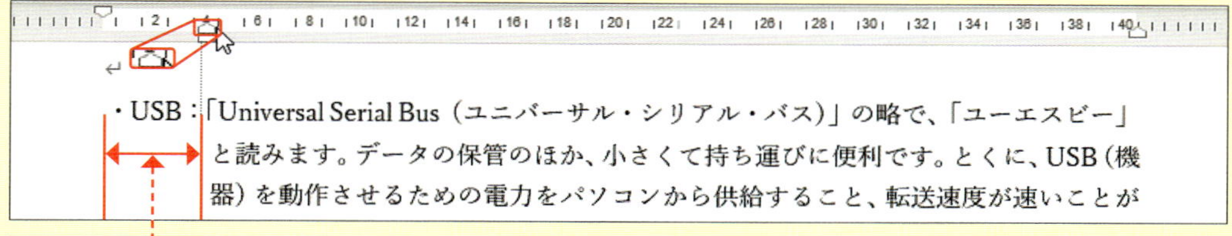

段落の2行目以降を揃えて字下げします。

●左インデント

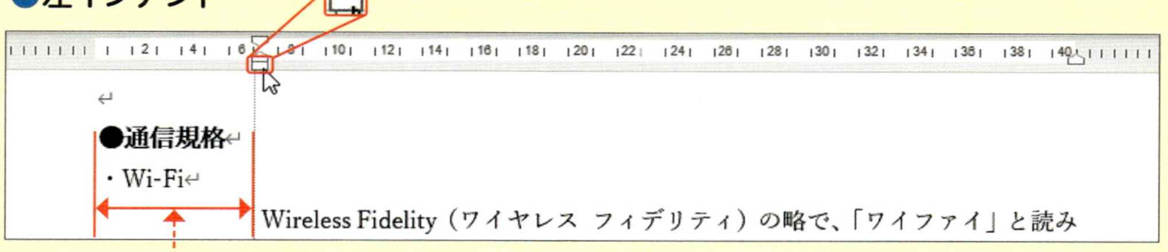

段落全体の字下げができます。1行目のインデントが設定されている場合、そのまま反映されます。

●右インデント

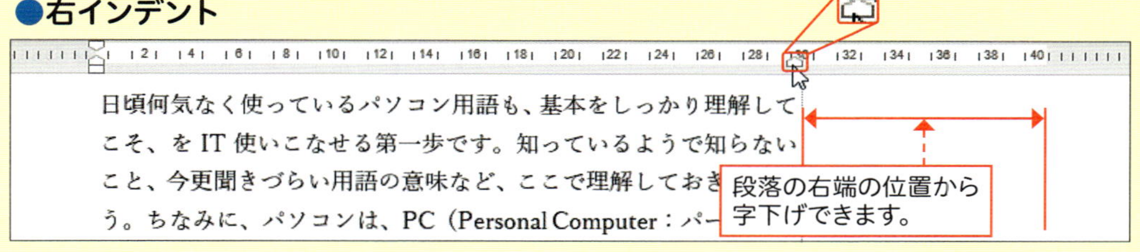

段落の右端の位置から字下げできます。

タブの種類と揃え方

「タブ」は、複数の段落や行にある文字列の先頭（あるいは末尾など）の位置を揃えたいときに利用するもので、Tab を押して挿入します。既定では、Tab を押すごとに全角スペースで4文字分の位置に［左揃えタブ］が設定されます。
ルーラー上をクリックして、表示されるタブマーカーをドラッグすると、タブ位置を移動できます。タブには、下表の種類があります。

●タブの切り替え

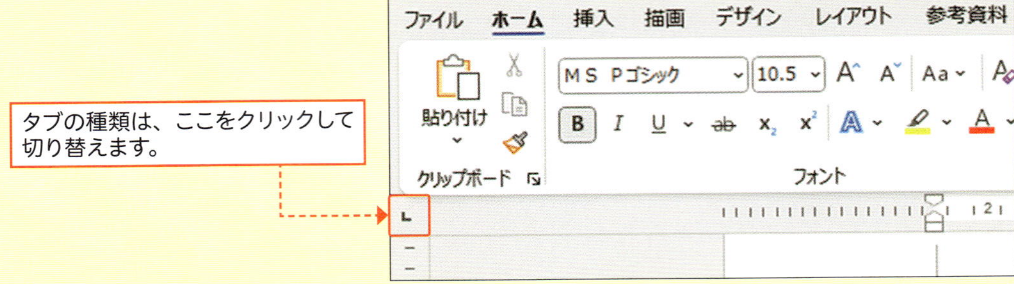

●タブの種類

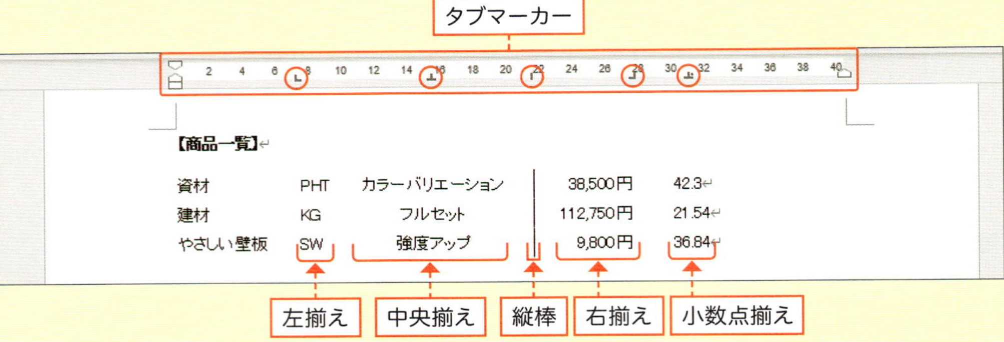

タブの種類	内容
左揃えタブ	タブが挿入された文字の先頭位置がタブ位置に揃います。
中央揃えタブ	文字列の前後にタブが挿入されている状態で、タブ間の左右中央の位置に配置されます。タブに挟まれていない場合、選択できません。
縦棒タブ	タブ間で区切りを付けたい場合に、縦棒タブを挿入すると境界線が引かれてわかりやすくできます。
右揃えタブ	金額や数量など桁数が異なる数字データの場合、文字の右端（末尾）を基準に揃えると見やすくなります。
小数点揃えタブ	小数点が付いた桁数が異なる数字データの場合、小数点の位置を基準に揃えると見やすくなります。

セクション

Wordのセクションとは、書式設定を行うための範囲、または単位を示すもので、初期設定では1つの文書全体が1つのセクションになっています。
1つの文書の中で用紙の向きやサイズの変更、ページ罫線や段組みなど、特定のページや範囲に設定する場合にセクションを設定します。
セクションの設定は［レイアウト］タブの［区切り］をクリックし、セクション区切りを選択します（194ページ参照）。セクション区切りには以下のものがあります。

●次のページから開始

セクション区切りを挿入し、次のページから新しいセクションを開始します。

●現在の位置から開始

セクション区切りを挿入した位置から（同じページで）新しいセクションを開始します。この種類のセクション区切りは、同じページ内で段組みを設定したりするときに使用されます。

●偶数ページから開始

セクション区切りを挿入し、新しいセクションを次の偶数ページから開始します。

●奇数ページから開始

セクション区切りを挿入し、新しいセクションを次の奇数ページから開始します。
［偶数ページから開始］や［奇数ページから開始］は、横綴じの文書を作成する場合に使われます。

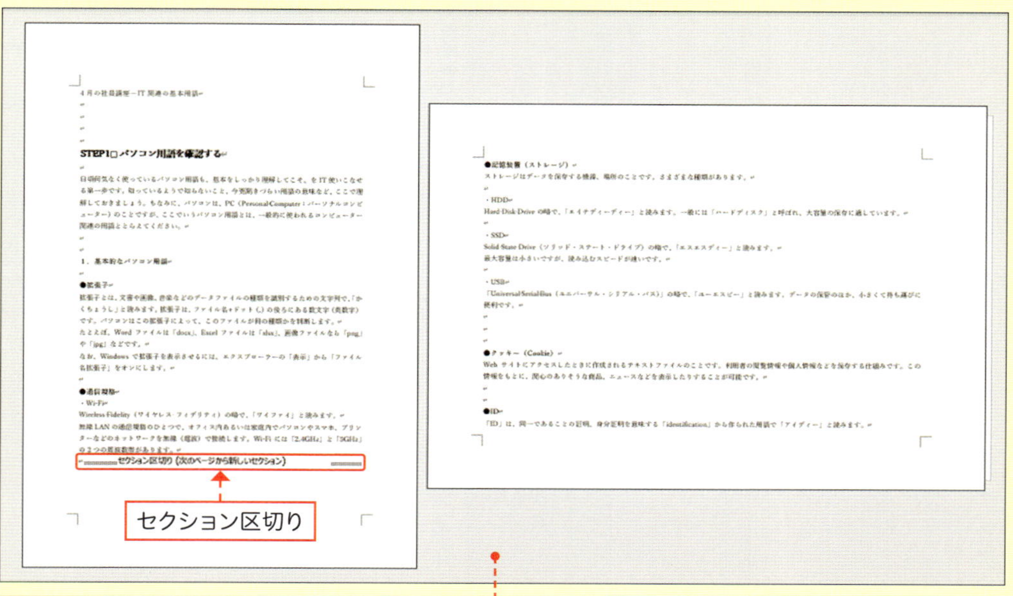

セクション区切りを挿入すると、同じ文書内で異なる書式設定のページを混在させることができます。

Section
36 段落を中央揃え／右揃え／均等割り付けにしよう

ここで学ぶこと

・中央揃え
・右揃え
・均等割り付け

日付は**右揃え**、タイトルは**中央揃え**にするなど、ビジネス文書の標準といえる段落の書式が存在します。これら段落の書式設定は、書式を変更する段落にカーソルを移動し、［ホーム］タブの［段落］グループの設定ボタンをクリックします。

練習▶36_案内文書

1 段落を中央揃えにする

解説

中央揃え

左右の余白の間が文章を配置できる領域です。中央揃えは、1行の範囲内で左右中央に配置されます。一般的に、文書のタイトルなどを本文より目立たせるために、中央揃えにします。

1 中央揃えにする段落にカーソルを移動して、

2 ［ホーム］タブの［中央揃え］をクリックすると、

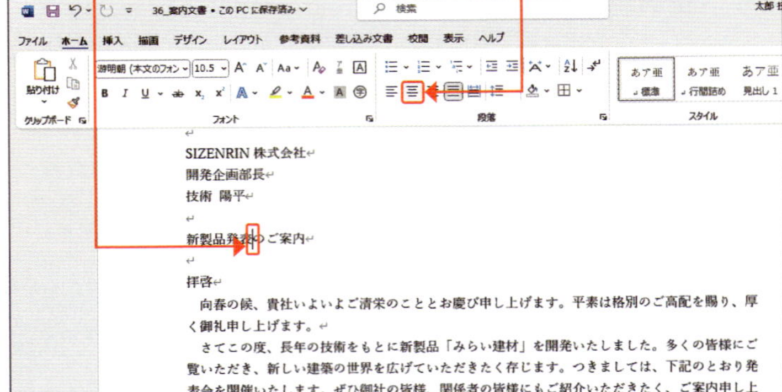

3 タイトルが中央揃えになります。

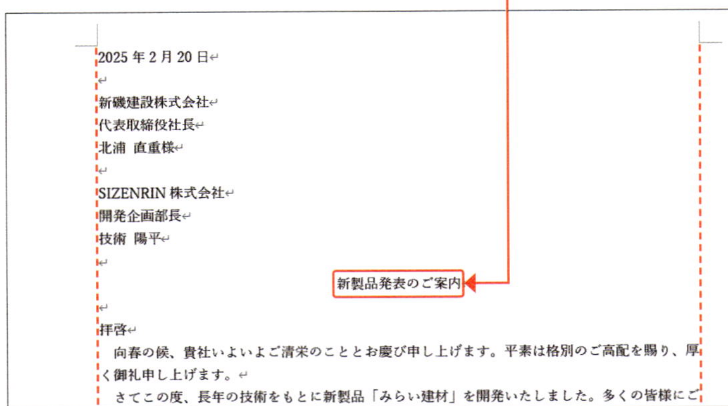

② 段落を右側に揃える

解説

右揃え

右揃えは、右余白の位置に、文字列の末尾が揃います。横書きのビジネス文書の場合、一般的に日付や発行者（会社名や連絡先、担当者名など）は右揃えにします。

ヒント

離れている段落の配置をまとめて行う

離れている複数の段落や行の配置を同時に変更したい場合、Ctrl を押しながら段落や行を選択してから、右の手順を操作します。

補足

入力オートフォーマット機能で配置

Wordは、入力をサポートする入力オートフォーマット機能（296ページ参照）を備えています。「拝啓」と入力して Enter を押すと、自動的に「敬具」が右揃えで入力されます。また、「記」と入力して Enter を押すと「記」は中央揃えになり、自動的に「以上」が右揃えで入力されます。

1 右揃えにする段落にカーソルを移動して、

2 ［ホーム］タブの［右揃え］をクリックすると、

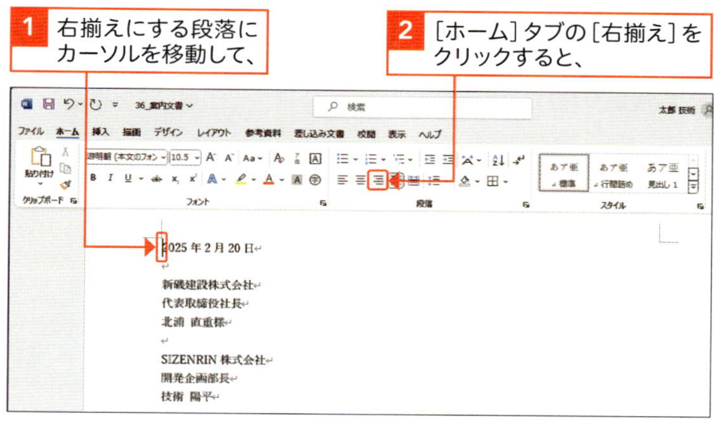

3 日付が右揃えになります。

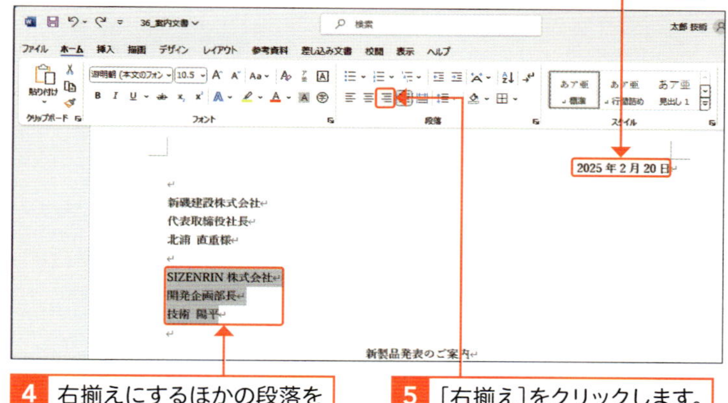

4 右揃えにするほかの段落を選択して、

5 ［右揃え］をクリックします。

6 選択した段落が右揃えになります。

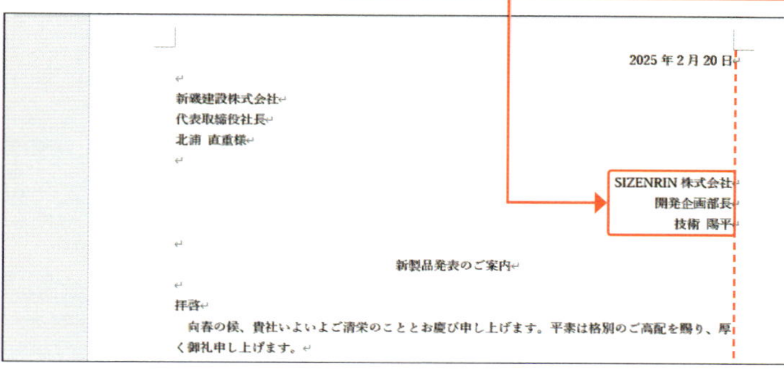

③ 文字を均等割り付けにする

解説

均等割り付け

文字間隔を調整する場合に、文字の間にスペースを入れるのではなく、均等割り付けを利用するときれいに揃います。均等割り付けは、タイトルの文字幅の調整や、項目など複数の行の文字幅を揃えたいときに利用します。文字幅（数）は揃えたい文字の数に合わせるとよいでしょう。右の手順では、「開催日時」の4文字の幅に合わせてほかの文字を均等に配置しています。

注意

段落の均等割り付け

段落を対象にして、手順**2**の操作をすると、段落（行）幅を基準に均等割り付けされてしまいます（167ページの「応用技」参照）。

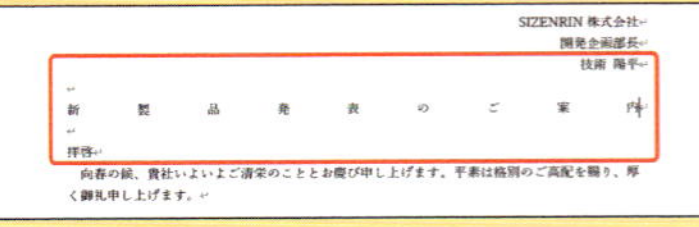

ヒント

文字列の均等割り付けを解除する

文字列の均等割り付けを解除するには、均等割り付けを設定した文字列を選択して、手順**3**の［文字の均等割り付け］ダイアログボックスを表示し、［解除］をクリックします。

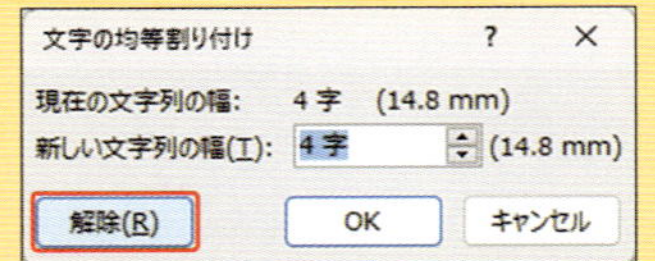

1 均等割り付けを設定する文字列を選択して、

2 ［ホーム］タブの［均等割り付け］をクリックすると、

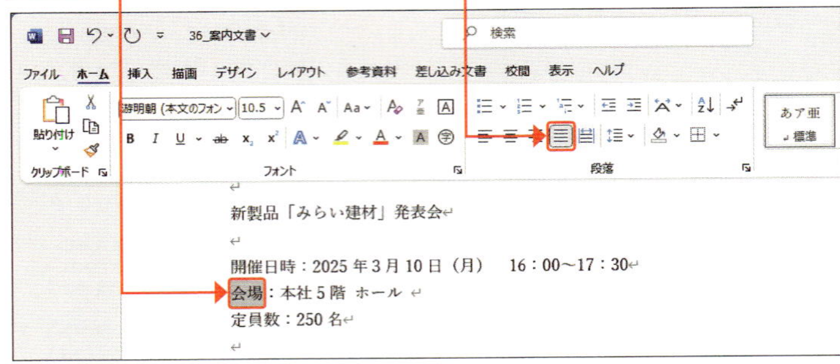

3 ［文字の均等割り付け］ダイアログボックスが表示されます。

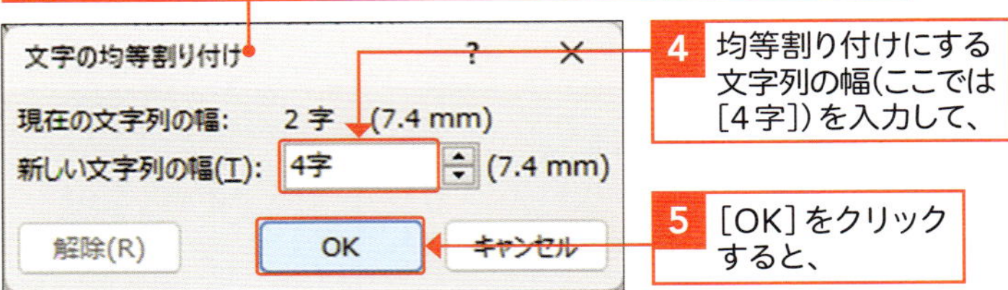

4 均等割り付けにする文字列の幅（ここでは［4字］）を入力して、

5 ［OK］をクリックすると、

6 均等に割り付けられます。

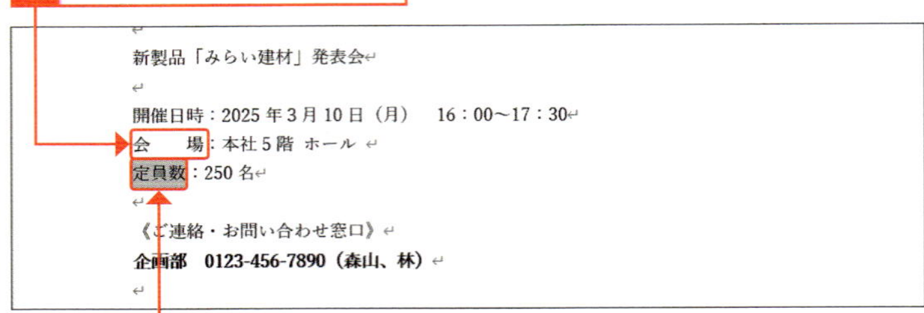

7 ほかの文字列を選択して、同様に均等割り付けを設定します。

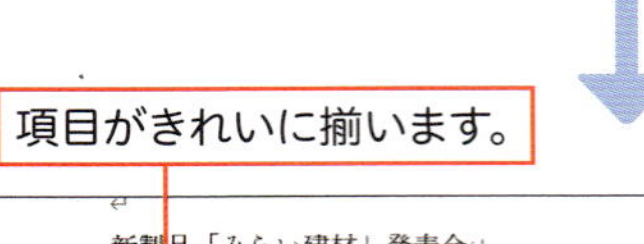

8 項目がきれいに揃います。

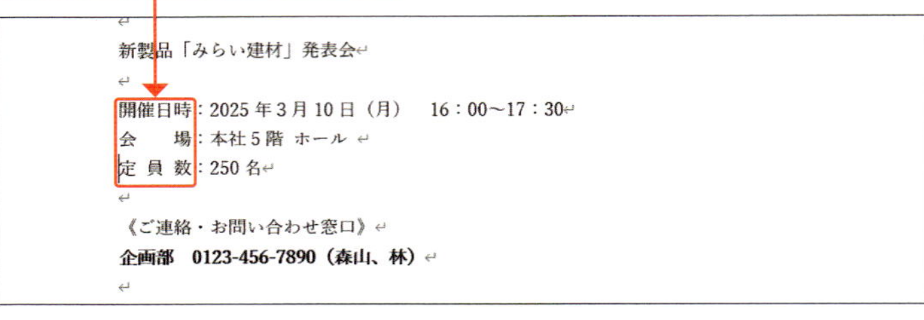

応用技 段落に均等割り付けを設定する

段落を対象に文字数を指定して均等割り付けするには、[ホーム]タブの[拡張書式]をクリックして、[文字の均等割り付け]をクリックします。[文字の均等割り付け]ダイアログボックスが表示されるので、文字数を指定できます（166ページの手順3参照）。

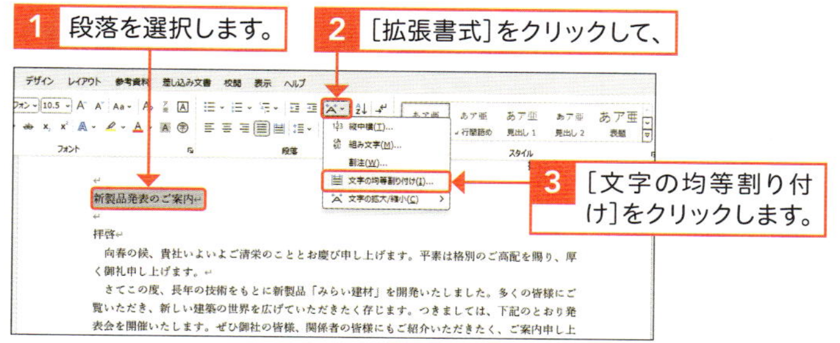

4 もとの配置に戻す

解説 初期設定の配置

Wordの初期設定では、段落の配置は両端揃えです。設定した右揃え、中央揃え、左揃えを解除するには、配置が設定された段落にカーソルを移動または選択して（あるいは文書全体を選択して）、[ホーム]タブの[両端揃え]をクリックします。均等貼り付けの場合は、均等貼り付けを解除します（166ページの「ヒント」参照）。

補足 現在の設定状態を確認する

段落の配置の設定を行った場合、その段落や行を選択すると、[ホーム]タブの[段落]の設定ボタンが押された（囲みが付いた）状態で表示されます。とくに「左揃え」と「両端揃え」の配置はわかりにくいので、ボタンを確認するとよいでしょう。

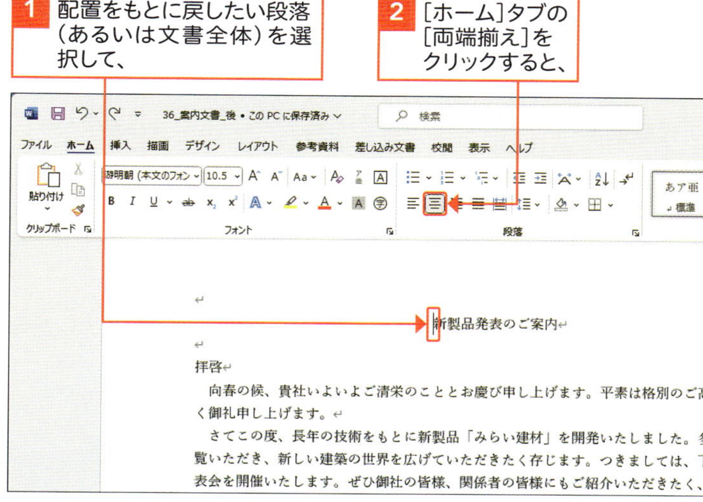

1 配置をもとに戻したい段落（あるいは文書全体）を選択して、
2 [ホーム]タブの[両端揃え]をクリックすると、
新製品発表のご案内

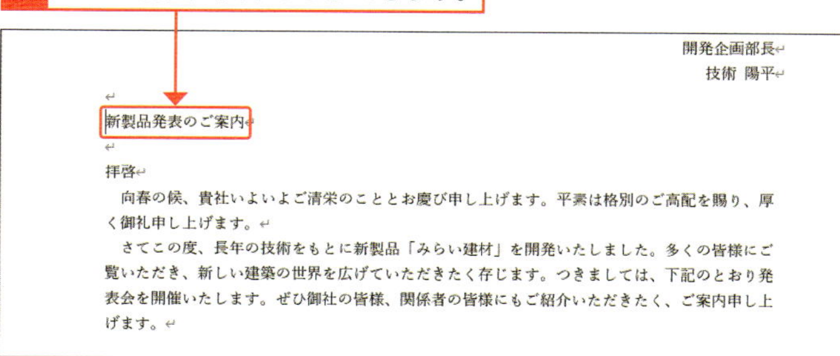

Section
37 箇条書きを設定しよう

ここで学ぶこと
- 箇条書きの作成
- 行頭文字
- 箇条書きの解除

先頭に「・」などの**行頭文字**を入力すると、次の行も自動的に同じ記号が入力され、**箇条書きの形式**になります。この機能を**入力オートフォーマット**といい、リストなどの入力に用いられます。入力したあとから箇条書きにすることもできます。

1 箇条書きを作成する

重要用語

行頭文字

箇条書きの先頭に入力される「・」などの文字を「行頭文字」といいます。箇条書きが設定された段落で Enter を押すと、同じ行頭文字が入力されます。

補足

オートコレクトのオプション

箇条書きが設定されると、[オートコレクトのオプション] が表示され、クリックすると設定の変更ができます。

- **元に戻す**：操作をもとに戻したり、やり直したりすることができます。
- **箇条書きを自動的に作成しない**：箇条書きを解除します。
- **オートフォーマットオプションの設定**：[オートコレクト]ダイアログボックスを表示します。

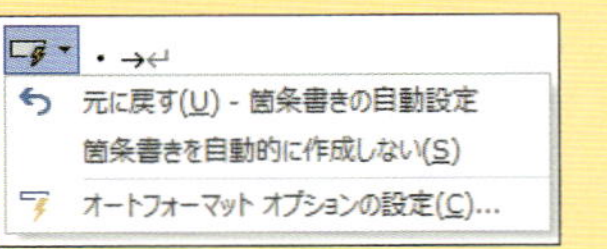

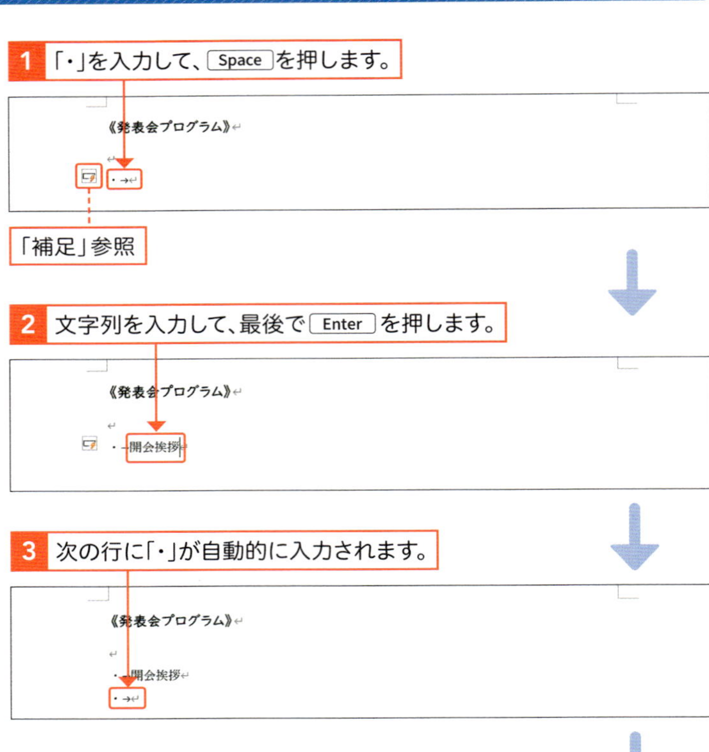

1 「・」を入力して、Space を押します。
《発表会プログラム》
・→
「補足」参照
2 文字列を入力して、最後で Enter を押します。
・→開会挨拶
3 次の行に「・」が自動的に入力されます。
4 同様に文字列を入力して、Enter を押すと、
・→会長挨拶
5 継続して箇条書きが設定されます。

6 同様に入力を繰り返すと、箇条書き形式を作成できます。

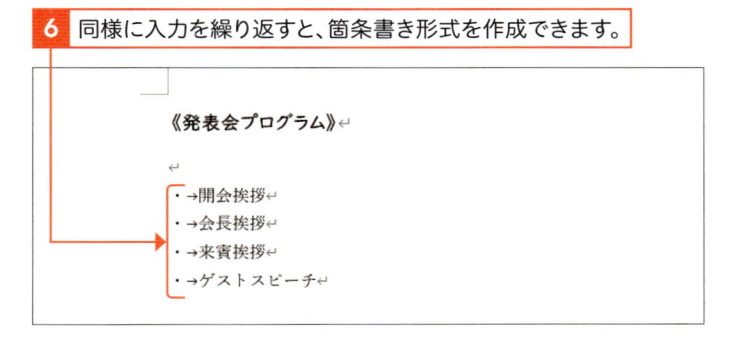

《発表会プログラム》↵

↵

・→開会挨拶↵
・→会長挨拶↵
・→来賓挨拶↵
・→ゲストスピーチ↵

2 継続する箇条書きを解除する

解説

箇条書きの継続解除

Wordの初期設定では、いったん箇条書きが設定されると、改行するたびに段落記号が継続して入力されます。箇条書きを解除するには、Enterを押します。Enterの代わりにBack spaceを2回押す、または設定段落を選択して［ホーム］タブの［箇条書き］をクリックしても解除することができます。

補足

箇条書きのインデント

箇条書きを設定すると、行頭文字と文字列の間に空白（インデント）が入り、それぞれの文字列の先頭位置が揃うようになります。ここではわかりやすいように、編集記号をオンにして記号を表示しています。

1 文字列を入力して、Enterを押します。

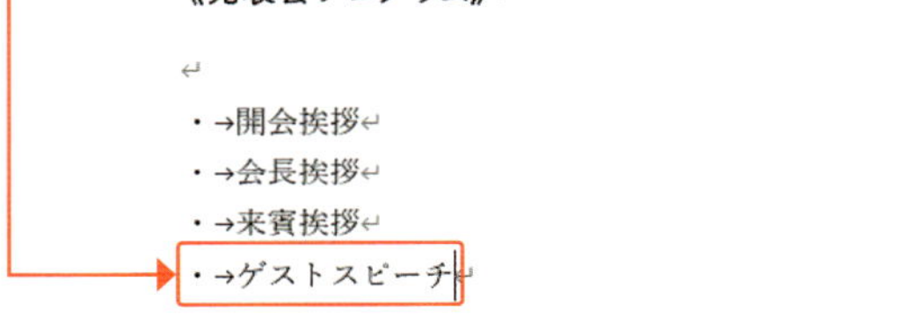

2 改行され、箇条書きが設定されます。

↵

・→開会挨拶↵
・→会長挨拶↵
・→来賓挨拶↵
・→ゲストスピーチ↵
・→↵

3 何も入力せずにEnterを押すと、

《発表会プログラム》↵

↵

・→開会挨拶↵
・→会長挨拶↵
・→来賓挨拶↵
・→ゲストスピーチ↵
↵

4 箇条書きが解除され、通常の位置にカーソルが移動します。

③ あとから箇条書きに設定する

ヒント
行頭文字を変更する

ここでは、「・」を使って箇条書きを入力したため、手順2の操作で「・」が入力されます。ほかの文行頭文字にするには、[箇条書き]の⌄をクリックして、種類を変更できます。また、ほかの記号を使用することもできます(171ページの「応用技」参照)。

1 項目を入力した範囲を選択して、

2 [ホーム]タブの[箇条書き]をクリックすると、

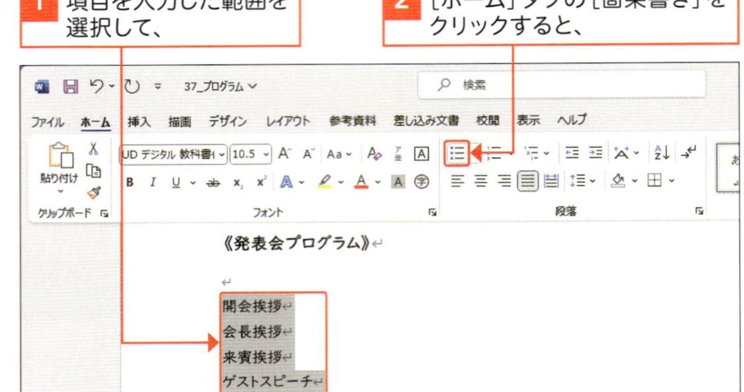

3 箇条書きに設定されます。

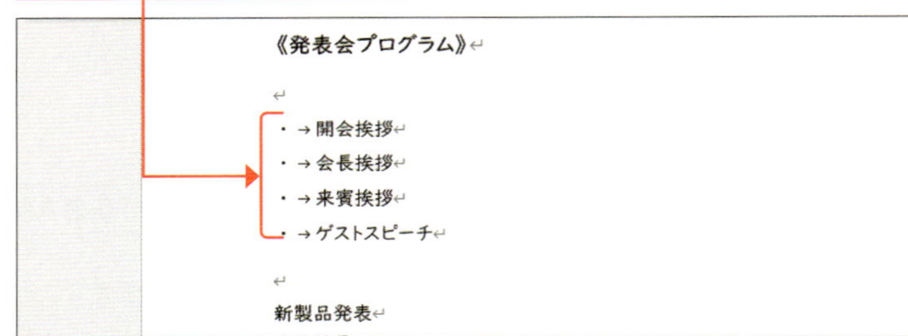

④ 設定された箇条書きを解除する

解説
設定された箇条書きの解除

設定された箇条書きを解除すると、通常の文字列として扱われるようになります。一部分の段落だけを解除したいときは、その段落を選択して、右の操作を行います。

1 箇条書きを解除する範囲を選択して、

2 [ホーム]タブの[箇条書き]のここをクリックし、

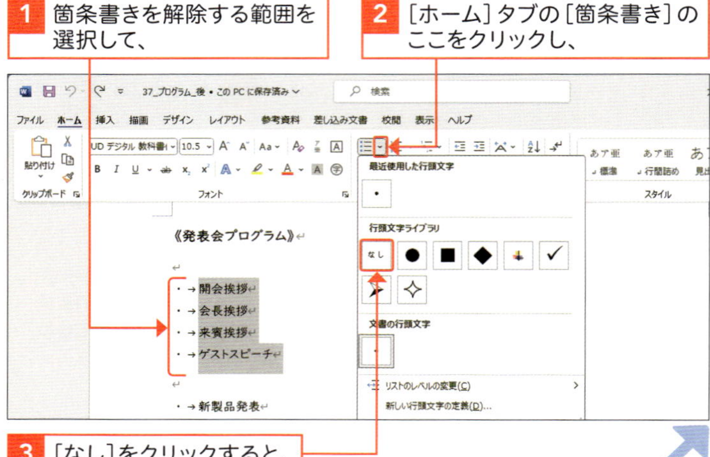

3 [なし]をクリックすると、

4 設定された箇条書きが解除されます。

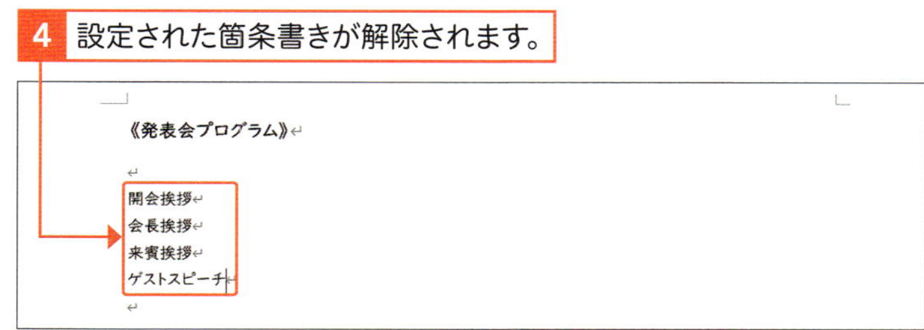

応用技 新しい行頭文字を探す

「行頭文字ライブラリ」にない記号などを行頭文字として使用することができます。[新しい行頭文字の定義]ダイアログボックスの[記号]から[記号と特殊文字]ダイアログボックスを開き、記号を選びます。このとき、[フォント]を変更すると、さまざまな記号や文字を表示できます。

1 ここをクリックして、

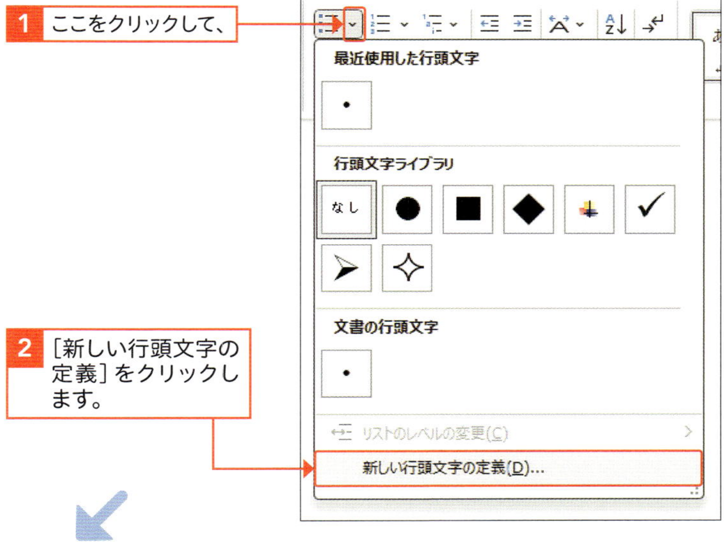

2 [新しい行頭文字の定義]をクリックします。

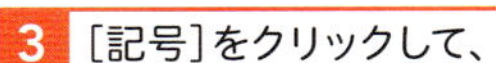

3 [記号]をクリックして、

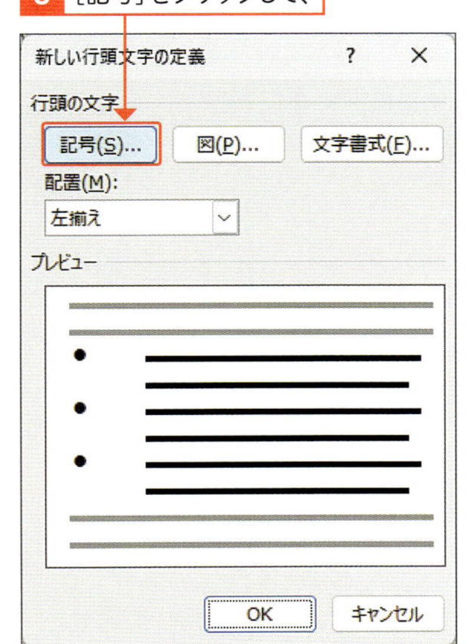

[フォント]を変更すると、ほかの文字が表示されます。

4 使いたい記号をクリックし、

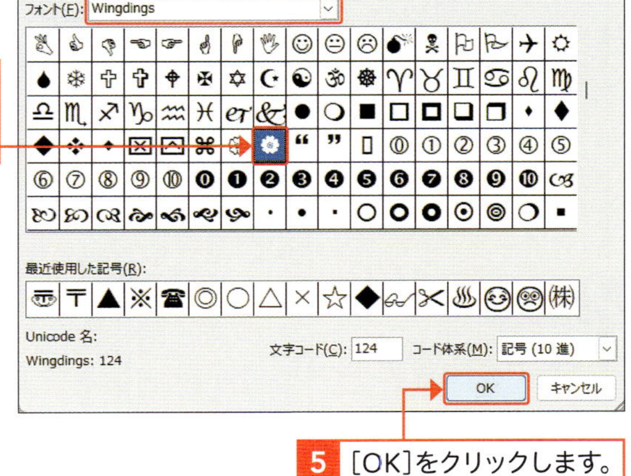

5 [OK]をクリックします。

6 [新しい行頭文字の定義]ダイアログボックスの[OK]をクリックすると、挿入されます。

Section

38 段落番号を付けた箇条書きを作成しよう

ここで学ぶこと

- 段落番号
- 段落番号の解除
- 段落番号の種類

段落番号を設定すると、**段落の先頭に連番を振る**ことができます。段落番号は、順番を入れ替えたり、追加や削除を行ったりしても、自動的に連続した番号で振り直されます。また、**段落番号の種類**を変更すれば、①②③……などに設定できます。

練習▶ファイルなし

1 段落番号を設定して箇条書きを入力する

解説

段落番号の設定

「段落番号」とは、箇条書きで段落の先頭に付けられる「1.」「2.」などの数字のことです。段落番号は、行頭に「1.」や「1」などを入力して Space を押すと、入力オートフォーマット機能により、自動的に設定されます。ただし、段落番号の後ろに文字列を入力しないと、Enter を押して改行しても箇条書きは作成されません。なお、自動で段落番号が設定されない場合、入力オートフォーマット（296ページ参照）の設定を行ってください。

補足

オートコレクトのオプション

番号の箇条書きが設定されると、[オートコレクトのオプション] が表示されます。168ページの「補足」を参照してください。

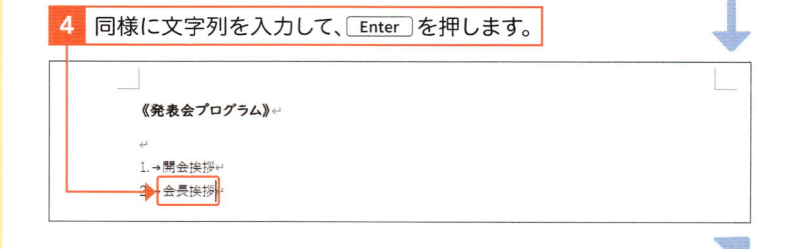

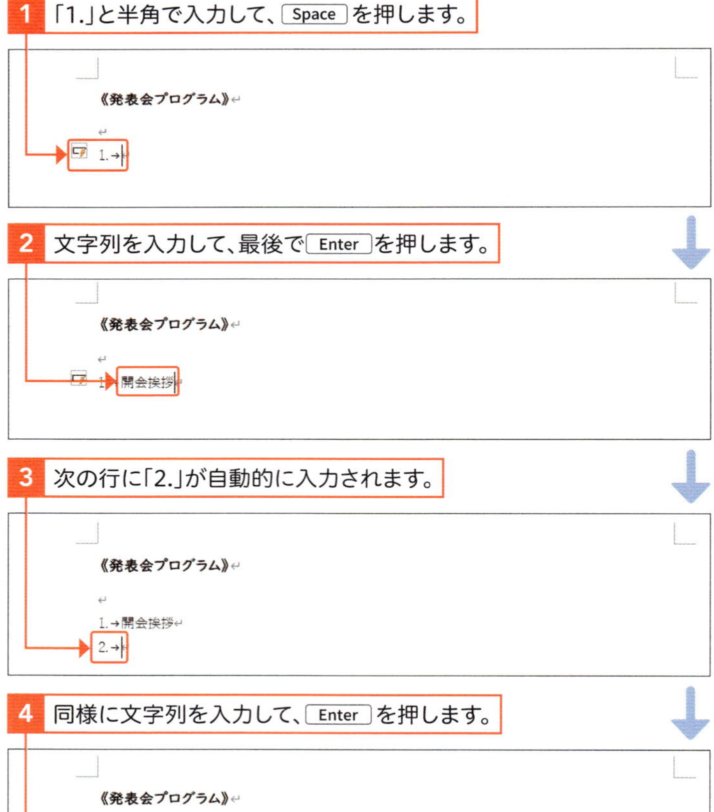
1 「1.」と半角で入力して、Space を押します。
《発表会プログラム》
1.→
2 文字列を入力して、最後で Enter を押します。
《発表会プログラム》
1.→開会挨拶
3 次の行に「2.」が自動的に入力されます。
《発表会プログラム》
1.→開会挨拶
2.→
4 同様に文字列を入力して、Enter を押します。
《発表会プログラム》
1.→開会挨拶
2.→会長挨拶

段落番号を解除する

段落番号を解除（削除）するには、段落番号を解除したい段落をすべて選択して、有効になっている［ホーム］タブの［段落番号］をクリックします。

5 リストを入力します。

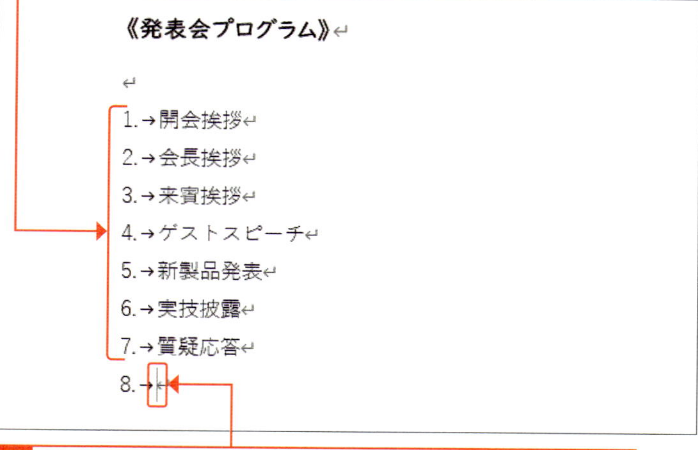

6 最後の段落で文字を入力しないまま Enter キーを押します。

7 箇条書きが解除されます。

《発表会プログラム》
1.→開会挨拶
2.→会長挨拶
3.→来賓挨拶
4.→ゲストスピーチ
5.→新製品発表
6.→実技披露
7.→質疑応答

応用技　ほかの番号で作成する

ビジネス文書での数字は「1.」が一般的です。箇条書きの番号には、このほか、「①」「1)」「【1】」などの記号や、「一.」「壱.」などの漢数字、「A.」「a.」などのアルファベットでも作成できます。

1 「A.」と入力して、Space を押します。

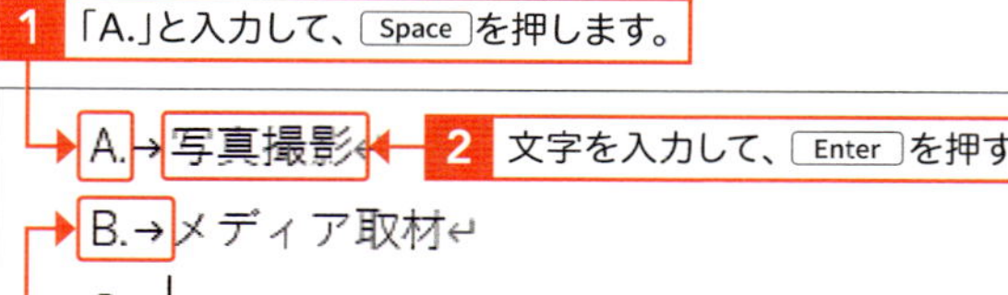

2 文字を入力して、Enter を押すと、

3 アルファベットの箇条書きになります。

② あとから番号付きの箇条書きに設定する

段落番号の種類

入力してある段落を選択して、[段落番号]をクリックすると、既定の番号、もしくは前回指定した番号の種類で振られます。この番号はあとから自由に変更できます（175ページ参照）。

段落番号の種類を選ぶ

手順2で[段落番号]の右のをクリックすると、番号ライブラリが表示されるので、ほかの種類を選択することもできます。

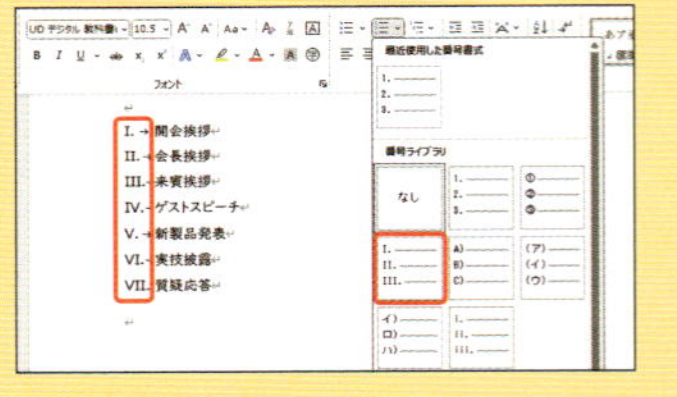

1 番号を振りたい段落を選択します。

2 [ホーム]タブの[段落番号]をクリックすると、

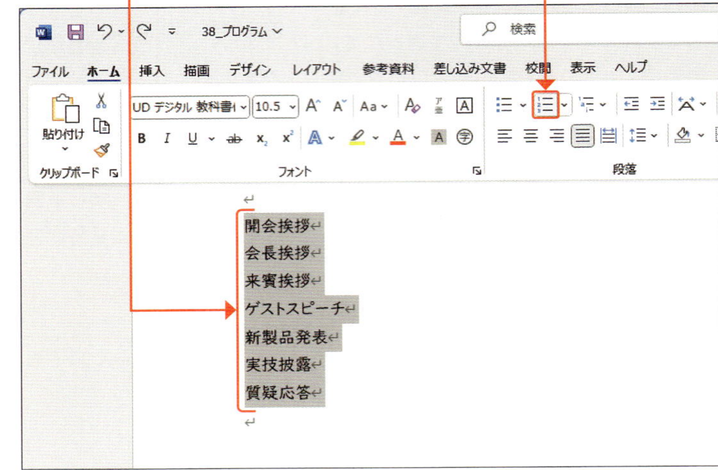

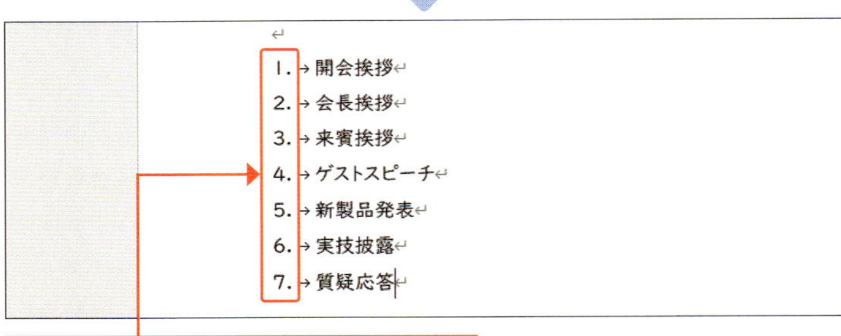

3 段落に連続した番号が振られます。

ヒント 段落番号のない行を作成する

段落番号のない行を作成するには、段落末で Enter を押して新しい段落を作成し、再度 Enter をクリックします。段落番号が解除されて、通常の行になります。段落番号は、次の段落に自動的に振られます。

1 新しい段落番号の位置で、Enter を押すと、

2 通常の段落になります。

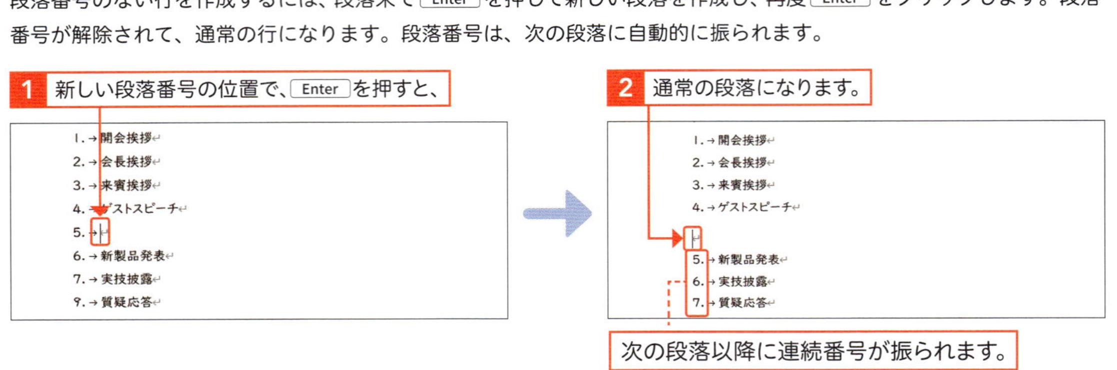

次の段落以降に連続番号が振られます。

③ 段落番号の種類を変更する

ヒント

段落番号を選択する

段落番号の上でクリックすれば、連続する段落番号を一度に選択することができます。段落番号のみを対象に番号の種類や書式（176ページ参照）などを変更することができます。

応用技

リストのレベル

複数の段落で段落番号を設定する場合、最初に作成した段落番号より上のレベル、あるいは下のレベルの番号が必要になってくる場合があります。番号や字下げ位置などを設定し直すよりも、手順3で［リストのレベルの変更］をクリックして、レベルを変更する方法が便利です。

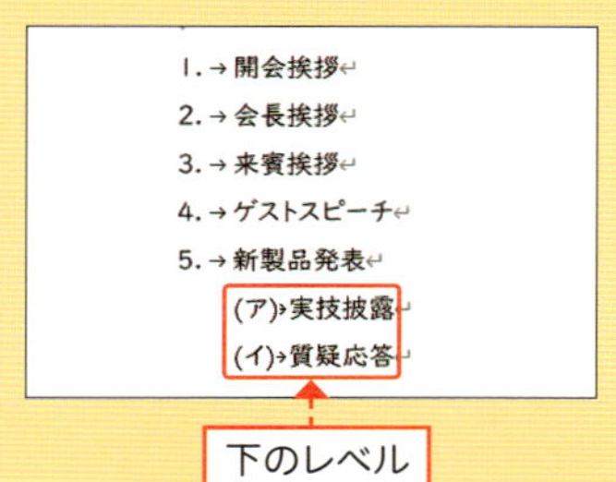

1 段落番号の上でクリックして、段落番号を選択します。

2 ［ホーム］タブの［段落番号］のここをクリックして、

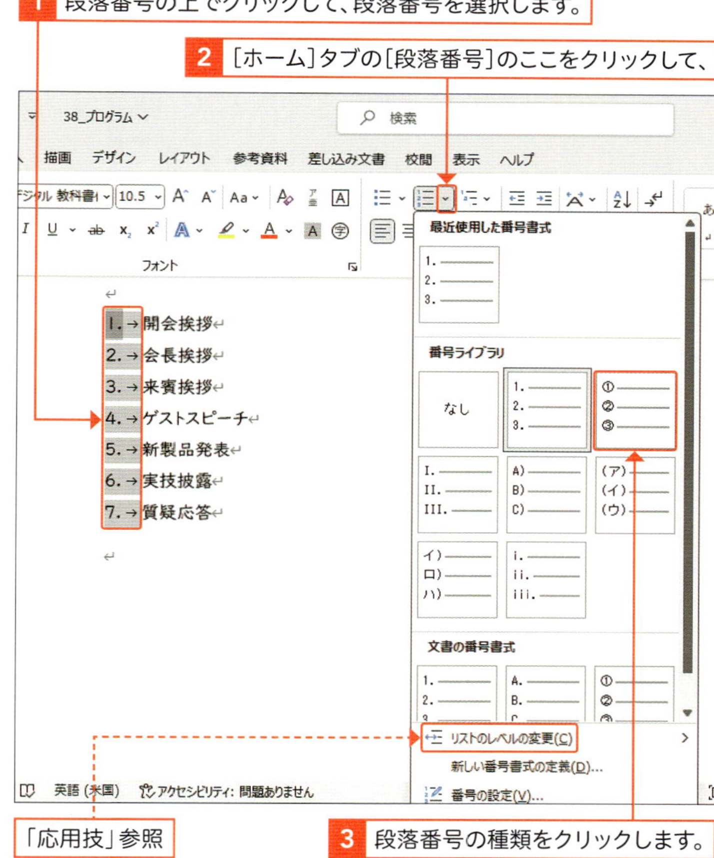

「応用技」参照

3 段落番号の種類をクリックします。

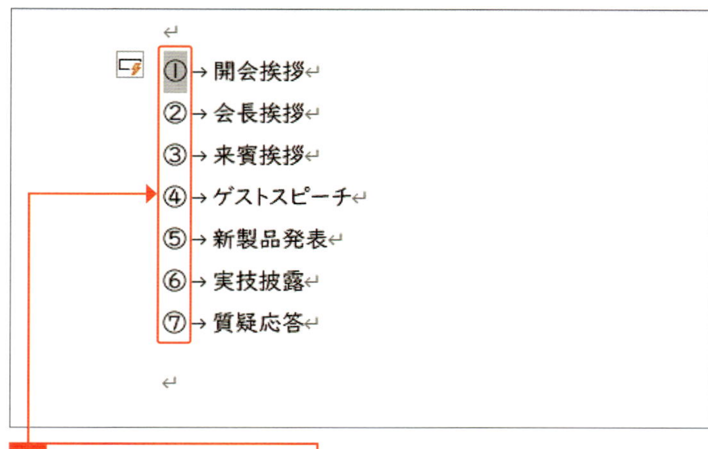

4 段落番号が変更されます。

4 段落番号の書式を変更する

解説

段落番号の書式変更

段落番号の書式変更は、通常の書式変更と同じです。フォントのほか、フォントサイズや文字色、太字、斜体などの書式や文字装飾を変更することが可能です。

補足

新しい番号書式を設定する

[ホーム]タブの[段落番号]の右の⌄をクリックして、[新しい番号書式の定義]をクリックすると、[新しい番号書式の定義]ダイアログボックスが表示されます。ここで、番号の種類やフォントを変更してオリジナルの番号書式を作成することができます。

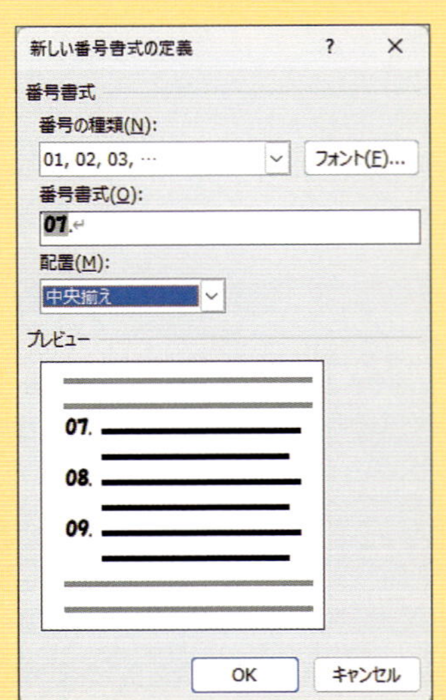

1 段落番号の上をクリックして、すべての段落番号を選択します。

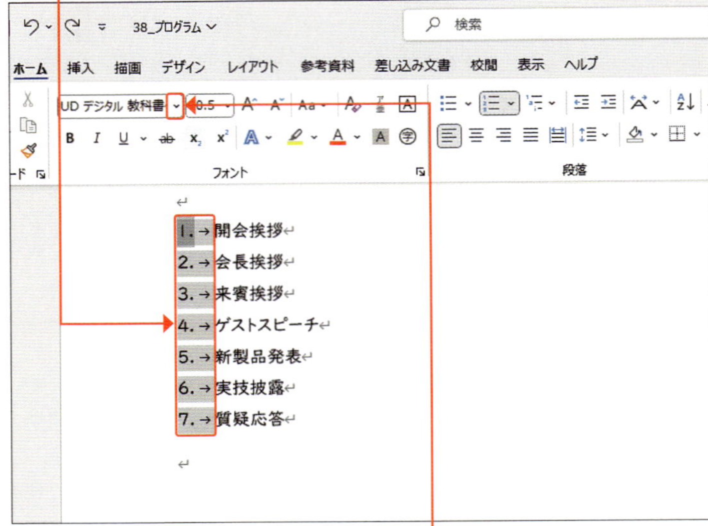

2 [ホーム]タブの[フォント]のここをクリックして、

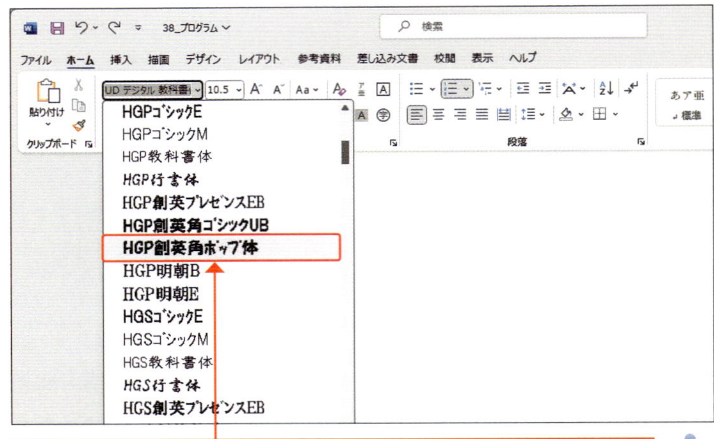

3 フォント(ここでは[HGP創英角ポップ体])をクリックします。

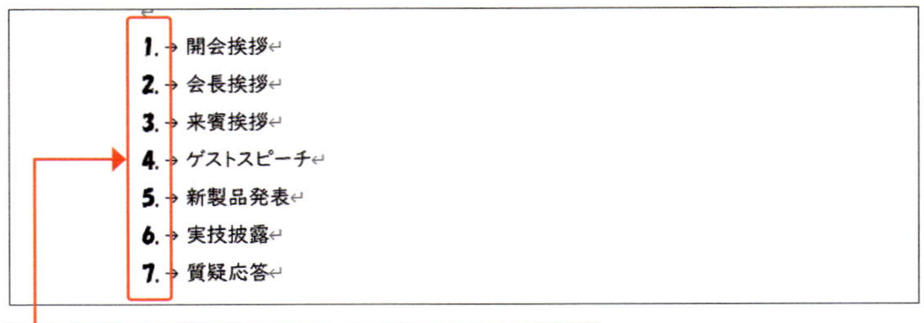

4 段落番号のフォントだけが変更されます。

5 段落番号の途中から番号を振り直す

1 解除したい段落番号をクリックして、

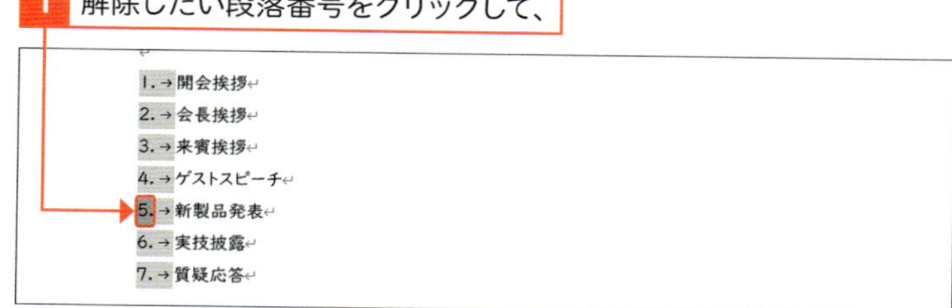

2 [Back space] を押すと、

3 段落番号の設定が解除されます。

次の段落以降の段落番号が振り直されます。

4 新たに番号を振り直したい段落番号を右クリックして、

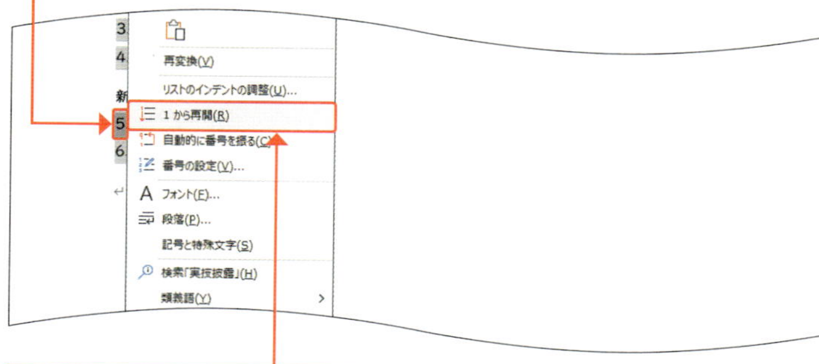

5 [1から再開]をクリックすると、

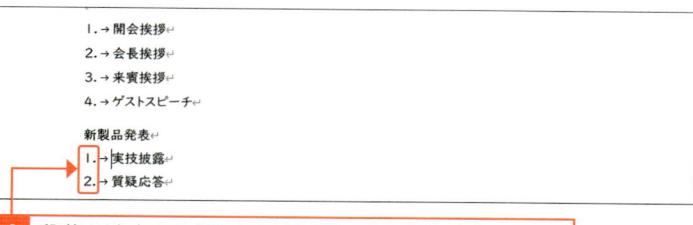

6 段落の途中から新たに番号が「1」から振り直されます。

解説

途中から番号を振り直す

段落番号の途中から新たに番号を振り直したい場合は、振り直す最初の段落番号を右クリックして、[1から再開]をクリックします。

1.→開会挨拶
2.→会長挨拶
3.→来賓挨拶
4.→ゲストスピーチ
1.→新製品発表
2.→実技披露
3.→質疑応答

途中から番号を振り直せます。

Section

39 字下げを設定しよう

ここで学ぶこと

- 字下げ
- インデント
- インデントマーカー

引用文などを見やすくするときは、**インデント**で**字下げ**の設定をします。インデントを利用すると、最初の行と2行目以降に、別々の下げ幅を設定することもできます。インデントによる字下げの設定は、**インデントマーカー**を使います。

練習▶39_社員研修

1 段落の1行目を下げる

重要用語

インデント

「インデント」とは、段落の左端や右端からの文字を下げる機能のことです。右の操作のようにインデントマーカーをドラッグして設定する方法と、[段落]ダイアログボックスの[インデント]で設定する方法があります。

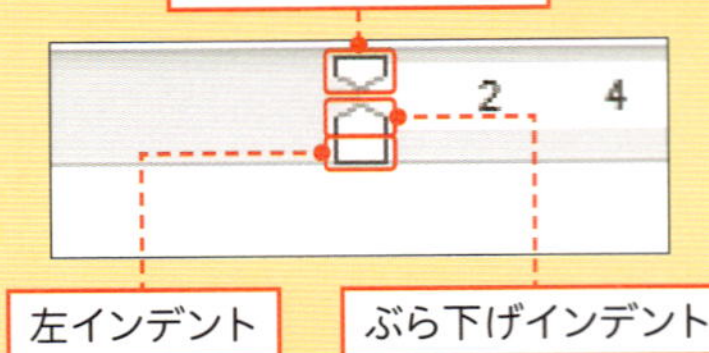

重要用語

[1行目のインデント]マーカー

段落の1行目の先頭位置を字下げする場合に、[1行目のインデント]マーカーを利用します。

1 [表示]タブの[ルーラー]をオンにして、

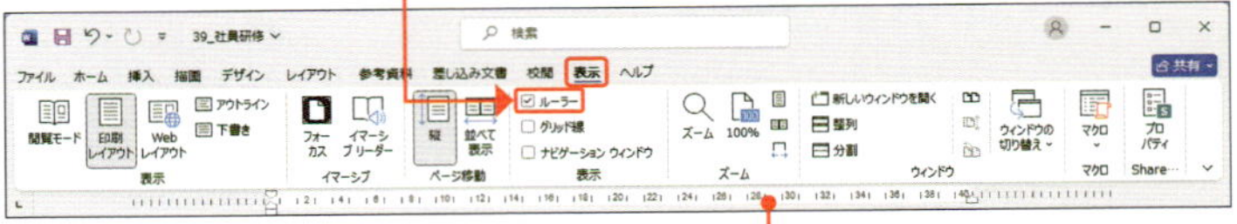

2 ルーラーを表示します。

3 段落にカーソルを移動して、

4 [1行目のインデント]マーカーにマウスポインターを合わせ、

1行目のインデント
1．基本的なパソコン用語
●拡張子
拡張子とは、文書や画像、音楽などのデータファイルの種類を識別するための文字列で、「かくちょうし」と読みます。拡張子は、ファイル名+ドット（.）の後ろにある数文字（英数字）です。パソコンはこの拡張子によって、このファイルが何の種類かを判断します。
たとえば、Word ファイルは「docx」、Excel ファイルは「xlsx」、画像ファイルなら「png」や「jpg」などです。
なお、Windows で拡張子を表示させるには、エクスプローラーの「表示」から「ファイル

5 ドラッグすると、

1．基本的なパソコン用語
●拡張子
拡張子とは、文書や画像、音楽などのデータファイルの種類を識別するための文字列で、「かくちょうし」と読みます。拡張子は、ファイル名+ドット（.）の後ろにある数文字（英数字）です。パソコンはこの拡張子によって、このファイルが何の種類かを判断します。
たとえば、Word ファイルは「docx」、Excel ファイルは「xlsx」、画像ファイルなら「png」や「jpg」などです。

6 1行目の先頭が下がります。

② 段落の2行目以降を下げる

重要用語

［ぶら下げインデント］マーカー

段落の先頭数文字を目立たせたいときなどに、2行目以降の先頭位置を下げるときに［ぶら下げインデント］マーカーを利用します。

1 段落にカーソルを移動して、

2 ［ぶら下げインデント］マーカーにマウスポインターを合わせ、

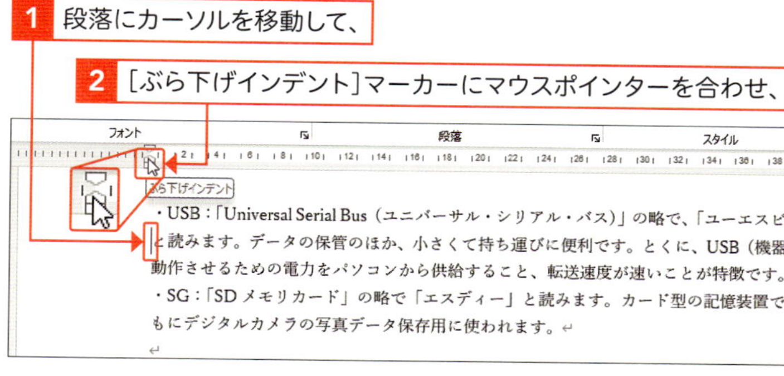

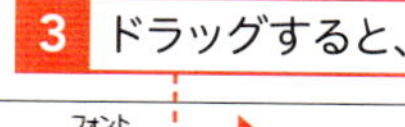

3 ドラッグすると、

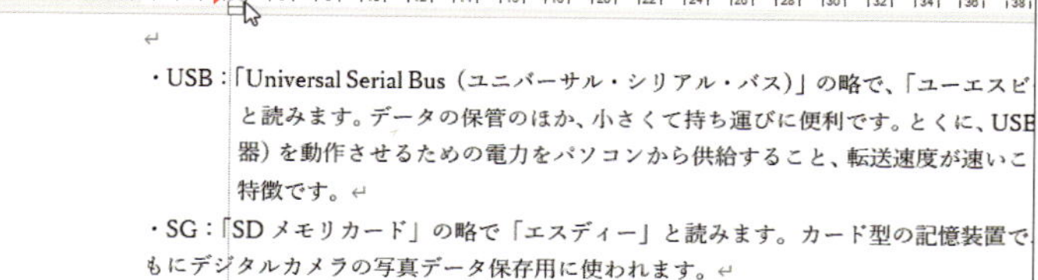

4 2行目以降が下がります。

・USB：「Universal Serial Bus（ユニバーサル・シリアル・バス）」の略で、「ユーエスビ
と読みます。データの保管のほか、小さくて持ち運びに便利です。とくに、USB
器）を動作させるための電力をパソコンから供給すること、転送速度が速いこ
特徴です。
・SG：「SDメモリカード」の略で「エスディー」と読みます。カード型の記憶装置で
もにデジタルカメラの写真データ保存用に使われます。

ヒント

インデントを解除する

インデントを解除して、段落の左端の位置をもとに戻したい場合、目的の段落を選択して、インデントマーカーをもとの左端にドラッグします。

補足 **1文字目を字下げする**

1文字目を下げる方法には、Space を押す方法が一般的ですが、あとから段落の先頭で Space を押すと、□（スペース）ではなくインデントで字下げされる場合があります。まとまった分量の場合、字下げせず入力して、一括で字下げをしたほうが効率的です。

1文字を下げる場合は、段落を選択して、［ホーム］タブまたは［レイアウト］タブの［段落］グループ右下の［段落の設定］をクリックし、［段落］ダイアログボックスの［インデントと行間幅］タブで［最初の行］を「字下げ」にして「1字」を指定します。

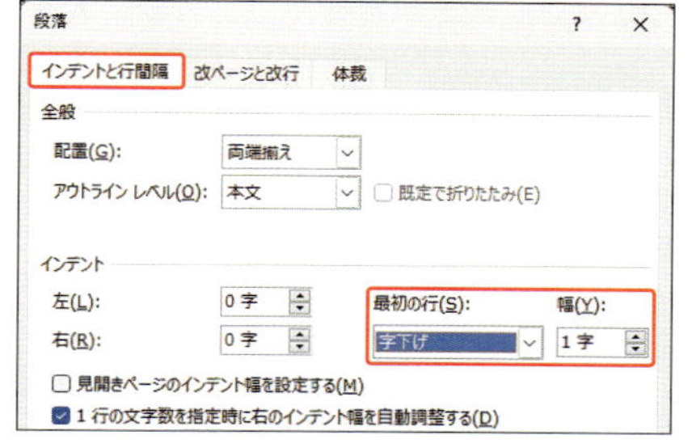

③ 段落全体を下げる

[左インデント] マーカー

段落全体を字下げするときに[左インデント]マーカー利用します。段落を選択して、[左インデント]マーカーをドラッグするだけで字下げができるので便利です。

1 段落にカーソルを移動して、

2 [左インデント]マーカーにマウスポインターを合わせ、

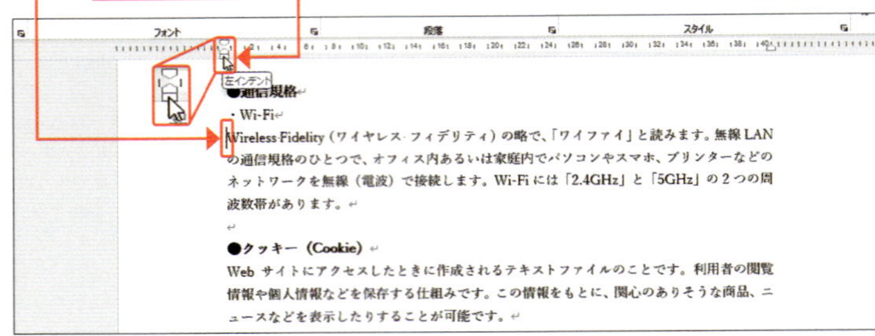

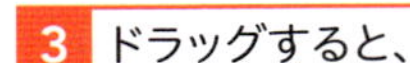

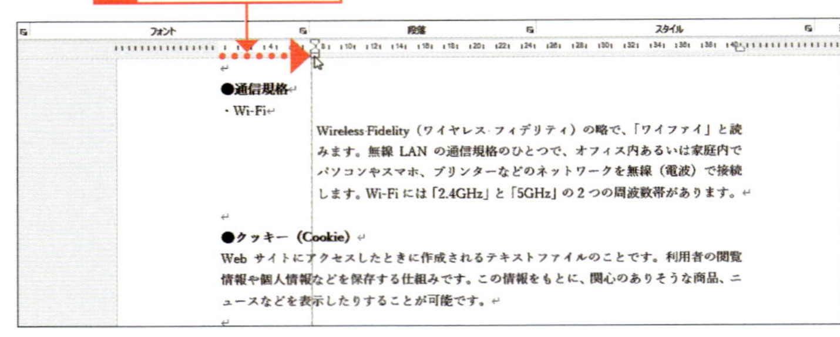

4 段落全体が下がります。

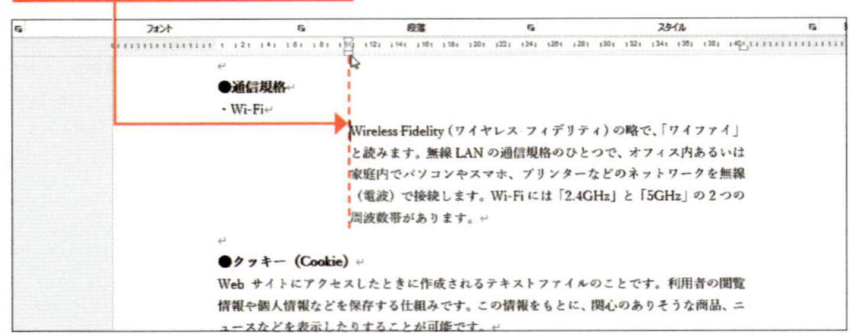

補足

数値で字下げ位置を設定する

インデントマーカーをドラッグすると、文字単位できれいに揃わない場合があります。字下げやぶら下げを文字数で揃えたいときは、[段落]ダイアログボックスの[インデントと行間隔]タブで(179ページの「補足」参照)、[インデント]の[左]に数値を指定します。

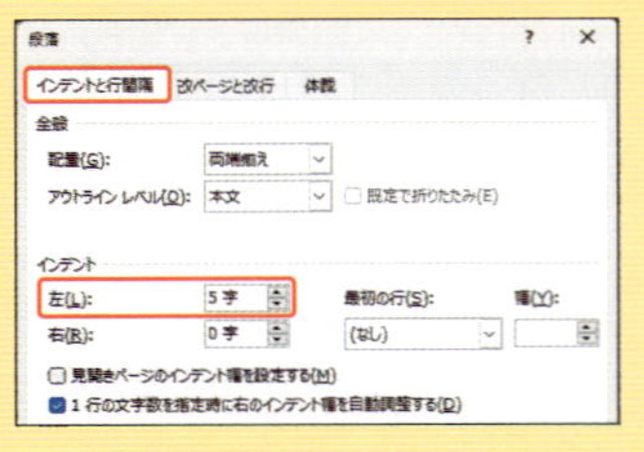

応用技 インデントマーカーの微調整

インデントマーカーをドラッグする際、初期設定では「1.35文字」ずつ移動しますが、Altを押しながらインデントマーカーをドラッグすると、段落の左端の位置を細かく調整することができます。

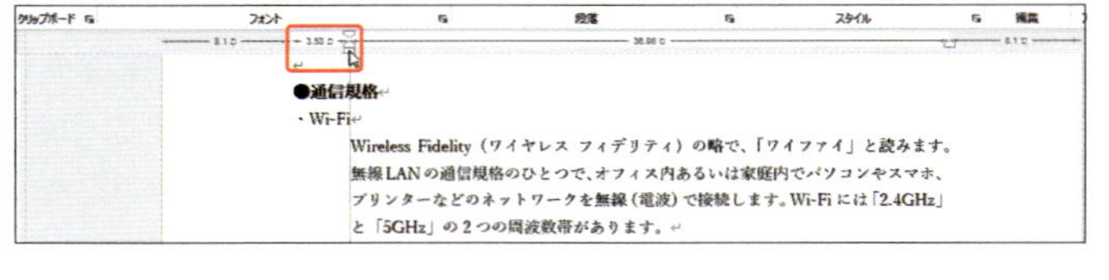

4 1文字ずつインデントを設定する

解説

インデントを増やす

［ホーム］タブの［インデントを増やす］ をクリックすると、指定した段落全体が1文字分下がります。

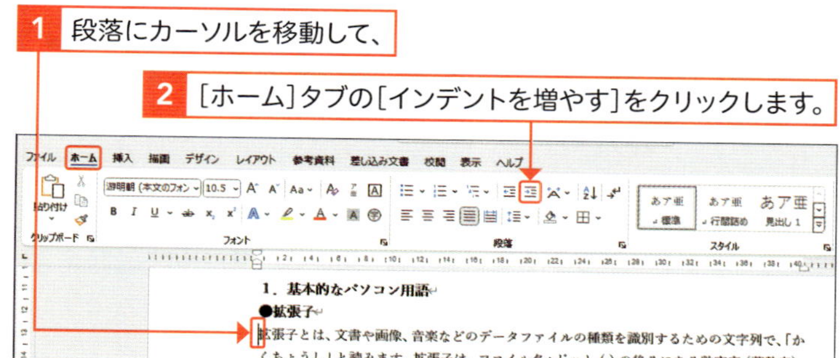

3 段落全体が1文字分下がります。

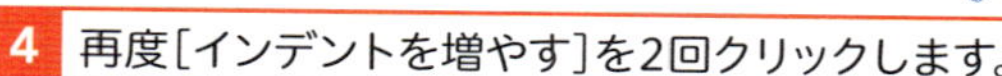

4 再度［インデントを増やす］を2回クリックします。

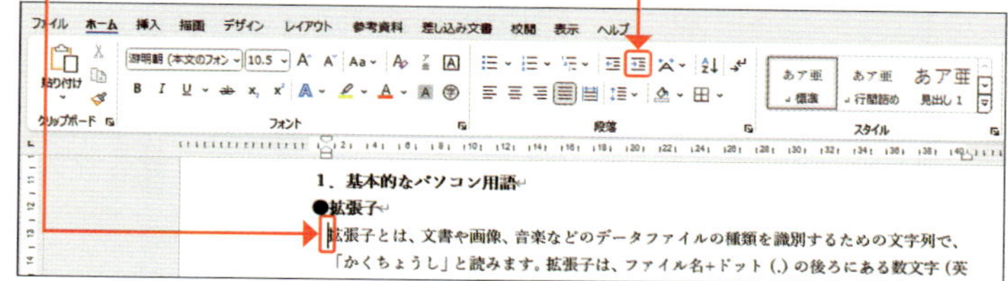

5 さらに2文字分下がります。

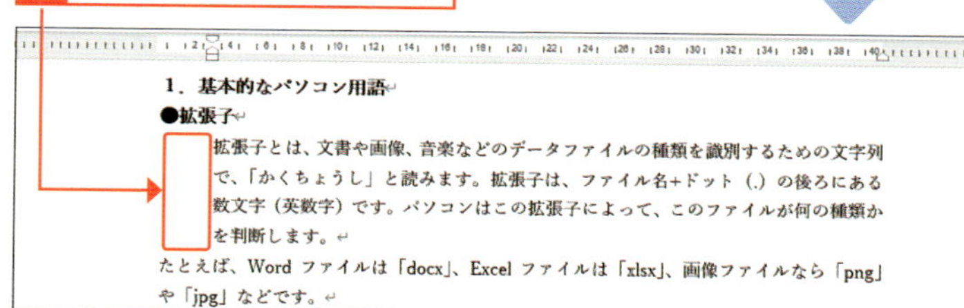

インデントを減らす

インデントを増やした位置を戻したい場合、［ホーム］タブの［インデントを減らす］ をクリックします。段落が1文字分ずつ左に移動します。

右端を字下げする

インデントには、段落の右端を字下げする［右インデント］マーカーがあります。段落を選択して、［右インデント］マーカー△を左にドラッグすると、字下げができます。なお、右インデントは、特定の段落の字数を増やしたい場合に、右にドラッグして文字数を増やすこともできます。既定の文字数をはみ出しても1行に収めたい場合に利用できます。

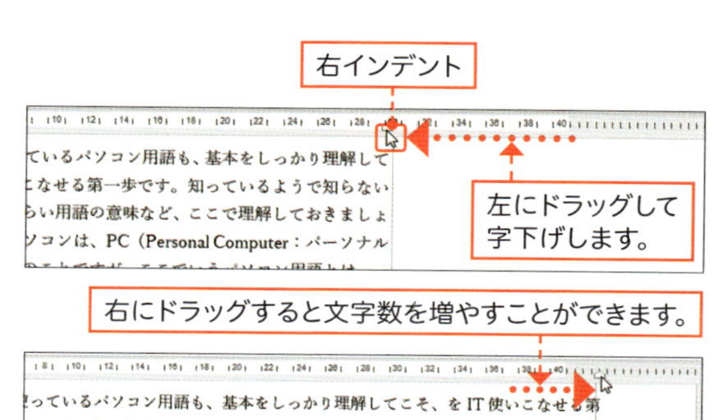

Section

40 文字の先頭を揃えよう

ここで学ぶこと

- タブ
- タブ位置
- 複数のタブ

箇条書きの項目の位置揃えには、**タブ**を使います。タブを挿入すると、タブの右隣の文字を**ルーラー**上の**タブ位置**に揃えることができます。また、タブの種類を指定すれば数値を小数点の位置で揃えたり、文字の右側で揃えたりできます。

練習▶40_商品一覧

1 文字の先頭にタブ位置を設定する

解説

タブを挿入する

文字の位置を揃えるタブを挿入するには、挿入する位置にカーソルを移動して、Tab を押します。入力中に Tab を押して挿入しても、右の手順のようにあとから挿入してもかまいません。

Tab を押して挿入されるタブの初期設定は4文字で、Tab を押すごとに、8文字、12文字…の位置にタブが挿入されます。なお、手順2のようにルーラー上にタブ位置を設定しない場合、タブマーカーは表示されません。

1 タブで揃える段落を選択して、

2 タブで揃えたい位置をルーラー上でクリックすると、

【商品一覧】
資材 PHT カラーバリエーション 38,500 円
建材 KG フルセット 112,750 円
やさしい壁板強度アップ 1 m² 9,800 円

3 ルーラー上にタブマーカーが表示されます。

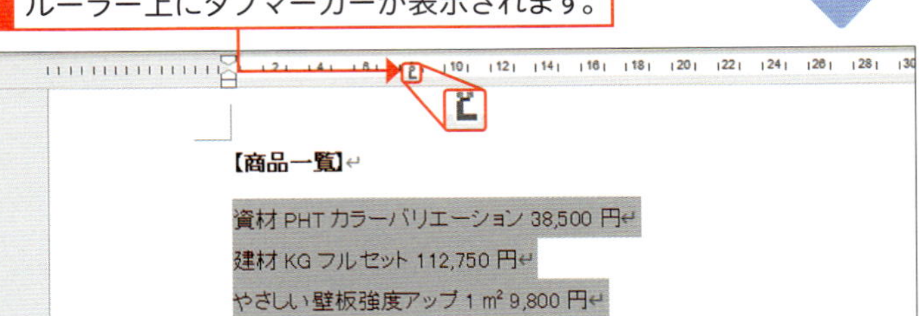

4 揃えたい文字の先頭にカーソルを移動して、

【商品一覧】
資材 PHT カラーバリエーション 38,500 円
建材 KG フルセット 112,750 円
やさしい壁板強度アップ 1 m² 9,800 円

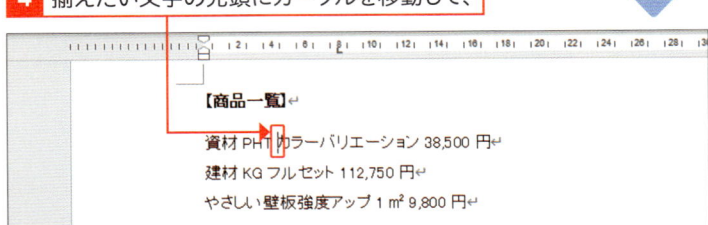

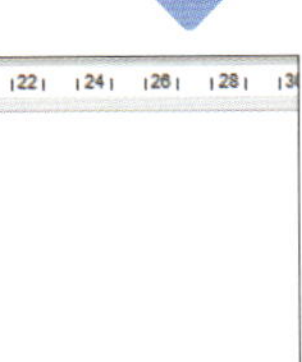

5 Tab を押します。

ヒント

最初に段落を選択する

タブを設定する場合、最初に段落を選択しておきます。段落を選択していないと、タブがうまく揃わない場合があります。

編集記号を表示する

文字の間の空白が、スペースなのかタブなのかがわかりにくいときは、[ホーム]タブの[編集記号の表示／非表示] を クリックしてオンにします。スペース(□や・)やタブ(→)を表す編集記号が表示されます(編集記号は印刷されません)。再度クリックすると、編集記号が非表示になります。

タブを削除する

挿入したタブを削除するには、タブの左側にカーソルを移動して Delete を押します。

6 タブが挿入され、

7 文字の先頭がタブ位置に移動します。

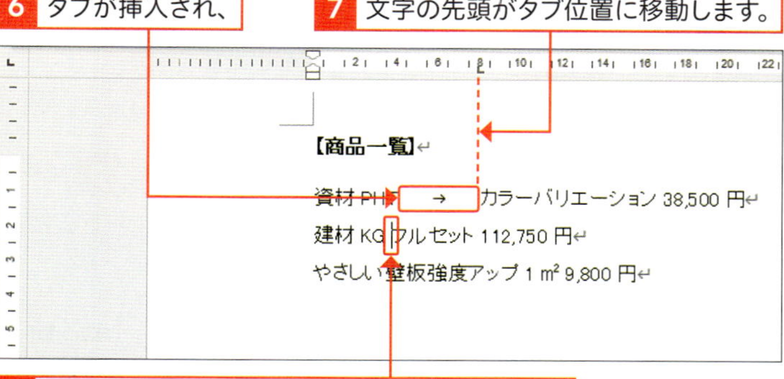

8 次に揃えたい文字の先頭にカーソルを移動して、

9 Tab を押します。

10 タブが挿入されて、

11 同じタブ位置に移動します。

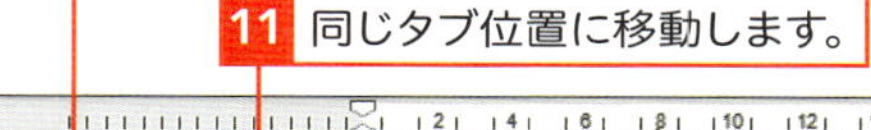

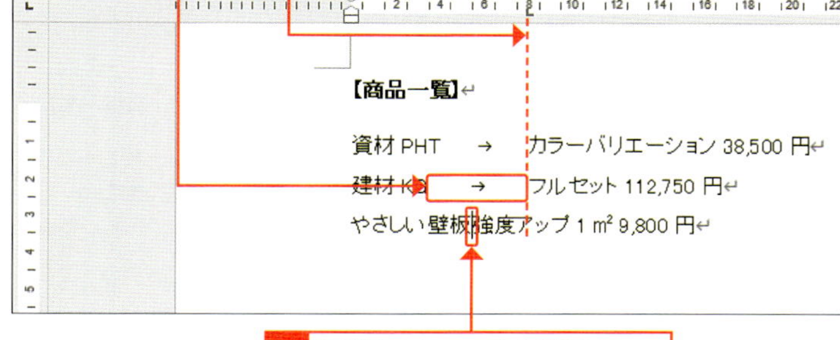

12 同様に、カーソルを移動して、

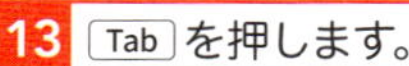

13 Tab を押します。

14 すべての文字の先頭がタブ位置で揃います。

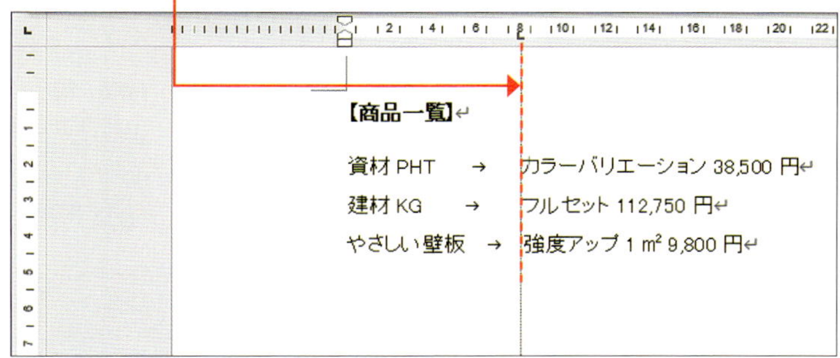

② タブ位置を変更する

解説

タブ位置の調整

設定したタブ位置を変更するには、タブ位置を変更したい段落を選択して、タブマーカーをドラッグします。このとき、Alt を押しながらドラッグすると、ルーラーに目盛が表示され、タブ位置を細かく調整することができます（180ページの「応用技」参照）。

ヒント

タブ位置(タブマーカー)を解除する

タブ位置を解除するには、タブが設定された段落を選択して、タブマーカーをルーラーの外にドラッグします。複数段落に同じタブを設定している場合は、すべての段落を選択してから操作するとよいでしょう。

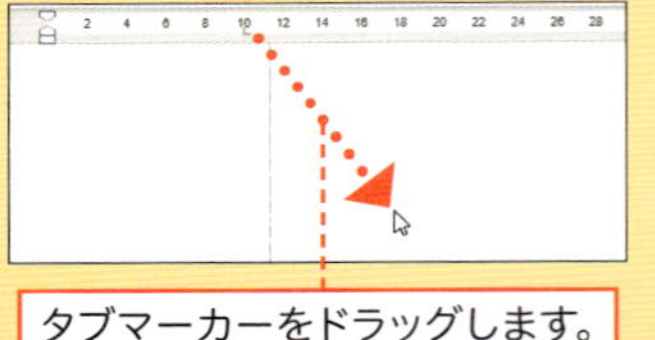

タブマーカーをドラッグします。

1 タブが設定されているすべての段落を選択します。

2 ルーラー上のタブマーカーをクリックして、

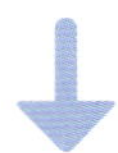

【商品一覧】
資材 PHT → カラーバリエーション 38,500 円
建材 KG → フルセット 112,750 円
やさしい壁板 → 強度アップ 1 m² 9,800 円

3 変更する位置までドラッグします。

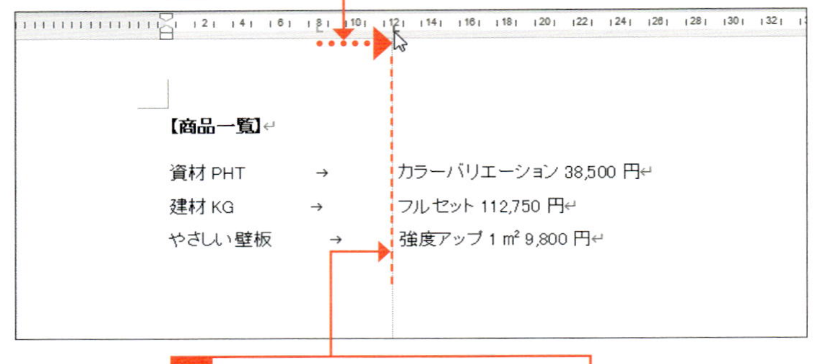

4 文字列がタブ位置に移動します。

③ タブ位置を数値で変更する

解説

タブ位置の設定

タブの位置をルーラー上で選択すると、微妙にずれてしまうことがあります。数値で設定すれば、すべての段落が同じタブ位置になるのできれいに揃います。

1 タブを設定した段落をすべて選択して、

2 タブマーカーの上をダブルクリックします。

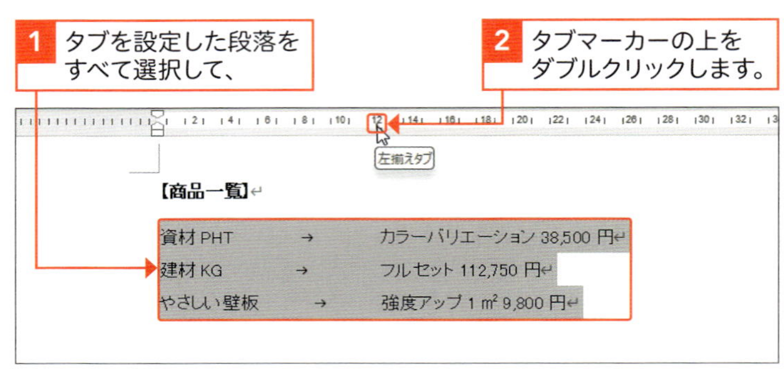

タブ位置にリーダーや罫線を入れる

[タブとリーダー]ダイアログボックスでは、タブが入力されている部分に点線（リーダー）を設定することができます。設定する段落を最初に選択してから、下の手順で操作します。

1 挿入したいリーダーをオンにして、

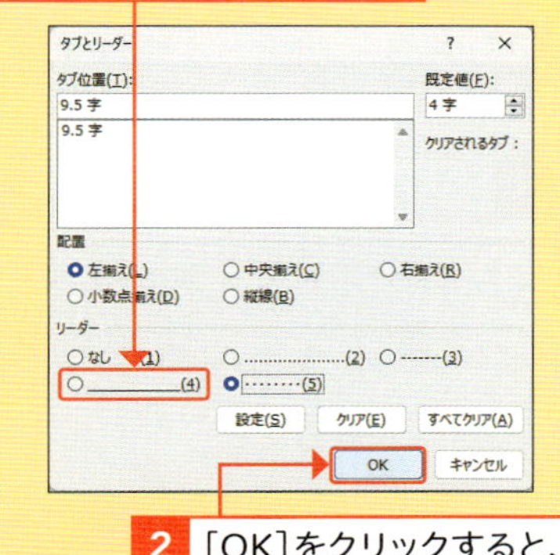

2 [OK]をクリックすると、

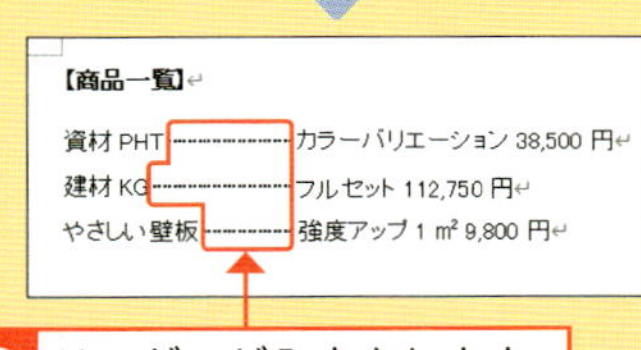

3 リーダーが入力されます。

3 [タブとリーダー]ダイアログボックスが表示されるので、

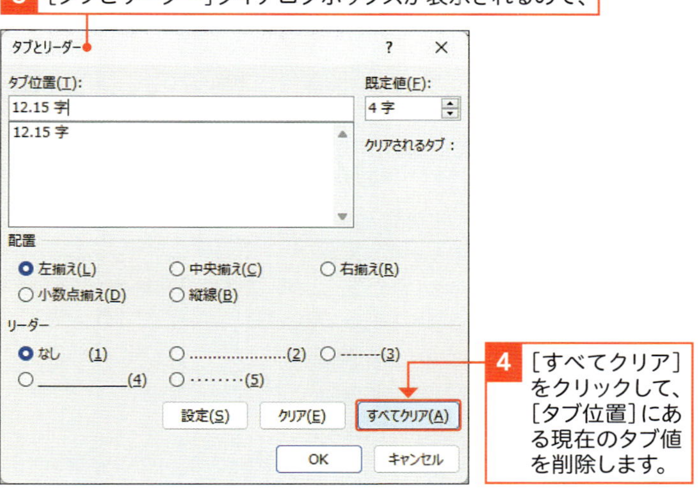

4 [すべてクリア]をクリックして、[タブ位置]にある現在のタブ値を削除します。

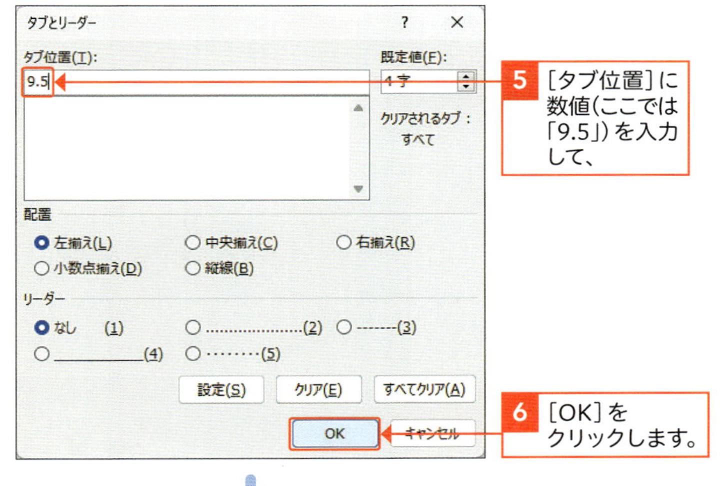

5 [タブ位置]に数値（ここでは「9.5」）を入力して、

6 [OK]をクリックします。

7 指定したタブ位置で揃います。

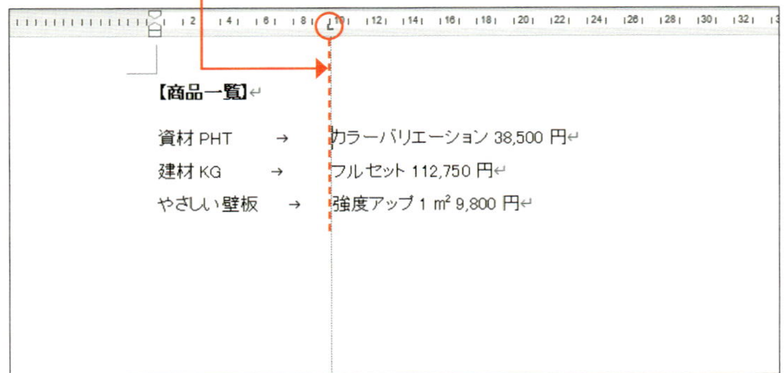

④ 複数のタブ位置で揃える

複数のタブの設定

ルーラー上に複数のタブ位置を指定して、項目ごとにタブを挿入することで、先頭位置を揃えることができます。また、複数のタブは、[タブとリーダー]ダイアログボックス(185ページ参照)を利用しても設定できます。[タブ位置]ボックスに1つ目のタブを指定して[設定]をクリックし、同様にして複数のタブ位置を指定します。

複数のタブ位置を設定できます。

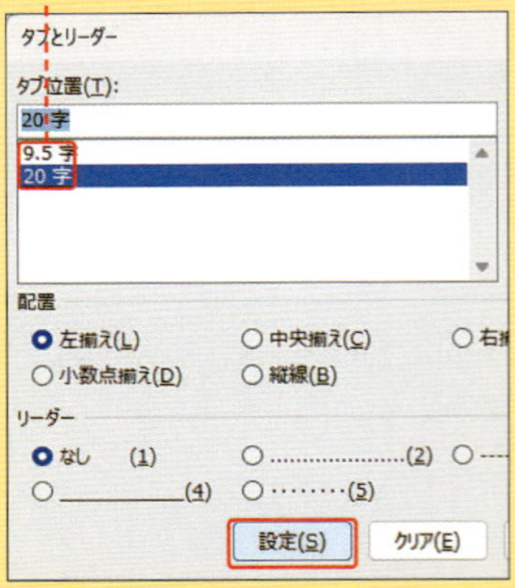

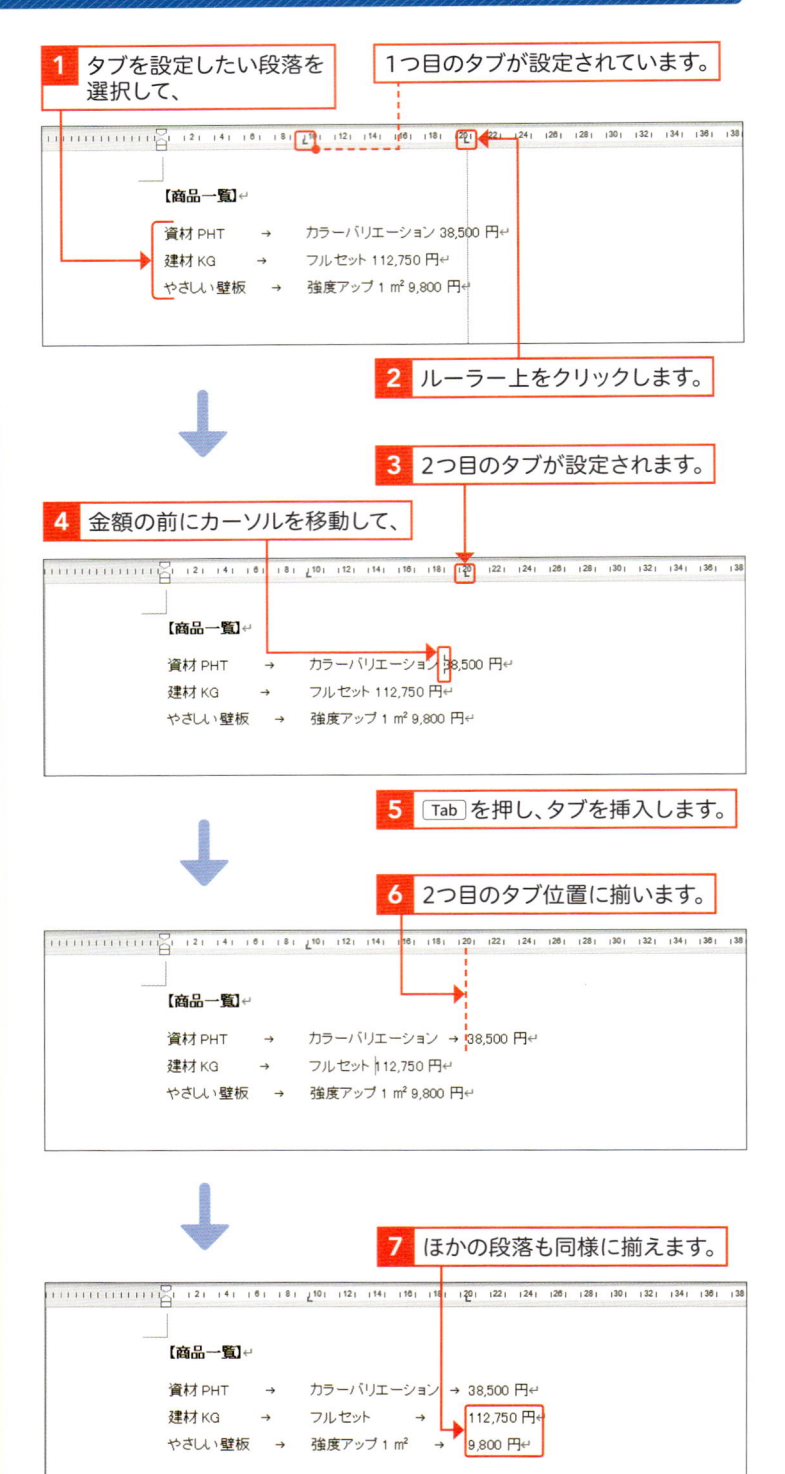

タブとリーダー
タブ位置(T):
20 字
9.5 字
20 字
配置
左揃え(L) 中央揃え(C) 右揃
小数点揃え(D) 縦線(B)
リーダー
なし (1) ……(2)
____(4) ・・・・(5)
設定(S) クリア(E)

1 タブを設定したい段落を選択して、

1つ目のタブが設定されています。

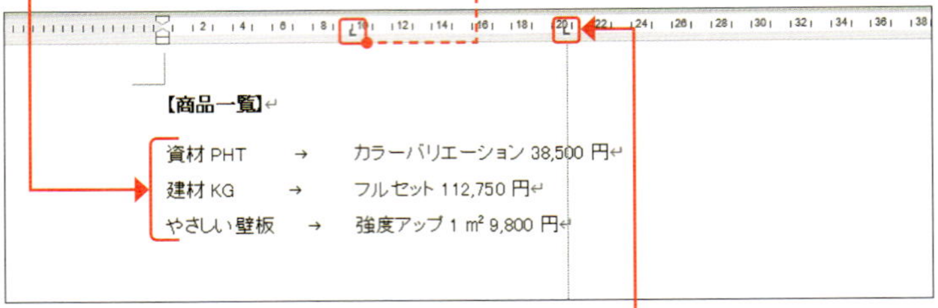

2 ルーラー上をクリックします。

【商品一覧】
資材 PHT → カラーバリエーション 38,500 円
建材 KG → フルセット 112,750 円
やさしい壁板 → 強度アップ 1 ㎡ 9,800 円

3 2つ目のタブが設定されます。

4 金額の前にカーソルを移動して、

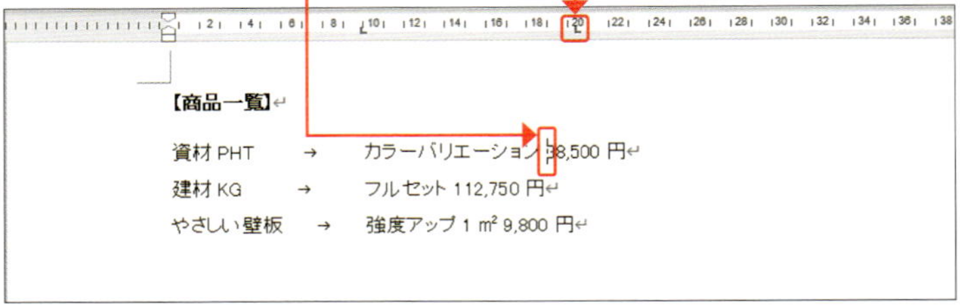

5 Tab を押し、タブを挿入します。

6 2つ目のタブ位置に揃います。

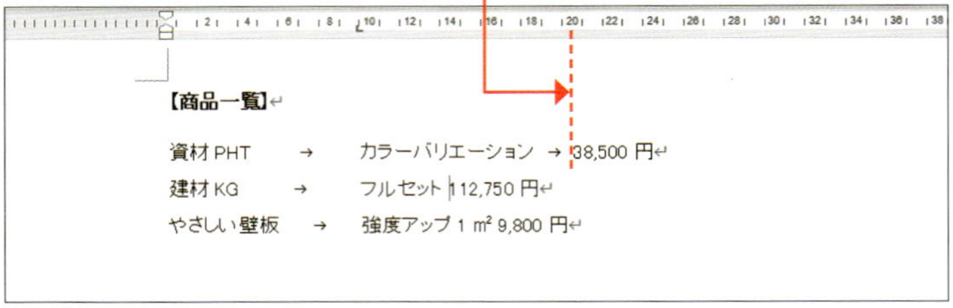

【商品一覧】
資材 PHT → カラーバリエーション → 38,500 円
建材 KG → フルセット 112,750 円
やさしい壁板 → 強度アップ 1 ㎡ 9,800 円

7 ほかの段落も同様に揃えます。

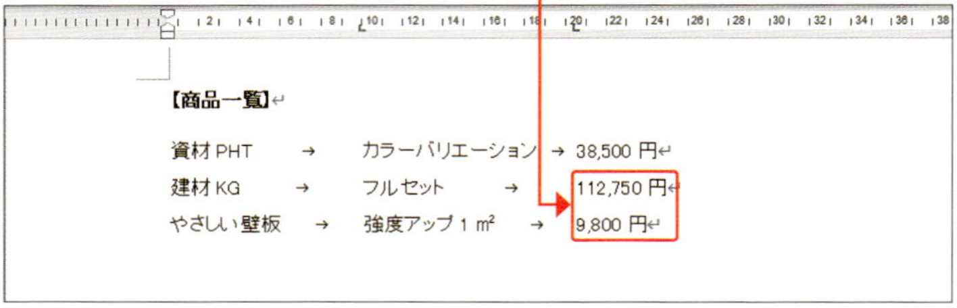

【商品一覧】
資材 PHT → カラーバリエーション → 38,500 円
建材 KG → フルセット → 112,750 円
やさしい壁板 → 強度アップ 1 ㎡ → 9,800 円

5 文字列末のタブ位置で揃える

解説

右揃えタブを利用する

数字データなど左揃えでは桁がわかりにくい場合、[右揃え]タブを利用して、文字の末尾を揃えるようにすると見やすくなります。
右の手順は、2つ目のタブを右揃え（金額の円で揃える）に設定します。

1 タブを設定したい段落を選択して、

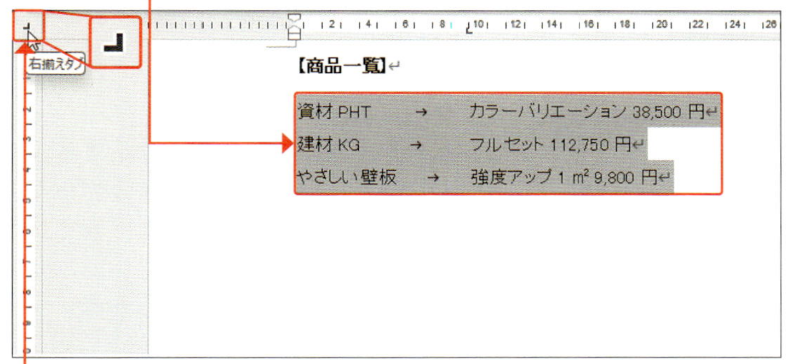

2 ここを何度かクリックして、[右揃え]を選択します。

3 ルーラー上のタブ位置をクリックします。

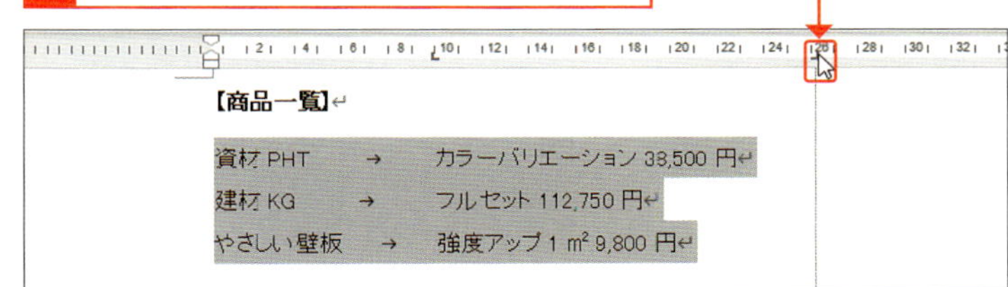

4 金額の前にカーソルを移動して Tab を押し、タブを挿入します。

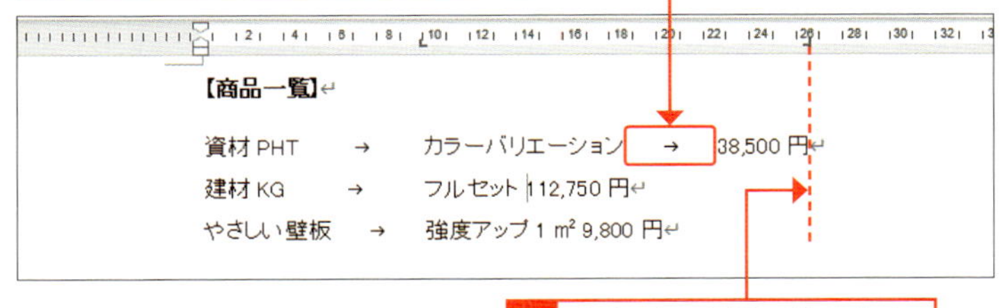

5 文字列の右側で揃います。

6 ほかの段落も同様に揃えます。

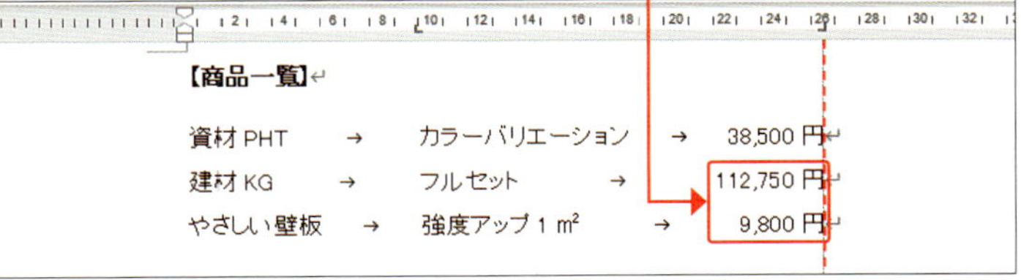

補足

タブの種類と揃え方

文字列は先頭を揃える以外にも、中央揃えや右揃え、小数点の位置などで揃えることが可能です。Wordのタブの種類を利用して、見やすい文書を作成しましょう。通常はタブの種類に[左揃え]が設定されていますが、右の操作のように種類を切り替えることができます。また、[タブとリーダー]ダイアログボックス（185ページ参照）の[配置]でも変更できます。
タブの種類と揃え方については、162ページを参照してください。

Section

41 改ページを設定しよう

ここで学ぶこと

- 改ページ
- ページ区切り
- 改ページ位置の自動修正

複数ページにまたがる文書を作成する場合、段落の途中など中途半端な位置で次のページにまたがってしまうと読みづらくなることがあります。このような場合、ページが切り替わる**改ページ位置を手動で設定**し、体裁を整えるとよいでしょう。

練習▶41_社内通信

1 改ページ位置を設定する

重要用語

改ページ位置

「改ページ位置」とは、文章を別のページに分ける位置のことです。カーソルのある位置に設定されるので、カーソルの右側にある文字以降の文章が次のページに送られます。

補足

改ページ位置の表示

改ページを設定すると、改ページ位置が「……改ページ……」のように表示されます。表示されない場合、[ホーム]タブの[編集記号の表示／非表示] をクリックします。

ショートカットキー

ページ区切りを挿入する

Ctrl + Enter

1 次のページに送りたい段落の先頭にカーソルを移動します。

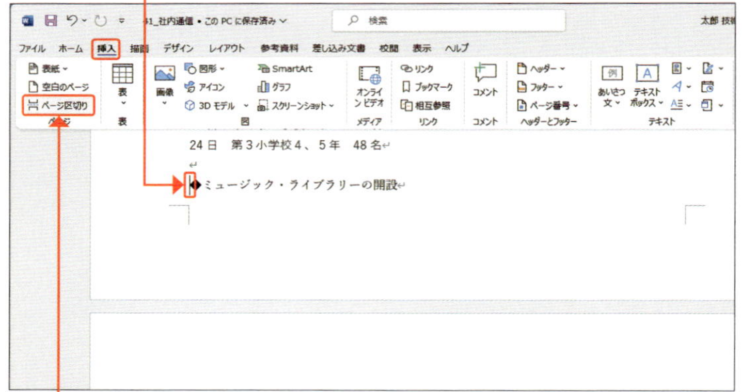

2 [挿入]タブの[ページ区切り]をクリックすると、

改ページ記号が表示されます(「補足」参照)。

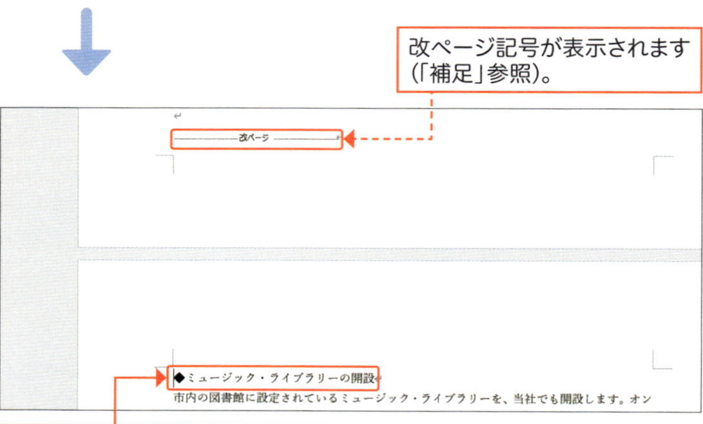

3 カーソルの右側にあった文章以降が、次のページに送られます。

改ページ位置の設定を解除する

補足 改ページ位置の自動修正機能を利用する

ページ区切りによって、段落の途中や段落間で改ページされないように設定することができます。これらの設定は、[段落]ダイアログボックスの[改ページと改行]タブをクリックして、[改ページ位置の自動修正]で行います。
[段落]ダイアログボックスは、[ホーム]タブまたは[レイアウト]タブの[段落]グループ右下の[段落の設定] をクリックすると表示できます。

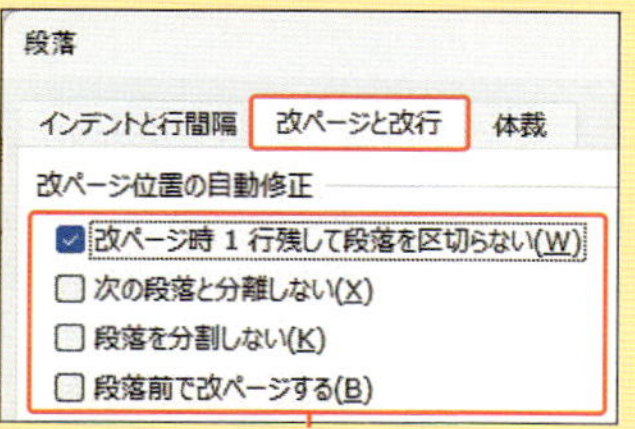

段落の途中や段落間で改ページされないように設定できます。

1 改ページされたページの先頭にカーソルを移動します。

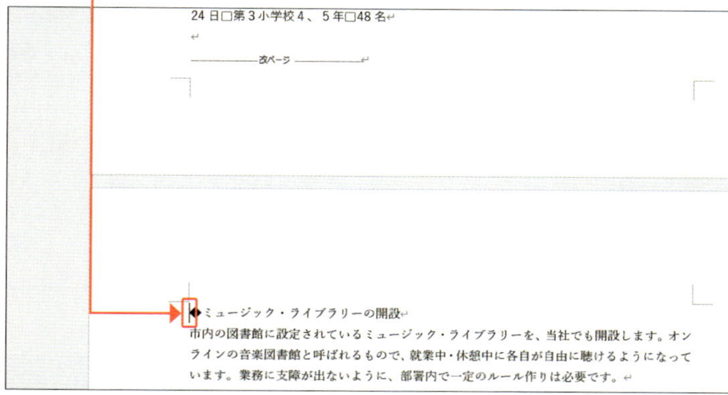

2 Back space を2回押すと、

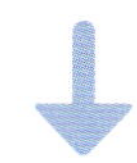

3 改ページ位置の設定が解除されます。

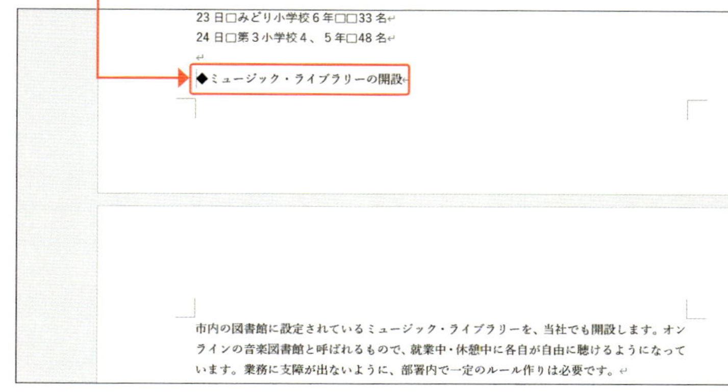

ヒント [ページ区切り]の表示

画面の横幅が狭い場合、右図のように[挿入]タブの[ページ]グループに[ページ区切り]が表示されます。
なお、[レイアウト]タブの[ページ/セクション区切りの挿入]をクリックしたメニューにも[改ページ]があります。どちらを利用してもかまいません。

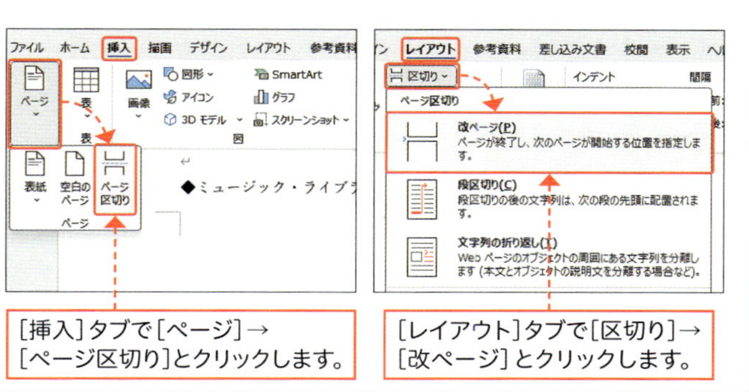

[挿入]タブで[ページ]→[ページ区切り]とクリックします。

[レイアウト]タブで[区切り]→[改ページ]とクリックします。

Section

42 段組みを設定しよう

ここで学ぶこと

- 段組み
- 段区切り
- 境界線

段組みを設定すると、ページを**2つ以上の列に分ける**ことができます。1行の文字数が少ない場合、段組みにすることで1ページに収めることができます。また、2段組みの場合は、**左右の段の幅を変える**ことができ、表現の範囲が広がります。

練習▶42_社員研修

1 文書全体に段組みを設定する

解説

文書全体に段組みを設定する

1行の文字数が長すぎて読みにくいというときは、段組みを利用すると便利です。[段組み]のメニューには、次の5種類の段組みが用意されています。

- 1段　●2段　●3段
- 1段目を狭く　●2段目を狭く

1 [レイアウト]タブをクリックして、

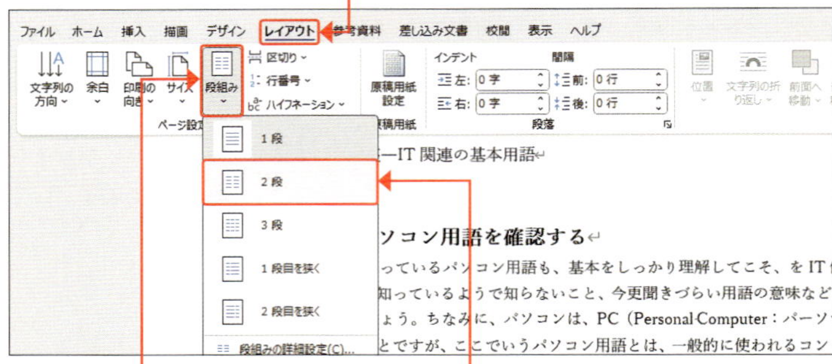

2 [段組み]をクリックし、

3 設定したい段数をクリックすると(ここでは[2段])、

4 指定した段数で段組みが設定されます。

4月の社員講座—IT関連の基本用語

STEP1□パソコン用語を確認する

日頃何気なく使っているパソコン用語も、基本をしっかり理解してこそ、をIT使いこなせる第一歩です。知っているようで知らないこと、今更聞きづらい用語の意味など、ここで理解しておきましょう。ちなみに、パソコンは、PC (Personal Computer：パーソ

のことです。さまざまな種類があります。

・HDD

Hard Disk Drive の略で、「エイチディーディー」と読みます。一般には「ハードディスク」と呼ばれ、大容量の保存に適しています。

・SSD

Solid State Drive（ソリッド・ステート・ドライブ）の略で、「エスエスディー」と読みます。

最大容量は小さいですが、読み込むスピー

範囲を選択せずに段組みを指定すると、ページ単位で段組みが設定されます。

ヒント

文字列が1行に収まり切らない場合

段組みを設定すると、1行に入力することができる文字数が減り、1行に収まり切らないことがあります。このような場合、1行の文字数を増やしたり(85ページ参照)、[段組み]ダイアログボックス(192ページ参照)で「段の幅」または「間隔」を調整したりします。

特定の範囲に段組みを設定する

特定の範囲に段組みを設定する

見出しを段組みに含めたくない場合や文書内の一部だけを段組みにしたい場合、段組みに設定する範囲を最初に選択しておきます。

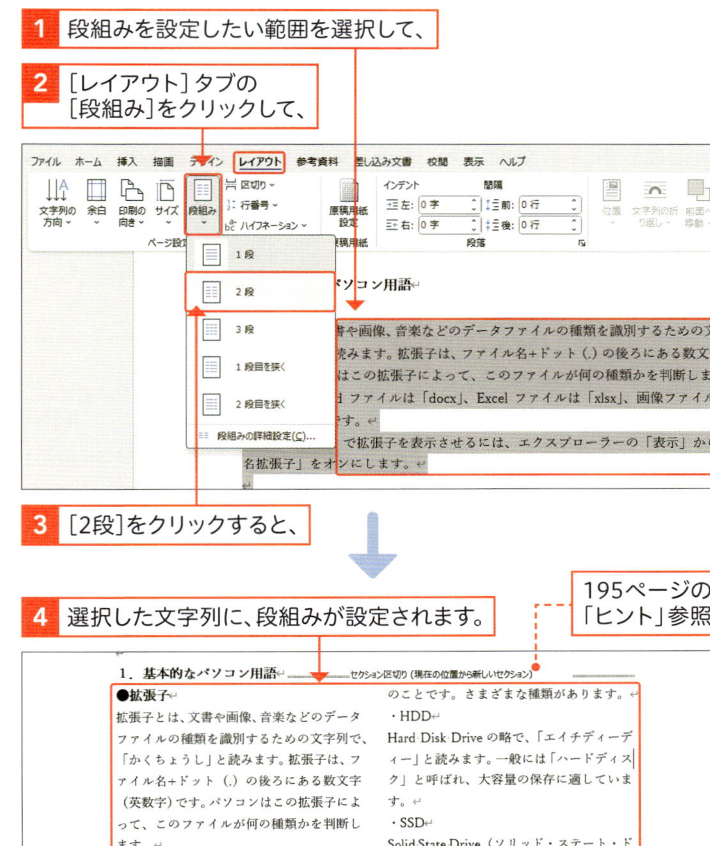

段の幅と間隔は自動設定される

[段組み]をクリックして段数を選択した場合や、[段組み]ダイアログボックス（192ページ参照）で段数を選択した場合は、文書のページ設定（左右の余白や1行の文字数）から自動的に段の幅と段と段の間の幅が設定されます。

応用技 段区切りを挿入する

段組みをした場合、段落が途中で次の段に続いてしまうことがあります。このようなときは、区切りのよい位置で[段区切り]を設定します。

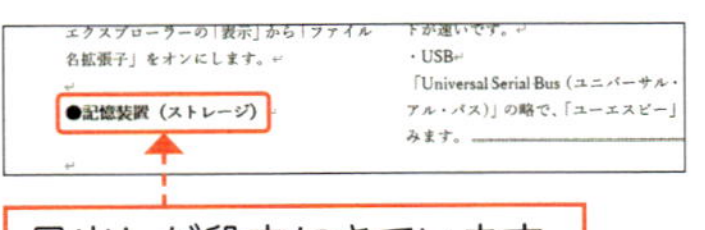

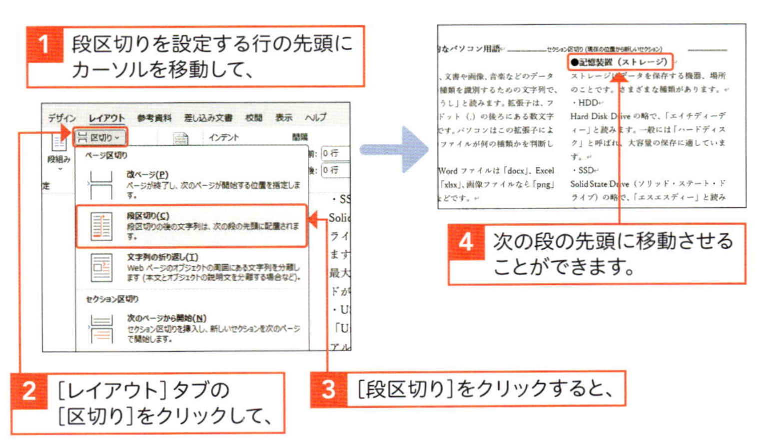

③ 指定する範囲で段の間に線を引く

解説

段の間に線を引く

段と段の間に十分な間隔がない場合、列に入力されている文字列が読みづらくなります。このような場合は間隔を十分に広くするのが理想的ですが、それができない場合や、列をはっきりと区別したい場合などには境界線を引きます。

1 段組みにしたい範囲を選択して、

2 [レイアウト]タブの[段組み]をクリックし、

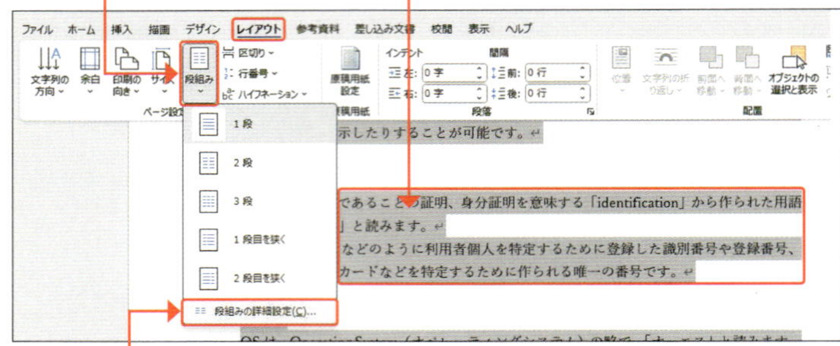

3 [段組みの詳細設定]をクリックすると、

4 [段組み]ダイアログボックスが表示されます。

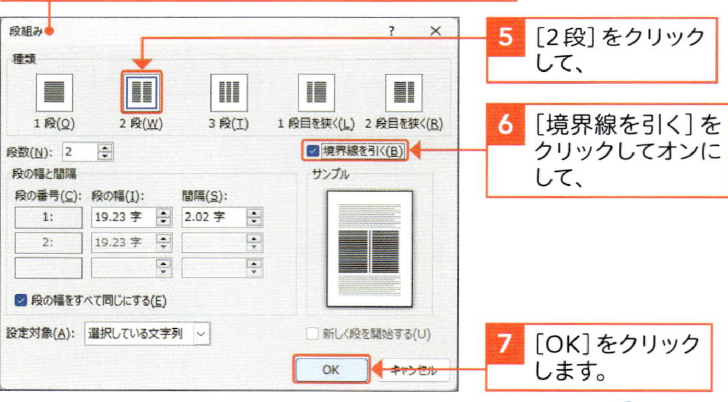

5 [2段]をクリックして、

6 [境界線を引く]をクリックしてオンにして、

7 [OK]をクリックします。

8 2段組みの間に、線が引かれます。

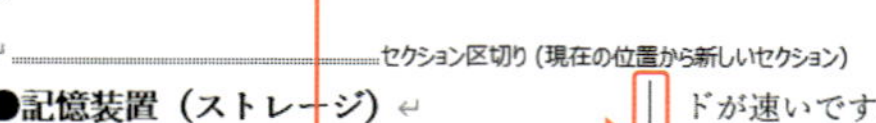

セクション区切り (現在の位置から新しいセクション)

●記憶装置(ストレージ)
ストレージはデータを保存する機器、場所のことです。さまざまな種類があります。
・HDD
Hard Disk Drive の略で、「エイチディーディー」と読みます。一般には「ハードディスク」と呼ばれ、大容量の保存に適しています。
・SSD
Solid State Drive(ソリッド・ステート・ドライブ)の略で、「エスエスディー」と読みます。
最大容量は小さいですが、読み込むスピードが速いです。
・USB
「Universal Serial Bus(ユニバーサル・シリアル・バス)」の略で、「ユーエスビー」と読みます。データの保管のほか、小さくて持ち運びに便利です。

●通信規格
・Wi-Fi
Wireless Fidelity(ワイヤレス・フィデリティ)の略で、「ワイファイ」と読みます。
無線 LAN の通信規格のひとつで、オフィス

ヒント

段数の目安

ビジネス文書に使用されることが多いA4サイズの用紙を縦に使う場合、段組みを利用するならば、2段を目安にするとよいでしょう。段数を増やすと列ごとの文字数が少なくなり、かえって見づらくなることがあります。
A4用紙を横置きにした場合でも、段組みの利用は3段までを目安にすると、読みやすい文書になります。

4 段ごとに幅を変える

解説

段ごとに幅や間隔を指定する

段ごとに幅や間隔を指定するには、[段組み]ダイアログボックスで[段の幅をすべて同じにする]をオフにして、設定したい[段の番号]の[段の幅]や[間隔]に文字数を入力します。なお、段の幅を変更すると、ほかの段の幅が自動調整されます。

1 段の幅を変えたい範囲を選択して、

2 [レイアウト]タブの[段組み]をクリックして、

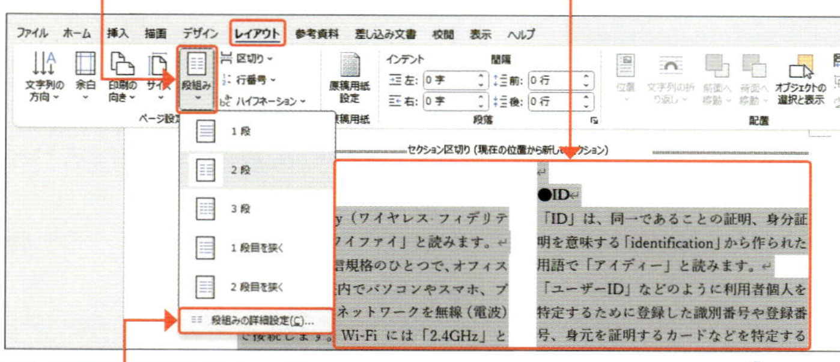

3 [段組みの詳細設定]をクリックすると、

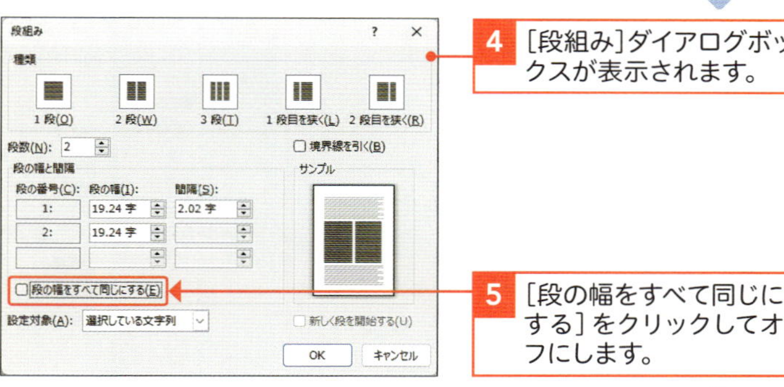

4 [段組み]ダイアログボックスが表示されます。

5 [段の幅をすべて同じにする]をクリックしてオフにします。

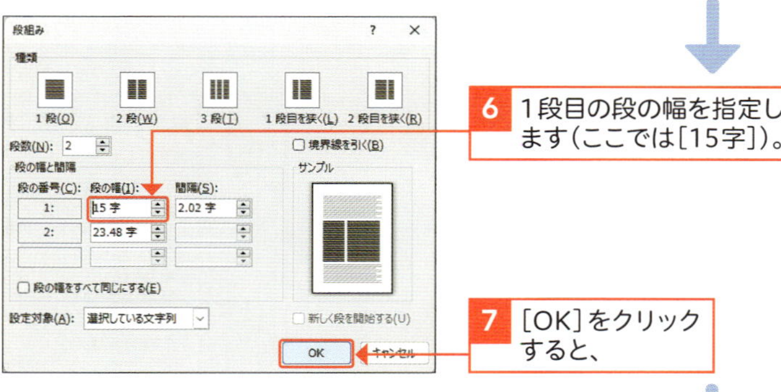

6 1段目の段の幅を指定します(ここでは[15字])。

7 [OK]をクリックすると、

8 段ごとの列の幅が変更されます。

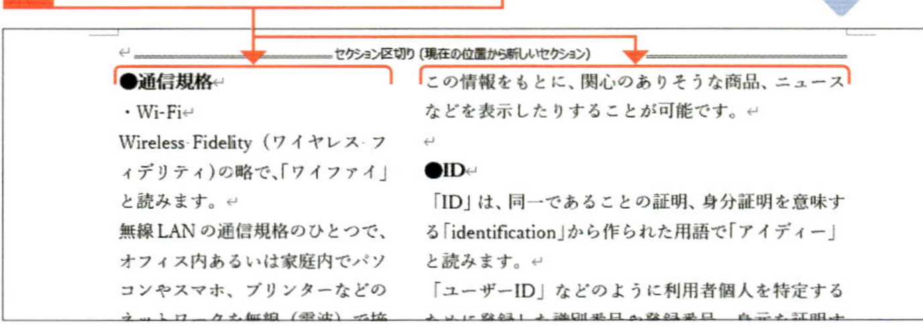

Section

43 セクション区切りを設定しよう

ここで学ぶこと

- ・セクション
- ・セクション区切り
- ・セクション区切りの解除

通常、文書内の書式などは、文書全体に設定されます。この設定の適用範囲を**セクション**といい、**セクション区切り**を設定すると、そのセクション内だけに書式設定を行えます。1つの文書内で、異なるサイズの用紙を混在させることもできます。

練習▶43_社員研修

1 文書内にセクション区切りを設定する

重要用語

セクション

「セクション」とは、レイアウトや書式設定を適用する範囲のことです。通常、1つの文書は1つのセクションとして扱われ、ページ設定は全ページが対象となります。セクションを区切ることで、文書内の一部分を段組みにしたり、縦置きと横置きを併用したり、異なる用紙サイズにしたりすることができます。

1 セクションを区切る位置にカーソルを移動します。

●OS
OS は、Operating System（オペレーティングシステム）の略で、「オーエス」と読みます。パソコンを動かすために必要な基本ソフトウェアのことで、Windows や macOS などがあります。

STEP2□基本的なパソコン操作（Windows）
1．パソコンの起動
①パソコンの電源を入れ、Windows のロック画面が表示されます。
②サインイン用のパスワード、もしくは PIN を入力して、［サインイン］をクリックし

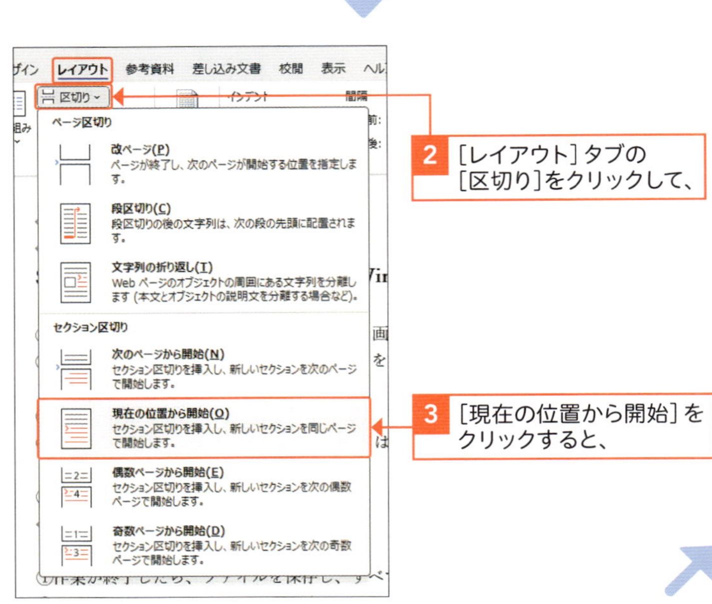

2 ［レイアウト］タブの［区切り］をクリックして、

3 ［現在の位置から開始］をクリックすると、

4 セクションが区切られます。

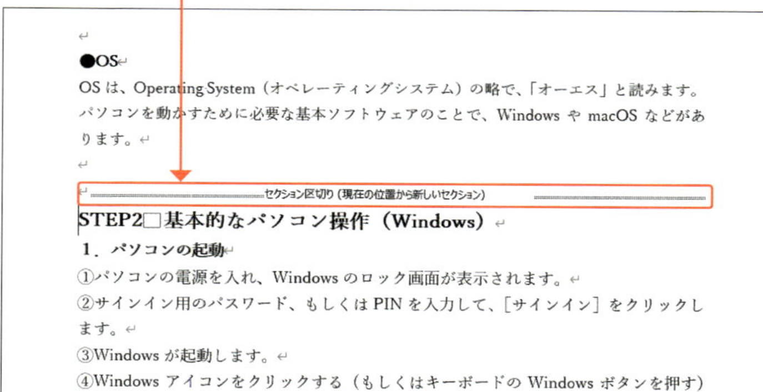

ヒント
セクション区切りの記号

文章をセクションで区切ると、手順**4**のようにセクション区切りの記号が挿入されます。記号が表示されないときは、[ホーム]タブの[編集記号の表示／非表示]をオンにします。

2 セクション単位でページ設定を変更する

1 変更するセクション内にカーソルを移動します。

2 [レイアウト]タブの[印刷の向き]をクリックし、

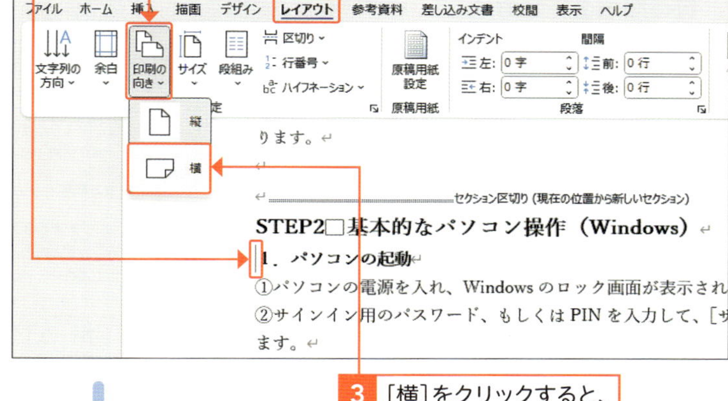

3 [横]をクリックすると、

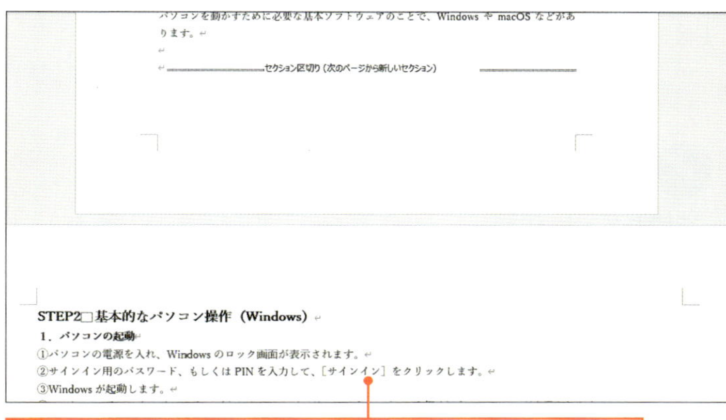

4 セクション区切り以降の用紙の向きは、横方向になります。

解説
セクション区切りの位置

ページの途中にセクション区切りを挿入する場合、カーソルのある位置からセクションを開始させることも、次のページからセクションを開始させることも可能です。ここでは、セクション区切り以降をA4サイズの横置きに設定します。

注意
セクション区切りの解除時の注意

セクション区切りを解除するには、セクション区切りの記号を選択して[Delete]を押すか、セクションの先頭にカーソルを移動して[Back space]を押します。
このとき、結合した文書は2つ目のセクションのページ設定が優先されます。つまり、1つ目のセクションの設定が変更されてしまうので、もとに戻すにはページ設定をし直す必要があります。

Section

44 行間／段落の間隔を変更しよう

ここで学ぶこと

- 行間
- 段落の間隔
- 行間のオプション

文字のサイズやフォントを変更したり、ルビを振ったりすると、自動で**行間**が広がってしまい、見栄えが悪くなります。このような場合は**行間のオプション**を利用して、行間を調整します。また、段落間の間隔を広げることもできます。

練習▶44_社内通信

1 行の間隔を変更する

解説

行の間隔の指定方法

フォントサイズの変更やルビの設定などで一部の行だけ行間が変わってしまうことがあります。行の間隔を調整するには、次の2つの方法があります。

●1行の高さの倍数で指定する

[ホーム]タブの[行と段落の間隔]をクリックして、一覧の中から倍率をクリックするか、[段落]ダイアログボックスの[行間]で[倍数]、[間隔]で倍数を指定します。

●ポイント数で指定する

[段落]ダイアログボックスの[行間]で[固定値]をクリックし、[間隔]でポイント数を指定します。

補足

行間をもとに戻す

行間を変更前の状態に戻したい場合、段落にカーソルを移動して、[段落]ダイアログボックスの[インデントと行間隔]タブで[行間]が[1行]の初期設定値に戻します。

1 フォントサイズを大きくしたために、行間が広くなった行にカーソルを移動して、

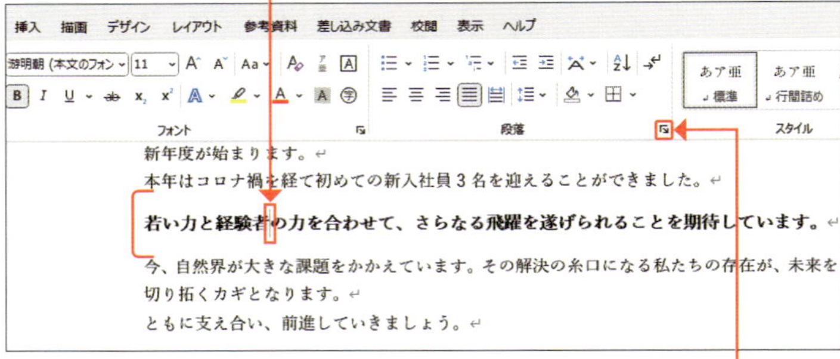

2 [ホーム]タブの[段落]グループのここをクリックします。

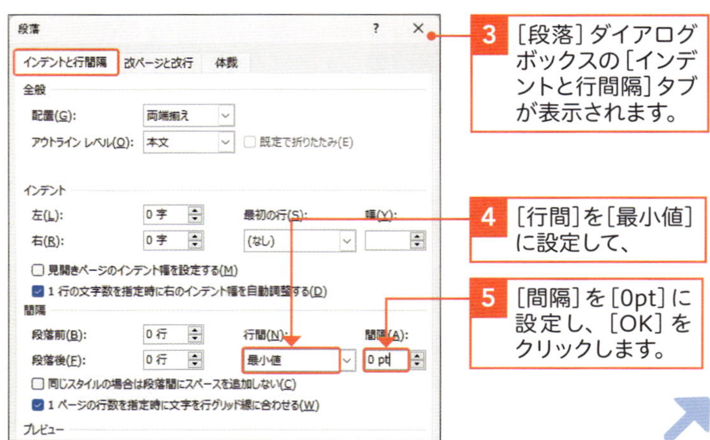

3 [段落]ダイアログボックスの[インデントと行間隔]タブが表示されます。

4 [行間]を[最小値]に設定して、

5 [間隔]を[0pt]に設定し、[OK]をクリックします。

行間を固定する

行間を固定すると、文字フォントや装飾などにより行間が変わらなくなります。ただし、サイズを大きくした場合などは行間が狭くなったり、上下の行の文字と重なってしまったりすることがあります。

6 行間が調整できます。

新年度が始まります。
本年はコロナ禍を経て初めての新入社員3名を迎えることができました。
若い力と経験者の力を合わせて、さらなる飛躍を遂げられることを期待しています。
今、自然界が大きな課題をかかえています。その解決の糸口になる私たちの存在が、未来を切り拓くカギとなります。
ともに支え合い、前進していきましょう。

応用技 行グリッド線を解除する

フォントサイズを11ptや12ptにすると行間が広がってしまうのは、既定の行間で行グリッド線が設定されているためです。[段落]ダイアログボックスで、行グリッド線に合わせるのを解除します。ただし、12pt以上の場合は、196ページの方法で調整します。

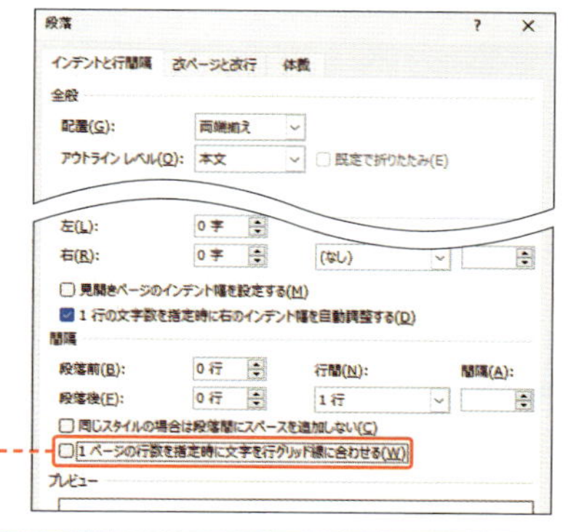

［1ページの行数を指定時に文字を行グリッド線に合わせる］をオフにします。

2 段落の間隔を変更する

解説 段落の前後を広げる

段落の間隔を広げるというのは、段落内の行間は同じで、段落の前後の間隔を広げるという設定です。話題の区切りなどで段落どうしの間隔を広げると、文章が見やすくなります。段落の間隔は、段落の前後で別々に指定する必要があります。

行間のオプション

手順3で［行間のオプション］をクリックすると、［段落］ダイアログボックスを表示できます。

1 段落の間隔を変更したい段落にカーソルを移動して、

2 ［ホーム］タブの［行と段落の間隔］をクリックし、

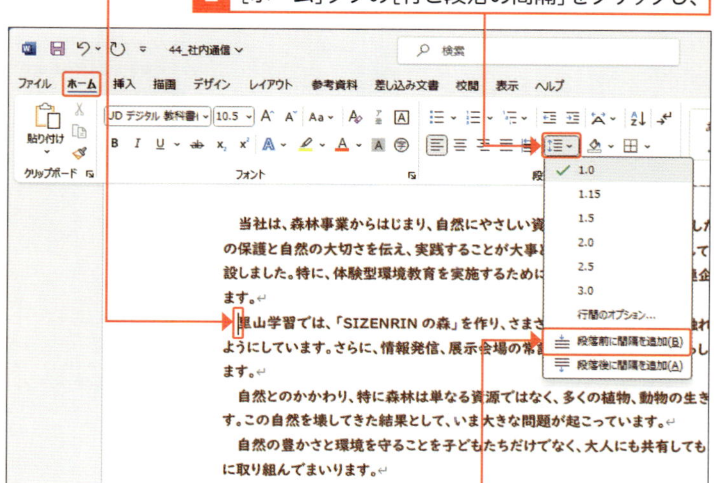

3 ［段落前に間隔を追加］をクリックします。

そのほかの段落間隔の変更方法

右の方法で間隔を追加すると、12pt分広がります。[段落]ダイアログボックスの[間隔]では[段落前][段落後]を細かく指定することができます。

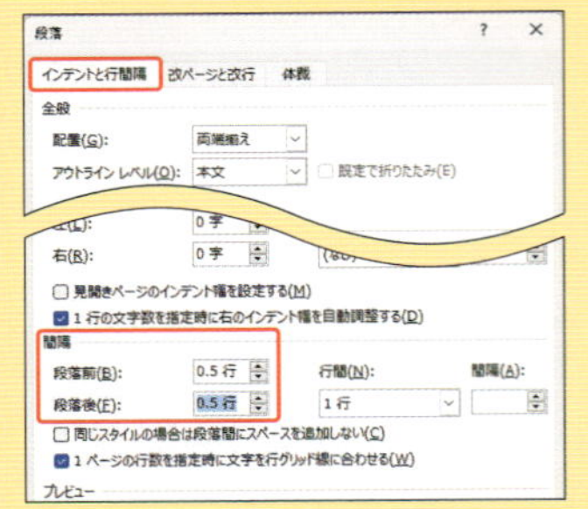

時短 間隔を広げる

手順 5 のメニューにある「1.15」～「3.0」をクリックすると、選択している行や段落の間隔をすばやく広げることができます。

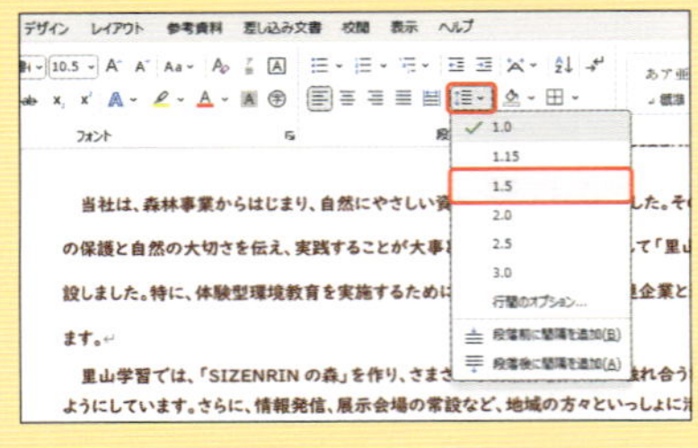

4 直前の段落との間（段落前）が広がります。

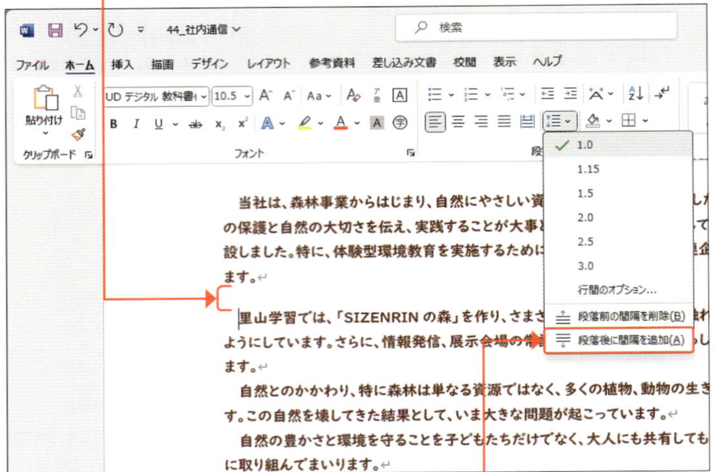

5 同様にして［段落後に間隔を追加］をクリックします。

6 次の段落との間（段落後）が広がります。

当社は、森林事業からはじまり、自然にやさしい資材作りを行ってまいりました。その中で、自然の保護と自然の大切さを伝え、実践することが大事と考え、その活動拠点として「里山学習」を開設しました。特に、体験型環境教育を実施するために、市教育委員会、各関連企業と連携しております。

里山学習では、「SIZENRIN の森」を作り、さまざまな自然体験、自然と触れ合う機会ができるようにしています。さらに、情報発信、展示会場の常設など、地域の方々といっしょに活動しております。

自然とのかかわり、特に森林は単なる資源ではなく、多くの植物、動物の生きる場でもあります。この自然を壊してきた結果として、いま大きな問題が起こっています。

自然の豊かさと環境を守ることを子どもたちだけでなく、大人にも共有してもらえるような活動に取り組んでまいります。

行間と段落前後

行間は、前の行の下端から次の行の下端までの間隔をいいます。
段落は、「段落記号」↵ から次の ↵ までの1つのまとまりで、複数の行でも1文字でも段落として扱われます。段落前は前の段落の下端から段落の上端までの間隔で、段落後は段落の下端から次の段落の上端までの間隔を指します。

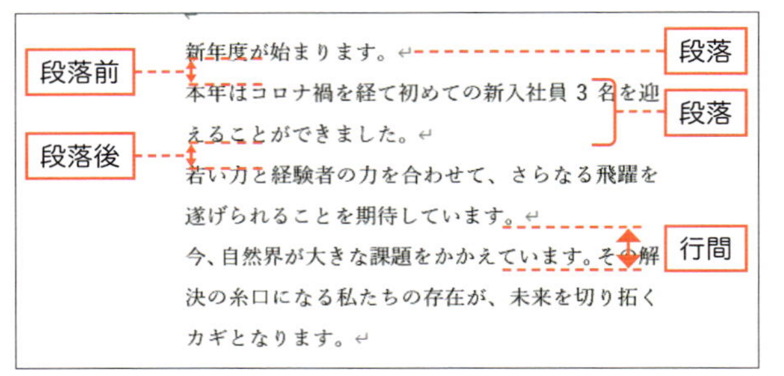

第 7 章

表を作成しよう

この章で学ぶこと

表の仕組みを理解しよう

Wordの基本的な表

Wordでは、列数と行数を指定すると、文書のページ設定に応じた表（罫線の枠）が作成されます。「セル」と呼ばれる個々のマス目に文字列や数値などを入力します。

里山学習担当表

日付	時間	内容	担当	交通費
7月20日	10：00	森林散策	山本	700円
7月21日	9：30	木工教室	林	380円
7月22日	10：00	リサイクル学習	松下	1,160円
7月23日	14：00	焚火体験	森田	580円

●表を編集する

表を作成すると、［テーブルデザイン］タブと［テーブルレイアウト］タブ（Wordのバージョンによっては［レイアウト］タブ）が表示されます。［テーブルデザイン］タブには、表の見栄えを整えるための罫線（太さ、種類、色）、塗りつぶしの色、表全体のデザインなどが用意されています。［テーブルレイアウト］タブには、表を編集するため行／列／セルに対する操作や機能が用意されています。フォントの変更や文字装飾、セルの書式設定の変更などを行って、見栄えのよい表を完成します。また、表のスタイル（あらかじめ用意されているデザイン）を使って、表を作成することもできます。

里山学習担当表

日 付	時 間	内 容	担 当	交通費
7月20日	10:00	森林散策	山本	700円
	14:00	材木集め	森田	ー
7月21日	9:30	木工教室	林	380円
	13:30	自由工作	大木・杉山	660円・900円
7月22日	10:00	資源の再利用	松下	1,160円
	14:00	森林保全	大木	660円
7月23日	14:00	焚火体験	森田	580円

表の作成方法

表は最初に行と列の数を指定して、表の枠組みを作成します。表に文字列や数値などの入力を行ったら、幅や高さなどを整えて、最後に書式を設定し、見栄えをよくします。

●表の枠組みを制作する

[挿入]タブで[表]→[表の挿入]とクリックして、[表の挿入]ダイアログボックスで列数と行数を指定します。[自動調整のオプション]を使用して表を作成する方法です。

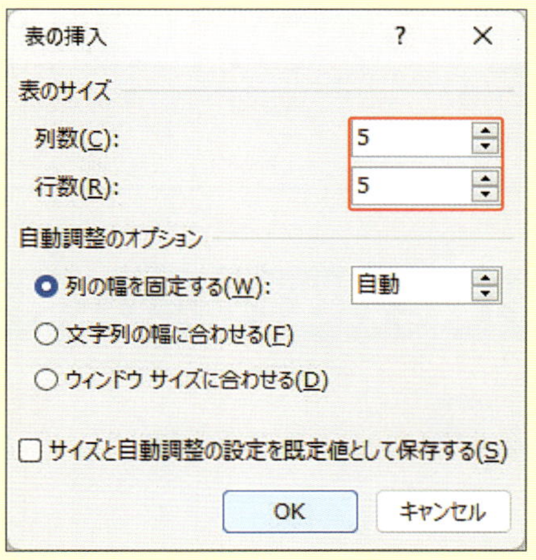

●表の形を整える

表の枠組みができたら、表内に文字を入力します。文字に合わせて、列の幅や行の高さを調整します。同じ見出しのセルを結合して1つにしたり、分割してセルを増やしたりして、見やすい表になるように整えます。

行高や列幅を変更します。

セルを結合します。

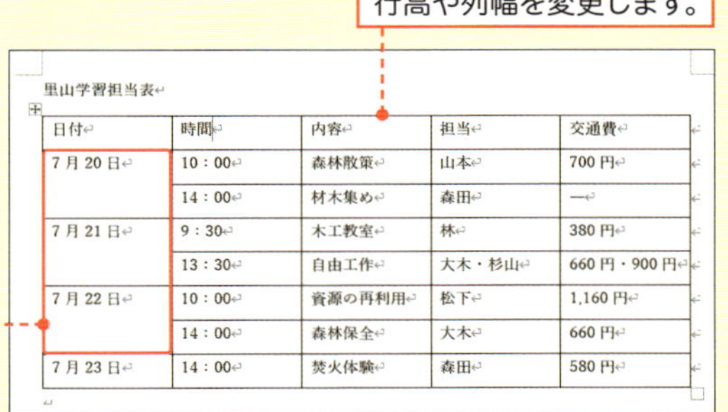

里山学習担当表

日付	時間	内容	担当	交通費
7月20日	10：00	森林散策	山本	700円
	14：00	材木集め	森田	—
7月21日	9：30	木工教室	林	380円
	13：30	自由工作	大木・杉山	660円・900円
7月22日	10：00	資源の再利用	松下	1,160円
	14：00	森林保全	大木	660円
7月23日	14：00	焚火体験	森田	580円

●表に書式を設定する

文字の書式を変更して、見出しは中央揃えにしたり、項目は右揃えにしたりしてセル内の配置を設定します。また、表の罫線の太さや種類、色を変更します。さらに、タイトル行に色を付けたり、用意されているデザインを利用したりして、見栄えのよい表を作ります。

罫線を変更して、タイトル行に色を付けます。

日 付	時 間	内 容	担 当	交通費
7月20日	10:00	森林散策	山本	700円
	14:00	材木集め	森田	—
7月21日	9:30	木工教室	林	380円
	13:30	自由工作	大木・杉山	660円・900円
7月22日	10:00	資源の再利用	松下	1.160円
	14:00	森林保全	大木	660円
7月23日	14:00	焚火体験	森田	580円

文字の書式や配置を設定します。

Section

45 表を作成しよう

ここで学ぶこと

- 表の挿入
- 行数／列数
- セル

表を作成する場合、どのような表にするのか、行や列の数をあらかじめ決めておくとよいでしょう。まずは、**行と列の数を指定**して、**表の枠組み**を作成しましょう。Wordでは **[表の挿入]** を利用すると、かんたんに表を作成できます。

1 行数と列数を指定して表を作成する

解説

表を作成する

表を作成する方法にはいくつかありますが、本書では行数と列数を指定して作成する方法を紹介します。203ページの「時短」の方法も参照ください。

1 表を作成する位置にカーソルを移動しておきます。

2 [挿入]タブをクリックして、

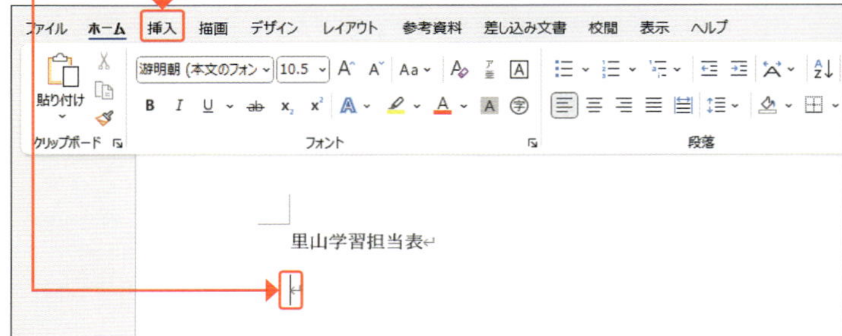

3 [表]をクリックし、

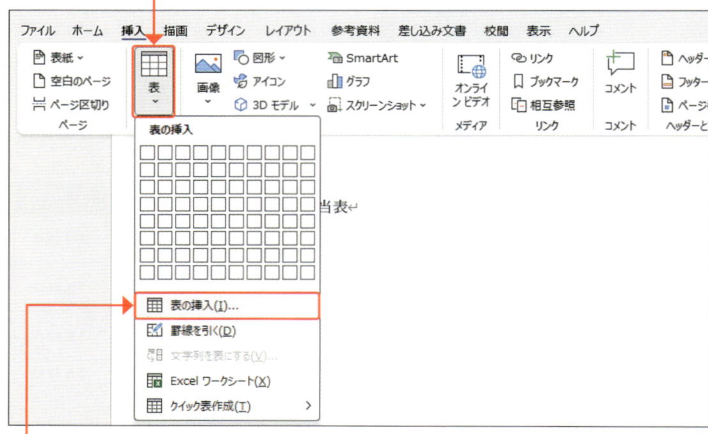

4 [表の挿入]をクリックします。

補足

表の開始位置

手順1でのカーソル位置から表が作成されます。カーソル位置を確認してから表を作成しましょう。

自動調整のオプション

［列の幅を固定する］を指定すると、表の列幅が均等に作成されます。［文字列の幅に合わせる］では文字数によって各列幅が調整され、［ウィンドウサイズに合わせる］では表の幅がウィンドウサイズになります。

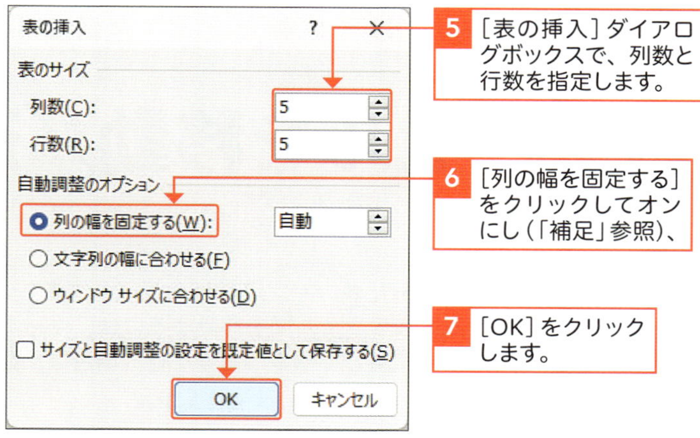

5 ［表の挿入］ダイアログボックスで、列数と行数を指定します。

6 ［列の幅を固定する］をクリックしてオンにし（「補足」参照）、

7 ［OK］をクリックします。

表編集用のタブ

表を作成すると、［テーブルデザイン］タブと［テーブルレイアウト］タブ（Wordのバージョンによっては［レイアウト］タブ）が表示されます。作成した表の行や列を挿入／削除したり、罫線を削除したり、罫線の種類を変更したりといった編集作業は、これらのタブを利用します。

8 指定した列数と行数の表が作成されます。

「ヒント」参照

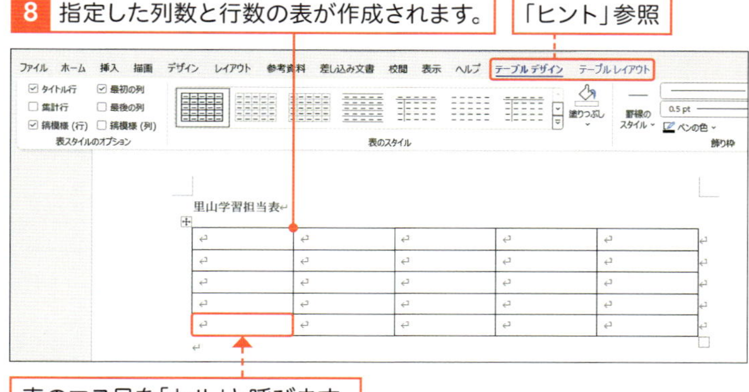

表のマス目を「セル」と呼びます。

時短 表の行数と列数を指定して表を作成する

202ページの手順**4**でマス目（セル）を利用すると、すばやく表を作成できます。左上から必要なマス目（行と列の数）をドラッグして指定するだけです。
ただし、8行10列より大きい表は作成できないため、大きな表を作成するには手順**5**以降の方法で指定します。

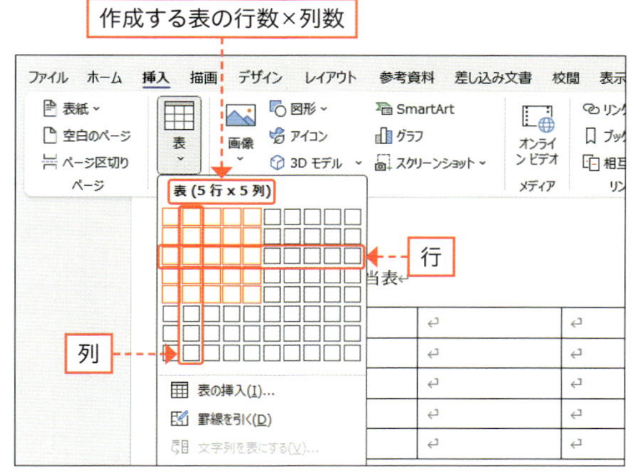

Section

46 セルを移動／選択しよう

ここで学ぶこと

・セル間の移動
・セルの選択
・表全体の選択

作成した表のマス目を**セル**といいます。セルに文字を入力するには、カーソルを移動します。セル間を移動するには、キーを利用するか、セルを直接クリックします。セルに対して編集や操作を行う場合は、最初に**セルを選択する**必要があります。

練習▶46_担当表

1 セルを移動する

重要用語

セル

表にある個々のマス目のことで、それぞれのセルに文字列や数値などを入力します。セル内の文字の配置の設定、セルの結合／分割などの操作が可能です。

1 表が作成されると、左上のセルにカーソルが点滅します。

里山学習担当表

2 文字を入力します。

里山学習担当表

付

3 Tab を押すと、

里山学習担当表

日付

4 右隣のセルにカーソルが移動します。

補足

表内の文字入力

表内に文字を入力する場合、入力したいセルにカーソルを移動してから入力します。

解説

セル間の移動

セル間のカーソル移動は Tab のほか、↑↓←→の矢印方向キーを使うことができます。Tab または→を押すと、現在のセルの右へ移動し、右端のセルの場合には下の行の左端のセルへ移動します。現在のセルから上のセルへ移動するには↑、下のセルへは↓、左のセルへは←（Shift＋Tab でも同様）を使います。

セルをクリックしてカーソルを直接移動する

任意のセルの上でクリックすると、直接カーソルを移動できます。離れているセルにすばやく移動したい場合に便利です。

セル内の文字

セル内に入力する文字数がセル幅より多くなると、自動的に行が広がります。必要があれば、あとで列幅／行高を変更します（216ページ参照）。

5 文字を入力します。

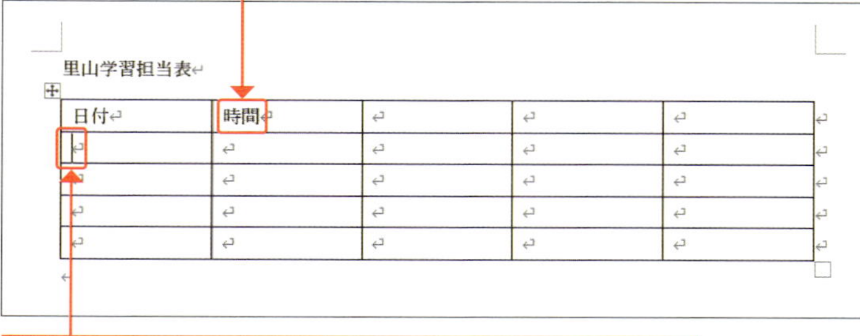

6 セルを直接クリックすると、カーソルを移動できます。

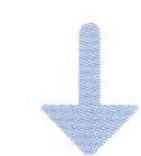

7 文字を入力して、

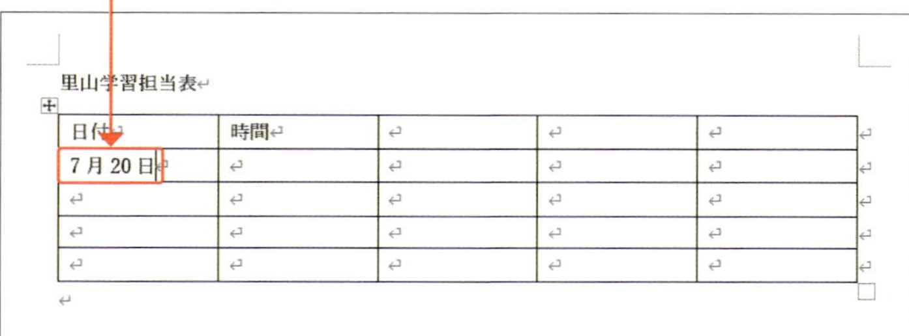

8 ↓を押すと、

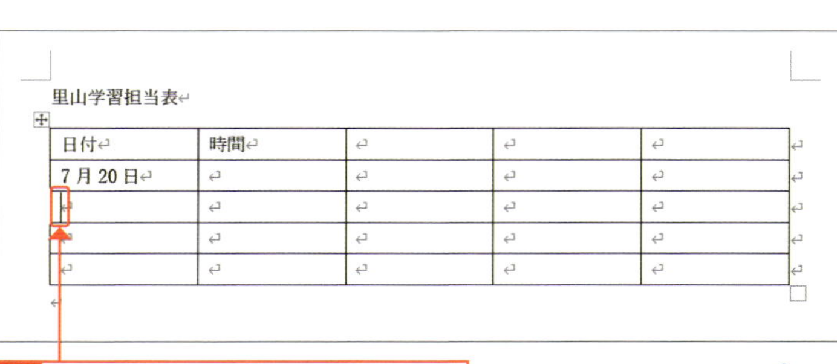

9 下のセルにカーソルが移動します。

里山学習担当表

日付	時間	内容	担当	交通費
7月20日	10：00	森林散策	山本	700円
7月21日	9：30	木工教室	林	380円
7月22日	10：00	リサイクル学習	松下	1,160円
7月23日	14：00	焚火体験	森田	580円

10 同様にして、表内に文字を入力します。

2 セルを選択する

解説
セルの選択

セルに対して色を付けるなどの編集を行う場合、最初にセルを選択する必要があります。セルを選択するには、右の操作を行います。なお、セル内をクリックするとカーソルが移動して文字の入力状態になります。

補足
行の選択

選択したい行の左側にマウスポインターを近付けて、↗の形に変わったところでクリックすると、行が選択できます。そのまま上下にドラッグすれば、複数行が選択できます。

里山学習担当表

日付	時間
7月20日	10：00
7月21日	9：30
7月22日	10：00
7月23日	14：00

1 選択したいセルの左下にマウスポインターを移動すると、

里山学習担当表

日付	時間	内容	担当	交通費
7月20日	10：00	森林散策	山本	700円
7月21日	9：30	木工教室	林	380円
7月22日	10：00	リサイクル学習	松下	1,160円
7月23日	14：00	焚火体験	森田	580円

2 ↗の形に変わります。クリックすると、

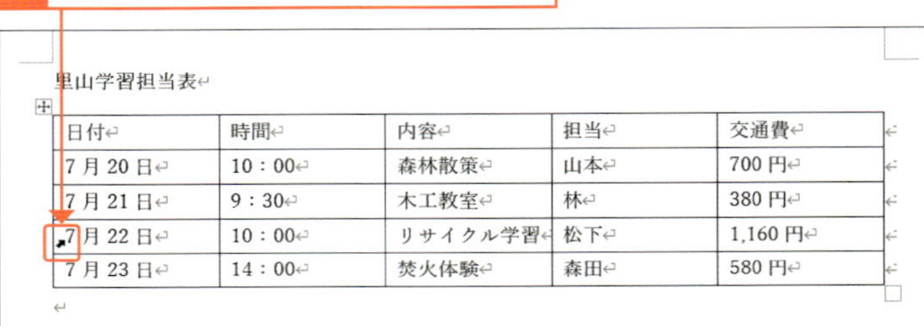

里山学習担当表

日付	時間	内容	担当	交通費
7月20日	10：00	森林散策	山本	700円
7月21日	9：30	木工教室	林	380円
7月22日	10：00	リサイクル学習	松下	1,160円
7月23日	14：00	焚火体験	森田	580円

3 セルが選択されます。

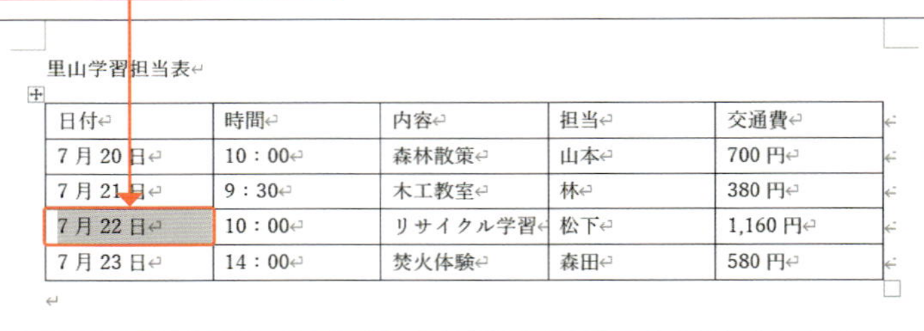

里山学習担当表

日付	時間	内容	担当	交通費
7月20日	10：00	森林散策	山本	700円
7月21日	9：30	木工教室	林	380円
7月22日	10：00	リサイクル学習	松下	1,160円
7月23日	14：00	焚火体験	森田	580円

3 複数のセルを選択する

解説
複数のセルの選択

複数のセルを選択するには、セルを選択した状態でドラッグします。離れたセルの場合は、右の方法で選択します。

1 1つ目のセルを選択して、

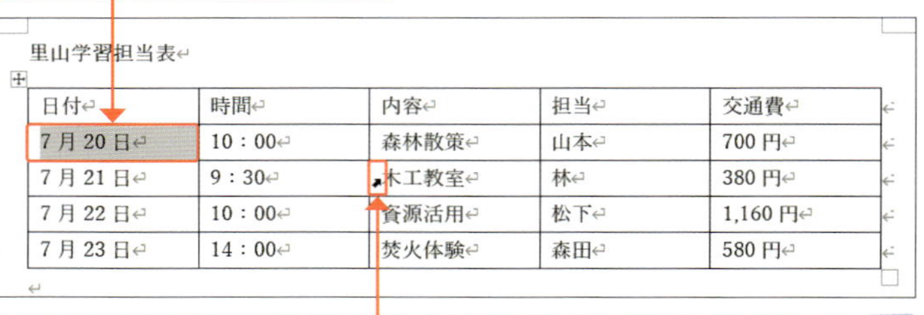

里山学習担当表

日付	時間	内容	担当	交通費
7月20日	10：00	森林散策	山本	700円
7月21日	9：30	木工教室	林	380円
7月22日	10：00	資源活用	松下	1,160円
7月23日	14：00	焚火体験	森田	580円

2 Ctrl を押しながら、ほかのセルにマウスポインターを移動します。

連続する複数のセルを選択する

上下方向、左右方向、斜め方向にドラッグすると選択できます。

里山学習担当表

日付	時間	内容	担当
7月20日	10：00	森林散策	山本
7月21日	9：30	木工教室	林
7月22日	10：00	リサイクル学習	松下
7月23日	14：00	焚火体験	森田

3 クリックすると、2つ目のセルが選択できます。

里山学習担当表

日付	時間	内容	担当	交通費
7月20日	10：00	森林散策	山本	700円
7月21日	9：30	木工教室	林	380円
7月22日	10：00	資源活用	松下	1,160円
7月23日	14：00	焚火体験	森田	580円

4 Ctrl を押したままセルをクリックすると、離れている複数のセルを選択できます。

里山学習担当表

日付	時間	内容	担当	交通費
7月20日	10：00	森林散策	山本	700円
7月21日	9：30	木工教室	林	380円
7月22日	10：00	資源活用	松下	1,160円
7月23日	14：00	焚火体験	森田	580円

4 表全体を選択する

解説

表全体の選択

表にマウスポインターを近付けたり、表内をクリックしたりすると、表の左上に ⊞ が表示されます。クリックすると、表全体を選択できます。表を選択すると、表をドラッグして移動したり、表に対しての変更をまとめて実行したりすることができます。

1 表内にマウスポインターを移動すると、

里山学習担当表

日付	時間	内容	担当	交通費
7月20日	10：00	森林散策	山本	700円
7月21日	9：30	木工教室	林	380円
7月22日	10：00	リサイクル学習	松下	1,160円
7月23日	14：00	焚火体験	森田	580円

2 左上に ⊞ が表示されます。クリックすると、

3 表全体が選択されます。

里山学習担当表

日付	時間	内容	担当	交通費
7月20日	10：00	森林散策	山本	700円
7月21日	9：30	木工教室	林	380円
7月22日	10：00	リサイクル学習	松下	1,160円
7月23日	14：00	焚火体験	森田	580円

Section

47 行や列を挿入／削除しよう

ここで学ぶこと

- 行／列の挿入
- 行／列の削除
- 表の削除

作成した表に**行や列を挿入**するには、挿入したい位置で**挿入マーク**をクリックします。また、挿入コマンドでも挿入できます。**行や列を削除**するには、行や列を選択して削除コマンドを利用するか、Back space を押します。

練習▶47_担当表

1 行を挿入する

そのほかの挿入方法

表をクリックして表示される［テーブルレイアウト］タブの［行と列］グループにある挿入コマンドを利用して行を挿入することもできます。あらかじめ、挿入したい行の上下どちらかの行内をクリックしてカーソルを移動しておきます。［上に行を挿入］をクリックするとカーソル位置の上に、［下に行を挿入］をクリックするとカーソル位置の下に挿入することができます。

1 カーソルを移動して、

2 ［上に行を挿入］または［下に行を挿入］をクリックすると、行が挿入されます。

1 挿入したい行の余白にマウスポインターを近付けると、

里山学習担当表

日付	時間	内容	担当	交通費
7月20日	10：00	森林散策	山本	700円
7月21日	9：30	木工教室	林	380円
7月22日	10：00	資源活用	松下	1,160円
7月23日	14：00	焚火体験	森田	580円

2 挿入マークが表示されます。クリックすると、

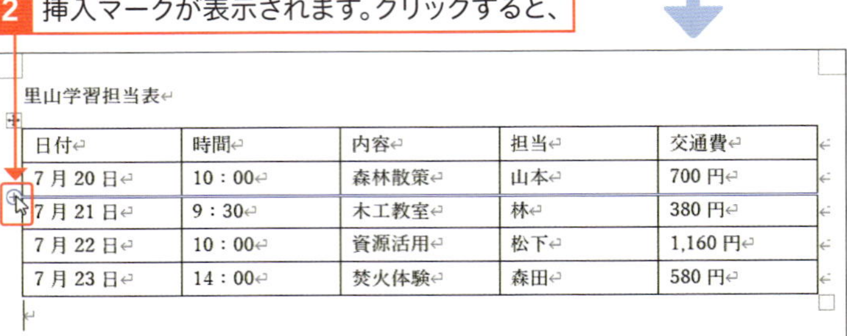
里山学習担当表

日付	時間	内容	担当	交通費
7月20日	10：00	森林散策	山本	700円
7月21日	9：30	木工教室	林	380円
7月22日	10：00	資源活用	松下	1,160円
7月23日	14：00	焚火体験	森田	580円

3 行が挿入されます。

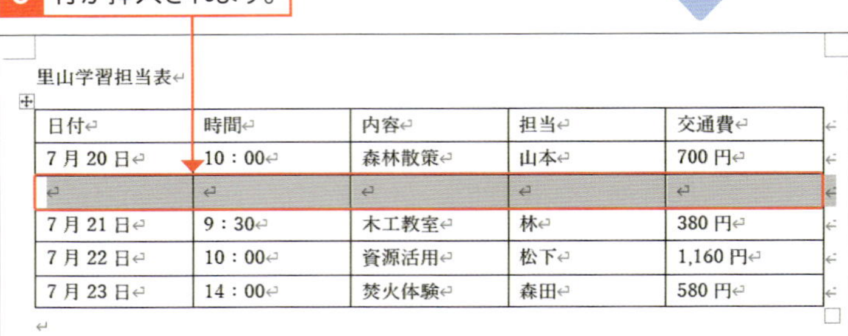
里山学習担当表

日付	時間	内容	担当	交通費
7月20日	10：00	森林散策	山本	700円
7月21日	9：30	木工教室	林	380円
7月22日	10：00	資源活用	松下	1,160円
7月23日	14：00	焚火体験	森田	580円

2 列を挿入する

ヒント

そのほかの挿入方法

表をクリックして表示される［テーブルレイアウト］タブの挿入コマンドを利用して列を挿入することもできます。とくに、表の左端に列を追加する場合、挿入マークは表示されないので、この方法を用います。あらかじめ、挿入したい列の隣の列内をクリックしてカーソルを移動しておきます。［左に列を挿入］はカーソル位置の左に、［右に列を挿入］はカーソル位置の右に、列を挿入することができます。

日付	時間	内容	担当
7月20日	10：00	森林散策	山本
7月21日	9：30	木工教室	林
7月22日	10：00	リサイクル学習	松下
7月23日	14：00	焚火体験	森田

2 ［左に列を挿入］または［右に列を挿入］をクリックすると、列が挿入されます。

補足

行の広がりの調整

手順**3**で全体の列幅が狭くなるため、文字数がセル幅より多い場合、自動的に行が広がります。必要があれば、あとで列幅／行高を変更します（216ページ参照）。

1 挿入したい列の線上にマウスポインターを近付けると、

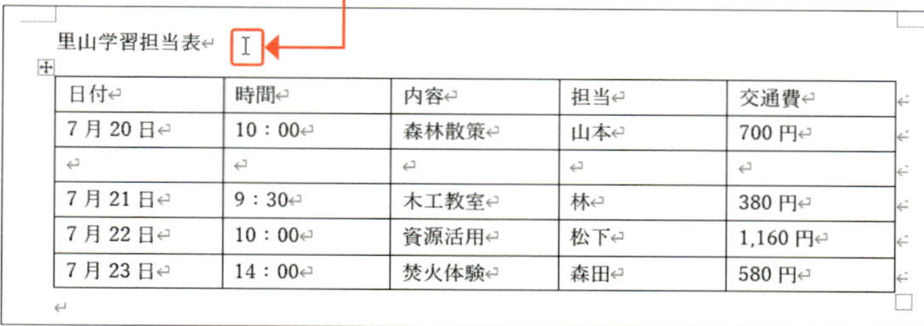

里山学習担当表

日付	時間	内容	担当	交通費
7月20日	10：00	森林散策	山本	700円
7月21日	9：30	木工教室	林	380円
7月22日	10：00	資源活用	松下	1,160円
7月23日	14：00	焚火体験	森田	580円

2 挿入マークが表示されるので、クリックします。

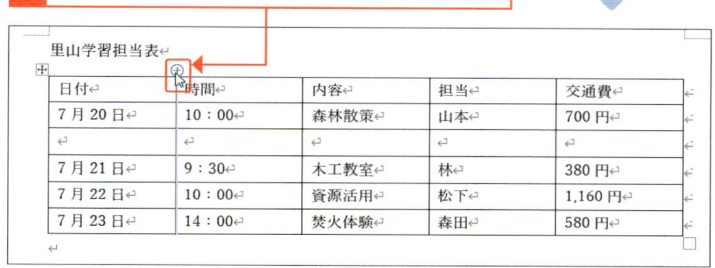

里山学習担当表

日付	時間	内容	担当	交通費
7月20日	10：00	森林散策	山本	700円
7月21日	9：30	木工教室	林	380円
7月22日	10：00	資源活用	松下	1,160円
7月23日	14：00	焚火体験	森田	580円

3 列が挿入されます。

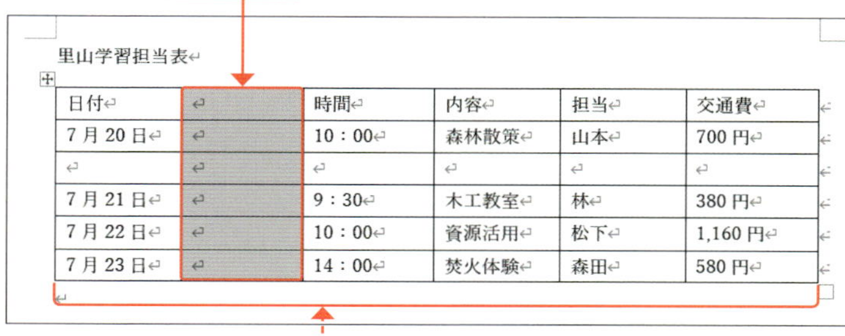

里山学習担当表

日付		時間	内容	担当	交通費
7月20日		10：00	森林散策	山本	700円
7月21日		9：30	木工教室	林	380円
7月22日		10：00	資源活用	松下	1,160円
7月23日		14：00	焚火体験	森田	580円

表全体の列幅が自動的に調整されます。

4 挿入した列に文字を入力します。

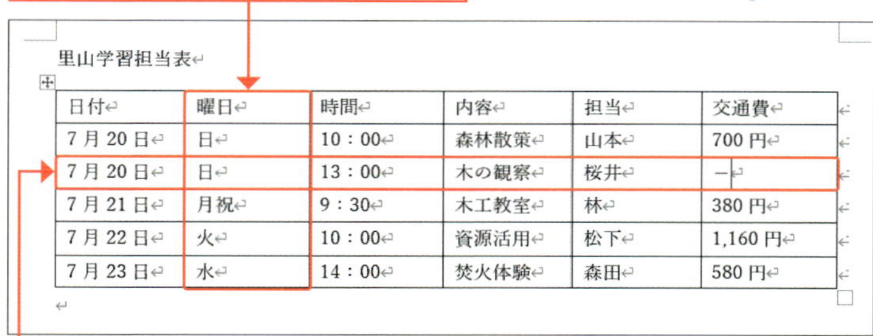

里山学習担当表

日付	曜日	時間	内容	担当	交通費
7月20日	日	10：00	森林散策	山本	700円
7月20日	日	13：00	木の観察	桜井	ー
7月21日	月祝	9：30	木工教室	林	380円
7月22日	火	10：00	資源活用	松下	1,160円
7月23日	水	14：00	焚火体験	森田	580円

5 208ページで挿入した行にも文字を入力します。

③ 行や列を削除する

解説

行／列の削除

行／列を削除するには、行／列を選択して Back space を押します。Delete を押すと、データのみが削除され、行／列の枠は残ります。

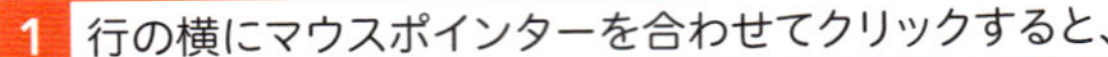
1 行の横にマウスポインターを合わせてクリックすると、

里山学習担当表

日付	曜日	時間	内容	担当	交通費
7 月 20 日	日	10：00	森林散策	山本	700 円
7 月 20 日	日	13：00	木の観察	桜井	―
7 月 21 日	月祝	9：30	木工教室	林	380 円
7 月 22 日	火	10：00	資源活用	松下	1,160 円
7 月 23 日	水	14：00	焚火体験	森田	580 円

2 行が選択されます。

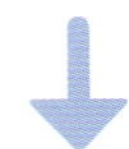

3 Back space を押すと、

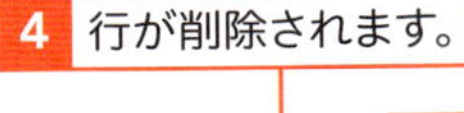
4 行が削除されます。

5 列の上にマウスポインターを合わせ、形が ⬇ に変わる位置でクリックすると、

里山学習担当表

日付	曜日	時間	内容	担当	交通費
7 月 20 日	日	10：00	森林散策	山本	700 円
7 月 21 日	月祝	9：30	木工教室	林	380 円
7 月 22 日	火	10：00	資源活用	松下	1,160 円
7 月 23 日	水	14：00	焚火体験	森田	580 円

6 列が選択されます。

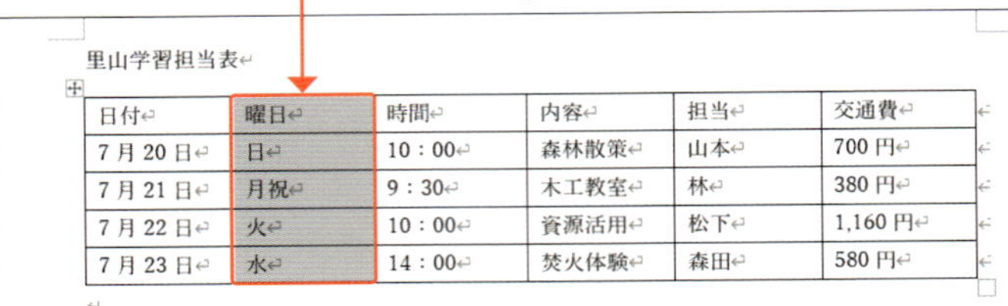
里山学習担当表

日付	曜日	時間	内容	担当	交通費
7 月 20 日	日	10：00	森林散策	山本	700 円
7 月 21 日	月祝	9：30	木工教室	林	380 円
7 月 22 日	火	10：00	資源活用	松下	1,160 円
7 月 23 日	水	14：00	焚火体験	森田	580 円

そのほかの行／列の削除方法

表をクリックして表示される［テーブルレイアウト］タブの削除コマンドを利用して削除することもできます。削除したい行／列にカーソルを移動して、［テーブルレイアウト］タブの［削除］をクリックし、［行の削除］／［列の削除］をクリックします。

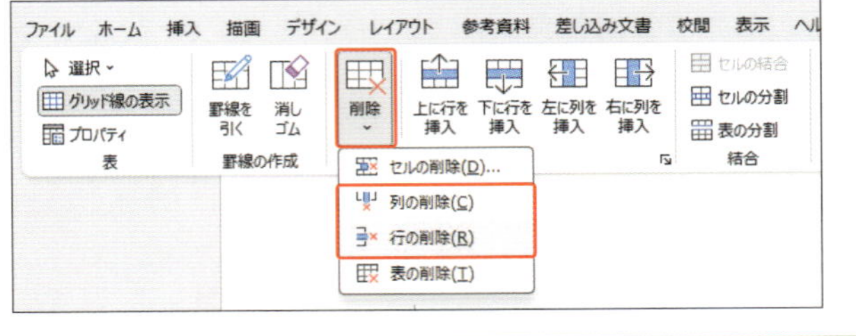

7 Back spaceを押すと、

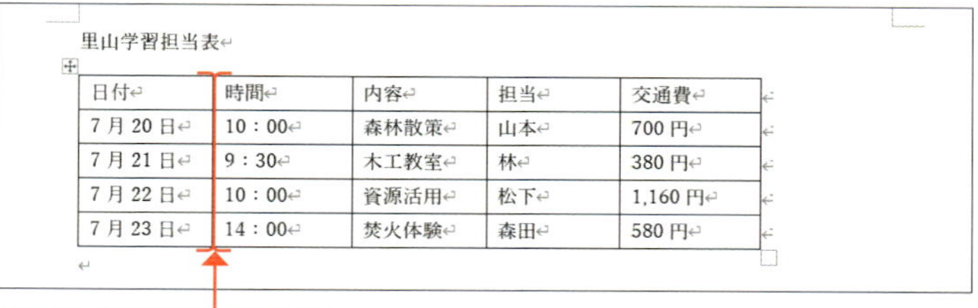

8 列が削除されます。

4 表全体を削除する

解説

表の削除

表を削除するには、表全体を選択して Back space を押します。Delete を押すと、データのみが削除され、表の枠組みは残ります。

1 表内にマウスポインターを移動して、⊞を表示します。クリックすると、

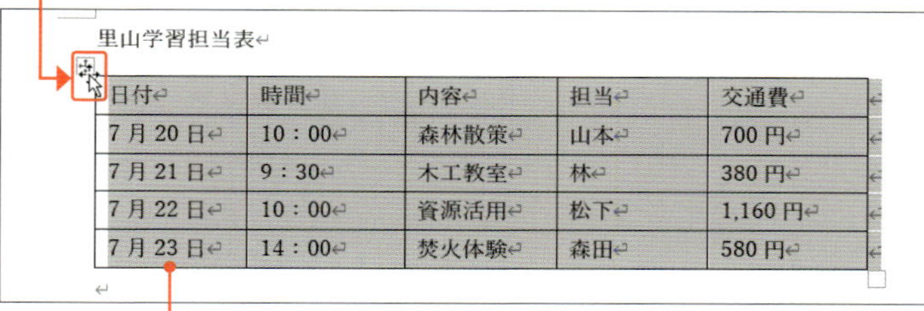

2 表全体が選択されます。

3 Back spaceを押すと、

4 表全体が削除されます。

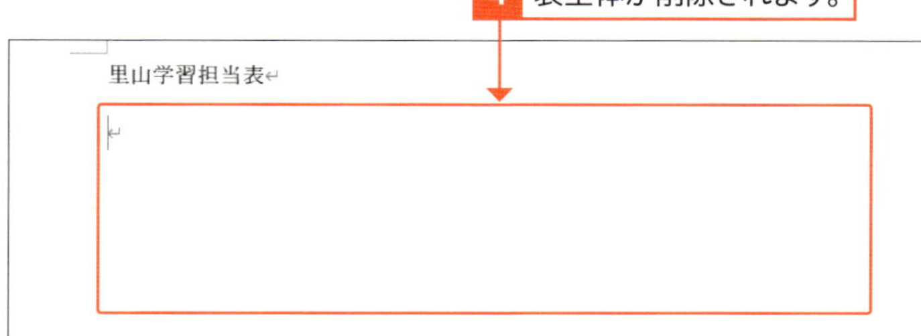

ヒント そのほかの表の削除方法

表をクリックして表示される[テーブルレイアウト]タブの削除コマンドを利用して削除することもできます。表内をクリックして、[テーブルレイアウト]タブの[削除]をクリックし、[表の削除]をクリックします。

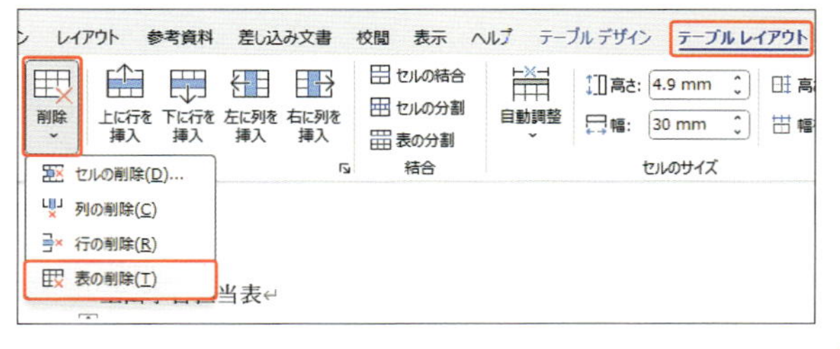

Section

48 セルを結合／分割しよう

ここで学ぶこと

- セルの結合
- セルの分割
- 表の分割

複数の行や列にわたる項目に見出しを付ける場合、**複数のセルを結合**します。隣接したセルどうしであれば、縦横どちらの方向にもセルの結合は可能です。また、**セルを分割**したり、**表を分割**したりすることができます。

練習▶48_担当表

1 セルの結合と分割

セルの結合

表を作成後、複数のセルを1つのセル（枠）にしたいという場合があります。たとえば、タイトル項目や同じ内容が表示される場合などです。セルの結合は［セルの結合］コマンドで操作します。

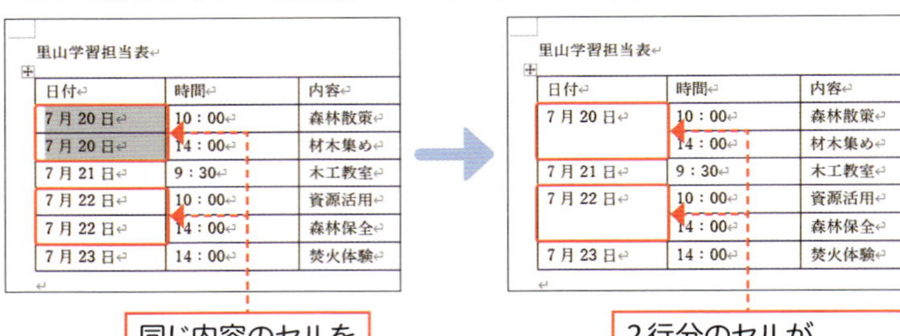

セルの分割

表を作成後、1つのセル内を複数のセルに分割したいという場合があります。たとえば、1行の中にもう1行分増やしたい、あるいはセル内に枠を増やしたいという場合などです。
セルの分割は［セルの分割］コマンドで列数と行数を指定します。

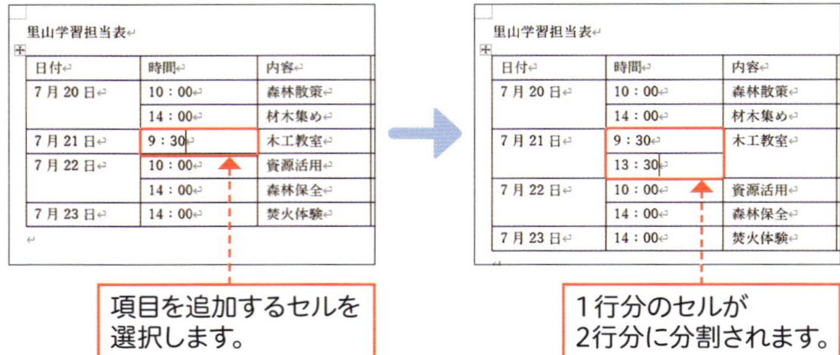

② セルを結合する

注意

複数セルの選択方法

結合するために複数のセルを選択する場合、ドラッグする方法を使います。Ctrl を押しながらセルをクリックして連続した複数のセルを選択しても、結合の機能は利用できません。

補足

結合したいセルに文字が入力されている場合

文字が入力されている複数のセルを結合すると、結合した1つのセルにすべての文字がそのまま残ります。文字が必要なければ削除しましょう。

ヒント

結合を解除する

結合したセルをもとに戻すには、結合したセルを分割します。なお、分割後の列幅が結合前の列幅と合わない場合、罫線をドラッグして列幅を調整します（216ページ参照）。

1 結合したいセルをドラッグして選択します。

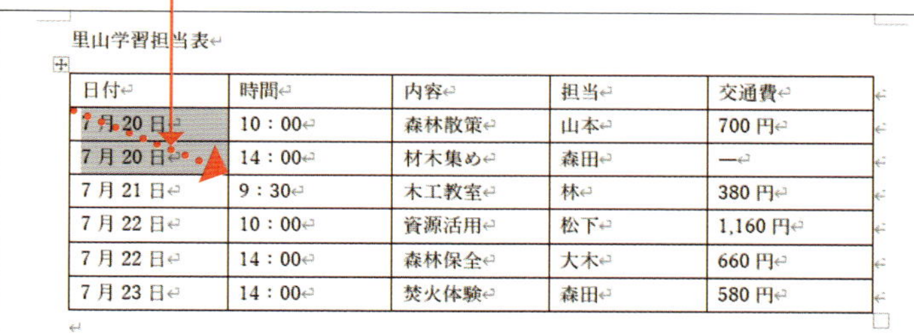

里山学習担当表

日付	時間	内容	担当	交通費
7月20日	10：00	森林散策	山本	700円
7月20日	14：00	材木集め	森田	—
7月21日	9：30	木工教室	林	380円
7月22日	10：00	資源活用	松下	1,160円
7月22日	14：00	森林保全	大木	660円
7月23日	14：00	焚火体験	森田	580円

2 ［テーブルレイアウト］タブをクリックして、

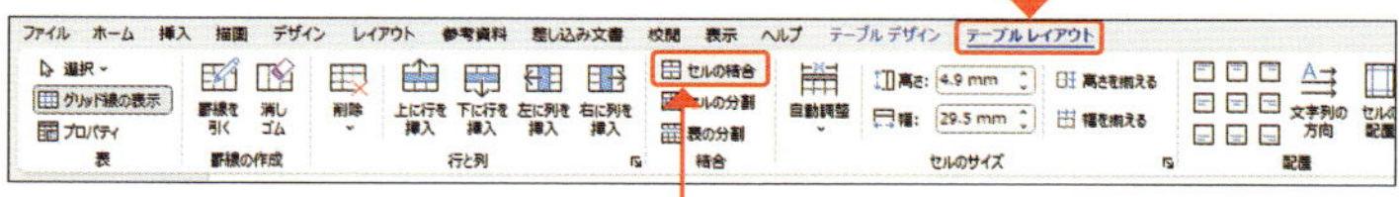

3 ［セルの結合］をクリックすると、

4 セルが結合されます。

里山学習担当表

日付	時間	内容	担当	交通費
7月20日 7月20日	10：00	森林散策	山本	700円
	14：00	材木集め	森田	—
7月21日	9：30	木工教室	林	380円
7月22日	10：00	資源活用	松下	1,160円
7月22日	14：00	森林保全	大木	660円
7月23日	14：00	焚火体験	森田	580円

5 不要な文字と段落記号を Delete を押して削除します。

里山学習担当表

日付	時間	内容	担当	交通費
7月20日	10：00	森林散策	山本	700円
	14：00	材木集め	森田	—
7月21日	9：30	木工教室	林	380円
7月22日	10：00	資源活用	松下	1,160円
	14：00	森林保全	大木	660円
7月23日	14：00	焚火体験	森田	580円

6 同様に、ほかのセルも結合して整えます。

③ セルを分割する

解説
セルの分割後の列数や行数の指定

[セルの分割] ダイアログボックスでは、セルの分割後の列数や行数を指定します。分割後の列数や行数は、[分割する前にセルを結合する] の設定により、結果が異なります（215ページの「補足」参照）。

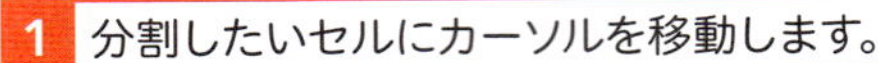
1 分割したいセルにカーソルを移動します。

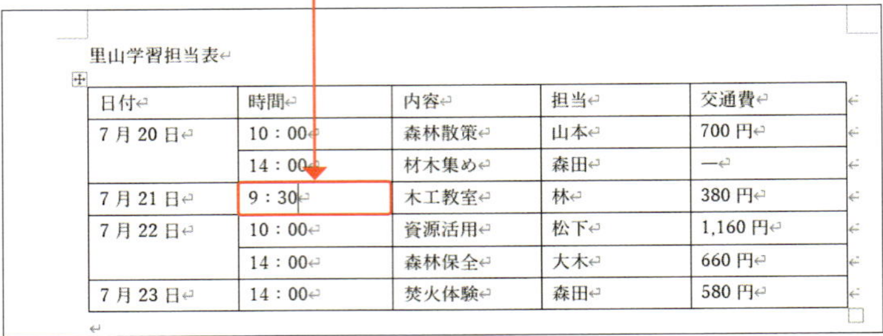

里山学習担当表

日付	時間	内容	担当	交通費
7 月 20 日	10：00	森林散策	山本	700 円
	14：00	材木集め	森田	—
7 月 21 日	9：30	木工教室	林	380 円
7 月 22 日	10：00	資源活用	松下	1,160 円
	14：00	森林保全	大木	660 円
7 月 23 日	14：00	焚火体験	森田	580 円

2 [テーブルレイアウト] タブをクリックし、

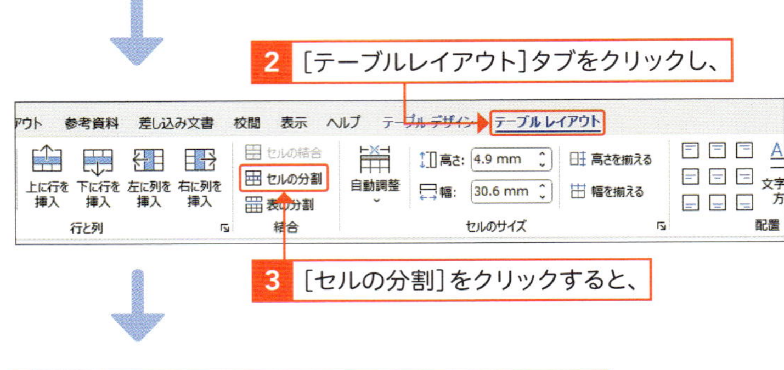

3 [セルの分割] をクリックすると、

4 [セルの分割] ダイアログボックスが表示されます。

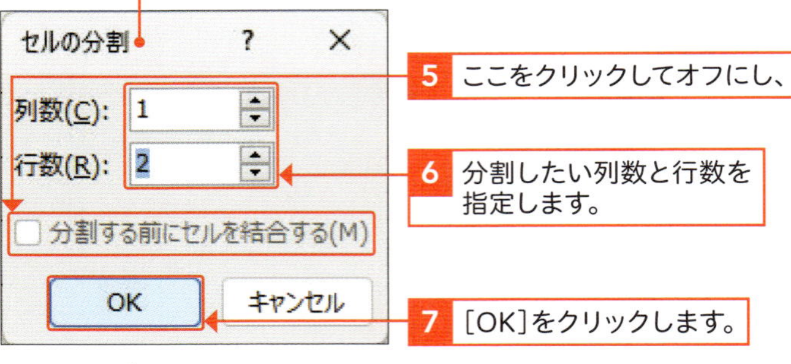

5 ここをクリックしてオフにし、

6 分割したい列数と行数を指定します。

7 [OK] をクリックします。

8 セルが分割されます。

9 セルに文字を入力します。

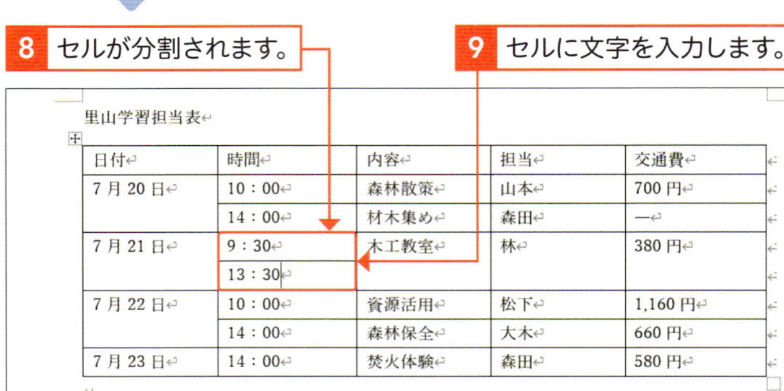

里山学習担当表

日付	時間	内容	担当	交通費
7 月 20 日	10：00	森林散策	山本	700 円
	14：00	材木集め	森田	—
7 月 21 日	9：30	木工教室	林	380 円
	13：30			
7 月 22 日	10：00	資源活用	松下	1,160 円
	14：00	森林保全	大木	660 円
7 月 23 日	14：00	焚火体験	森田	580 円

ヒント
分割を解除する

分割したセルをもとに戻すには、分割後に増えたセルを選択して、Back space を押します。

4 表を分割する

解説 表を分割する

分割したい行で[表の分割]をクリックすると、表が上下2つに分割され、表と表の間に通常の段落が表示されます。

1 表を分割したい行内のセルにカーソルを移動します。

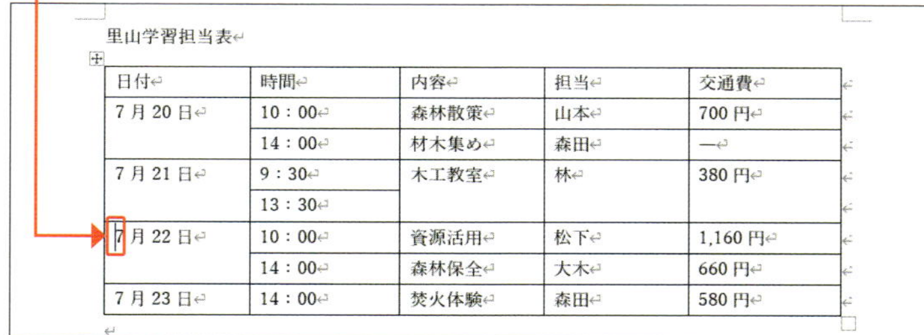

里山学習担当表

日付	時間	内容	担当	交通費
7月20日	10：00	森林散策	山本	700円
	14：00	材木集め	森田	―
7月21日	9：30	木工教室	林	380円
	13：30			
7月22日	10：00	資源活用	松下	1,160円
	14：00	森林保全	大木	660円
7月23日	14：00	焚火体験	森田	580円

2 [テーブルレイアウト]タブをクリックして、

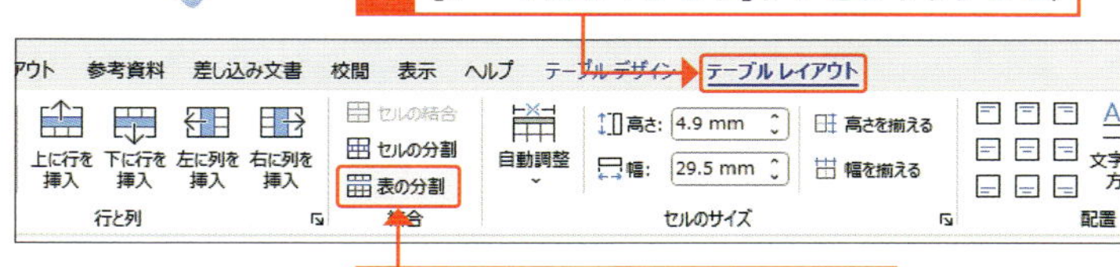

3 [表の分割]をクリックします。

4 表が分割されます。

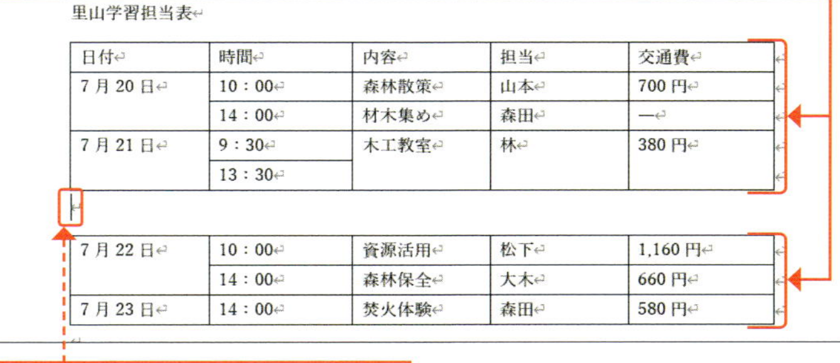

里山学習担当表

日付	時間	内容	担当	交通費
7月20日	10：00	森林散策	山本	700円
	14：00	材木集め	森田	―
7月21日	9：30	木工教室	林	380円
	13：30			

7月22日	10：00	資源活用	松下	1,160円
	14：00	森林保全	大木	660円
7月23日	14：00	焚火体験	森田	580円

通常の段落記号が挿入されます。

解説 表を結合する

2つの表を作成（分割）した場合、表と表の間にある段落記号を削除すると、表どうしが結合されます。ただし、列幅や列数が異なる場合も、そのままの状態で結合されるので、あとから調整する必要があります。

補足 分割後のセル数の指定

[セルの分割]ダイアログボックスの[分割する前にセルを結合する]をオンにするか、オフにするかで、分割後の結果が異なります。オンにすると、選択範囲のセルが1つのセルとして扱われ、指定した数に分割されます。オフにすると、選択範囲に含まれる各セルが、それぞれ指定した数に分割されます。

もとのセル

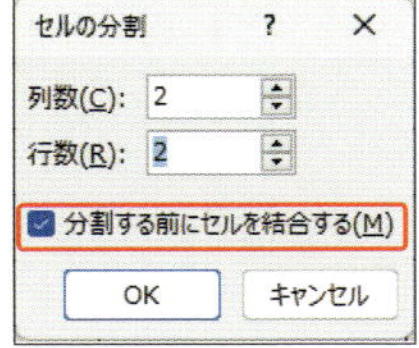

オンにした場合

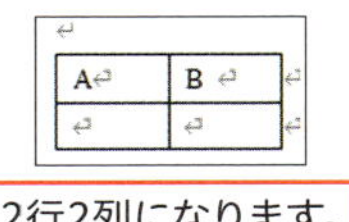

2行2列になります。

オフにした場合

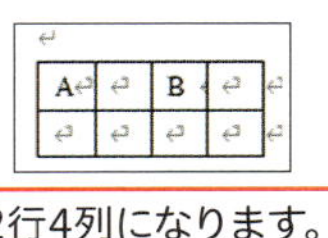

2行4列になります。

Section

49 列幅／行高を変更しよう

ここで学ぶこと

- 列幅／行高
- 幅を揃える
- 高さを揃える

表にデータを入力して、文字数と列幅のバランスが悪い場合、表の罫線をドラッグして、**列幅を調整**します。また、[テーブルレイアウト] タブの **[幅を揃える]**、**[高さを揃える]** では、複数の列幅と行の高さ（行高）を均等に揃えることができます。

練習▶49_担当表

1 列幅／行高をドラッグで調整する

解説

行高を調整する

行の高さ（行高）を調整するには、横罫にマウスポインターを合わせ、形が ≑ に変わった状態でドラッグします。

1 罫線にマウスポインターを合わせると、形が ◂||▸ に変わるので、

里山学習担当表

日付	時間	内容	担当	交通費
7月20日	10：00	森林散策	山本	700円
	14：00	材木集め	森田	―
7月21日	9：30	木工教室	林	380円
	13：30	自由工作	大木・杉山	660円・900円
7月22日	10：00	資源の再利用	松下	1,160円
	14：00	森林保全	大木	660円

2 ドラッグします。

里山学習担当表

日付	時間	内容	担当	交通費
7月20日	10：00	森林散策	山本	700円
	14：00	材木集め	森田	―
7月21日	9：30	木工教室	林	380円
	13：30	自由工作	大木・杉山	660円・900円
7月22日	10：00	資源の再利用	松下	1,160円
	14：00	森林保全	大木	660円

3 表全体の大きさは変わらずに、この列幅が狭くなり、

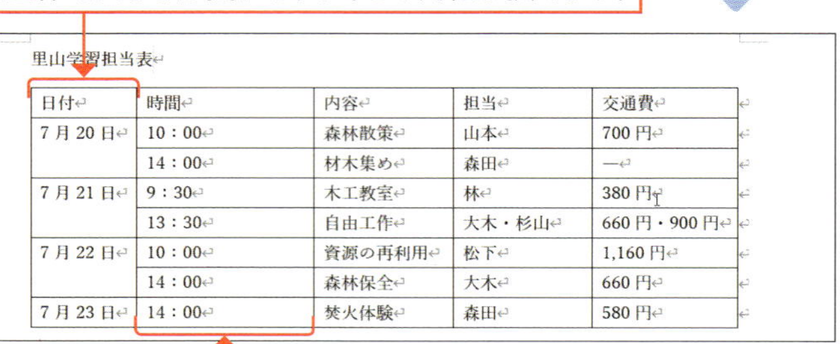

里山学習担当表

日付	時間	内容	担当	交通費
7月20日	10：00	森林散策	山本	700円
	14：00	材木集め	森田	―
7月21日	9：30	木工教室	林	380円
	13：30	自由工作	大木・杉山	660円・900円
7月22日	10：00	資源の再利用	松下	1,160円
	14：00	森林保全	大木	660円
7月23日	14：00	焚火体験	森田	580円

4 この列幅が広がります。

② 列幅／行高を均等にする

列幅は行単位で調整される

列幅を均等にする場合、[テーブルレイアウト]タブの[幅を揃える]を利用します。表の幅はウィンドウ幅を基準にして、各列が均等になります。この場合、行単位で列幅が調整されるので、セル数の異なる行がある場合は、罫線がずれてしまいます。ずれた列は、216ページの方法でドラッグして調整します。

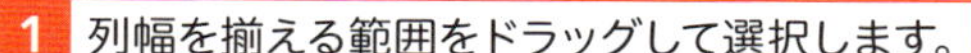

1 列幅を揃える範囲をドラッグして選択します。

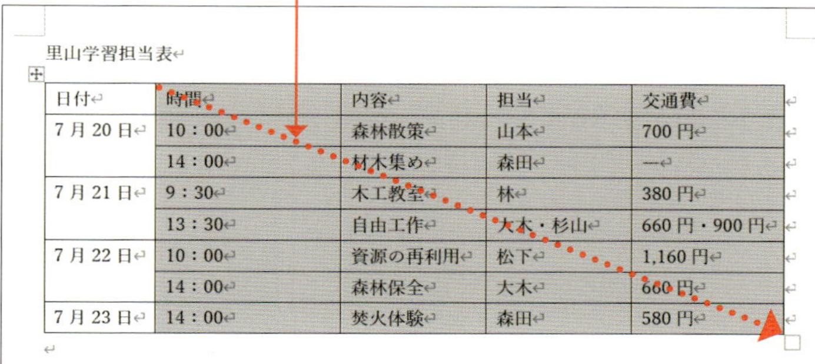

里山学習担当表

日付	時間	内容	担当	交通費
7 月 20 日	10：00	森林散策	山本	700 円
	14：00	材木集め	森田	―
7 月 21 日	9：30	木工教室	林	380 円
	13：30	自由工作	大木・杉山	660 円・900 円
7 月 22 日	10：00	資源の再利用	松下	1,160 円
	14：00	森林保全	大木	660 円
7 月 23 日	14：00	焚火体験	森田	580 円

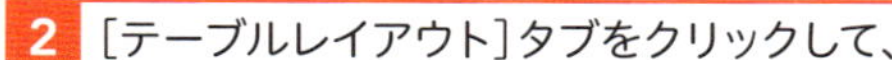

2 [テーブルレイアウト]タブをクリックして、

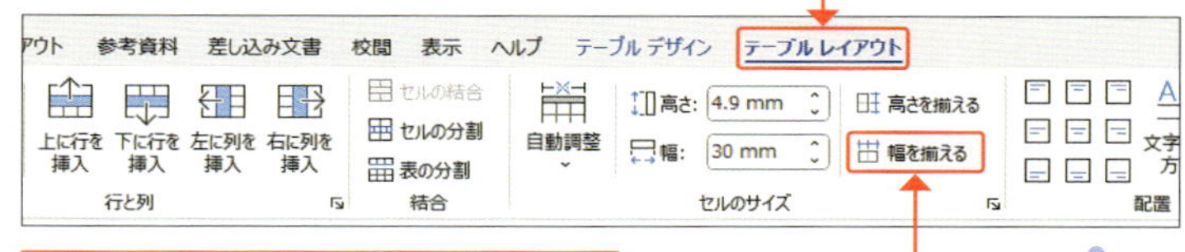

3 [幅を揃える]をクリックすると、

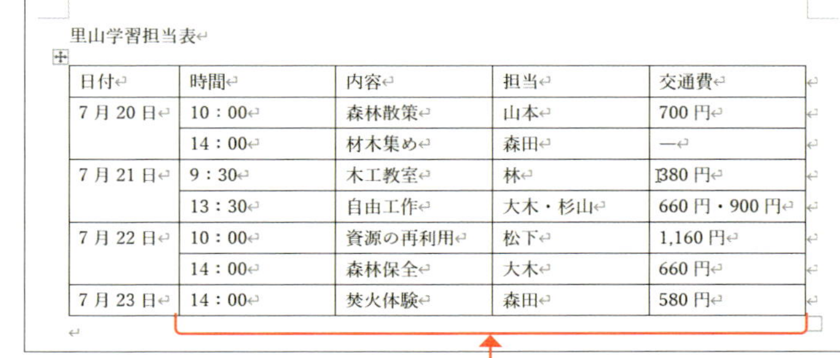

里山学習担当表

日付	時間	内容	担当	交通費
7 月 20 日	10：00	森林散策	山本	700 円
	14：00	材木集め	森田	―
7 月 21 日	9：30	木工教室	林	380 円
	13：30	自由工作	大木・杉山	660 円・900 円
7 月 22 日	10：00	資源の再利用	松下	1,160 円
	14：00	森林保全	大木	660 円
7 月 23 日	14：00	焚火体験	森田	580 円

4 選択した範囲の列幅が均等になります。

解説 行高を均等にする

行高を均等にするには、揃える範囲または表を選択して、[テーブルレイアウト]タブの[高さを揃える]をクリックします。一部の行高を広げてしまった場合などに、ほかの行と高さをきれいに揃えることができます。

行高が広がっています。

日付	時間	内容	担当	交通費
7 月 20 日	10：00	森林散策	山本	700 円
	14：00	材木集め	森田	―
7 月 21 日	9：30	木工教室	林	380 円

ほかの行と均等に揃えられます。

日付	時間	内容	担当	交通費
7 月 20 日	10：00	森林散策	山本	700 円
	14：00	材木集め	森田	―
7 月 21 日	9：30	木工教室	林	380 円

3 列幅を自動調整する

解説

表の幅を変更する

列を挿入したときなどに列が増えて、ウィンドウ（文書の枠）の右側に表がはみ出してしまう場合があります。［自動調整］の［ウィンドウ幅に自動調整］を利用すると、ウィンドウの幅で表を収めることができます。

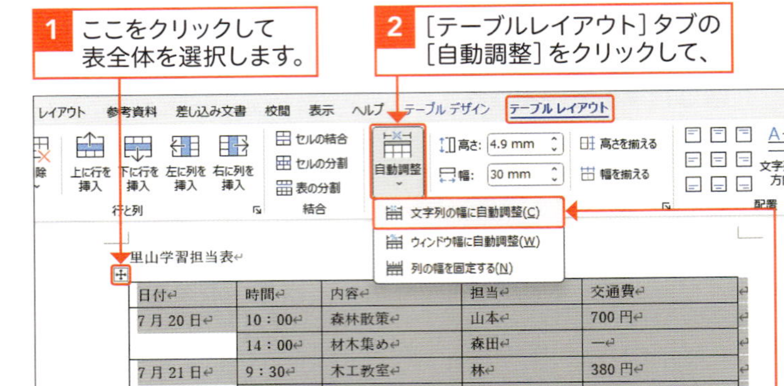

3 ［文字列の幅に自動調整］をクリックします。

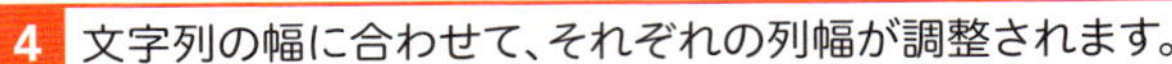

4 文字列の幅に合わせて、それぞれの列幅が調整されます。

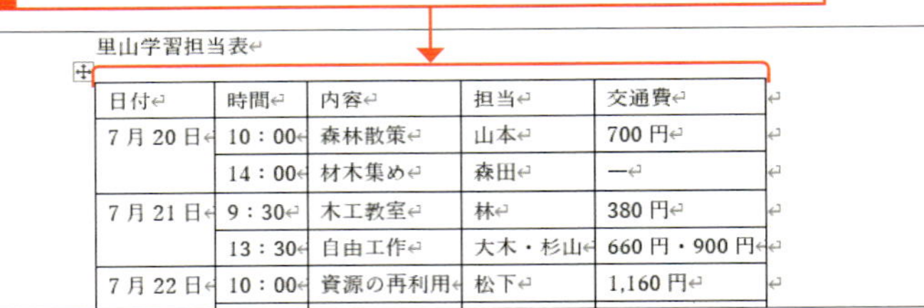

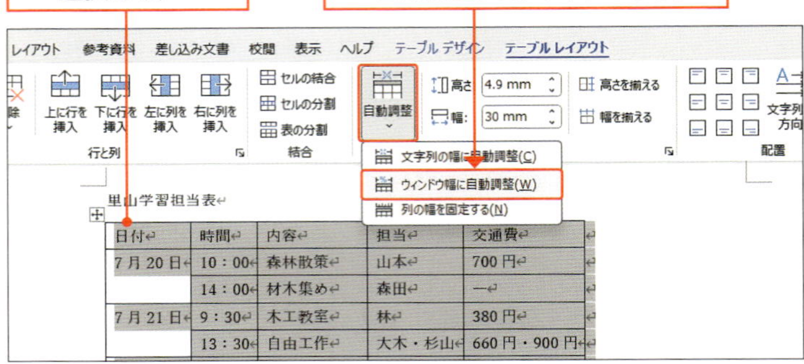

7 表全体がウィンドウの幅に広がります。

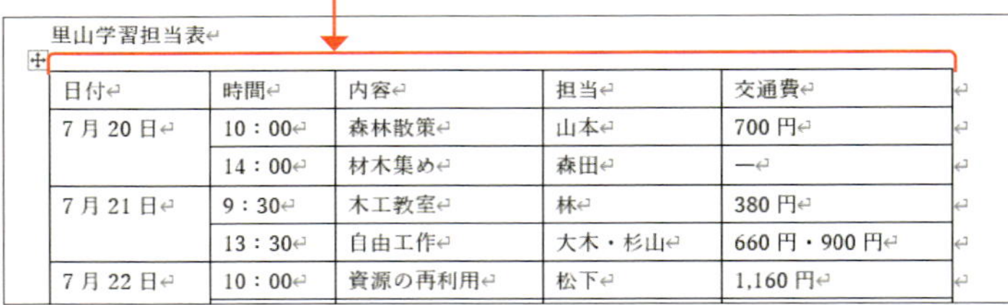

④ 列幅／行高を数値で変更する

解説

列幅／行高を数値で変更する

列幅や行高をドラッグすると、各列の幅や行の高さが異なってしまう場合があります。正確なサイズにするには、数値で指定しましょう。行高は右の操作で変更します。列幅も同様に、［テーブルレイアウト］タブの［列の幅の設定］に数値を指定します。

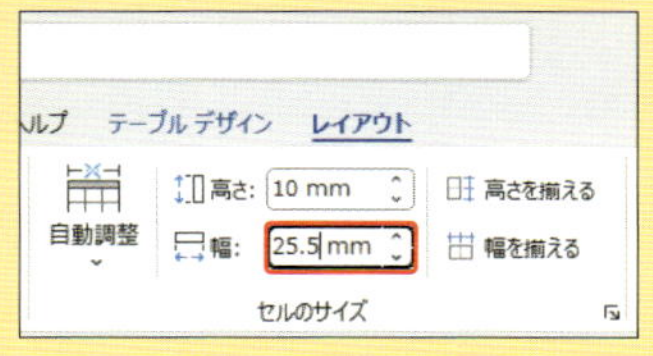

1 行高を変更したい行を選択します（ここでは、表全体）。

日付	時間	内容	担当	交通費
7月20日	10：00	森林散策	山本	700円
	14：00	材木集め	森田	―
7月21日	9：30	木工教室	林	380円
	13：30	自由工作	大木・杉山	660円・900円
7月22日	10：00	資源の再利用	松下	1,160円
	14：00	森林保全	大木	660円
7月23日	14：00	焚火体験	森田	580円

2 ［テーブルレイアウト］タブの［行の高さの設定］に数値（ここでは［8mm］）を指定し、

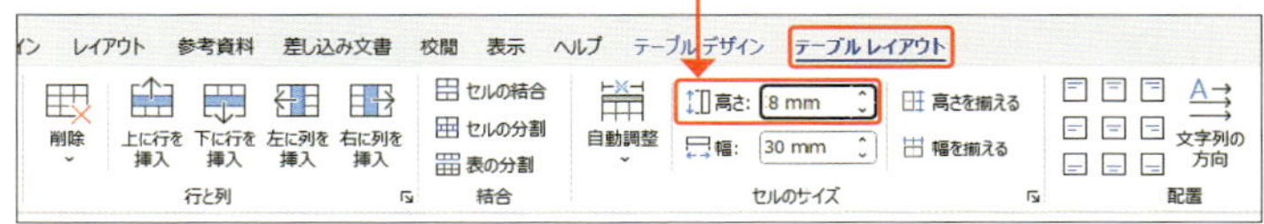

3 Enter を押すと、

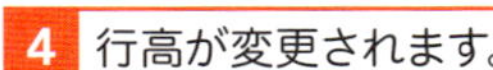

4 行高が変更されます。

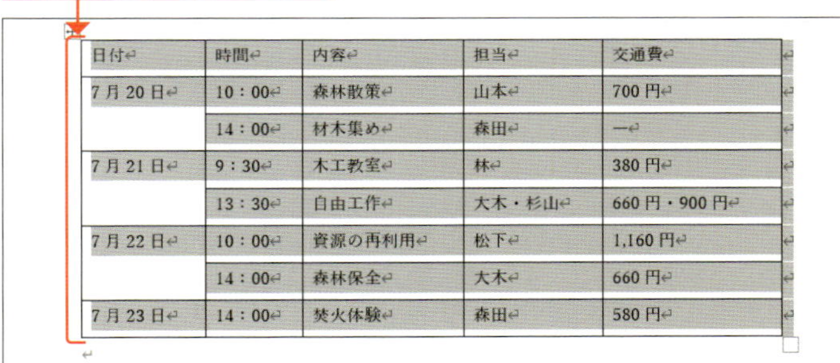

日付	時間	内容	担当	交通費
7月20日	10：00	森林散策	山本	700円
	14：00	材木集め	森田	―
7月21日	9：30	木工教室	林	380円
	13：30	自由工作	大木・杉山	660円・900円
7月22日	10：00	資源の再利用	松下	1,160円
	14：00	森林保全	大木	660円
7月23日	14：00	焚火体験	森田	580円

ヒント 一括でサイズを指定する

［表のプロパティ］を利用すると、一括で行高／列幅などのサイズを指定できます。［行］タブでは高さとサイズを指定し、［列］タブでは単位とサイズを指定します。

［表のプロパティ］は、表を右クリックして［表のプロパティ］、または［テーブルレイアウト］タブの［プロパティ］をクリックすると表示できます。

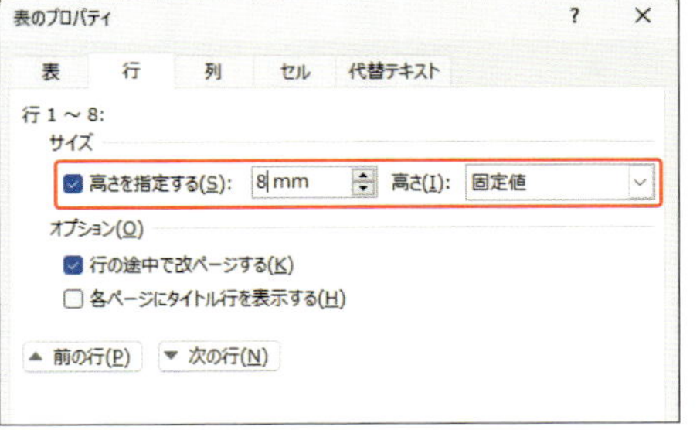

Section
50 表の罫線を変更しよう

ここで学ぶこと

- 罫線の種類
- ペンのスタイル
- 罫線のスタイル

表を作成すると、**罫線の種類（ペンのスタイル）**は実線、**罫線の太さ（ペンの太さ）**は0.5pt、**罫線の色（ペンの色）**は自動（黒）になっています。この罫線の書式は、それぞれ変更することができます。

練習▶50_担当表

1 罫線の種類と太さを変更する

解説

罫線を変更する

表の罫線は1本ずつ変更することができます。罫線を変更する場合、ペンのスタイル（罫線の種類）、ペンの太さ、ペンの色（222ページ参照）をそれぞれ指定してから、変更したい罫線上をドラッグします。

1 表内をクリックして、

2 ［テーブルデザイン］タブをクリックし、

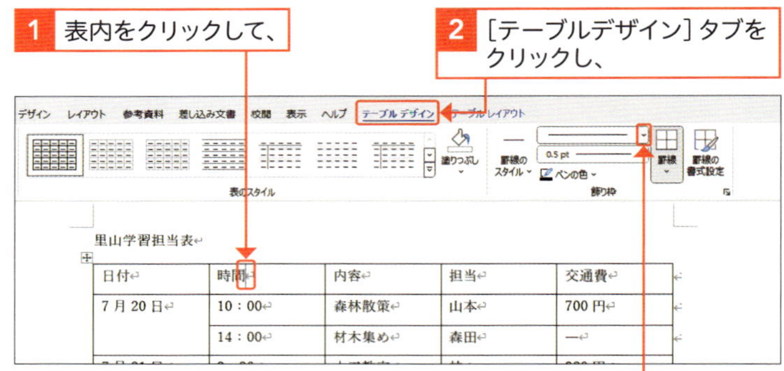

3 ［ペンのスタイル］のここをクリックします。

4 目的の罫線の種類をクリックします。

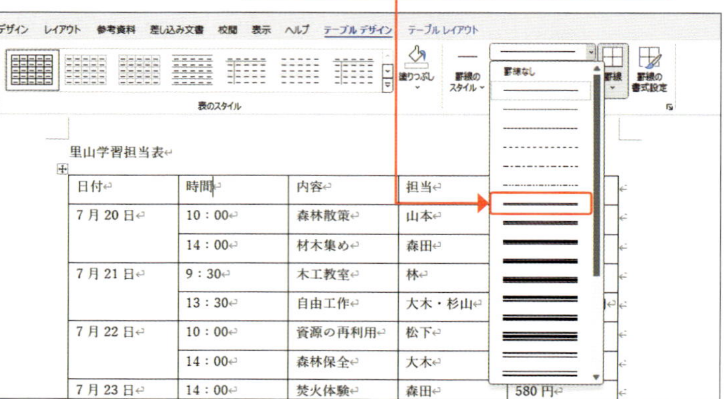

罫線の変更を解除する

罫線の種類や太さ、色を指定すると、マウスポインターの形が ✒ に変わります。これを解除するには、[テーブルデザイン]タブの[罫線の書式設定]をクリックするか、Esc を押します。

5 [ペンの太さ]のここをクリックして、

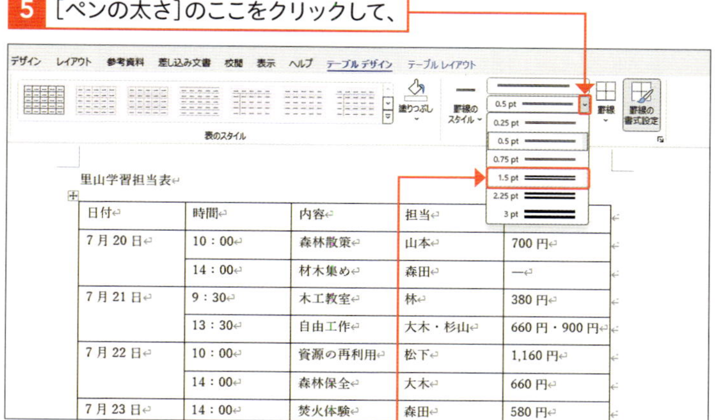

里山学習担当表

日付	時間	内容	担当	
7月20日	10：00	森林散策	山本	700円
	14：00	材木集め	森田	―
7月21日	9：30	木工教室	林	380円
	13：30	自由工作	大木・杉山	660円・900円
7月22日	10：00	資源の再利用	松下	1,160円
	14：00	森林保全	大木	660円
7月23日	14：00	焚火体験	森田	580円

6 太さをクリックします(ここでは[1.5pt])。

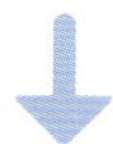

7 マウスポインターの形が ✒ に変わるので、

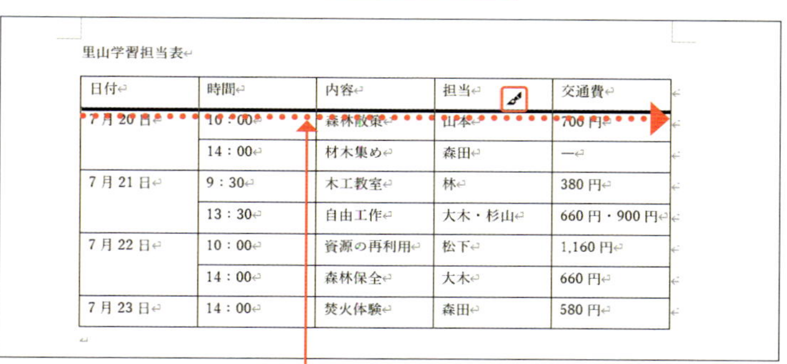

里山学習担当表

日付	時間	内容	担当	交通費
7月20日	10：00	森林散策	山本	700円
	14：00	材木集め	森田	―
7月21日	9：30	木工教室	林	380円
	13：30	自由工作	大木・杉山	660円・900円
7月22日	10：00	資源の再利用	松下	1,160円
	14：00	森林保全	大木	660円
7月23日	14：00	焚火体験	森田	580円

8 変更したい罫線上をドラッグすると、

9 指定した罫線に変わります。

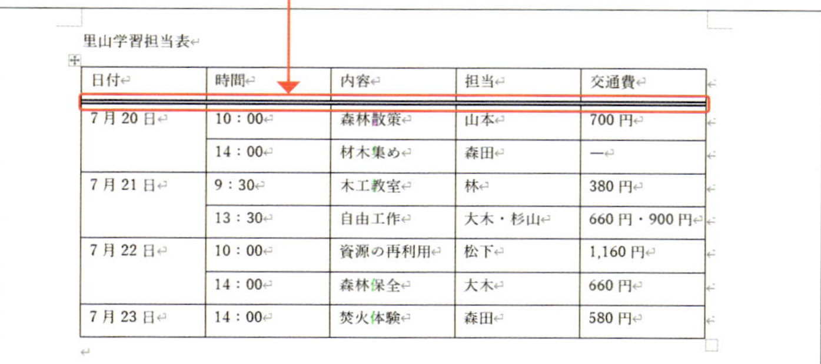

里山学習担当表

日付	時間	内容	担当	交通費
7月20日	10：00	森林散策	山本	700円
	14：00	材木集め	森田	―
7月21日	9：30	木工教室	林	380円
	13：30	自由工作	大木・杉山	660円・900円
7月22日	10：00	資源の再利用	松下	1,160円
	14：00	森林保全	大木	660円
7月23日	14：00	焚火体験	森田	580円

10 Esc を押して、罫線の変更を終了します。

② 罫線の色を変更する

罫線の色の変更

罫線の色を変更する場合に、そのまま色だけ選択して罫線上をドラッグすると、罫線の種類が変わってしまう場合があります。罫線は、種類／太さ／色を確認して引くようにします。

1 ペンのスタイル、ペンの太さを確認します。

2 ［ペンの色］の右側をクリックして、

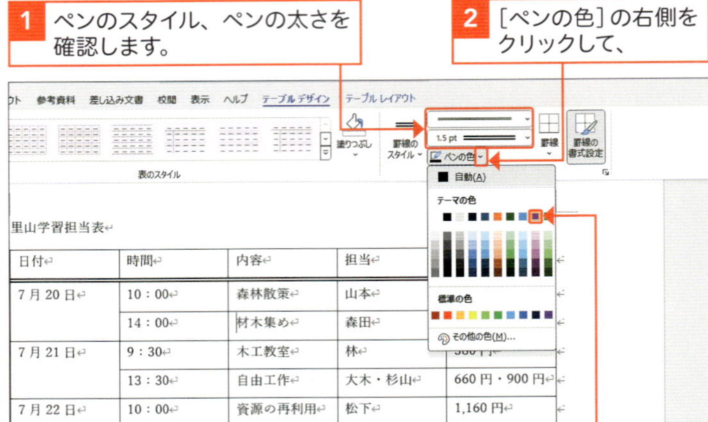

3 色（ここでは［プラム、アクセント5］）をクリックします。

4 ペンの色が変わります。

5 マウスポインターの形が 🖌 に変わるので、

里山学習担当表

日付	時間	内容	担当	交通費
7 月 20 日	10：00	森林散策	山本	700 円
	14：00	材木集め	森田	―
7 月 21 日	9：30	木工教室	林	380 円
	13：30	自由工作	大木・杉山	660 円・900 円
7 月 22 日	10：00	資源の再利用	松下	1,160 円

6 変更したい罫線上をドラッグします。

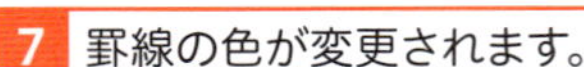

7 罫線の色が変更されます。

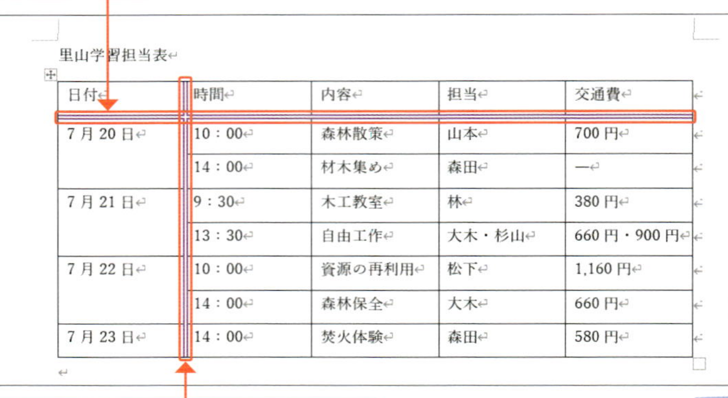

里山学習担当表

日付	時間	内容	担当	交通費
7 月 20 日	10：00	森林散策	山本	700 円
	14：00	材木集め	森田	―
7 月 21 日	9：30	木工教室	林	380 円
	13：30	自由工作	大木・杉山	660 円・900 円
7 月 22 日	10：00	資源の再利用	松下	1,160 円
	14：00	森林保全	大木	660 円
7 月 23 日	14：00	焚火体験	森田	580 円

8 この線も同じ種類に変更します。

［その他の色］から選択する

手順**3**で適当な色がない場合、［その他の色］をクリックして、［色の設定］ダイアログボックスから選択するとよいでしょう。［色の設定］ダイアログボックスについては、143ページを参照してください。

時短

罫線のスタイルを利用する

[テーブルデザイン] タブには、[罫線のスタイル] が用意されています。罫線のスタイルは、罫線の種類と太さ、色がセットになってデザインされたもので、クリックしてすぐに引くことができます。

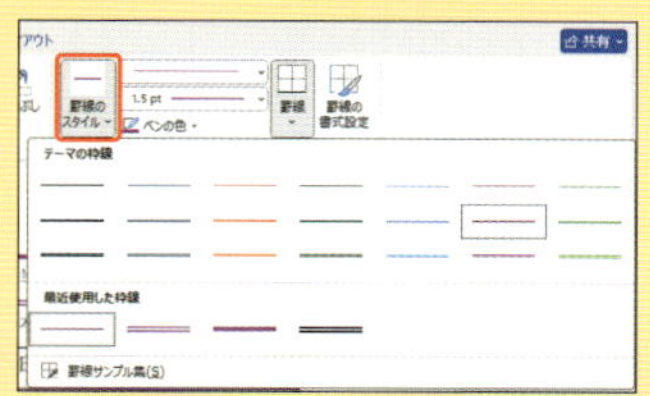

注意

変更後はペンの設定をもとに戻す

[ペンのスタイル] や [ペンの太さ]、[ペンの色] からそれぞれの種類を変更すると、そのままの設定が残ります。Wordを終了しない限り、次回罫線を引くときにはこの設定が適用されます。罫線の初期設定は、[ペンのスタイル] は実線、[ペンの太さ] は0.5pt、[ペンの色] は自動（黒）です。

9 ペンのスタイルとペンの太さを変更します。

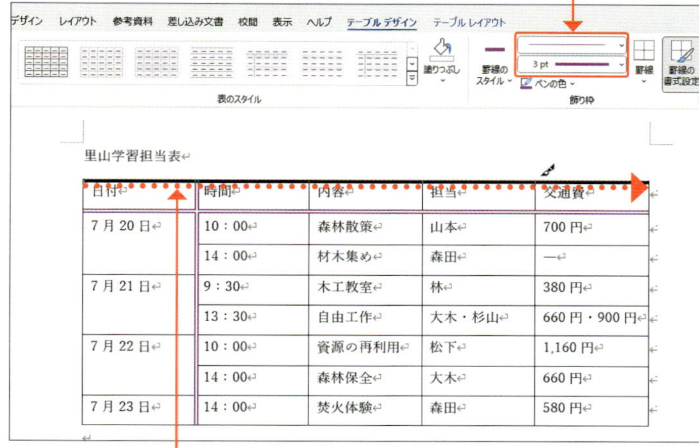

日付	時間	内容	担当	交通費
7月20日	10：00	森林散策	山本	700円
	14：00	材木集め	森田	―
7月21日	9：30	木工教室	林	380円
	13：30	自由工作	大木・杉山	660円・900円
7月22日	10：00	資源の再利用	松下	1,160円
	14：00	森林保全	大木	660円
7月23日	14：00	焚火体験	森田	580円

10 罫線上をドラッグします。

11 罫線の色と種類が変更されます。

里山学習担当表

日付	時間	内容	担当	交通費
7月20日	10：00	森林散策	山本	700円
	14：00	材木集め	森田	―
7月21日	9：30	木工教室	林	380円
	13：30	自由工作	大木・杉山	660円・900円
7月22日	10：00	資源の再利用	松下	1,160円
	14：00	森林保全	大木	660円
7月23日	14：00	焚火体験	森田	580円

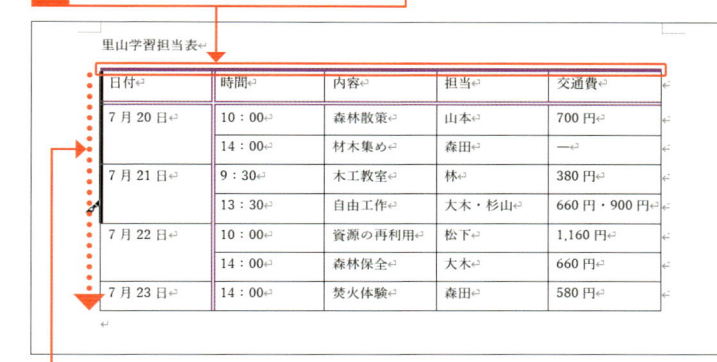

12 同様に、ほかの罫線もドラッグして変更します。

13 罫線の色や種類を変更しました。

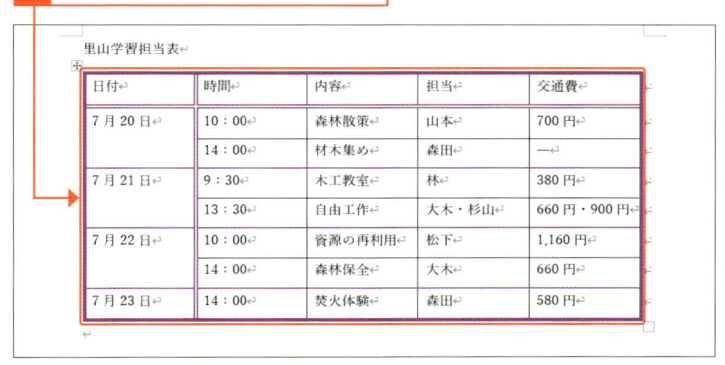

里山学習担当表

日付	時間	内容	担当	交通費
7月20日	10：00	森林散策	山本	700円
	14：00	材木集め	森田	―
7月21日	9：30	木工教室	林	380円
	13：30	自由工作	大木・杉山	660円・900円
7月22日	10：00	資源の再利用	松下	1,160円
	14：00	森林保全	大木	660円
7月23日	14：00	焚火体験	森田	580円

14 最後に Esc を押して、変更を終了します。

Section

51 表の罫線を削除しよう

ここで学ぶこと

- 罫線の削除
- 消しゴム
- グリッド線

表によっては、複数のセルに項目名などが分かれていても間の罫線は表示させたくないなど、罫線を消したい場合があります。**罫線を削除**でマウスポインターの形を**消しゴム**にすると、罫線を削除できます。

練習▶51_担当表

1 一部の罫線を削除する

補足

罫線を削除する

右の操作では罫線上をドラッグしていますが、クリック操作でも罫線が選択され削除できます。なお、罫線を削除しても罫線が表示されないだけで、表の形はそのままです。

1 表内をクリックして、

2 [テーブルレイアウト] タブをクリックします。

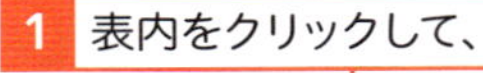

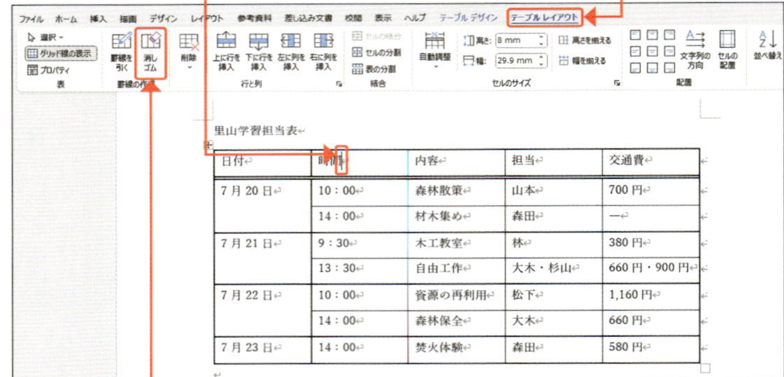

日付	時間	内容	担当	交通費
7月20日	10：00	森林散策	山本	700円
	14：00	材木集め	森田	―
7月21日	9：30	木工教室	林	380円
	13：30	自由工作	大木・杉山	660円・900円
7月22日	10：00	資源の再利用	松下	1,160円
	14：00	森林保全	大木	660円
7月23日	14：00	焚火体験	森田	580円

3 [罫線の削除]（消しゴム）をクリックすると、

4 マウスポインターの形が に変わるので、

里山学習担当表

日付	時間	内容	担当	交通費
7月20日	10：00	森林散策	山本	700円
	14：00	材木集め	森田	―
7月21日	9：30	木工教室	林	380円
	13：30	自由工作	大木・杉山	660円・900円
7月22日	10：00	資源の再利用	松下	1,160円
	14：00	森林保全	大木	660円
7月23日	14：00	焚火体験	森田	580円

5 消したい罫線の上をドラッグします。

ヒント

罫線削除を解除する

罫線の削除を解除するには、再度 [罫線の解除]（消しゴム）をクリックするか、Esc を押します。

6 罫線が削除されます。

里山学習担当表

日付	時間	内容	担当	交通費
7月20日	10：00	森林散策	山本	700円
	14：00	材木集め	森田	—
7月21日	9：30	木工教室	林	380円
	13：30	自由工作	大木・杉山	660円・900円
7月22日	10：00	資源の再利用	松下	1,160円
	14：00	森林保全	大木	660円

7 ほかの罫線も削除します。

8 Esc を押して、罫線の削除を終了します。

2 複数の罫線を削除する

補足

複数の罫線を削除する

右の手順のように複数の罫線を削除すると、セル内の文字も削除されてしまいます。表の枠組み(セル)は文字入力する前に決めておくほうがよいでしょう。

ヒント

罫線削除後の破線

罫線を削除したあとで、破線が表示される場合があります。これは、画面上で表の境界線を示すもので、「グリッド線」と呼びます。グリッド線は印刷されません。なお、グリッド線は［テーブルレイアウト］タブの［グリッド線の表示］をオフにすると表示されなくなります。

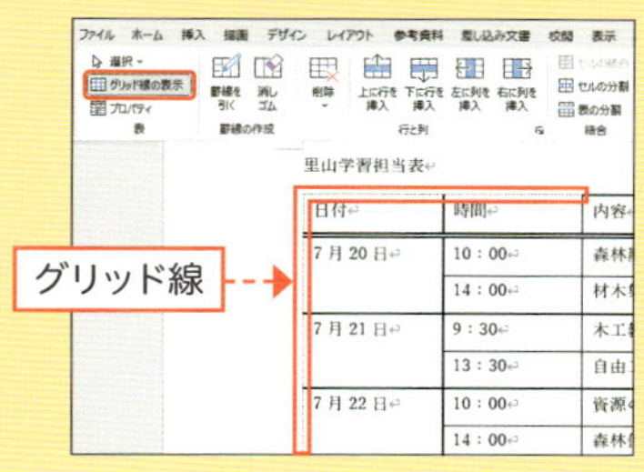

1 224ページの手順 1 ～ 3 を操作して、マウスポインターの形が に変わったら、

里山学習担当表

日付	時間	内容	担当	交通費
7月20日	10：00	森林散策	山本	700円
	14：00	材木集め	森田	—
7月21日	9：30	木工教室	林	380円
	13：30	自由工作	大木・杉山	660円・900円
7月22日	10：00	資源の再利用	松下	1,160円
	14：00	森林保全	大木	660円
7月23日	14：00	焚火体験	森田	580円

2 削除したい罫線を囲むようにドラッグします。

3 複数の罫線が削除されます。

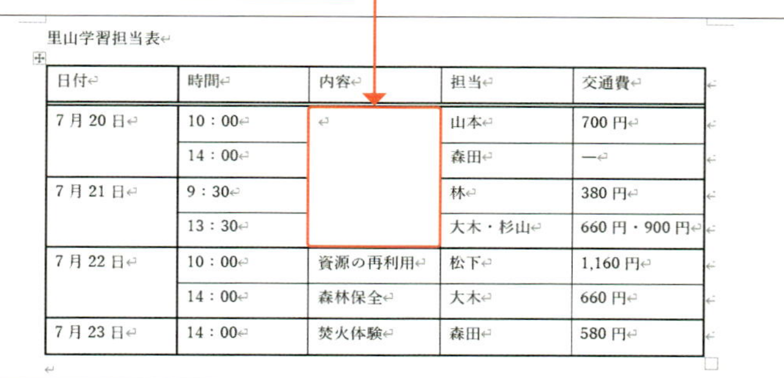

里山学習担当表

日付	時間	内容	担当	交通費
7月20日	10：00		山本	700円
	14：00		森田	—
7月21日	9：30		林	380円
	13：30		大木・杉山	660円・900円
7月22日	10：00	資源の再利用	松下	1,160円
	14：00	森林保全	大木	660円
7月23日	14：00	焚火体験	森田	580円

4 Esc を押して、罫線の削除を終了します。

Section

52 表の書式を設定しよう

ここで学ぶこと

- 文字の配置
- セルの背景色
- 表のスタイル

作成した表は、**セル内の文字配置**、**セルの背景色**、**フォントの変更**などで書式を整えることで、見栄えのよい表にできます。これらの操作は、ひとつひとつ設定することもできますが、あらかじめ用意された**表のスタイル**を使うこともできます。

練習▶52_担当表

1 セル内の文字配置を変更する

解説

セル内の文字配置を設定する

セル内の文字配置は初期設定が［上揃え(左)］ですが、行高を広げると、セルの左上に配置されて見栄えがよくありません。セルの上下中央に揃えるとよいでしょう。［テーブルレイアウト］タブにある［配置］グループのコマンドを利用します。

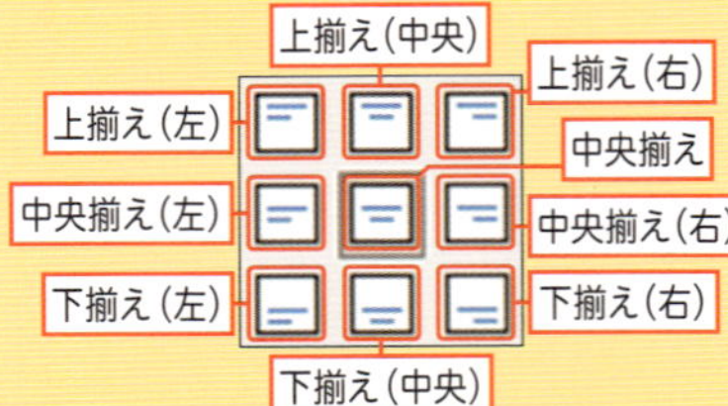

応用技

セル内で均等割り付けを設定する

タイトル行のようにセル内の文字列に均等割り付けを設定するには、文字を選択して、［ホーム］タブの［文字の均等割り付け］を利用します（166ページ参照）。

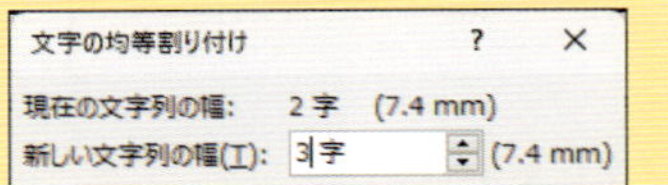

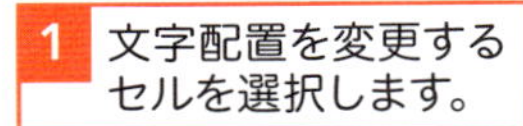

1 文字配置を変更するセルを選択します。

2 ［テーブルレイアウト］タブをクリックして、

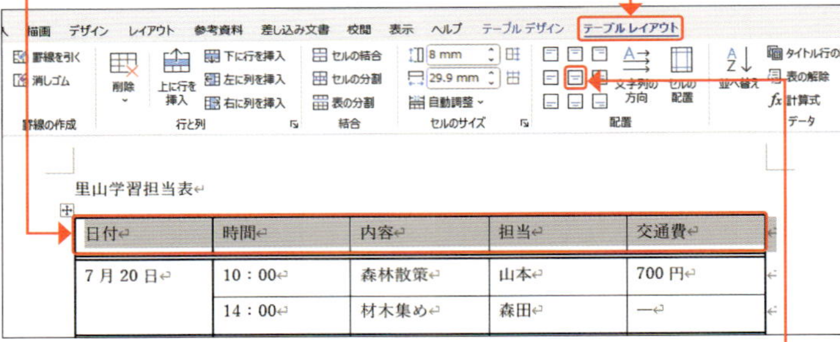

日付	時間	内容	担当	交通費
7月20日	10：00	森林散策	山本	700円
	14：00	材木集め	森田	—

3 ［中央揃え］をクリックすると、

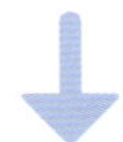

4 中央揃えになるので、均等割り付けも設定します（「応用技」参照）。

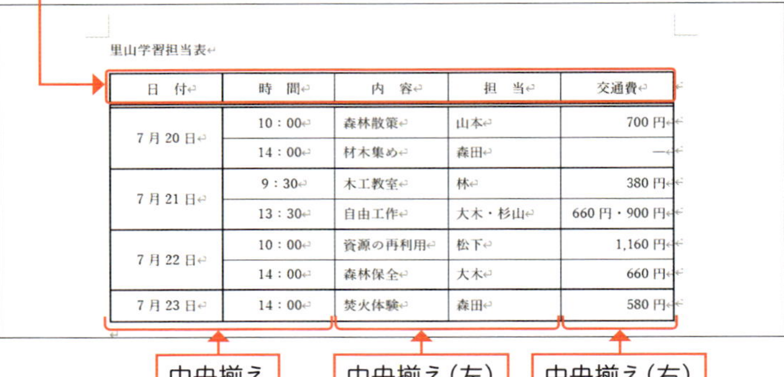
里山学習担当表

日　付	時　間	内　容	担　当	交通費
7月20日	10：00	森林散策	山本	700円
	14：00	材木集め	森田	—
7月21日	9：30	木工教室	林	380円
	13：30	自由工作	大木・杉山	660円・900円
7月22日	10：00	資源の再利用	松下	1,160円
	14：00	森林保全	大木	660円
7月23日	14：00	焚火体験	森田	580円

中央揃え　中央揃え(左)　中央揃え(右)

5 同様の手順で、ほかのセルも文字配置を変更します。

② セルの背景色を変更する

解説 セルの背景色を設定する

セルの背景色は、セル単位で個別に設定することができます。［テーブルデザイン］タブの［塗りつぶし］を利用します。また、［表のスタイル］を利用して、あらかじめ用意されているデザインを適用することも可能です（229ページ参照）。

1 背景色を設定するセルを選択して、

2 ［テーブルデザイン］タブをクリックします。

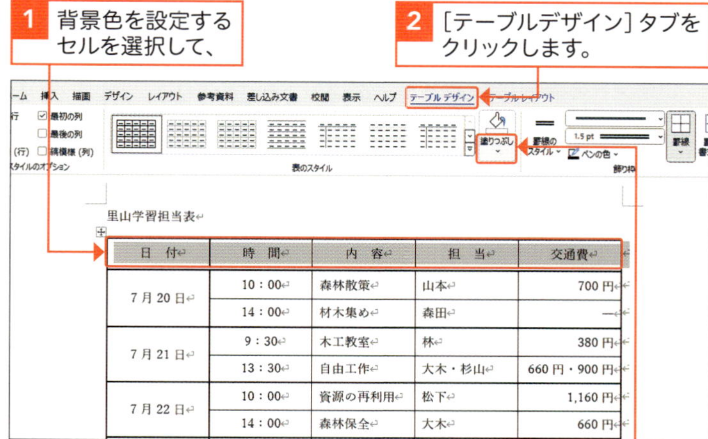

3 ［塗りつぶし］の下部分をクリックし、

4 好みの色をクリックします。

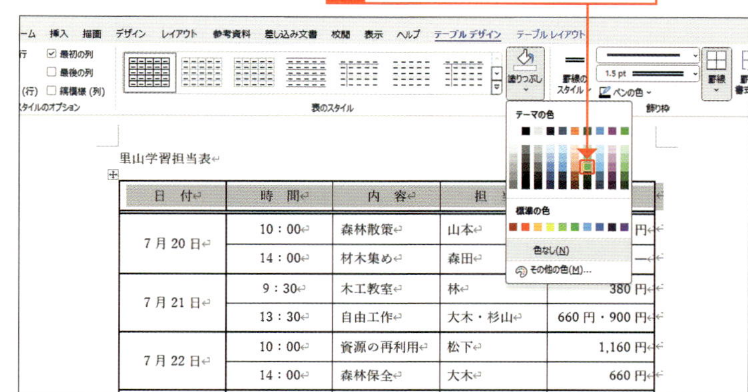

5 セルに背景色が付きます。

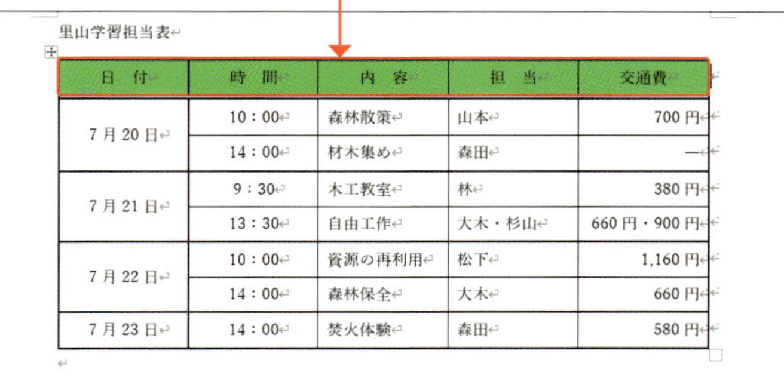

補足 セル内の文字が見にくい場合

セルの背景色が濃い場合、［ホーム］タブの［太字］でフォントを太くしたり、［フォントの色］でフォントを薄い色にしたりすると見やすくなります（140ページ、142ページ参照）。

③ セル内のフォントを変更する

フォントを個別に設定する

右の操作では、表内のすべての文字を同じフォントに変更していますが、表のタイトル行だけ、あるいはセル内の一部の文字を目立たせたい場合には、その行、その文字だけを選択して、同様の操作でフォントを変更するとよいでしょう。

1 表の左上にある⊞をクリックして、表全体を選択します。

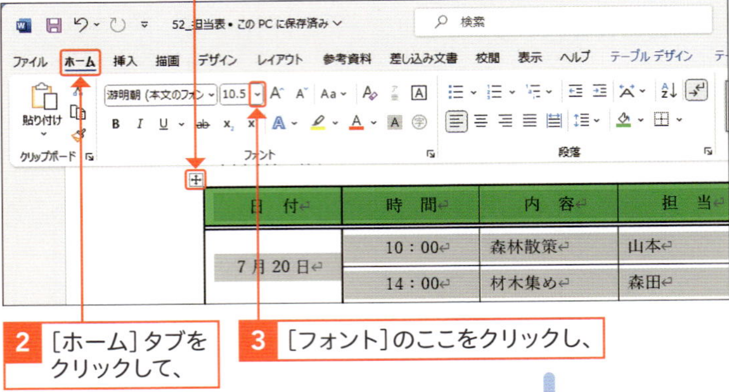

2 [ホーム]タブをクリックして、

3 [フォント]のここをクリックし、

4 目的のフォント(ここでは[HGP創英角ポップ体])をクリックすると、

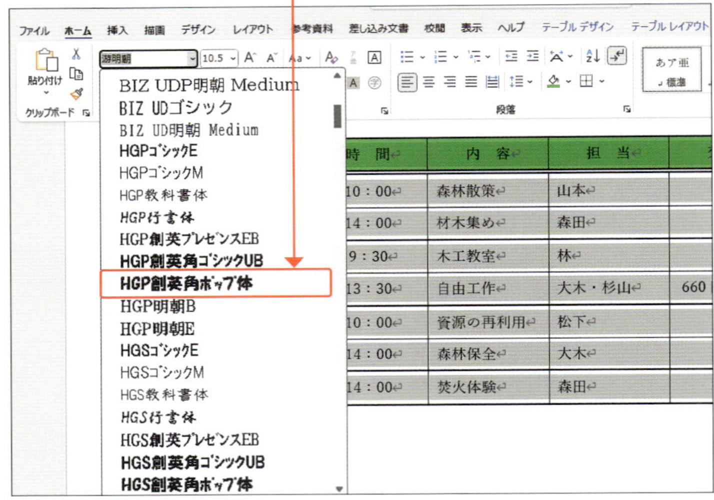

5 表全体のフォントが変更されます。

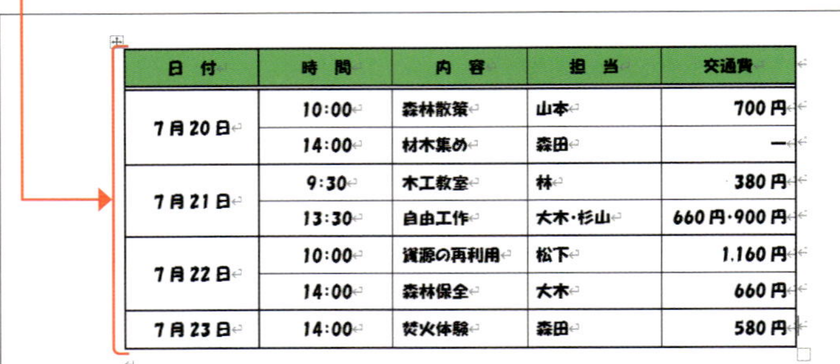

日 付	時 間	内 容	担 当	交通費
7月20日	10:00	森林散策	山本	700円
	14:00	材木集め	森田	—
7月21日	9:30	木工教室	林	380円
	13:30	自由工作	大木・杉山	660円・900円
7月22日	10:00	資源の再利用	松下	1,160円
	14:00	森林保全	大木	660円
7月23日	14:00	焚火体験	森田	580円

④ 表のスタイルを適用する

解説

表のスタイルの利用

［テーブルデザイン］タブの［表のスタイル］機能を利用すると、体裁の整った表をかんたんに作成することができます。適用した表のデザインを取り消したい場合、スタイル一覧の最上段にある［標準の表］をクリックします。

補足

表スタイルのオプション

［テーブルデザイン］タブの［表スタイルのオプション］グループでは、表のスタイルを適用する要素を指定できます。要素のオンオフによって、表スタイルが変わります。

種　類	内　容
タイトル行	最初の行に書式を適用します。
集計行	合計の行など、最後の行に書式を適用します。
縞模様（行）	表を見やすくするため、偶数の行と奇数の行を異なる書式にして縞模様で表示します。
最初の列	最初の列に書式を適用します。
最後の列	最後の列に書式を適用します。
縞模様（列）	表を見やすくするため、偶数の列と奇数の列を異なる書式にして縞模様で表示します。

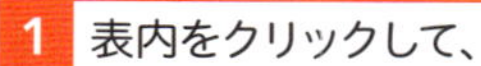

1 表内をクリックして、

2 ［テーブルデザイン］タブをクリックし、

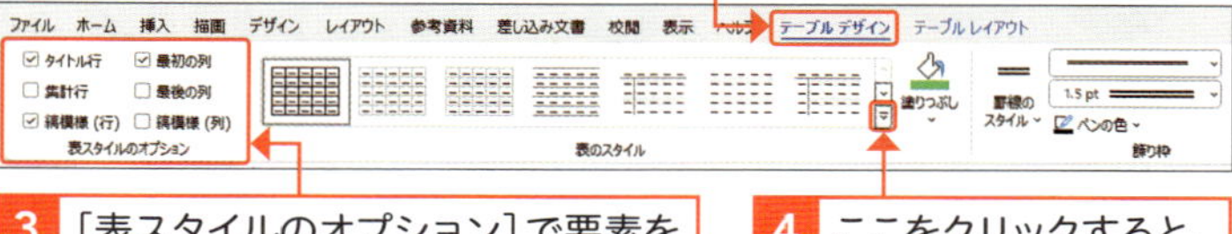

3 ［表スタイルのオプション］で要素を指定します（「補足」参照）。

4 ここをクリックすると、

5 ［表のスタイル］の一覧が表示されます。

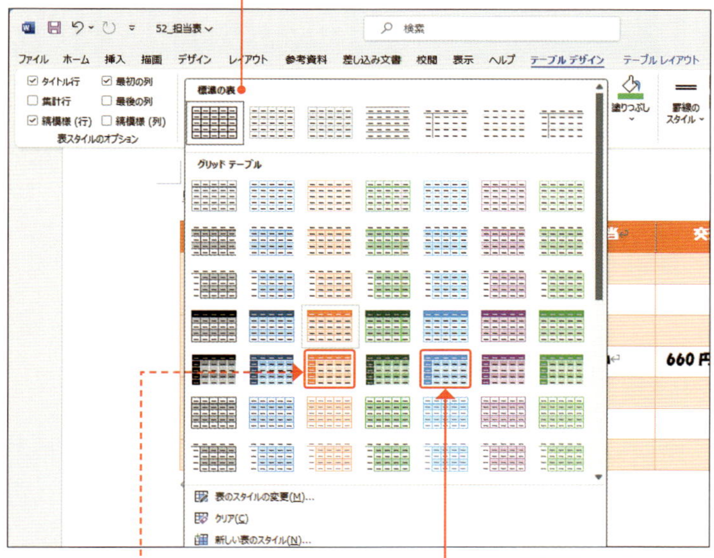

スタイルの上にマウスポインターを合わせると、イメージが確認できます。

6 好みのスタイルをクリックすると、

7 選択したスタイルが表に適用されます。

里山学習担当表

日　付	時　間	内　容	担　当	交通費
7月20日	10:00	森林散策	山本	700円
	14:00	材木集め	森田	―
7月21日	9:30	木工教室	林	380円
	13:30	自由工作	大木・杉山	660円・900円
7月22日	10:00	資源の再利用	松下	1,160円
	14:00	森林保全	大木	660円
7月23日	14:00	焚火体験	森田	580円

Section

53 Excelの表をWordに貼り付けよう

ここで学ぶこと

- Excelの表
- 貼り付けのオプション
- Microsoft Excelワークシートオブジェクト

Wordの文書には、**Excelで作成した表を貼り付ける**ことができます。表の作成や計算は、Excelのほうがかんたんです。Excelの表をWordに貼り付けて利用しましょう。また、Wordに貼り付けた表は、**Excel機能で編集する**ことも可能です。

練習▶53_売上報告書、53_売上表.xlsx

1 Excelの表をWordの文書に貼り付ける

重要用語

Excel

「Excel」は表計算ソフトです。Wordと同様にマイクロソフト社のOffice商品の1つで最新バージョンは2024ですが、ここで起動するのは、以前のバージョンのExcel(Excel 2021／2019／2016)やMicrosoft 365のExcelでもかまいません。

1 Wordの文書を開いておきます。

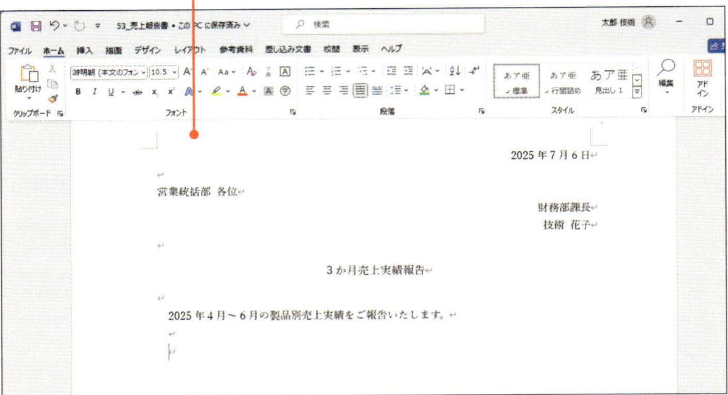

2 Excelを起動して、ファイルを開き、

3 Wordに貼り付けたい表を選択します。

商品番号	4月	5月	6月
AS-PR1120	1,980,000	1,279,325	3,800,020
AT-NN7325	1,765,000	4,005,050	2,983,000
ER-KS6083	2,483,000	3,490,700	4,517,000
HP-SFW219	2,087,000	3,570,000	3,912,000
WK-MD0456	3,000,900	2,934,000	5,300,075

[コピー]と[貼り付け]の利用

通常の[コピー]と[貼り付け]を利用しても、Excelで作成した表を、Wordの文書に貼り付けることができます。ただし、この場合の貼り付ける形式は「HTML形式」になり、行高などの調整やExcelでの編集ができなくなる場合があります。
そのため、手順9では[貼り付け先のスタイルを使用]を選択しています。Excelの書式を利用したい場合は、233ページの「②Excel形式で表を貼り付ける」を参考にしてください。

4 Excelの画面で[ホーム]タブの[コピー]をクリックします。

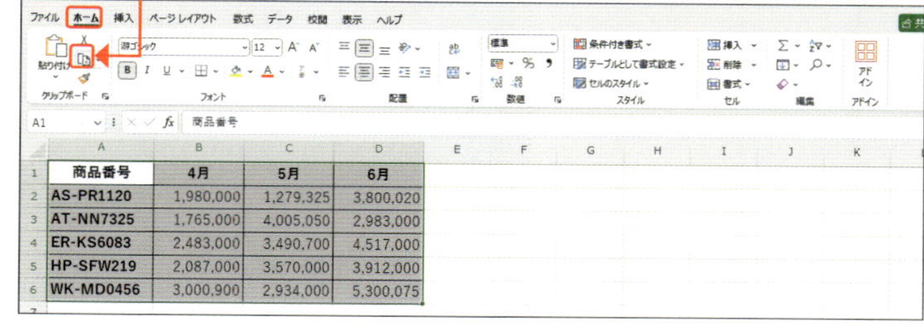

5 タスクバーのWordをクリックして、

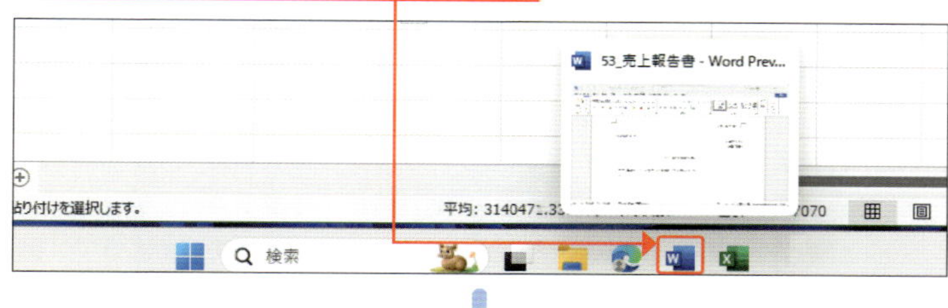

6 Wordの文書を表示します。

7 貼り付け先にカーソルを移動して、

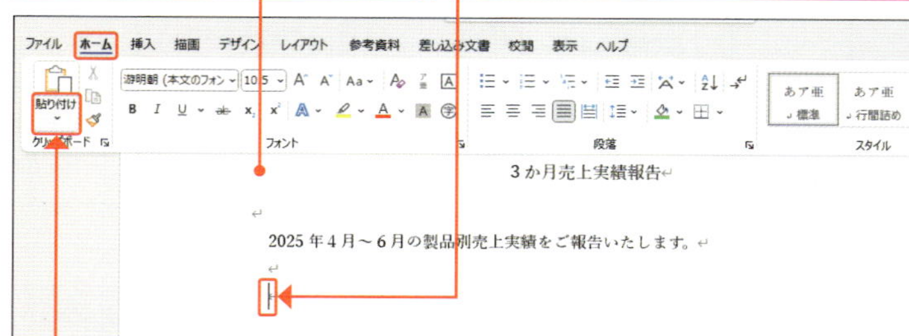

8 [ホーム]タブの[貼り付け]の下部をクリックします。

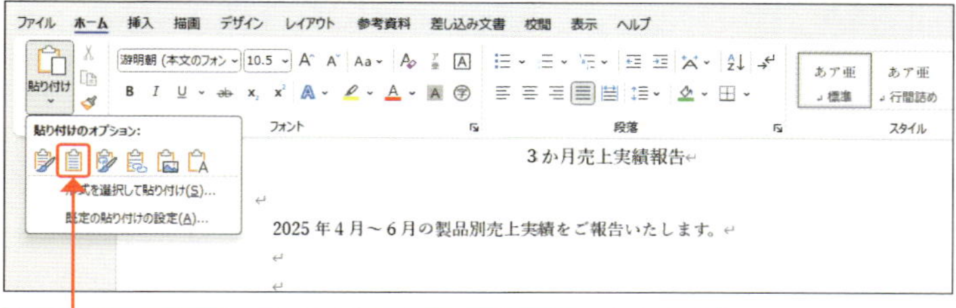

9 [貼り付け先のスタイルを使用]をクリックします。

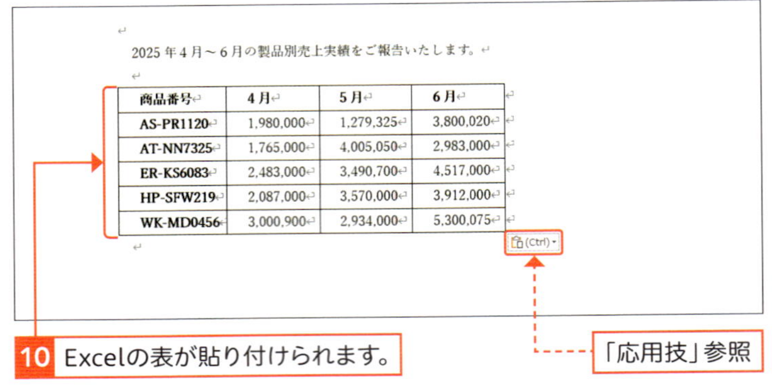

2025年4月～6月の製品別売上実績をご報告いたします。

商品番号	4月	5月	6月
AS-PR1120	1,980,000	1,279,325	3,800,020
AT-NN7325	1,765,000	4,005,050	2,983,000
ER-KS6083	2,483,000	3,490,700	4,517,000
HP-SFW219	2,087,000	3,570,000	3,912,000
WK-MD0456	3,000,900	2,934,000	5,300,075

10 Excelの表が貼り付けられます。

「応用技」参照

応用技 [貼り付けのオプション]の利用

貼り付けた表の右下に[貼り付けのオプション] (Ctrl) が表示されます。クリックすると、貼り付ける表の書式を指定できます。231ページの手順**9**の[貼り付けのオプション]と同じものです。手順**9**で形式を選択せずに、通常の貼り付けをしたあとでも、この[貼り付けのオプション]から形式を選択して変更することができます。主な貼り付けオプションを紹介します。なお、コピー元のデータによって、貼り付けのオプションの内容は変わります。

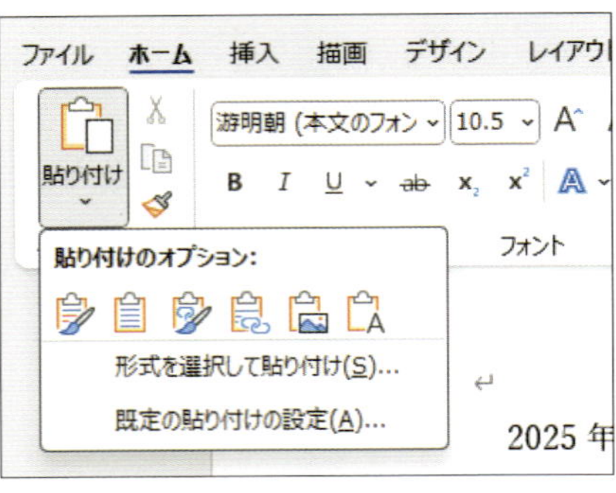

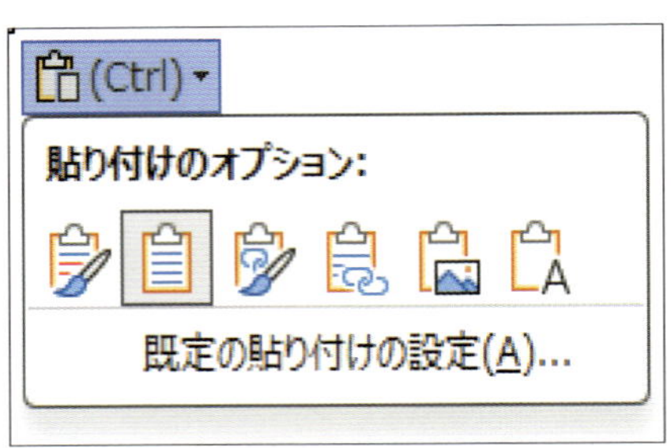

コマンド	名称	機能
	元の書式を保持	Excelで設定した書式のまま、Wordの表として貼り付けられます。
	貼り付け先のスタイルを使用	Excelの表がWord文書の書式に変更されて貼り付けられます。
	リンク(元の書式を保持)	Excelで設定した書式のまま、Excelのデータと連携する設定で貼り付けられます。
	リンク(貼り付け先のスタイルを適用)	Excelの表がWord文書の書式に変更されて、Excelのデータと連携する設定で貼り付けられます。
	図	Excelで設定した書式やデータがそのまま図(画像)として貼り付けられます。図のため、表の編集はできません。
	テキストのみ保持	Excelの表のデータが、タブ区切りの文字だけに変換されて貼り付けられます。

2 Excel形式で表を貼り付ける

解説

Excel形式で表を貼り付ける

230ページの手順で、Wordの文書に貼り付けた表は、Wordの機能で作成した表と同様のものになるため、貼り付け後はExcelの機能を利用することはできません。右の手順に従ってExcel形式の表として貼り付けると、貼り付け後もExcelを起動して表を編集することができます。

1 230ページの手順1～4を操作してExcelの表をコピーします。

2 Wordの文書を開き、貼り付け先にカーソルを移動して、

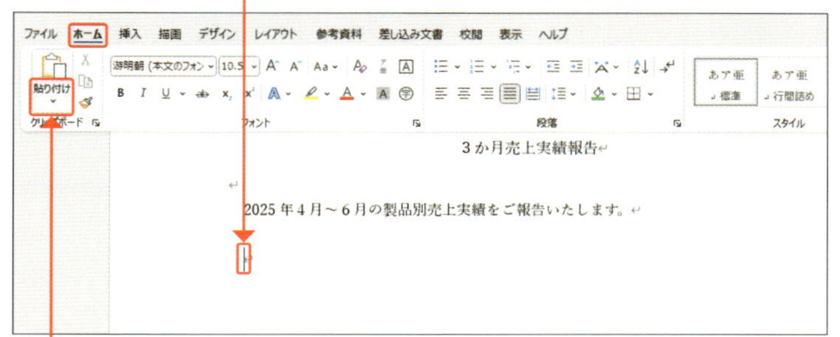

3 ［ホーム］タブの［貼り付け］の下部をクリックします。

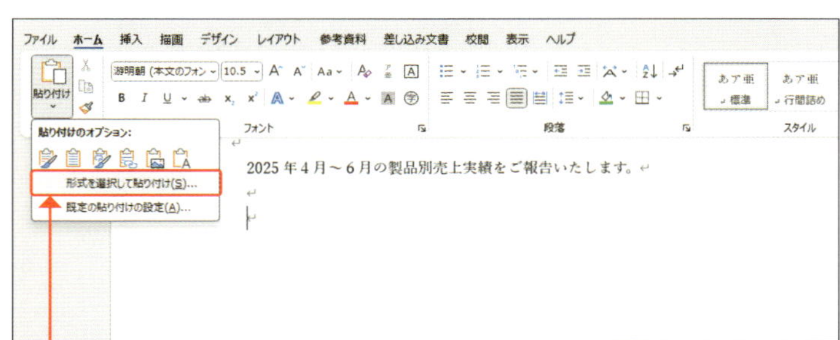

4 ［形式を選択して貼り付け］をクリックします。

5 ［形式を選択して貼り付け］ダイアログボックスが表示されるので、

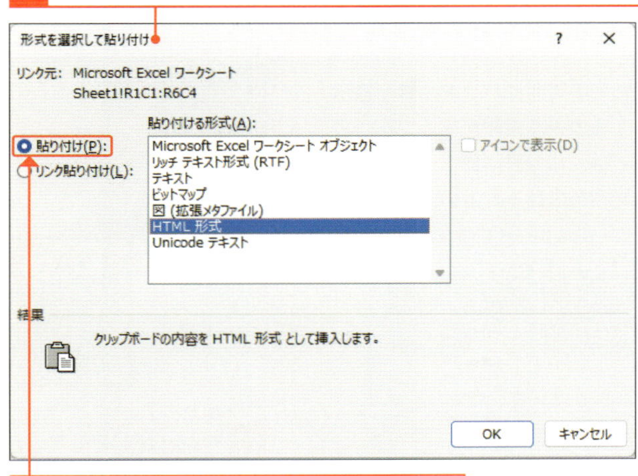

6 ［貼り付け］をクリックしてオンにします。

リンク形式での表の貼り付け

［形式を選択して貼り付け］ダイアログボックスで［リンク貼り付け］をオンにして操作を進めると、Excelで作成した表と、Wordの文書に貼り付けた表が関連付けられます。この場合、Excelで作成したもとの表のデータを変更すると、Wordの文書に貼り付けた表のデータも自動的に変更されます。

Excelを起動したままにしておく

Excelの表をWordの文書に貼り付ける際には、Excelを終了しないように注意してください。Excelを終了させてしまうと、手順7の[Microsoft Excelワークシートオブジェクト]を利用することができません。なお、表をWordの文書に貼り付けたあとは、Excelを終了してもかまいません。

表の表示範囲を変更する

貼り付けた表の周囲にハンドル■が表示されます。表の表示範囲が狭くて見づらい場合などは、ハンドル■をドラッグして、表示範囲を広げるとよいでしょう。

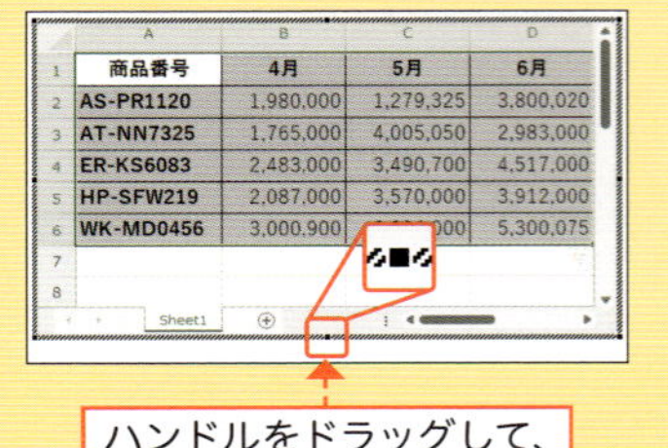

7 [Microsoft Excelワークシートオブジェクト]をクリックして、

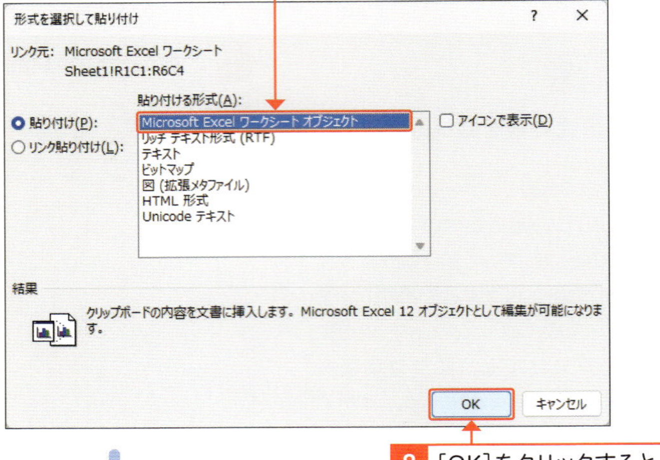

8 [OK]をクリックすると、

9 Excelの表がWordの文書に貼り付けられます。

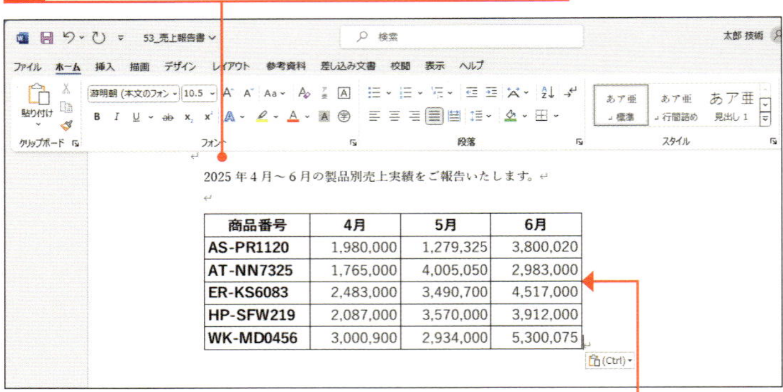

商品番号	4月	5月	6月
AS-PR1120	1,980,000	1,279,325	3,800,020
AT-NN7325	1,765,000	4,005,050	2,983,000
ER-KS6083	2,483,000	3,490,700	4,517,000
HP-SFW219	2,087,000	3,570,000	3,912,000
WK-MD0456	3,000,900	2,934,000	5,300,075

10 表をダブルクリックすると、

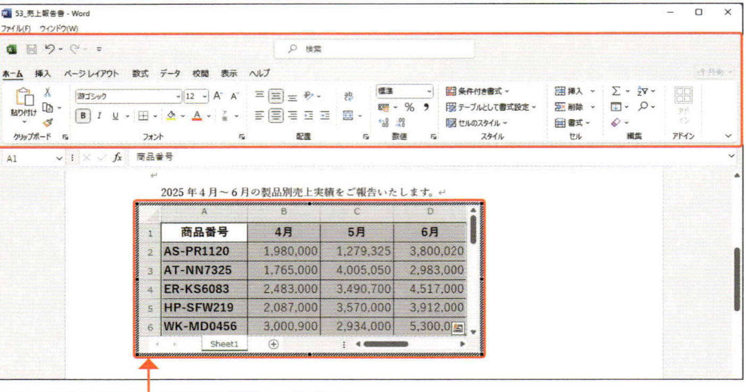

11 Excelが起動して、Excelの機能を使って、表を編集することができます。

第8章

図形を作成／編集しよう

この章で学ぶこと

図形の作成手順を理解しよう

図形の種類

Wordでは、さまざまな形の図形を描くことができます。あいさつ文や送り状などのビジネス文書では図形を使うことはほとんどありませんが、掲示用の資料や配布用のチラシ、プレゼンテーション用の資料などに使うと効果的です。
ただし、あまり多用すると見づらくなるので、図形を使用するときは必要以上に多く使わず、1枚の用紙に使う図形の装飾などを統一するとよいでしょう。

文書に挿入可能な図形には、「線」「四角形」「基本図形」「ブロック矢印」「数学図形」「フローチャート」「星とリボン」「吹き出し」があります。

なおWordでは、図形やワードアート、イラスト、画像、テキストボックスなど、直接入力する文字以外の文書中に挿入できるものを「オブジェクト」と呼びます。

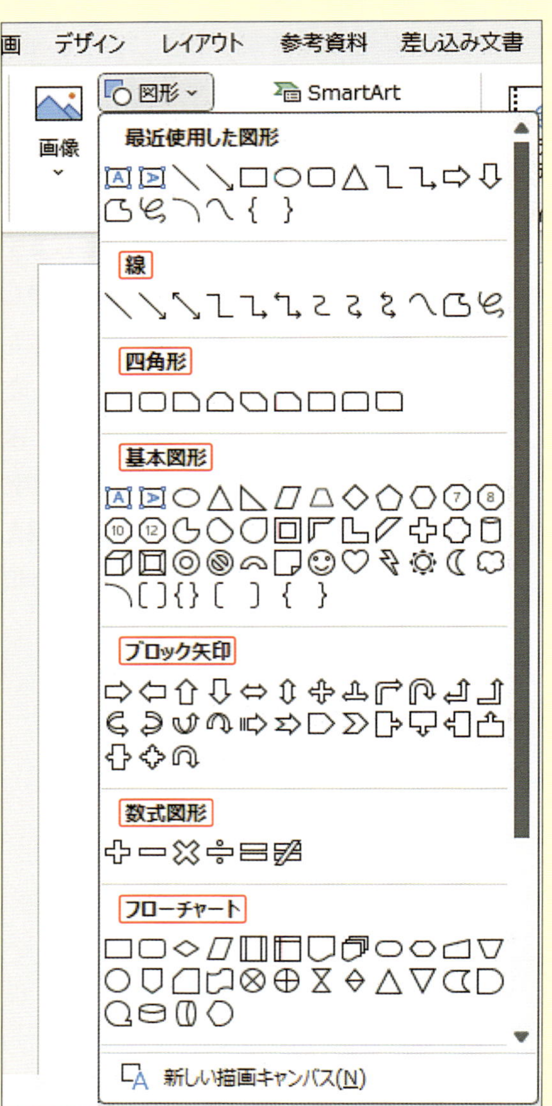

図形の作成手順

図形を作成するには、[挿入]タブの[図形]をクリックして、目的の図形を選択します。文書内をドラッグして、おおよその図形を描きます。サイズを調整して、色や枠線を変更したら、移動して文書内に配置します。図の中には、文字を入力することができます。通常の文字と同様に、フォントやサイズ、色を変更したり、効果を付けたりできます。

さらに、複数の図を組み合わせることで、組織図や地図などを表現することが可能です。

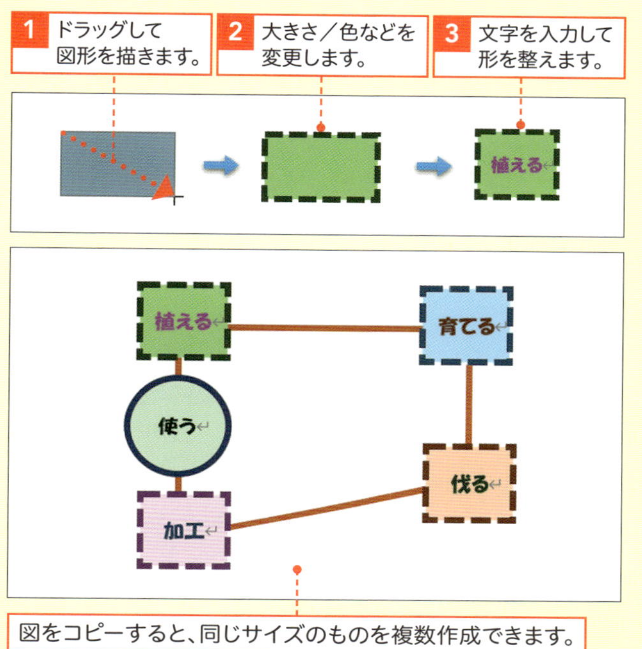

テキストボックスの作成

テキストボックスは文字を文書内の自由な位置に配置できる図形です。ほかの図形は塗りつぶしや、文字配置が中央揃えで変更に手間がかかります。テキストボックスは、文字を入力するための枠だけが表示されるので、扱いがかんたんです。
また、文書内で自由に配置できるので、横書きの文書に縦書きの文字を入れたい、本文とは異なる文字列を配置したい、という場合に便利です。

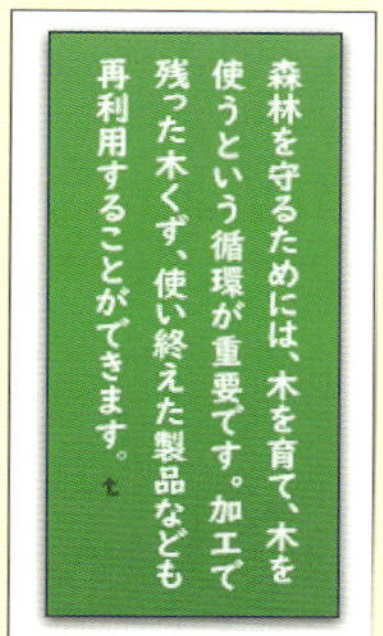

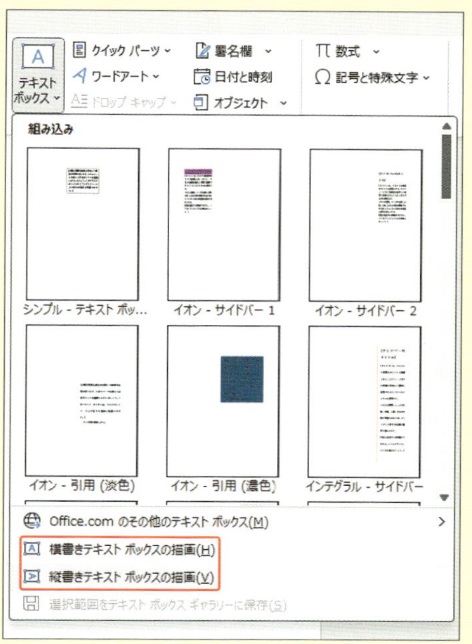

8 図形を作成／編集しよう

Section
54 図形を作成しよう

ここで学ぶこと

- 直線
- 四角形
- [図形の書式] タブ

[挿入] タブの [図形] コマンドには、図形のサンプルが用意されています。**図形の種類を指定してドラッグする**だけでかんたんに描くことができます。線系以外の図形は、**周りの枠線**と**内側の塗りつぶし**で構成されています。

練習▶54_森林循環

1 直線を描く

解説

水平線や垂直線を引く

図形の中で、[線] を利用すると、自由な角度で線を引くことができます。Shift を押しながらドラッグすると、水平線や垂直線を引くことができます。

応用技

曲線を描く

曲線を描くには、[図形] の [曲線] を クリックします。始点をクリックして、マウスポインターを移動し、線を折り曲げるところでクリックしていきます。

1 始点をクリックして、

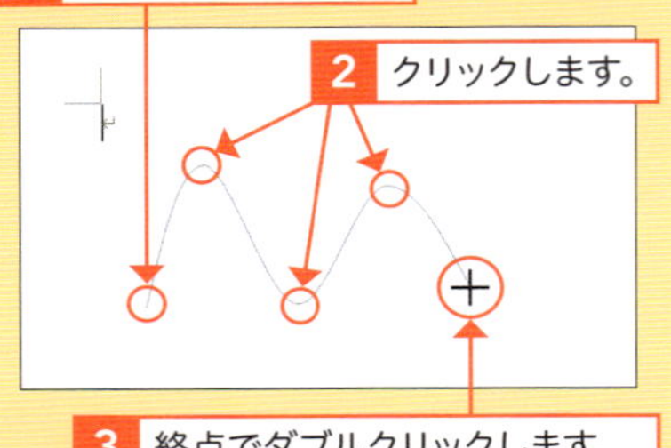

2 クリックします。

3 終点でダブルクリックします。

1 [挿入] タブをクリックして、

2 [図形] をクリックし、

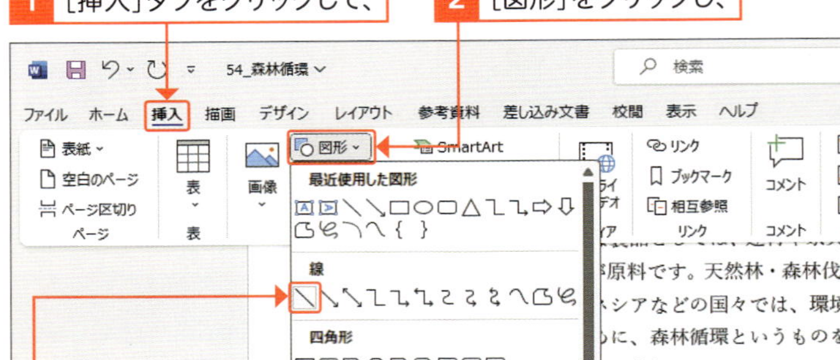

3 [線] をクリックします。

4 マウスポインターが+になった状態でドラッグすると、

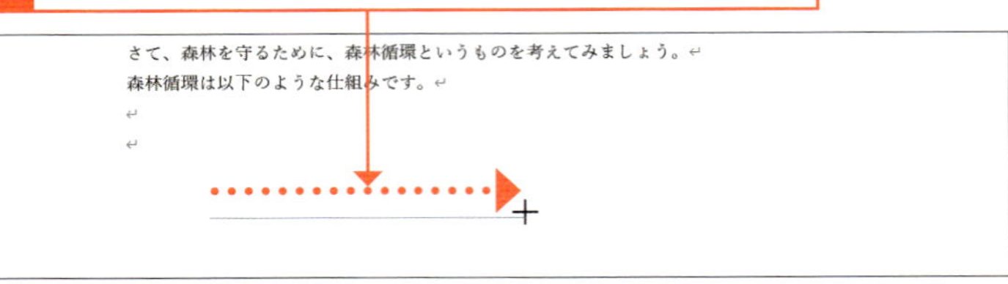

図形以外の場所をクリックすると、図形の選択が解除されます。

5 直線が描かれます。

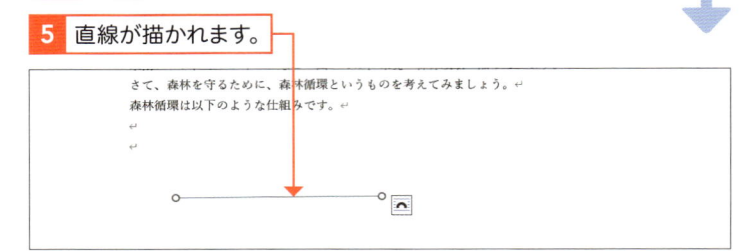

② 図形を作成する

解説 正方形を描く

手順3で Shift を押しながらドラッグすると、正方形を描くことができます。

補足 図形の色や書式

図形を描くと、青色で塗りつぶされ、青色の枠線が引かれます。色や枠線の変更については240ページを参照してください。

ヒント 図形を削除する

思い通りの図形が描けなかった場合は、図形をクリックして選択し、Back space または Delete を押します。

1 [挿入]タブの[図形]をクリックして、

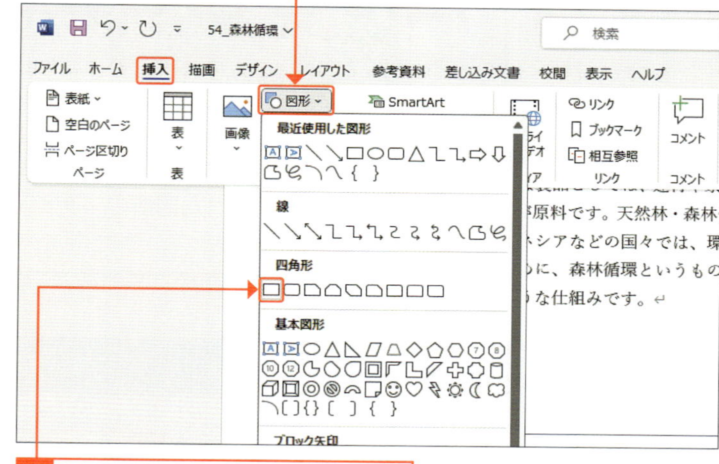

2 [正方形/長方形]をクリックします。

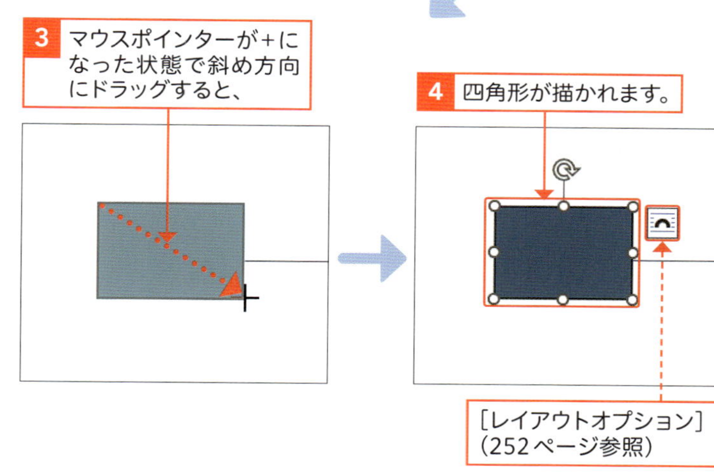

3 マウスポインターが＋になった状態で斜め方向にドラッグすると、

4 四角形が描かれます。

[レイアウトオプション] (252ページ参照)

補足 [図形の書式] タブ

図形を描いて選択すると、[図形の書式]タブが表示されます。図形に対する編集コマンドが用意されています。

図形を描く場合、[図形の書式]タブにある[図形の挿入]からも図形を選択して作成できます。

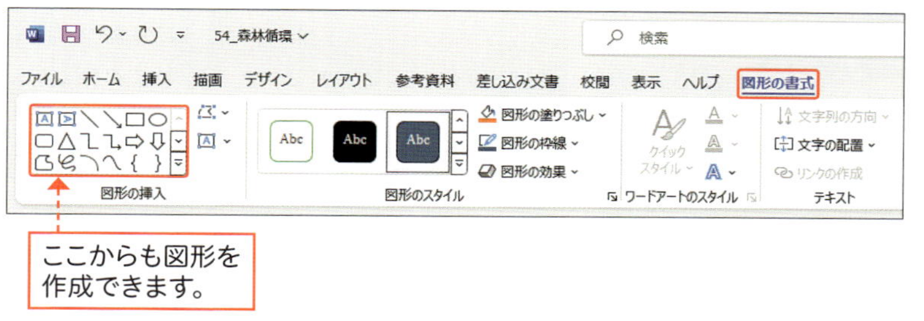

ここからも図形を作成できます。

Section

55 図形の色を変更しよう

ここで学ぶこと

・図形の塗りつぶし
・図形の枠線
・図形のスタイル

図形を描き終えたら、**図形の塗りつぶしの色**や**枠線の太さ**、**形状**を変更したり、**図形に効果**を設定したりするなどの編集作業を行います。また、図形の枠線や塗りなどがあらかじめ設定された図形のスタイルを適用することもできます。

練習▶55_森林循環

1 図形の色を変更する

解説

図形を編集する

図形を編集するには、最初に対象となる図形をクリックして選択しておく必要があります。図形を選択すると、[図形の書式] タブが表示されます。

1 図形をクリックして、[図形の書式] タブをクリックします。

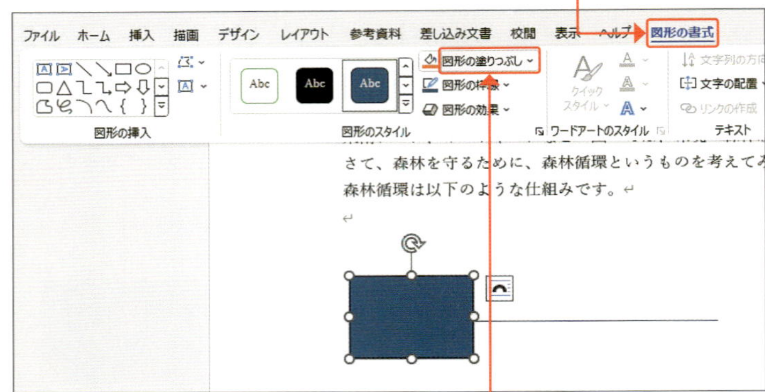

2 [図形の塗りつぶし] の右側をクリックして、

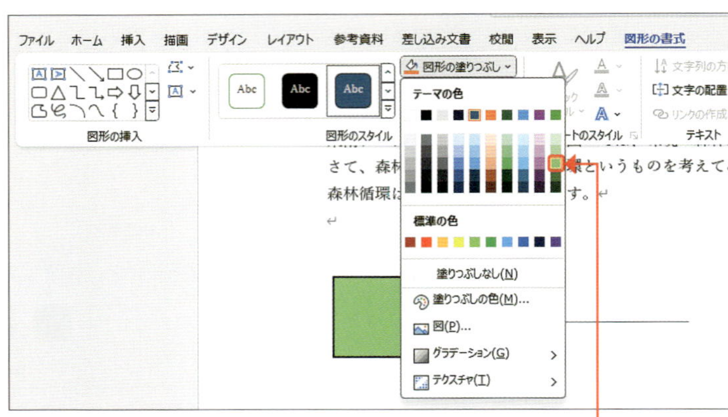

3 目的の色 (ここでは [緑、アクセント6、白+基本色40%]) をクリックします。

補足

図形の色と枠線の色

図形の色は、図形内の色 ([図形の塗りつぶし]) と輪郭線 ([図形の枠線]) とで設定されています。色を変更するには、それぞれ別に設定を変更する必要があります。

色を変更したあとのコマンド

図形の色を変更すると、[図形の塗りつぶし] や [図形の枠線] の色が変更した色に変わります。以降、ほかの色に変更するか、文書を閉じるまで、設定された色が適用されます。

図形に色を塗らない

図形を塗りつぶしたくない場合、[図形の塗りつぶし]の右側をクリックして、一覧から[塗りつぶしなし]をクリックします。

4 図形内の色が変更されます。

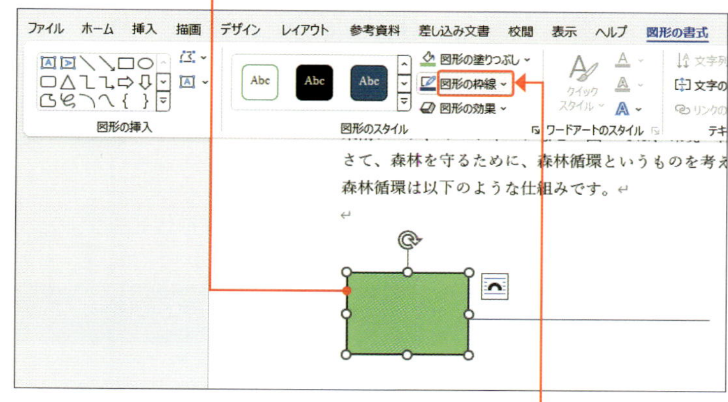

5 図形が選択された状態で、[図形の枠線]の右側をクリックして、

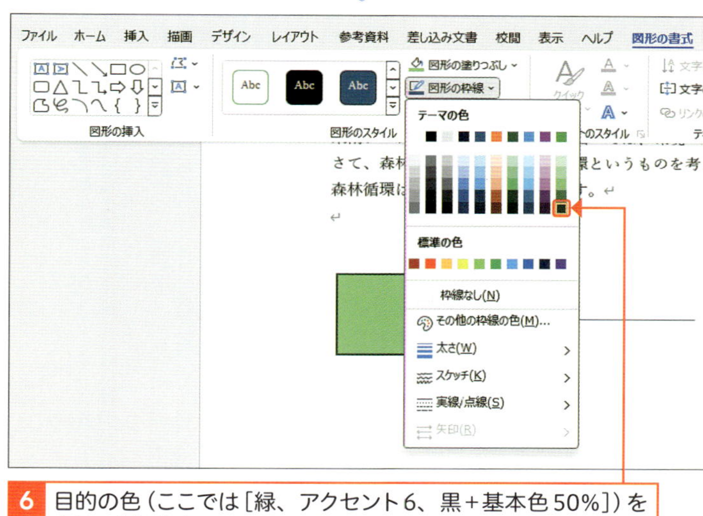

6 目的の色（ここでは[緑、アクセント6、黒+基本色50%]）をクリックします。

応用技 図形のスタイルを利用する

[図形の書式] タブには、図形の枠線と塗りなどがあらかじめ設定されている[図形のスタイル]が用意されています。[図形のスタイル] の をクリックし、表示されるギャラリーから好みのスタイルをクリックすると、図形に適用されます。

1 目的のスタイルをクリックすると、

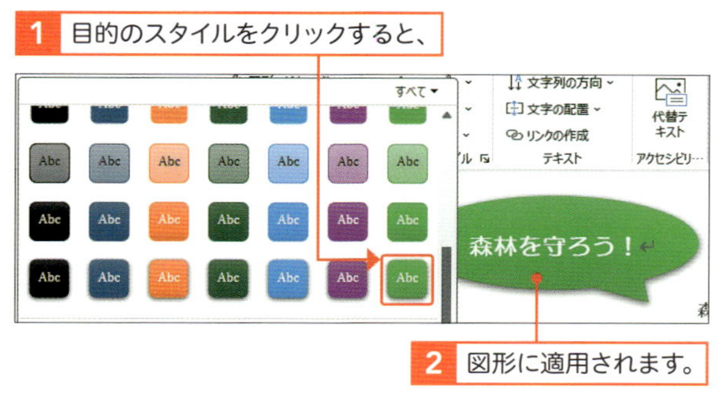

2 図形に適用されます。

7 図形の枠線の色が変更されます。

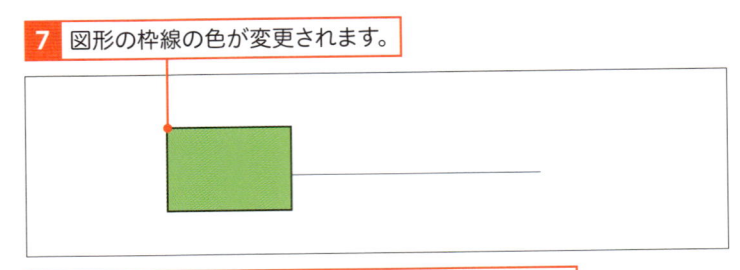

8 図形以外をクリックして、図形の選択を解除します。

2 枠線の太さや種類を変更する

図形の枠線を消したい

図形の枠線が必要ない場合、［図形の枠線］の右側をクリックして、一覧から［枠線なし］をクリックします。

1 図形をクリックして、［図形の書式］タブをクリックします。

2 ［図形の枠線］の右側をクリックして、

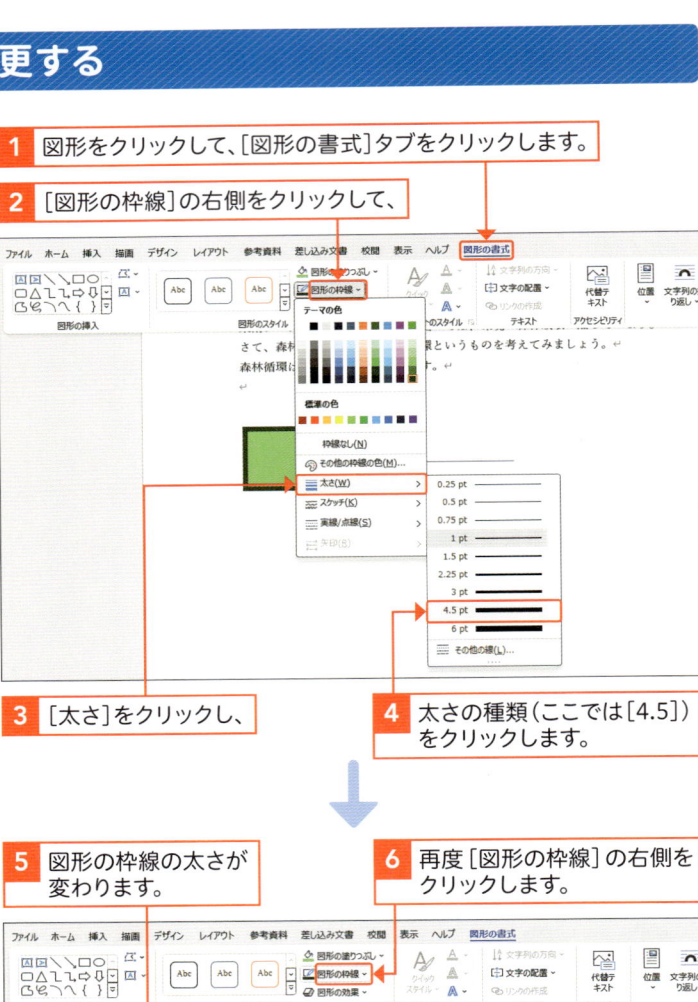

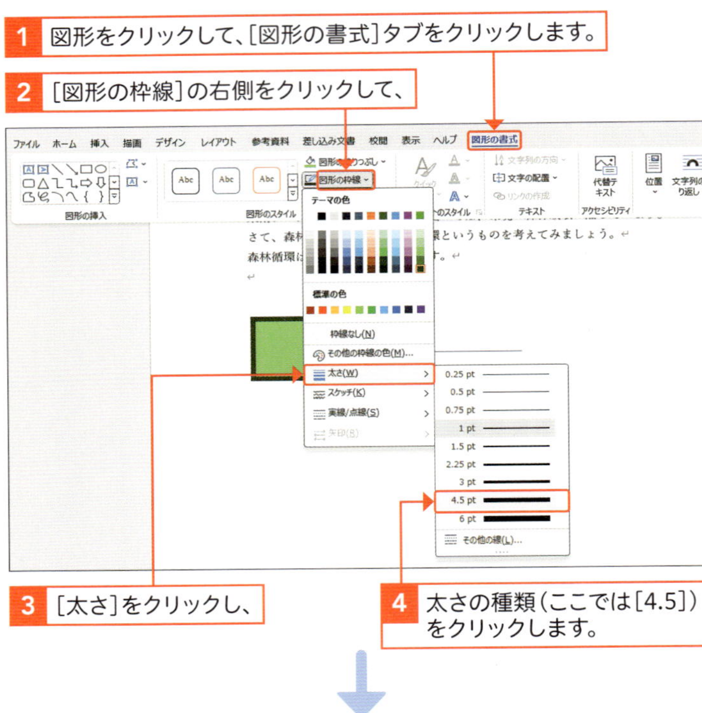

3 ［太さ］をクリックし、

4 太さの種類（ここでは［4.5］）をクリックします。

5 図形の枠線の太さが変わります。

6 再度［図形の枠線］の右側をクリックします。

枠線のスケッチ

[図形の枠線]の[スケッチ]では手書き風の線を描けます。

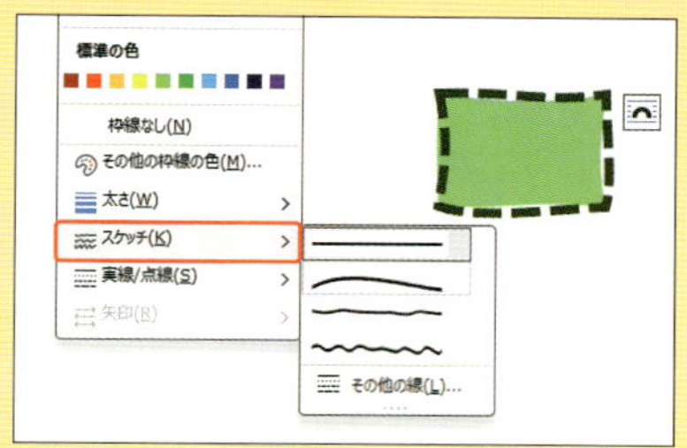

7 [実線/点線]をクリックして、

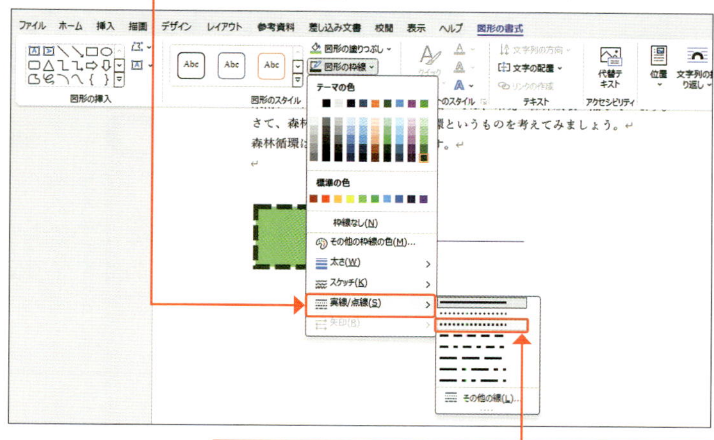

8 線種(ここでは[点線(角)])をクリックします。

9 枠線が変更されます。

10 直線を選択します。

11 [図形の枠線]で色(ここでは[オレンジ、アクセント2、黒+基本色25%])を選択して、

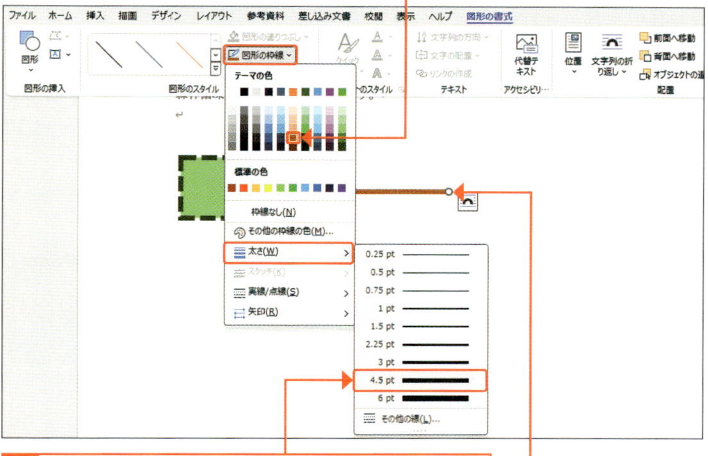

12 枠線の太さ(ここでは[4.5pt])を選択します。

13 直線の色と太さが変更されます。

直線の色

直線など線系の図形の場合、枠線の扱いになります。色を付けるには、[図形の塗りつぶし]ではなく、[図形の枠線]から色を選択します。

Section

56 図形の中に文字を入力しよう

ここで学ぶこと

- テキストの追加
- 文字列の方向
- 吹き出し

図形の中に文字を入力することができます。文字は横書き、縦書きが可能で、フォントもWordで利用できるものはすべて使えます。図形の吹き出しは作成すると自動的に文字が入力できます。

練習▶56_森林循環

1 図形内に文字を入力して色を変更する

解説

図形内の文字

図形の中に文字を配置するには、図形を右クリックして、[テキストの追加]をクリックします。入力した文字は、初期設定でフォントが游明朝、フォントサイズが10.5pt、フォントの色は背景色に合わせて自動的に黒か白、中央揃えで入力されます。これらの書式は、通常の文字列と同様に変更することができます。

1 文字を入力したい図形を右クリックして、

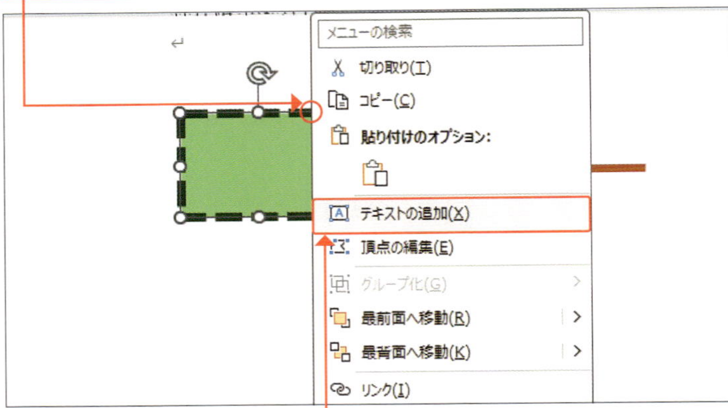

2 [テキストの追加]をクリックすると、

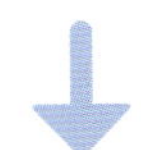

3 図形の中にカーソルが表示されます。

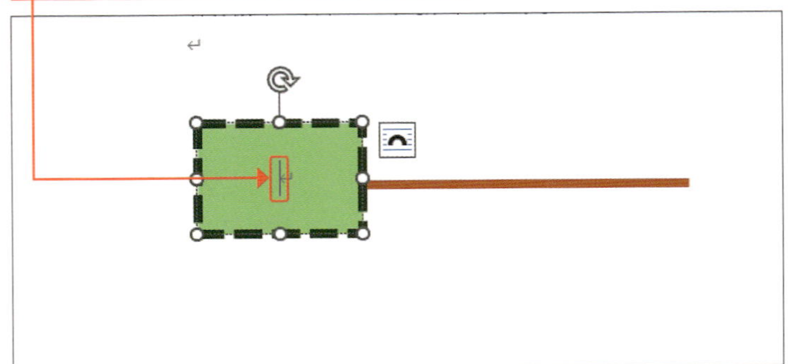

補足

図形の中に文字が入り切らない

図形の中に文字が入り切らない場合、図形を選択すると周囲に表示されるハンドル◯をドラッグして、サイズを広げます（248ページ参照）。また、フォントサイズを小さくして収める方法もあります。

フォントの色

図形の中の文字の色は、［ホーム］タブの［フォントの色］、［図形の書式］タブの［文字の塗りつぶし］のどちらで選択してもかまいません。

図形を削除する

思い通りの図形が描けなかった場合や、図形が不要になった場合は、図形をクリックして選択し、Back space または Delete を押すと削除できます。

4 文字を入力して、選択します。

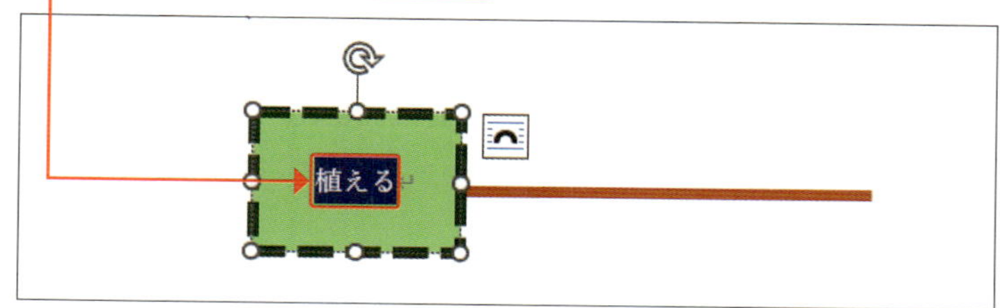

5 文字の書式（ここではフォントを［HGP創英角ポップ体］、フォントサイズを［14pt］）を設定します。

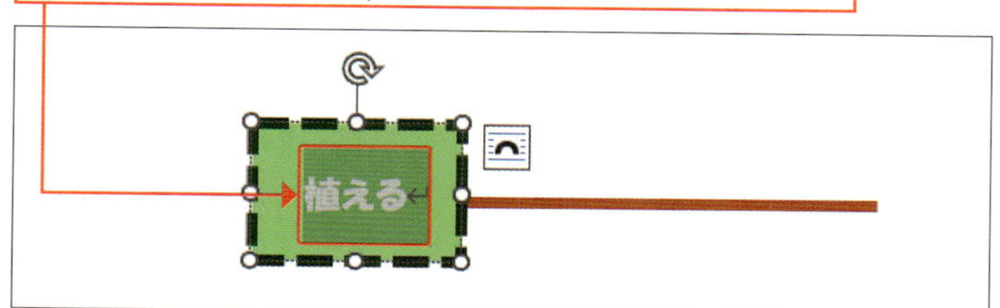

6 ［文字の塗りつぶし］のここをクリックして、

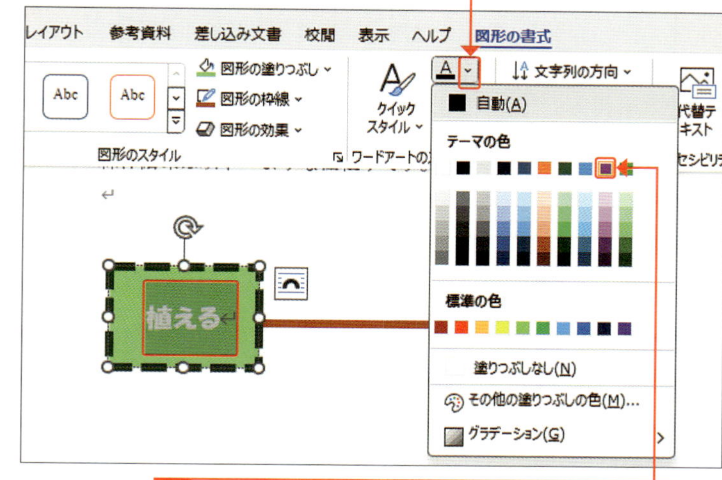

7 色（ここでは［プラム、アクセント5］）をクリックします。

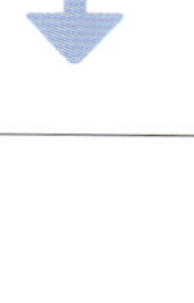

8 選択を解除すると、文字の色が変わったことがわかります。

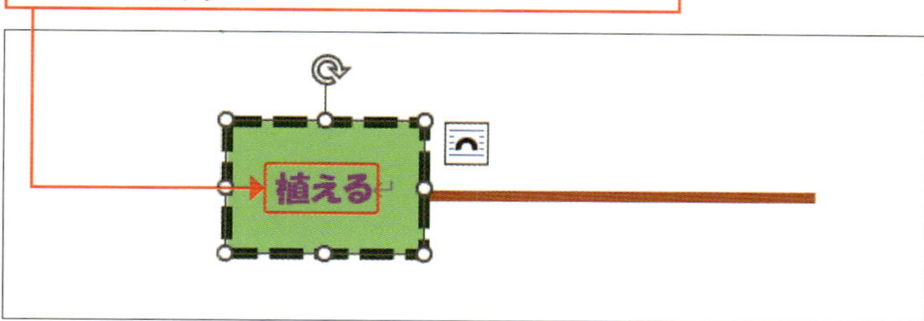

② 文字列の方向を変更する

解説

文字列の方向

文字列は、[横書き] [縦書き] のほか、[左へ90度] [右へ90度回転] [横書き (左90度回転)] があります。また、[縦書きと横書きのオプション] をクリックして表示されるダイアログボックスでも指定できます。

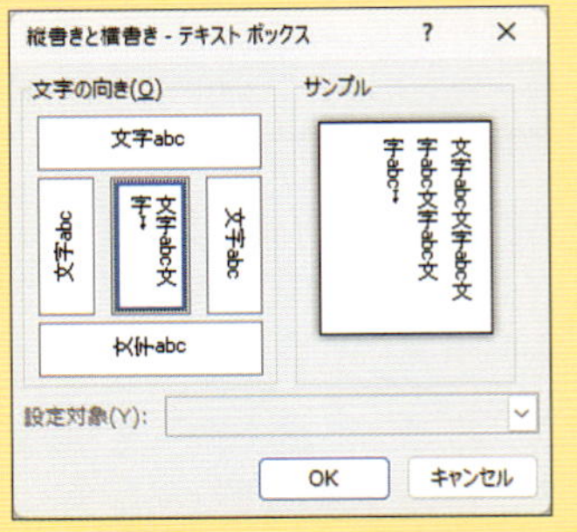

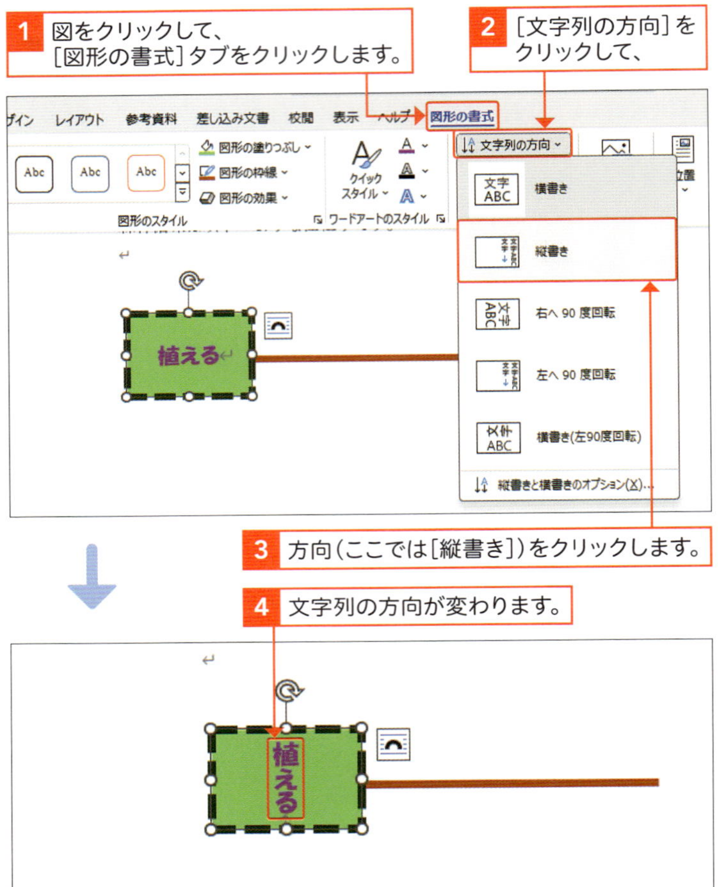

③ 吹き出しを作成して文字を入力する

解説

吹き出しの中に文字を入力できる

吹き出しは、文字を入れるための図形です。そのため、吹き出しを描くと自動的にカーソルが挿入され、文字入力の状態になります。

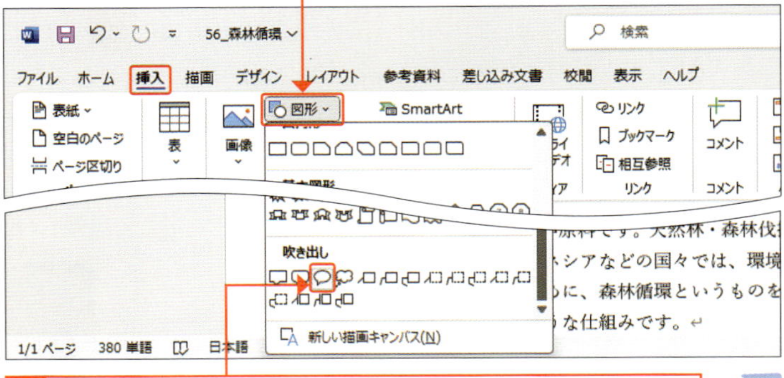

解説

吹き出しの「先端」を調整する

吹き出しを描くと、吹き出しの周りに、
　回転用のハンドル
　サイズ調整用のハンドル
　吹き出し先端用のハンドル
が表示されます。をドラッグすると、先端部分を調整することができます。

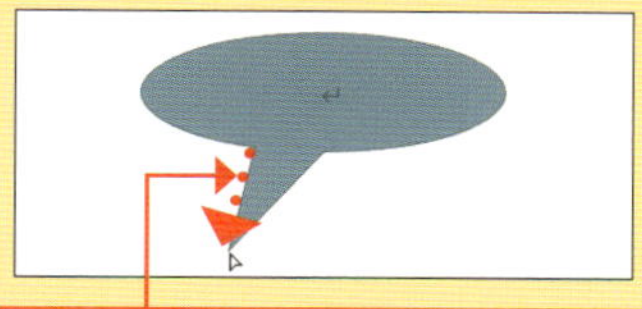

ドラッグすると先端を延ばしたり、向きを変えたりできます。

応用技

図形の折り返し点を利用する

図形の折り返し点は、図形の周りに文字を配置する機能で、［文字列の折り返し］（253ページ参照）で［行内］以外のときに利用できます。［図形の書式］タブの［文字列の折り返し］→［折り返し点の編集］をクリックすると、図形に沿って黒いハンドルが表示されます。図形の空白部分をなくすようにドラッグします。

1 ここをドラッグすると、

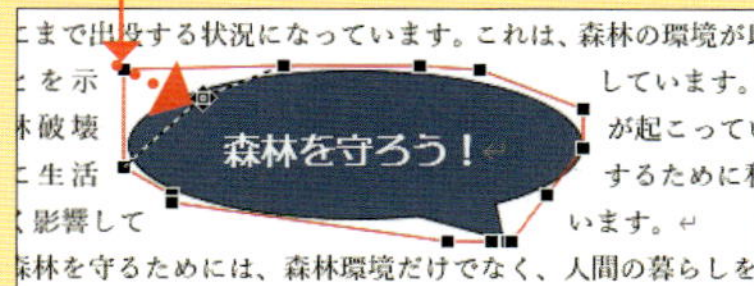

2 図形に沿って文字が折り返されます。

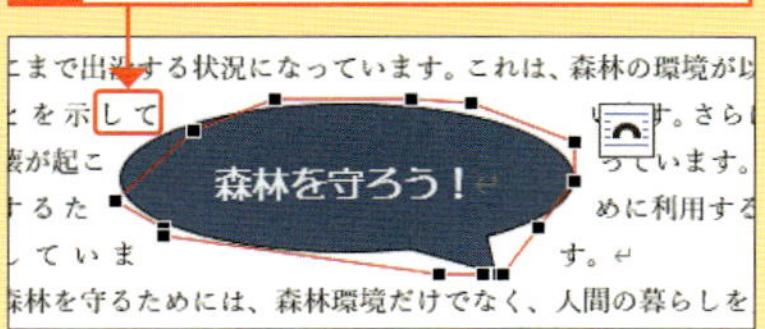

3 文字列を配置したい場所でドラッグします。

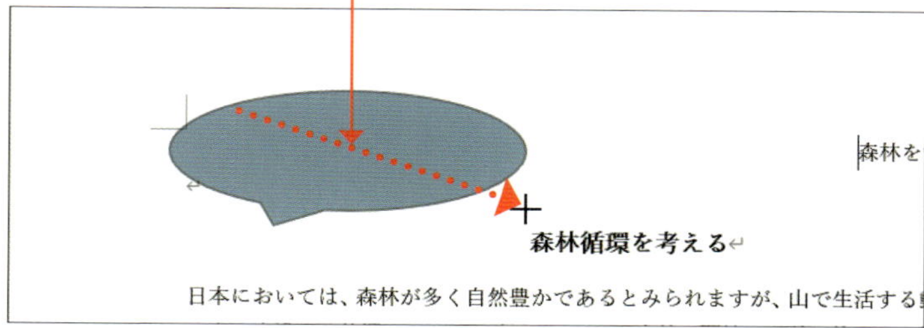

4 吹き出しが作成され、

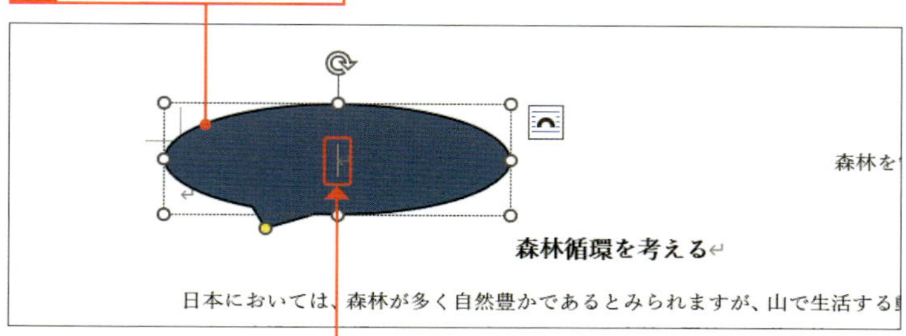

5 吹き出しの中にカーソルが表示されます。

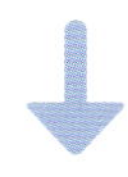

6 文字を入力します。

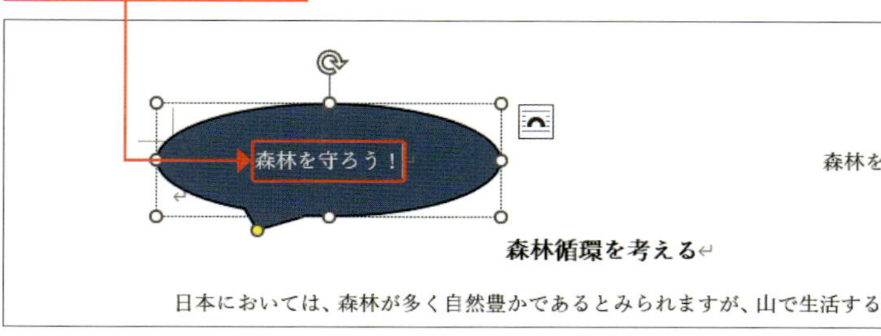

7 文字を選択して、書式（ここではフォントを［HG丸ゴシックM-PR］、フォントサイズを［14pt］、［太字］、フォントの色を［白］）を変更します。

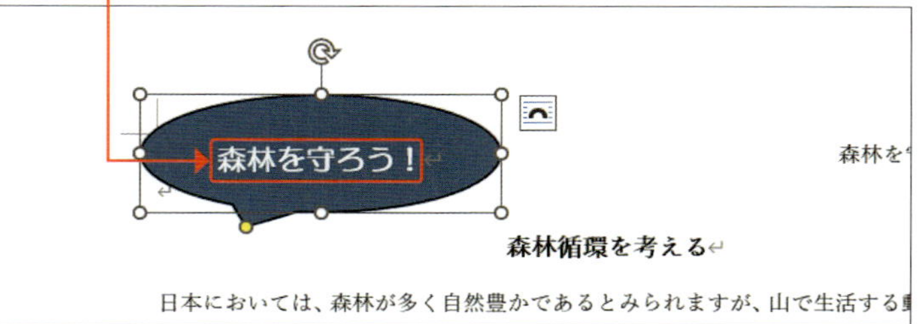

Section

57 図形のサイズを変更しよう

ここで学ぶこと

・図形のサイズ
・ハンドル
・図形の回転

作成した図形は、大きすぎたり、バランスが悪かったりしますが、サイズや向きの変更はかんたんにできるので、気にせず作成しましょう。サイズを変更するには、**ハンドルをドラッグ**する方法と、**数値で指定**する方法があります。

練習▶57_森林循環

1 図形のサイズを変更する

解説

図形のサイズ変更

図形のサイズを変更するには、図形の周りにあるハンドル にマウスポインターを合わせ、 になったところで内側にドラッグすると図形が小さくなり、外側にドラッグすると図形が大きくなります。

補足

図形の形状を変更する

図形の種類によっては、調整ハンドル が表示されるものがあり、その形状を変更できます。調整ハンドルにマウスポインターを合わせ、ポインターの形が になったらドラッグします。

1 調整ハンドルをドラッグすると、

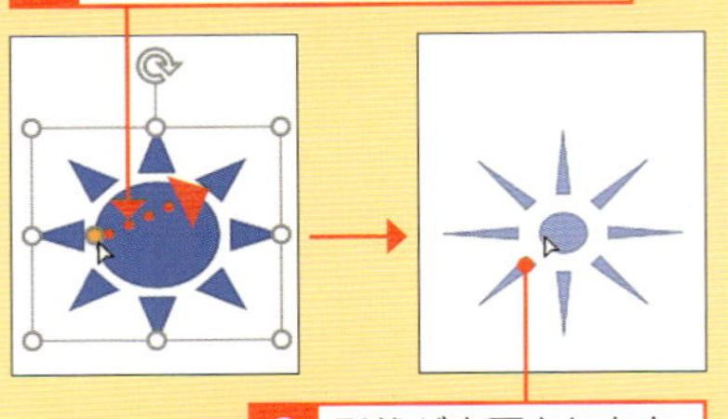

2 形状が変更されます。

1 図形をクリックして選択します。

さて、森林を守るために、森林循環というものを考えてみ
森林循環は以下のような仕組みです。
植える

2 ハンドルにマウスポインターを近付けて、の形になったら、

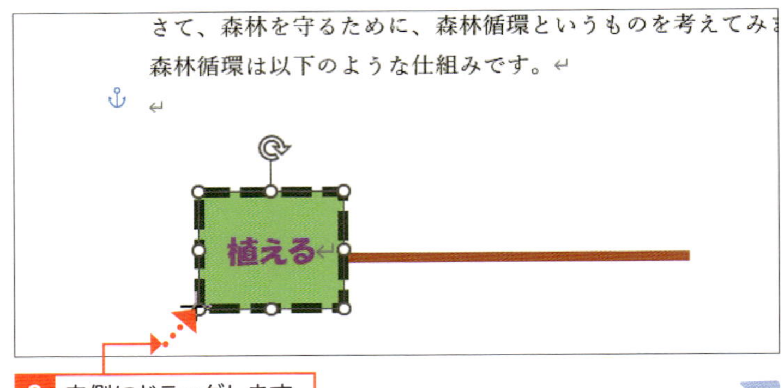

3 内側にドラッグします。

そのほかのサイズ変更方法

図形を選択して、[図形の書式]タブの[サイズ]で高さと幅を指定しても、サイズを変更することができます。

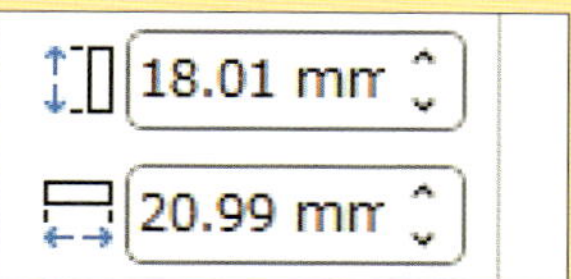

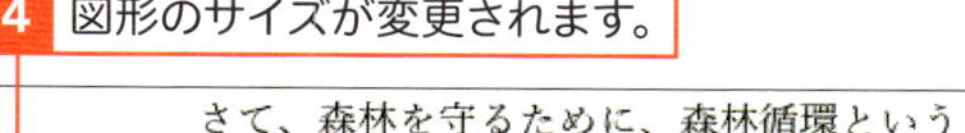

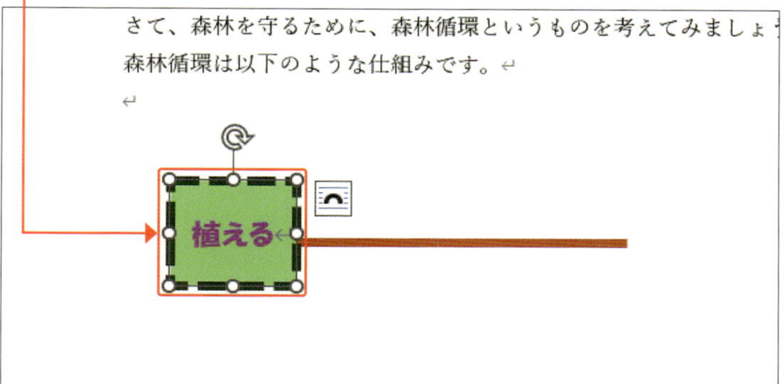

2 図形を回転する

そのほかの回転方法

図形を回転させるには、[図形の書式]タブの[オブジェクトの回転]から回転の種類を選ぶ方法や、[レイアウトオプション]の[詳細表示]をクリックすると表示される[レイアウト]ダイアログボックスで、[サイズ]タブの[回転角度]に数値を入力する方法などがあります。

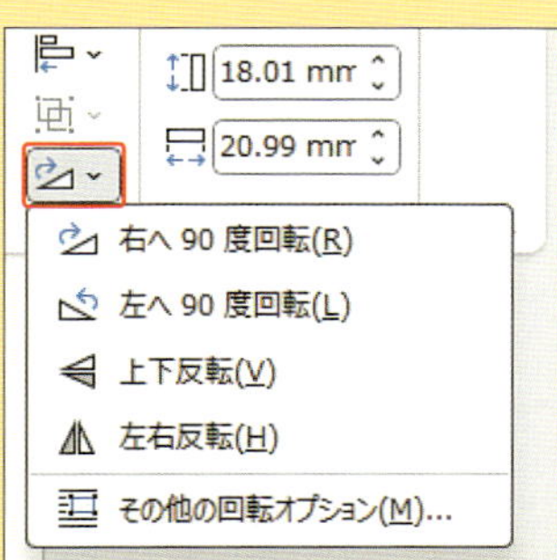

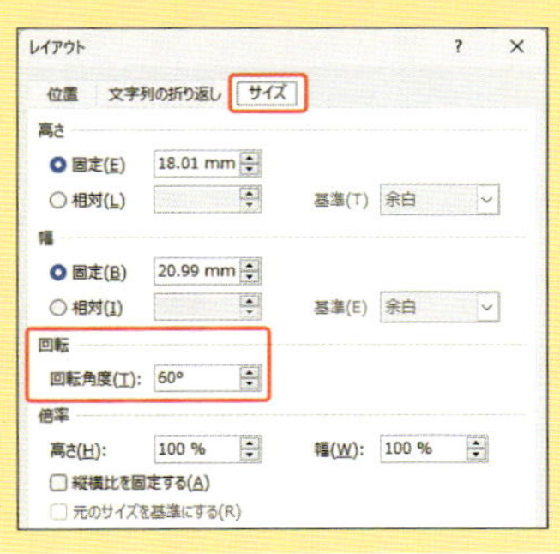

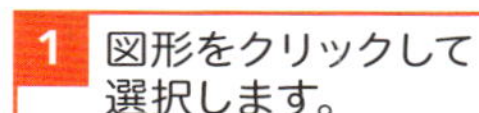

2 回転用のハンドルを左右にドラッグすると、

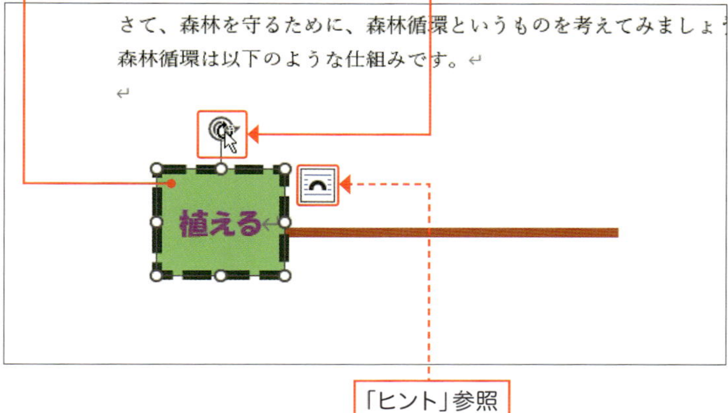

「ヒント」参照

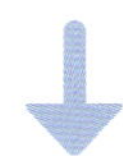

3 図形が回転します。

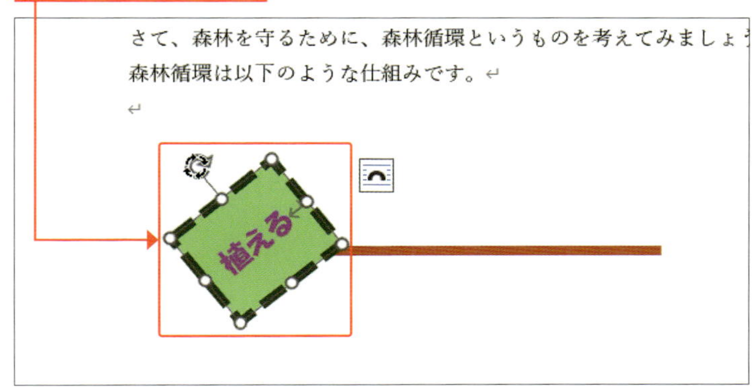

Section
58 図形をコピー／移動しよう

ここで学ぶこと
- 図形のコピー
- 図形の移動
- 配置ガイド

図形を扱う際に、**図形のコピーや移動方法**を知っていると操作しやすくなります。同じ図形を何度も描く無駄を省きましょう。また、図形を移動する際に Shift を押しながらドラッグすると**水平や垂直方向に移動**できます。

練習▶58_森林循環

1 図形をコピーする

解説

図形をコピーする

同じ図形が複数必要な場合、図形を何度でもコピーできます。図形を選択して、Ctrl を押しながらドラッグします。

ヒント

図形を操作する

図形の枠線にマウスポインターを近づけると の形になります。この状態でドラッグすると、図形を動かすことができます。図形をコピーする場合、右の手順のように最初から Ctrl を押す方法と、マウスポインターを近付けて のときに Ctrl を押す方法があります。どちらでも に変わるので、そのままドラッグします。

1 Ctrl を押しながら図形の枠線にマウスポインターを近付けると、

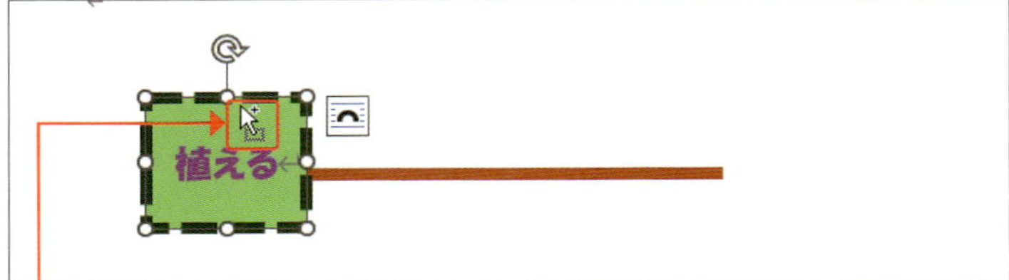

2 の形になります。

3 Ctrl を押したまま図形をドラッグすると、

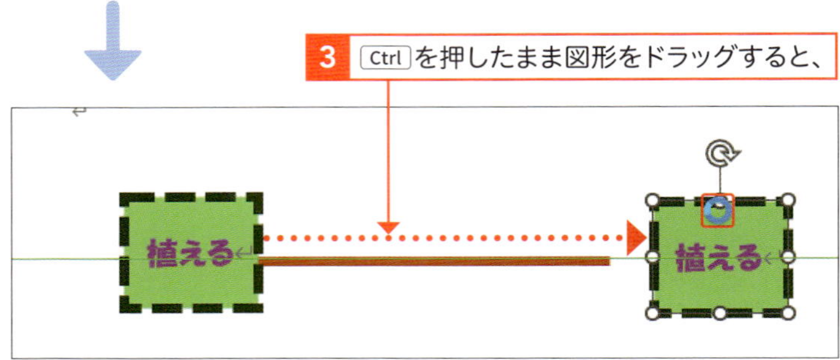

4 図形がコピーされます。

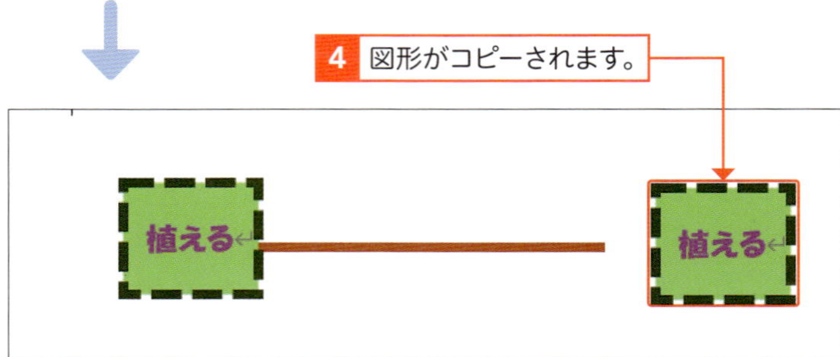

② 図形を移動する

解説
図形を移動する

図形を移動するには、そのままドラッグします。水平や垂直方向に移動するには、Shift を押しながらドラッグします。図形を水平や垂直方向にコピーするには、Shift + Ctrl を押しながらドラッグします。

ヒント
配置ガイドを利用する

図形を移動する際、ドラッグの途中で緑色の線が表示されます。これは「配置ガイド」といい、文章やそのほかの図形と位置を揃える場合などに、図形の配置の補助線となります。

配置ガイドを表示するには、［図形の書式］タブの［配置］をクリックして、［配置ガイドの使用］をオンにします。

1 図形の枠線にマウスポインターを近付けて、 の形になったら、

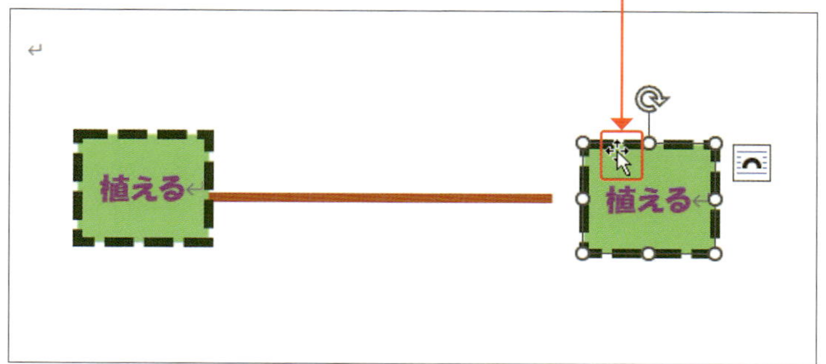

2 ドラッグすると、図形が移動します。

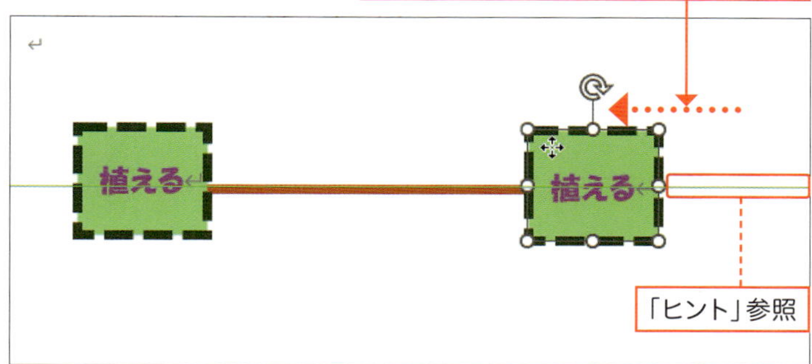

3 同様にして、図形をコピーし、配置します。

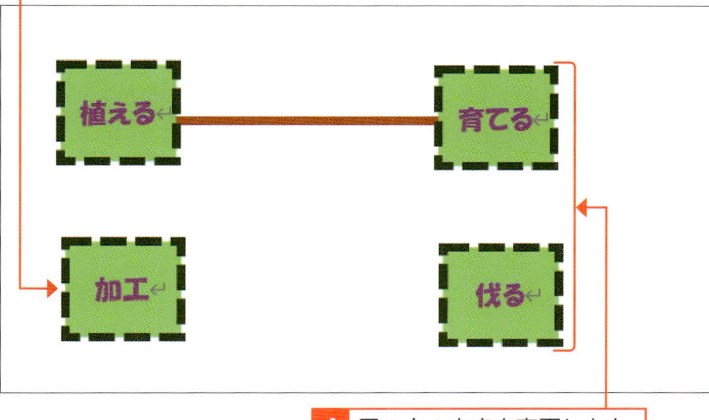

4 図の中の文字を変更します。

Section 59

図形と周りの文字の位置を設定しよう

ここで学ぶこと

- 文字列の折り返し
- 四角形
- レイアウトオプション

図形などを文章の中に挿入する際に、図形の周りの文章をどのように配置するかを設定することができます。配置方法は7種類あり、オブジェクト付近に表示される**レイアウトオプション**を利用して設定します。

練習▶59_森林循環

1 文字列の折り返しを設定する

重要用語

文字列の折り返し

「文字列の折り返し」とは、オブジェクトの周囲に文章を配置する方法のことです。文字列の折り返しは、図形のほかにワードアートや写真、イラストなどにも設定できます。

ヒント

そのほかの文字列の折り返し設定方法

文字列の折り返しは、［図形の書式］タブの［文字列の折り返し］でも設定できます。

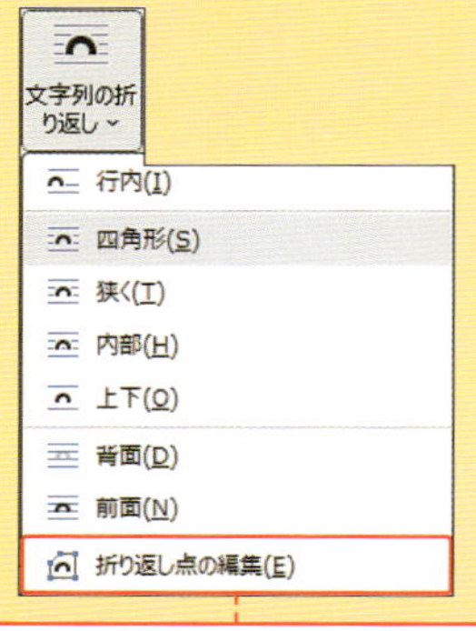

247ページの「応用技」参照

1 挿入した図形をクリックして、

2 ［レイアウトオプション］をクリックします。

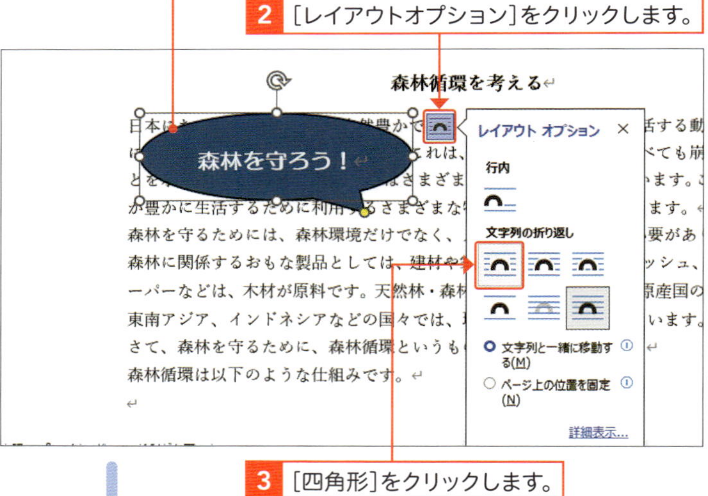

3 ［四角形］をクリックします。

4 図形をドラッグして文章内に移動すると、文章が図形の周りに配置されます。

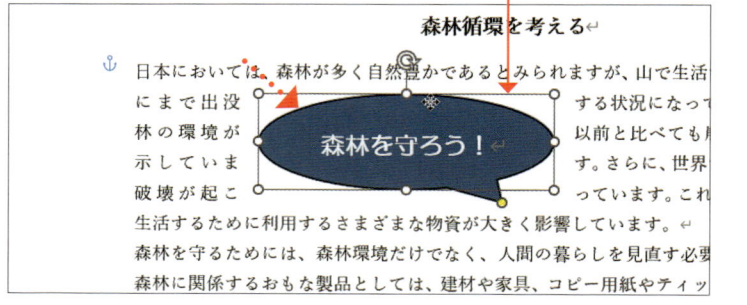

森林循環を考える

日本においては、森林が多く自然豊かであるとみられますが、山で生活
にまで出没 する状況になって
林の環境が 以前と比べても
示していま す。さらに、世界
破壊が起こ っています。これ
生活するために利用するさまざまな物資が大きく影響しています。
森林を守るためには、森林環境だけでなく、人間の暮らしを見直す必要
森林に関係するおもな製品としては、建材や家具、コピー用紙やティッ

森林を守ろう！

補足　文字列の折り返しの種類

図形や写真、イラストなどのオブジェクトに対する文字列の折り返しの種類は、次の通りです。ここでは、オブジェクトとして図形を例に解説します。写真やイラストなどの場合も同様です。
なお、[狭く] と [内部] は通常の図形では同じ状態になります。2つの違いは、[図形の折り返し点] を使って図形を編集した場合に表れます（247ページの「応用技」参照）。[内部] では空白部分にも文字が折り返されますが、[狭く] では既定よりも内側には折り返せません。

●行内

森林循環を考える

日本においては、森林が多く自然豊かであるとみられますが、山で生活する動物たちが街中にまで出没する状況になっています。これは、森林の環境が以前と比べても崩壊していることを示しています。さらに、世界ではさまざまな森林破壊が起こっています。これらは、人々が豊かに生活するために利用するさまざまな物資が大きく影響しています。

オブジェクト全体が1文字として扱われ、文章の間に配置されます。

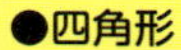

●四角形

森林循環を考える

日本においては、森林が多く自然豊かであるとみられますが、山で生活する動物たちが街中にまで出没 森林を守ろう！ する状況になっています。これは、森林の環境が以前と比べても崩壊していることを示しています。さらに、世界ではさまざまな森林破壊が起こっています。これらは、人々が豊かに生活するために利用するさまざまな物資が大きく影響しています。
森林を守るためには、森林環境だけでなく、人間の暮らしを見直す必要があります。
森林に関係するおもな製品としては、建材や家具、コピー用紙やティッシュ、トイレットペ

オブジェクトの周囲に、四角形の枠に沿って文字列が折り返されます。

●狭く

森林循環を考える

日本においては、森林が多く自然豊かであるとみられますが、山で生活する動物たちが街中にまで出没 森林を守ろう！ する状況になっています。これは、森林の環境が以前と比べても崩壊していることを示しています。さらに、世界ではさまざまな森林破壊が起こっています。これらは、人々が豊かに生活するために利用するさまざまな物資が大きく影響しています。
森林を守るためには、森林環境だけでなく、人間の暮らしを見直す必要があります。
森林に関係するおもな製品としては、建材や家具、コピー用紙やティッシュ、トイレットペーパーなどは、木材が原料です。天然林・森林伐採による気候変動、原産国の極東ロシア、

オブジェクトの形に沿って文字列が折り返されます。

●内部

森林循環を考える

日本においては、森林が多く自然豊かであるとみられますが、山で生活する動物たちが街中にまで出没 森林を守ろう！ する状況になっています。これは、森林の環境が以前と比べても崩壊していることを示しています。さらに、世界ではさまざまな森林破壊が起こっています。これらは、人々が豊かに生活するために利用するさまざまな物資が大きく影響しています。
森林を守るためには、森林環境だけでなく、人間の暮らしを見直す必要があります。
森林に関係するおもな製品としては、建材や家具、コピー用紙やティッシュ、トイレットペーパーなどは、木材が原料です。天然林・森林伐採による気候変動、原産国の極東ロシア、

オブジェクトの中の透明な部分にも文字列が配置されます。

●上下

森林循環を考える

日本においては、森林が多く自然豊かであるとみられますが、山で生活する動物たちが街中

にまで出没する状況になっています。これは、森林の環境が以前と比べても崩壊していることを示しています。さらに、世界ではさまざまな森林破壊が起こっています。これらは、人々が豊かに生活するために利用するさまざまな物資が大きく影響しています。
森林を守るためには、森林環境だけでなく、人間の暮らしを見直す必要があります。

文字列がオブジェクトの上下に配置されます。

●背面

森林循環を考える

日本においては、森林が多く自然豊かであるとみられますが、山で生活する動物たちが街中にまで出没する状況になっています。これは、森林の環境が以前と比べても崩壊していることを示しています。さらに、世界ではさまざまな森林破壊が起こっています。これらは、人々が豊かに生活するために利用するさまざまな物資が大きく影響しています。
森林を守るためには、森林環境だけでなく、人間の暮らしを見直す必要があります。
森林に関係するおもな製品としては、建材や家具、コピー用紙やティッシュ、トイレットペーパーなどは、木材が原料です。天然林・森林伐採による気候変動、原産国の極東ロシア、東南アジア、インドネシアなどの国々では、環境・森林破壊に陥っています。
さて、森林を守るために、森林循環というものを考えてみましょう。

森林を守ろう！

オブジェクトを文字列の背面に配置します。文字列は折り返されません。

●前面

森林循環を考える

日本においては、森林が多く自然豊かであるとみられますが、山で生活する動物たちが街中にまで出没する状況になっています。これは、森林の環境が以前と比べても崩壊していることを示しています。さらに、世界ではさまざまな森林破壊が起こっています。これらは、人々が豊かに生活するために利用するさまざまな物資が大きく影響しています。
森林を守るためには、森林環境だけでなく、人間の暮らしを見直す必要があります。
森林に関係するおもな製品としては、建材や家具、コピー用紙やティッシュ、トイレットペーパーなどは、木材が原料です。天然林・森林伐採による気候変動、原産国の極東ロシア、東南アジア、インドネシアなどの国々では、環境・森林破壊に陥っています。

森林を守ろう！

オブジェクトを文字列の前面に配置します。文字列は折り返されません。

Section

60 複数の図形を整えよう

ここで学ぶこと

- 図形の整列
- グループ化
- 重なり順

複数の図形を扱う場合、**図形の整列**や**グループ化**の機能を知っておくと便利です。図形をきれいに揃えたり、まとめて移動したりできます。また、重なった図形の**重なり順**や下層の図形の選択方法も紹介します。

練習▶60_複数の図形

1 図形を左右に整列する

補足

複数の図形を選択する

複数の図形を選択する場合、Shift を押しながら図形を1つずつクリックします。数が多い場合は、[ホーム]タブの[選択]をクリックして[オブジェクトの選択]をクリックし、すべての図形を囲むようにドラッグすると一括で選択状態にできます。

解説

図形の整列

複数の図形を上下左右に整列するには、[図形の書式]タブにある[配置]を利用します。整列の種類には、中央揃えや左右揃え、上下揃えなどがありますが、その前提として、用紙に合わせるのか、余白に合わせるのかという基準を指定しておく必要があります。基準によって、整列が異なってしまうので注意しましょう。

1 Shift を押しながら、複数の図形をクリックして選択します。

2 [図形の書式]タブの[配置]をクリックして、

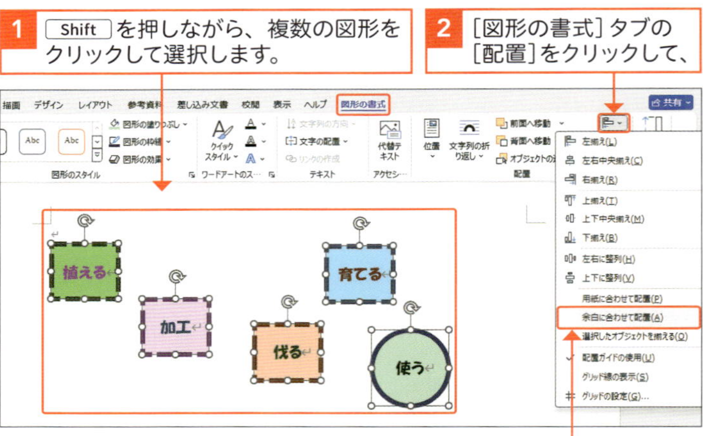

3 [余白に合わせて配置]をクリックします(255ページの「解説」参照)。

4 再度[配置]をクリックして、

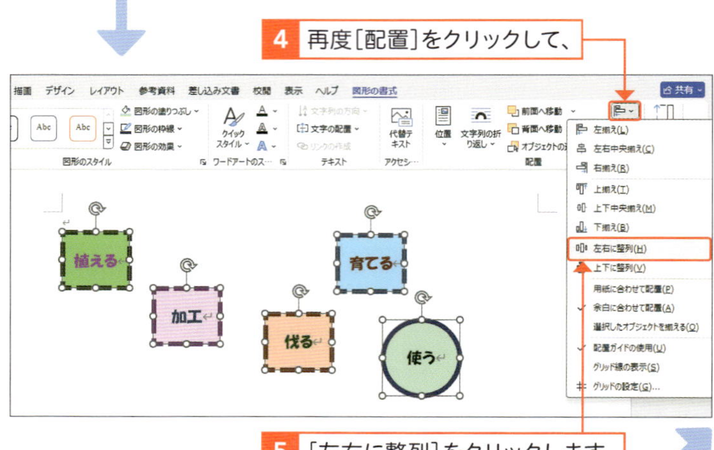

5 [左右に整列]をクリックします。

6 左右余白の内側(文書の幅)を基準にして、図形が均等に整列されます。

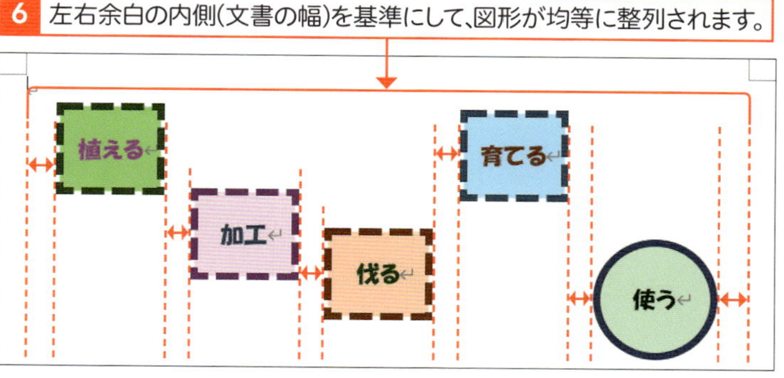

2 図形を上の位置で揃える

解説

図形の配置の基準

複数の図形を揃える場合、図形を選択してから、まずは揃える基準を指定します。そのあとで、上下左右、中央など揃えたい位置を選択します。

揃える基準には、[用紙に合わせて配置][余白に合わせて配置][選択したオブジェクトを揃える]があります。

[用紙に合わせて配置]は用紙全体を基準にし、[余白に合わせて配置]は上下左右の余白位置を基準にします。[選択したオブジェクトを揃える]は複数の図形を対象にします。

1 Shift を押しながら、複数の図形をクリックして選択します。

2 [図形の書式]タブの[配置]をクリックして、

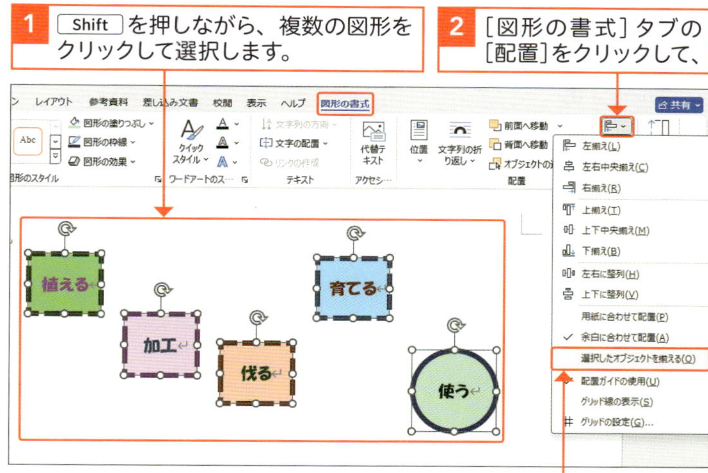

3 [選択したオブジェクトを揃える]をクリックします。

4 再度[配置]をクリックして、

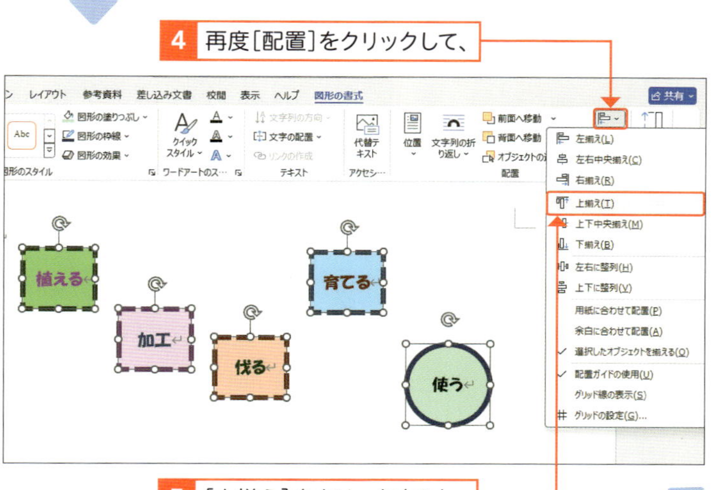

5 [上揃え]をクリックすると、

6 図形が上揃えで配置されます。

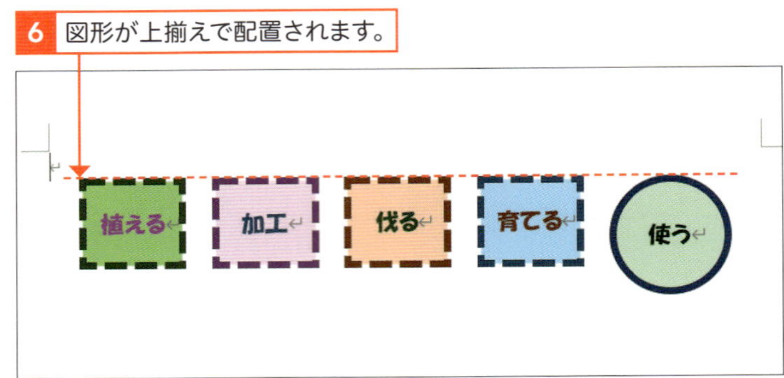

3 図形をグループ化する

重要用語

グループ化

「グループ化」とは、複数の図形を1つの図形として扱えるようにする機能です。

1 グループ化する図形を Shift を押しながらクリックして選択します。

2 [図形の書式]タブの[オブジェクトのグループ化]をクリックして、

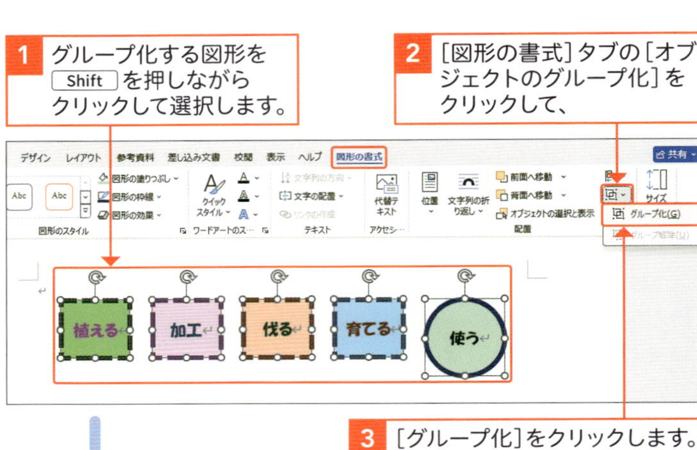

3 [グループ化]をクリックします。

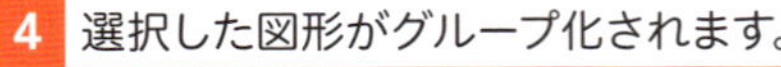

4 選択した図形がグループ化されます。

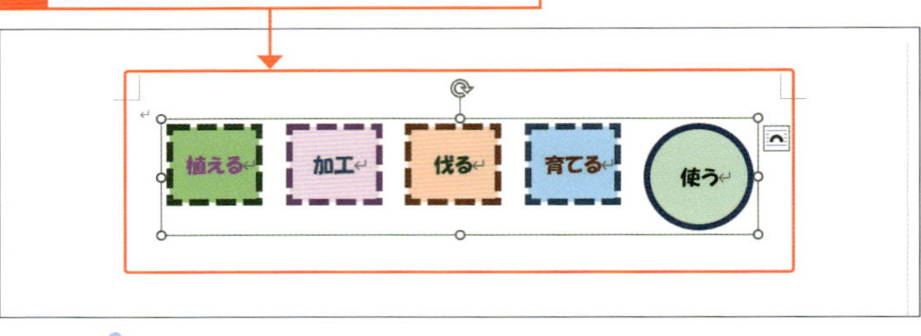

5 グループ化した図形は、まとめて移動できます。

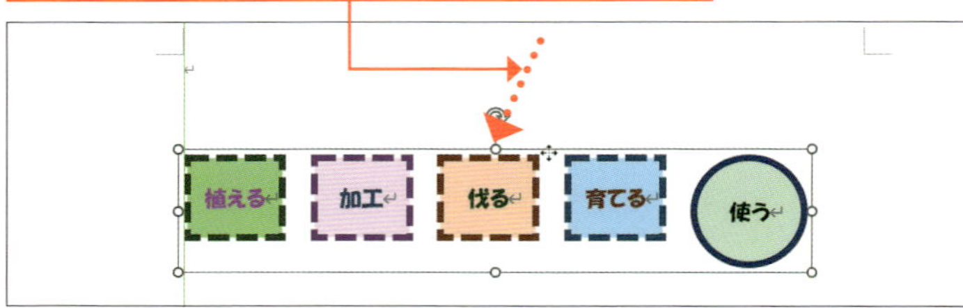

ヒント

グループ化を解除する

グループ化を解除するには、グループ化した図形を選択して[オブジェクトのグループ化]をクリックし、[グループ解除]をクリックします。

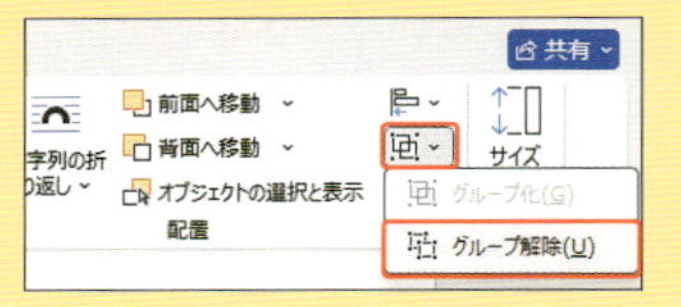

4 図形の重なり順を変更する

解説

図形の重なり順の変更

図形の重なり順を変更するには、[図形の書式]タブで[前面へ移動]や[背面へ移動]を利用します。

補足

隠れてしまった図形を選択する

目的の図形が隠れてしまって選択できないという場合、図形の一覧を表示させます。[図形の書式]タブの[オブジェクトの選択と表示]をクリックすると表示される[選択]作業ウィンドウには、文書内にある図形やテキストボックスなどのオブジェクトが表示されます。目的の図形名をクリックすると、その図形が選択された状態になります。

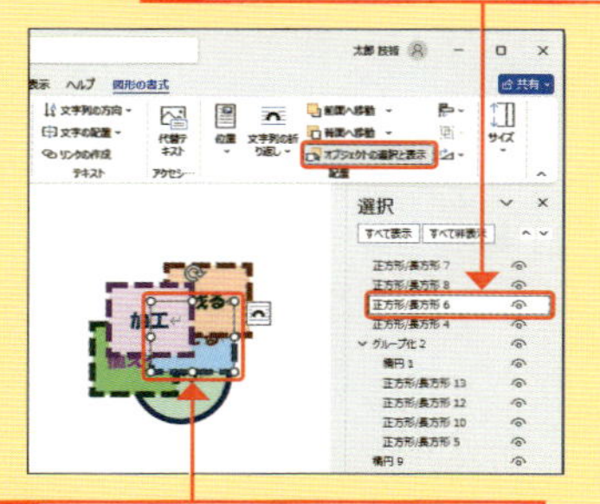

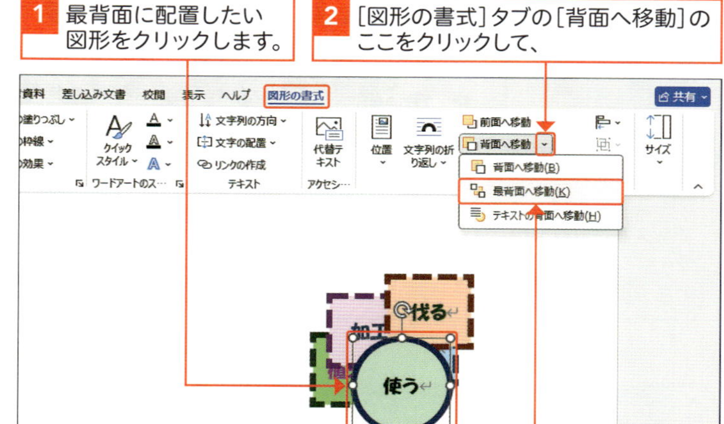

1 最背面に配置したい図形をクリックします。
2 [図形の書式]タブの[背面へ移動]のここをクリックして、
3 [最背面へ移動]をクリックすると、

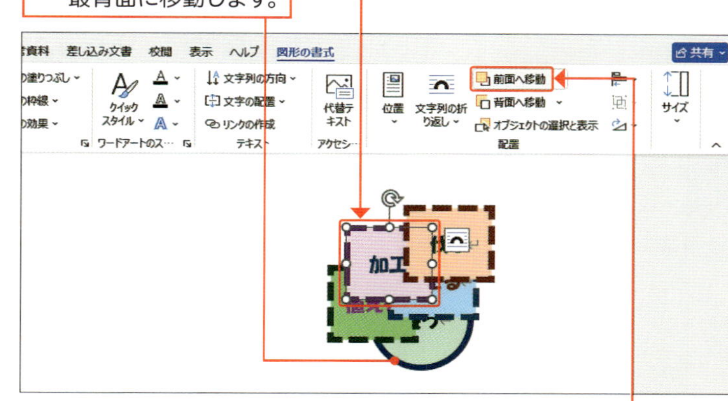

4 選択した図形が最背面に移動します。
5 中間の図形を選択して、
6 [前面へ移動]をクリックすると、

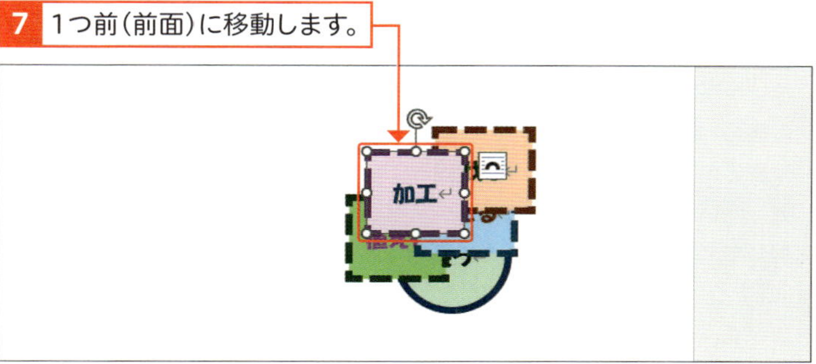

Section
61 文書内の自由な位置に文字を挿入しよう

ここで学ぶこと
- テキストボックス
- テキストボックスのサイズ
- 余白の調整

文書内の自由な位置に文字を配置したいときは、**テキストボックス**を利用すると便利です。とくに、横書きの文書の中に縦書きの文章を配置するときに最適です。ほかの図形と同様に、書式を設定したり、配置を変更したりすることができます。

練習▶61_森林循環

1 テキストボックスを挿入して文章を入力する

重要用語

テキストボックス

「テキストボックス」とは、本文とは別に自由な位置に文字を入力できる領域のことです。テキストボックスは、図形と同様に「オブジェクト」として扱われます。比較的少ない文字数なら図形に文字を入力してもよいですが、テキストの追加、文字の中央揃えを変更するなど手間がかかります。

解説

横書きのテキストボックスを挿入する

横書きのテキストボックスを挿入するには、手順3で［横書きテキストボックスの描画］をクリックします。
縦書きのテキストボックスを横書きに変更したいときは、テキストボックスを選択して［図形の書式］タブの［文字列の方向］をクリックし、［横書き］をクリックします。

1 ［挿入］タブをクリックして、

2 ［テキストボックス］をクリックし、

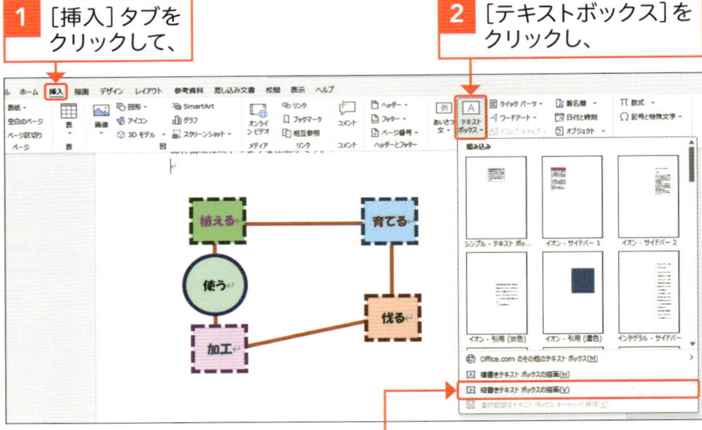

3 ［縦書きテキストボックスの描画］をクリックします。

4 マウスポインターの形が＋に変わるので、

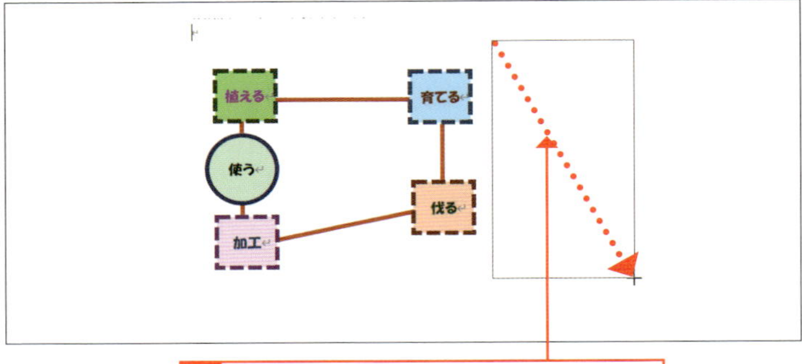

5 テキストボックスを挿入したい場所で、マウスを対角線上にドラッグします。

応用技

入力済みの文章から テキストボックスを作成する

すでに入力してある文章を選択して、手順 1 以降の操作を行うと、選択した文字列が入力された状態でテキストボックスを作成できます。

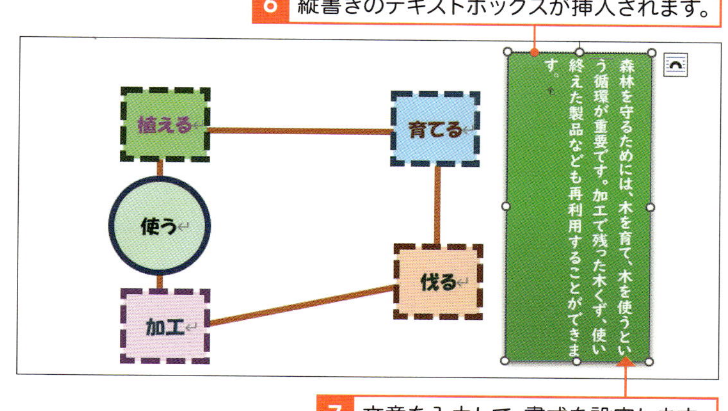

2 テキストボックスのサイズを調整する

補足

テキストボックスも オブジェクト

テキストボックスも図形などと同じオブジェクトです。周りの文章の配置をする場合、[レイアウトオプション]  をクリックして、文字列の折り返しを設定します（252ページ参照）。また、テキストボックスに色を付ける、枠線を変更するなどの編集方法も、図形と同様です。色を付ける方法は240ページ、枠線を変更する方法は242ページを参照してください。

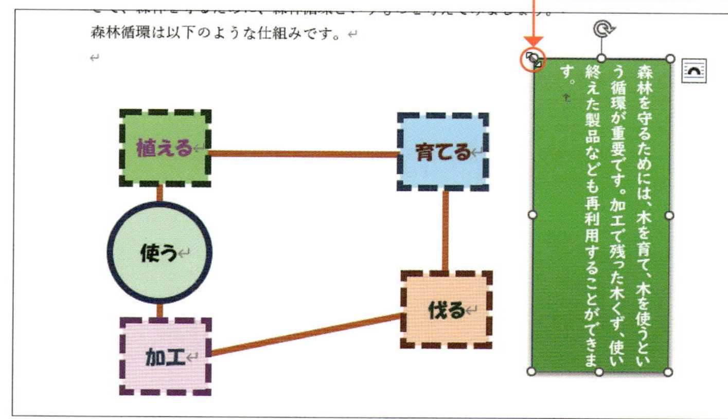

ヒント

数値でサイズを変更する

同じサイズのテキストボックスを使う場合などは、[図形の書式] タブの [サイズ] で数値を指定するとよいでしょう。

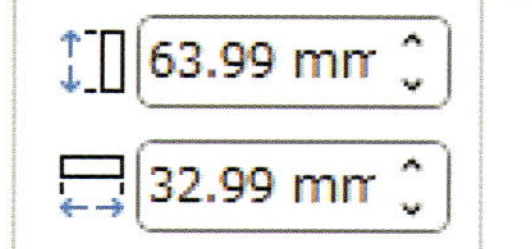

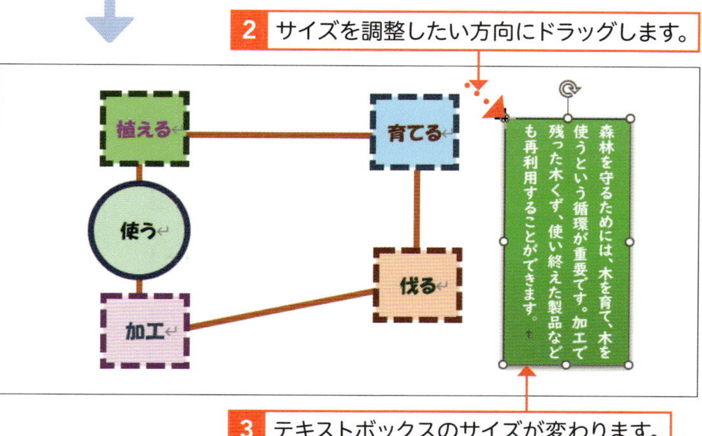

③ テキストボックス内の余白を調整する

解説

テキストボックスの余白の調整

テキストボックス内の余白の初期設定は、上下(2.54mmm)、左右(1.27mm)です。余白が多い／少ない場合、あるいは数文字が隠れてしまう場合など、[図形の書式設定]作業ウィンドウにて余白を増減して調整することができます。

1 テキストボックスの枠線上を右クリックして、

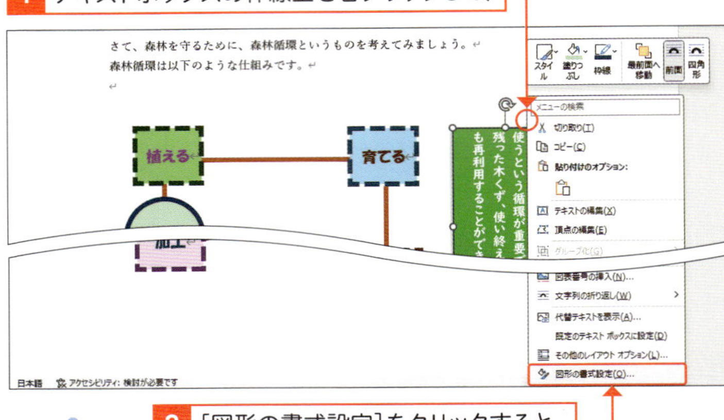

2 [図形の書式設定]をクリックすると、

3 [図形の書式設定]作業ウィンドウが表示されます。

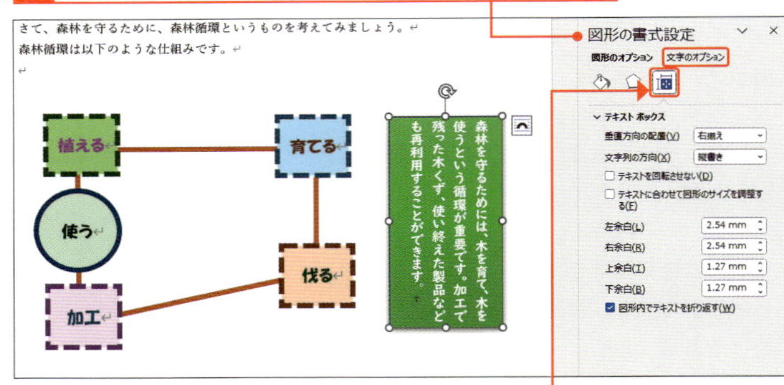

4 [レイアウトとプロパティ]をクリックします。

5 [テキストボックス]の上下左右の余白を指定すると、

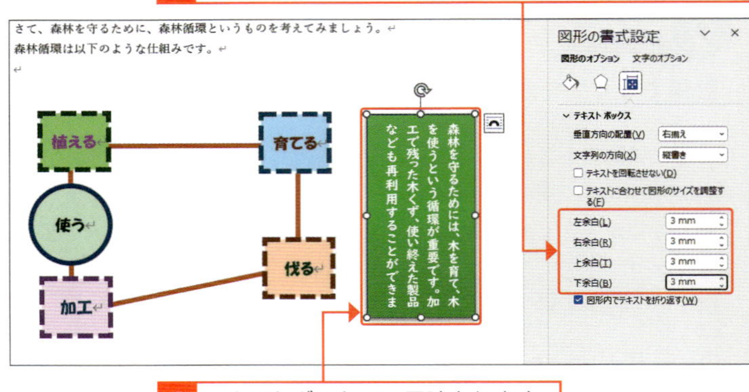

6 テキストボックスに反映されます。

補足

中央に文字列を配置する

テキストボックスの文字列を配置するには、[図形の書式]タブの[文字の配置]を利用します。枠内の中央に配置したい場合、[中央揃え](横書きの場合は[上下中央揃え])をクリックします。

第 9 章

写真／イラスト／複雑な図を使ってみよう

この章で学ぶこと

Wordに挿入できるオブジェクトについて理解しよう

挿入できる画像

オブジェクトとは、本来は「物」や「目的」などを意味する言葉ですが、Wordでは画像やイラスト、図形やテキストボックス、ワードアートなど、文書に挿入できるさまざまな要素のことを指します。
挿入する画像には、手持ちの写真データ、マイクロソフト社が提供する写真、インターネット上のオンライン画像があります。［挿入］タブの［画像］から挿入元を選択して、挿入したい画像を選択します。

1 ［挿入］タブの［画像］をクリックして、

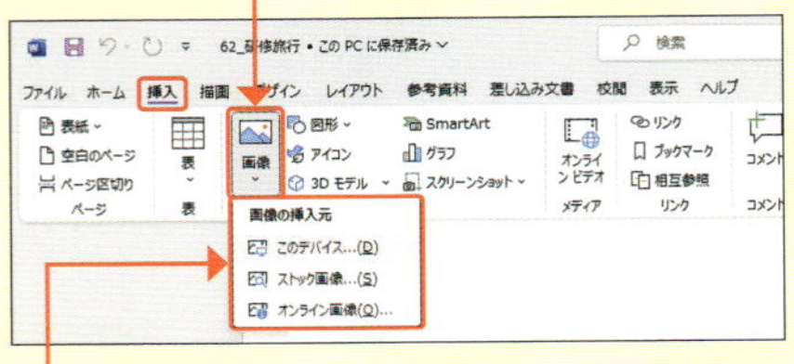

2 それぞれの挿入元を選びます。

●手持ちの写真の場合

デジカメやスマホで撮影した写真、パソコンに保存されている写真などを挿入するには、［画像の挿入元］で［このデバイス］をクリックします。保存先から、写真データを選択して挿入します。

●ストック画像の場合

ストック画像は、マイクロソフト社が提供する写真素材で、カテゴリ別の写真、アイコン、人物などが用意されています。挿入するには、［画像の挿入元］で［ストック画像］をクリックして、目的に合った素材を選択して挿入します。

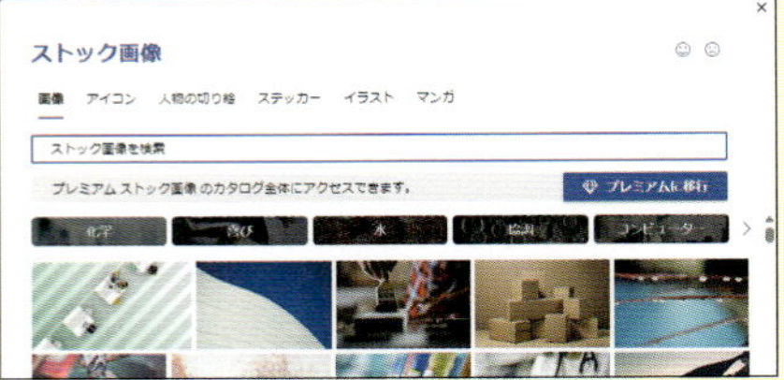

●オンライン画像の場合

インターネット上にある画像やイラスト（オンライン画像）などを検索して、文書に挿入できます。オンライン画像を挿入するには［画像の挿入元］で［オンライン画像］をクリックします。キーワード検索、あるいはカテゴリから選択して挿入します。

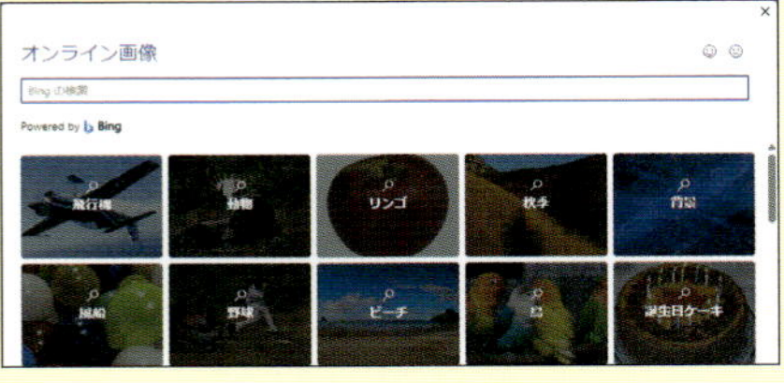

画像以外のオブジェクト

画像以外のオブジェクトは、[挿入]タブの[アイコン][SmartArt][3Dモデル][グラフ][スクリーンショット][ワードアートの挿入]をクリックして、挿入したいオブジェクトを選択します。

●アイコンの挿入

アイコン画像は、アイキャッチなどに使われる単色の比較的小さな画像(ピクトグラム)です。アイコン画像はスタイルの設定や色の変更、枠線の色や太さの変更をすることができます。

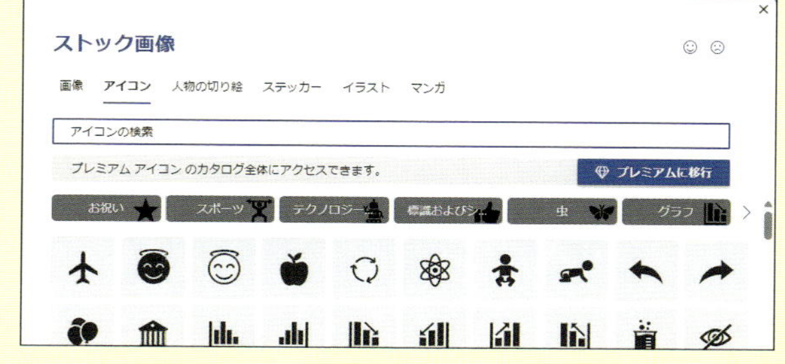

●スクリーンショットの挿入

スクリーンショットは、画面上に表示されている状態を撮影して画像にする機能です。Wordでは、画面内の必要な範囲を選択することができ、その画像が文書内に挿入されます。

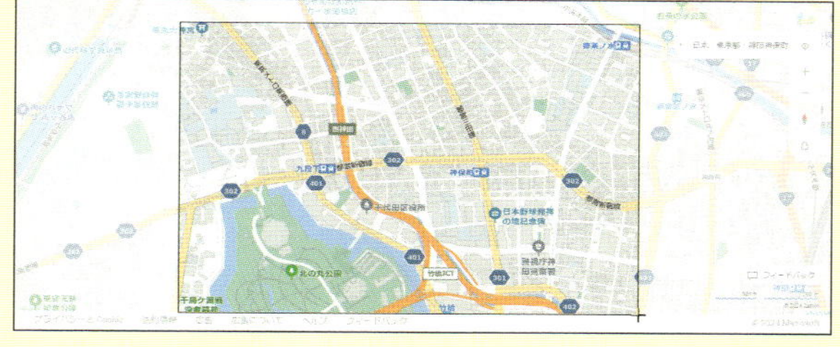

●SmartArtの挿入

SmartArt(SmartArt画像)は、組織図やフローチャートなどを作成するもので、情報を視覚的に表現するために役立ちます。

SmartArtを挿入するとベースとなる図形が表示されるので、文字や画像の挿入、図形の増減など必要に応じて編集して完成させます。

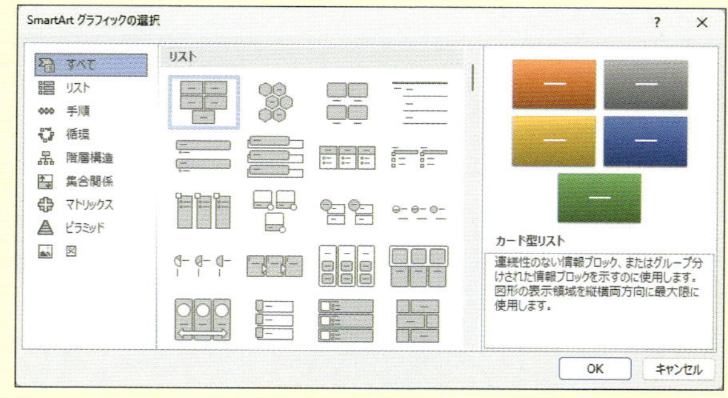

●ワードアートの挿入

アートワードは、タイトルなどに使用する文字に、さまざまな装飾やデザイン効果などを与える機能です。

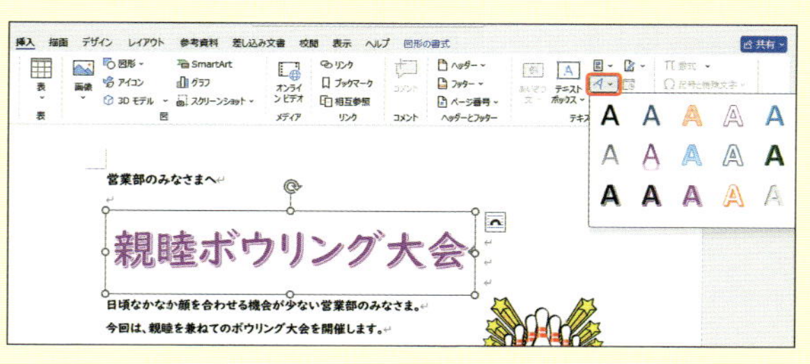

Section
62 写真を挿入しよう

ここで学ぶこと

・写真の挿入
・スタイルの設定
・写真の調整

Wordでは、手持ちの**写真(画像)を文書内に挿入する**ことができます。挿入した写真は、オブジェクトとして**サイズの変更や移動**などが自由にできます。また、写真に**枠を付ける(スタイル)**、写真の**色合いを調整**するなどの編集ができます。

練習▶62_研修旅行、62_写真.jpg

1 写真を挿入する

解説

写真の挿入

Word文書には、写真を挿入できます。写真は手持ちの写真データのほか、ストック画像(265ページの「応用技」参照)、インターネット上の画像(270ページ参照)があります。

補足

写真の保存先

挿入する写真データがデジカメのメモリカードやUSBメモリに保存されている場合は、カードやメモリをパソコンにセットし、手順6でドライブを指定します。メモリ内に大量の写真があると探しにくいので、パソコン内のわかりやすい保存先にデータを取り込んでおくとよいでしょう。ここで使用する写真は、サンプルファイルフォルダーに保存されています。

1 写真を挿入したいおおよその位置にカーソルを移動します。

2 [挿入]タブをクリックして、

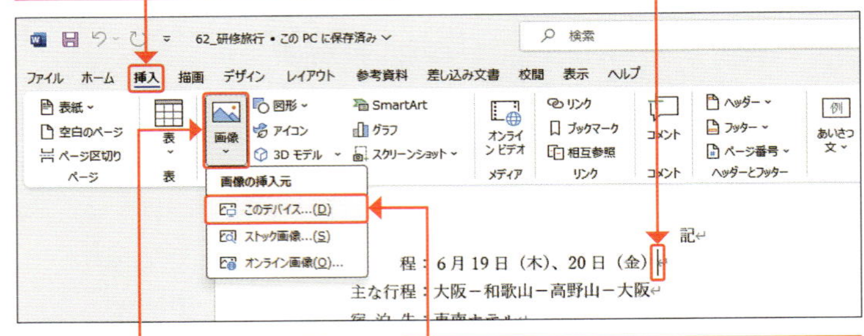

3 [画像]をクリックし、

4 [このデバイス]をクリックすると、

5 [図の挿入]ダイアログボックスが表示されます。

6 写真の保存先を指定して、

7 挿入する写真ファイルをクリックし、

8 [挿入]をクリックします。

ストック画像を利用する

文書内容に合わせた手持ちの写真がない場合、マイクロソフト社が用意する写真を利用するとよいでしょう。264ページの手順 4 で［ストック画像］をクリックして、表示される写真一覧から探してみましょう。

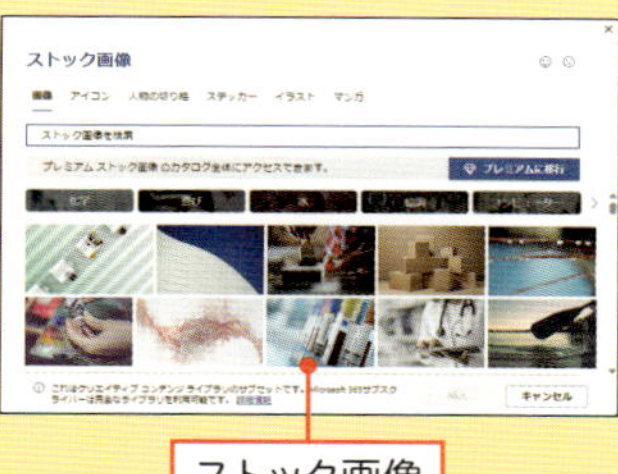

ストック画像

9 写真が挿入されます。

10 写真の四隅のハンドルをドラッグして、

記
程：6月19日(木)、
20日（金）
主な行程：大阪－和歌山－高野山－大阪

11 サイズを調整します。

12 ［レイアウトオプション］をクリックして、

13 文字列の折り返し（ここでは［四角形］）を設定します。

14 写真をドラッグして移動します。

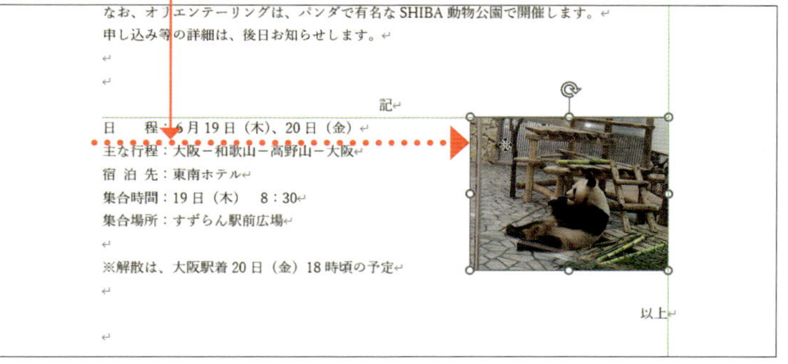

補足

写真のサイズ、文字の折り返しと移動

写真は、図形やテキストボックスなどと同様に「オブジェクト」として扱われ、サイズの変更（248ページ参照）や移動（251ページ参照）が自由にできます。写真の周りに文字を配置する場合、文字列の折り返しを設定します（252ページ参照）。

② 写真にスタイルを設定する

応用技

写真に枠線や効果を付ける

写真の枠線は、線の太さや色を変更できます。また、写真の周りをぼかす、影を付けるといった効果も設定できます。写真を選択して、[図の形式] タブをクリックし、[図の枠線] や [図の効果] から編集します。

1 写真をクリックして選択し、[図の形式] タブをクリックします。

2 ここをクリックして、

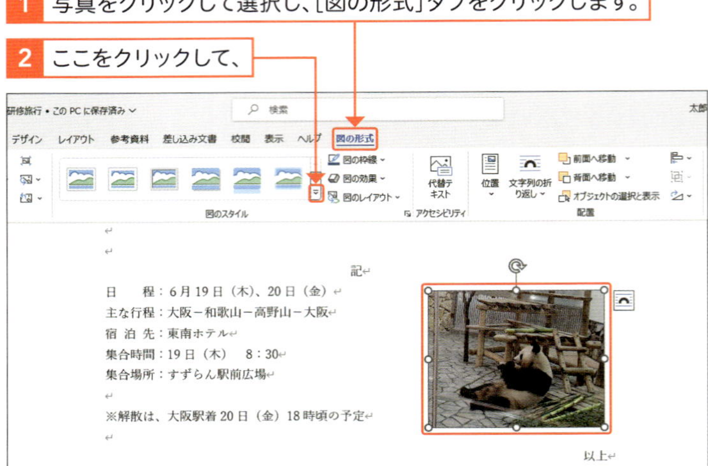

3 [図のスタイル] ギャラリーからスタイル（ここでは [回転]、白）をクリックすると、

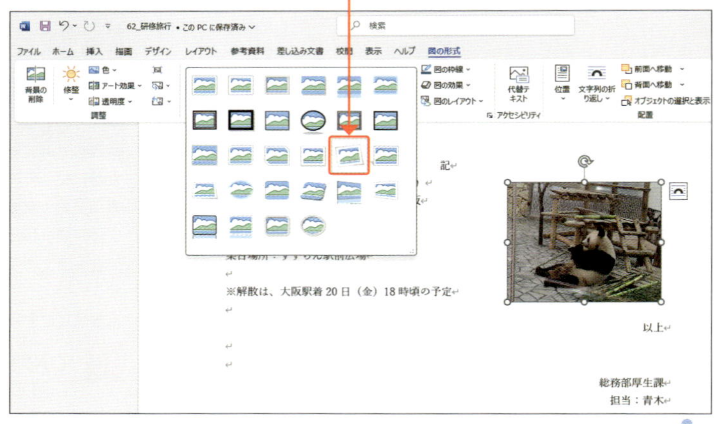

4 写真にスタイルが設定されます。

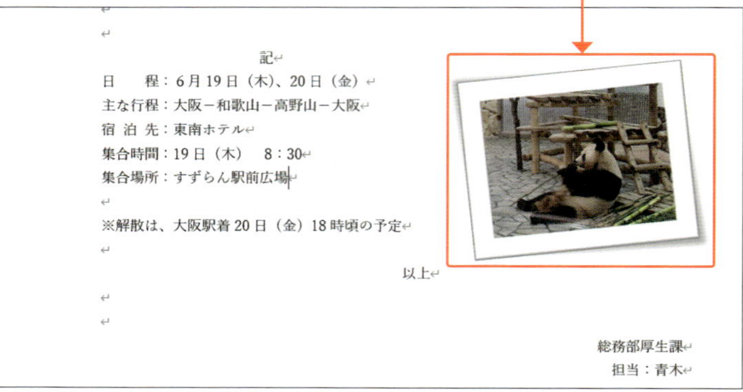

ヒント

挿入した写真を削除する

挿入した写真が不要になった場合、ほかの写真に差し替える場合は、写真を選択して Back space または Delete を押します。

③ 写真をモノクロにする

写真の調整機能

[図の形式] タブの調整機能には、[色の彩度] [色のトーン] [色の変更] [シャープネス] [明るさ / コントラスト] [アート効果] [透明度] などがあります。それぞれ候補から選択することで、写真を加工できます。

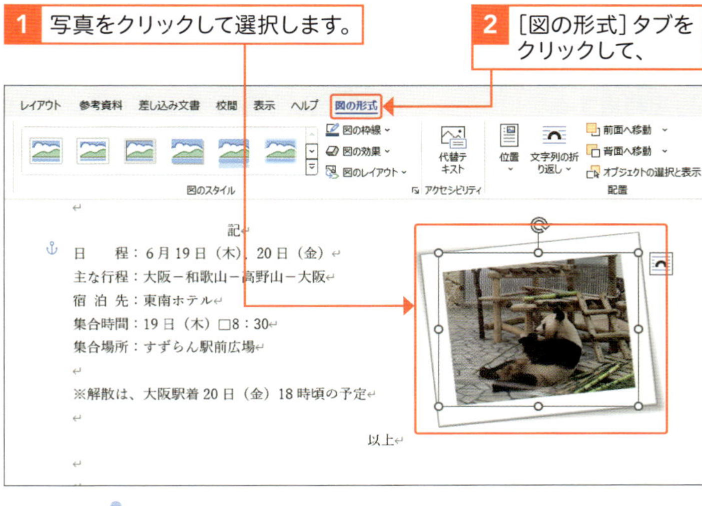

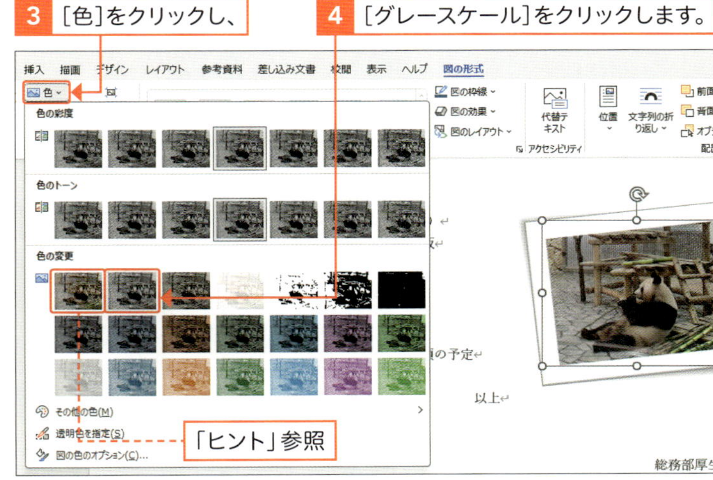

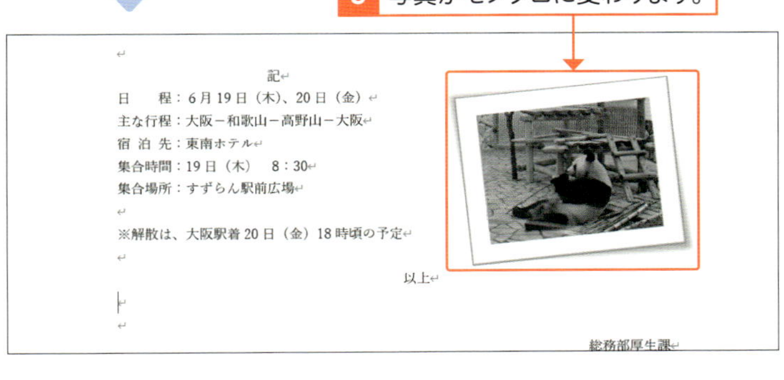

色を戻す

色を設定したあとで変更したい場合、同じ手順でほかの候補を選択します。あるいは、もとの色（[色の彩度] [色のトーン] では中央、[色の変更] では左上）を選択して戻します。

4 写真の色合いや効果を変更する

補足
[図の書式設定] 作業ウィンドウを利用する

[図の形式] タブの [図のスタイル] の右下の ↘ をクリックすると表示される [図の書式設定] 作業ウィンドウでは、各種の効果を数値で設定できます。

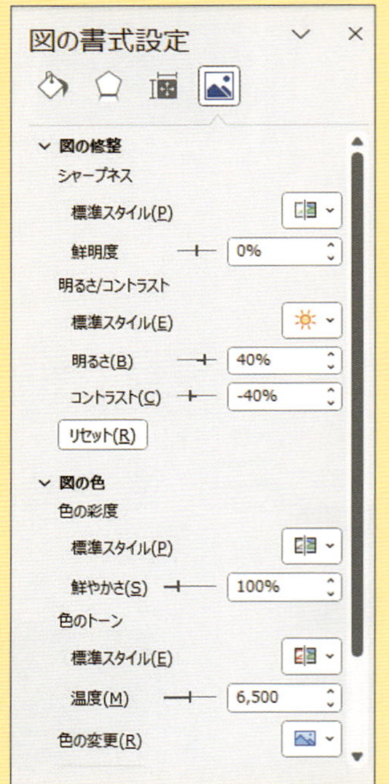

1 写真をクリックして選択します。

2 [図の形式] タブをクリックして、

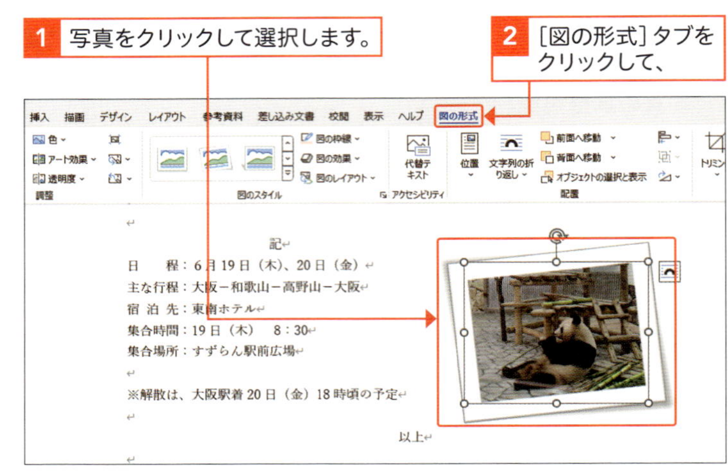

3 [修整] をクリックします。

4 [明るさ / コントラスト] から候補 (ここでは [明るさ：＋40% コントラスト：-40%]) をクリックします。

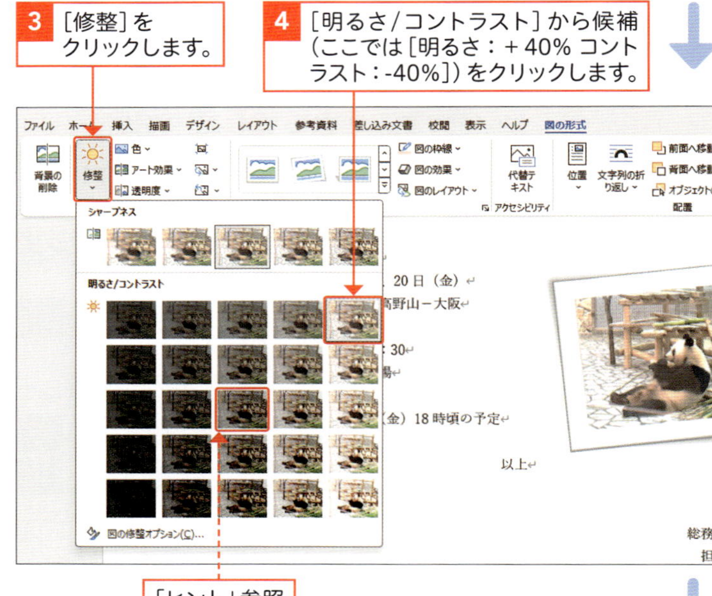

「ヒント」参照

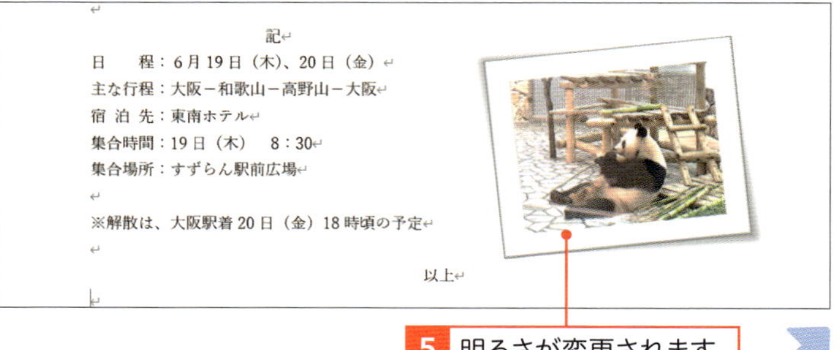

5 明るさが変更されます。

ヒント
設定を戻す

[明るさ / コントラスト] を設定したあとで変更したい場合、同じ手順でほかの候補を選択します。もとに戻したい場合は、中央の写真をクリックします。

アート効果

「アート効果」とは、オブジェクトに付ける効果のことで、スケッチや水彩画風、パステル調などのさまざまな種類が用意されています。設定したアート効果を取り消すには、手順3で一覧の［なし］（左上）をクリックします。

設定を戻す

設定したアート効果を取り消す（もとに戻す）には、手順8で一覧の［なし］（左上）をクリックします。

補足

図のリセット

写真にさまざまな変更を加えたあとで、もとに戻したい場合、それぞれの設定を「なし」にしてもとの画像にします。すべての変更を戻したい場合は、［図の形式］タブの［図のリセット］の ⌄ をクリックして、［図のリセット］をクリックします。［図とサイズのリセット］をクリックすると、すべての設定が解除され、挿入したときの状態に戻ります。

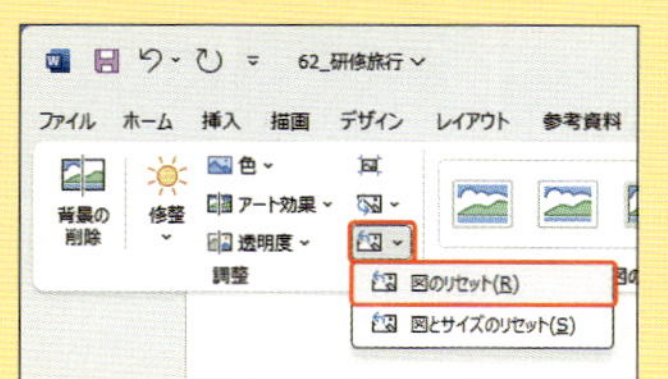

6 写真をクリックして選択し、

7 ［図の形式］タブの［アート効果］をクリックします。

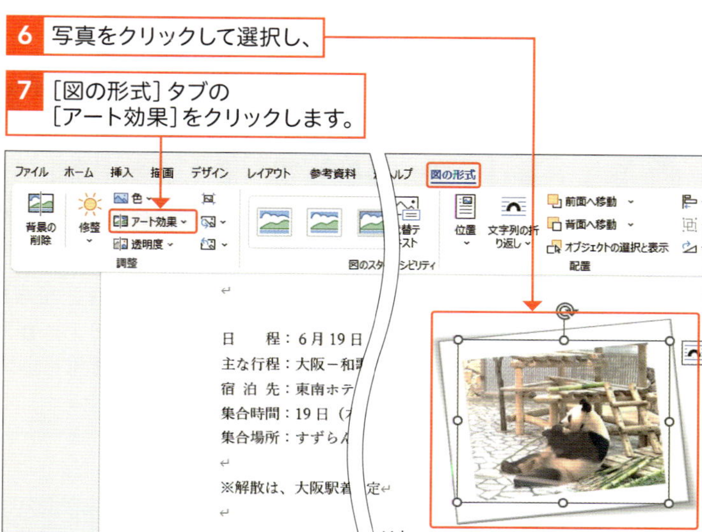

8 効果（ここでは［鉛筆：スケッチ］）をクリックします。

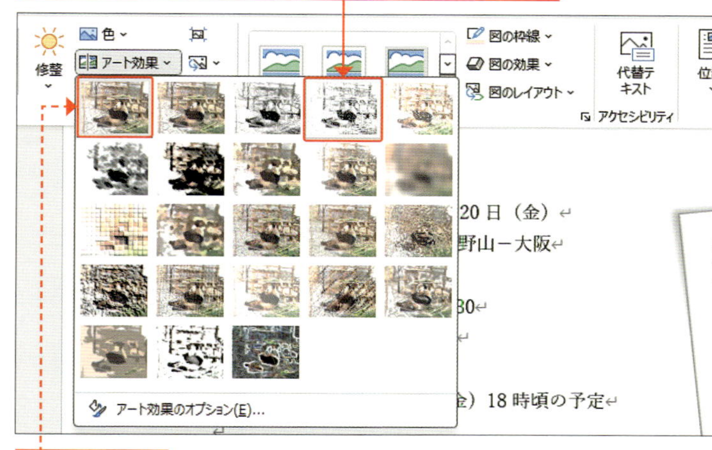

「ヒント」参照

9 効果が適用されます。

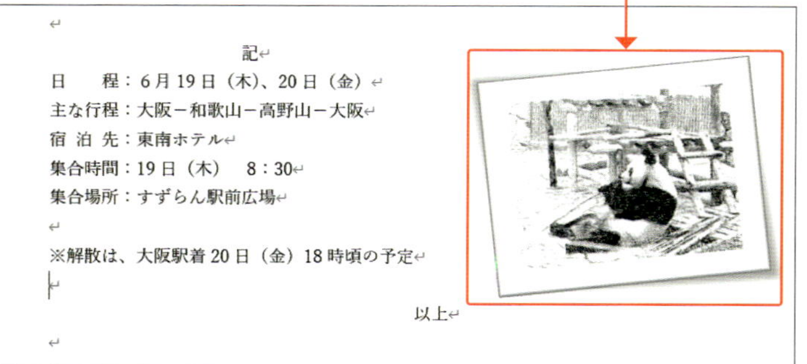

Section 63

イラストやスクリーンショットを挿入しよう

ここで学ぶこと

- イラストの挿入
- アイコンの挿入
- スクリーンショットの挿入

イラストや**画像**をインターネット上から検索して文書に挿入できます。そのほか、**アイコン(ピクトグラム)**や**3Dモデル**が用意されているので利用してみましょう。また、**スクリーンショット**した画面を画像にして文書に挿入することもできます。

練習▶63_ボウリング大会

1 イラストを検索して挿入する

補足

インターネットの接続

イラストや画像を検索するには、パソコンをインターネットに接続しておく必要があります。

1 [挿入]タブをクリックして、

2 [画像]をクリックし、

3 [オンライン画像]をクリックします。

4 [オンライン画像]ダイアログボックスが表示されます。

5 キーワードを入力し(ここでは「ボウリング」)、Enter を押します。

解説

キーワードまたはカテゴリーで検索する

検索キーワードには、挿入したいイラストを見つけられるような的確なものを入力します。また、キーワードを入力する代わりに、画面一覧のカテゴリーをクリックして探すこともできます。
なお、オンライン画像は時期や環境によって表示される内容が変更されます。

重要用語

クリップアート

「クリップアート」とはイラストのことです。

補足

画像を挿入する

インターネット上の画像を検索する場合も、この操作と同様です。手順7で［写真］を選択すると、写真（画像）の候補が表示されます。

ヒント

検索結果のイラスト(画像)

インターネット上のイラスト（画像）を検索する場合、［Creative Commonsのみ］をオンにしておくと、著作権フリーのものが表示されるので自由に使うことができます。ただし、人物の顔など個人が特定される写真などは利用を控えたほうがよいでしょう。
なお、イラスト（画像）にマウスポインターを合わせると表示される［詳細とその他の操作］…をクリックすると、出典元のURL、［報告する］（不適切な画像の場合に報告する）が表示されます。

6 ここ（フィルター）をクリックして、

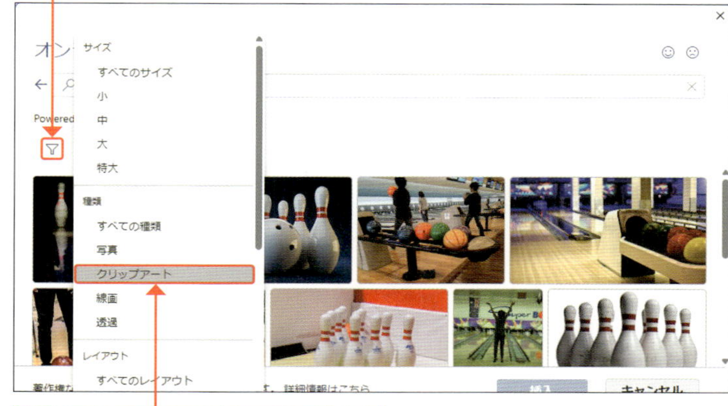

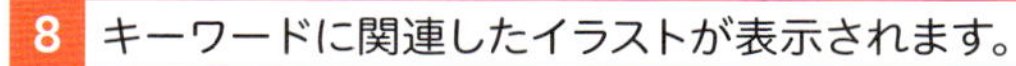

7 ［クリップアート］を選択します。

8 キーワードに関連したイラストが表示されます。

「ヒント」参照

9 目的のイラストをクリックして、

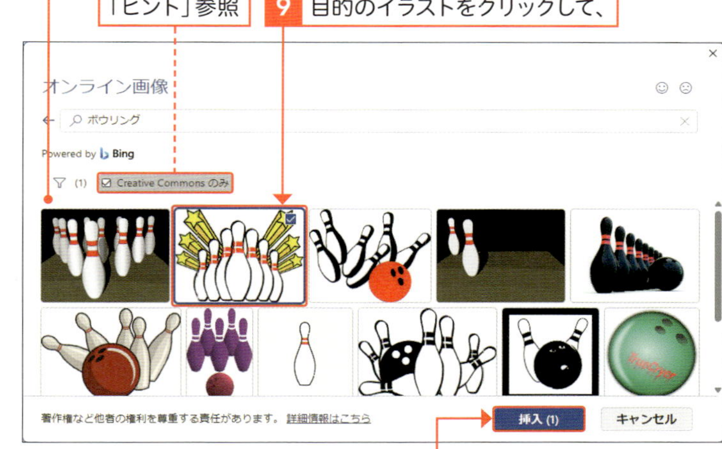

10 ［挿入］をクリックします。

11 文書にイラストが挿入されます。

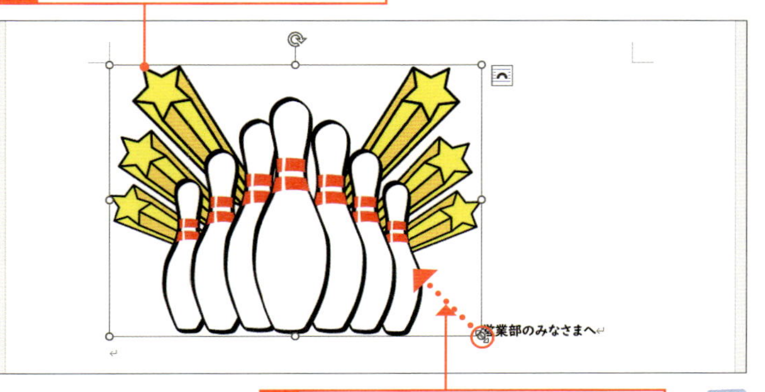

12 四隅のハンドルをドラッグします。

補足

文字列の折り返し

挿入されたイラストや画像は図形などと同じ「オブジェクト」の扱いになります。[レイアウトオプション]をクリックして、文字列の折り返しの配置を確認します。[行内]以外に指定すると、イラストを自由に移動できるようになります。文字列の折り返しについては、252ページを参照してください。

13 サイズを変更します。

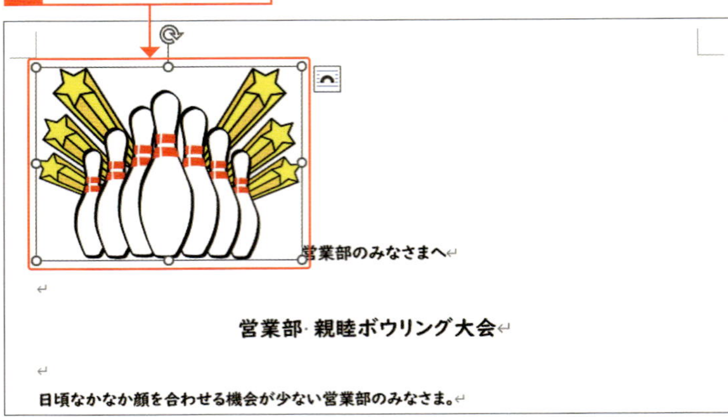

14 [レイアウトオプション]をクリックして、

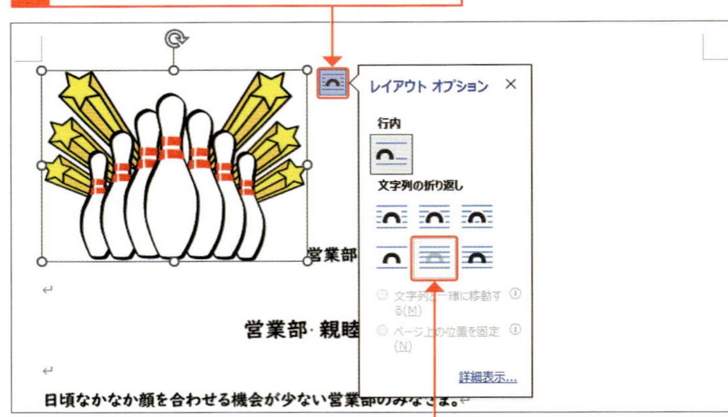

15 [背面]をクリックします。

16 イラストをドラッグして移動します。

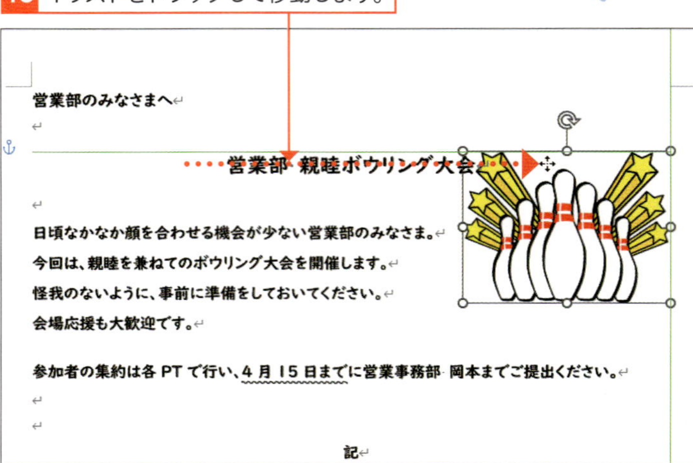

ヒント

イラストを削除する

文書に挿入したイラストを削除するには、イラストをクリックして選択し、Back spaceまたはDeleteを押します。

2 アイコンを挿入する

アイコンの挿入

Wordでは、マークなどのイラスト（ピクトグラム）をアイコンといいます。挿入したアイコンは、通常のイラストと同様に編集ができます。

2 ［挿入］タブをクリックし、

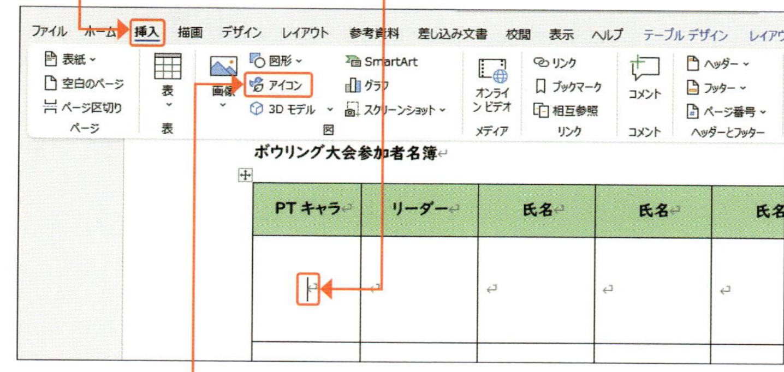

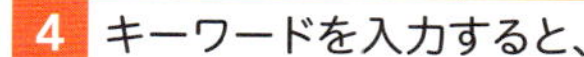

4 キーワードを入力すると、

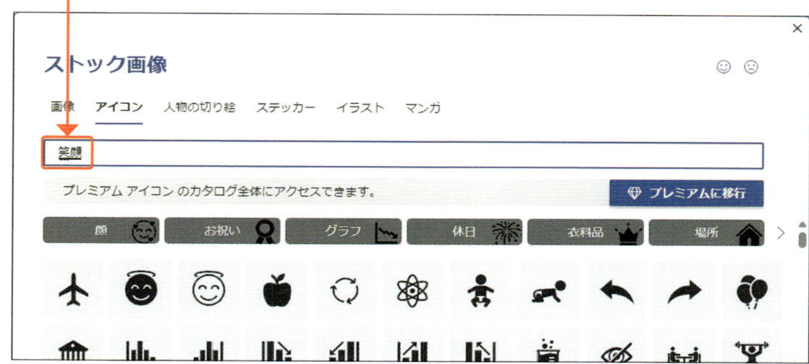

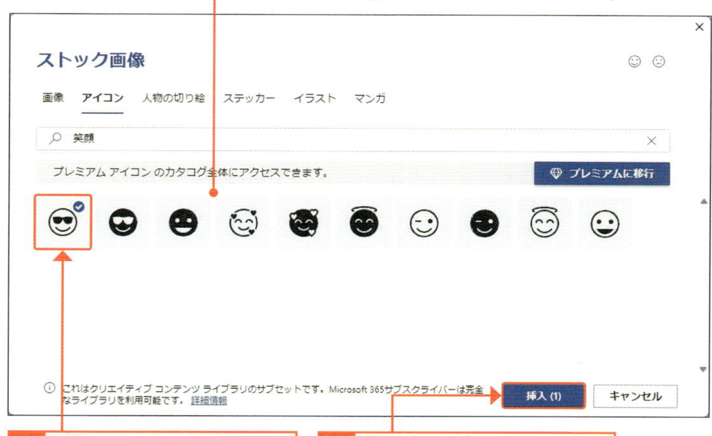

6 アイコンをクリックして、

7 ［挿入］をクリックします。

補足

SVGファイルを図形に変換する

ここで挿入するアイコンは、SVG（ScalableVectorGraphics）ファイルと呼ばれるもので、Wordでは図形に変換することができます。［グラフィックス形式］タブで［図形に変換］をクリックすると、グループ化された図形に変換されます。個別に選択すると、一部の色を変えるなどの操作が可能になります。ただし、表内など挿入した位置によっては、変換できない場合があります。

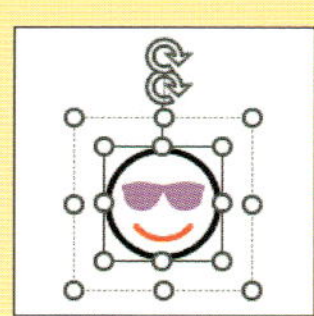

アイコンを削除する

アイコンは通常のイラストと同じです。削除するには、アイコンを選択して、Delete または Back space を押します。

8 ［レイアウトオプション］をクリックして、［前面］に変更します。

ボウリング大会参加者名簿

PT キャラ	リーダー	氏名	氏名	氏名	人数計

9 サイズや位置を調整します。

応用技　3D モデルを挿入する

3D モデルは3次元のクリップアートです。上下左右に動かせるので、自由な向きを配置できます。アイコンを挿入する方法と同様に、［挿入］タブの［3D モデル］をクリックして、モデルを選択して［挿入］をクリックします。

1 モデルを選択して挿入します。

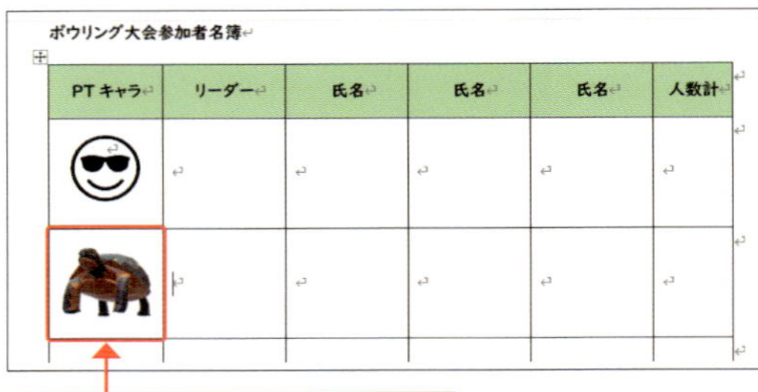

2 向きを動かして配置します。

3 スクリーンショットを挿入する

重要用語　スクリーンショット

「スクリーンショット」は、現在表示されている画面を撮影して画像にする機能です。インターネットで検索した写真や地図などが表示されている画面を撮影して、利用する範囲を選択し、文書内に挿入することができます。

1 ブラウザーを起動して、インターネットで検索した地図を表示しておきます。

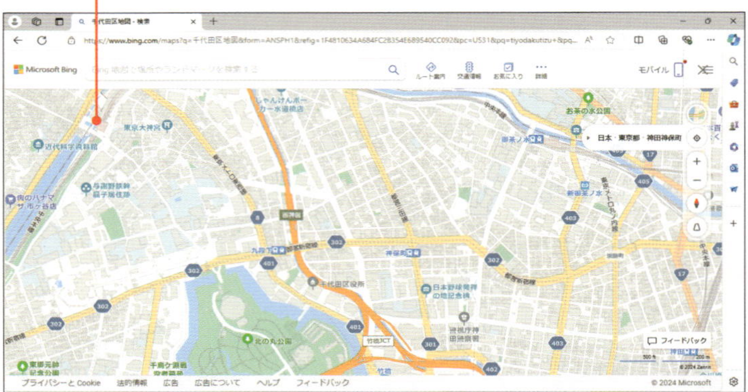

2 Wordの画面に戻り、文書の挿入する位置にカーソルを移動します。

3 ［挿入］タブをクリックし、

4 ［スクリーンショット］をクリックし、

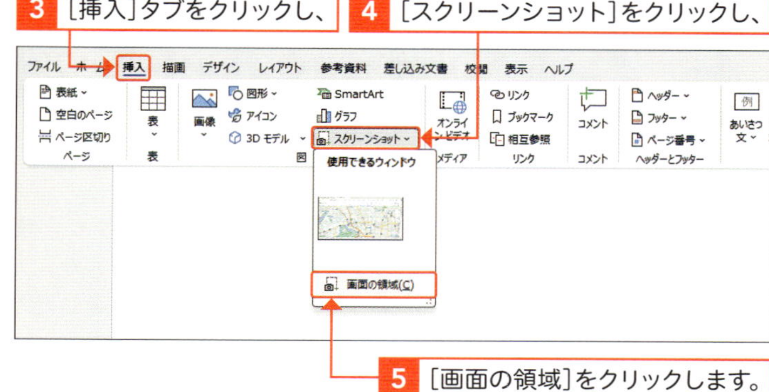

5 ［画面の領域］をクリックします。

6 地図の画面に切り替わるので、

7 必要な範囲をドラッグします。

8 地図が挿入されます。

9 文字列の折り返しを指定して、サイズや位置を調整します。

補足 使用できるウィンドウ

手順5では画面選択できるウィンドウが表示されます。ウィンドウを選択すると、全画面が挿入されてしまいます。［画面の領域］で必要な範囲を選択します。

解説 選択範囲を変更する

手順7で選択範囲をドラッグすると、すぐにWord文書に挿入されてしまいます。そのため、地図の画面上では選択範囲を変更できません。範囲が適切でなかった場合は、文書に挿入された地図を削除して、再度手順4から操作し直します。

ヒント 挿入した地図の編集

挿入した地図は、図形やテキストボックスなどと同様に「オブジェクト」として扱われます。サイズの変更（248ページ参照）や移動（251ページ参照）が自由にできます。地図の周りに文字を配置する場合、文字列の折り返しを設定します（252ページ参照）。

Section

64 SmartArtを挿入しよう

ここで学ぶこと

・SmartArt
・テキストウィンドウ
・図形の追加

SmartArtを利用すると、プレゼンや会議などでよく使われるリストや循環図、ピラミッド型図表といった複雑な図もかんたんに作成することができます。また、構成内容を保ったままデザインを変更したり、図形パーツを追加したりできます。

練習▶ファイルなし

1 SmartArtの図形を挿入する

重要用語

SmartArt

「SmartArt」は、アイデアや情報を視覚的な図として表現したもので、リストや循環図、階層構造図などのよく利用される図形が、テンプレートとして用意されています。

1 図形を挿入したい位置にカーソルを移動します。

2 [挿入]タブをクリックして、

3 [SmartArt]をクリックします。

4 [SmartArtグラフィックの選択]ダイアログボックスが表示されます。

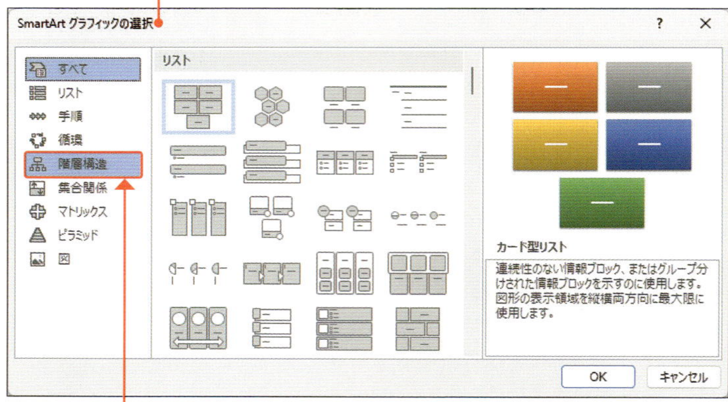

5 SmartArtの種類(ここでは[階層構造])をクリックします。

SmartArtの選択

どの種類を選べばよいのかわからない場合には、[すべて]から目的に合う図を探すとよいでしょう。SmartArtは、8種類のレイアウトに分類されています。

種　類	用　途
リスト	連続性のない情報を表示します。
手順	プロセスのステップを表示します。
循環	連続的なプロセスを表示します。
階層構造	組織図を作成します。
集合関係	関連性を図解します。
マトリックス	全体の中の部分を表示します。
ピラミッド	最上部または最下部に最大の要素がある関係を示します。
図	写真を使用して図形を作成します。

テキストウィンドウが表示されない場合

テキストウィンドウが表示されない場合は、SmartArtの左側にある [<] をクリックすると表示されます。

個々の図形を削除する

図形（パーツ）の数など、基本のSmartArtでは実際の組織図と合致しない部分があります。作成する組織図に不要な図形がある場合、図形をクリックして選択し、Delete を押すと削除できます。図形を追加する方法は、279ページを参照してください。

6 目的に合うデザイン（ここでは[水平方向の組織図]）をクリックして、

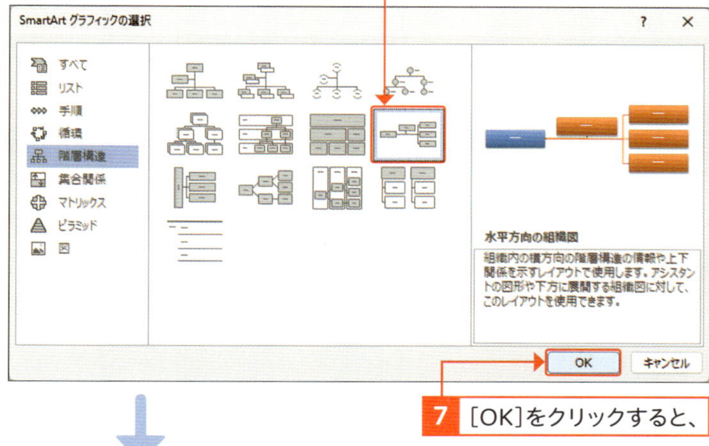

7 [OK]をクリックすると、

[SmartArtのデザイン]タブと[書式]タブが表示されます。

8 SmartArtとテキストウィンドウが表示されます。

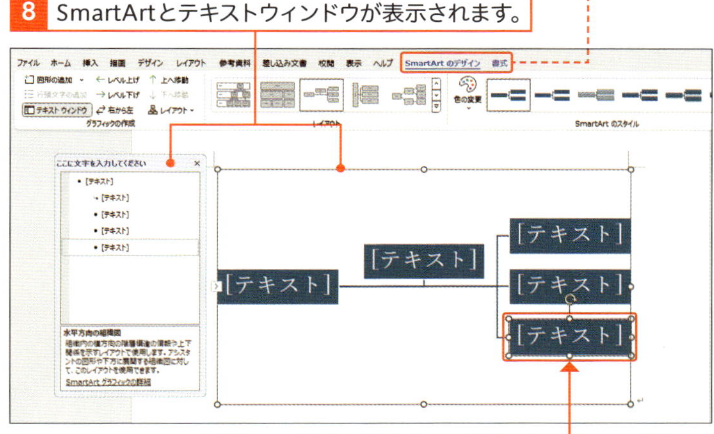

9 不要な図形をクリックして、Delete を押します。

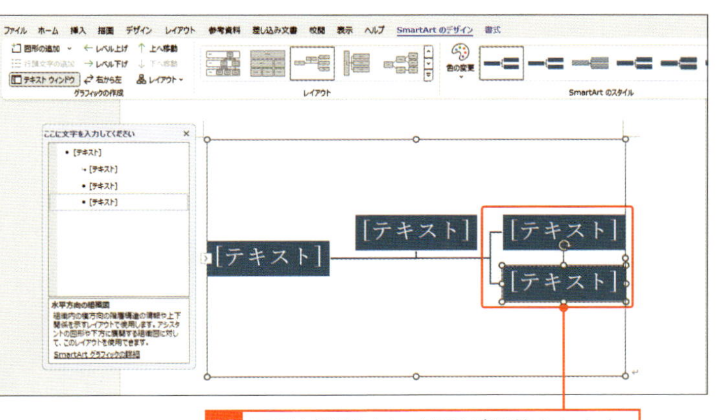

10 図形が削除され、配置が調整されます。

② 文字を入力する

解説
図形への文字入力

ここではテキストウィンドウ内に文字を入力していますが、図形（パーツ）をクリックしてカーソルを表示させると直接入力できます。なお、入力して Enter を押すと、新たに図形が追加されるので注意してください。

1 テキストウィンドウの先頭をクリックして、文字を入力すると、

2 対応する図形内にも文字が表示されます。

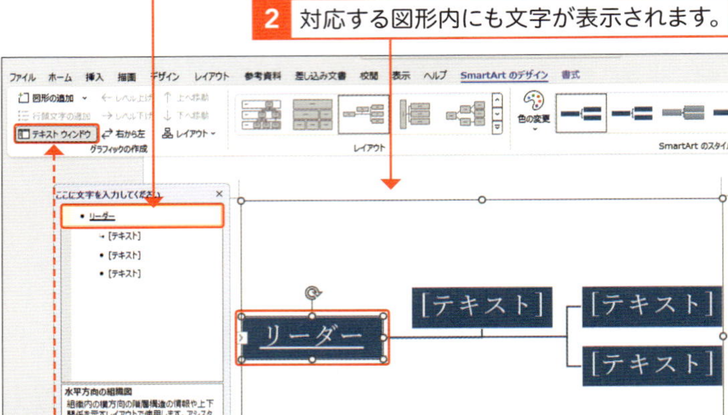

「補足」参照

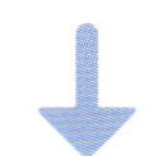

3 次の項目をクリックして、文字を入力します。

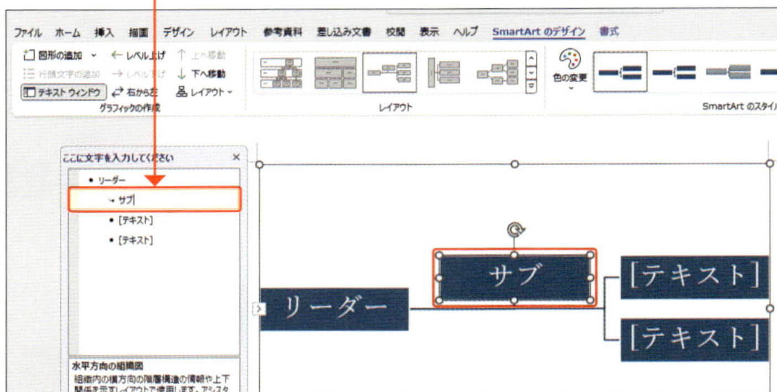

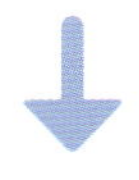

4 同様に、ほかの項目にも文字を入力します。

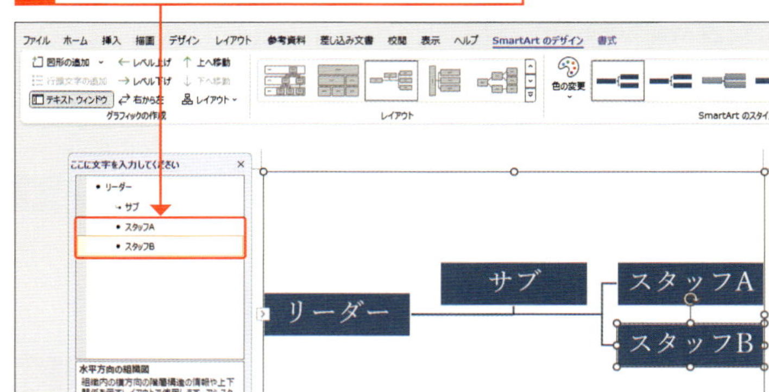

補足
テキストウィンドウの表示／非表示

SmartArtを挿入すると、通常はSmartArtと同時に「テキストウィンドウ」が表示されますが、表示されない場合は、[SmartArtのデザイン]タブの[テキストウィンドウ]をクリックしてオンにします。[テキストウィンドウ]を表示したくない場合、右上の✕をクリックします。

3 SmartArtに図形パーツを追加する

解説

SmartArtへの図形の追加

SmartArtでは、[図形の追加]から図形を追加する位置を指定できます(280ページの「補足」参照)。ただし、SmartArtの種類によっては、追加できないこともあります。

1 目的の図形をクリックして、

2 [SmartArtのデザイン]タブをクリックします。

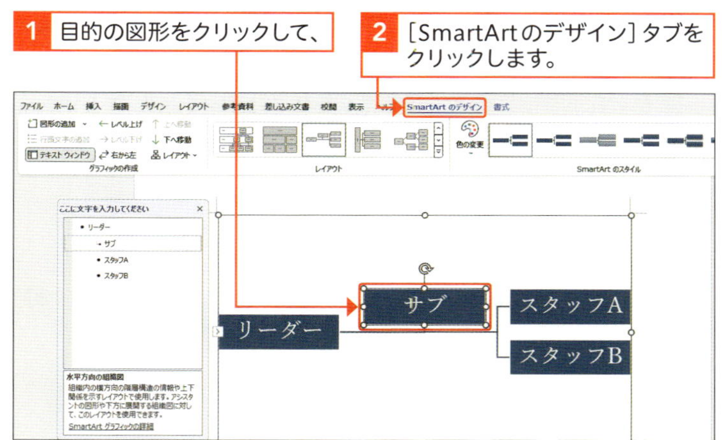

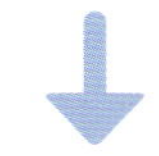

3 [図形の追加]の ⌄ をクリックして、

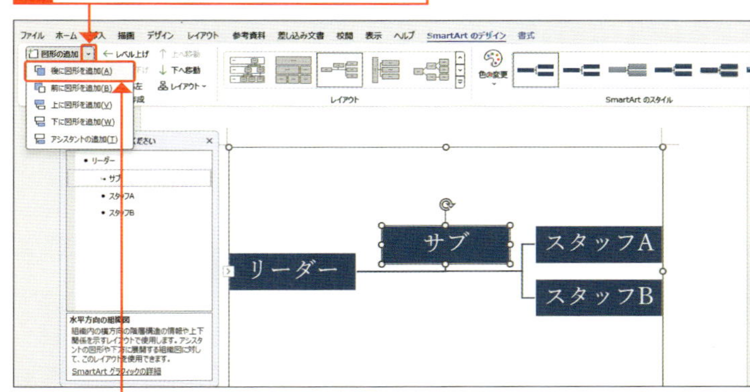

4 [後に図形を追加]をクリックします。

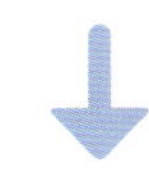

5 図形が追加されるので、文字を入力します。

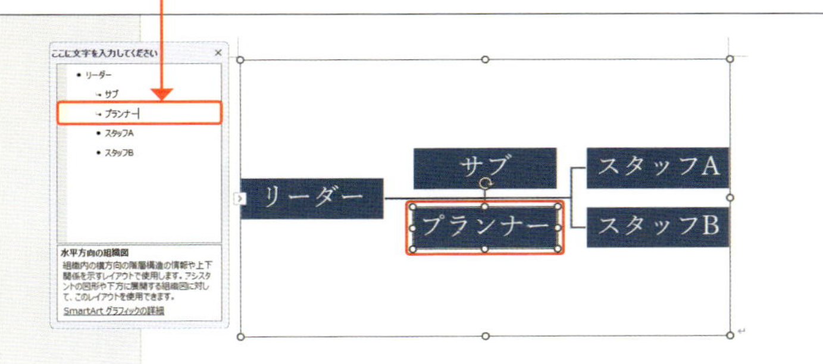

時短

テキストウィンドウで図形を追加する

テキストウィンドウで文字を入力して Enter を押すと、その後ろの位置に図形が追加されます。

補足 図形の追加の種類

[図形の追加] には [後に図形を追加] [前に図形を追加] [上に図形を追加] [下に図形を追加] と [アシスタントの追加] (下の「応用技」参照) があります。
選択している図形によっても配置が変わります (ここでは「サブ」)。どの位置に配置されるか見ておきましょう。

●もとの図形

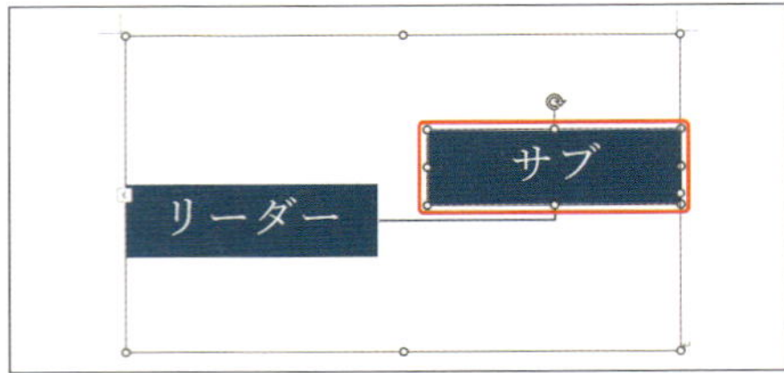

●後に図形を追加

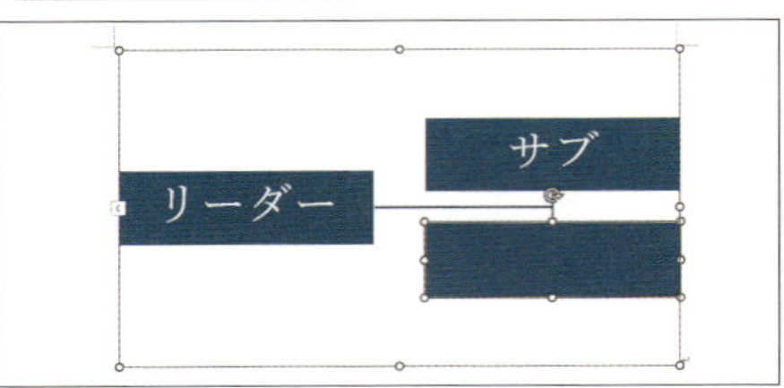

●前に図形を追加

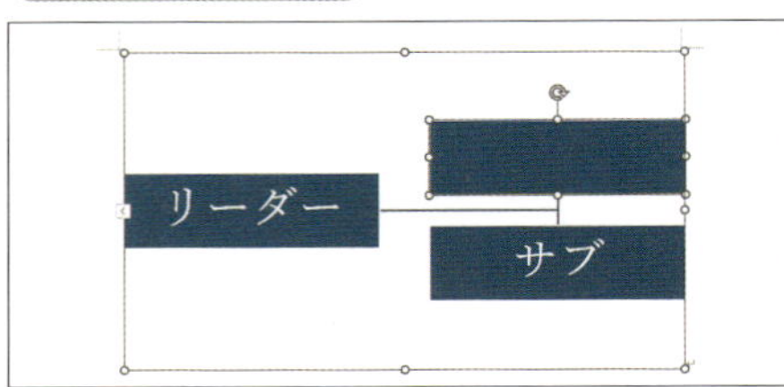

●上に図形を追加

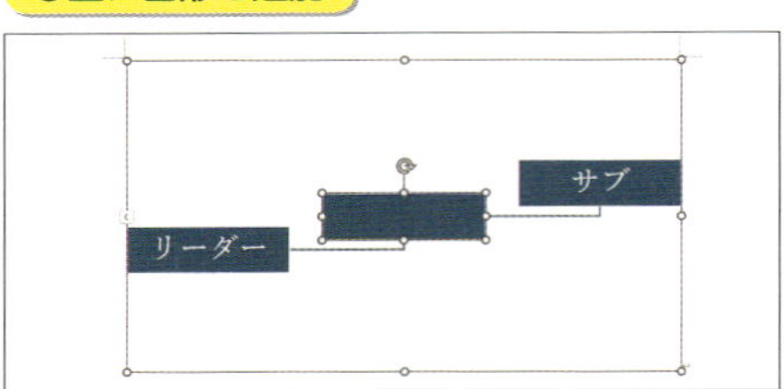

●下に図形を追加

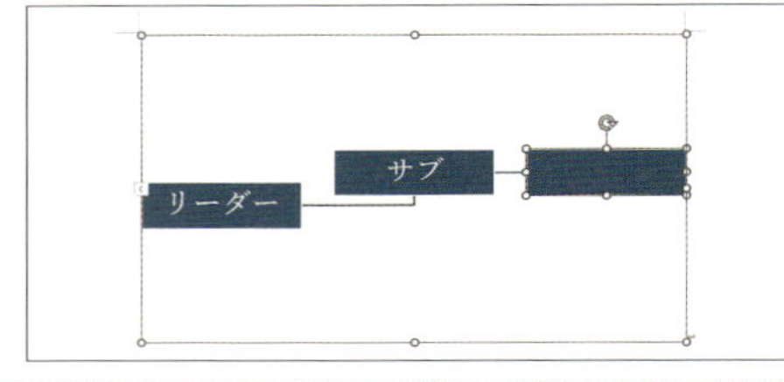

応用技 アシスタントを追加する

[階層構造] のうち、すでにある図形と図形の間に入れるような組織図を作成したい場合、[図形の追加] の [アシスタントの追加] を利用します。ただし、SmartArtの図形によってはアシスタントを追加できない種類もあります。

1 図形をクリックして、

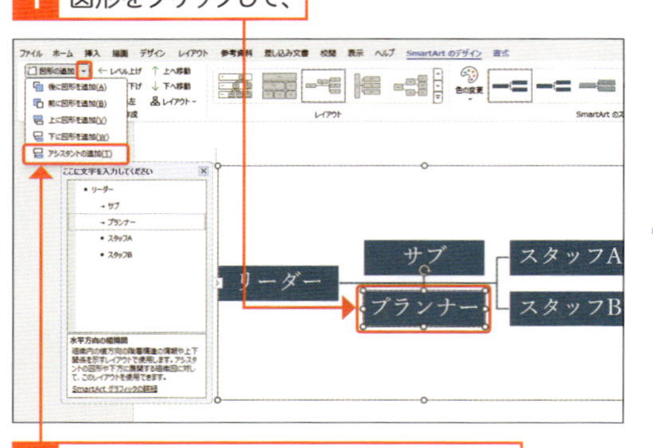

2 [アシスタントの追加] をクリックすると、

3 アシスタントの位置に図形が追加されます。

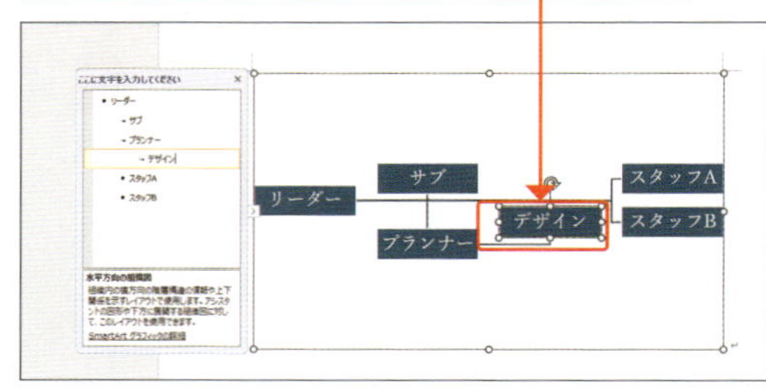

④ 色やデザインを変更する

補足

図形(パーツ)と全体の変更

SmartArt全体の配色やデザインが用意されていますが（下の「時短」参照）、個別に色を付けたい場合は右の方法で変更します。

時短

[色の変更] や[SmartArtのスタイル] を利用する

SmartArt全体を選択して、[SmartArtのデザイン] タブの [色の変更] をクリックすると、用意させている配色にすばやく変更できます。また、[SmartArtのスタイル]には3Dなど図形のデザインが用意されています。

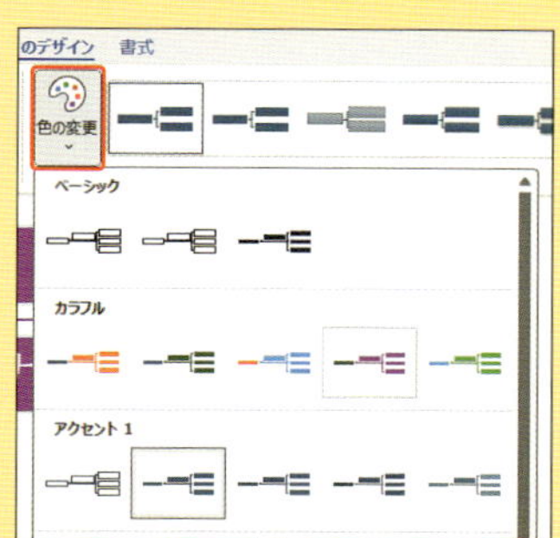

ヒント

SmartArtの色やデザインを解除する

色やデザインの設定を解除したい場合、[SmartArtデザイン]タブの[グラフィックのリセット]をクリックします。

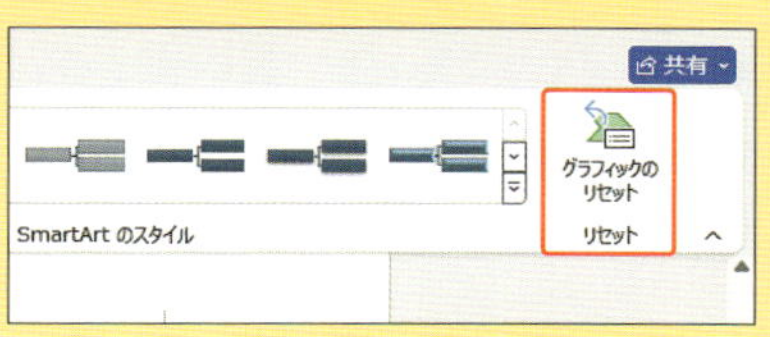

1 図形を選択して、右端の[書式]タブをクリックし、

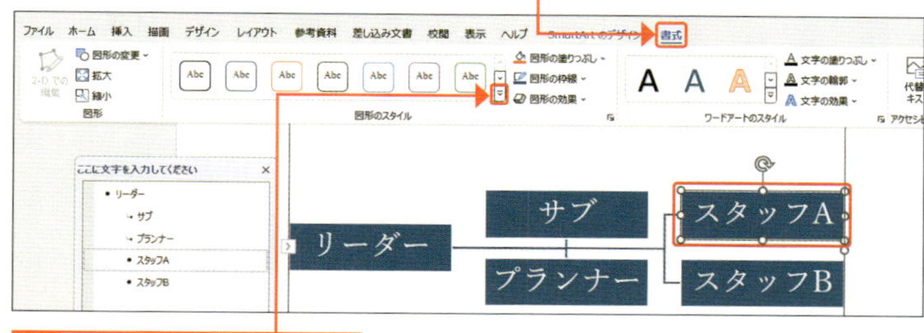

2 ここをクリックします。

3 スタイル（ここでは[塗りつぶし-緑、アクセント6]）をクリックすると、

4 スタイルが変更されます。

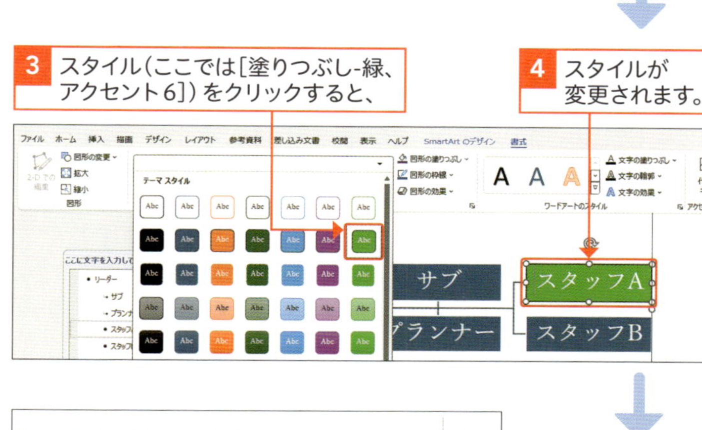

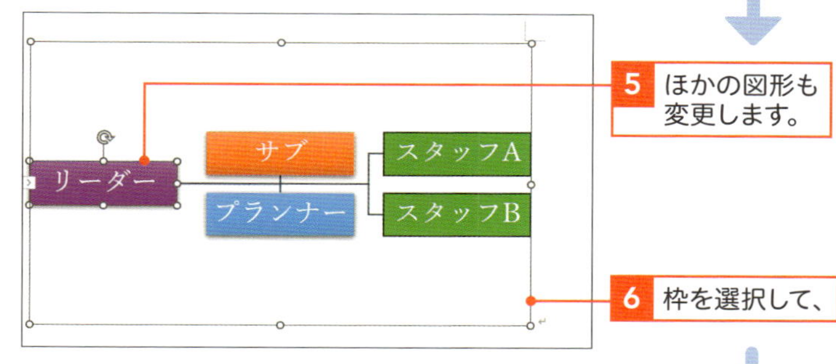

5 ほかの図形も変更します。

6 枠を選択して、

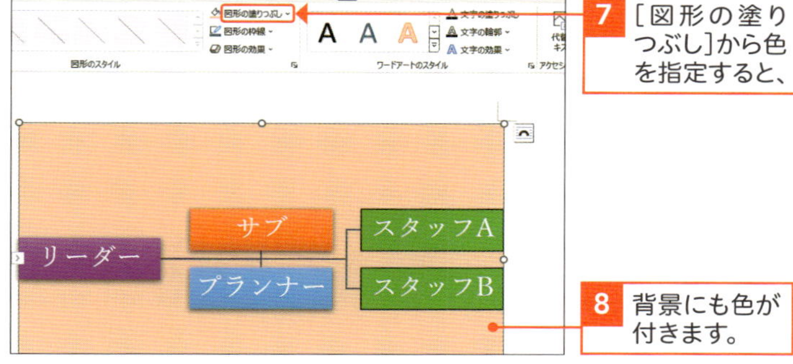

7 [図形の塗りつぶし]から色を指定すると、

8 背景にも色が付きます。

Section
65 ワードアートを挿入しよう

ここで学ぶこと

- ワードアート
- 図形のスタイル
- 文字の効果

Wordには、デザイン効果を加えた文字をオブジェクトとして作成できる**ワードアート**という機能が用意されています。登録されているデザインの中から好みのものをクリックするだけで、タイトルなどに**効果的な文字**を作成することができます。

練習▶65_ボウリング大会

1 ワードアートを挿入する

重要用語

ワードアート

「ワードアート」とは、デザインされた文字を作成する機能または、ワードアートの機能を使って作成された文字そのもののことです。ワードアートで作成された文字は、文字列としてではなく、図形などと同様にオブジェクトとして扱われます。

1 タイトルにしたい文字列を選択します。

2 [挿入]タブの[ワードアートの挿入]をクリックして、

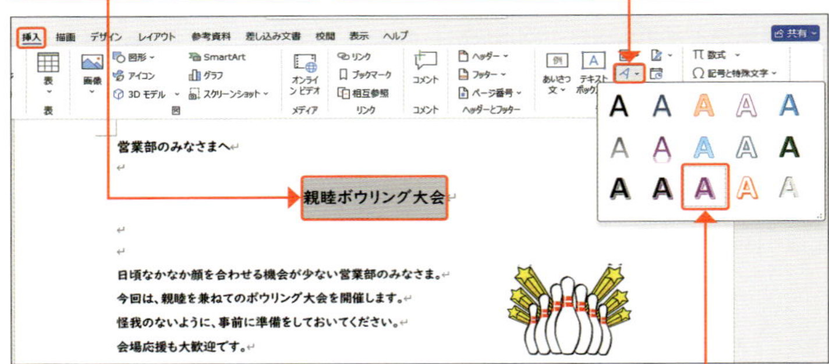

3 デザイン（ここでは[塗りつぶし：プラム、アクセントカラー 5；輪郭：白、背景色 1；影（ぼかしなし）：プラム、アクセントカラー 5]）をクリックします。

4 ワードアートが挿入されます。

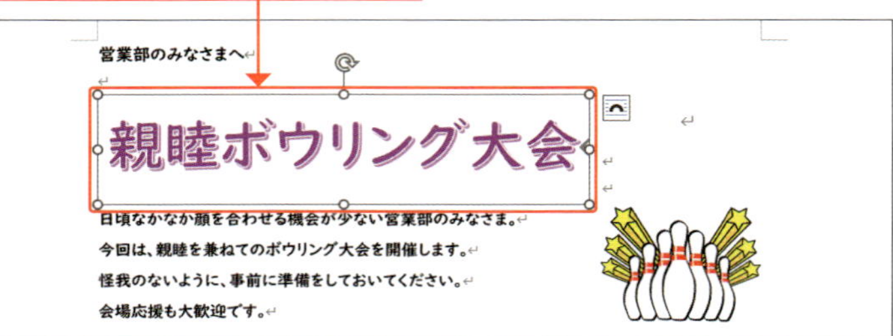

ヒント

あとから文字を入力する

ここでは文字を選択してワードアートを作成していますが、あとから文字を入力してもかまいません。挿入されたワードアートのテキストボックスに文字を入力します。

2 ワードアートのサイズを調整する

補足 ワードアートの文字列の折り返し

ワードアートもテキストボックスや図形などと同様に、文字列の折り返しを変更することによって、周囲や上下に文字列を配置することができます。文字列の折り返しについて詳しくは、252ページを参照してください。

1 ハンドルをドラッグして、

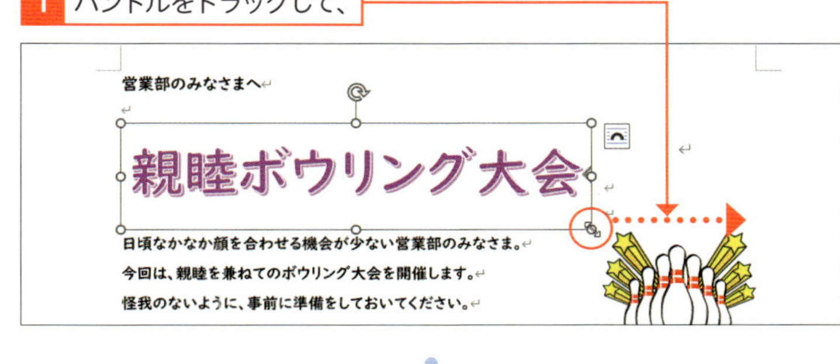

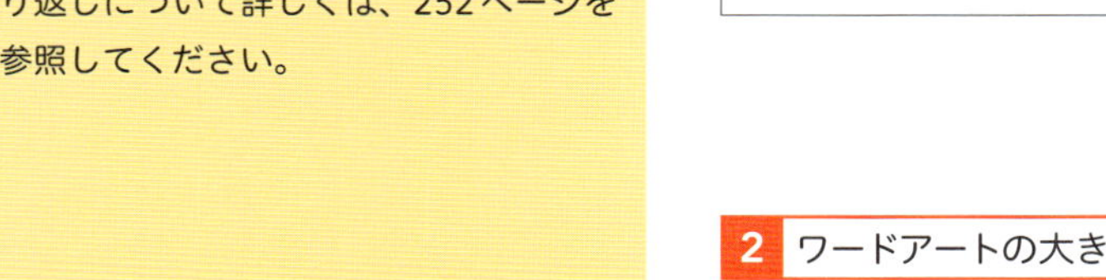

2 ワードアートの大きさをページの幅に合わせます。

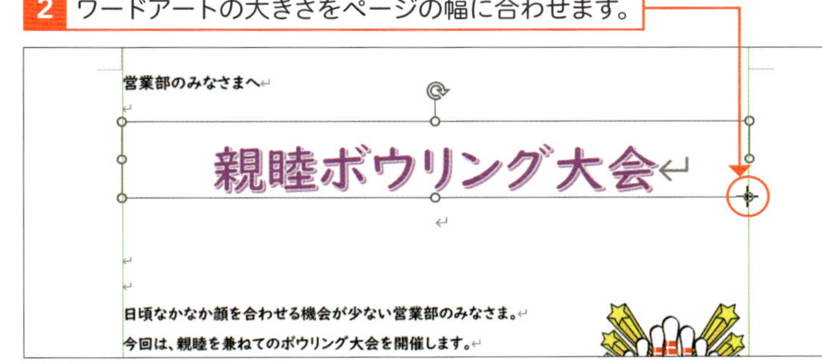

ヒント ワードアートを移動する

移動するには、ワードアートの枠線上にマウスポインターを合わせ、形が✥に変わった状態でドラッグします。

3 ワードアートの書式を変更する

1 ワードアートをドラッグして選択します。

2 ［図形の書式］タブをクリックします。

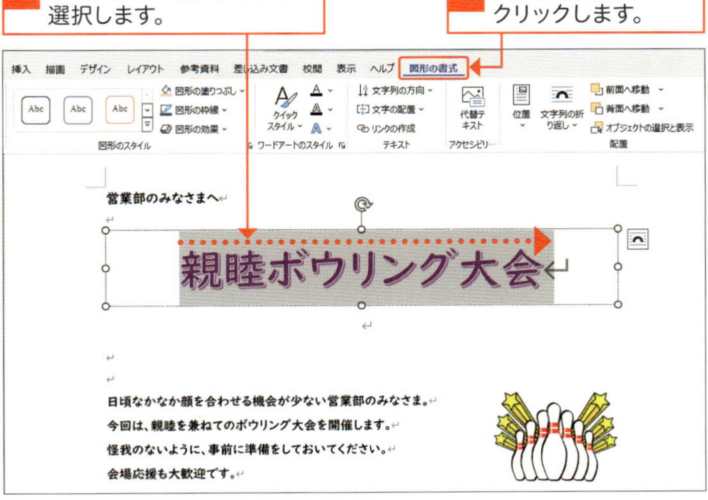

ヒント ワードアートのフォントサイズとフォント

ワードアートのフォントサイズは、初期設定が36ptです。変更したい場合、ワードアートの文字列を選択して、［ホーム］タブの［フォントサイズ］ボックスで指定します。フォントを変更したい場合は、［ホーム］タブの［フォント］ボックスでフォントを指定します。

ワードアートの文字設定

ワードアートの文字は、内側部分の色、外側の輪郭の線の太さや色で構成されています。変更するには、[図形の書式]タブの[文字の塗りつぶし]と[文字の輪郭]を利用します。ここでは、文字の輪郭の色も変更していますが、必要がなければ変更しなくてもかまいません。

文字の周りに色を付ける

[図形の書式]タブの[文字の効果] の[光彩]では、文字の周りに色を付けることができます。[文字の効果]については、286ページを参照してください。

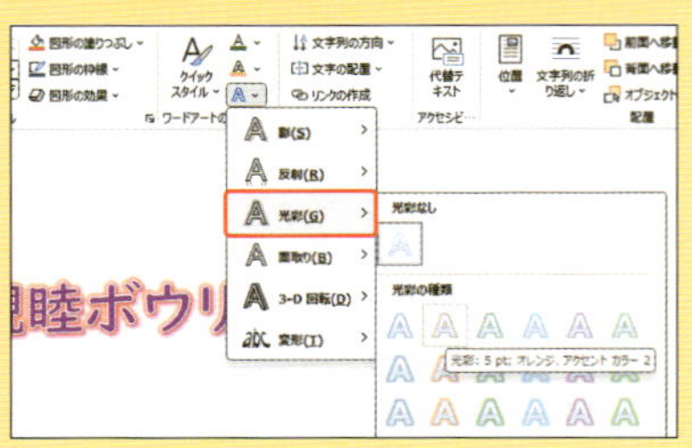

3 [文字の塗りつぶし]のここをクリックして、

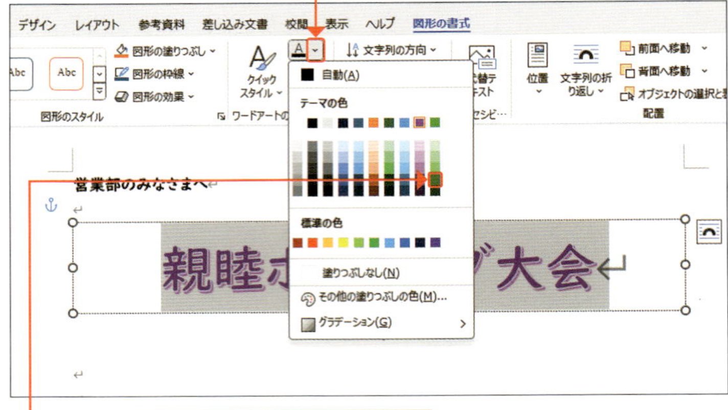

4 目的の色(ここでは[緑、アクセント6、黒+基本色25%])をクリックします。

5 [文字の輪郭]のここをクリックして、

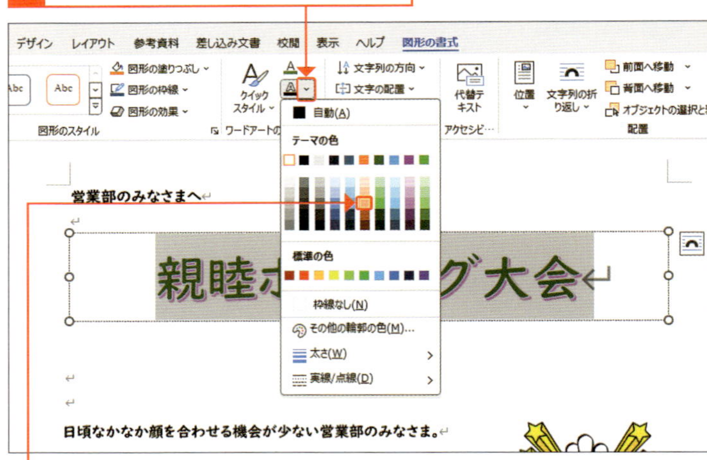

6 目的の色(ここでは[オレンジ、アクセント2、白+基本色40%])をクリックすると、

7 文字の色と輪郭が変更されます。

解説

ワードアートのスタイル変更

ワードアートの背景は、[図形の塗りつぶし]や[図形の枠線]から色や種類を選択して変更できますが、右の操作のように[図形のスタイル]のをクリックして表示されるギャラリーから選ぶとかんたんです。

8 ワードアートをクリックして選択し、

9 [図形の書式]タブをクリックします。

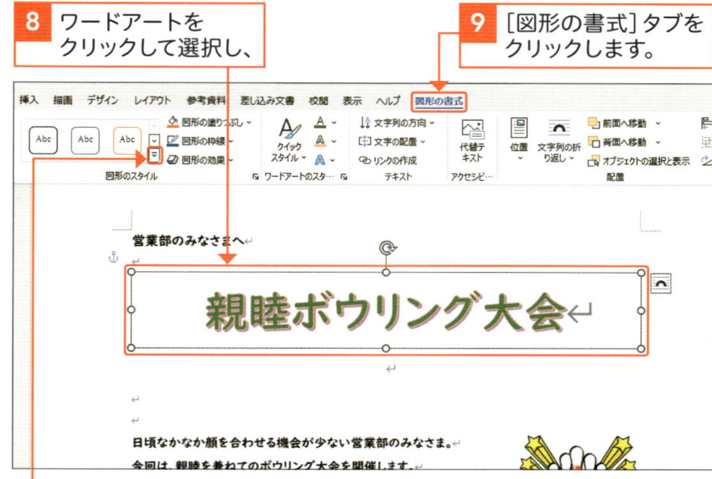

10 [図形のスタイル]のここをクリックして、

11 目的のスタイル(ここでは[パステル-オレンジ、アクセント2])をクリックします。

12 ワードアートの書式が変更されます。

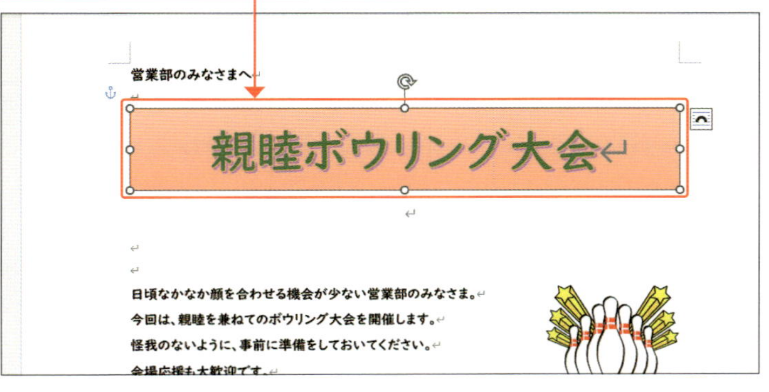

応用技

ワードアートを縦に配置する

ワードアートの最初の設定は横書きになります。縦書きにしたい場合、[図形の書式]タブの[文字列の方向]をクリックして[縦書き]あるいは左右の回転を指定します。サイズを調整したり移動したりして配置します。

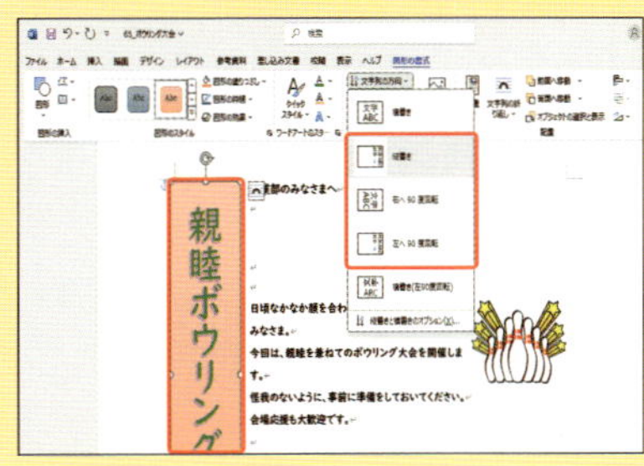

4 ワードアートに効果を付ける

解説

ワードアートの効果

[書式]タブの[文字の効果]を利用すると、影、反射、光彩、面取り、3-D回転、変形などの効果を設定することができます。

補足

プレビュー表示

手順5で効果にマウスポインターに合わせると、プレビューで表示されます。選択する際の参考にするとよいでしょう。

ヒント

設定した効果を解除する

ワードアートに付けた効果を解除するには、ワードアートを選択して、再度[図形の書式]タブの[文字の効果]をクリックします。設定した効果をクリックして、メニューの先頭にある[(効果)なし]をクリックします。

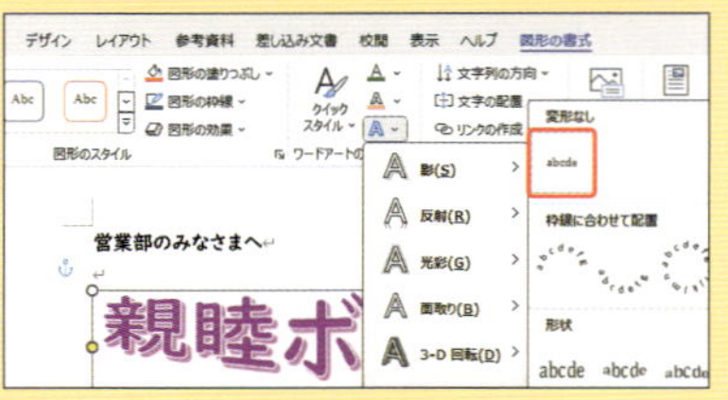

1 ワードアートをクリックして選択します。

2 [図形の書式]タブの[文字の効果]をクリックします。

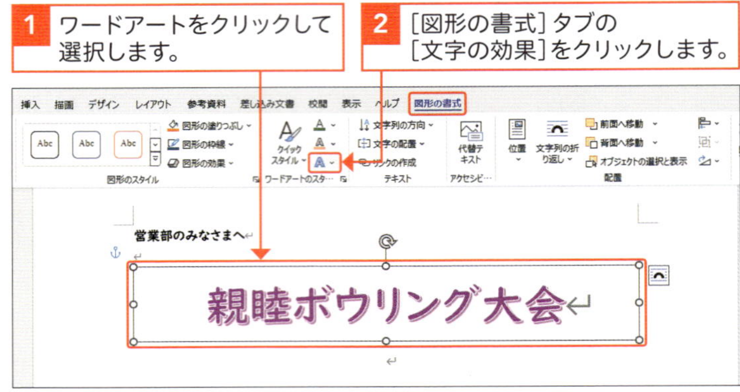

3 [変形]にマウスポインターを合わせ、

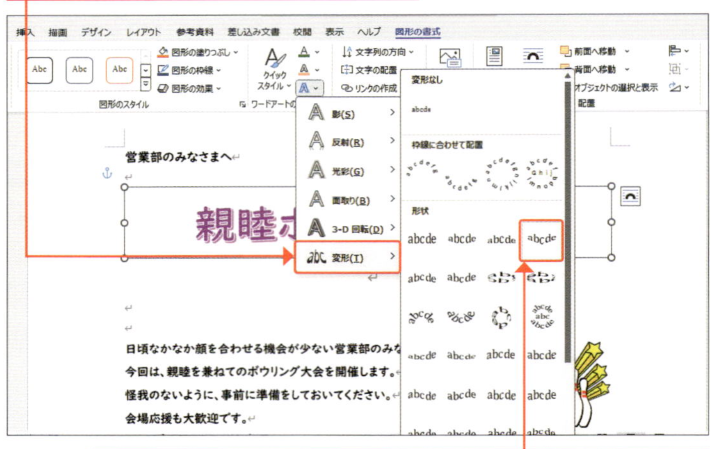

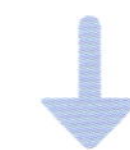

4 目的の形状(ここでは[三角形;下向き])をクリックすると、

5 ワードアートに効果が設定されます。

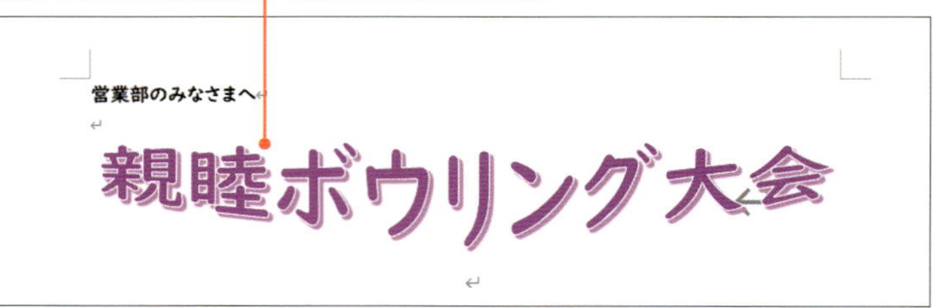

第 10 章

便利な機能を使いこなそう

Section 66

ドロップキャップを設定しよう

ここで学ぶこと

- ドロップキャップ
- 本文内に表示
- 余白に表示

ドロップキャップとは、段落の最初の文字を複数行の大きさにする機能です。 雑誌やチラシなどで利用されますが、段落が強調され、目を引く効果があります。ドロップキャップは、本文内と余白に配置することができます。

練習▶66_社内通信

1 ドロップキャップを設定する

重要用語

ドロップキャップ

「ドロップキャップ」とは、段落の最初の数文字を複数行の大きさに設定する機能です。既定では、3行の高さで表示されます。選択する文字は何文字でも可能です。

補足

余白に表示

手順3で［余白に表示］をクリックすると、余白の位置に文字が表示されます。

新年度が始まります。↵
本年はコロナ禍を経て初めての新入社員3名…
若い力と経験者の力を合わせて、さらなる飛…
今、自然界が大きな課題をかかえています。…
切り拓くカギとなります。↵
ともに支え合い、前進していきましょう。↵

1 段落の最初の1文字を選択します。

新年度が始まります。↵
本年はコロナ禍を経て初めての新入社員3名を迎えることができま
若い力と経験者の力を合わせて、さらなる飛躍を遂げられることを

2 ［挿入］タブの［ドロップキャップ］をクリックします。

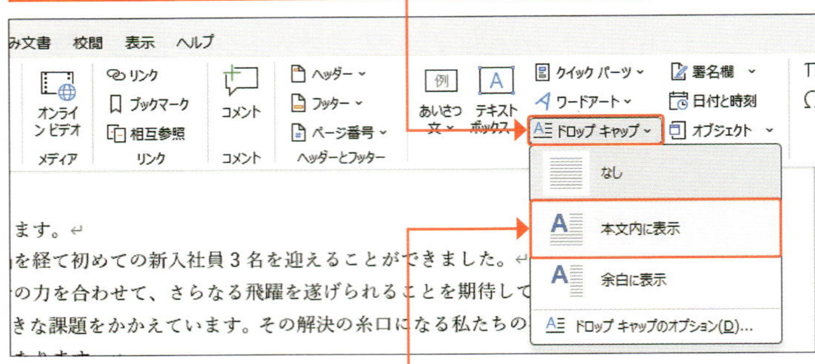

3 ［本文内に表示］をクリックします。

4 ドロップキャップが設定されます。

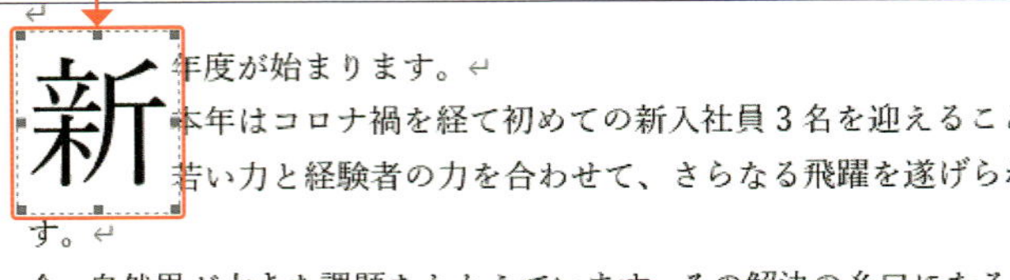

色や効果を付ける

ドロップキャップは通常の文字と同様に、フォントの種類やフォントの色を変更したり、影を付けたりできます。

5 ［ホーム］タブの［フォントの色］で色を変更し、［文字の効果と体裁］で影を付けました。

新年度が始まります。
本年はコロナ禍を経て初めての新入社員３名を迎えるこ
若い力と経験者の力を合わせて、さらなる飛躍を遂げら
す。
今、自然界が大きな課題をかかえています。その解決の糸口になる
切り拓くカギとなります。
ともに支え合い、前進していきましょう。

2 ドロップキャップの設定を変更する

ドロップキャップのオプション

ドロップキャップは既定で本文フォント、3行分に設定されますが、［ドロップキャップのオプション］ダイアログボックスでフォントや行数、本文からの位置を変更できます。

1 段落の最初の１文字を選択します。

2 ［挿入］タブの［ドロップキャップ］をクリックして、

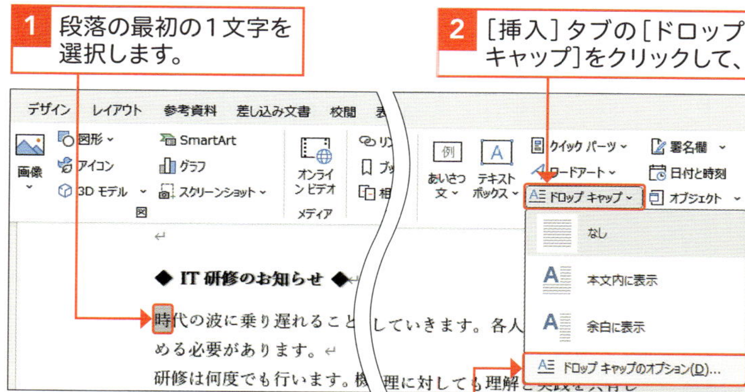

3 ［ドロップキャプションのオプション］をクリックします。

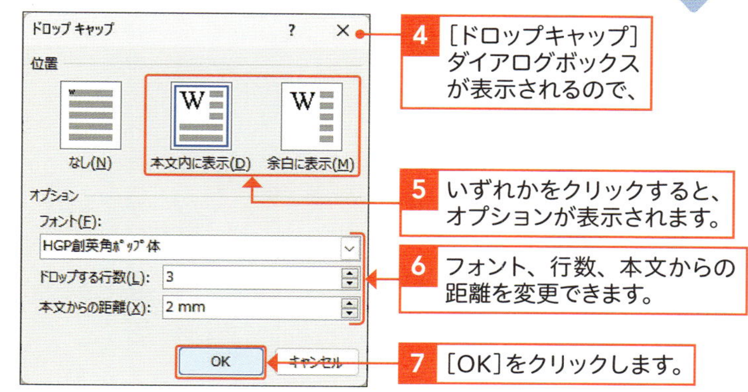

4 ［ドロップキャップ］ダイアログボックスが表示されるので、

5 いずれかをクリックすると、オプションが表示されます。

6 フォント、行数、本文からの距離を変更できます。

7 ［OK］をクリックします。

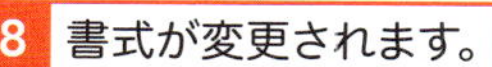
8 書式が変更されます。

代の波に乗り遅れることなく、当社も IT 部門を強化していきます。各
力も高める必要があります。
研修は何度でも行います。機器の利用だけでなく、情報管理に対して
践を共有していきます。

ドロップキャップの解除

ドロップキャップを解除するには、ドロップキャップ文字を選択して、［挿入］タブの［ドロップキャップ］をクリックし、［なし］をクリックします。

Section

67 ヘッダー／フッターを挿入しよう

ここで学ぶこと

- ヘッダー
- フッター
- ヘッダー／フッターの削除

ヘッダーは文書の上部、**フッター**は文書の下部のスペースで、文書のタイトルや作成日付、作成者名、ページ番号など、文書に関するさまざまな情報を挿入することができます。

 練習▶67_研修資料

1 ヘッダーを挿入する

重要用語

ヘッダー

文書の各ページの上部余白を「ヘッダー」といいます。ヘッダーには文書のタイトルや日付などの情報を入れるのが一般的です。ドキュメント情報だけでなく、写真や図も入れることができます。

1 ［挿入］タブの［ヘッダー］をクリックして、

2 目的のデザイン（ここでは「インテグラル」）をクリックします。

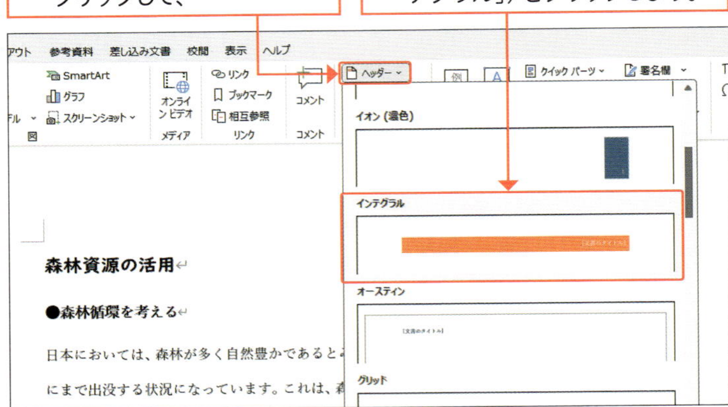

3 ヘッダーが挿入され、

4 ［ヘッダーとフッター］タブが表示されます。

「解説」参照

解説

文書情報の自動挿入

手順2で「文書のタイトル」や「作者名」などが配置されるデザインを選んだ場合、文書ファイルにその情報が登録されていると自動的に挿入されます。
文書情報は、［ファイル］タブの［情報］で登録できます。

応用技

直接入力する

上下余白部分をダブルクリックすると、ヘッダー／フッター欄が表示されます。直接入力するか、テキストボックスなどを利用して文字を挿入して、オリジナルのヘッダー／フッターを挿入できます。

5 ボックス内にタイトルを入力して、

6 ［ヘッダーとフッターを閉じる］をクリックして編集画面に戻ります。

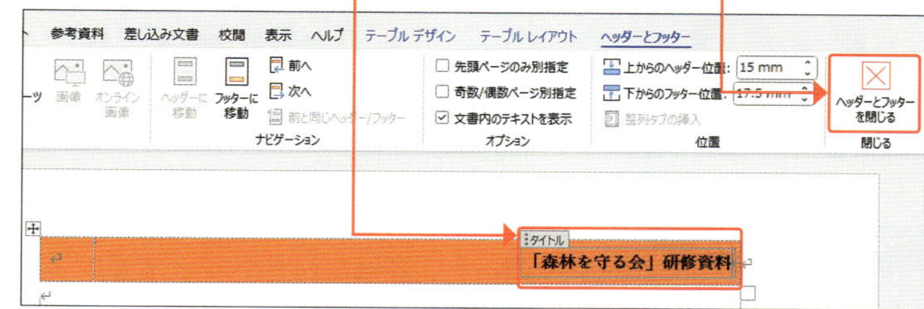

2 フッターを挿入する

重要用語

フッター

文書の各ページの下部余白を「フッター」といいます。フッターには、ページ番号や作成者名、日付などの情報を入れるのが一般的です。ドキュメント情報だけでなく、写真や図も入れることができます。

ヒント

挿入デザインの種類

ヘッダー／フッターに用意されているデザインには、タイトルや作者名、ページ番号、日付などがあります。日付の場合はカレンダーが表示されるので、クリックして日付を指定します。

補足

ヘッダー／フッターを削除する

フッター／フッターを削除するには、［挿入］タブ（または［ヘッダーとフッター］タブ）の［ヘッダー］／［フッター］をクリックして、［ヘッダーの削除］／［フッターの削除］をクリックします。

1 ［挿入］タブの［フッター］をクリックして、

2 目的のデザイン（ここでは「スライス」）をクリックすると、

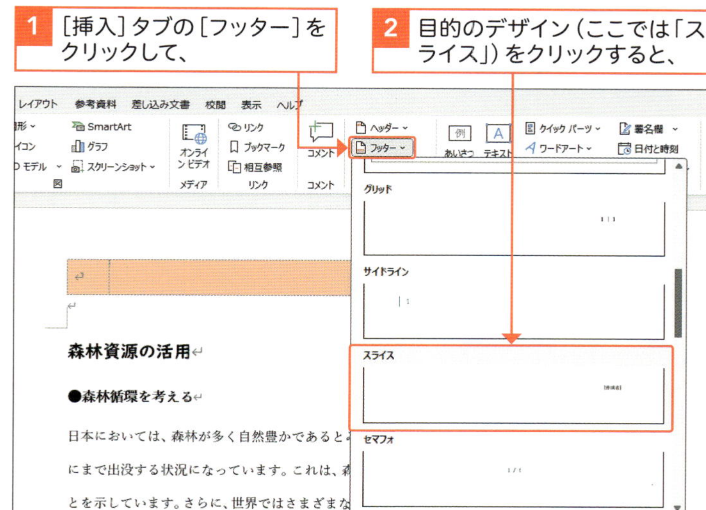

3 フッターが挿入されます。

4 自動的に作成者名が入力されます（290ページの「解説」参照）。

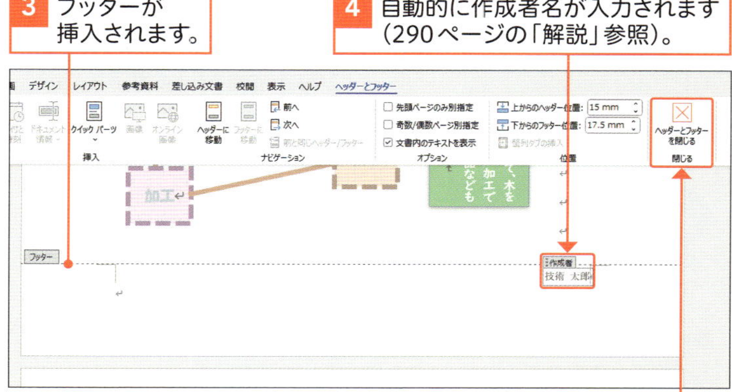

5 ［ヘッダーとフッターを閉じる］をクリックして編集画面に戻ります。

Section

68 ページ番号を挿入しよう

ここで学ぶこと

- ・ページ番号
- ・ページ番号の書式
- ・ページ番号の削除

ページに通し番号を付けたいときは、**ページ番号**を挿入します。Wordにはさまざまなページ番号のデザインが用意されているので、文書に合わせて利用するとよいでしょう。**番号の書式**などを変更することもできます。

練習▶68_研修資料

1 ページ番号を挿入する

解説

ページ番号の挿入

ページに通し番号を付けたい場合、右の方法でページ番号を挿入します。なお、ヘッダー(フッター)が設定してある位置にページ番号を挿入すると、もとのヘッダー(フッター)が削除されてしまいます。ページ番号以外の要素も入れたい場合は、ページ番号が配置されているヘッダー(フッター)を選びます(290ページ参照)。

1 [挿入]タブの[ページ番号]をクリックします。

2 ページ番号の位置(ここでは[ページの下部])を選択して、

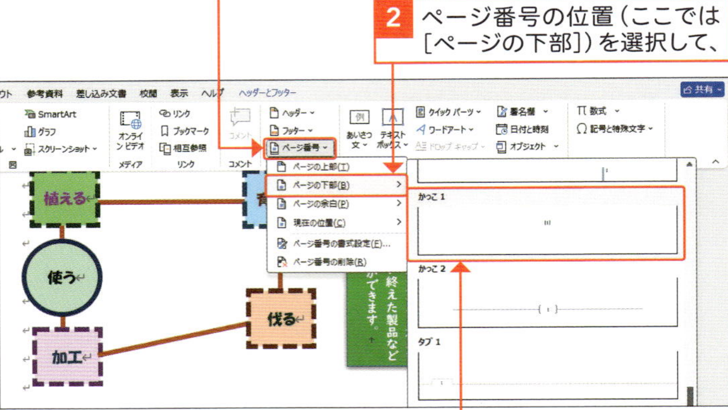

3 目的のデザイン(ここでは[かっこ1])をクリックすると、

4 ページ番号が挿入されます。

「補足」参照

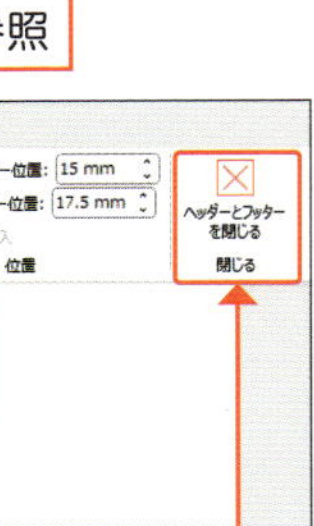

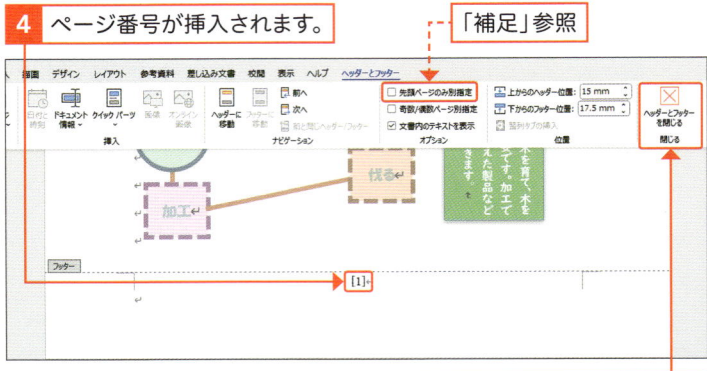

5 [ヘッダーとフッターを閉じる]をクリックして、編集画面に戻ります。

補足

先頭ページにページ番号を付けない

表紙などページ番号を付けたくない先頭ページがある場合、[ヘッダーとフッター]タブで[先頭ページのみ別指定]をオンにします。

② ページ番号の書式を変更する

解説

ページ番号の書式設定

[ページ番号の書式]ダイアログボックスでは、設定したページ番号の種類や、章(表紙)ページがある場合にページ番号を含めるかどうか、セクションで分かれている文書の場合に開始番号を変更するかなども設定できます。

応用技

セクション単位のページ番号

ページ番号は[前のセクションから継続]が初期設定なので、セクションで分かれている文書でも、連続してページ番号が振られます。セクション単位でページ番号を振りたい場合は、手順3のダイアログボックスで[連続番号]の[開始番号]を指定します。

ページ番号の書式
番号書式(F): i, ii, iii, …
章番号を含める(N)
章タイトルのスタイル(P): 見出し 1
区切り文字(E): - (ハイフン)
例: 1-1、1-A、1-a
連続番号
前のセクションから継続(C)
開始番号(A): ii
OK キャンセル

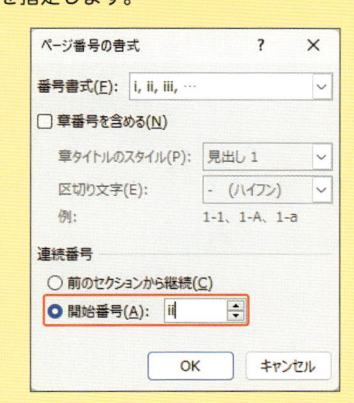

ヒント

ページ番号を削除する

ページ番号を削除するには、[挿入]タブ(または[ヘッダーとフッター]タブ)の[ページ番号]をクリックして、[ページ番号の削除]をクリックします。

1 [挿入]タブの[ページ番号]をクリックして、

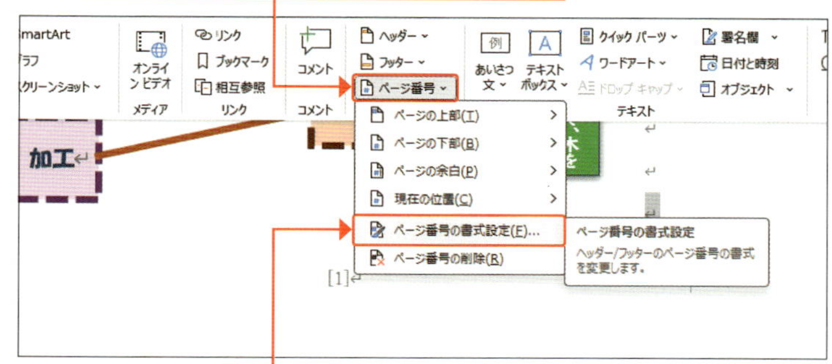

2 [ページ番号の書式設定]をクリックします。

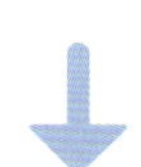

3 [ページ番号の書式]ダイアログボックスが表示されるので、

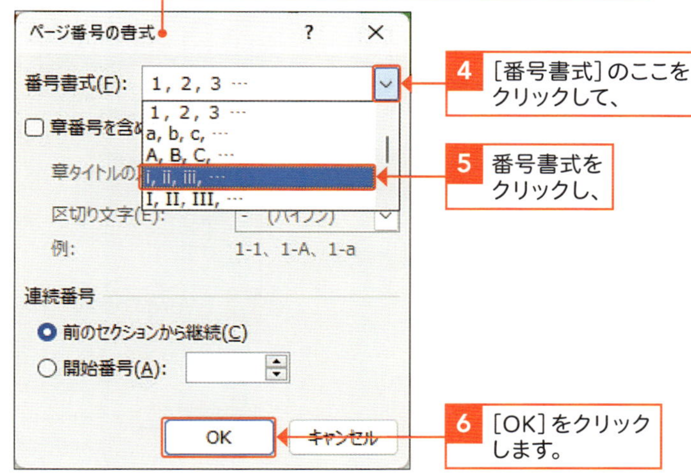

4 [番号書式]のここをクリックして、

5 番号書式をクリックし、

6 [OK]をクリックします。

7 ページ番号の書式が変更されます。

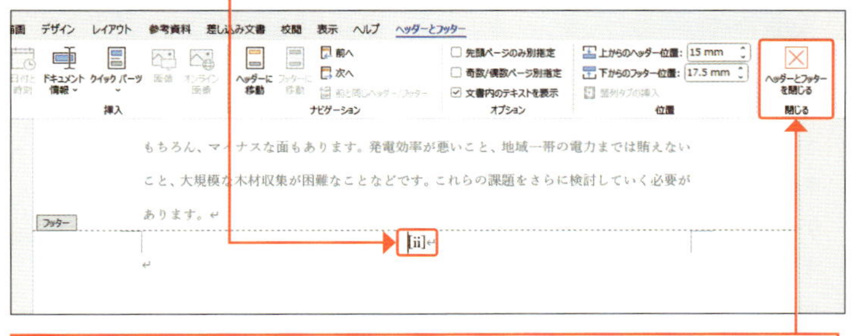

8 [ヘッダーとフッターを閉じる]をクリックして、編集画面に戻ります。

Section
69 オートコレクト機能を選択しよう

ここで学ぶこと
- オートコレクト
- オートコレクトのオプション
- オートコレクトの無効

Wordで入力していると、英単語の頭文字が大文字になったり、大文字で入力した英単語の2文字目以降が小文字になったりする場合があります。これは**オートコレクト**機能によるものです。これらの機能は**有効／無効を選択**することができます。

練習▶ファイルなし

1 オートコレクト機能を選択する

重要用語

オートコレクト

オートコレクトとは、英単語の先頭文字が自動で大文字に変換されるなどの機能です。そのほか、数字や記号が箇条書きになったり、URLがハイパーリンク（297ページ参照）になったりする入力オートフォーマット機能（296ページ参照）もあります。

補足

オートコレクト機能の有効／無効

オートコレクトの項目ごとに有効／無効を設定できます。また、オートコレクトが作動した文字には［オートコレクトのオプション］が表示されるので、そこから無効にすることもできます（295ページ参照）。

1 ［ファイル］をクリックして、（［その他］→）［オプション］をクリックします。

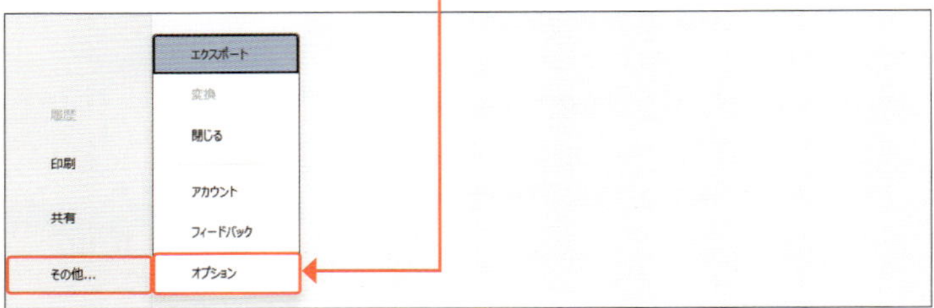

2 ［Wordのオプション］ダイアログボックスが表示されるので、

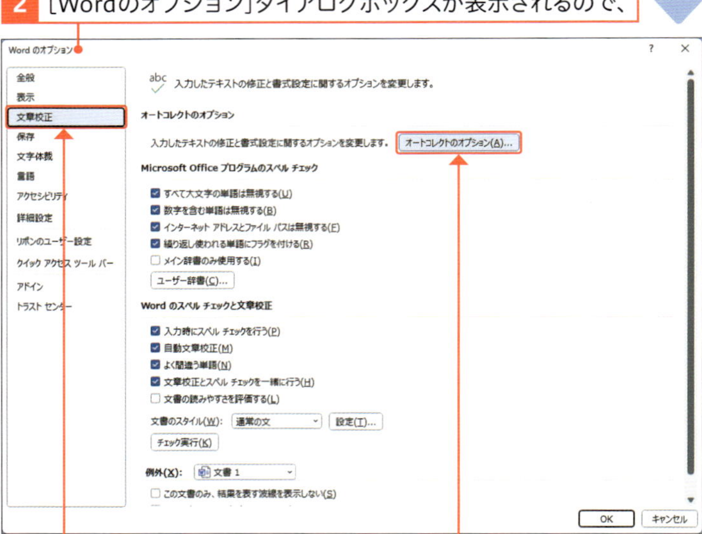

3 ［文章校正］をクリックして、

4 ［オートコレクトのオプション］をクリックします。

オートコレクト機能を利用しない

[オートコレクト]ダイアログボックスの[オートコレクト]タブで利用したくない項目をオフにすると、すべての文書でオートコレクトが機能しなくなります。

5 [オートコレクト]ダイアログボックスが表示されるので、[オートコレクト]タブをクリックします。

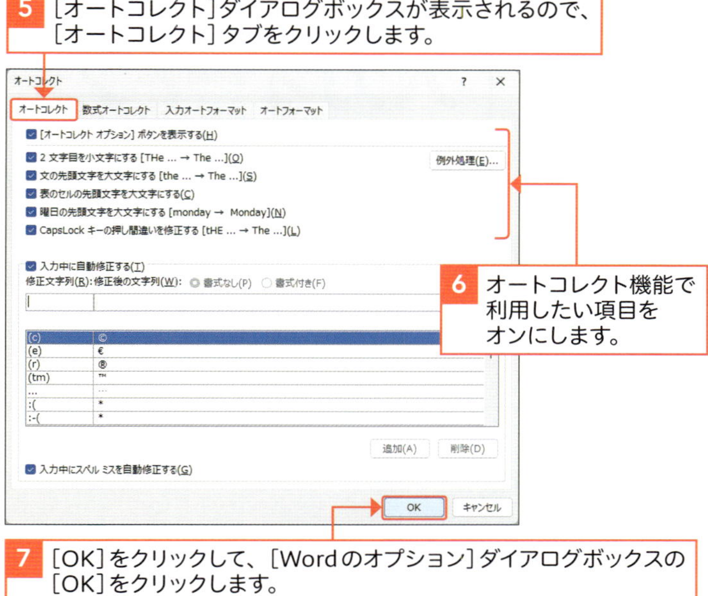

6 オートコレクト機能で利用したい項目をオンにします。

7 [OK]をクリックして、[Wordのオプション]ダイアログボックスの[OK]をクリックします。

2 オートコレクト機能を無効にする

オートコレクト機能の無効

手順3では、[元に戻す]を選択すると、この文書にのみ反映されます。[(項目)を自動的に(修正)しない]を選択すると以降の文書に反映されます。

1 オートコレクト機能が作動した文字の下に表示されるマークにマウスポインターを合わせて、

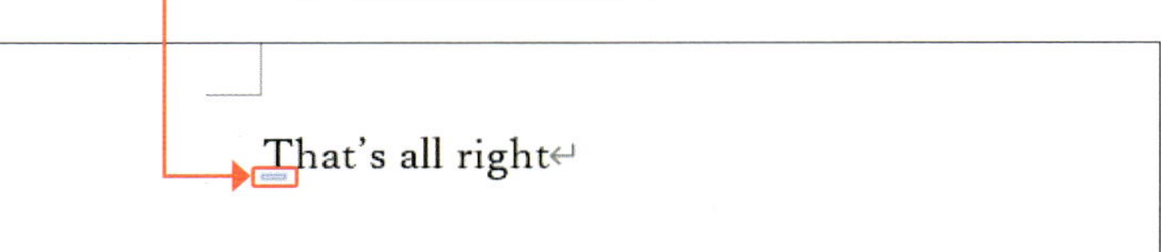

2 [オートコレクトのオプション]をクリックします。

3 [元に戻す]をクリックします。

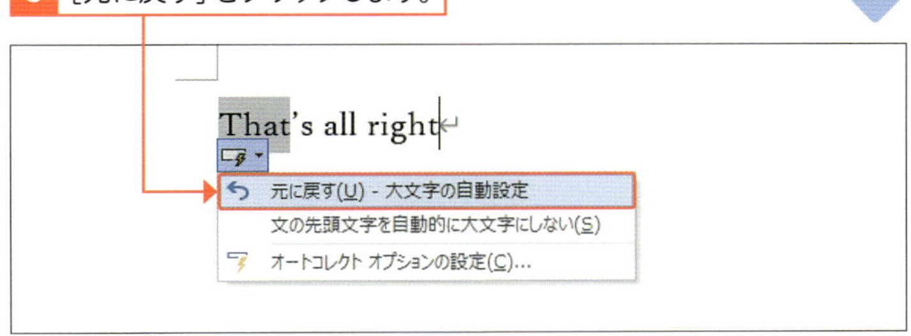

Section

70 入力オートフォーマット機能を選択しよう

ここで学ぶこと

- 入力オートフォーマット
- オートコレクトのオプション
- 頭語／結語の入力

Wordで入力していると、自動的に箇条書きになったり、URLにハイパーリンクが設定されたりする場合があります。これは**入力オートフォーマット**によるものです。これらの機能は**有効／無効を選択**することができます。

1 入力オートフォーマット機能を選択する

重要用語

入力オートフォーマット

入力オートフォーマットとは、「1」や「・」などを入力すると自動的に箇条書きにしたり、URLを入力するとハイパーリンクを設定したりする入力支援機能です。入力や変換時に動作する入力オートフォーマットとは別に「オートフォーマット」があります。こちらは、入力済みの内容について、あとから一括してフォーマットを適用させることができる機能です。

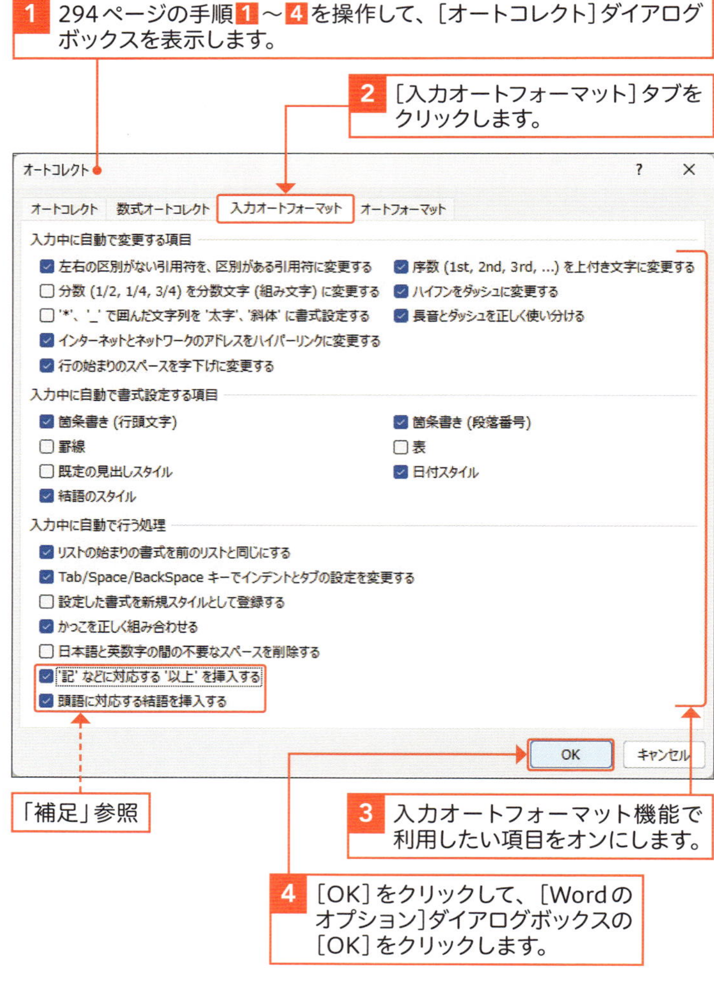

補足

頭語／結語の入力

「記」と入力すると自動的に結語の「以上」が入力され、「拝啓」と頭語を入力すると結語の「敬具」が入力されます。これは、入力オートフォーマット機能が有効になっているためです。

② 入力オートフォーマット機能を無効にする

解説

入力オートフォーマットの無効

箇条書きや段落番号など入力中に作動する入力オートフォーマットは、その場で無効にすることができます。手順3では、[元に戻す]を選択すると、この文書にのみ反映されます。[(項目)を自動的に(修正)しない]を選択すると以降の文書に反映されます。

ヒント

入力オートフォーマット機能を利用しない

手順3で[オートフォーマットオプションの設定]をクリックすると、[オートコレクト]ダイアログボックスの[入力オートフォーマット]タブが表示されます(296ページ参照)。ここでオフにすることもできます。

段落番号の場合

1 数字を入力して Space を押すと、

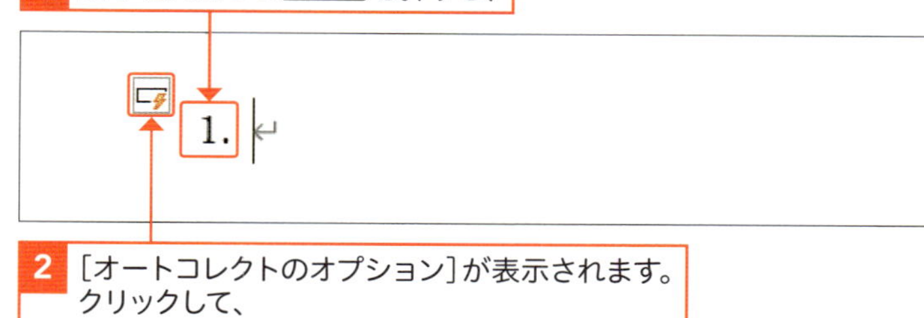

2 [オートコレクトのオプション]が表示されます。クリックして、

3 [元に戻す]をクリックします。

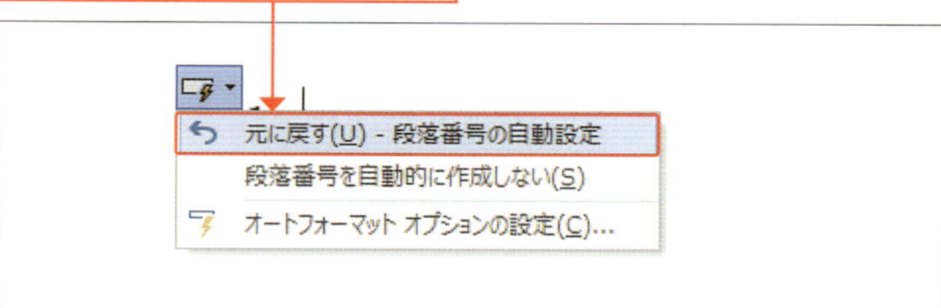

ハイパーリンクの場合

1 入力オートフォーマット機能が作動した文字の下に表示されるマークにマウスポインターを合わせて、

2 [オートコレクトのオプション]をクリックし、

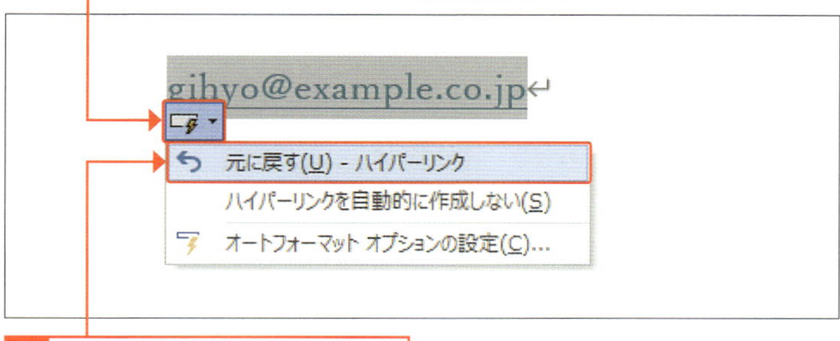

3 [元に戻す]をクリックします。

Section

71 スペルチェックと文章校正を実行しよう

ここで学ぶこと

- スペルチェック
- 文章校正
- 文字校正の詳細設定

文章を入力していると、気づかないままスペルミスをしたりや助詞の使い方を誤ったりします。Wordには、**スペルチェックと文章校正**機能が用意されているので、文書作成の最後には必ず実行するとよいでしょう。

1 スペルチェックと文章校正を実行する

解説

スペルチェックと文章校正

スペルチェックと文章校正は同時に行われるので、文書の先頭から順に該当箇所が表示されます。修正箇所がない場合、完了のメッセージが表示されます(301ページの手順16参照)。

補足

スペルチェックと文章校正の修正対象

文章校正の修正対象には青の線、スペルチェックの修正対象には赤い波線が引かれます。画面上に波線を表示したくない場合、[Wordのオプション]ダイアログボックスの[文章校正](294ページ参照)で[例外]をオンにします。

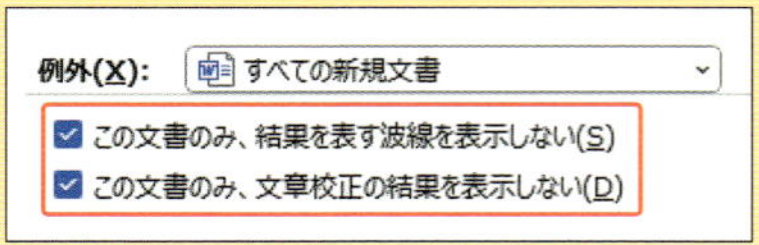

1 カーソルを文書の先頭に移動して、

2 [校閲]タブをクリックし、

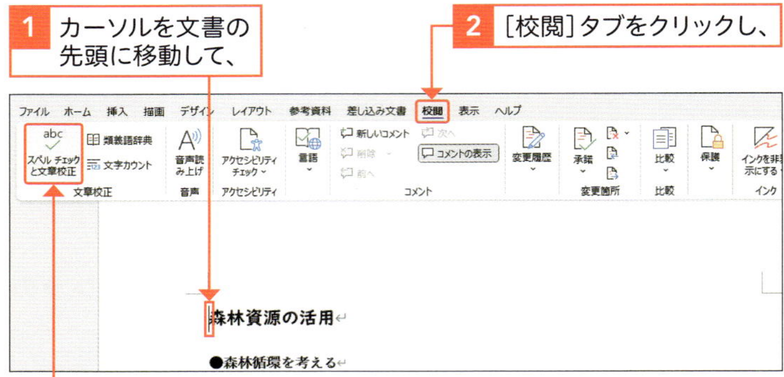

3 [スペルチェックと文章校正]をクリックします。

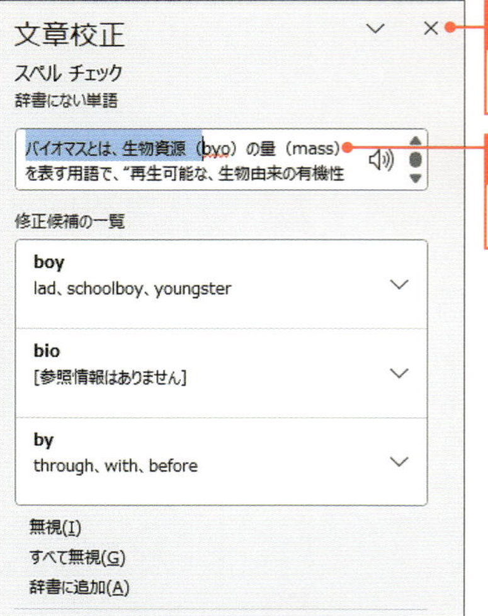

4 [文章校正]作業ウィンドウが表示され、文章のチェックが開始されます。

5 修正箇所がある場合、[文章校正]作業ウィンドウに表示されます。

修正を無視する

スペルチェックと文章校正で修正対象が指摘されても、そのままでよい場合もあります。[文章校正]作業ウィンドウの[無視]をクリックすると、それ以降のチェックで対象から外されます。

正しい修正候補がない場合

[文章校正]作業ウィンドウに正しい修正候補がない場合、[文書ウィンドウ]の修正箇所をクリックして修正します。その後、手順1から操作をやり直します。

応用技

単語を学習させる

修正したくない単語が何度も修正対象になる場合、[文章校正]作業ウィンドウの[辞書に追加]をクリックすると、この単語は確認しないという学習をさせることができます。

6 文書の修正箇所が選択されるので、

バイオマスとは、生物資源（byo）の量（mass）を表す用語で、"再生可能な、生物由来の有機性資源（化石燃料は除く）"のことを指します。その中でも、木材から生成されるバイオマスのことを「木質バイオマス」といいます。 木質バイオマスには、おもに森林の伐採や造材のときに残る枝、などの林地残材、加工工場から発生する樹皮、住宅の解体時に発生する廃棄材、剪定枝などがあります。

木質バイオマスは、森林、市街地など発生する場所、異物や水分の含有状態などさまざまで、それぞれの特徴に合った活用方法を検討することが重要です。

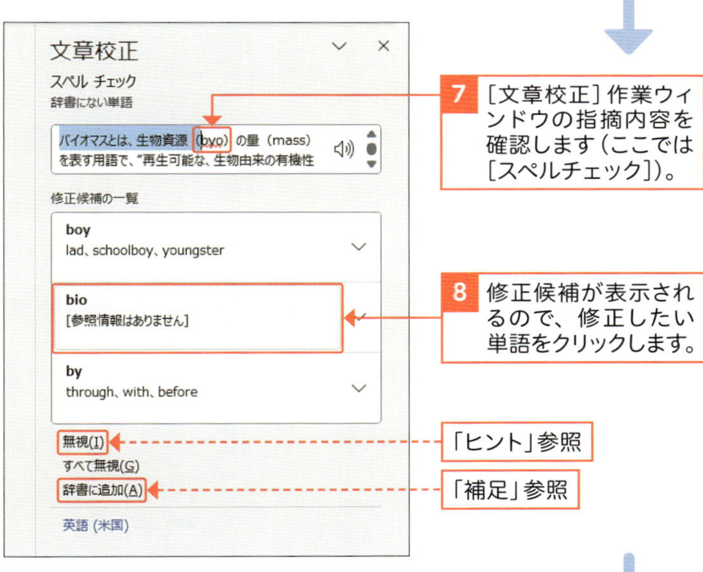

9 本文が修正されます。

バイオマスとは、生物資源（bio）の量（mass）を表す用語で、"再生可能な、生物由来の有機性資源（化石燃料は除く）"のことを指します。その中でも、木材から生成されるバイオマスのことを「木質バイオマス」といいます。 木質バイオマスには、おもに森林の伐採や造材のときに残る枝、などの林地残材、加工工場から発生する樹皮、住宅の解体時に発生する廃棄材、剪定枝などがあります。

木質バイオマスは、森林、市街地など発生する場所、異物や水分の含有状態などさまざまで、それぞれの特徴に合った活用方法を検討することが重要です。

チェックが不要な場合

文章校正で指摘された修正項目のチェックが不要になった場合、[文章校正]作業ウィンドウの[この問題を確認しない]をクリックします。それ以降の文章校正で、チェック項目から外れます（301ページの「解説」参照）。

文書のスタイル

[Wordのオプション]ダイアログボックスの[文章校正]（294ページ参照）で[Wordのスペルチェックと文章校正]のチェックの有無によっては、修正箇所が表示されないことがあります。また、[文書のスタイル]が「くだけた文」に設定されていると「い」抜き文や「ら」抜き文などは修正箇所として指摘されません。ビジネス文書の場合、「通常の文」に設定しておきます。

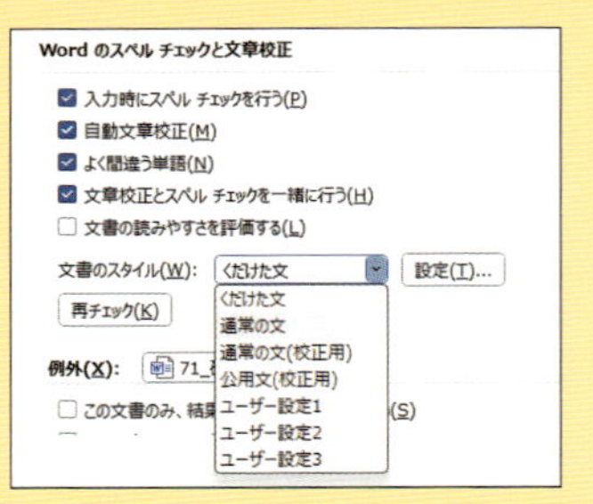

10 自動的に次の修正箇所が選択されます。

それぞれの特徴に合った活用方法を検討することが重要です。
・木質バイオマスの利点
さて、ここで、木質バイオマスの利点をみていきましょう。
第一が環境を重視していることです。
木質バイオマスの原料となる樹木は、光合成によって二酸化炭素を吸収してます。つまり、エネルギー利用のために木材を燃焼すると、吸収した分の二酸化炭素が排出されてしまいますが、伐採した樹木が新しく更新されれば、成長過程で二酸化炭素を吸収します。このように、木材のエネルギー利用は大気中の二酸化炭素濃度に影響を与えることはありません。

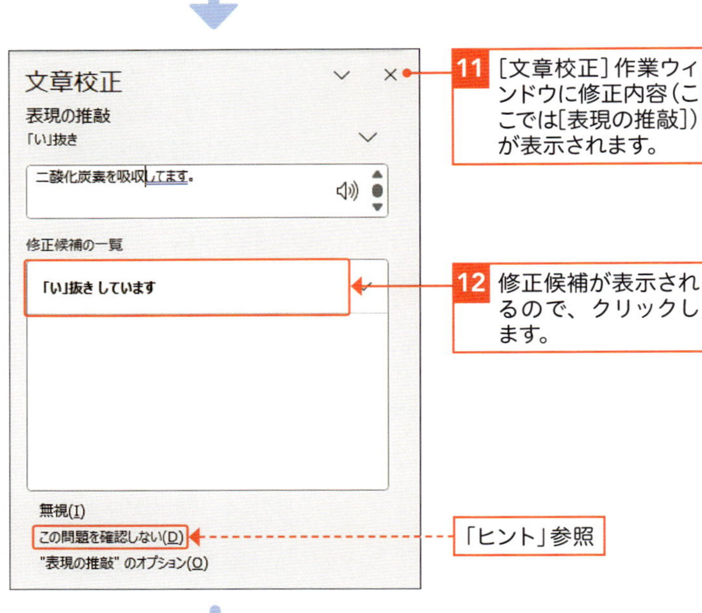

11 [文章校正]作業ウィンドウに修正内容（ここでは[表現の推敲]）が表示されます。

12 修正候補が表示されるので、クリックします。

「ヒント」参照

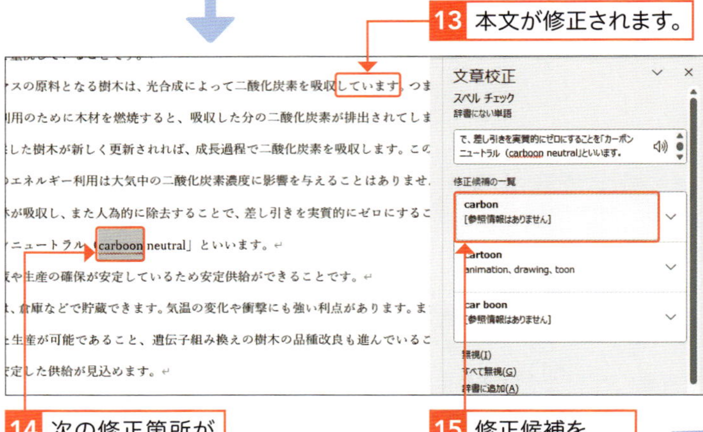

13 本文が修正されます。

14 次の修正箇所が選択されるので、

15 修正候補をクリックします。

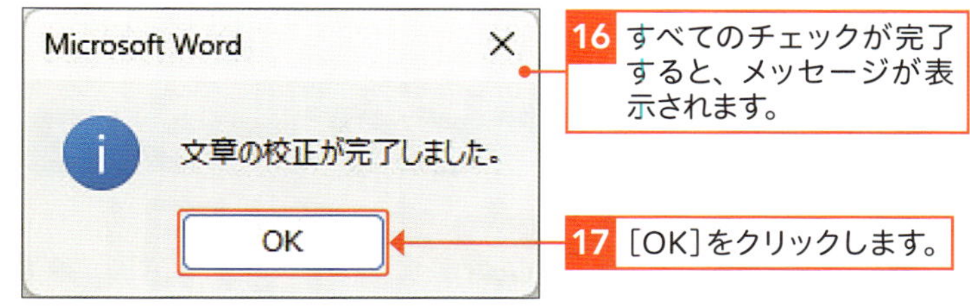

16 すべてのチェックが完了すると、メッセージが表示されます。

17 [OK]をクリックします。

2 文章校正のチェック項目を指定する

解説

文章校正のチェック項目

文章校正では、かな遣い、表現や助詞の使い方などさまざまな項目をチェックします。ただし、それらの項目を有効にしておかないと、チェックされずに校正が完了する場合もあります。文章校正を実行する前に、チェックする項目やレベルを確認しておくとよいでしょう。

298ページからの手順を実行しても修正の指摘がされずに完了したなら、お使いのWordで[入力ミス]や[くだけた表現]が無効になっていることが考えられます。文章校正のチェック項目は、[Wordのオプション]ダイアログボックスの[文章校正](294ページ参照)で[文書のスタイル]の[設定]をクリックし、表示される[文章校正の詳細設定]ダイアログボックスで指定できます。

1 [Wordのオプション]ダイアログボックスの[文章校正]をクリックして、

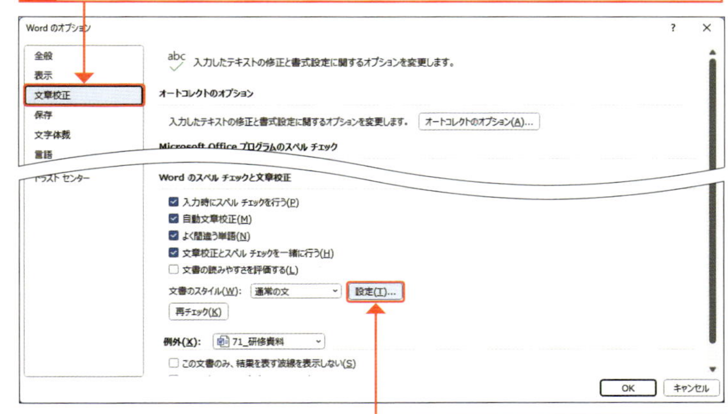

2 [文書のスタイル]の[設定]をクリックします。

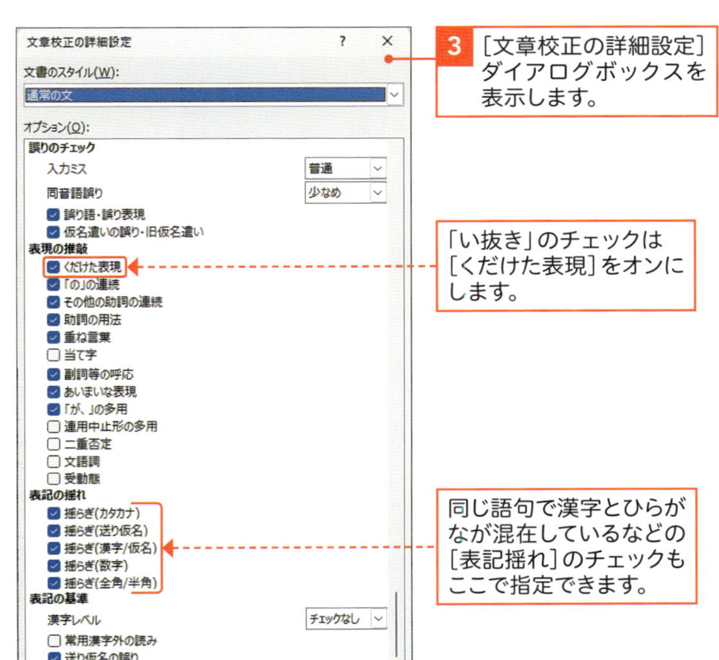

3 [文章校正の詳細設定]ダイアログボックスを表示します。

「い抜き」のチェックは[くだけた表現]をオンにします。

同じ語句で漢字とひらがなが混在しているなどの[表記揺れ]のチェックもここで指定できます。

Section 72

[ナビゲーション]作業ウィンドウを利用しよう

ここで学ぶこと
- [ナビゲーション]作業ウィンドウ
- 見出し
- ページ

[ナビゲーション]作業ウィンドウは、検索キーワードを入力して**検索結果**を表示するほか、文書を**ページ単位(サムネイル)で表示**、見出しのレベルで**文書の階層構造**を表示します。文書全体の構成を見ることができるので便利です。

練習▶72_研修資料

1 [ナビゲーション]作業ウィンドウを表示する

重要用語

[ナビゲーション]作業ウィンドウ

[ナビゲーション]作業ウィンドウは、検索時に検索結果を表示したり(128ページ参照)、複数ページにわたる文書の構造を確認したりするための作業ウィンドウです。[見出し]で文書の構造(アウトライン)、[ページ]でページ単位の構造を見ることができ、[結果]では検索の結果が表示されます。

ショートカットキー

[ナビゲーション]作業ウィンドウの表示

Ctrl+F

1 [表示]タブをクリックして、

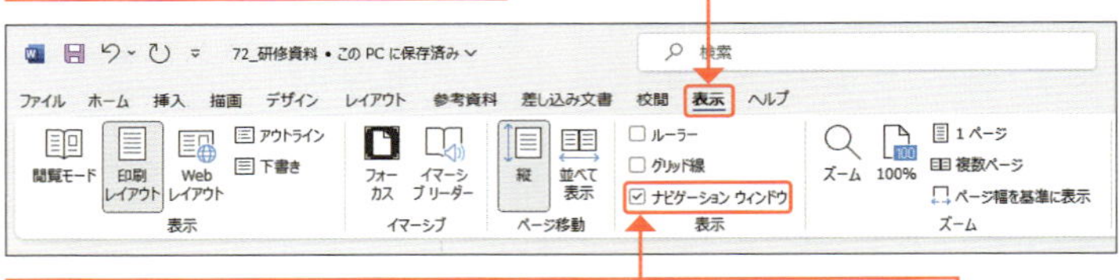

2 [ナビゲーションウィンドウ]をクリックしてオンにすると、

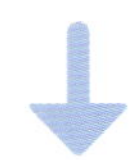

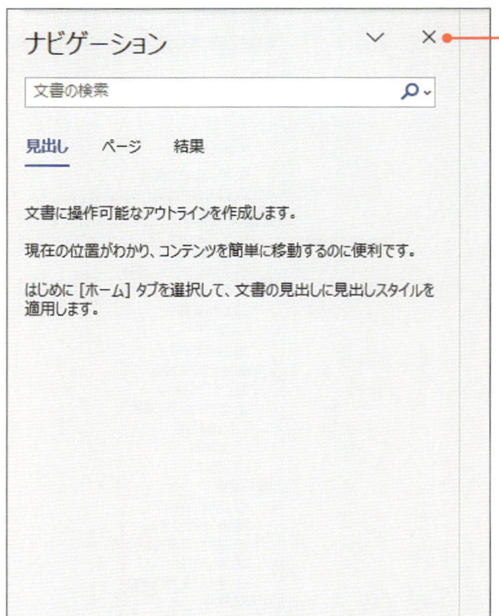

3 [ナビゲーション]作業ウィンドウが表示されます。

2 見出しで文書構成を確認する

見出しの設定

見出しはスタイル設定(152ページ参照)と同様に、段落単位で設定します。[ホーム]タブの[スタイル]から目的の見出し(スタイル)を指定します。文書のタイトルを「表題」、大見出しを「見出し1」、中見出しを「見出し2」、さらに小見出しを「見出し3」のように文書内での階層構造を設定することで、[ナビゲーション]作業ウィンドウの[見出し]で文書の構造が表示されます。また、[アウトライン]表示モードにしてもレベル(階層)を設定でき、[見出し]で同様に構造を表示できます(下の「時短」参照)。

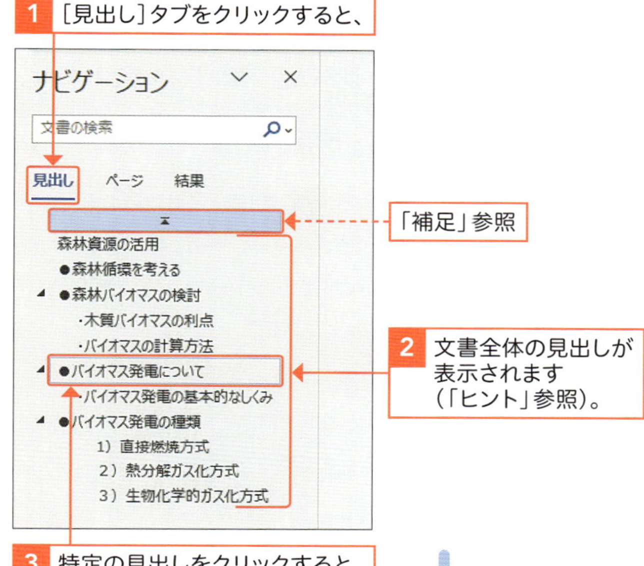

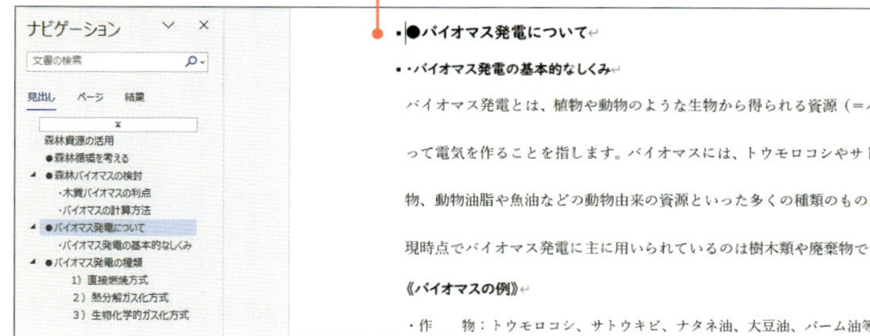

先頭に戻る

[見出し]タブの下の[先頭にジャンプします] をクリックすると、先頭位置へすばやく移動します。

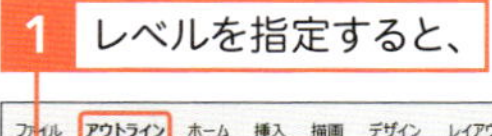

アウトラインでレベル設定する

アウトラインとは、文書の見出し(章や節、項など)レベルを階層的に設定する機能で、文書の構成がわかりやすくなります。[表示]タブの[アウトライン]をクリックして、[アウトライン]表示モードにします。段落を選択して、[アウトラインレベル]でレベルを設定します。「本文」は通常の文章部分になり、そのほかの見出しを「レベル1」「レベル2」と大きい順から指定します。設定後、[ナビゲーション]作業ウィンドウの[見出し]でレベルを確認できます。

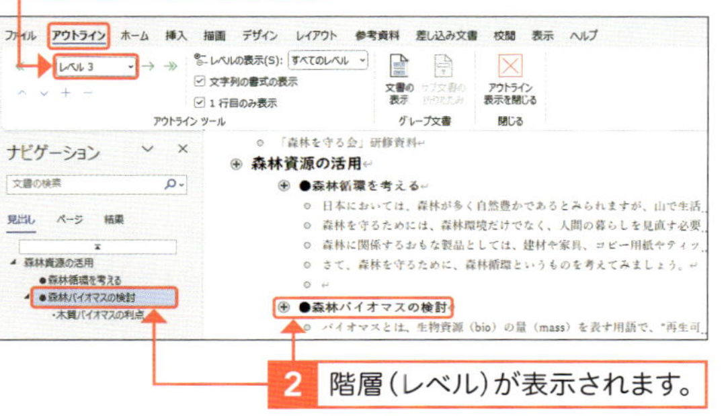

応用技 文書の構成をかんたんに編集する

[ナビゲーション]作業ウィンドウの[見出し]では、見出し単位のブロックで文書内を移動させることが可能です。文書の構成を組み直したいときに、文書の数行～数ページ分を選択して、数ページ前／後ろへドラッグ移動するのはとても面倒です。こういうときは、見出しを目的の位置へドラッグさせます。
見出し以降(次の見出しの前までのブロック)を移動できるので、手間が省けます。
移動したあとでも、またもとに戻したり、ほかの位置へ移動させたりすることも、同様の手順で行えます。

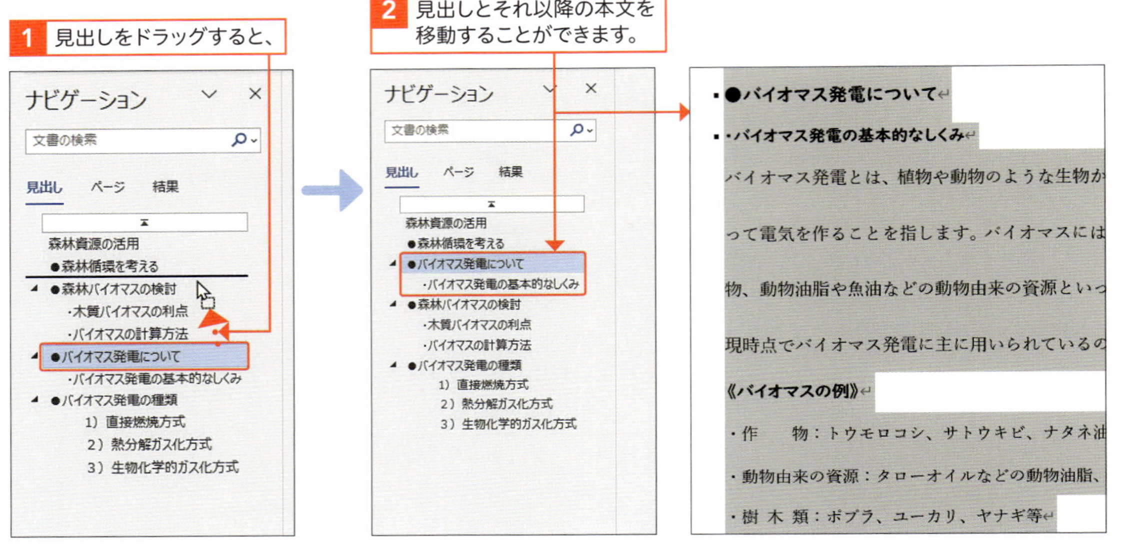

時短 見出しのレベルを編集する

[ナビゲーション]作業ウィンドウの[見出し]では、見出しを右クリックすると、レベルの変更や新しい見出しの作成などが行えます。
また、見出しより下の階層(レベル)を表示／非表示させることができます。

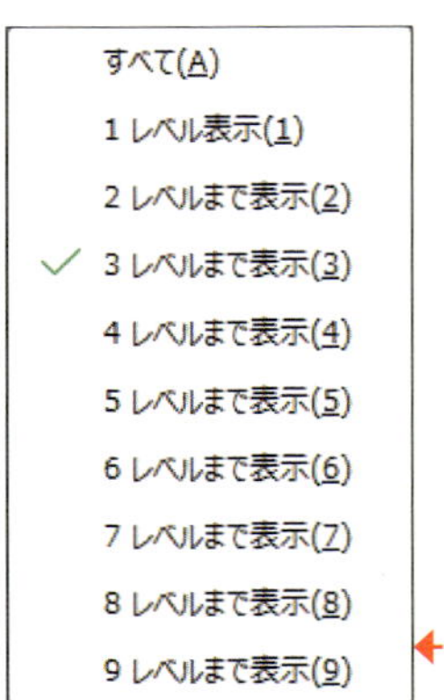

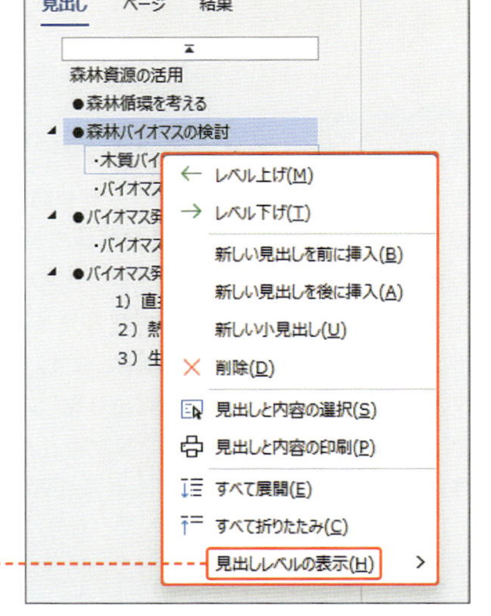

③ 文書のサムネイルを表示する

補足

ページの表示

[ナビゲーション]作業ウィンドウの[ページ]をクリックすると、文書の各ページがサムネイル(縮小画面)で表示されます。目的のサムネイルをクリックすると、すばやく該当ページに移動して表示します。

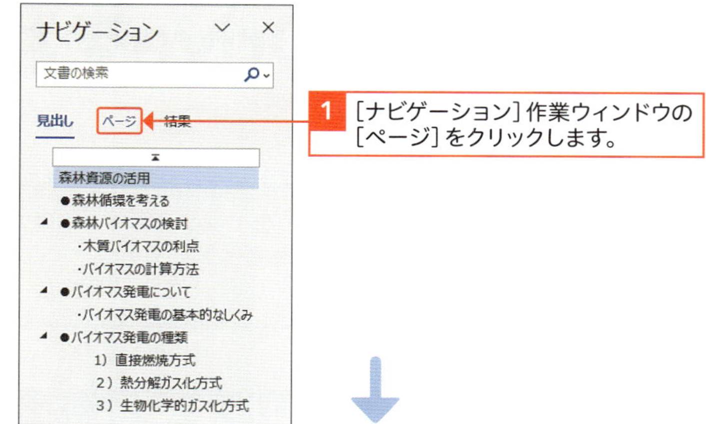

1 [ナビゲーション]作業ウィンドウの[ページ]をクリックします。

2 文書全体のページがサムネイルで表示されます。

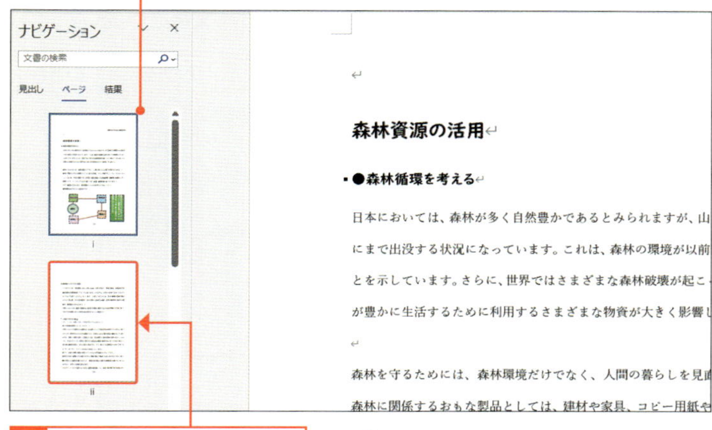

3 ページをクリックすると、

4 指定したページがすばやく表示されます。

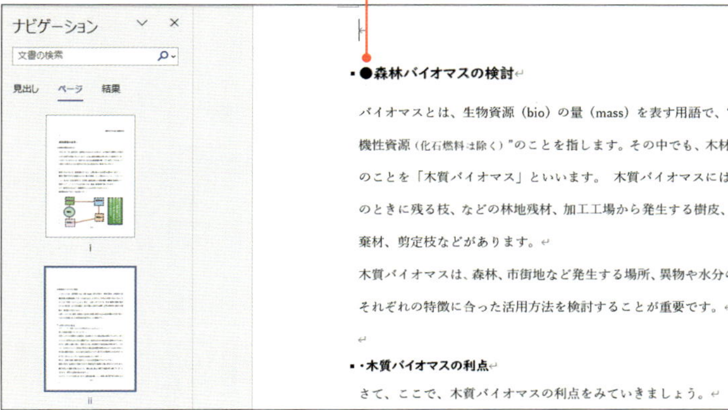

補足

[ナビゲーション]作業ウィンドウの幅を調整する

[ナビゲーション]作業ウィンドウの幅は、ウィンドウ端の部分にマウスポインターを近付けて、⇔になったらドラッグすると調整できます。幅を広げるとページのサムネイルを複数列で表示できます。

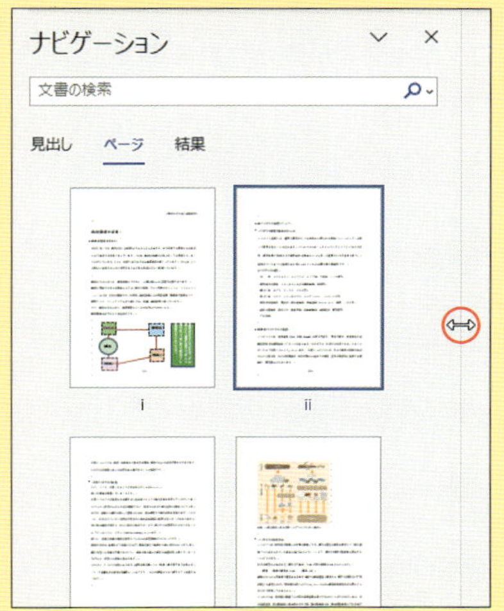

Section

73 OneDriveを利用しよう

ここで学ぶこと

- OneDrive
- Microsoftアカウント
- ファイルの共有

OneDriveは、マイクロソフト社が提供する**オンラインストレージ**サービスです。作成したファイルをインターネット経由でOneDriveに保存することで、ほかの人と共有したり、いつでもどこでもファイルを開いて編集したりすることが可能です。

練習▶ファイルなし

1 文書をOneDriveに保存する

重要用語

OneDrive

「OneDrive」は、マイクロソフトが運営するオンラインストレージサービス（インターネット上にファイルを保存できるサービス）で、5GBまで無料で利用できます。インターネット環境があれば、いつでもどこからでもファイルを保存したり（アップデート）、ファイルを取り出したり（ダウンロード）することができます。なお、OneDriveを利用するには、Microsoftアカウントを取得し、あらかじめサインインしておくことが必要です。

重要用語

Microsoft アカウント

「Microsoft アカウント」は、マイクロソフト社が提供する会員サービスの名称です。Wordをはじめとする Office アプリや、OneDriveなどを利用する際に必要になります。

1 文書を作成して、[ファイル]タブをクリックします。

2 [名前を付けて保存]をクリックします。

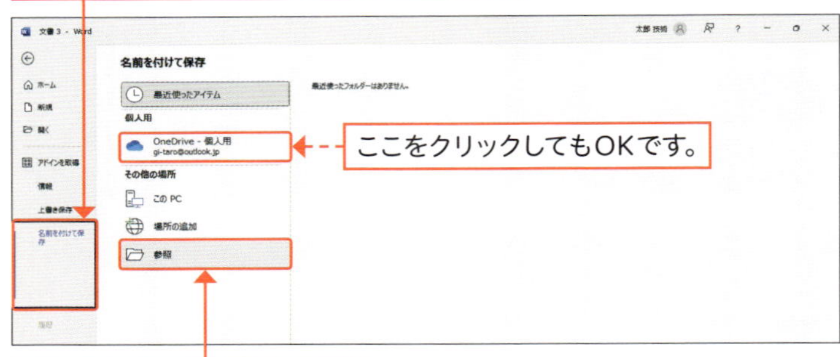

3 [参照]をクリックします。

4 [名前を付けて保存]ダイアログボックスが表示されるので、

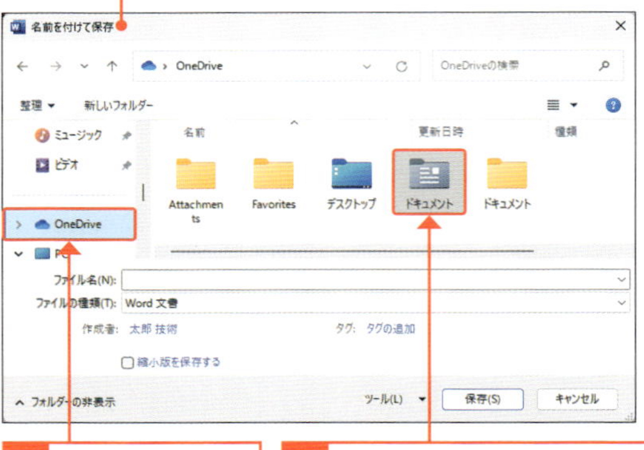

5 [OneDrive]をクリックして、

6 保存先のフォルダー（ここでは[ドキュメント]）をダブルクリックします。

OneDriveに保存する

OneDriveにファイルを保存する方法は、通常の文書と同様です。OneDrive内に新しいフォルダーを作成して保存することもできます。

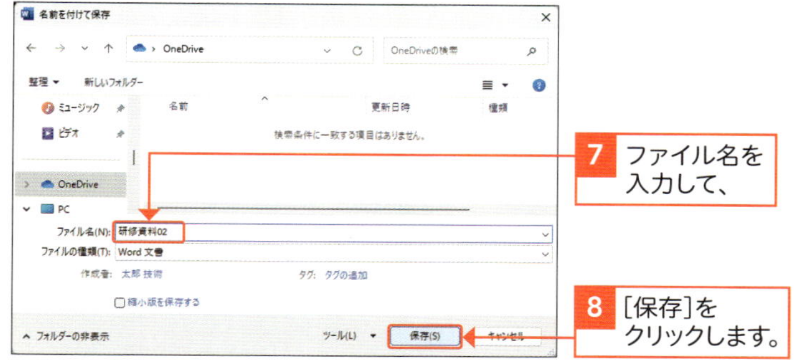

7 ファイル名を入力して、

8 [保存]をクリックします。

2 OneDriveに保存したWord文書を別のパソコンで開く

ファイルの同期

同期設定していると、エクスプローラーに表示されるパソコン内の[OneDrive]とインターネット上にある[OneDrive]が同期されます。

パソコン内の[OneDrive]にファイルを保存すると、インターネット上の[OneDrive]にも同様に保存されます。

1 Microsoftアカウントにログインします。

2 Webブラウザー(Microsoft Edgeなど)を起動して、

3 「https://onedrive.live.com」と入力して、Enterを押します。

4 自分の[OneDrive]画面が表示されます。

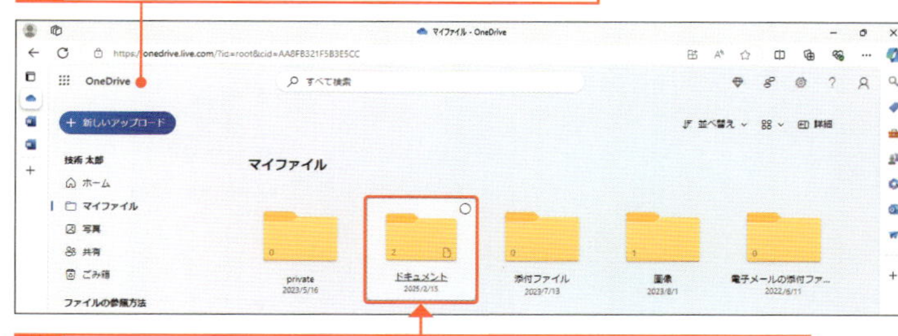

5 フォルダー(ここでは[ドキュメント])をダブルクリックして、

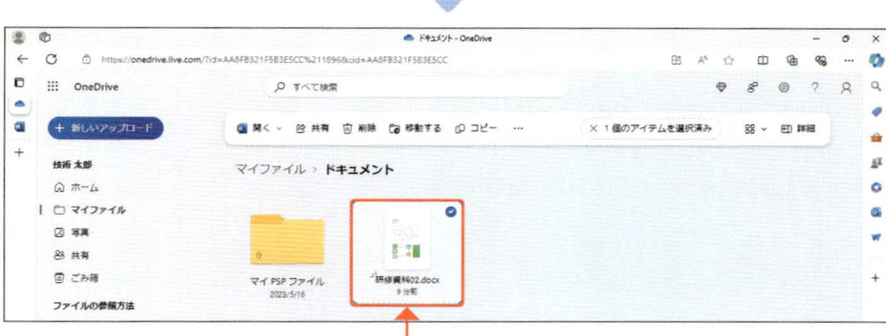

6 目的のファイルをクリックします。

7 Office Onlineが起動して、文書が開きます。

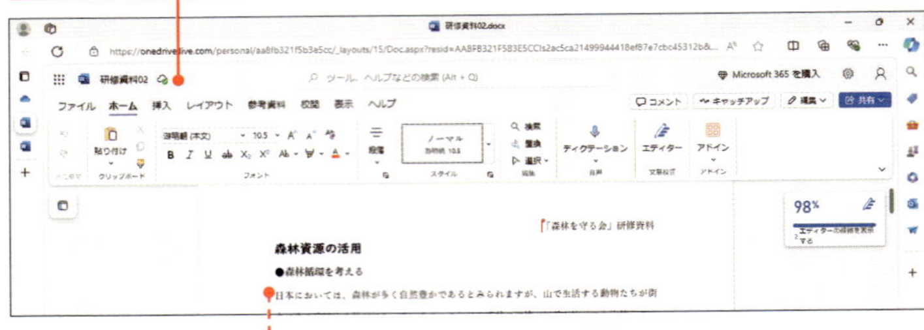

Web上で文書を編集・保存することできます。

3 OneDriveに保存したWord文書をほかの人のパソコンで開く

補足

ほかの人のパソコンを使う場合

ほかの人のパソコンを利用してOneDriveを利用するには、インターネット経由でOneDriveにアクセスするか、WordでアカウントTを変更してファイルを開きます。いずれにしてもMicrosoftアカウントにサインインする必要があります。

1 ほかの人のパソコンでWordを起動します。

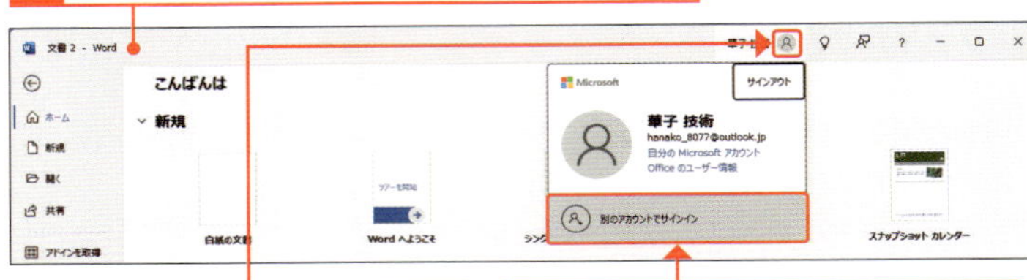

2 アカウントをクリックして、

3 ［別のアカウントでサインイン］をクリックします。

4 アカウントを入力して、［次へ］をクリックします。

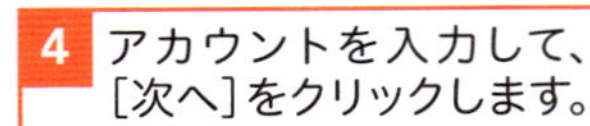

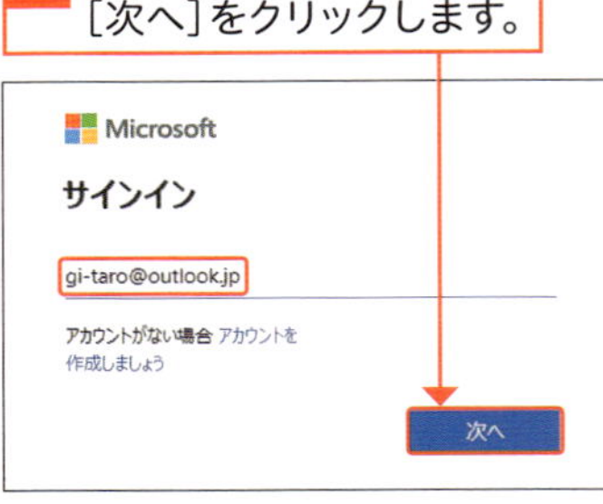

5 パスワードを入力して、

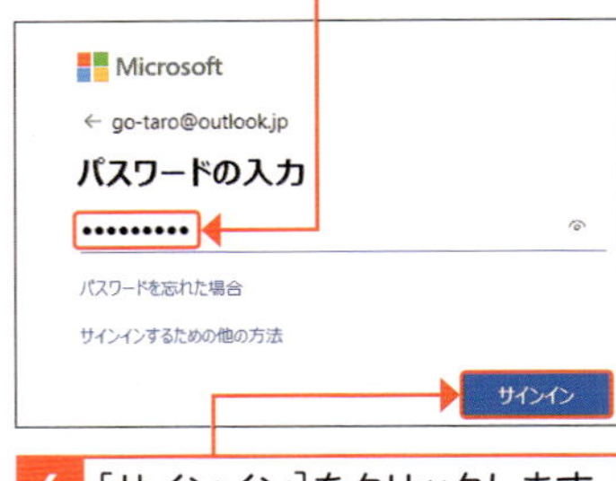

6 ［サインイン］をクリックします。

7 ［開く］をクリックして、

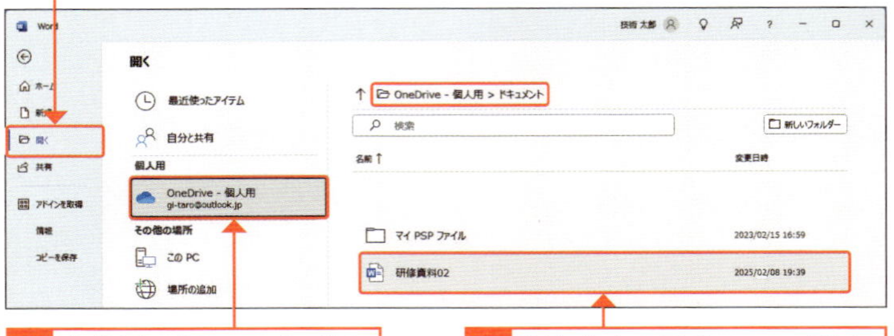

8 自分用の［OneDrive］をクリックします。

9 保存先から目的のファイルをクリックします。

注意

アカウントの削除

ほかの人のパソコンを利用した場合、終了後にはMicrosoftアカウントやファイル履歴を削除しておきます。［アカウント］をクリックして、［サインアウト］をクリックします。［最近使ったアイテム］にファイルが表示される場合、ファイルを右クリックして［一覧から削除］をクリックします。

4 OneDriveでファイルの共有を設定する

OneDriveの画面内容が異なる場合

OneDriveにアクセスして、手順2の画面のような共有するファイルが表示されない場合、以下の操作で目的のファイルを表示させせます。また、フォルダーやファイルの表示が異なる場合は[表示オプション]で変更します。

1 OneDriveの左のメニューで[マイファイル]をクリックして、ファイルを保存したフォルダーをクリックして開きます。

2 メニューバーの[表示オプションの切り替え]をクリックして表示されるメニューから[タイル]をクリックします。

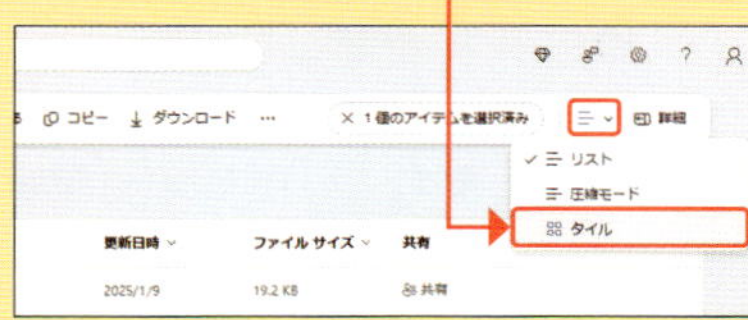

リンクのコピー

[リンクのコピー]をクリックすると、リンクのURLをコピーできます。このURLをメールなどで直接相手に送ることでも共有できます。

1 307ページの方法でOneDriveにアクセスします。

2 共有したいファイルのここをクリックして選択します。

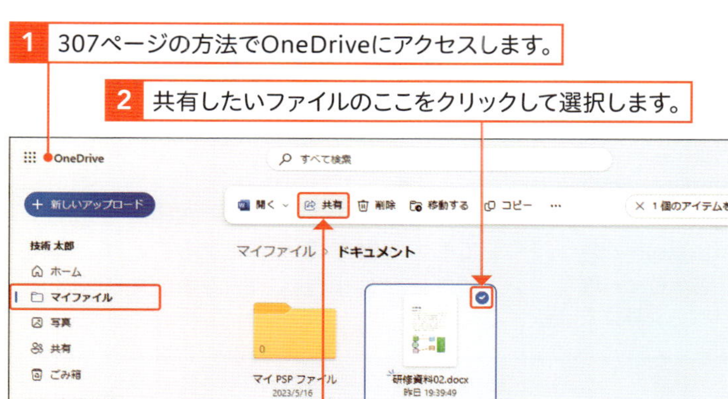

3 [共有]をクリックすると、

4 共有を設定するダイアログボックスが表示されます。

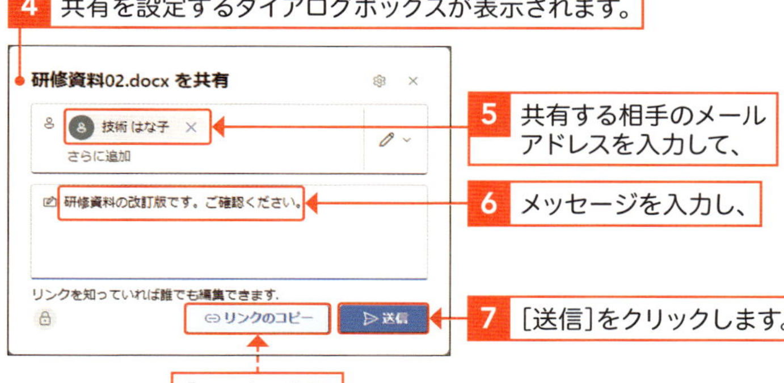

5 共有する相手のメールアドレスを入力して、

6 メッセージを入力し、

7 [送信]をクリックします。

「ヒント」参照

8 ここをクリックすると、

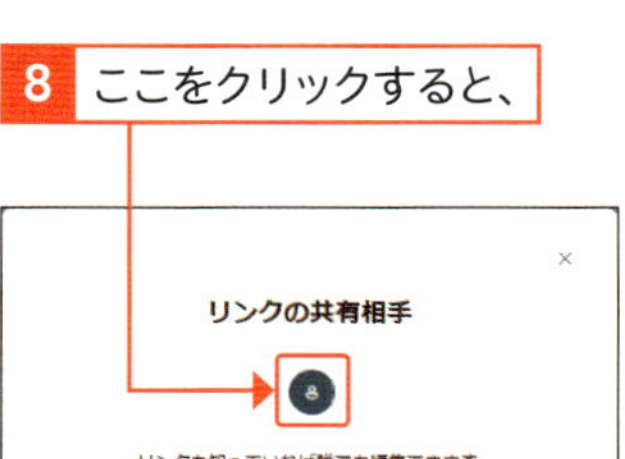

9 [アクセス許可を管理]ダイアログボックスが表示されます。

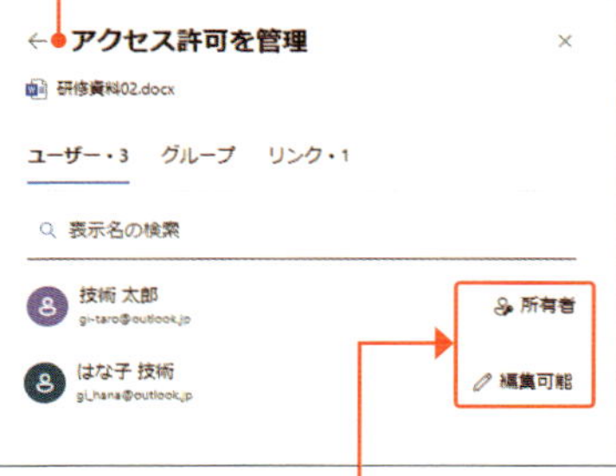

10 共有設定を編集できます。

共有を指定された相手にメールが届き、相手がリンクにアクセスすると、文書を開くことができます。

Section

74 さまざまな方法で印刷しよう

ここで学ぶこと

- 両面印刷
- 部単位で印刷
- ページ単位で印刷

通常の印刷のほかに、**両面印刷**も利用できます。プリンターに両面印刷機能がなくても、**手動で両面印刷**することが可能です。また、複数の部数を印刷する場合、順番を**部単位**または**ページ単位**で印刷する設定にもできます。

 練習▶74_研修資料

1 両面印刷する

両面印刷

両面印刷は1ページ目を表面、2ページ目を裏面に印刷します。なお、両面印刷機能のないプリンターの場合は、自動での印刷はできません。手順3［手動で両面印刷］をクリックして、1ページ目（表面）を印刷し、印刷された用紙をセットし直して2ページ目（裏面）を印刷します。

補足

長辺／短辺を綴じる

自動の両面印刷には、［長辺を綴じます］と［短辺を綴じます］の2種類があります。文書が縦長の場合は［長辺を綴じます］、横長の場合は［短辺を綴じます］を選択します。

ショートカットキー

［印刷］画面の表示

Ctrl + P

1 ［ファイル］タブをクリックして、［印刷］をクリックします。

2 ［片面印刷］をクリックして、

プレビューが表示されます。

3 ［両面印刷（長辺を綴じます）］をクリックします。

「ヒント」参照

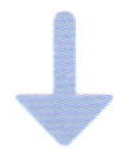

4 設定を確認します。

5 ［印刷］をクリックして、印刷します。

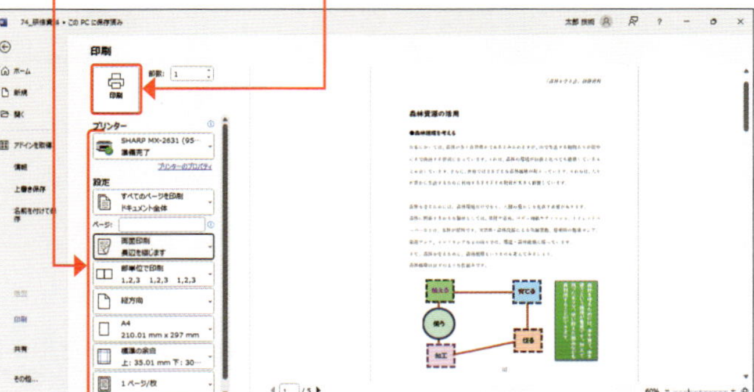

② 部単位／ページ単位で印刷する

部単位とページ単位

複数ページの文書の場合、部単位で印刷するか、ページ単位で印刷するかを指定できます。「部単位」とは1ページから最後のページまで順に印刷したものを1部とし、指定した部数がそのまとまりで印刷されます。「ページ単位」とは指定した部数を1ページ目、2ページ目とページごとに印刷します。

●部単位

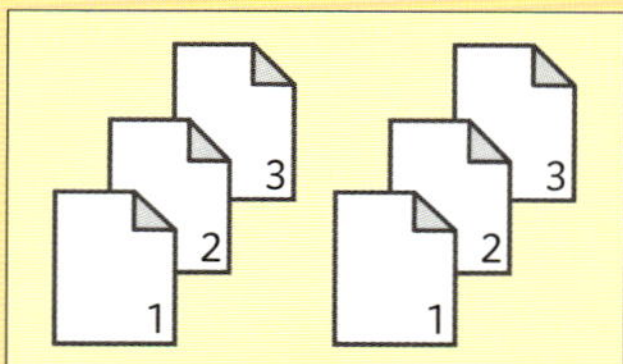

●ページ単位

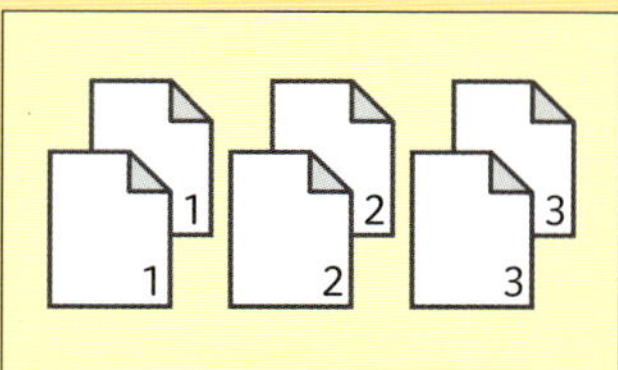

1 [印刷]画面を表示します。

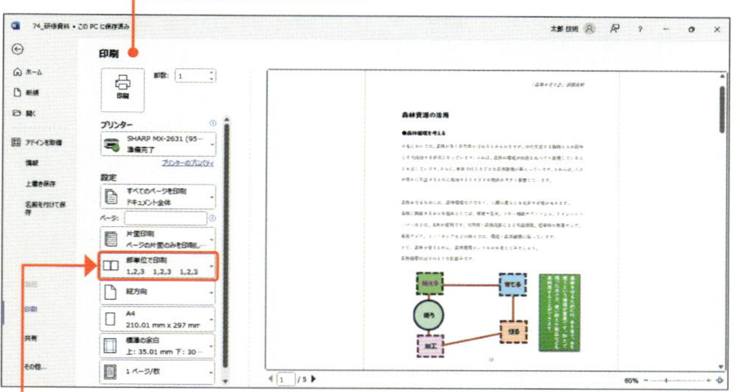

2 [部単位で印刷]を確認して、

3 [印刷]をクリックすると部単位で印刷できます。

4 [部単位で印刷]をクリックして、

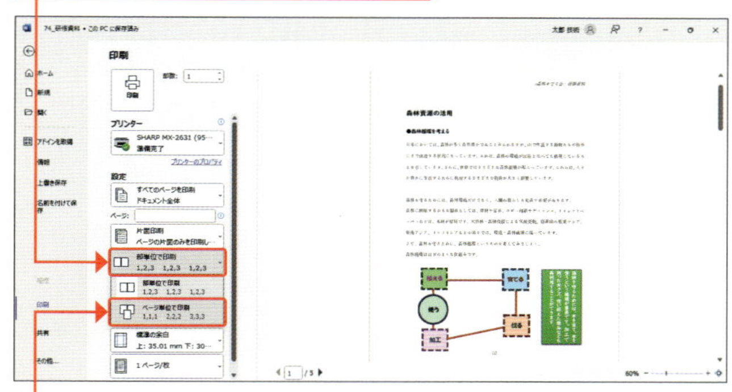

5 [ページ単位で印刷]をクリックします。

6 [印刷]をクリックするとページ単位で印刷できます。

時短　2ページ分を1枚の用紙に印刷する

レイアウトの確認などの印刷で用紙を無駄にしたくない場合、複数ページを1枚に印刷することができます。[1ページ/枚]をクリックして、[2ページ/枚]にすると、2ページ分を1枚の用紙に縮小印刷されます。16ページまでできますが、中身が見えなくなるので、[2ページ/枚]や[4ページ/枚]程度がよいでしょう。

2 ページ数を選択します。

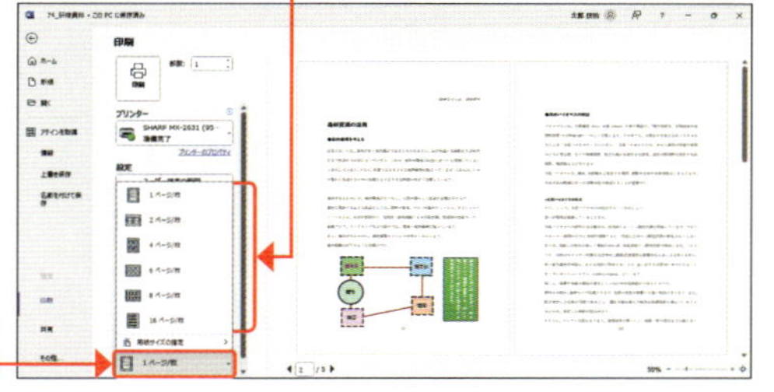

1 ここをクリックして、

Section
75 PDFで保存しよう

ここで学ぶこと

- PDF
- ファイルの種類
- Acrobat Reader

PDFは文書のレイアウト状態を確実にそのまま表示できる機能で、ソフトウェア、ハードウェア、オペレーティングシステムに関係なく利用できます。**Word文書をPDF形式**のファイルにすることができます。

練習▶ファイルなし

1 文書をPDF形式で保存する

重要用語

PDFファイル

PDF形式は、アドビ社によって開発された電子文書の形式です。Microsoft EdgeなどPDFを表示できるソフトを利用すれば、どのパソコンでも表示することができます。通常PDFは、Adobe Acrobatというソフトで作成しますが、Wordでも作成することができます。

ヒント

Adobe Acrobat Readerを利用する

Adobe Acrobat Readerは無料のPDF表示アプリです。利用するには、アドビ社のWebサイト(https://www.adobe.com/jp/acrobat/pdf-reader.html)からインストールする必要があります。

1 [ファイル]タブをクリックして、[エクスポート]をクリックします。

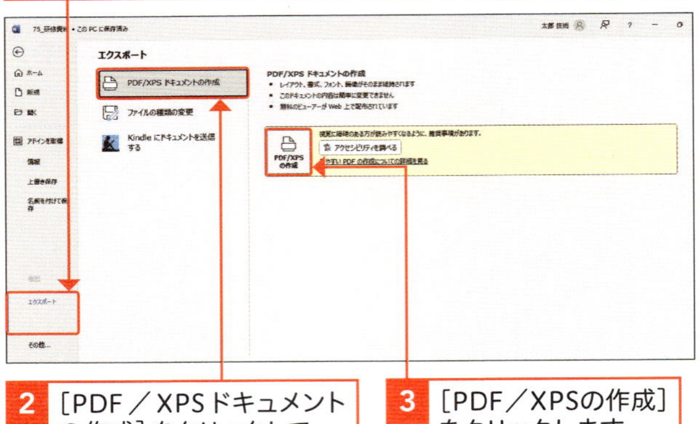

2 [PDF／XPSドキュメントの作成]をクリックして、

3 [PDF／XPSの作成]をクリックします。

4 [PDFまたはXPS形式で発行]ダイアログボックスが表示されます。

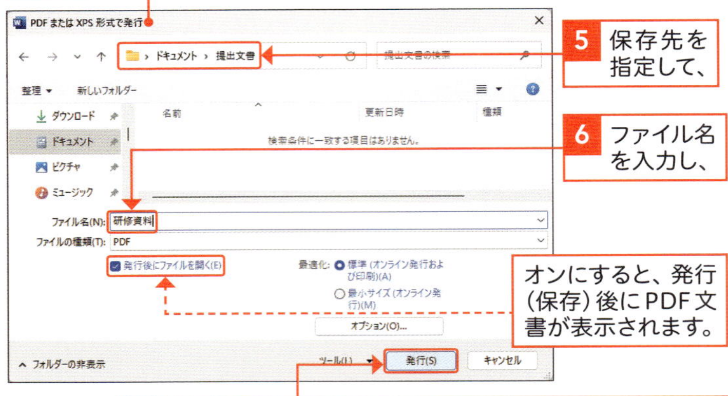

5 保存先を指定して、

6 ファイル名を入力し、

オンにすると、発行(保存)後にPDF文書が表示されます。

7 [発行]をクリックすると、PDFファイルが作成されます。

② [名前を付けて保存] ダイアログボックスでPDF形式に保存する

ファイルの種類で保存する

通常の文書保存方法と同様に、[名前を付けて保存]ダイアログボックスで[ファイルの種類]を[PDF]にするとPDF形式で保存できます。

1 [ファイル]タブをクリックして、[名前を付けて保存]をクリックします。

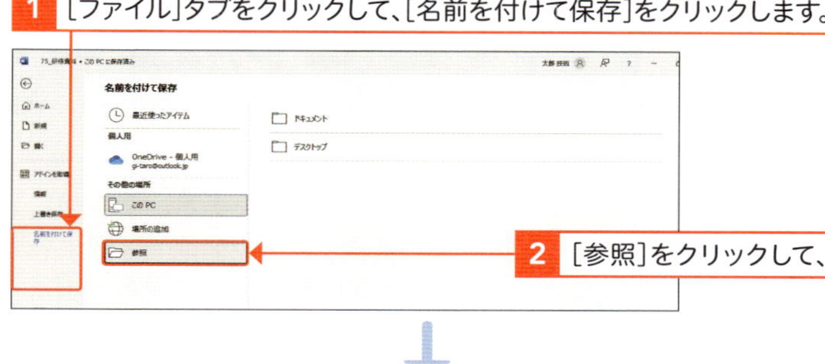

2 [参照]をクリックして、

3 [名前を付けて保存]ダイアログボックスを表示します。

4 保存先を指定して、

5 ファイル名を入力して、

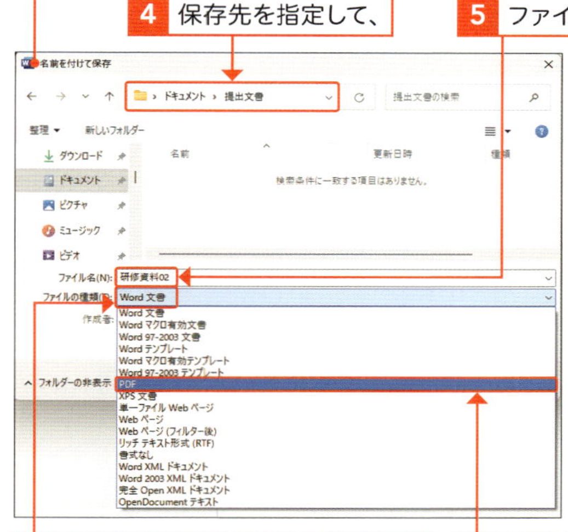

6 [ファイルの種類]をクリックして、

7 [PDF]をクリックします。

8 [保存]をクリックすると、PDFファイルが作成されます。

いったんWord文書で保存する

作成した文書をそのままPDF形式で保存すると、次回開くときにWord文書はなく、PDFを開くことになります。WordはPDFを通常の文書として開くことはできますが、いったんWord文書として保存してからPDFにするとよいでしょう。

Section

76 文書を保護しよう

ここで学ぶこと

- ・文書の保護
- ・編集の制限
- ・パスワード

文書を第三者と共有する場合、渡す前に文書の保護を行いましょう。文書を変更されたくない場合、**文書の保護**や**特定の範囲だけに編集の許可**などを設定します。また、**パスワード**を付けて、文書を保護するセキュリティ対策も必要です。

練習▶76_研修資料

1 編集を許可する範囲を指定して文書の編集を制限する

1 保護を設定する文書を開きます。

2 ［校閲］タブをクリックして、

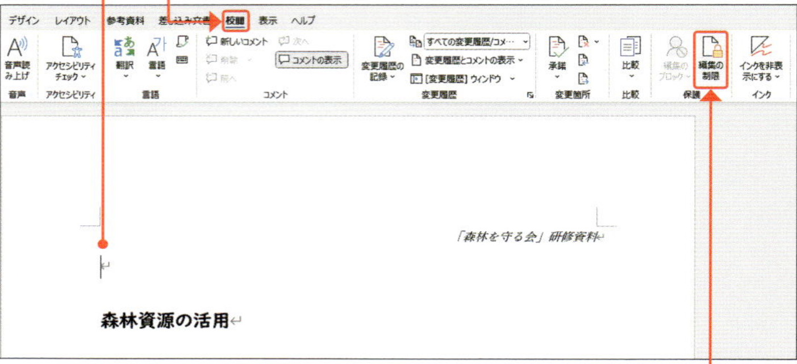

3 ［編集の制限］をクリックすると、

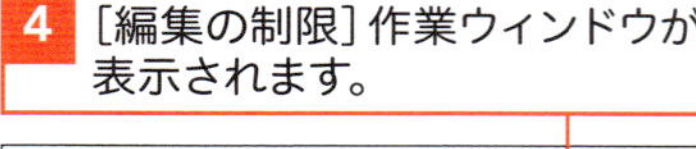

4 ［編集の制限］作業ウィンドウが表示されます。

5 ここをクリックしてオンにし、

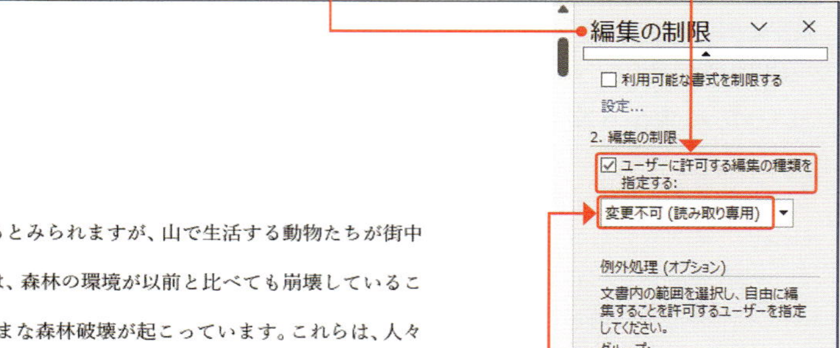

6 ［変更不可（読み取り専用）］になっていることを確認します。

解説 文書の保護

［編集の制限］作業ウィンドウで［編集の制限］をクリックすると、文書の編集や書式設定を制限することができます。特定の範囲を指定して、その範囲だけに編集を許可することもできます。なお、すべての範囲を保護するには、手順6を実行後、［例外処理］を設定せずに［はい、保護を開始します］をクリックします。

補足 編集の制限を設定する

文書の編集を制限するには、［編集の制限］作業ウィンドウの［2.編集の制限］で［ユーザーに許可する編集の種類を指定する］をオンにして、制限する編集の種類を選択します。
なお、［変更不可（読み取り専用）］を指定すると、文書全体のすべての変更を制限することができます。

パスワードの入力

手順11でパスワードを指定すると、文書の保護を解除する際にパスワードの入力を求められます（下の「補足」参照）。パスワードの設定は省略することもできます。パスワードを省略すると、[保護の中止]をクリックするだけで文書の保護が解除されます。

文書の保護を解除する

文書の保護を解除するには、[編集の制限]作業ウィンドウの下側にある[保護の中止]をクリックします。手順12でパスワードを設定している場合、入力用ダイアログボックスが表示されるので、パスワードを入力して[OK]をクリックします。

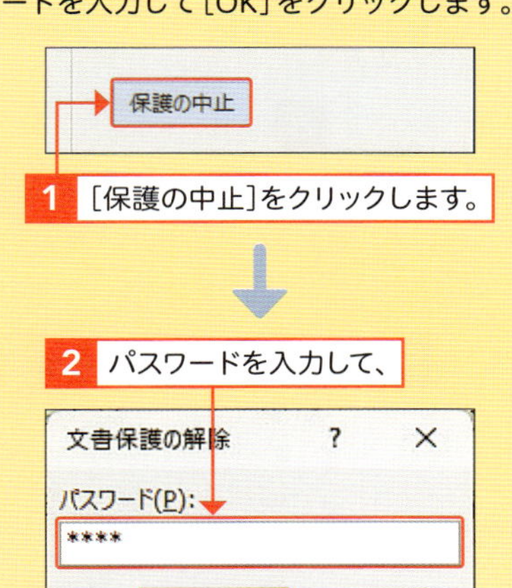

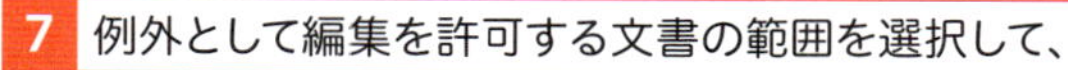

7 例外として編集を許可する文書の範囲を選択して、

8 [すべてのユーザー]をクリックしてオンにし、

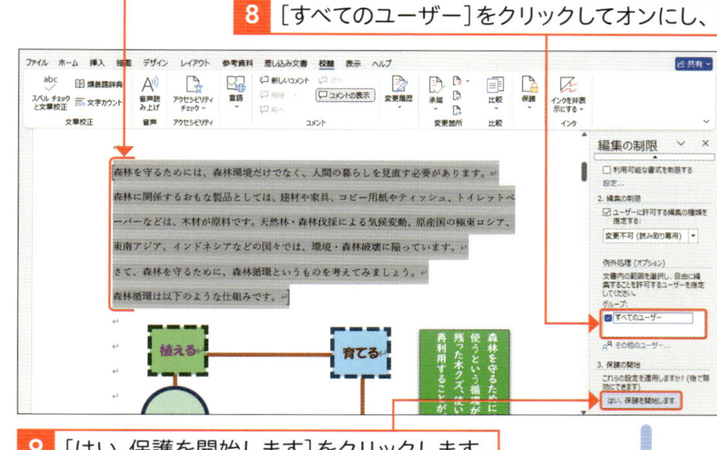

9 [はい、保護を開始します]をクリックします。

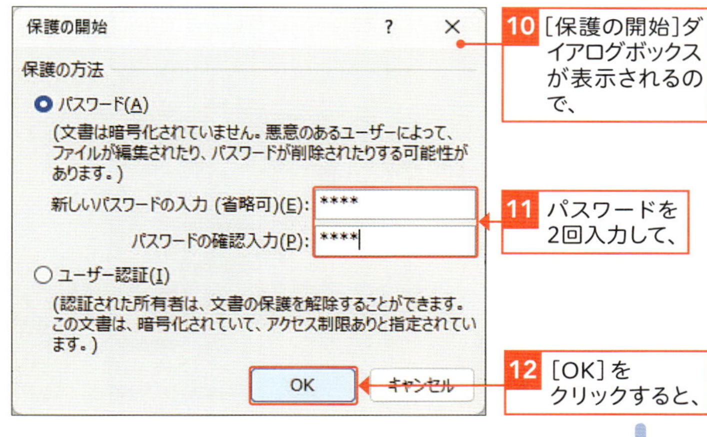

10 [保護の開始]ダイアログボックスが表示されるので、

11 パスワードを2回入力して、

12 [OK]をクリックすると、

13 編集可能な範囲がカッコで囲まれます。

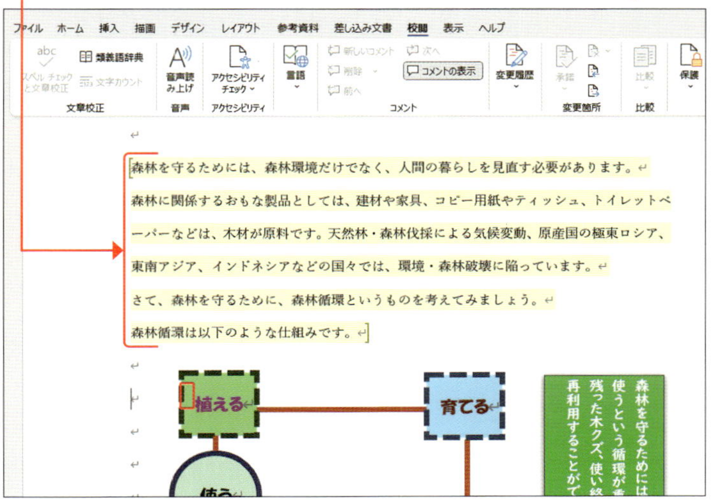

② 書式の変更を制限する

解説

書式の変更を制限する

[編集の制限]作業ウィンドウで[利用可能な書式を制限する]をオンにすると、文書内の書式を保護できます。書式を保護すると、書式に関する機能が利用できなくなります。なお、書式を保護した場合でも、文字列を変更することはできます。

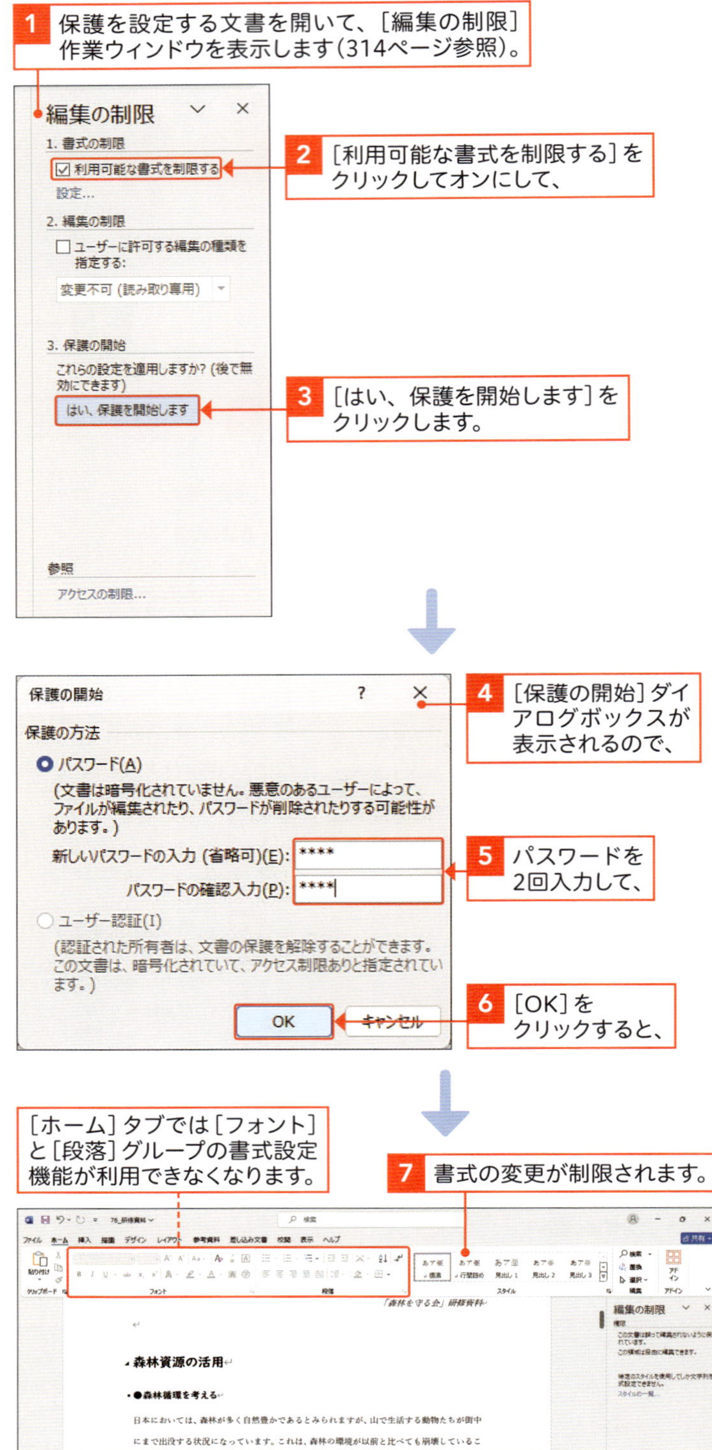

個人情報を削除する

補足

個人情報の削除

［ファイル］タブをクリックして［情報］をクリックすると、右側に文書情報や個人情報が表示されます。ファイルをほかの人に渡す場合などは、これらの情報を削除しておくとよいでしょう。

重要用語

ドキュメント検査

「ドキュメント検査」は、文書に非表示のデータや個人情報が含まれていないか、視覚に障がいがある人にとって読みにくい内容が含まれていないか、以前のバージョンのWordでサポートされていない機能がないかなどの検査を行います。個人情報が含まれている場合、削除することができます。なお、ドキュメント検査をする前にファイルを保存しておく必要があります。

ヒント

自動で個人情報が削除される

Microsoft 365のWordでは「ファイルを保存するときにファイルのプロパティから個人情報を削除する」が有効設定になっているため、文書ファイルを開くと［個人情報の削除が有効］が表示される場合があります。［×］をクリックすると有効のままになり、［設定の変更］をクリックすると個人情報が表示されます。

クリップボード　フォント　スタイル
個人情報の削除が有効　このドキュメントは、保存時に個人情報を自動的に削除するように設定され与える可能性があります。この設定は必要な場合にのみ維持してください。

1 ［ファイル］タブをクリックして、［情報］をクリックします。

2 ［問題のチェック］をクリックして、

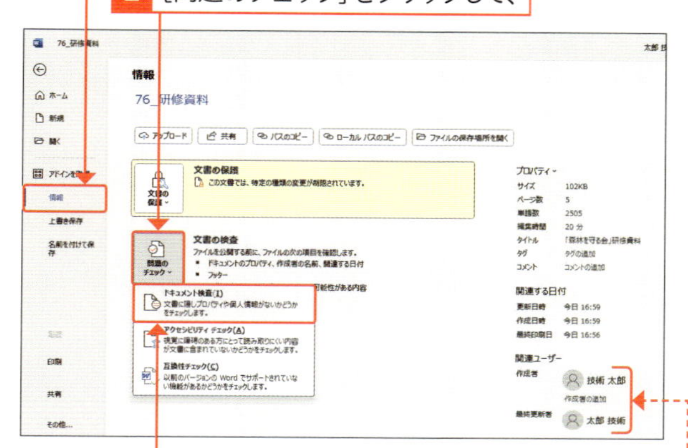

3 ［ドキュメント検査］をクリックします。

ここに個人情報が表示されます。

4 ［ドキュメント検査］ダイアログボックスが表示されます。

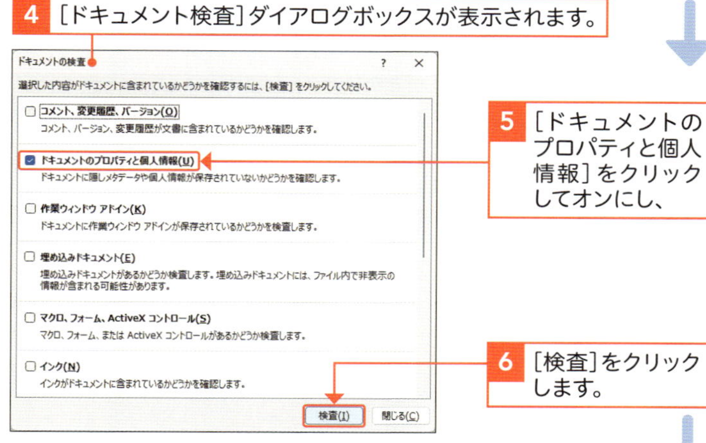

5 ［ドキュメントのプロパティと個人情報］をクリックしてオンにし、

6 ［検査］をクリックします。

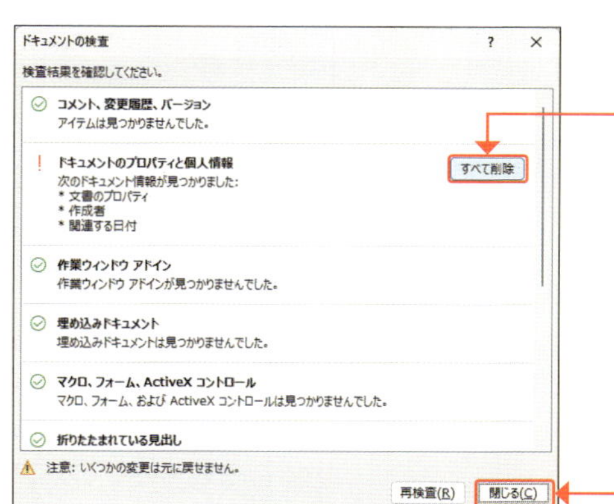

7 「次のドキュメント情報が見つかりました」と表示された場合は、［すべて削除］をクリックして、

8 ［閉じる］をクリックします。

④ 文書ファイルにパスワードを付ける

注意

パスワードが必要

[読み取りパスワード]、[書き込みパスワード]に入力したパスワードは、ファイルを開く際に必要です。忘れたり、間違えたりするとファイルを開くことができなくなります。

解説

パスワードを付けて保護する

覚書や契約書など重要な文書はパスワードを付けて、書き換えることができないようにしておく必要があります。文書の一部だけを保護してもかまいませんが、パスワードを知る人以外は開くことができないようにしておくほうが安全です。

補足

読み取りと書き込みパスワード

読み取りパスワードは第三者に文書を開かれないようにするセキュリティ対策の1つです。書き込みパスワードは第三者に文書を編集させないというセキュリティ対策になります。ここでは読み取りパスワードと書き込みパスワードの両方を設定していますが、片方だけの設定でもかまいません。

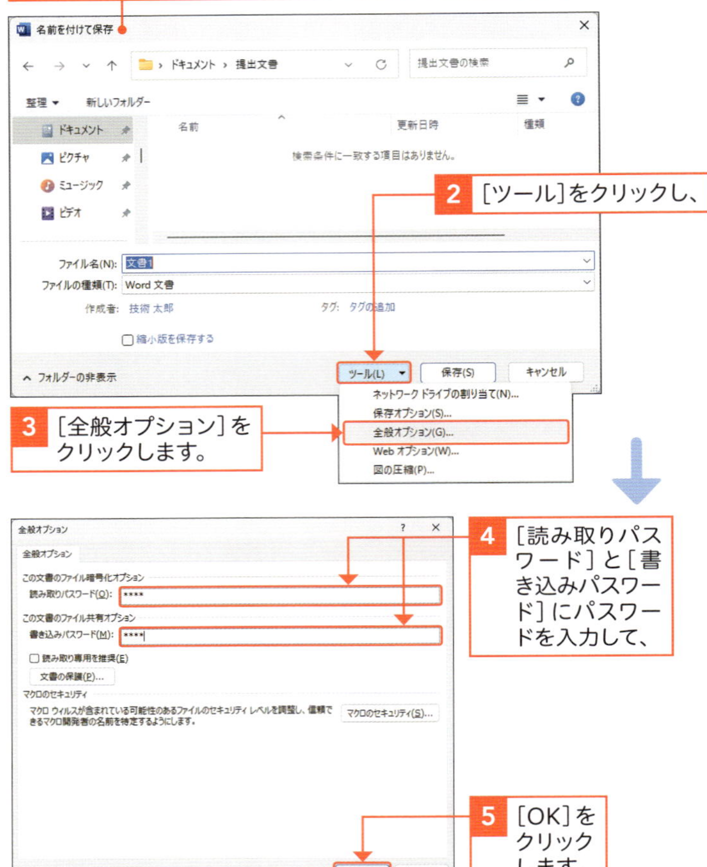

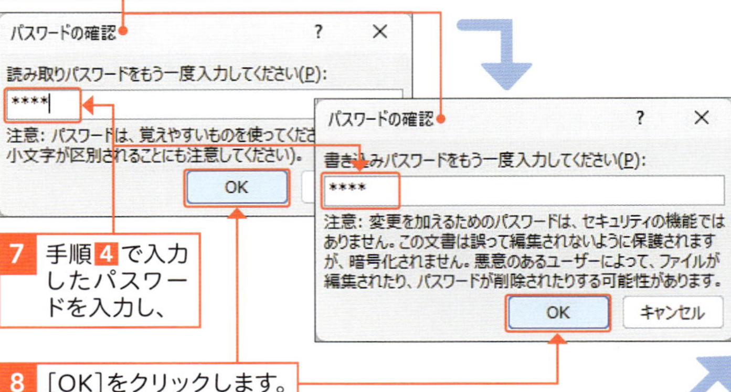

パスワードが設定された文書

パスワードが設定された文書は、[ファイル]タブ→[情報]をクリックすると、[情報]画面に[文書の保護]が黄色で表示されます。

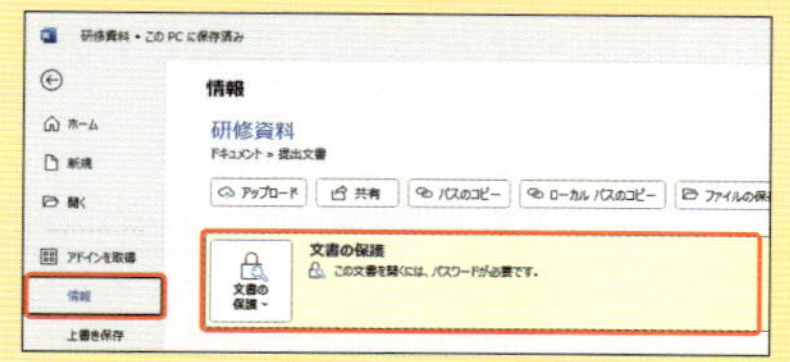

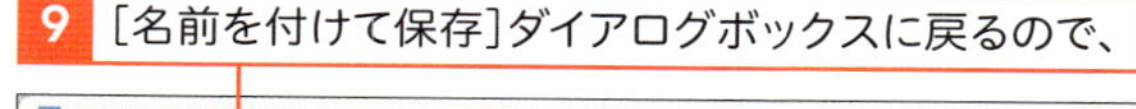

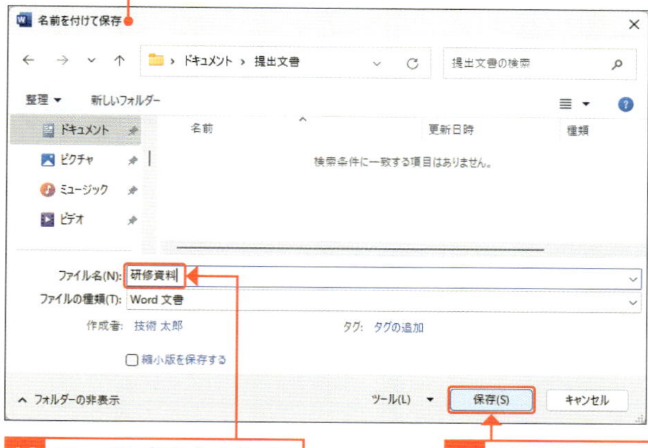

10 ファイル名を入力して、

11 [保存]をクリックします。

パスワードを解除する

設定したパスワードを解除するには、[名前を付けて保存]ダイアログボックスで[ツール]→[全般オプション]をクリックします。[全般オプション]ダイアログボックスが表示されるので、[読み取りパスワード]と[書き込みパスワード]のパスワードを消して、[OK]をクリックします。

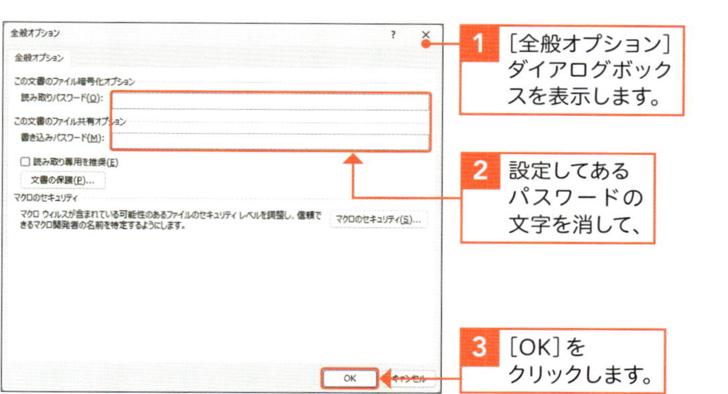

解説 パスワードの付いた文書を開く

パスワードの付いた文書を開く際には、読み取りパスワードと書き込みパスワードの入力用ダイアログボックスが表示されます。
それぞれのダイアログボックスで設定したパスワードを入力します。

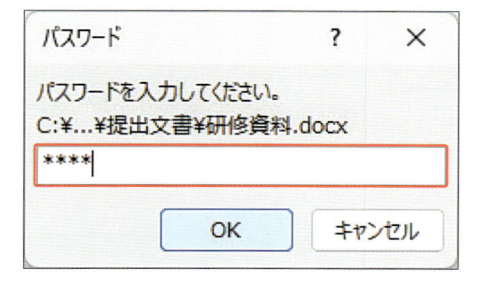

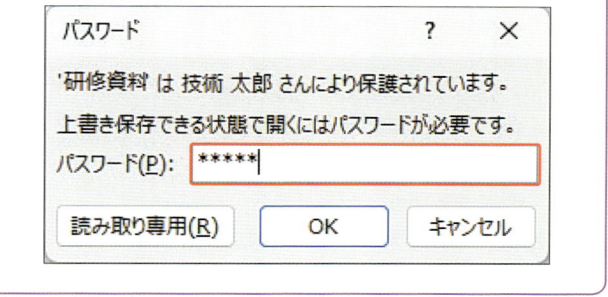

Section

77 コメントを挿入しよう

ここで学ぶこと

- コメントの挿入
- コメントの表示
- コメントに返信

複数の人で文書を作成する際、文書に直接疑問や意見などを入れてしまうと本文に影響が出てしまいます。Wordでは本文に影響のない**コメントを挿入**することができます。また、この**コメントに対して返信**することもできます。

練習▶ファイルなし

1 コメントを挿入する

重要用語

コメント

「コメント」は、文書の本文とは別に、用語や文章の表現など場所を指定して疑問や確認事項などを挿入できる機能です。文字数やレイアウトに影響することなく挿入できるので、複数の人で文書を共有して編集する際に便利です。

ヒント

コメントの表示／非表示

[コメントの表示]をクリックすると、コメントの表示／非表示を切り替えられます。コメントを非表示にすると、吹き出しのみが表示されます。吹き出しをクリックすると、コメントが表示できます。なお、[変更内容の表示]で[変更履歴/コメントなし]に設定すると、コメントは表示されません。

1 コメントを挿入したい箇所を選択して、

2 [校閲]タブの[新しいコメント]をクリックすると、

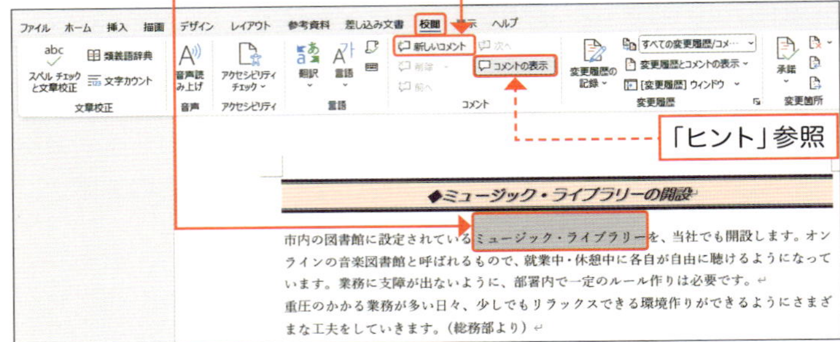

3 コメント枠が表示されます。

4 コメントを入力して、

5 [コメントを投稿する]をクリックします。

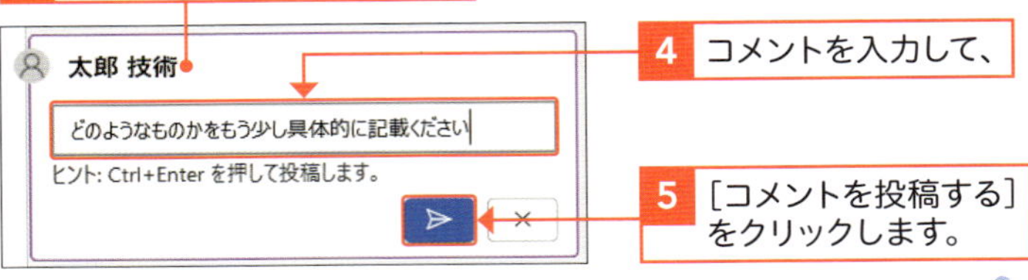

6 コメントが登録されて、吹き出しが表示されます。

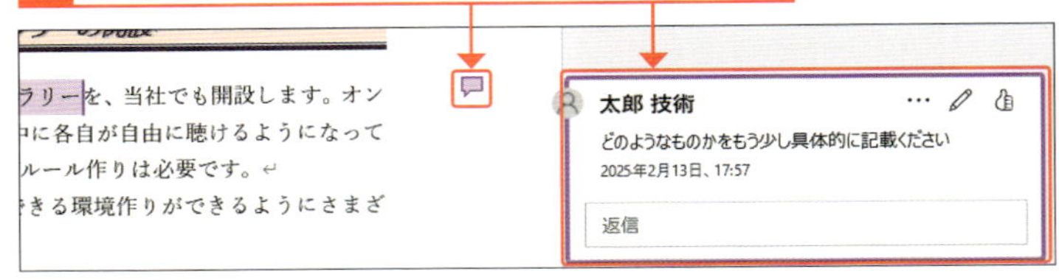

7 文書を保存して、ファイルを相手に渡します。

② コメントに返信する

コメントの削除

コメントを削除するには、コメントを選択して、[校閲]タブの[削除]をクリックして[削除]または[ドキュメント内のすべてのコメントを削除]をクリックします。

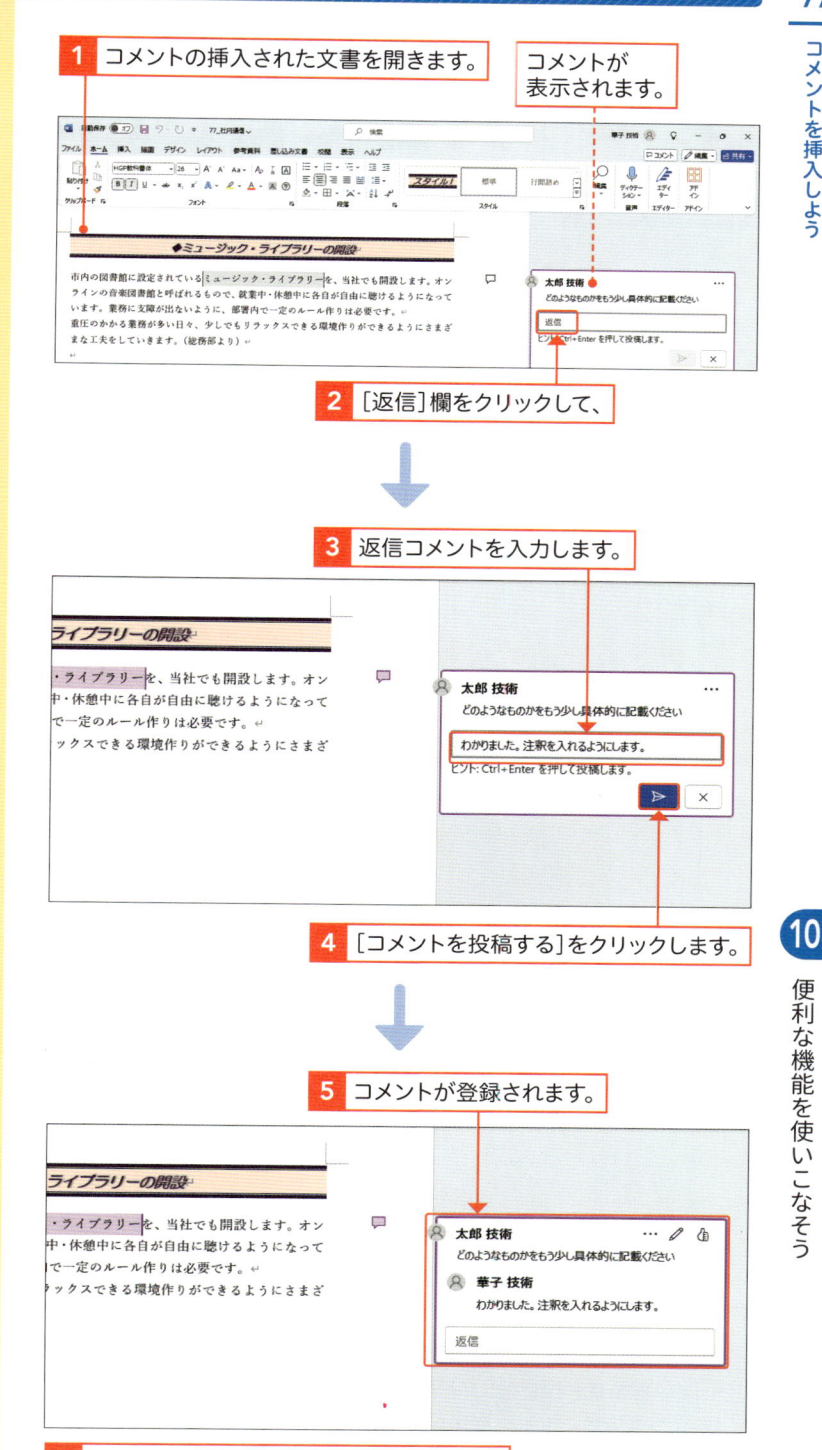

1 コメントの挿入された文書を開きます。

コメントが表示されます。

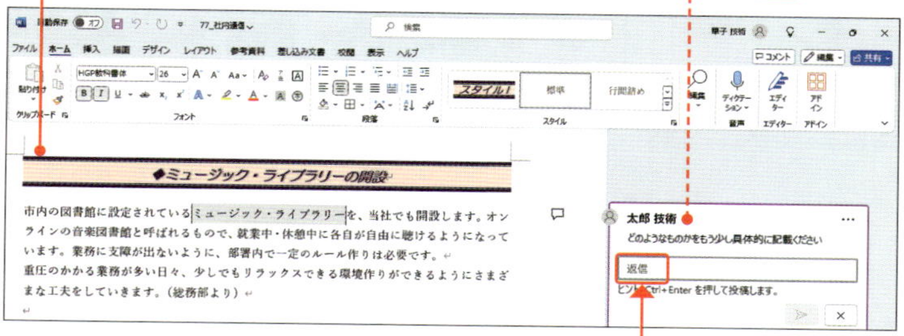

2 [返信]欄をクリックして、

3 返信コメントを入力します。

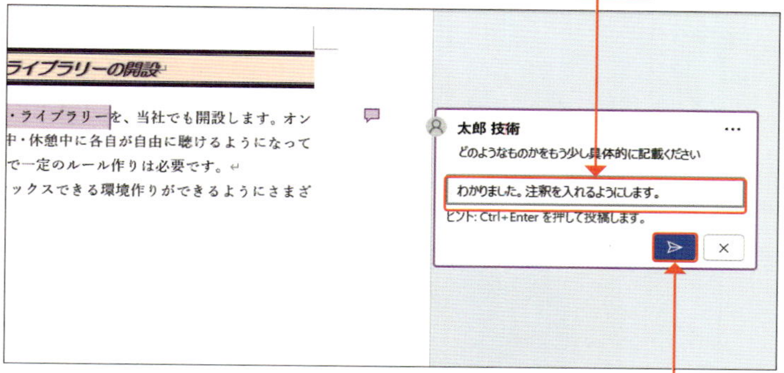

4 [コメントを投稿する]をクリックします。

5 コメントが登録されます。

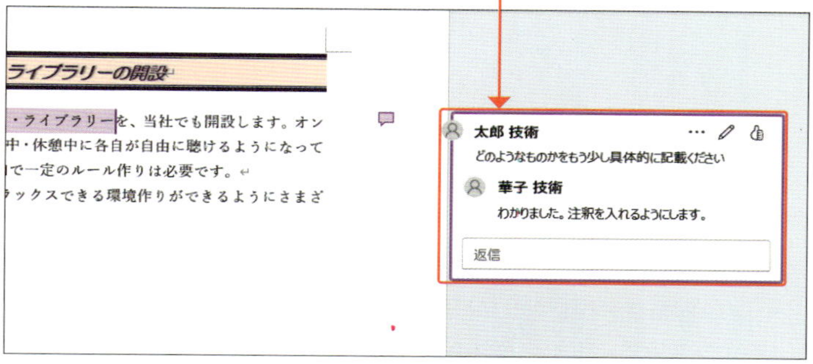

6 文書を保存後、ファイルを相手に渡します。

解説

その他のスレッド操作

コメント欄の右上にある[その他のスレッド操作] ··· をクリックすると、メニューが表示されます。[スレッドを解決する]は内容が解決した場合にクリックします。[スレッドの削除]はコメントのスレッドを削除できます。なお、[コメントへのリンク]はクラウド上のファイルにコメントを挿入した場合に利用できます。

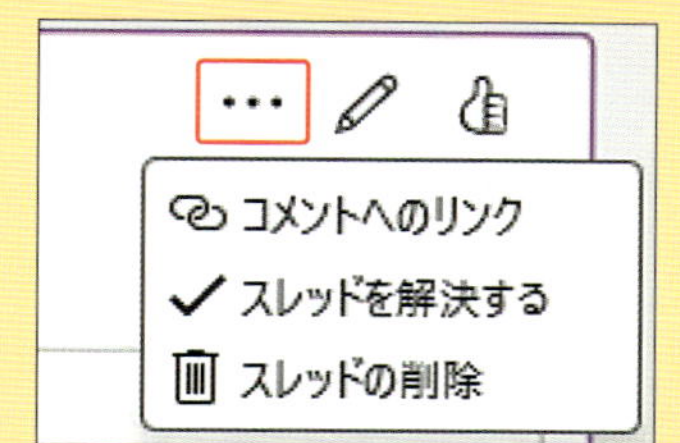

Section 78

インク機能で文書に書き込みをしよう

ここで学ぶこと

- インク
- インクを図形に変換
- インクを数式に変換

[描画] タブの**インク**機能は、**ペンの手書き**やマーカーを引くことができ、ペンの種類や太さ、色を変更できます。そのほか、**インクを図形に変換**や**インクを数式に変換**を利用すると、手書きした図形や数式がデジタル処理されます。

練習▶ファイルなし

1 ペンでコメントを書き込む

重要用語

インク

「インク」は、図形やテキストを手書き入力する機能です。タッチ対応パソコンでは指やデジタルペンを使って、タッチ非対応パソコンではマウスを使って文字を書き込んだり、マーカーを引いたりします。

ヒント

ペンの種類

ペンの種類には、ペン、鉛筆書き、蛍光ペンの3種類がありますが、それぞれ太さや色を変更できます。ペンの表示は、設定中の色が反映されます。

1 [描画] タブをクリックして、

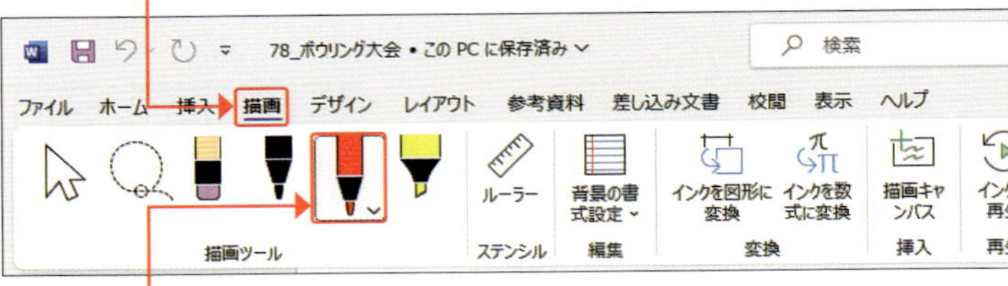

2 [描画ツール] でペンの種類 (ここでは [ペン:赤]) をクリックします。

3 再度ペンをクリックして、

4 ペンの太さ (ここでは [1mm]) をクリックして、

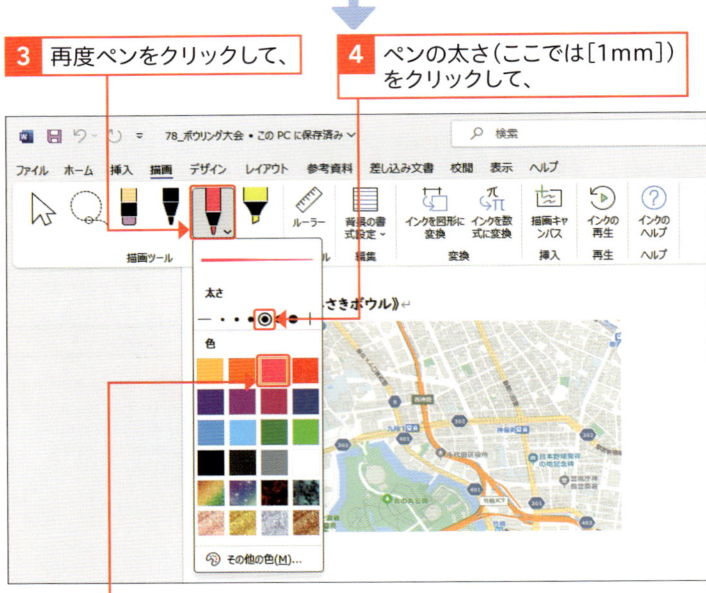

5 ペンの色 (ここでは [ピンク]) をクリックします。

書き込みはオブジェクト

ペンで書き込んだ文字は、図形と同じオブジェクトとして扱えます。Esc を押して描画モードを解除し、書き込んだ文字を再度クリックすると選択できます。

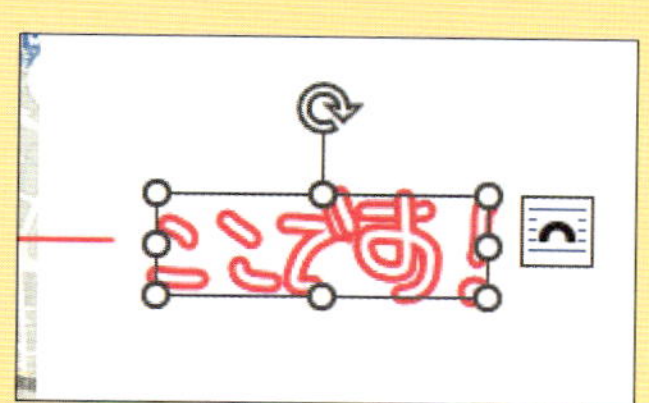

消しゴムの種類

消しゴムをクリックして、再度クリックすると、[消しゴム]と[消しゴム(ポイント)]が選択できます。[消しゴム]は一筆分を消しますが、[消しゴム(ポイント)]は一部分(ポイント)を消すことができます。

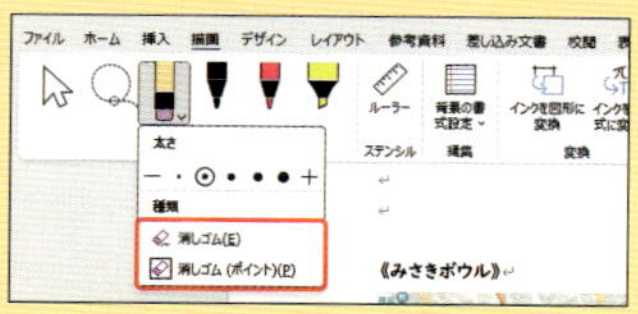

描画モードの解除

[描画ツール]でペンを選ぶと、描画モードになります。Esc を押して描画モードを解除すると、通常の編集画面に戻ります。

6 コメントを書き込みます。

7 間違えた場合は、[消しゴム]をクリックして、

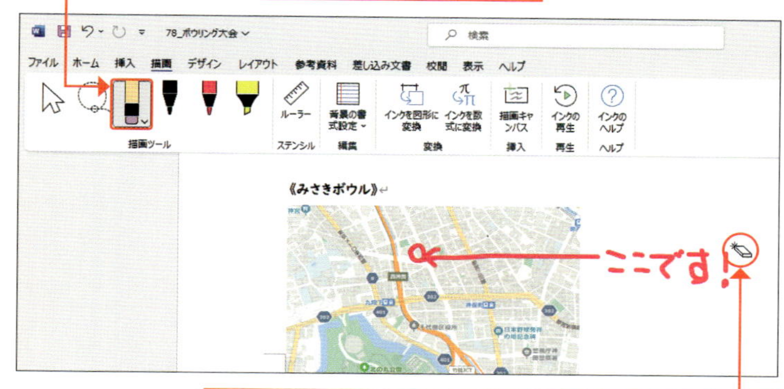

8 消しゴムを文字の上でクリック(ドラッグ)します。

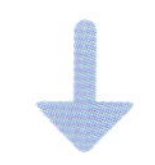

9 「！」の文字が消えました。

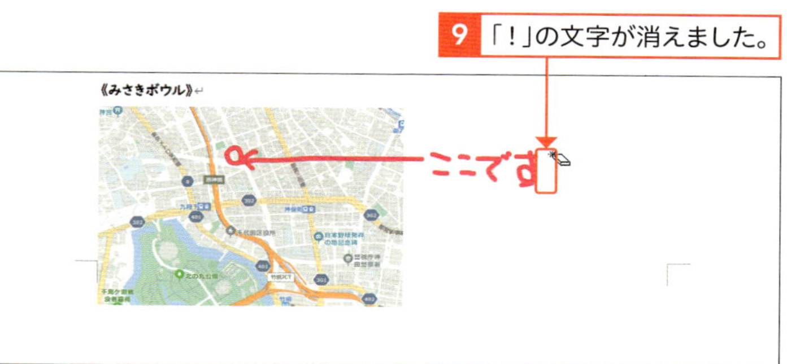

10 書き込みが終了したら、Esc を押して描画モードを解除します。

② 手書き図形をオブジェクトに変換する

解説

インクを図形に変換する

ペンで描いた図形をデジタル処理してWordの図形に変換します。なお、蛍光ペンは利用できません。最初に蛍光ペンを選んでいると、[インクを図形に変換]のコマンドが利用できない状態になります。ほかのペンを選択してから利用します。

応用技

定規を使って線を引く

手書きでまっすぐな線を引きたい場合、[ステンシル]の[ルーラー](定規)を利用するとよいでしょう。定規が表示されるので、ドラッグして角度を調整し、定規に沿ってペンをドラッグします。長さもわかるので便利です。

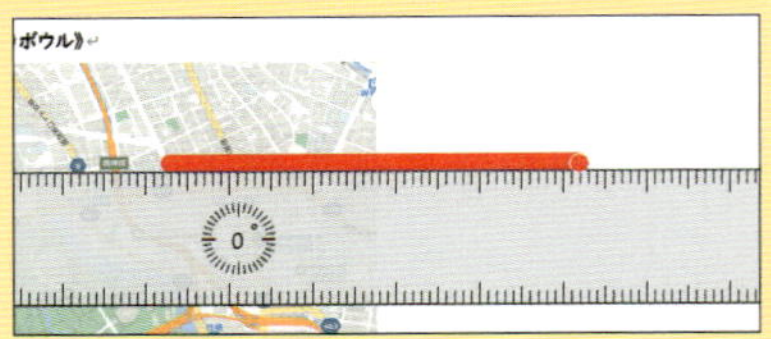

1 [描画]タブの[インクを図形に変換]をクリックします。

2 ペンの種類(ここでは[ローズゴールド:2㎜])を選び、

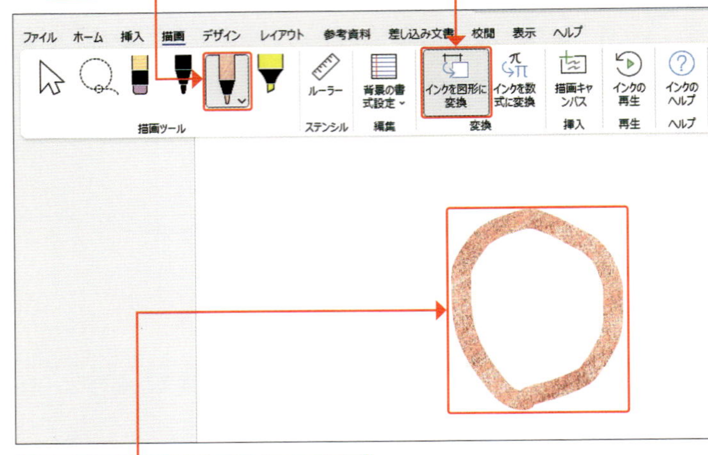

3 画面上に図形(丸)を描きます。

4 自動的に図形に変換されます。

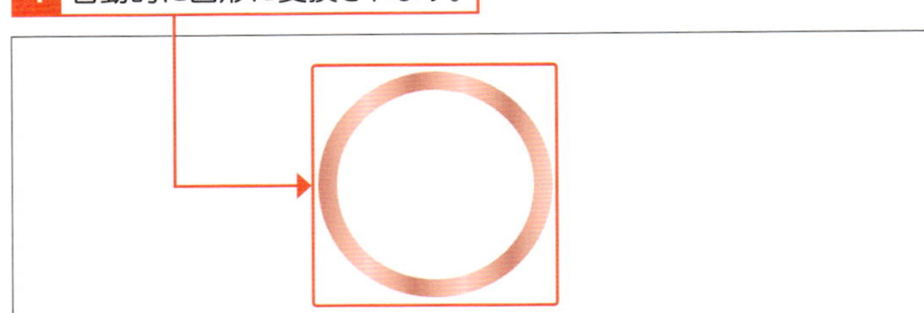

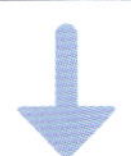

5 Esc を押して、描画モードを解除します。

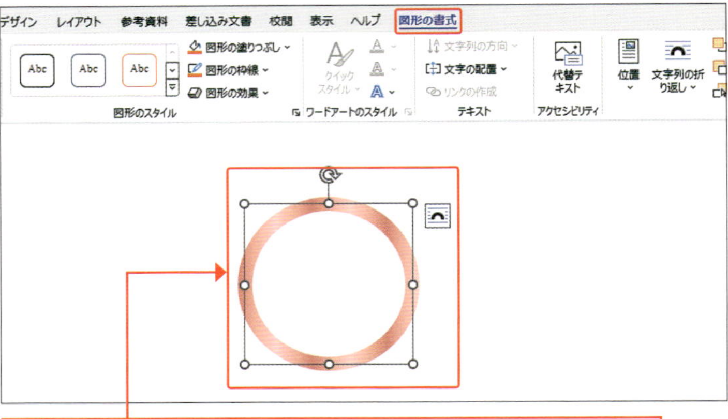

6 図形をクリックして選択すると、オブジェクトとして扱えます。

③ 手書き文字を数式に変換する

解説

インクを数式に変換する

手書きした数式をデジタル処理して、Wordの数式として扱えます。分数など複雑な数式を入力するときに便利です。この機能は、[挿入] タブの [数式] の [インク数式] と同じです。

1 [描画]タブの[インクを数式に変換]をクリックすると、

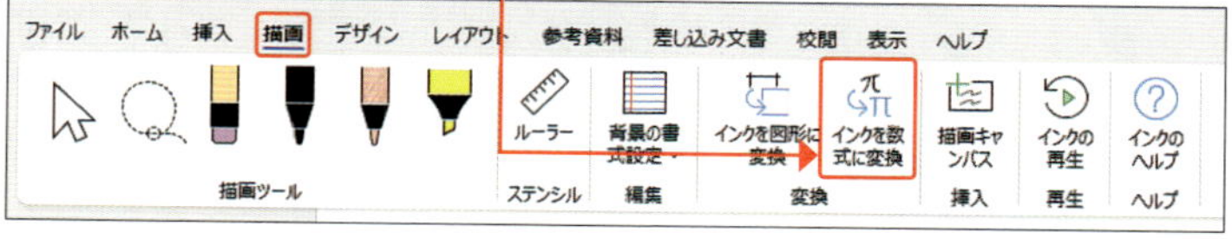

2 [数式入力コントロール]ダイアログボックスが表示されます。

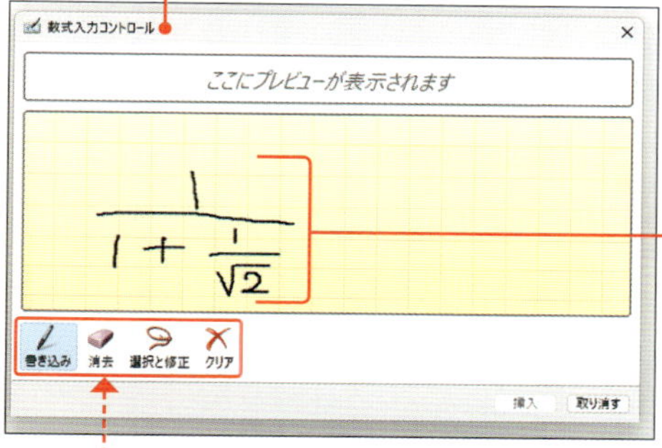

3 ここに数式を入力して、

「補足」参照

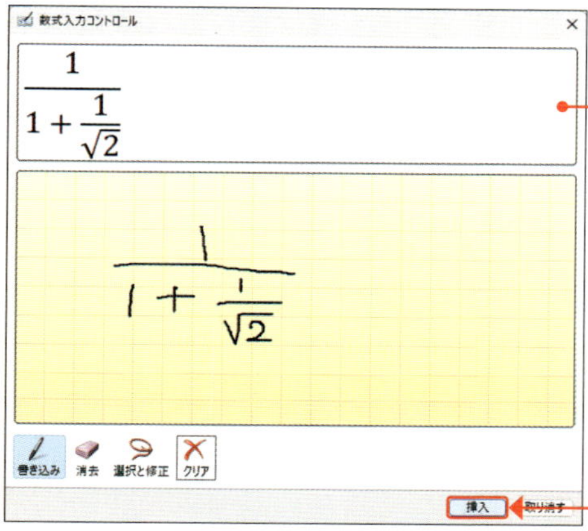

4 デジタルデータに変換されます。

$$\frac{1}{1+\frac{1}{\sqrt{2}}}$$

5 [挿入]をクリックします。

6 数式が挿入されます。

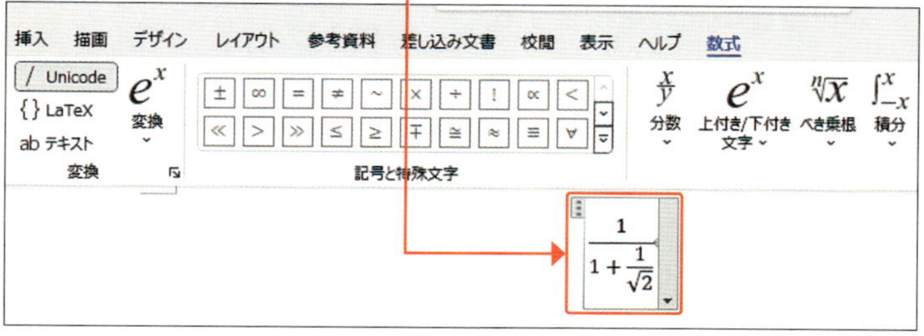

7 Esc を押して、描画モードを解除します。

補足

数式入力コントロールの操作

数式入力コントロールで手書きする際に、間違った文字は[消去]で消し、書き直したい部分は[選択と修正]で範囲を指定して候補から選択できます。すべて書き直したい場合は[クリア]をクリックしてすべて消します。書き直すときは[書き込み]をオンにします。

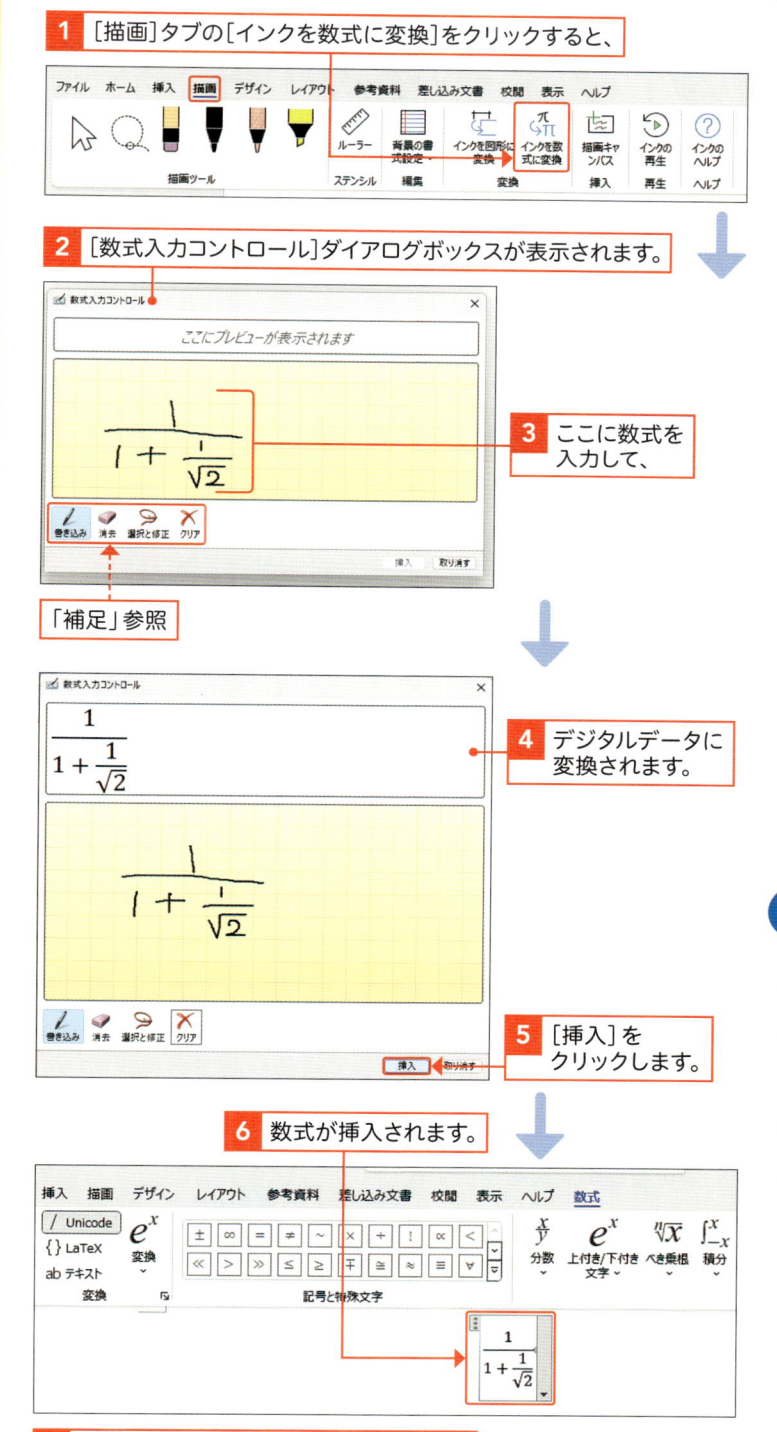

ヒント

数式の削除

挿入された数式を削除するには、数式フィールドを選択して、Delete を押します。

Section

79 変更履歴を記録しよう

ここで学ぶこと

- 変更履歴
- 変更履歴の表示／非表示
- 変更履歴の反映

変更履歴は文章の**編集作業の履歴を記録**する機能です。変更履歴を使うと、どこに何を入力したか、どこを修正したかなどがわかるようになります。変更履歴は非表示にすることもできます。

1 変更履歴を記録する

解説

変更履歴を利用する

変更履歴とは、文書の文字を修正したり、書式を変更したりといった編集作業の履歴を記録する機能です。変更履歴の記録を開始して、それ以降に変更した箇所の記録を残すことができます。

1 ［校閲］タブをクリックして、

2 ［変更履歴の記録］の上の部分をクリックしてオンにし、

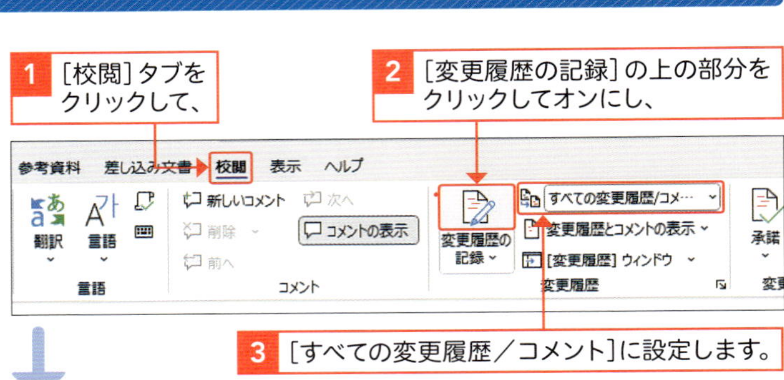

3 ［すべての変更履歴／コメント］に設定します。

4 変更した部分は、色文字や下線／訂正線が引かれます。

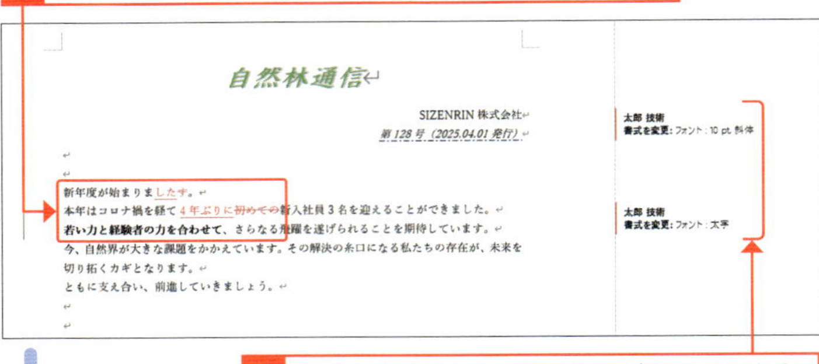

5 書式を変更すると、変更内容が表示されます。

6 ［変更履歴の記録］をクリックして、変更履歴の記録を終了します。

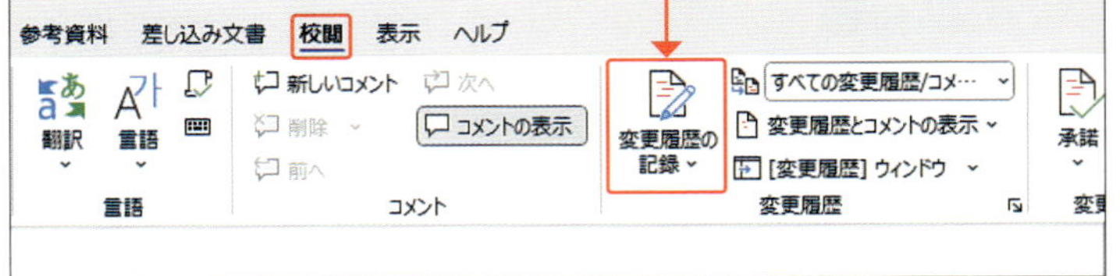

補足

変更履歴の記録を中止する

［変更履歴の記録］がオンになっている間は、変更履歴が記録されます。変更履歴を記録しないようにするには、再度［変更履歴の記録］をクリックします。すでに変更履歴を記録した箇所はそのまま残り、以降の文書の変更については、変更履歴は記録されません。

② 変更履歴を非表示にする

変更履歴とコメントの表示

変更履歴のほかにコメント（320ページ参照）も利用している文書の場合、初期設定ではすべてが表示されるようになっています。［校閲］タブの［変更履歴とコメントの表示］をクリックして、表示したくない項目をオフにします。

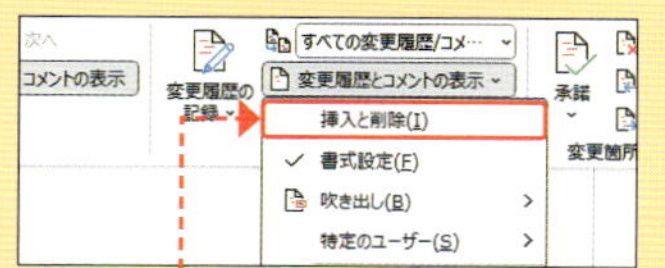

オフにした項目は表示されなくなります。

［変更履歴］ウィンドウを表示する

変更履歴の一覧を、別のウィンドウで表示することができます。［校閲］タブの［［変更履歴］ウィンドウ］の ⌄ をクリックして、［縦長の［変更履歴］ウィンドウを表示］か［横長の［変更履歴］ウィンドウを表示］をクリックします。

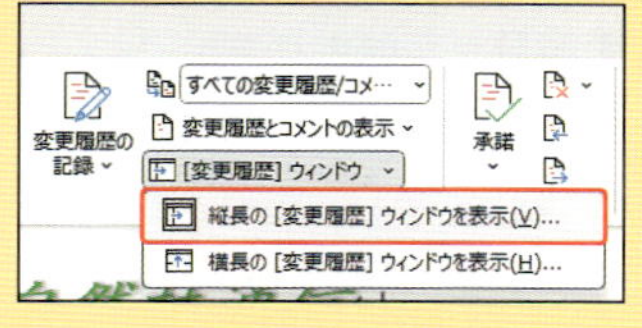

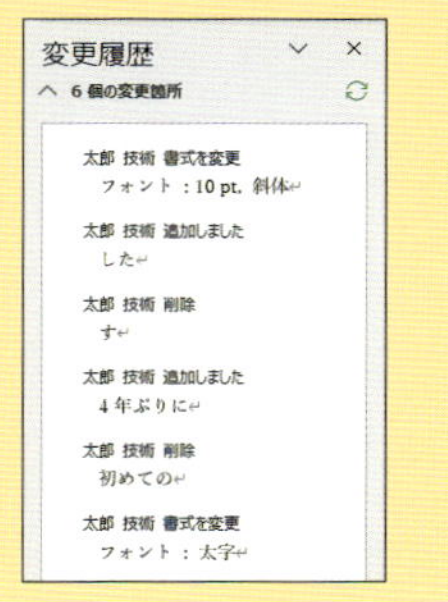

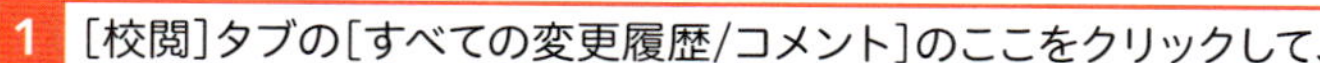

1 ［校閲］タブの［すべての変更履歴/コメント］のここをクリックして、

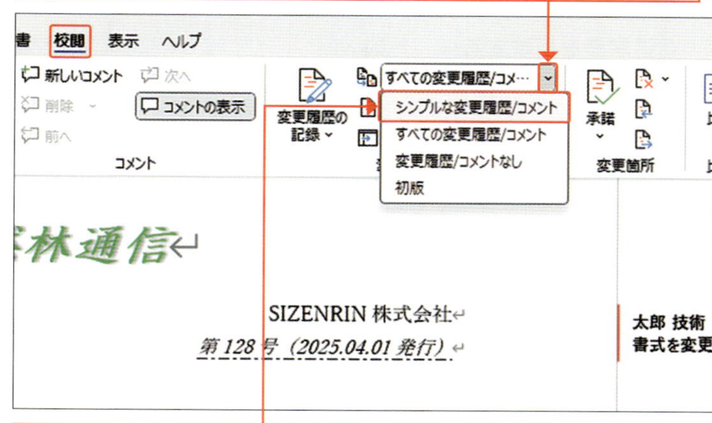

2 ［シンプルな変更履歴/コメント］をクリックします。

3 変更履歴が非表示になり、

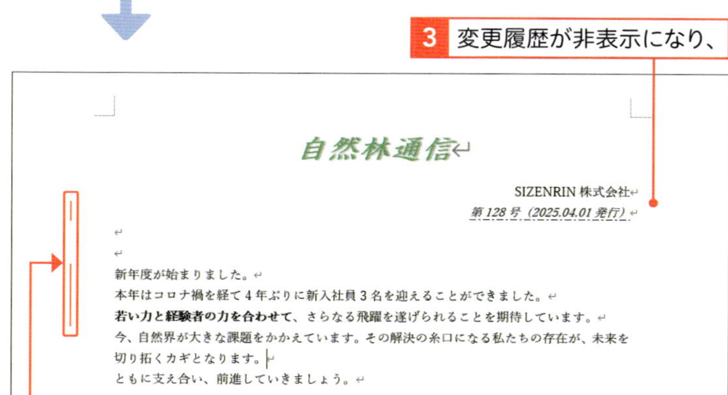

4 変更した箇所の文頭にインジケーターが表示されます。

5 インジケーターをクリックすると、

6 変更履歴が表示されます。

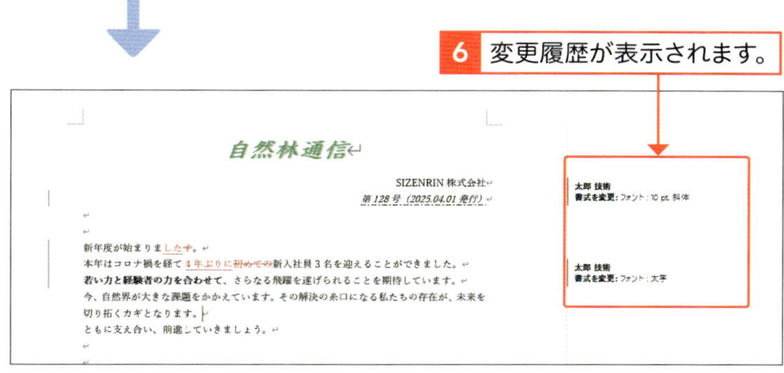

③ 変更履歴を文書に反映させる

変更履歴を反映する

変更履歴が記録されても、変更内容はまだ確定された状態ではありません。変更箇所を1つずつ順に確認して、変更を承諾して反映させたり、変更を取り消してもとに戻したりする操作を行います。

1 カーソルを文書の先頭に移動して、

2 ［校閲］タブの［承諾］の上の部分をクリックすると、

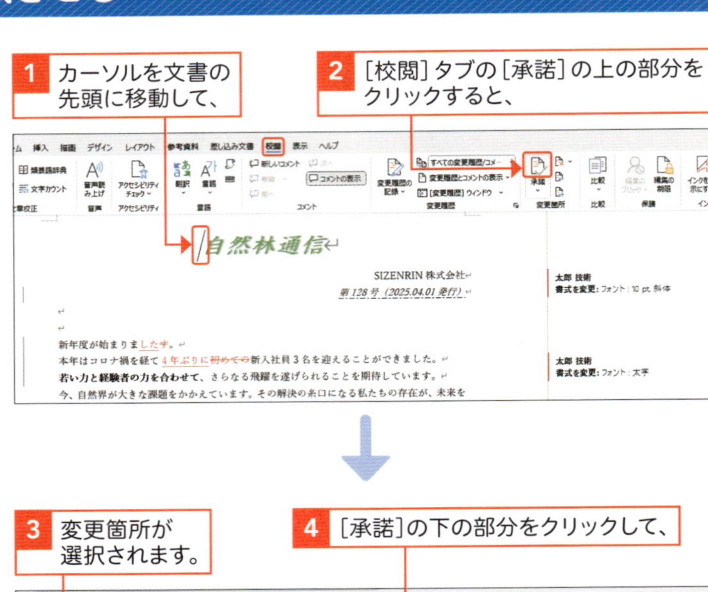

3 変更箇所が選択されます。

4 ［承諾］の下の部分をクリックして、

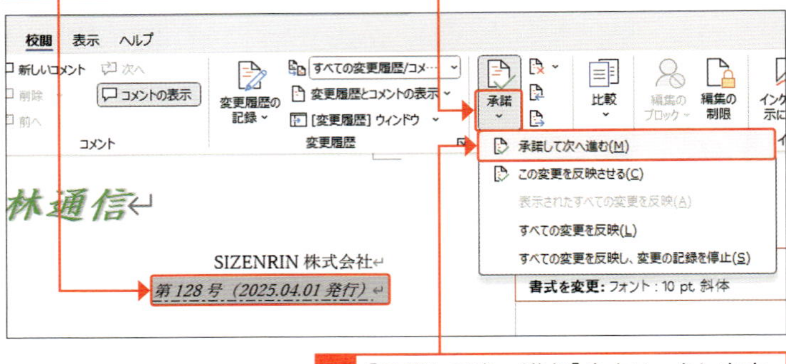

5 ［承諾して次へ進む］をクリックします。

6 変更履歴が反映されます。

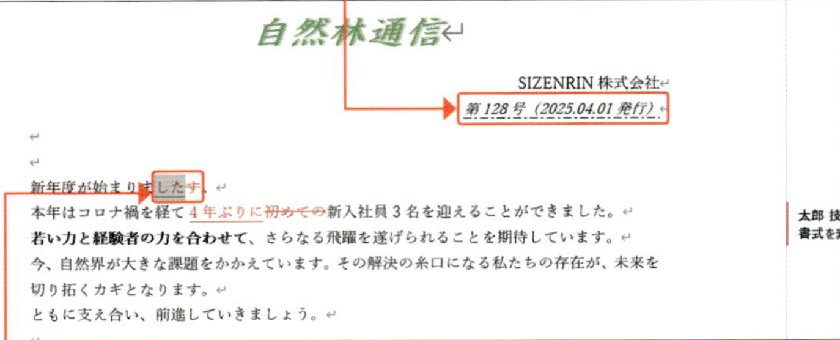

7 次の変更箇所にジャンプします。

8 同様の方法で、すべての変更箇所を処理します。

補足

文書内の変更履歴をすべて反映させる

右の手順は、変更履歴を1つずつ確認しながら反映していますが、文書内の変更履歴を一括で反映することもできます。［承諾］の下の部分をクリックして、［すべての変更を反映］あるいは［すべての変更を反映し、変更の記録を停止］をクリックします。

変更箇所に移動する

［校閲］タブの［前の変更箇所］や［次の変更箇所］をクリックすると、現在カーソルがある位置、または表示されている変更箇所の直前／直後の変更箇所へ移動することができます。

4 変更した内容をもとに戻す

解説

変更内容の取り消し

変更履歴を開始したあとから変更した内容をもとに戻すには、[校閲] タブの [元に戻して次へ進む] を利用します。

1 文書の先頭にカーソルを移動して、

2 [校閲] タブの [元に戻して次へ進む] をクリックすると、

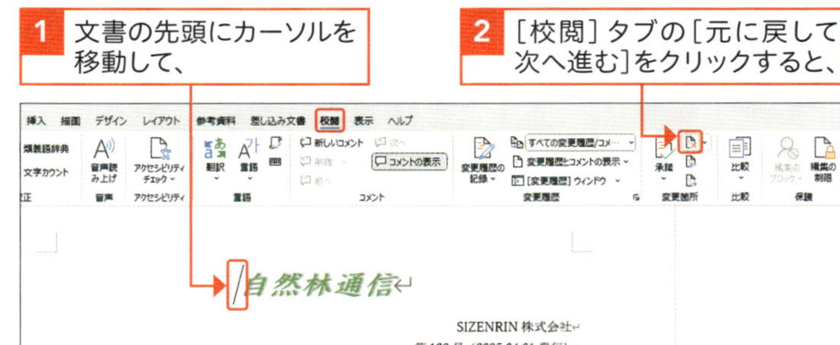

3 変更箇所に移動します。

4 [元に戻して次へ進む] をクリックすると、

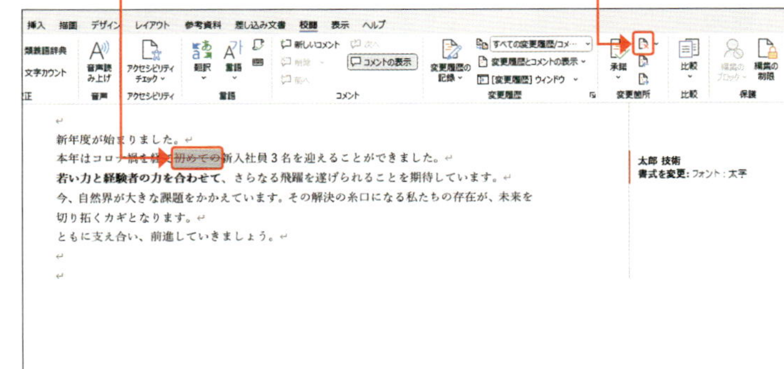

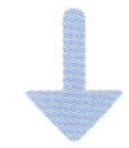

5 変更した内容がもとの文書に戻り、

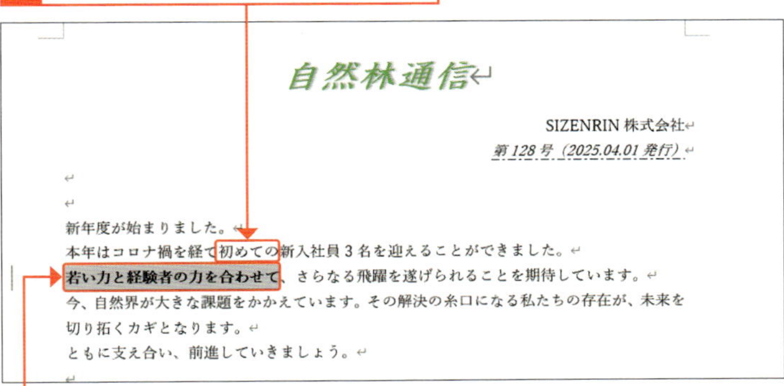

6 次の変更箇所に移動するので、同様に処理します。

ヒント

変更履歴をすべてもとに戻す

変更履歴をすべてもとに戻す（取り消したい）場合、[元に戻して次へ進む] の ⌄ をクリックして表示されるメニューから [すべての変更を元に戻す] をクリックします。

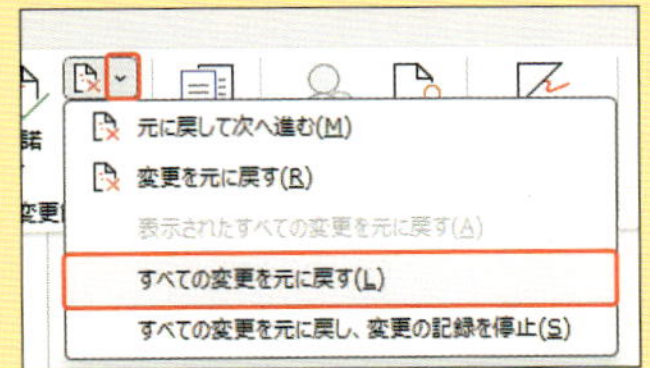

Section 80

編集前後の文書を比較しよう

ここで学ぶこと

- 元の文書
- 変更された文書
- 比較結果文書

最初に作成した文書と、その文書をほかの人が編集した別の文書がある場合、どこが変わったのか、探すのはたいへんです。Wordの**比較機能**では、2つの文書を比較してその結果が表示されるので、違いを確認しやすくなります。

練習▶80_研修資料01、80_研修資料02

1 2つの文書を表示して比較する

重要用語

比較

Wordの比較機能は、もとの文書と変更した文書を比較して、変更された箇所を変更履歴として表示する機能です。全体に影響するような大きな変更ではなく、文字の変更など、細かい変更の比較に利用します。

解説

比較結果文書

文書の比較を実行すると、[比較結果文書]と、比較した[元の文書]と[変更された文書]が表示されます。右のスクロールバーをドラッグすると、3つの文書が同時に上下するので、つねに同じ位置を表示できます。左側の[変更履歴]ウィンドウに表示される変更履歴をクリックすると、それぞれの文書の該当箇所が表示されます。

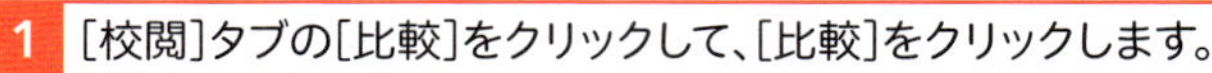

1 [校閲]タブの[比較]をクリックして、[比較]をクリックします。

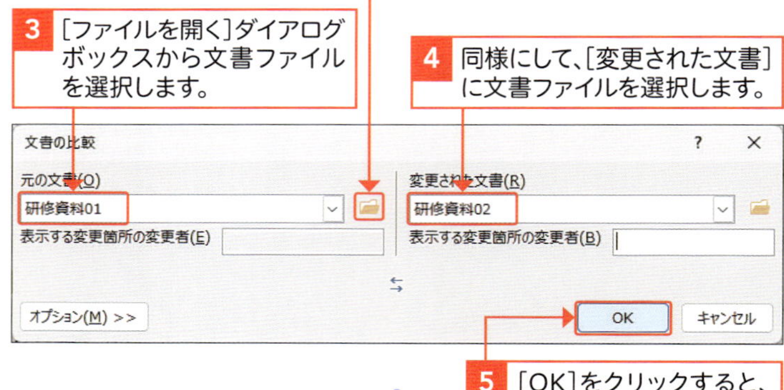

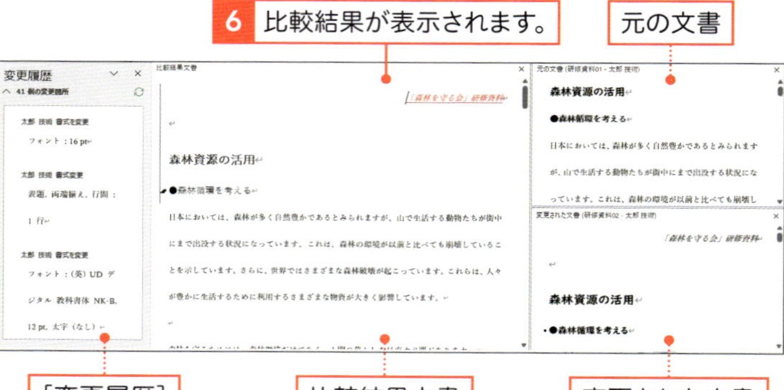

付録

Appendix

Appendix

01 差し込み印刷を使ってはがきの宛名を印刷しよう

ここで学ぶこと

- 差し込み印刷
- 差し込むデータ
- 宛名面の作成

差し込み印刷とは、文書内にフィールドを指定して、住所録など差し込みたいデータとフィールドを対応させて文書を完成させる機能です。**はがき宛名面印刷ウィザード**を利用すれば宛名面のレイアウトをかんたんに作成できます。

 練習▶A01_住所録.xlsx

1 差し込み印刷の仕組み

差し込み印刷用のデータ

差し込み印刷とは、文書内のフィールドにデータを差し込んで、1枚ずつ異なる文書を作成する機能です。ここでは、はがきの宛名面を作成します。差し込み印刷を行うには、まず、差し込むデータを準備する必要があります。差し込むデータは、郵便番号、住所、氏名のほか、会社名や役職など宛名面に必要な情報を一覧にしてまとめます。このデータを作成する方法はいくつかありますが、Excelなどの表計算ソフトを利用すると、差し込む操作をかんたんに行えます。本書では、Excelで作成した住所録を利用します。

Excelで住所録データを作成します。

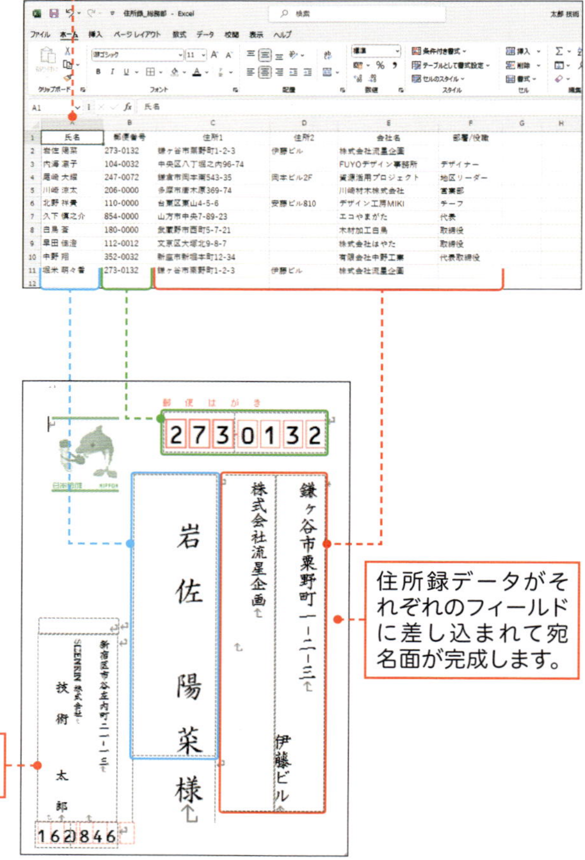

住所録データがそれぞれのフィールドに差し込まれて宛名面が完成します。

差出人を挿入するかどうかも選べます。

はがき宛名面の作成と差し込むデータ

はがきの宛名面の作成には、Wordの「はがき宛名面印刷ウィザード」を利用します。画面の指示に従って、はがきの種類や宛名面の配置、フォントの種類などを指定し、準備しておいたデータを差し込むと、自動的に宛名面が完成します。

また、差出人情報を指定すると、宛名面の差出人欄に挿入されます。

差し込んだ宛名面はすべてのデータを結果のプレビューで確認でき、そのまま印刷することができます。

② 差し込むデータを用意する

Excelデータの使用

本書では、宛名に差し込む住所録データは、Excelで作成したファイルを使用します。

1 Excelを起動します。

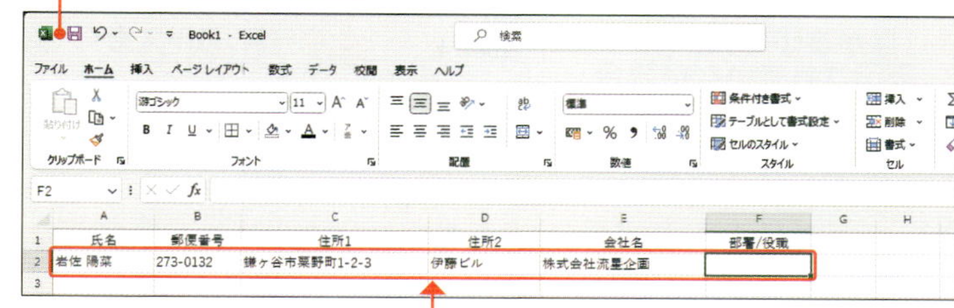

2 氏名、郵便番号、住所1、住所2、会社名、所属／役職を列項目にして、宛名情報を入力し、住所録を作成します。

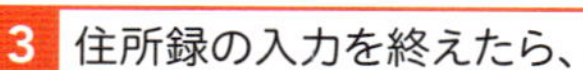

3 住所録の入力を終えたら、

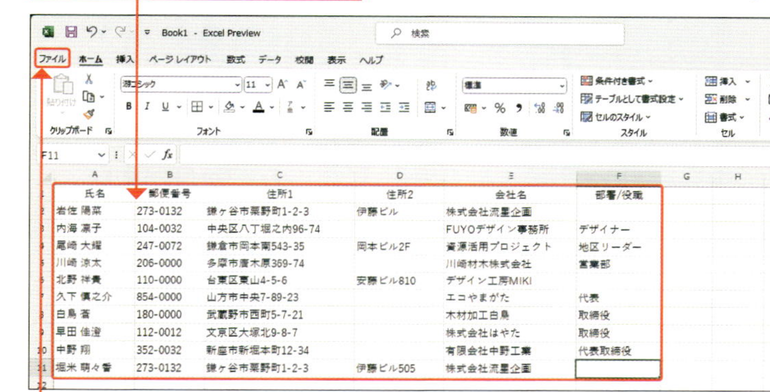

氏名	郵便番号	住所1	住所2	会社名	部署/役職
岩佐 陽菜	273-0132	鎌ヶ谷市粟野町1-2-3	伊藤ビル	株式会社流星企画	
内海 凛子	104-0032	中央区八丁堀之内96-74		FUYOデザイン事務所	デザイナー
尾崎 大耀	247-0072	鎌倉市岡本南543-35	岡本ビル2F	資源活用プロジェクト	地区リーダー
川崎 涼太	206-0000	多摩市唐木原369-74		川崎材木株式会社	営業部
北野 祥貴	110-0000	台東区東山4-5-6	安藤ビル810	デザイン工房MIKI	
久下 慎之介	854-0000	山方市中央7-89-23		エコやまがた	代表
白鳥 蒼	180-0000	武蔵野市西町5-7-21		木材加工白鳥	取締役
早田 佳澄	112-0012	文京区大塚北9-8-7		株式会社はやた	取締役
中野 翔	352-0032	新座市新堀本町12-34		有限会社中野工業	代表取締役
堀米 萌々香	273-0132	鎌ヶ谷市粟野町1-2-3	伊藤ビル505	株式会社流星企画	

4 [ファイル] タブをクリックして、

5 [名前を付けて保存] → [参照] をクリックし、[名前を付けて保存] ダイアログボックスを表示します。

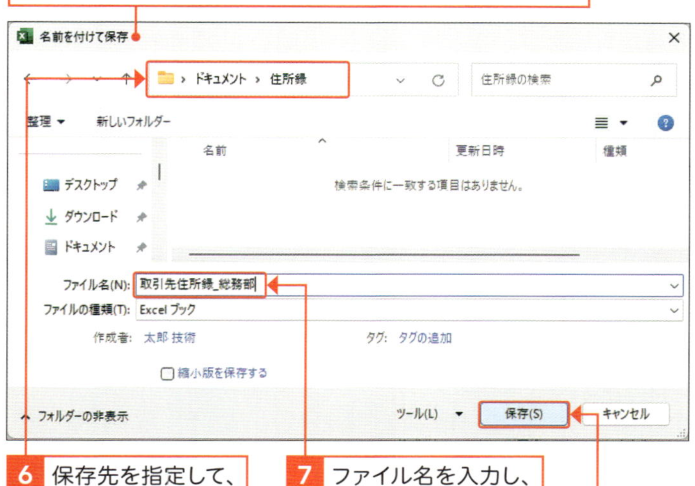

6 保存先を指定して、

7 ファイル名を入力し、

8 [保存] をクリックして、Excelを終了します。

住所録の保存先

住所録を保存する際は、334ページ以降で作成する宛名面の保存先と同じ場所にします。宛名面で住所録データを参照して使用するので、保存先が変わると宛名面の差し込みができなくなるので注意してください。

③ 差し込み用の宛名面を作成する

補足

[はがき印刷] が表示されていない場合

コマンドの表示は、画面のサイズによって変わります。画面のサイズを小さくしている場合は、手順3は下図のように表示されます。[作成]をクリックしてから[はがき印刷]→[宛名面の作成]をクリックします。

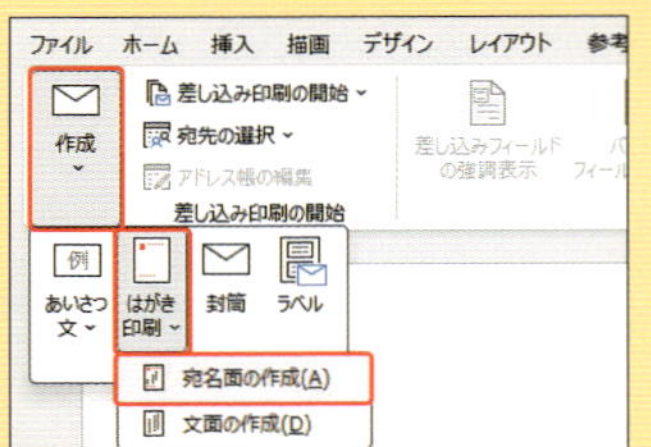

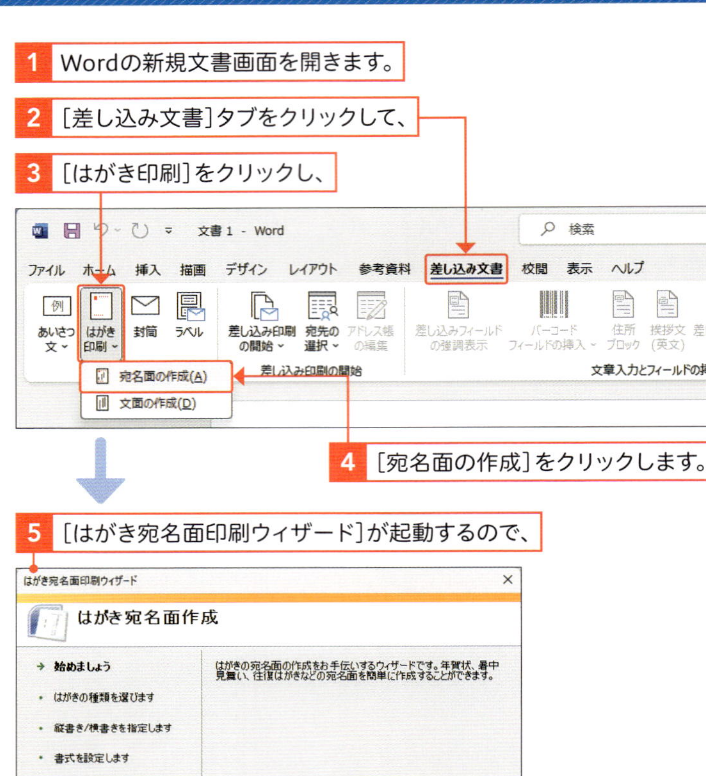

1 Wordの新規文書画面を開きます。

2 [差し込み文書]タブをクリックして、

3 [はがき印刷]をクリックし、

4 [宛名面の作成]をクリックします。

5 [はがき宛名面印刷ウィザード]が起動するので、

6 [次へ]をクリックします。

7 はがきの種類(ここでは[通常はがき])をクリックしてオンにし、

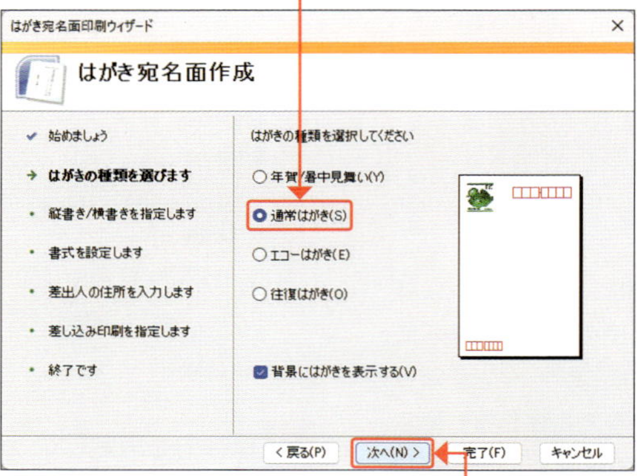

8 [次へ]をクリックします。

重要用語

はがき宛名面印刷ウィザード

Wordには、はがきの宛名面を印刷するための「はがき宛名面印刷ウィザード」機能が用意されています。宛名面を作成するための設定項目について、必要な情報を入力するだけで、はがきの宛名面のレイアウトをかんたんに作成できます。

縦書き印刷での数字の扱い

手順9で［縦書き］を指定した場合、住所録の半角数字は印刷すると横向きになってしまいます（下図参照）。そのため、［宛名住所内の数字を漢数字に変換する］および［差出人住所内の数字を漢数字に変換する］をオンのままにしておきます。なお、住所録の数字を全角（-は半角）で入力しておけば全角数字の縦書きで印刷されます。

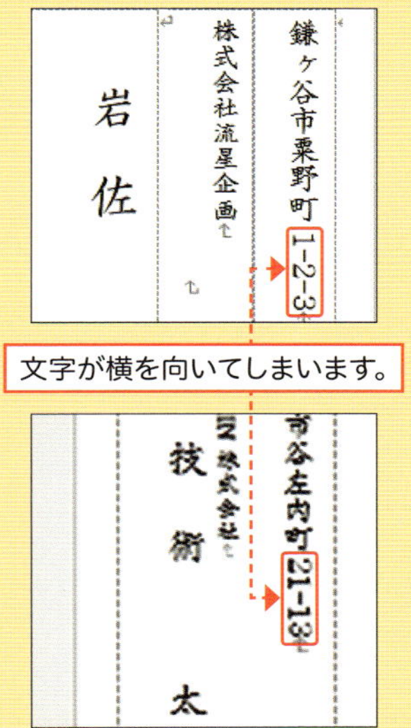

差出人を宛名面に印刷しない

本書では、宛名面に差出人を印刷するため、手順14で［差出人を印刷する］をオンにして情報を入力しています。宛名面には印刷しない（文面に差出人を印刷する）場合は、［差出人を印刷する］をオフにします。オフにしてあれば、差出人情報が入力されていても宛名面に印刷はされません。

9 宛先の向き（ここでは［縦書き］）をクリックしてオンにし、

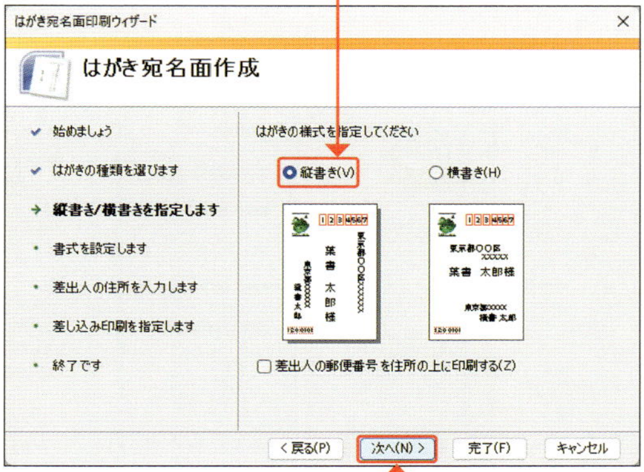

10 ［次へ］をクリックします。

11 フォントの種類（ここでは［HG正楷書体-PRO］）を指定して、

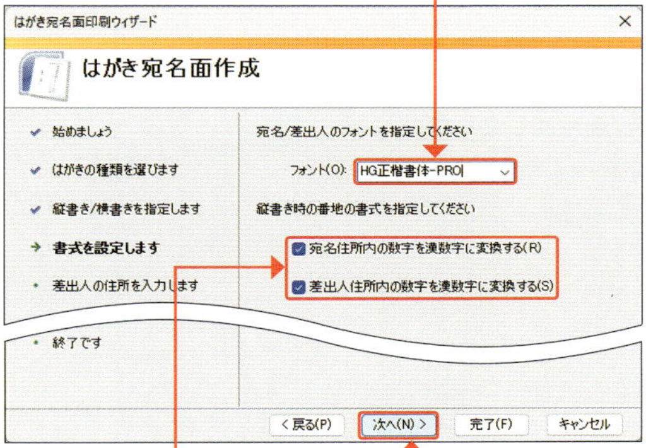

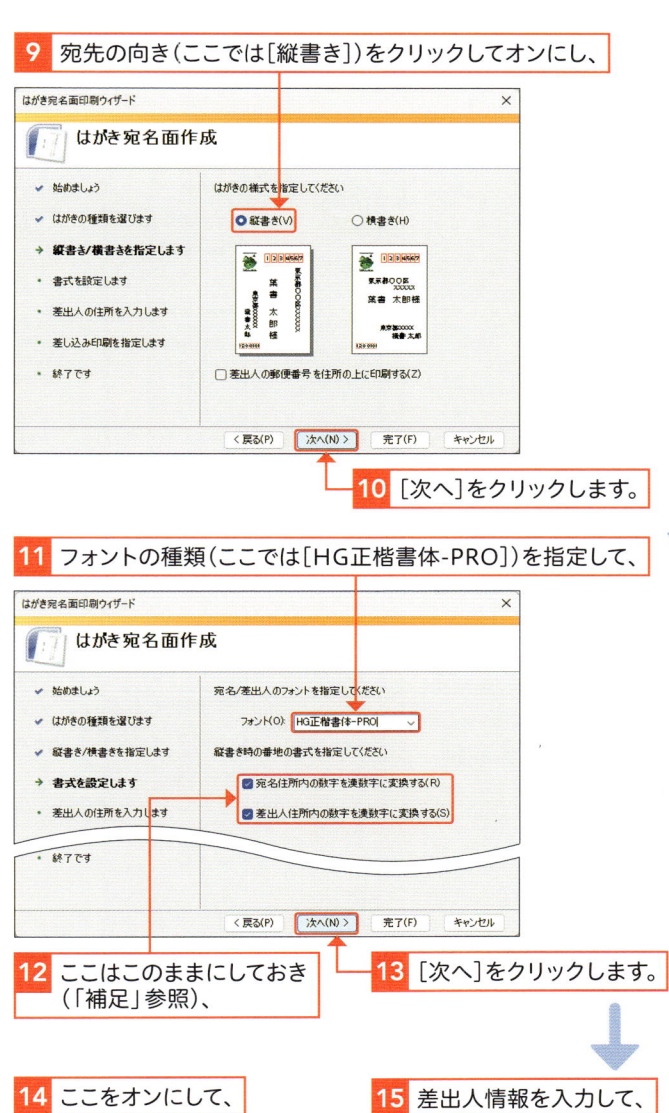

12 ここはこのままにしておき（「補足」参照）、

13 ［次へ］をクリックします。

14 ここをオンにして、

15 差出人情報を入力して、

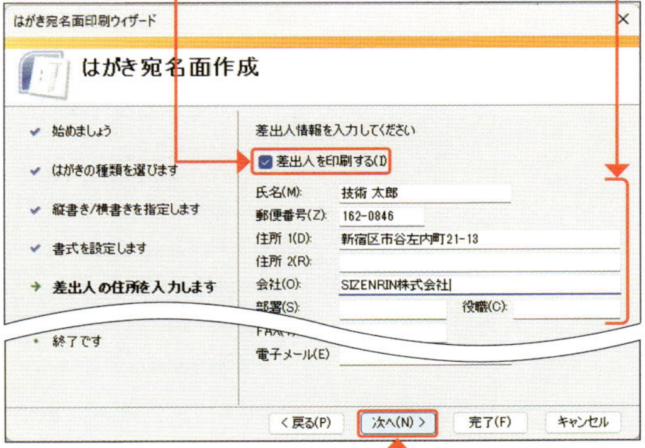

16 ［次へ］をクリックします。

既存のデータファイルを使用する

ここでは、333ページで作成した住所録を利用するため、手順17で［既存の住所録ファイル］をオンにして、住所録を指定します。

差し込むデータ

差し込む住所録データを用意していない場合、宛名面を作成後に住所録（Word）を作成するか、直接宛名面に入力指定します。
手順17で［標準の住所録ファイル］をオンにして、［完了］をクリックします。宛名面が作成されるので、［宛先の選択］から［新しいリストの入力］をクリックし、住所録を作成します。直接入力する場合は、［使用しない］をオンにします。

敬称の選択

手順22の［宛名の敬称］では、宛先に付ける敬称を選択できます。使用する住所録に、敬称欄や敬称を個別に登録してある場合は、［住所録で敬称が指定されているときは住所録に従う］をオンにすると、その敬称が反映されます。

17 ［既存の住所録ファイル］をクリックしてオンにし、

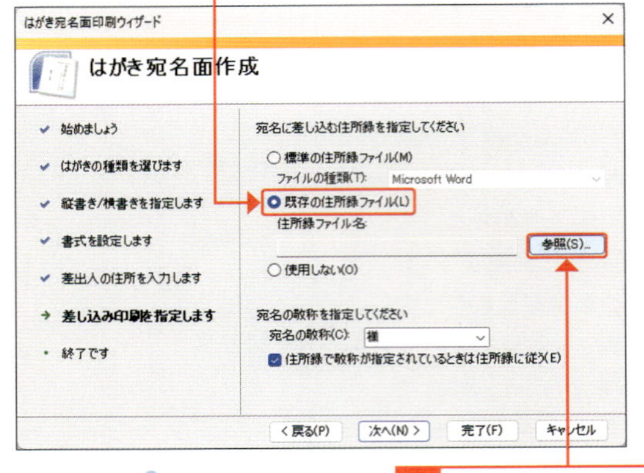

18 ［参照］をクリックすると、

19 ［住所録ファイルを開く］ダイアログボックスが表示されます。

20 333ページで作成した住所録ファイルをクリックして、

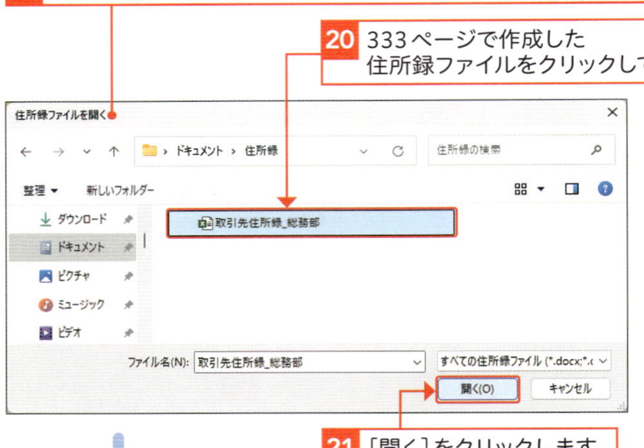

21 ［開く］をクリックします。

22 敬称を指定して（「補足」参照）、

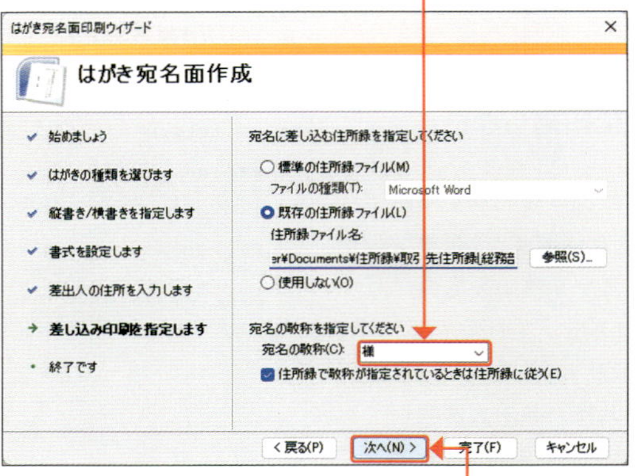

23 ［次へ］をクリックします。

文字列の位置の調整

郵便番号の位置などがずれてしまう場合、[はがき宛名面印刷]タブの[レイアウトの微調整]をクリックして表示される[レイアウト]ダイアログボックスで位置を調整します。

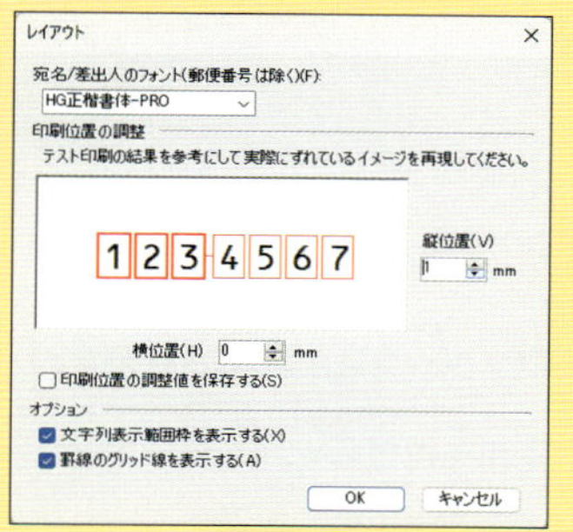

結果のプレビュー

手順27で宛名がプレビュー表示されない場合は、[結果のプレビュー]をクリックします。

フィールドが合っていない場合

作成された宛名面で、「住所2」に住所録の会社名が表示されてしまうなど、表示される位置(フィールド)と住所録のデータが合わないという不具合が発生する場合があります。これは「フィールドを一致」させることで、解決できます。詳しくは、341ページの「補足」を参照してください。

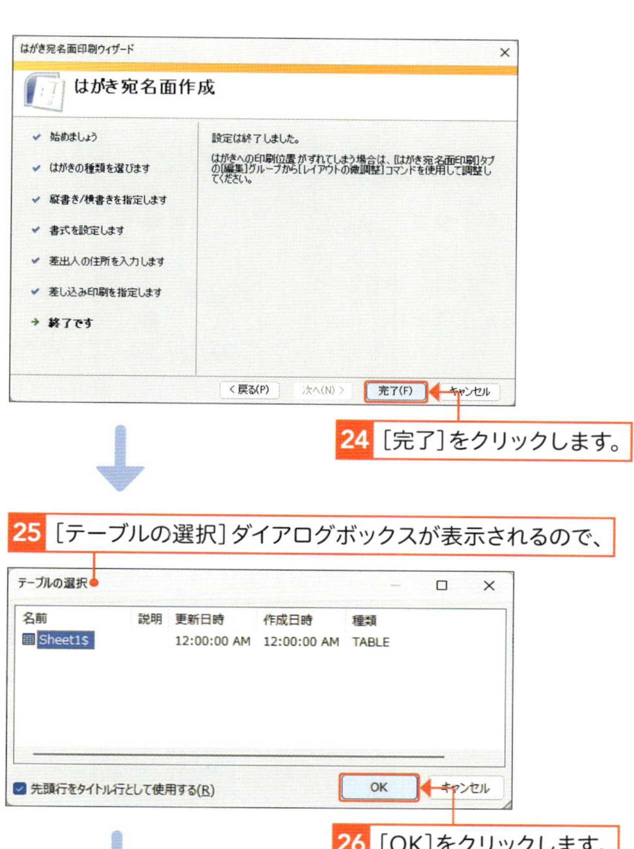

24 [完了]をクリックします。

25 [テーブルの選択]ダイアログボックスが表示されるので、

26 [OK]をクリックします。

27 宛名面が作成され、住所録の1人目が表示されます。

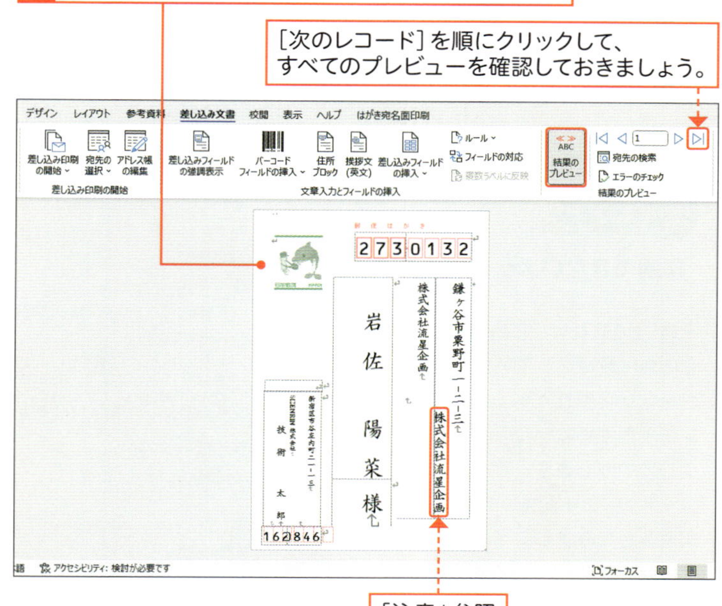

[次のレコード]を順にクリックして、すべてのプレビューを確認しておきましょう。

「注意」参照

4 はがきの宛名面を印刷する

[はがき宛名面印刷] タブ

[はがき宛名面印刷] タブには、宛名面に関する編集コマンドが用意されています。[印刷]のコマンドからも印刷を行うことができます。

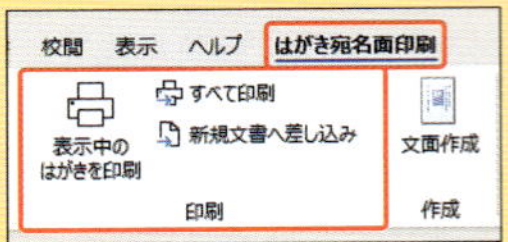

印刷できないメッセージの表示

手順8のあとで、「余白が印刷可能な範囲の外に設定されている」「一部分が印刷されない可能性がある」などのメッセージが表示される場合、[いいえ]をクリックして中断します。手順5で[現在のレコード]をクリックして、1名だけで試し印刷をしてみましょう。問題がなければ、メッセージの[はい]をクリックして、印刷を実行します。

1 プリンターにはがき用紙をセットしておきます。

2 [差し込み文書]タブの[完了と差し込み]をクリックして、

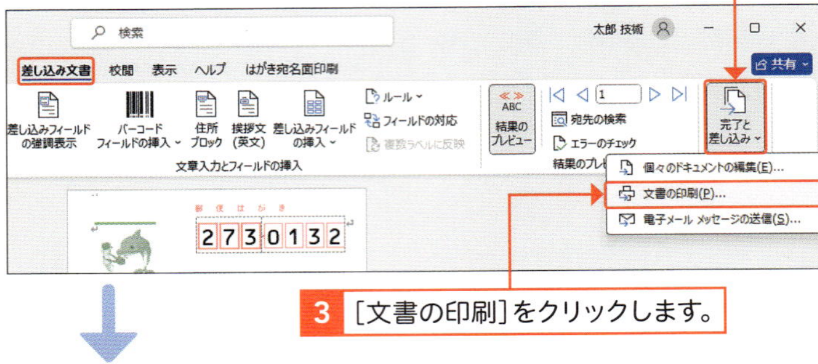

3 [文書の印刷]をクリックします。

4 [プリンターに差し込み]ダイアログボックスが表示されます。

5 印刷するレコードの範囲を指定して、

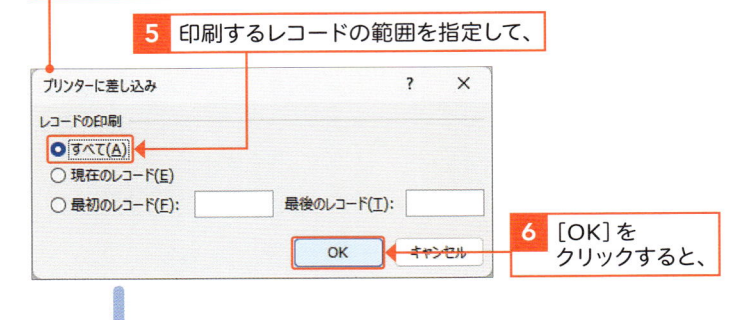

6 [OK]をクリックすると、

7 [印刷]ダイアログボックスが表示されます。

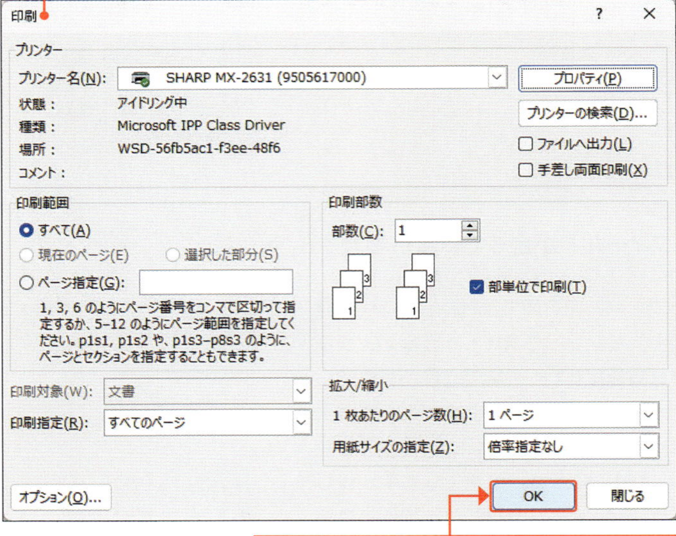

8 設定を確認して、[OK]をクリックします。

5 はがき宛名面を保存する

保存先の指定

保存先に指定するフォルダーはどこでもかまいません。ここでは、わかりやすいように住所録と同じフォルダー内に保存しています。

1 [ファイル]タブをクリックして、[名前を付けて保存]をクリックします。

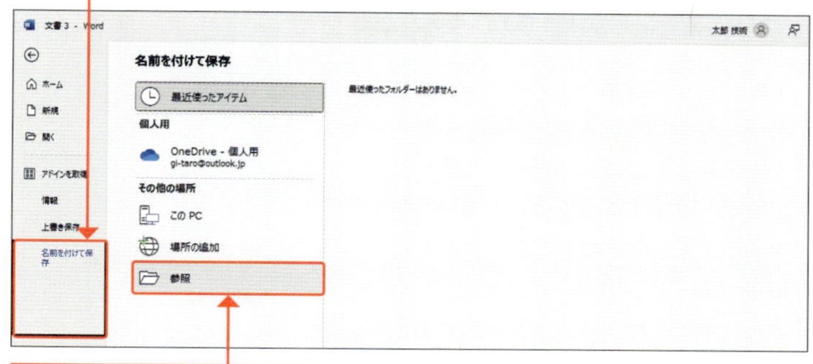

2 [参照]をクリックすると、

3 [名前を付けて保存]ダイアログボックスが表示されます。

4 保存先のフォルダーを指定して、

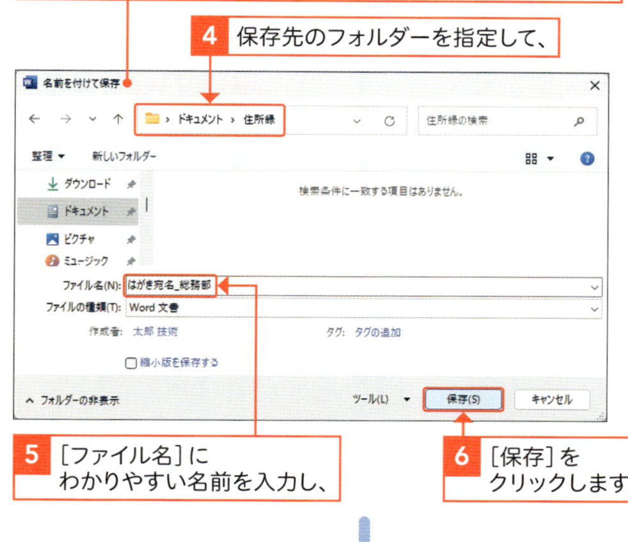

5 [ファイル名]に わかりやすい名前を入力し、

6 [保存]を クリックします。

7 エクスプローラーを開き、同じフォルダーに住所録と宛名面のファイルが保存されていることを確認します。

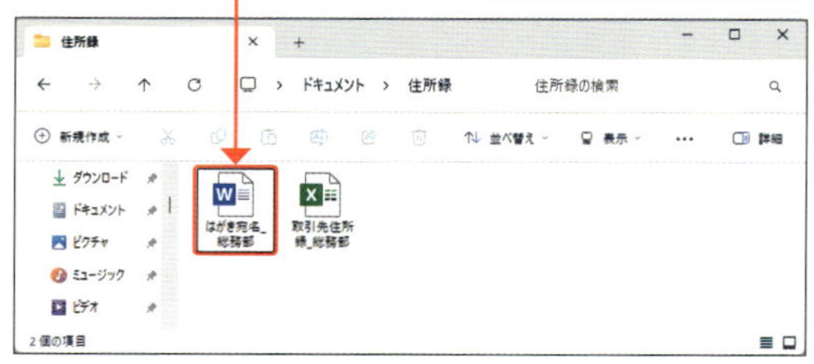

保存された宛名文書

宛名面は差し込んだ住所録のデータと連携して保存されます。

6 保存した宛名面を開く

解説

SQLコマンドが実行される

手順5のダイアログボックスは、差し込むデータとして住所録（Sheet1）のデータを使用してよいかどうかを確認するものです。SQLコマンドは、データベースを操作するための命令文で、表示されている「SELECT * FROM 'Sheet1$'」は、データベースからレコードを抽出するためのコマンドです。

セキュリティに関する通知

手順6のあとで、セキュリティに関する通知のダイアログボックスが表示される場合は、そのまま［OK］をクリックします。

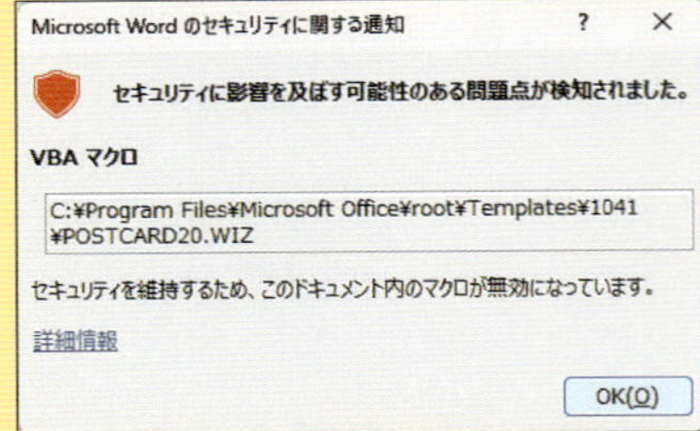

注意

住所録ファイルの保存場所は変えない

はがきの宛名面を作成する際に指定した住所録ファイルの保存先を変更した場合、手順6で［はい］をクリックすると、エラーになってしまいます。住所録ファイルの保存先は、変更しないようにしてください。

1 44ページの手順1～3を操作して、［ファイルを開く］ダイアログボックスを表示します。

2 保存先のフォルダーを指定して、

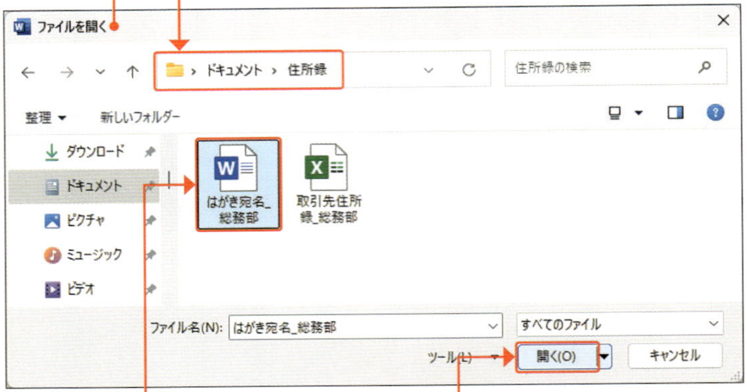

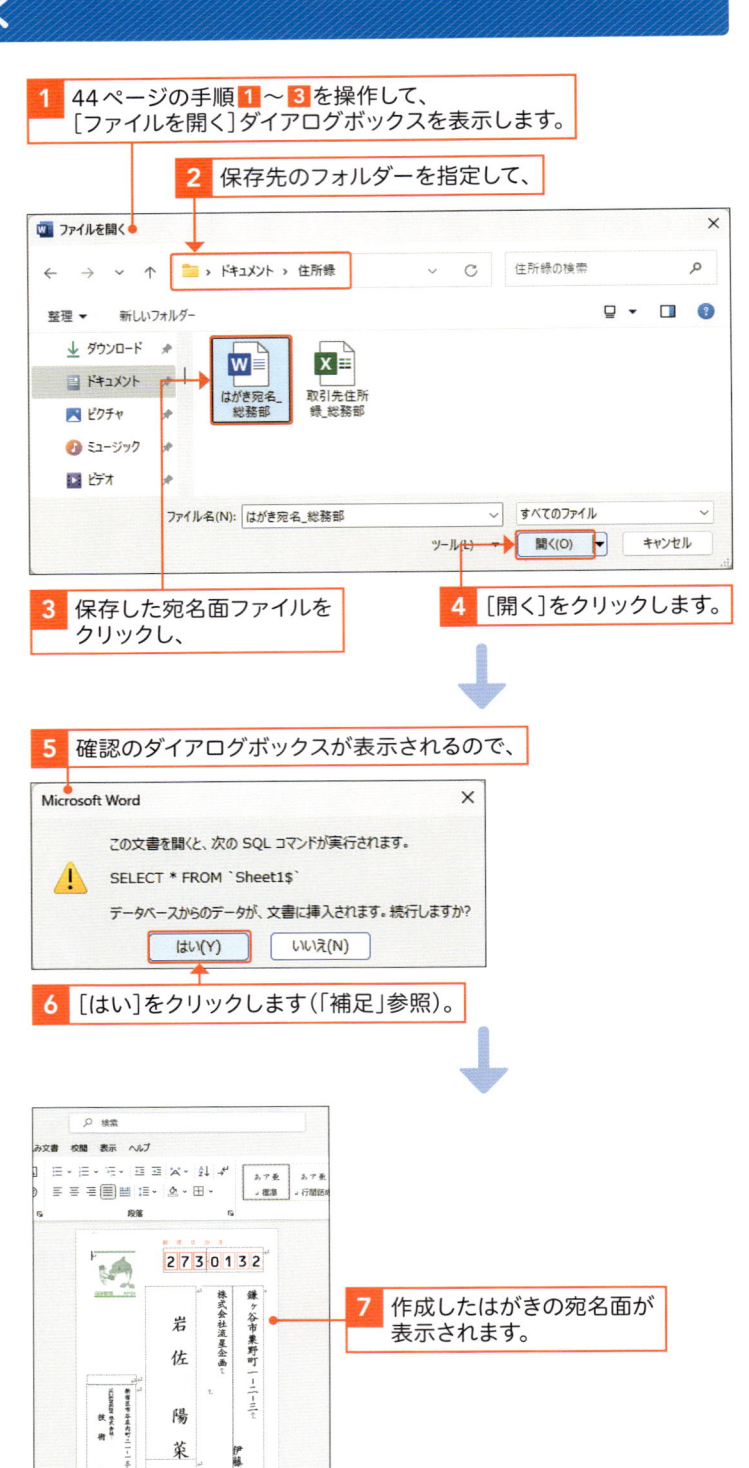

3 保存した宛名面ファイルをクリックし、

4 ［開く］をクリックします。

5 確認のダイアログボックスが表示されるので、

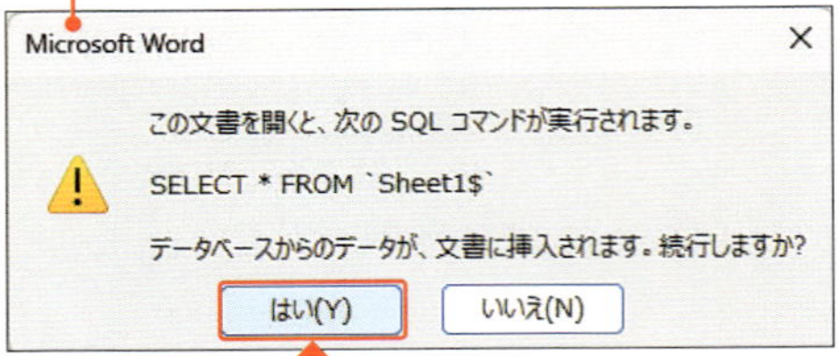

6 ［はい］をクリックします（「補足」参照）。

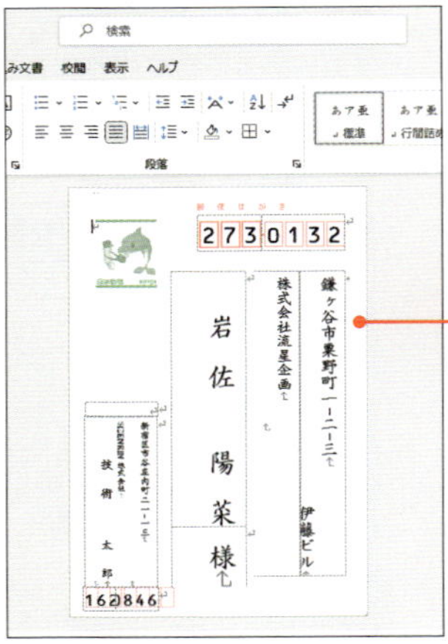

7 作成したはがきの宛名面が表示されます。

補足 住所録の「住所2」や「役職」が正しく表示されない場合

差し込み文書では、差し込む範囲(フィールド)に対応するデータが入るように設定されています。ただし、データによっては正しく入らない場合があります。たとえば、337ページで完成した宛名面のように、「住所2」のフィールドには会社名が表示されています。こういう場合、フィールドとデータを対応し直せば解決します。

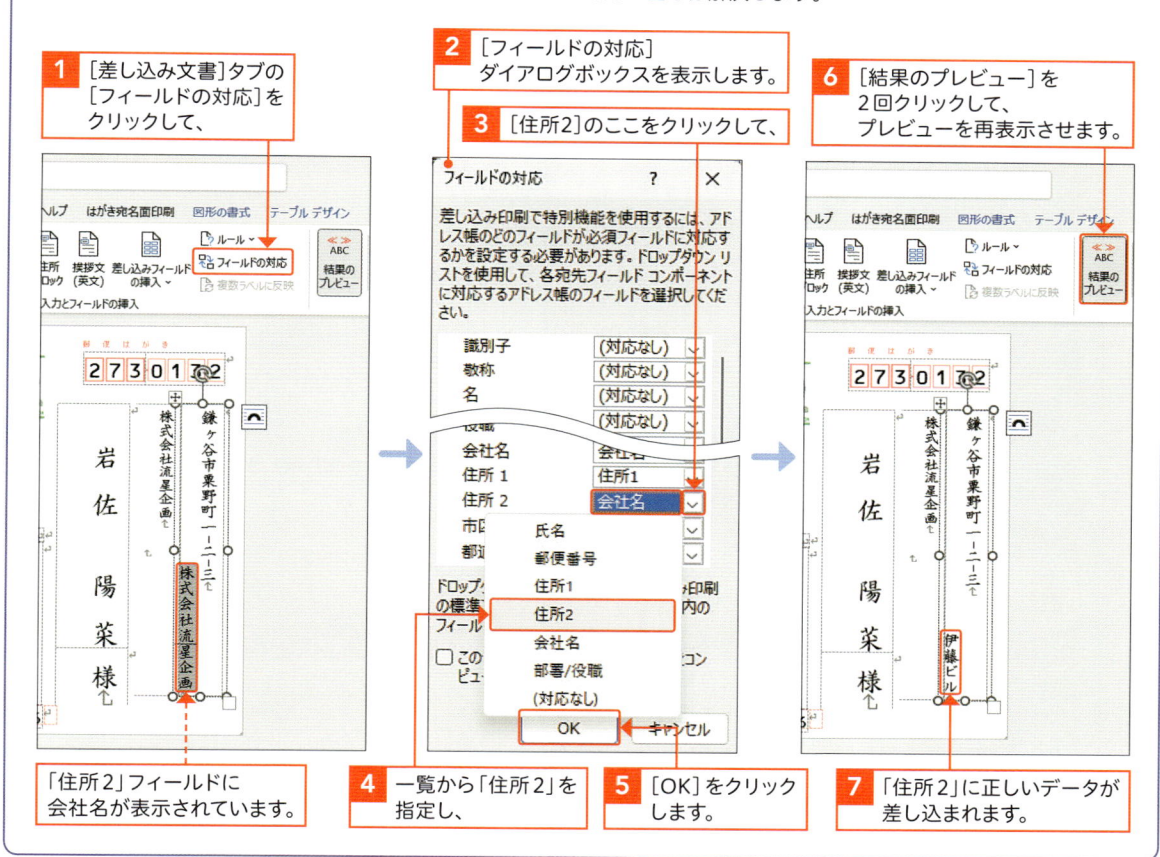

1 [差し込み文書]タブの[フィールドの対応]をクリックして、

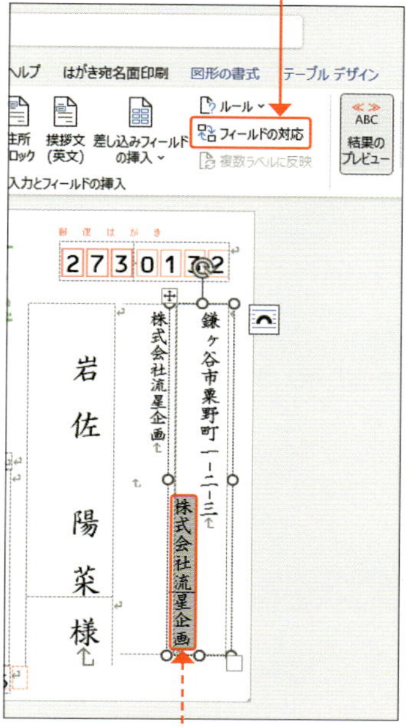

2 [フィールドの対応]ダイアログボックスを表示します。

3 [住所2]のここをクリックして、

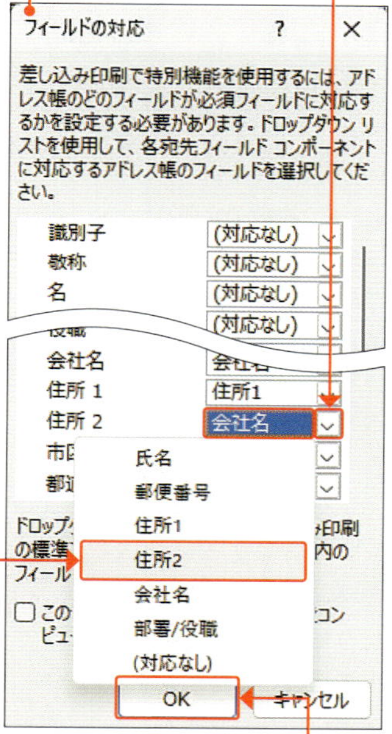

4 一覧から「住所2」を指定し、

5 [OK]をクリックします。

6 [結果のプレビュー]を2回クリックして、プレビューを再表示させます。

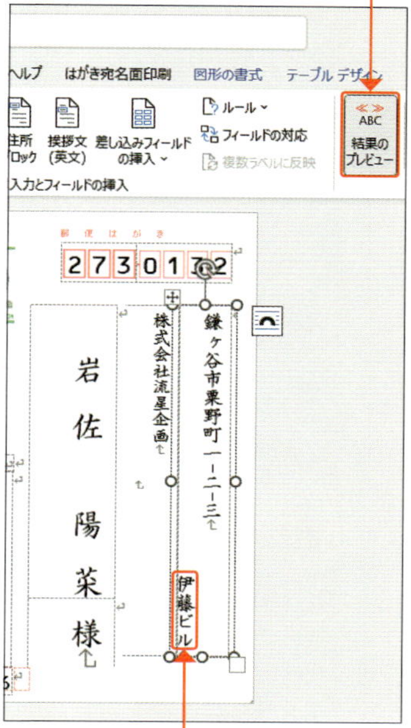

7 「住所2」に正しいデータが差し込まれます。

「住所2」フィールドに会社名が表示されています。

フィールドの対応

差し込み印刷で特別機能を使用するには、アドレス帳のどのフィールドが必須フィールドに対応するかを設定する必要があります。ドロップダウン リストを使用して、各宛先フィールド コンポーネントに対応するアドレス帳のフィールドを選択してください。

識別子	(対応なし)
敬称	(対応なし)
名	(対応なし)
会社名	会社名
住所 1	住所1
住所 2	会社名

氏名 / 郵便番号 / 住所1 / 住所2 / 会社名 / 部署/役職 / (対応なし)

OK　キャンセル

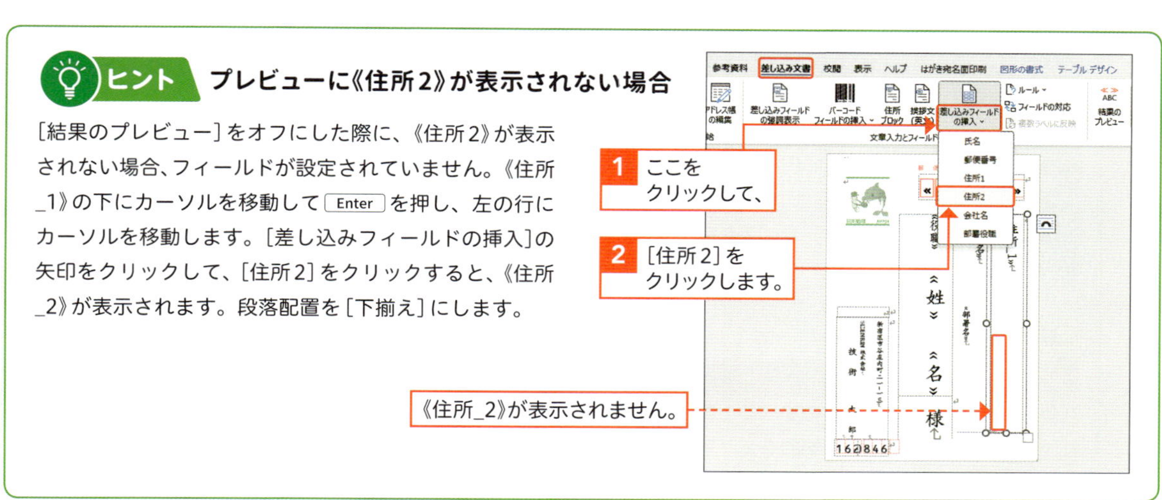

ヒント プレビューに《住所2》が表示されない場合

[結果のプレビュー]をオフにした際に、《住所2》が表示されない場合、フィールドが設定されていません。《住所_1》の下にカーソルを移動して Enter を押し、左の行にカーソルを移動します。[差し込みフィールドの挿入]の矢印をクリックして、[住所2]をクリックすると、《住所_2》が表示されます。段落配置を[下揃え]にします。

Appendix

02 Wordの便利なショートカットキー

Wordのウィンドウ上で利用できる、主なショートカットキーを紹介します。なお、[ファイル] タブの画面では利用できません。

基本操作

ショートカットキー	操作内容
Ctrl + N	新規文書を作成します。
Ctrl + O	[ファイル] タブの [開く] を表示します。
Ctrl + W	文書を閉じます。
Ctrl + S	文書を上書き保存します。
Alt + F4	Wordを終了します。複数の文書を開いている場合は、その文書のみが閉じます。
F12	[名前を付けて保存] ダイアログボックスを表示します。
Ctrl + P	[ファイル] タブの [印刷] を表示します。
Ctrl + Z	直前の操作を取り消してもとに戻します。
Ctrl + Y	取り消した操作をやり直します。または、直前の操作を繰り返します。
Esc	現在の操作を取り消します。
F4	直前の操作を繰り返します。

表示の切り替え

ショートカットキー	操作内容
Ctrl + Alt + N	下書き表示に切り替えます。
Ctrl + Alt + P	印刷レイアウト表示に切り替えます。
Ctrl + Alt + O	アウトライン表示に切り替えます。
Ctrl + Alt + I	[ファイル] タブの [印刷] を表示します。
Alt + F6	複数の文書を表示している場合に、次の文書を表示します。

文書内の移動

ショートカットキー	操作内容
Home (End)	カーソルのある行の先頭 (末尾) へカーソルを移動します。
Ctrl + Home (End)	文書の先端 (終端) へ移動します。
Page Down	1画面下にスクロールします。
Page Up	1画面上にスクロールします。
Ctrl + Page Down	次ページへスクロールします。
Ctrl + Page Up	前ページへスクロールします。

選択範囲の操作

ショートカットキー	操作内容
Ctrl + A	文書のすべてを選択します。
Shift + ↑↓←→	選択範囲を上、下、左、右に拡張または縮小します。
Shift + Home	カーソルのある位置からその行の先頭までを選択します。

ショートカットキー	操作内容
Shift + End	カーソルのある位置からその行の末尾までを選択します。
Ctrl + Shift + Home	カーソルのある位置から文書の先頭までを選択します。
Ctrl + Shift + End	カーソルのある位置から文書の末尾までを選択します。

データの移動／コピー

ショートカットキー	操作内容
Ctrl + C	選択範囲をコピーします。
Ctrl + X	選択範囲を切り取ります。
Ctrl + V	コピーまたは切り取ったデータを貼り付けます。

挿入

ショートカットキー	操作内容
Ctrl + Alt + M	コメントを挿入します。
Ctrl + K	[ハイパーリンクの挿入]ダイアログボックスを表示します。
Ctrl + Enter	改ページを挿入します。
Shift + Enter	行区切りを挿入します。

検索／置換

ショートカットキー	操作内容
Ctrl + F	[ナビゲーション]作業ウィンドウを表示します。
Ctrl + H	[検索と置換]ダイアログボックスの[置換]タブを表示します。
Ctrl + G	[検索と置換]ダイアログボックスの[ジャンプ]タブを表示します。

文字の書式設定

ショートカットキー	操作内容
Ctrl + B	選択した文字に太字を設定／解除します。
Ctrl + I	選択した文字に斜体を設定／解除します。
Ctrl + U	選択した文字に下線を設定／解除します。
Ctrl + Shift + D	選択した文字に二重下線を設定／解除します。
Ctrl + D	[フォント]ダイアログボックスを表示します。
Ctrl + Shift + N	[標準]スタイルを設定します(書式を解除します)。
Ctrl + Shift + L	[箇条書き]スタイルを設定します。
Ctrl + Alt + C	書式をコピーします。
Ctrl + Alt + V	書式を貼り付けます。
Ctrl +] ([)	選択した文字のフォントサイズを1ポイント大きく(小さく)します。
Ctrl + L	段落を左揃えにします。
Ctrl + R	段落を右揃えにします。
Ctrl + E	段落を中央揃えにします。
Ctrl + J	段落を両端揃えにします。
Ctrl + M	インデントを設定します。
Ctrl + Shift + M	インデントを解除します。
Ctrl + 1 (5／2)※	行間を1行(1.5行／2行)にします。

※テンキーは利用できません。

Appendix

03 ローマ字／かな変換表

あ行

あ	い	う	え	お
A	I	U	E	O
	YI	WU		
		WHU		

ぁ	ぃ	ぅ	ぇ	ぉ
LA	LI	LU	LE	LO
XA	XI	XU	XE	XO
	LYI		LYE	
	XYI		XYE	
	いぇ			
	YE			
うぁ	うぃ		うぇ	うぉ
WHA	WHI		WHE	WHO
	WI		WE	

か行

か	き	く	け	こ
KA	KI	KU	KE	KO
CA		CU		CO
		QU		
ヵ			ヶ	
LKA			LKE	
XKA			XKE	

が	ぎ	ぐ	げ	ご
GA	GI	GU	GE	GO

きゃ	きぃ	きゅ	きぇ	きょ
KYA	KYI	KYU	KYE	KYO
くゃ		くゅ		くょ
QYA		QYU		QYO
くぁ	くぃ	くぅ	くぇ	くぉ
QWA	QWI	QWU	QWE	QWO
QA	QI		QE	QO
KWA	QYI		QYE	
ぎゃ	ぎぃ	ぎゅ	ぎぇ	ぎょ
GYA	GYI	GYU	GYE	GYO
ぐぁ	ぐぃ	ぐぅ	ぐぇ	ぐぉ
GWA	GWI	GWU	GWE	GWO

さ行

さ	し	す	せ	そ
SA	SI	SU	SE	SO
	CI		CE	
	SHI			

ざ	じ	ず	ぜ	ぞ
ZA	ZI	ZU	ZE	ZO
	JI			

しゃ	しぃ	しゅ	しぇ	しょ
SYA	SYI	SYU	SYE	SYO
SHA		SHU	SHE	SHO
すぁ	すぃ	すぅ	すぇ	すぉ
SWA	SWI	SWU	SWE	SWO
じゃ	じぃ	じゅ	じぇ	じょ
ZYA	JYI	ZYU	ZYE	ZYO
JA		JU	JE	JO
JYA		JYU	JYE	JYO

た行

た	ち	つ	て	と
TA	TI	TU	TE	TO
	CHI	TSU		

		っ		
		LTU		
		XTU		
		LTSU		

ちゃ	ちぃ	ちゅ	ちぇ	ちょ
TYA	TYI	TYU	TYE	TYO
CHA		CHU	CHE	CHO
CYA	CYI	CYU	CYE	CYO
つぁ	つぃ		つぇ	つぉ
TSA	TSI		TSE	TSO
てゃ	てぃ	てゅ	てぇ	てょ
THA	THI	THU	THE	THO
とぁ	とぃ	とぅ	とぇ	とぉ
TWA	TWI	TWU	TWE	TWO

行										
た行	だ	ぢ	づ	で	ど	ぢゃ	ぢぃ	ぢゅ	ぢぇ	ぢょ
	DA	DI	DU	DE	DO	DYA	DYI	DYU	DYE	DYO
						でゃ	でぃ	でゅ	でぇ	でょ
						DHA	DHI	DHU	DHE	DHO
						どぁ	どぃ	どぅ	どぇ	どぉ
						DWA	DWI	DWU	DWE	DWO
な行	な	に	ぬ	ね	の	にゃ	にぃ	にゅ	にぇ	にょ
	NA	NI	NU	NE	NO	NYA	NYI	NYU	NYE	NYO
は行	は	ひ	ふ	へ	ほ	ひゃ	ひぃ	ひゅ	ひぇ	ひょ
	HA	HI	HU	HE	HO	HYA	HYI	HYU	HYE	HYO
			FU							
						ふゃ		ふゅ		ふょ
						FYA		FYU		FYO
						ふぁ	ふぃ	ふぅ	ふぇ	ふぉ
						FWA	FWI	FWU	FWE	FWO
						FA	FI		FE	FO
							FYI		FYE	
	ば	び	ぶ	べ	ぼ	びゃ	びぃ	びゅ	びぇ	びょ
	BA	BI	BU	BE	BO	BYA	BYI	BYU	BYE	BYO
						ヴぁ	ヴぃ	ヴ	ヴぇ	ヴぉ
						VA	VI	VU	VE	VO
						ヴゃ	ヴぃ	ヴゅ	ヴぇ	ヴょ
						VYA	VYI	VYU	VYE	VYO
	ぱ	ぴ	ぷ	ぺ	ぽ	ぴゃ	ぴぃ	ぴゅ	ぴぇ	ぴょ
	PA	PI	PI	PE	PO	PYA	PYI	PYU	PYE	PYO
ま行	ま	み	む	め	も	みゃ	みぃ	みゅ	みぇ	みょ
	MA	MI	MU	ME	MO	MYA	MYI	MYU	MYE	MYO
や行	や		ゆ		よ	ゃ		ゅ		ょ
	YA		YU		YO	LYA		LYU		LYO
						XYA		XYU		XYO
ら行	ら	り	る	れ	ろ	りゃ	りぃ	りゅ	りぇ	りょ
	RA	RI	RU	RE	RO	RYA	RYI	RYU	RYE	RYO
わ行	わ				を	ん				
	WA				WO	N				
	ゎ					NN				
	LWA					N'				
	XWA					XN				

●「ん」の入力方法

「ん」の次が子音の場合、Nを1回押し、「ん」の次が母音の場合または「な行」の場合、Nを2回押します。

例）さんすう　S A N S U U　　例）はんい　H A N N I　　例）みかんの　M I K A N N N O

●促音「っ」の入力方法

子音のキーを2回押します。

例）やってきた　Y A T T E K I T A　　例）ほっきょく　H O K K Y O K U

●「ぁ」「ぃ」「ゃ」などの入力方法

AやI、YAを押す前に、LまたはXを押します。

例）わぁーい　W A L A － I　　例）うぃんどう　U X I N D O U

索引

記号・数字

A～Z

あ行

か行

さ行

た行

な行

は行

ま行

や行

ら行

わ行

お問い合わせについて

本書に関するご質問については、本書に記載されている内容に関するもののみとさせていただきます。本書の内容と関係のないご質問につきましては、一切お答えできませんので、あらかじめご了承ください。また、電話でのご質問は受け付けておりませんので、必ずFAXか書面にて下記までお送りください。
なお、ご質問の際には、必ず以下の項目を明記していただきますようお願いいたします。

1 お名前
2 返信先の住所またはFAX番号
3 書名（今すぐ使えるかんたん Word［Office 2024/Microsoft 365 両対応］）
4 本書の該当ページ
5 ご使用のOSとソフトウェアのバージョン
6 ご質問内容

なお、お送りいただいたご質問には、できる限り迅速にお答えできるよう努力いたしておりますが、場合によってはお答えするまでに時間がかかることがあります。また、回答の期日をご指定なさっても、ご希望にお応えできるとは限りません。あらかじめご了承くださいますよう、お願いいたします。

■お問い合わせの例

FAX

1 お名前
技術　太郎
2 返信先の住所またはFAX番号
03-XXXX-XXXX
3 書名
今すぐ使えるかんたんWord
［Office 2024/Microsoft 365
両対応］
4 本書の該当ページ
188ページ
5 ご使用のOSとソフトウェアのバージョン
Windows 11
Word 2024
6 ご質問内容
改ページ位置が設定されない

※ご質問の際に記載いただきました個人情報は、回答後速やかに破棄させていただきます。

問い合わせ先

〒162-0846
東京都新宿区市谷左内町21-13
株式会社技術評論社　書籍編集部
「今すぐ使えるかんたん Word［Office 2024/Microsoft 365　両対応］」質問係
FAX番号　03-3513-6167

https://book.gihyo.jp/116

今すぐ使えるかんたん Word 2024
［Office 2024/Microsoft 365　両対応］

2025年1月3日　初版　第1刷発行

著　者●AYURA
発行者●片岡 巌
発行所●株式会社 技術評論社
東京都新宿区市谷左内町21-13
電話　03-3513-6150　販売促進部
03-3513-6160　書籍編集部
装丁●田邉 恵里香
本文デザイン●ライラック
編集／DTP●AYURA
担当●土井 清志
製本／印刷●株式会社シナノ

定価はカバーに表示してあります。

ISBN978-4-297-14575-0 C3055
Printed in Japan